JN206317

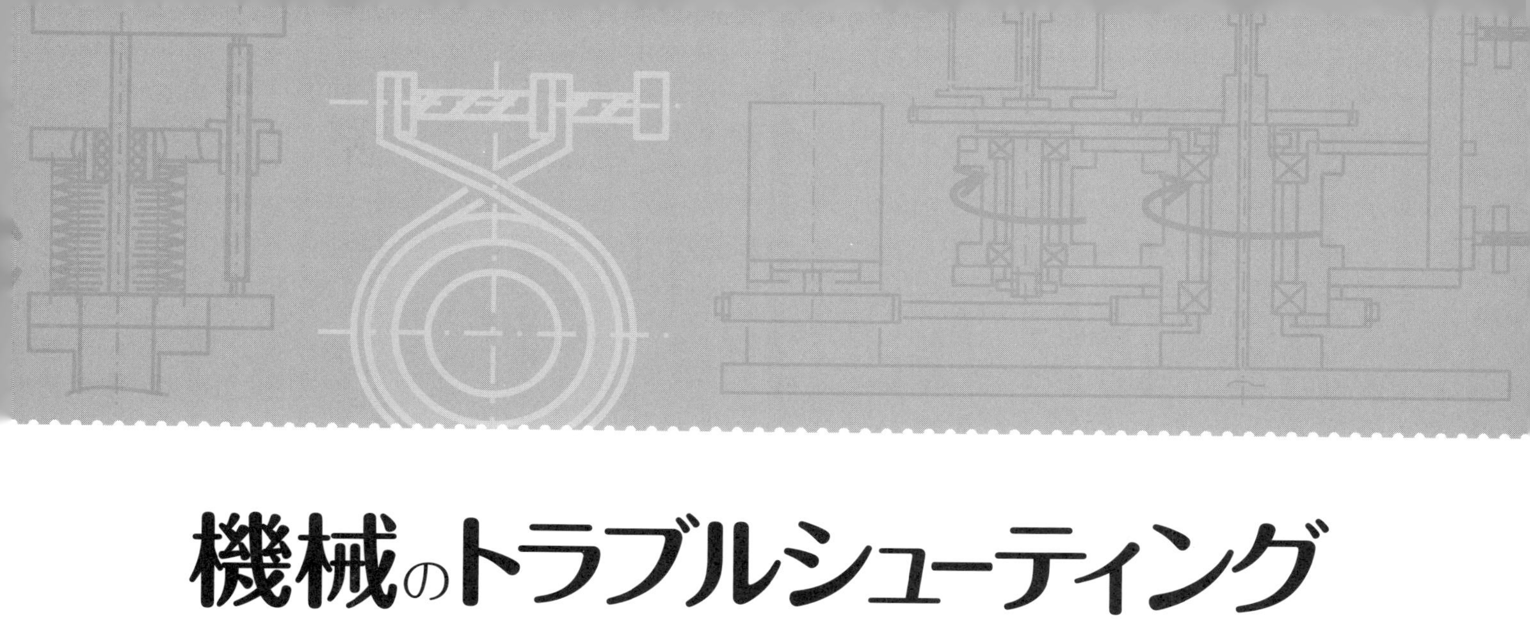

機械のトラブルシューティング
解説55事例

経の巻

技術士
金友正文

秀和システム

まえがき

この本は日々、モノづくりを担当されている設計、生産技術者の方々のために書かれており、分野は機構装置、真空装置他のトラブル事例とその対策となっている。構成はトラブルの内容を示し、その中に現れた技術と原因と対策を丁寧に説明しておいた。事例は筆者が経験した失敗をもとに理解しやすいように加筆、単純化したもので、トラブルの内容の説明にあたっては、インターネット情報から構成機器のカタログ、説明文を引用し、その情報入手先を明記しておいた。発生したトラルブルに対して対策を実施する場合、次の手順で進むのが一般的である。

1. 加工、組み立て部署から担当した装置に関するトラブルの連絡が入る（ことのおこり）
2. トラブルの症状、発生の経緯を確認する
3. トラブルの原因を推定する
4. 場合によっては、トラブルの原因の究明のため、立ち上げ中の装置を使用して追加評価を行う
5. トラブルの原因を確定する
6. トラブルの対策案を作成する
7. 作成した複数個の対策案から「効果」「時間」「費用」をもとに実施する対策を決定する
8. 対策を実施した装置でその結果を確認する
9. 当該トラブルシューティングのドキュメント化を行い関係者に報告する

トラブルシューティングは装置開発の後段に発生し、出荷納期が迫り、日程の厳しい状況で、その作業を行うことになる。したがって、複数個の推定した原因を同時に実施することは常識的に行われ、この結果トラブルの原因が特定できないことになるが、それは致し方ない。

モノづくりを担当している方々がこのトラブル事例に示した内容と同様の事例に遭遇すると考えるので、この事例を理解し、同様の事故をモノづくりの上流側で防止すれば、その効果はあると考える。

この本は筆者の次に示す考え方のもと書かれている。

（1）モノづくりにおける事故を防止するには

この観点からモノづくりの事故を防止するには過去に発生したトラブルを再度発生させないことである。過去に発生したトラブルという観点が重要で、この時「同じトラブル」とすればまさにその寸法、構造が発生したトラブルと同一と限定的である。他方「同様のトラブル」とすれば、そのカバーできる範囲が広がり、トラブルの再発に対してより有効な方法となる。

（2）「同様のトラブル」を防止するには

あるトラブルからその範囲が広い「同様のトラブル」に応用するには、トラブルの原因を定量的に理解し、評価することである。定量的な理解はその発生したトラブルの活用範囲を広げることは、いうまでもない。定量的に理解するには、その現象の背後にある物理現象を数式で理解しなければならない。これは設計 / 開発作業を進めるにあたり、常に数字で考える習慣をつけることで、達成できる。

装置開発を担当する技術者の優劣は、そのトラブルシューティングの能力で決まるいってもよい。たとえば、設計者が書いた計画図を関係者で検討するデザインレビューは、次の点を評価する。

1. その計画した構造で機能を発揮するか
2. その計画した構造は組み立てることができるか
3. その計画した構造を構成する部品は加工ができるか

などであるが、項番 1 の機能を発揮する構造を判断する場合、当該装置がたとえば、100 点の部品からなっていれば、それぞれの部品が相互に動作する際の機能の確認は膨大な量になる。デザインレビューの参加者は、その判断を行うわけである。この本に記載したトラブルは、そのトラブルにフォーカシングしたので、極めて判り易いと考えるが、このような多数の部品で、特にデザインレビューのときに問題点を見出すのは至難の業である。この困難を克服するには単純なトラブルを理解し、この理解でデザインレビューに臨み、同様なトラブルをレビューすることである。ゆえに、当該技術者のトラブルシューティングの優劣は所有する単純なトラブル事例の数で決まる。このトラブル事例は自分で経験した事例ほどその技術者にとって印象が強く、役に立つものはないが、限られた技術者生活で、遭遇できるトラブルは限定的である。この限定的な量を増やすには先に述べた定量的なトラブル現象の理解によって、同様のトラブルを発生させないその

応用範囲を広げることである。

企業において試作装置の開発作業を担当していた執筆者は、多くの試作装置を設計開発した。半年程度の期間である設計が終われば、すぐに次の新しい装置の設計に取り掛かるという繰り返しである。新しい装置の設計作業を行っている最中に前の装置の部品加工が終了し、装置の性能出しが始まる。この性能出しがすんなりいくことはまずなく、多数のトラブルが発生し、このトラブルシューティングに時間を取られる。この時間を取られている時、担当している新しい装置の設計納期が迫り、十分に検討することなく出図する。この場合、今回の新しい装置は多くのトラブルを有する装置となり立ち上げ時、さらに多くの時間を取られることになる。この立ち上げ期間に同時に進行している設計作業に時間を割くことができないで、おろそかになり、この装置はトラブルを有する装置になる。要は俗にいう「負のスパイラル」に突入したことになり、毎夜栄養剤を飲んで仕事を行う状況になる。このような負のスパイラルを断ち切るにはトラブルを発生させないことである。このトラブル防止にこの本を活用していただきたい。この本を読めば、その時点で夕食は自宅でかみさんとワインを飲みながら食事というわけにはいかないが、時間は生産的なより前向きな設計作業に使用できるはずである。

装置開発設計者は要求者から仕様を聞いて、設計、製作、立上げ作業を行ったのち要求者に渡して、期待通りの機能を発揮するまで、3 度の病気に遭遇する。最初の病気は仕様を満足する構造の基本構想を決める作業で、ああでもないこうでもないと悩んで、これで行こうと決める時、2 番目は設計が終了し製作図面を加工現場に出図する時、最後の病気は部品製作が完了し、現場で組み立てが終わり、制御系の火を入れる時である。2 番目の病気では作成する図面でトラブルなく組み立てができるか、採用した機構は期待通りの動きをするかなどで、出図後は心配な構造で睡眠中に目が覚めて、キー部品の精度はちゃんと入っていたかと心配になり、早く出勤し出図した図面を「そーっと」眺めて安心することはしょっちゅうである。これは経験したことがない人でなければ理解できない心境であるが、最後の病気は装置の性能を確認する時で、スイッチを入れて装置を起動し、キーとなる機構を動かす時はなんともいえない気分である。設計担当者はこのように神経をすり減らしてその作業を行うわけであるが、この本は設計者の病気すべてに効果があるわけでなく、この 2 番目の症状を和らげることになる。

本書は 1 項目ずつで区切った構成としたため、項目末に余白が発生した。この余白を埋めるべく、「エンジニアの忘備録」と称して、装置開発作業を通して経験したこと、気付いたことを半ページぐらいの量でまとめてみた。多少独善的な内容ではあるが正直な気持ちを書いたつもりである。問題を共有して、何らかの役に立てば苦労して書いた労が報われることになる。併せてご一読いただきたい。

筆者は、今回の主に経験の視点からの「設計の勘所　上　経の巻」に続いて主に解析の視点からの「設計の勘所　下　析の巻」を計画している。2 年後の東京オリンピックの終了後には完成させたいと考えているので、ご期待いただきたい。

2018 年 5 月末日
久我山の自宅にて
金友正文

[目次]

01 回転軸受けの軸方向ガタの除去

概要

車輪に代表される回転運動は、直線運動と共に機械に使用されてきた。運動の主要部品の回転軸受けは、回転軸方向と半径方向の荷重を支持する機能を持っており、両方向の回転精度は、その回転軸受け精度と、それを回転運動に反映する構造、すなわち使用法で決まる。

ここでは、回転軸方向変位（ガタと呼ぶ）のトラブルについて示し、そのガタを取る方法を説明する。背面合わせの組み合わせ**アンギュラコンタクト軸受け**[解説1]を、回転軸方向のガタを除去する目的で、内輪と外輪の端面が接触する構造で組み立てた（**図1-1**）。このとき、期待に反して回転体のフランジ面にて回転軸方向変位50μmが発生した。ここで使用した軸受けの諸元値と構造は次のとおりである。

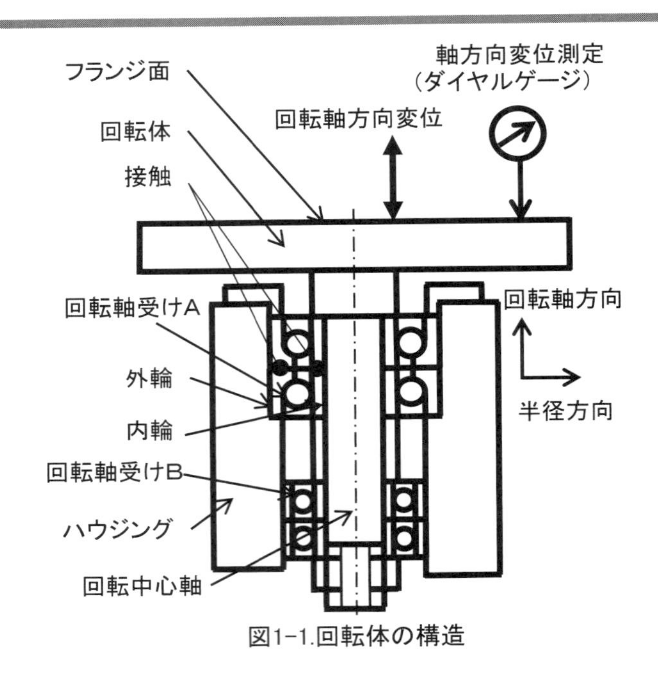

図1-1.回転体の構造

軸受け仕様

①回転軸受けA：背面合わせの組み合わせアンギュラコンタクト軸受け[解説1]

②回転軸受けB：単列深溝軸受け[解説1]

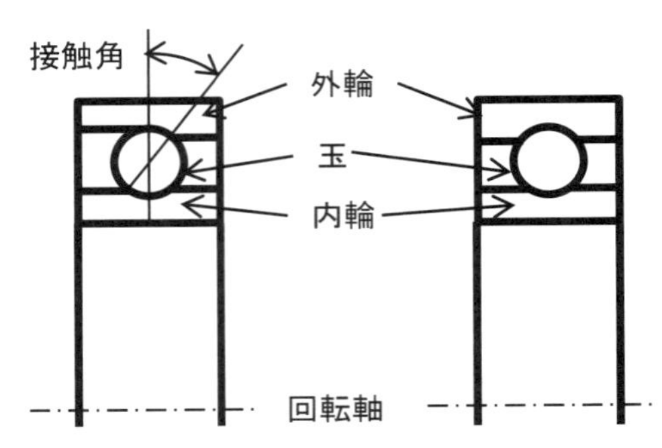

図1-2.回転軸受け構造

回転軸受け構造

①上部に背面合わせの組み合わせアンギュラコンタクト軸受けを配置し、半径方向荷重と回転軸方向荷重を支持する。

②下部に単列深溝軸受けを配置し、半径方向の荷重を支持する。

③運動中の昇温により回転軸受けが軸方向に伸びて、軸受けに無理な力が加わるのを防止する目的で、1対のアンギュラコンタクト軸受けを、回転軸方向に熱膨張の影響の少ないように近接して使用する。

解説1 背面合わせのアンギュラコンタクト軸受け

単体構造のアンギュラコンタクト軸受けと単列深溝軸受けの断面図を**図1-2**に示す。

半径方向と回転軸方向の両荷重を複数個の通常2個の1対の軸受けで支えるアンギュラコンタクト軸受けの、玉と外輪の接触角により、その回転軸方向の支持荷重が決まる。軸方向左右のガタを除去する組み合わせ軸受けについて、**図1-3**に示す。組み合わせ方法によって、正面組み合わせ、背面組み合わせの2方法がある。正面組み合わせでは、右荷重に対しては右側の軸受けが、左荷重に対しては左側の軸受けが荷重を支える。この組み合わせ軸受けは、組み合わせた使用状態でガタを除去するように製作され、メーカーから供給されており、その外輪には組み立てる際の合わせマークが電気ペンで記されている（**図1-4**）。組み立て時に、内輪同士・外輪同士がそれぞれ接触する状態にすれば、目的とするガタを除去できる。

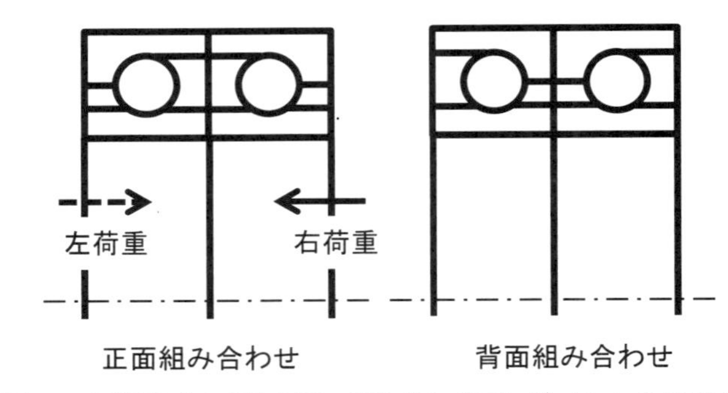

図1-3. 回転軸方向ガタの無い組み合わせアンギュラコンタクト軸受け

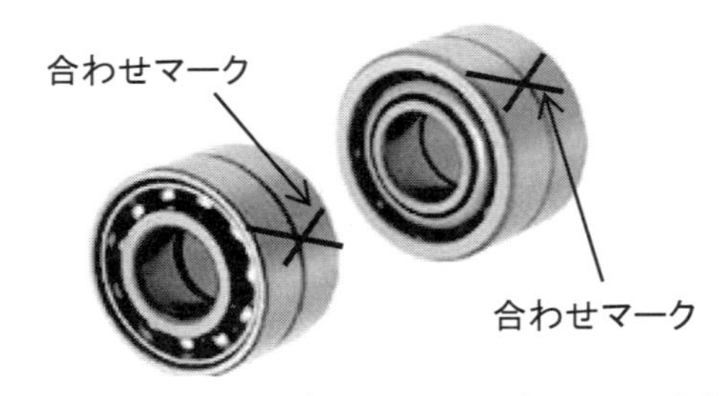

図1-4. 組み合わせアンギュラコンタクト軸受けの合わせマーク

単列深溝軸受けは、半径方向の荷重の支持を目的とする軸受けで、軸方向にガタを持っており、このガタの量は、玉と内輪外輪の接触部の曲率で幾何学的に決まる（**図 1-5**）。

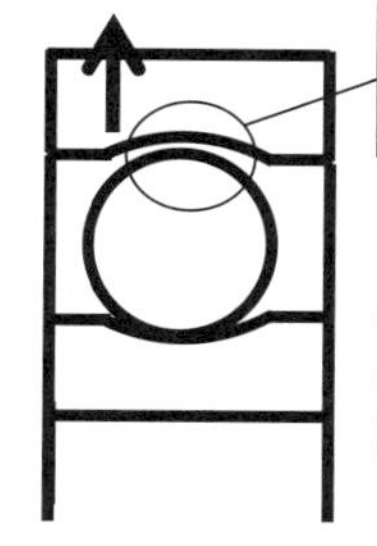

単列深溝軸受けにおける外輪と玉の接触部の寸法による回転軸方向/半径方向の隙間で、この隙間量は軸受けの仕様でその量が規定されている。

【回転軸方向隅間の算出法】
係数×√半径方向隙間
係数：メーカーカタログ「内部隙間」参照
NSKカタログ：NSK_CAT_728h_86－109（1）「内部すきま」

ベアリング型式	内径（mm）	回転軸方向ガタ（mm）
6004	ϕ20	0.109－0.161
6010	ϕ50	0.148－0.208

図1-5. 単列深溝軸受けと回転軸方向の隙間

原因

軸受けに発生している回転軸方向のガタは、この「軸受け固定」構造では除去できないことによる。軸受けAの回転軸方向のガタは、当該軸受けの外輪を軸方向に固定した場合、内輪が自由に移動する寸法をいう。この場合、この寸法が 50 μm 発生したことになり（2 × ΔX ＝ 50 μm）、**図 1-6** にこのガタが発生している内外輪と玉の状態を示す。

前記したように、ベアリングメーカーから購入した組み合わせベアリングでは、このガタは「ゼロ」となるはずであったが、手違いで通常の単体ベアリングが組み合わせ構造で入荷し、これを組み付けたことで発生した。

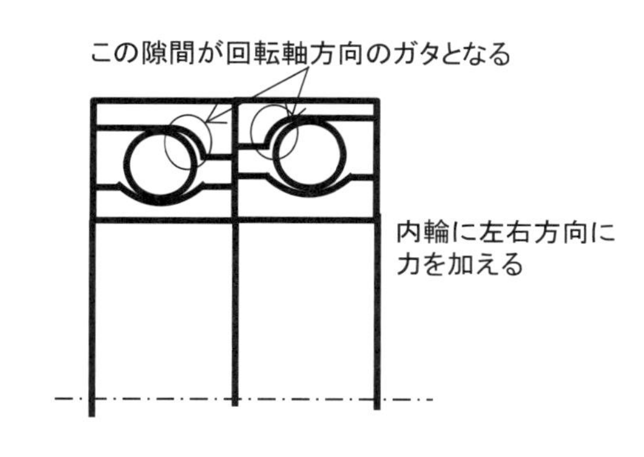

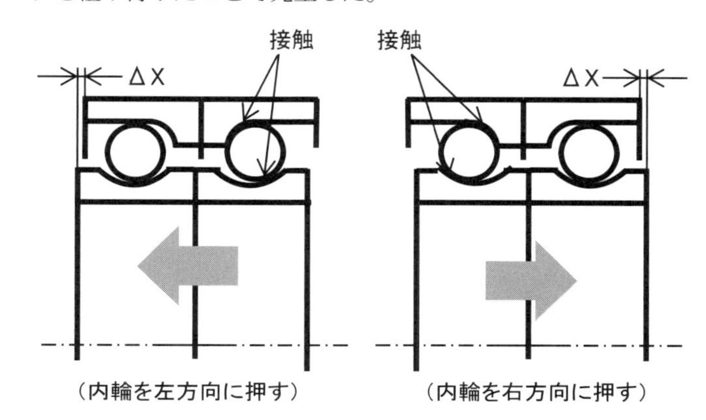

図1-6. アンギュラコンタクト軸受けのガタ

対策

両アンギュラコンタクト軸受け間の内輪部と外輪部に回転軸方向の寸法の異なるリングを挿入し、ガタを除去する。ガタの除去構造と具体的な計測法を**図 1-7** に、その内輪と外輪の両リングの研削盤による回転軸方向の加工法を**図 1-8** に示す。

アンギュラコンタクト軸受けの外輪と内輪の回転軸方向寸法差によるガタの除去構造

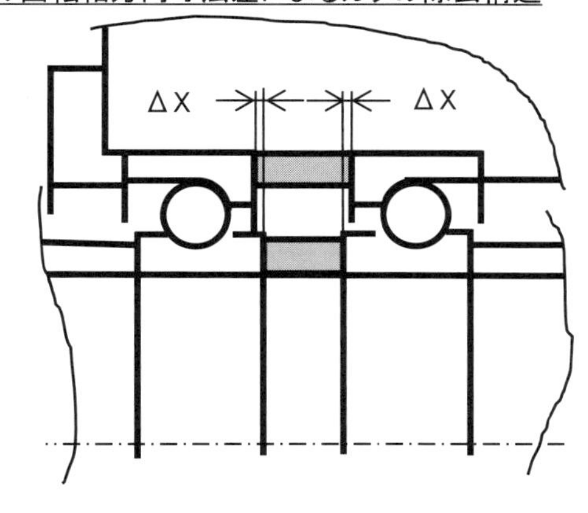

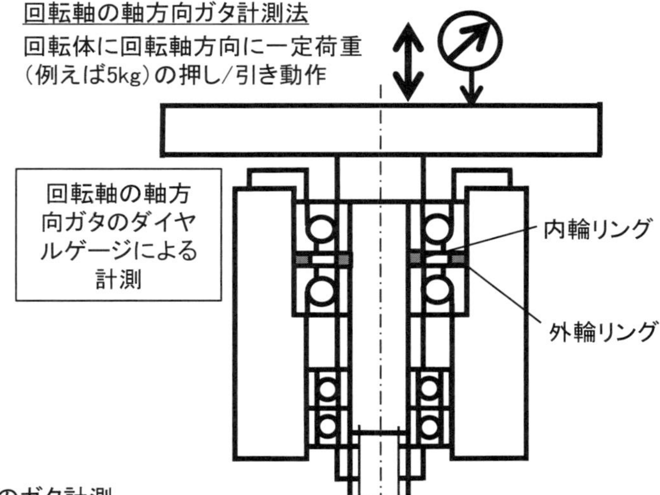

図1-7. 軸受けのガタ計測

内輪、外輪加工/調整法

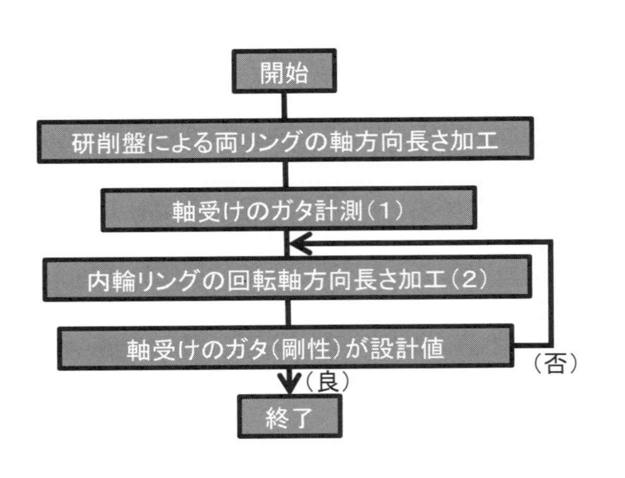

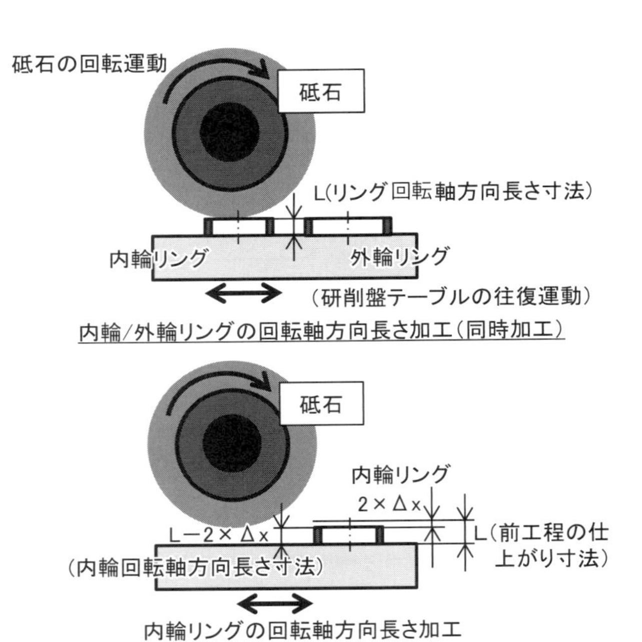

図1-8. 内輪リングの回転軸方向長さの研削盤による加工

軸受けの内輪リングと外輪リングの軸方向長さ加工

①背面合わせのアンギュラコンタクト軸受けを組み立てた状態で、回転軸方向のガタを計測する。
②内輪リングの加工寸法は、ガタにより決定する。
③内輪リングの加工量は、ガタに合わせた外輪と内輪の両リングの長さの差（2×Δ x）とする。
④この作業を繰り返し、目的のガタを得た時点で、作業終了とする。

関連事例

（1）ボールネジ

項番	項目	内容
①	ボールネジ支持軸受けの軸方向のガタ取り	精密移動台の送りネジを支えるアンギュラコンタクト回転軸受けの軸方向のガタ取りは今回の事例で示した方法で除去する
②	ボールネジのガタ（バックラッシュ）取り	ボールネジのガタ（バックラッシュ）は2個のナット間に挿入したスペーサの厚み調整で除去する。

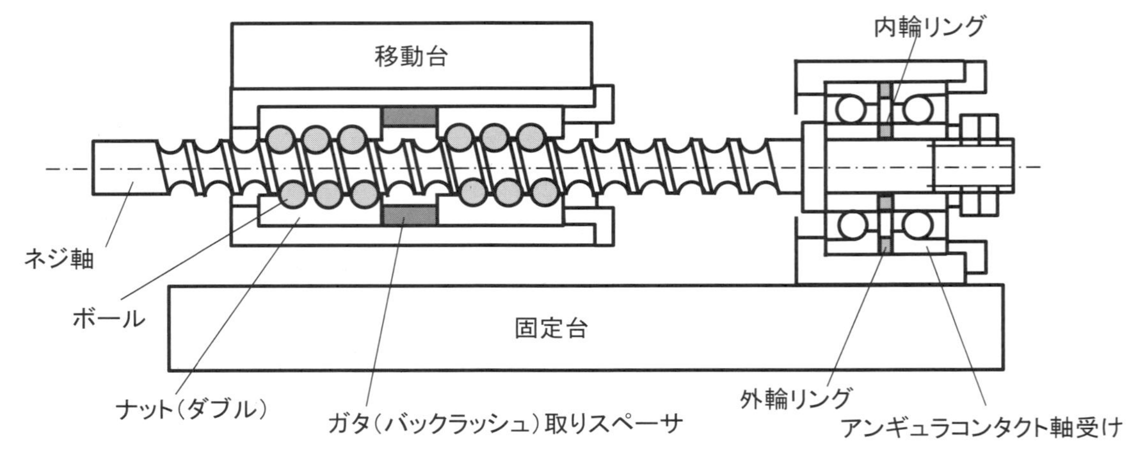

図1-9. ボールネジと支持軸受けの回転軸方向ガタ取り構造

このボールネジのバックラッシュ取りスペーサ構造は、ボールと溝の間の幾何学的な寸法のガタを除去すると共に、ナットによる回転軸方向の剛性の調整に使用することができる。

具体的にはボールと溝は点接触となり、接触時に加わる力と変位の関係を、スペーサの厚さで調整する。**図 1-10** を用いて、2 個のナット間にスペーサを配置した構造の、調整方法を説明する。ナットを固定した状態で、ボールネジの右端から荷重 F を左方向に加え、このときの変位を、左端に配置したダイヤルゲージを用いて計測する。スペーサの厚みを変化させて、そのとき計測した荷重 F と変位Δ x の計測値の考え方を、**図 1-11** に示している。ほとんど荷重が 0 である F1 において変位Δ x1 が生じており、この変位量Δ x1 が、いわゆる「ガタ」と呼ばれるバックラッシュ量である。荷重を加えるにつれてナット、ネジなどの変位が増加しており、ナットの剛性値は荷重をその時の変位で除した数字で示される。目的とした剛性値（単位 kg/ μ m）を得るスペーサ厚みを決定し、その厚みのスペーサを両ナット間に組み込めば、所望剛性値が得られる。

バックラッシュと剛性の差異についてであるが、バックラッシュは荷重を取り去った後でも変位が初期値に戻らないのに対して、剛性は荷重を除去すれば変位はほぼ初期値に戻ることである。なお、バックラッシュの変位を初期値に戻すには、荷重を逆方向に加える。

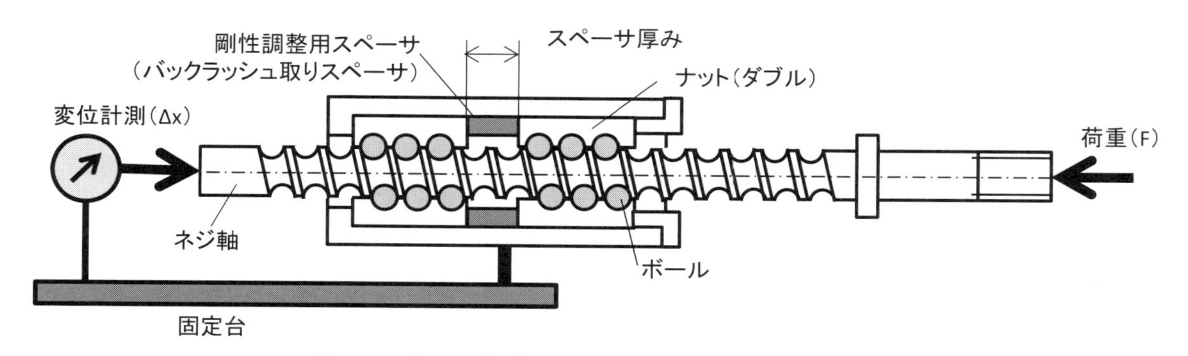

図1-10. ボールネジのナット剛性調整のための計測法

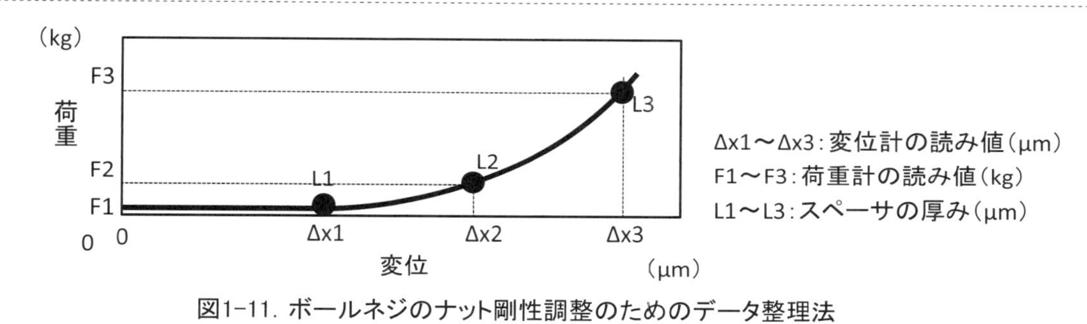

図1-11. ボールネジのナット剛性調整のためのデータ整理法

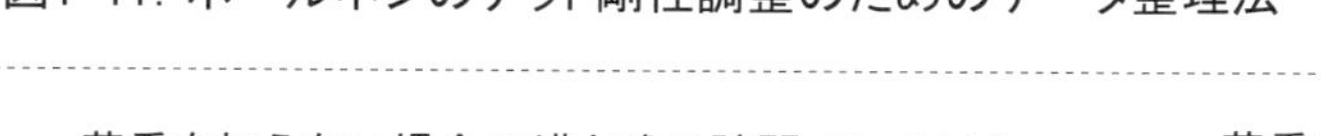

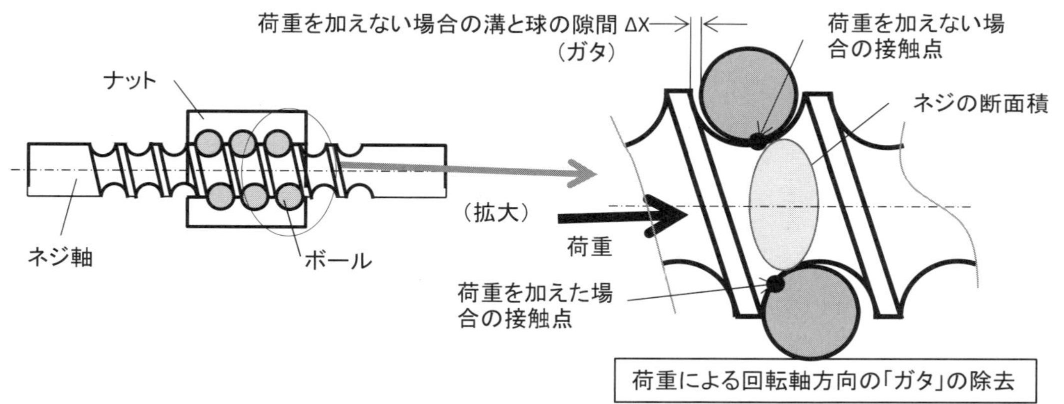

図1-12. ボールネジの剛性

ボールネジの軸方向の剛性を決めるのは、ナットとネジ軸の接触による変位と力の関係であるが、**図 1-12** に示すようにネジの断面積の伸びも合わせて考えなければならない。伸びによる剛性値を高めるには、径が大きく長さの短いボールネジを用いることである。ナットとネジによるネジの軸方向の剛性値は、ボールとネジ軸の接触状態、ネジ軸の断面積、ネジ長さによる力と変形で決まり、具体的には両構造によるバネが直列に配置されていると考えてよい。なお、同様な操作で背面合わせおよび正面合わせのアンギュラコンタクト軸受けの、軸方向剛性値を調整することも可能である。

(2) クロスローラー回転軸受け

単列構造でベアリングの占有スペースが小さく、軸受けのガタを除去できるクロスローラータイプの軸受けが、メーカーから供給されている。その断面構造を**図 1-13** に示す。

用途としては、省スペース、高精度、高負荷が要求される構造体に使用され、たとえばロボットの関節用等に用いられる場合が多い。特徴的な構造は次のとおりである。

①転動体は、円柱形状のころを使用
②内輪と外輪の転がり面はＶ字加工された形状
③外輪は軸方向に２体構造で両部品をネジで固定

回転軸方向のガタ取りは、２体構造部品の外輪を固定するネジの締め付けによる当該部品の、半径方向の位置調整で行う。

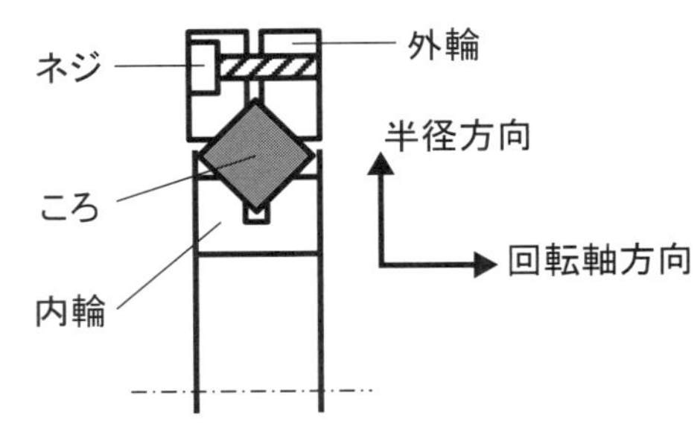

図1-13. クロスローラー回転軸受け

エンジニアの忘備録 1

失敗しないために

仕事で失敗しない方法は、仕事をしないことであるが、給料をもらって仕事をしている身分としてはこの選択肢はない。業務を進めるにあたっては、常にホームランではないにしても、一定の成果であるヒットを打っていかなければ、つらい状況に陥ることになる。そこで、装置の開発作業を行いながら失敗しない方法を見出さなければならないわけであるが、会社に勤務していた時期は日々の忙しさにかまけて、この問題について無頓着な生活を送っていた。会社を離れて時間の余裕ができた今日この頃、この本の「まえがき」の内容と重なる内容はあるが、以下のように考えている。

失敗をしないためには３つの方法がある。一番目は失敗をすることである。これは失敗をしないことと矛盾するが、時間を横軸にとって考えると、若いときにした失敗を、それ以後しないことと考えるとよい。

２つ目の方法は、一度経験した失敗と同じような失敗をしないこと。

最後は、他人が経験したのと同じような失敗を自分はしないことである。重要なのは、「ような」で、これがその技術者の優劣を決めるところとなる。「同じ」失敗と考えた場合、以後この失敗で対応できる対象は「まったく同じ」に限定される。すなわち、同じ寸法、同じ材質を使用した機構、構造物を作ることはまれなので、同じと考えた場合、その範囲は狭くなる。そこで、「同じような」と範囲を広げれば、技術者にとって対応できる事例が広がることによってカバーできる範囲が多くなる。いかにしてこの「同じような」を克服するかがキーとなるが、対処は次の２点であると考えている。

①発生したトラブルを物理現象としてとらえ理解する。
②発生したトラブルの現象を数字で考える。

この方法を実践して行けば、その応用範囲は広がることになる。

片持ち梁の事例で具体的な説明をする。たとえば、100kg の荷重を片持ち梁の L120 × 120 × t8mm、長さ 300mm の等辺山形鋼で支持した。別構造の仕様で同重量の荷重の支持構造であるが、倍の 200kg の荷重を同じ長さの梁で支える構造を決めなければならないとする。荷重が 200kg であるので、それに準じて他の寸法も倍に大きくしておこうと、L250 × 250 × t25mm とした場合、あまりにも余裕のあるごつい形状となり、これはトラブルの一種だといっても過言ではない。

読者の方は、本件に対してどのようなアプローチをすればよいか理解していると考える。L120 × 120 × t8mm の梁で 100kg の荷重支持で問題なかったとすれば、このときの梁の根元の応力を計算し、これと同様の応力が応用事例でも生じるようにその形状を選べばよいわけである。

筆者のいわんとすることは、ただこれだけのことで、実践は容易にできるように思われるかもしれないが、決定までの時間を考えた場合、前者の L250 × 250 × t25mm の決定は一瞬にして実施できるが、応力計算による後者の場合はいろいろと計算が入ってきてその決定までに時間を要し、さらに本件に関する知識と課題解決能力が必要となる。

特にじっくり考える時間がないほど忙しく仕事をしている場合、「感じニアリング」を発揮して「エイヤー」でその寸法を決めて、当面の出図期限はクリアしてしまったがために、製作後このトラブルが表面化し、検討と対策に要する時間が必要となり、結局、約束した納期が守れなくなるということが、よく発生する。担当者にとってもこの種のトラブルシューティングはストレスのたまる仕事となる。

この事例では比較的単純な技術者にとってはなじみ深い梁の問題を取り上げたが、実務では複雑な現象に出会うことが多い。これらの現象をすべて理解し、定量的に評価するということは不可能に近いが、機械の開発技術者はこれを行わなければ、その技術を入手することはできない。

失敗をしないための第３の方法である他人の失敗を自分が繰り返さないためには、同僚の技術者とのコミュニケーションが重要となる。このコミュニケーションの場としては、週に一回開催される報告会といった機会が用意されている。このとき、聴講者である参加者の多くは報告される内容についてじっくり考えている余裕などないのが実情である。通常、朝に開催される報告会では、閉会後に推進する担当装置のトラブルシューティングの内容を考えているなどして、折角の貴重なトラブル事例の情報源が無駄となっているわけである。

このような報告会では、頭を切り替えて報告内容に集中することが重要である。口で言うのはやさしく、実際に行うのは難しいのだが、少しずつ訓練を重ねて、この切り替え能力を獲得するようにしたい。

02 小型モーター軸受けの過大荷重による破損

概要

図 2-1 に、ウォームとハスバ歯車による減速器を用いて DC モーターで円盤を回転駆動する機構の、正面図と平面図を示す。DC モーターの回転を、カップリングを介して接続したウォームと噛み合うハスバ歯車に伝え、ハスバ歯車に取り付けた円板を回転する構造となっている。なお、ウォームとハスバ歯車は、大減速機械要素部品として使用しており、その減速比は 1:50 に設定している。ウォームとハスバ歯車は、転がり運動を行う回転ベアリングを用いて、図示する構造でその両軸端を支持している。この構造で円板を回転駆動したところ、**図 2-2** の断面構造のモーターが停止する事故が発生した。事故の状況は次のとおりである。

(1) モーターの回転軸が回転不能な状態となった。

(2) **図 2-2** に示すモーターの出力軸に近い負荷側のベアリングが破損した。

(3) ベアリングの破損の状況

- ベアリングの内輪はモーター回転軸に残存している。
- ベアリングを構成する他の部品である外輪、玉、リテーナーは分解して飛散している。

(4) この事項は複数回発生した。当初はモーターの交換で対処したが、2 カ月後に再度破損事故が発生した。

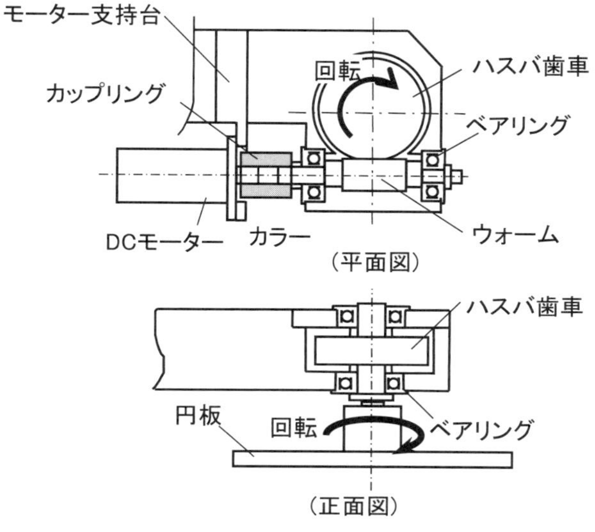

図2-1. 円板回転駆動構造図

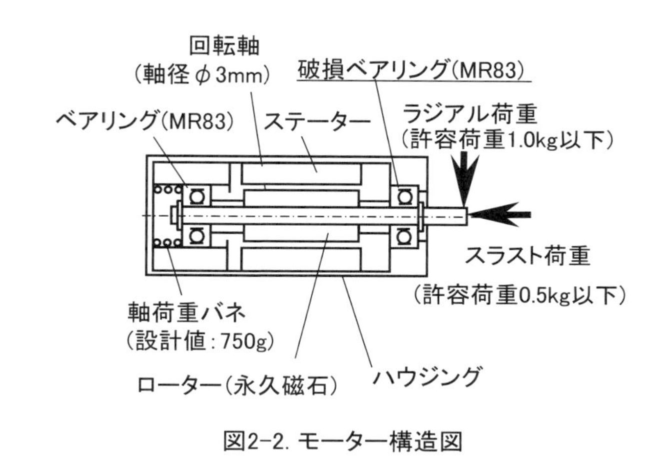

図2-2. モーター構造図

原因

この事故は、モーター軸に許容荷重以上の過大な荷重が加わったために、ベアリング内のボールと接触するリテーナー間でオイル切れによる潤滑不良状態が生じ、両部品の間の摩擦力が増大する金属同士の「かじり現象」が発生したためである。モーター出力軸に加わった荷重の種類と内容は次の通りである。

荷重の種類	内容
カップリングのミスアライメント	カップリング方式：ヘリカルカップリング、材質：ステンレス 取り付け変位と荷重の関係：平行変位：16kg/mm、回転変位：0.5kg/deg
カップリングの回転不釣合い	定常回転の 1,800rpm、回転不釣合い 2g･cm で 0.07kg の遠心力
カップリングのスラスト力	ウォームの軸力をカップリングを経由してモーター軸で支持する構造で、モーターの回転駆動力（定格トルク）による軸力の発生 モーターの定格回転トルク：0.15kgcm

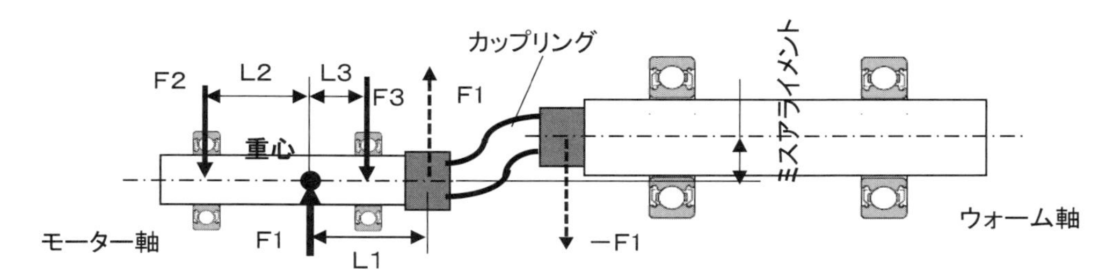

図2-3. DCモーターの回転軸に加わる力

(1) カップリングのミスアライメント

[ミスアライメントによりベアリングに発生する力]

並進力の釣合い：F1＝F2＋F3 …… ①

モーメント力の釣合い：F1×L1＋F2×L2＝F3×L3

（回転中心は**図2-4**に示す重心位置とする） …… ②

F3を求める（①②式からF2を消去する）

$$F3=\frac{L2+L3}{L1+L2}\times F1$$

前頁の表す F1 の値は、カップリングのミスアライメント量から決まる。

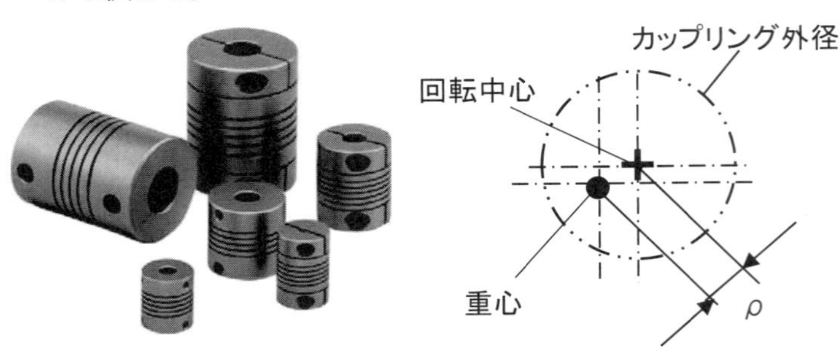

ヘリカルカップリング
出所:三木プーリ「カタログ」

図2-4.カップリングの偏芯量
（回転軸方向から見る）

すなわち、ミスアライメントの平行変位と回転変位の量によって、破損したベアリングに加わるラジアル方向の負荷荷重が決まる。

[カップリングの遠心力によって発生する力]

遠心力による発生力：$F4=w\rho\omega^2/g$

ω：回転角速度（＝2 x 円周率 x 回転数（rps））（rad/s）

回転数を定常回転の1,800rpmとした場合回転角速度は188.5rad/s）

ρ：カップリングの偏芯量（m）

カップリング回転中心：ウォーム軸とモーター軸の各中心の変位量

カップリング重心：カップリングの重量が集中していると考える仮想的な点

w：カップリング重量（kg）

g：重力加速度（$9.806m/s^2$）

カップリングの偏芯量は、モーター軸とウォーム軸の偏芯量の半分の量と見積もる

(2) ハスバ歯車による軸方向力

[ウォームとハスバにより発生するスラスト力]

ウォームに発生するスラスト力は、つば付きベアリングで支持する構造となっている。

ウォームの軸力計算のための緒元値

ピッチ円直径：Φ20mm

進み角：7°

ウォーム回転力＝DCモーターの定格トルク＝0.15kgcm

$$\tan(\text{進み角})=\frac{\text{回転方向の力}}{\text{軸力}}$$

$$\text{発生する軸力}=\frac{\text{回転方向の力}}{\tan(\text{進み角})}=\frac{0.15}{\tan 7^\circ}=1.2\text{kg}$$

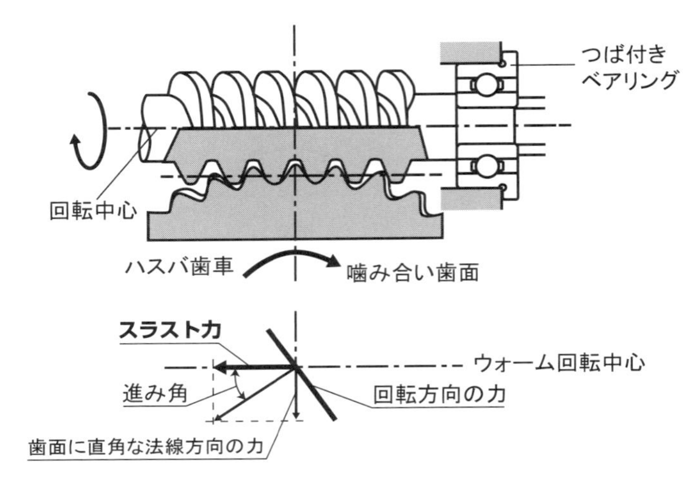

図2-5. ウォームとハスバの噛み合いにより発生する力

対策

項目	内容
カップリングミスアライメント	モーター軸とウォーム軸の軸心調整を 0.1mm 以下に調整
カップリングの回転不釣合い	カップリングの材質をステンレスからアルミニウムに変更し重量を低減 ←アルミニウムの比重はステンレスの約 1/3 と小さく回転不釣合い力が軽減可能
ウォームとハスバによるスラスト力	カラーをピンでウォーム軸に固定し、カップリングへのスラスト力の伝達を防止

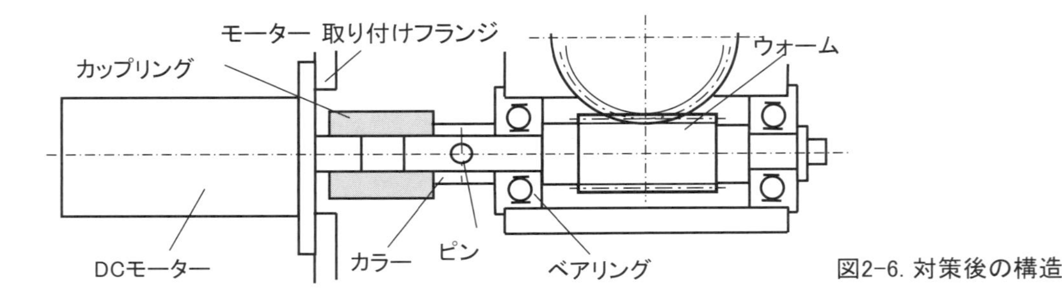

図2-6. 対策後の構造

対策の方針は次の3点である。
①ウォーム軸とモーター軸の回転の芯出しを行う
②回転による不釣合い力を低減する
③ウォームとハスバの噛み合いによる軸力をモーターに伝えない

このうち、①の「ウォーム回転軸とモーター回転軸の芯出し」構造について、その具体的な4種類の構造を次に示す。

項番	項目	内容	実現に伴う作業他
(1)	取り付け穴の機械加工による芯出し	モーター取り付け基準インロー穴とベアリング穴の機械加工による位置合わせ	機械加工により実施される方法
(2)	モーター取り付けフランジの位置決めピンによる芯出し	モーター取り付け台のベアリング軸受けの位置決めピンによる回転中心の合わせ	モーターと取り付け台とベアリング収納軸受けが、一体加工不可能な場合の方法
(3)	組み立て治具による芯出し	モーター軸とウォーム軸の治具による芯出し	簡便な方法であるが、芯出しのための治具が必要
(4)	計測による芯出し	モーター軸とウォーム軸の組み立て時の計測調整による芯出し	計測器取り付けスペースの確保と調整工数が増加

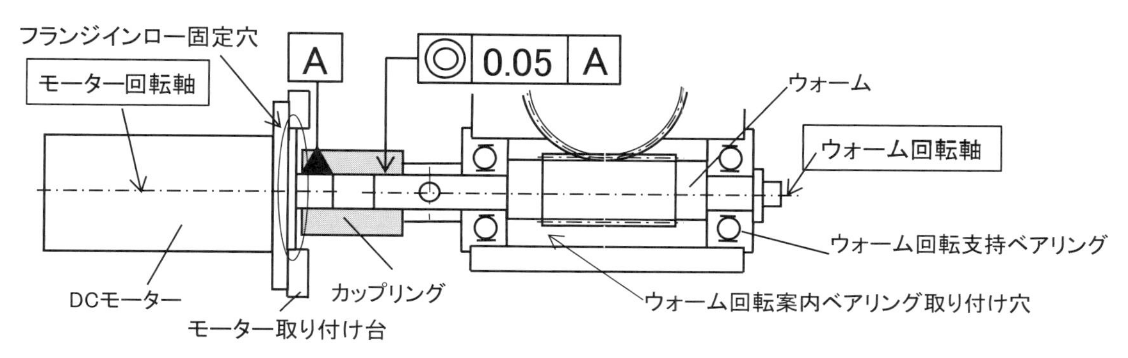

図2-7. ウォーム軸とモーター軸の芯出し量

モーター回転軸とウォーム回転軸の芯出しは、モーター取り付け台のインロー構造のフランジ固定穴と、ウォームの回転案内ベアリングの取り付け孔を所定の同芯度に加工しなければならない。上図では、モーター軸に対してウォーム軸の同芯度を0.05mmを指定している。

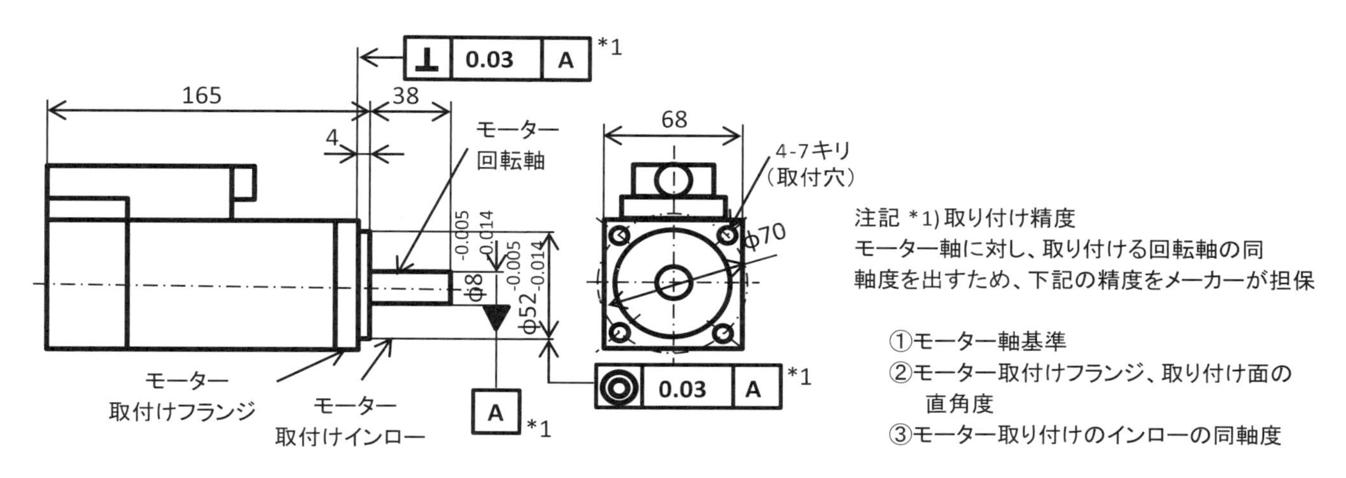

図2-8. モーターの回転軸とモーターの取付けフランジの芯出しインロー部の構造

(1) 取り付け孔の機械加工による芯出し

ギアボックスとモーター取り付けフランジの一体構造化が可能な場合、モーターの取り付けフランジの芯出しインローとはめ合うB穴と、ウォームの支持ベアリングを固定するC穴の同時加工を、機械加工によって行う。この場合、加工は穴を高精度に加工する治具ボーラーを用い、図示した形状精度の加工を行う。加工は内径の大きいC穴側から通し加工とする。

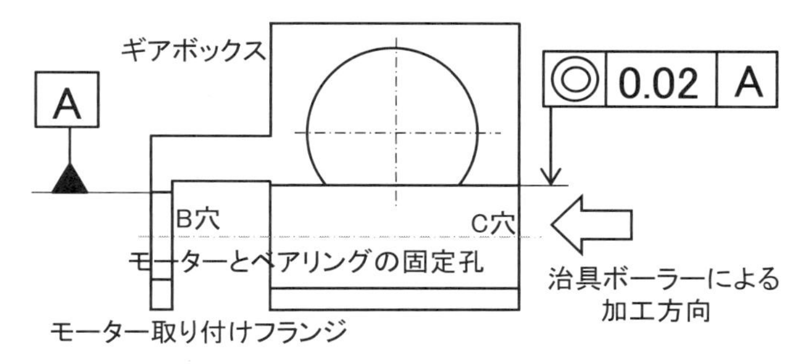

図2-9. 機械加工による芯出し構造

(2) モーター取り付けフランジの位置決めピンによる芯出し

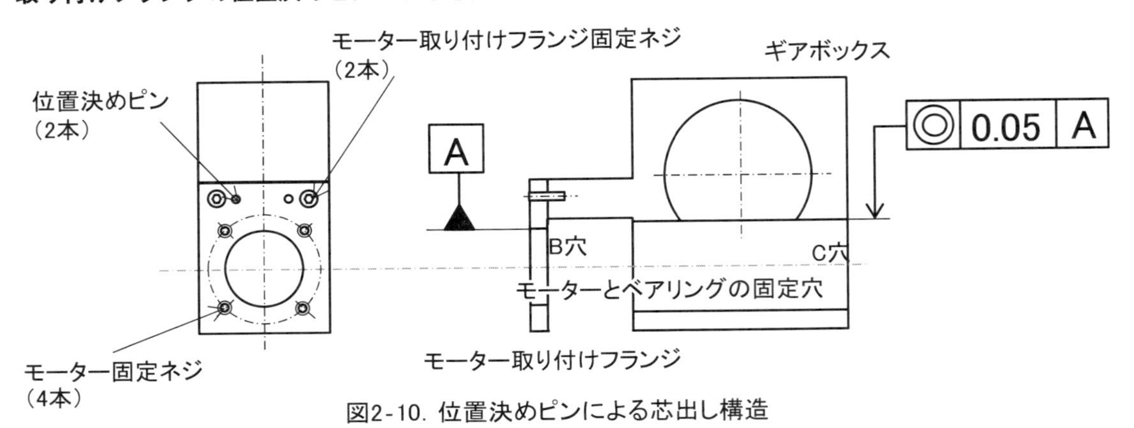

図2-10. 位置決めピンによる芯出し構造

ギアボックスとモーター取り付けフランジ部品の一体構造化ができない場合、モーターとベアリングの固定孔の位置を決めて固定する。このとき、モーター取り付けフランジに加工するピンの穴とギアボックスのベアリング穴ピンの穴位置は高精度に加工しておく。**図2-11**に両部品の製作図面においてその基準ピンの記載例を下図の通り示す。このとき、取り付け面の接合面は、両軸の倒れが発生しないよう、形状精度を指示する。

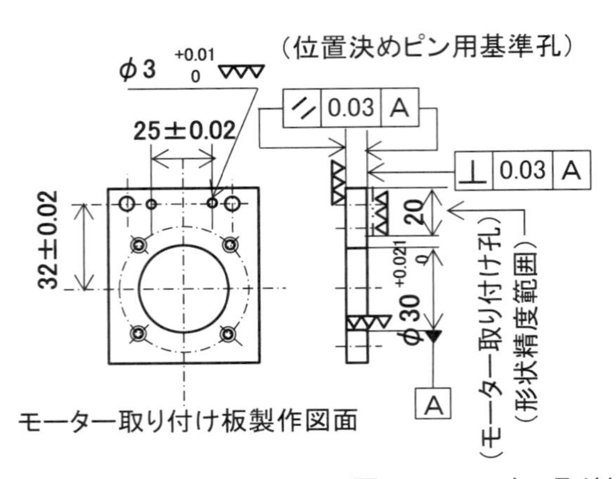

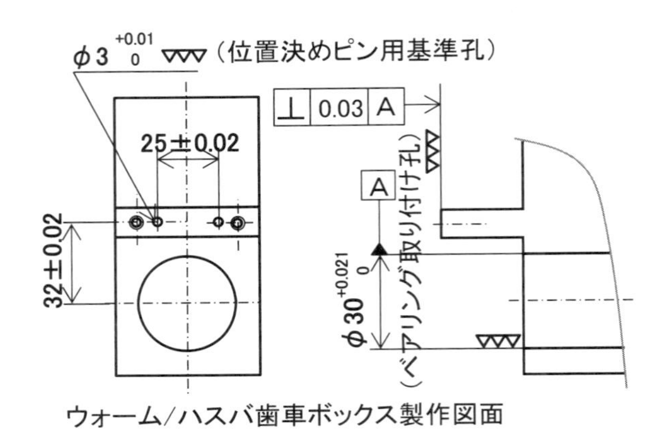

図2-11. モーター取り付け板、ギアボックス部品製作図面

(3) 組み立て治具による芯出し

モーター軸をウォーム軸に差し込む位置合わせカラーを**図2-12**に示すように使用し、回転中心を一致させた状態で両部品を固定ネジで締結する。この方法を実施する場合、両部品の固定ネジによる締結面（モーターフランジ面）内の位置合わせはこのカラーにより可能であるが、回転軸の倒れの調整は困難なので、両部品の取り付け座となる面の、当該方向の精度に見合った機械加工が必要となる。

位置合わせカラー使用の際の組み立て手順は次の通りである。

①位置合わせカラーを使用し、**図2-12**に示すように組み立てを行う。このとき、DCモーターの回転中心とウォームの回転中心は、位置合わせカラーによって図示した形状精度に保持できるように、各部品の精度を決める。

② DCモーターとモーター取り付け台を固定する固定ネジを緩め、DCモーターとモーター取り付け台を分離する。

③位置合わせカラーをDCモーターから取り外し、この位置にフレキシブルカップリングを取り付ける。

④ DCモーターとフレキシブルカップリングの一体部品をモーター取り付け台に固定する。このとき、上記②の操作で緩めた固定ネジの締め付けで固定する。

⑤フレキシブルカップリングのウォームの取り付けネジ（コレット構造、図示せず）を締め付けて組み立てを完了する。

この組み立て手順は、モーター取り付け台のモーター固定穴とモーター回転軸との同芯構造が基本となっている。

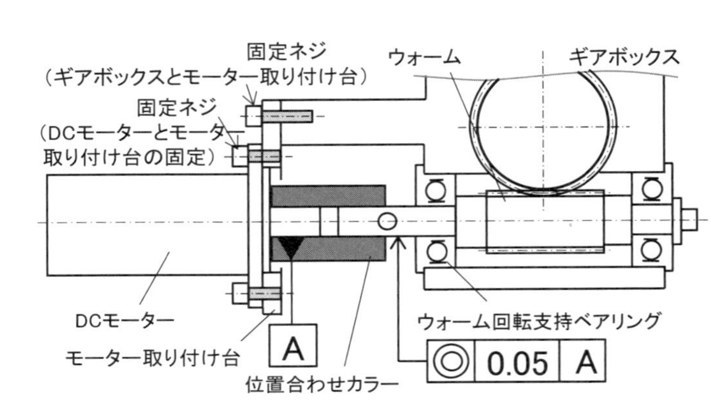

図2-12. 組み立て治具による芯出し法

（4）計測による芯出し

ギアボックスとモーター取り付け台の位置をDCモーター軸とウォーム軸の回転中心を一致させるように**図2-13**に示すダイヤルゲージを用いた芯出しにより実施し、両部品を固定ネジで締結する。

この方法による場合、両部品の固定ネジによる締結面内の位置調整は計測により可能となるが、両回転軸の倒れの調整は困難であるので、両部品の当該方向の精度に見合った機械加工が必要となる。この部品は**図2-14**の形状精度で示すようにウォームの回転を保持するベアリング穴とモーター固定面の直角精度を得るための形状精度記入となっている。

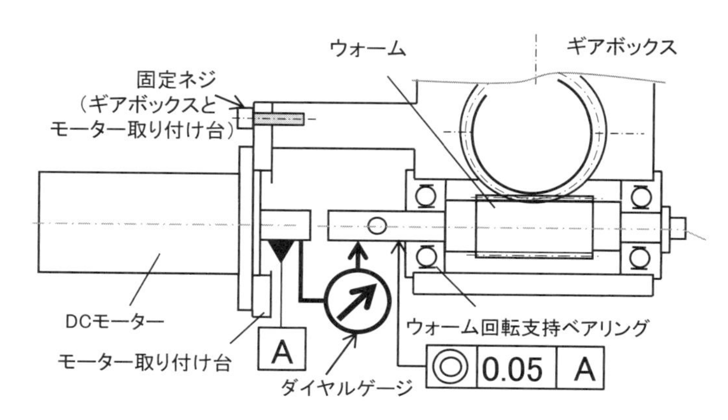

図2-13. 計測による出し構造

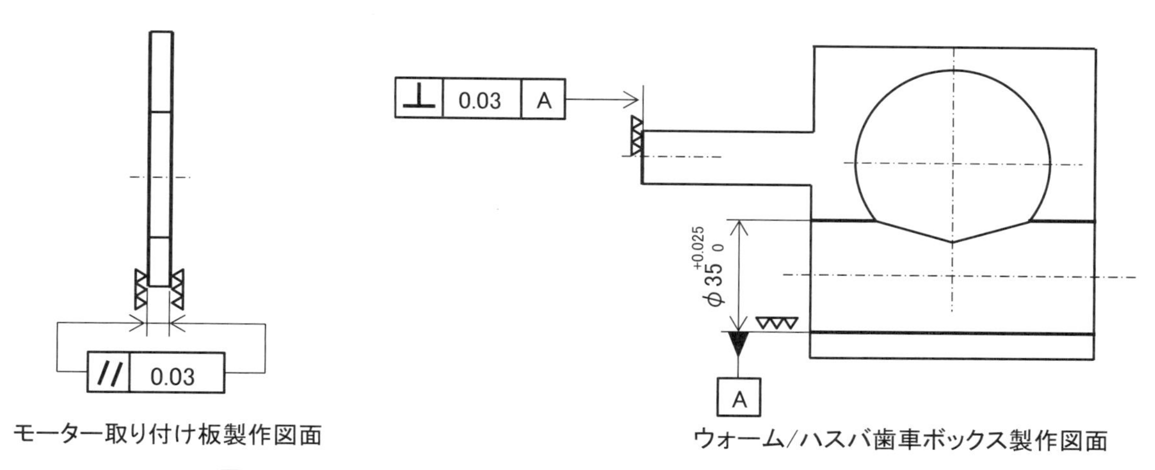

図2-14. モーター取り付け板、ギアボックス部品製作図面

関連事例

設計指針：モーターを使用する場合、その回転軸に加わる力を仕様値以下で使用する。特に小型のモーターを使用する場合、使用ベアリングの小型化に伴い定格荷重が小さくなるので、この値を評価して使用しなければならない。軸に加わる力として以下の項目について検討する。

（1）被回転体の負荷重量
（2）カップリングのミスアライメント(遠心力、変形力)
（3）モーター軸の高負荷側のベアリングのラジアル力およびスラスト力

エンジニアの忘備録 2

プロ同士の会話

精密移動台の要求者である歯車の専門家と一緒に、発注したハスバとウォームの高精度歯車の検収にメーカーを訪問した。

この歯車は減速系の最終段に取り付ける部品で、回転角度伝達誤差がその性能を左右する。検収では先方の責任者である社長が対応し、角度伝達誤差の計測器上にセットされた一対の歯車を見せていただき、合わせて検収項目の仕様値を満足するデータを提示された。

これで検収は終了したにもかかわらず、同伴した歯車の専門家は、ウォームとハスバの位置関係を微小寸法変えた状態での測定を依頼した。社長は即座にこの意図を理解した後、要求された状態を再現し、角度伝達誤差の計測を、その位置で行った。微小寸法変えた状態は①心間距離を20μm広くした場合、②噛み合い部をハスバ歯車の回転軸と並行方向に1mmずらした場合、③ウォーム軸を20μm斜めにした場合で、いずれの場合も理想的な噛み合い状態で計測された最初に提示されたデータと同じ数値が得られ、問題なしで検収を終えた。これは「インボリュート歯車は、噛み合い位置が変わっても角度伝達誤差は変わらない」というその基本法則をチェックするための要求で、即座にこれを理解した社長は理由を聞かず、ユーザーが要求する測定を実施したわけである。

帰りの電車の中でこの状況の背景を教えてもらい、まさにプロ同士の会話とはこのような内容をいうのだと、深く印象に残った。私もこのような技術者になりたいと、つらいときにはこの会話を思い出して乗り切ってきた。歯車の理想的な噛み合い位置とは、歯切りしたときの位置を組み立て位置で再現することだということは、そのときに教えられた。

03 遠心力によるベアリングの破損

概要

図 3-1 に示す CCC（Counter Current Chromatography：向流クロマトグラフィー）装置は、溶液中に溶け込んだ微量の物質を遠心力により濃縮する機能を持つ。遠心力は図示する公転運動と自転運動により発生し、チューブ内を連続的に流れる処理液を濃縮する*1。公転軸受けで支持され、自転軸受けを搭載した回転板をベース板上に取り付けたモーターにより、タイミングベルトを用いて回転駆動する。この結果、回転板に搭載した自転軸受けに支えられた回転ドラムに巻きつけたチューブに、遠心力が発生することになる。回転ドラムの自転運動は、固定側の回転板の上方に配置した固定歯車に公転する自転回転軸の歯車の噛み合いで得られ、回転比は 1：1 となっている。

本装置を運転したところ、80 時間の運転で自転軸受けが破損した。

この濃縮装置の機構部の諸元値は下記の通りである。

(1) 回転数：1,200rpm
(2) 自転ベアリング：6003ZZ（動定格荷重：6,000N）
(3) 公転ベアリング：6005ZZ（動定格荷重：10,100N）
(4) 自転軸、回転軸部品の材質：ステンレス

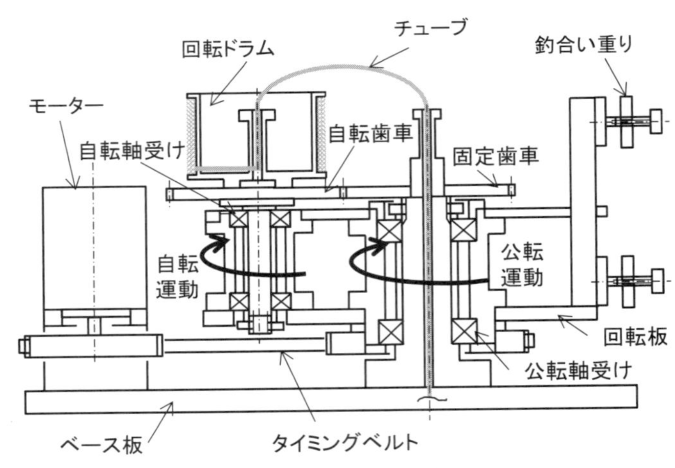

図3-1. CCC装置外観図

*1)　CCC装置の原理は　ぶんせき　1998年1月号 「入門講座 高速向流クロマトグラフィー（北爪英一著）」を参照

原因

破損した軸受けは**図 3-2** に示す通り、外輪の内周部と玉の間にかじった跡が観察された。この破損は、軸受けの外輪と玉の間に発生した過大な力が原因で、次の 2 種類の力の発生によるものである。

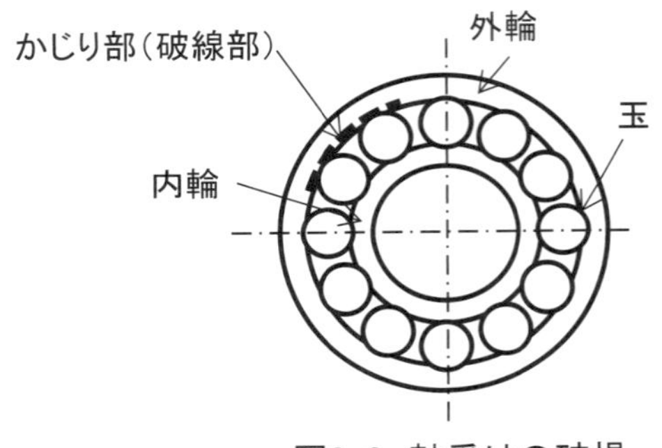

図3-2. 軸受けの破損

公転運動する自転軸受けに加わる外力

(1) 公転運動による自転する回転ドラムに発生する遠心力
(2) 自転ドラムの回転不釣合いによって発生する遠心力

公転運動による自転する回転ドラムの軸受けに発生する遠心力が大きく、軸受けの破損に至った。この発生した力を見積もり、軸受けの寿命を算出する。なお、回転ドラムの回転不釣合いによる力は当該部品の**回転バランス取り**[解説1] により低減している。

回転体の緒元値

(1) 自転する回転体の質量：0.8kg
(2) 回転数：常用 1,200rpm

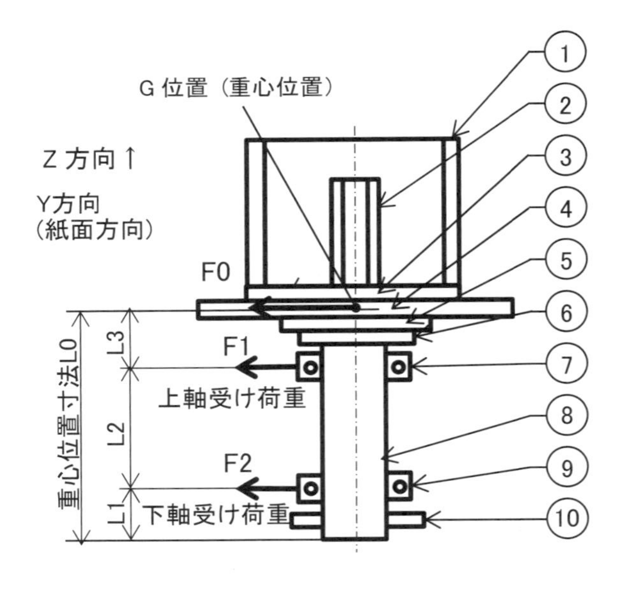

図3-3. 回転体の形状と重心位置

（軸受けに加わる荷重の計算の手順）

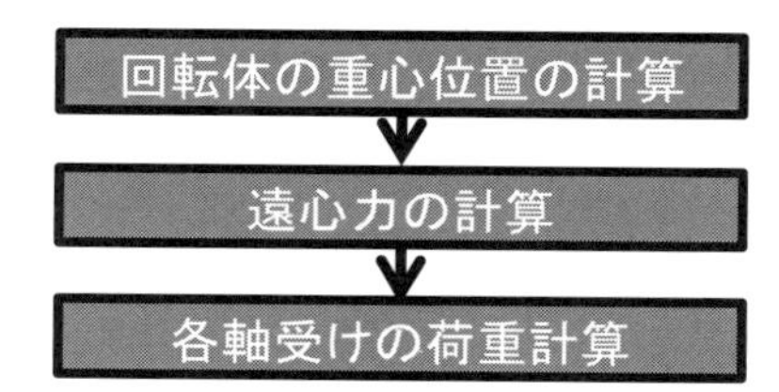

（重心位置の計算）

①回転体の各部品の重さと下端位置からの各部品の重心位置までの寸法

②回転体の各部品の重量×各部品の重心位置までの寸法

③②の合計値の算出

④③の合計値 / 回転体重量が基準位置から Y 方向の紙面方向を回転中心とする重心距離（LO の算出）

（遠心力の計算）

遠心力は下記の式で求まる。

遠心力＝m×r×ω^2

m：質量（kg）

r：回転半径（m）

ω：回転角速度（rad/s）

（上下の軸受けに加わる力の計算）

F1、F2 が求める軸受けに加わる力である。

この力は次の 2 つの方程式から求めることができる。

並進力のつりあい：F0＝F1＋F2 … ①

回転モーメントのつりあい：L3×F1＋（L2＋L3）×F2＝0 … ②

この回転の式中の回転中心は重心位置とした（図中 G 位置）。

項番	寸法 (mm)（材質）	重さ (g) ①	各部品の重心位置 (mm) ②	重さ× Z 位置 (gmm) ①×②
1	φ 78 × φ 70 × 80（AL）	208	134	27,872
2	φ 15 × φ 4 × 60（AL）	27	124	3,348
3	φ 78 × 3（AL）	37	94.5	3,496.5
4	φ 100 × 5（SUS）	314	90.5	28,417
6	φ 22 × 5（SUS）	15	82.5	1,237.5
7	φ 22 × φ 15 × 10（SUS）	22	75	1,650
8	φ 15 × 80（SUS）	114	40	4,560
9	φ 22 × φ 15 × 10（SUS）	22	12	264
10	φ 28 × φ 15 × 3（SUS）	11	5	55
	合計	800 ⑤		73,495 ⑥

記号	寸法（mm）
L0	91.9
L1	12
L2	75
L3	4.9

（上下の軸受けに加わる力の計算）

遠心力：$mr\omega^2$

m＝0.8 kg

r＝0.1 m

ω＝1200÷60×2×π＝125.664 rad/s

$mr\omega^2$＝0.8×0.1×125.664^2＝1263.3 N＝1263.3÷9.806＝129 kg

この遠心力が重心位置に加わる。上式に代入して各軸受けに加わるラジアル力を求める。

①式に緒元値を代入して：128.83 ＝ F1 ＋ F2 … ③

②式に緒元値を代入して：(91.9 − 43.5) × 128.83 ＋ F1 × (12 ＋ 75 − 43.5) − F2 × (43.5 − 12) … ④

③④式から F1、F2 を求めると

F1 ＝ 232.9 kg

F2 ＝− 104 kg

（重心位置の算出）

Z位置（下端からL0寸法）に重心があるとすると

⑤の数値XL0=⑥の数値となるから、数字を代入すると

800XL0=73,495

L0=91.9 mm

遠心力について

O を中心に半径 r の円周上を CCW（反時計回り：Counter Clockwise）方向に、ωの角速度で等速円運動している質点がある。ある位置での速度を v1（＝ r × ω）とするとΘ位置に質点が変化した速度は v2 ＝（r × ω）となる（下図）。この両速度は右図に示す如く、両速度はΘ°動く間にその向きが変化している。この速度の変化が加速度となる。すなわち加速度は（v2 − v1）/ △ t で右図で太線矢印で示すベクトルとなる。

Θを小さくしていけば（移動時間△ t を小さくしていけば）この方向が半径方向と重なり、遠心力と呼ばれる加速度となる。

なお余談ではあるが遠心力は、重力と同じ力で我々には、両者の力を区別して認識できない。

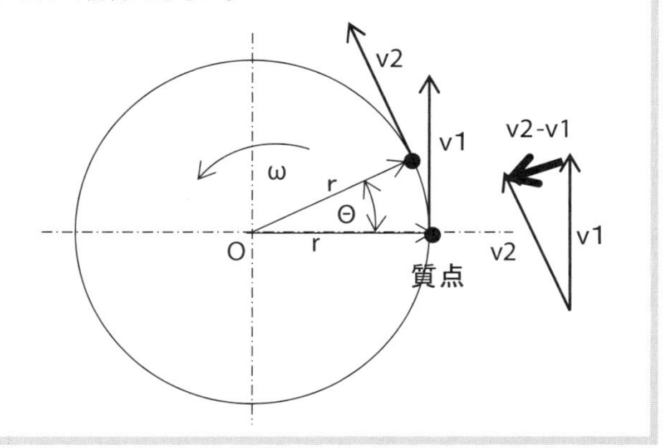

（軸受けの寿命計算）

玉軸受けの寿命は以下の実験式 [*2] で計算できる。

$L=(C/P)^3 \times 10^6$ 回転

C：基本動定格荷重＝330　kg

P：動等価荷重＝232.9　kg

$L=(330/232.9)^3 \times 10^6$ 回転

$=2.846 \times 10^6$ 回転

1,200rpm の回転で 39.1 時間の寿命と計算できた。

実機では約80時間の寿命であったので、算出した数値はリーゾナブルな数字と判断する。

*2）寿命計算式の出所：NTN株式会社（http://www.ntn.co.jp/japan/products/catalog/pdf/2202_a03.pdf ）

対策

対策の要点

以下の 3 点の対策を実施した。

（1）自転軸受けの多数個化

上自転軸受け：3 個

下自転軸受け：2 個

（2）軸受けの動定格荷重のアップ

上自転軸受け：6205ZZ（動定格荷重：1,400kg）

下自転軸受け：6203ZZ（動定格荷重：960kg）

（3）軸受けの大口径化に伴う重量増加を軸受けホルダーの薄肉化とステンレスからアルミニウムへの変更により軽量化した。

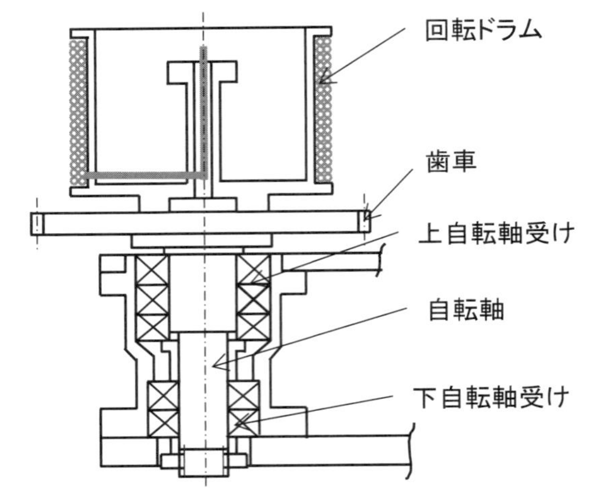

図. 3-4. 対策後の自転回転軸

対策後の軸受け寿命の見積もり

①上自転軸受け：$(1{,}400 \times 3/212)^3 \times 10^6 = 7{,}776 \times 10^6$ 回転＝108,000　時間

②下自転軸受け：$(960 \times 2/83)^3 \times 10^6 = 7{,}776 \times 10^6$ 回転＝172,000　時間

回転数 1,200rpm で、100,000 時間以上の寿命と見積もった。

設計指針

（1）ベアリングを使用の際、ベアリングの寿命を評価する。ベアリングの寿命の評価は、ベアリングに加わる負荷荷重を用いて計算する。

（2）回転体の遠心力により発生する力は、その回転数と不釣合い量の大きさで計算する。

解説 1　回転バランス取り

回転体のバランス取りは、回転軸受けの寿命を延ばし、騒音の低減を図る手段として有効である。バランス取りには次に示す 3 種類の方法がある。

項番	項目	内容
（1）	静バランス取り	①モーメント荷重が不釣合いによって発生しない回転体のバランス取り ②軸方向に扁平形状回転体　（例）自動車タイヤ、薄板形状の円板
（2）	動バランス取り	①モーメント荷重が不釣合いによって発生する回転体のバランス取り ②軸方向に長い回転体　（例）モーター、発電用タービン
（3）	フィールドバランス取り	①稼動状態でのバランス取り ②静バランス取りまたは動バランス取りを行った後に実施（例）研削盤の砥石

回転状態とバランス取り

軸受けで支えられた回転体は、回転数が低い場合は静止時の形状を保った状態で回転するが、回転数が上昇するにつれて変形が発生する。回転時に静止状態の形状を保った回転体を剛性ローターと呼び、回転変形した状態の回転体を弾性ローターと呼ぶ。通常は剛性ローターの回転領域で運転するが、高速回転が要求される、遠心方式のウラン濃縮等に使用される高速回転体は、弾性回転領域となる。この剛性ローター回転領域の運転をアンダークリティカル（最低次の固有値以下の回転数）、弾性回転領域の運転をオーバークリティカル（最低次の固有値以上の回転数運転）と呼ぶ。ここでは剛性ローターのバランス取り技術について説明する。通常最低次の固有振動回転数の 1/3 以下の回転数を剛性ローターの回転数とする。

まず、静バランス取りと動バランス取りについて説明する。この両バランス取りが理解できれば、応用としてフィールドバランス取りがわかる。バランス取りとは回転体の回転軸と重心軸を一致させる操作で、通常は回転不釣合いによってその不一致が発生する。回転により、**図 3-5** の上図に示すように回転軸に平行となる並進運動と回転軸に斜めになる回転運動の 2 種類の振動変位が発生するが、扁平な回転体でモーメント荷重の発生がない回転体のバランス取りを静バランス取り、回転軸方向に一定の長さがあり、当該軸方向に不釣合いが分布しモーメント荷重が発生する回転体のバランス取りを、前記したように動バランス取りと呼ぶ。

図 3-5 の下図に不釣合いのある回転体を回転軸方向から見た図を示す。質量 m で半径 r 位置の不釣合いによる、回転体の重心軸とその回転軸との距離を偏重心量と呼び、この偏重心量に回転体の質量を掛けた量が、不釣合い量である。不釣合い量の回転によって、遠心力が発生し、これが回転体および回転体を支えるハウジングに振動を発生させる加振力となる。

図 3-6 に、回転軸方向に短い回転体の静バランス取りの斜視図を示す。バランス取りは、不釣合いが発生する不釣合い面において不釣合いと反対方向に修正重りを取り付けることで行う。このとき不釣合い量と修正重りの関係は次の通りである。

$m \times r = m1 \times r1$

m：不釣合い質量

r：不釣合い半径

m1：釣合い重り質量

r1：釣合い重り半径

回転軸方向に長く、不釣合い量がその方向に複数個存在する回転体のバランス取りを**図 3-7** に示す。5 箇所点在する不釣合い量は軸方向に異なった位置に存在するので、偶力（モーメント力）が発生することになる。この偶力による不釣合いを除去するには、最低 2 面の修正が必要となる。

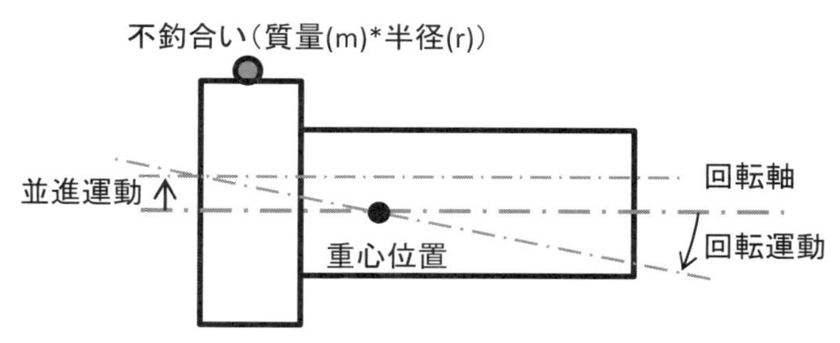

不釣合いのある回転体を回転軸と直角方向から見る

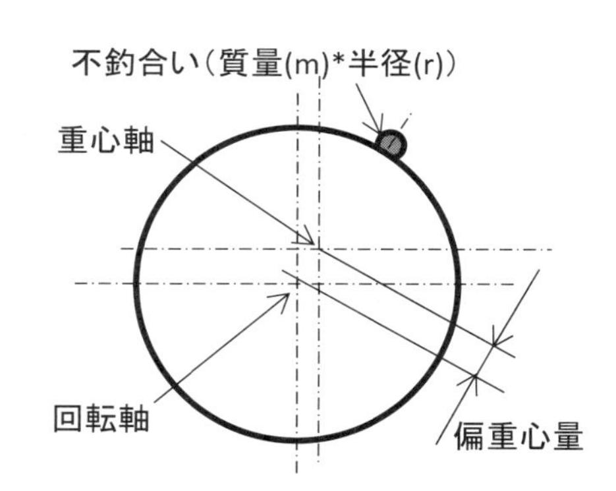

不釣合いのある回転体を回転軸方向から見る

図3-5. 不釣合いのある回転体運動

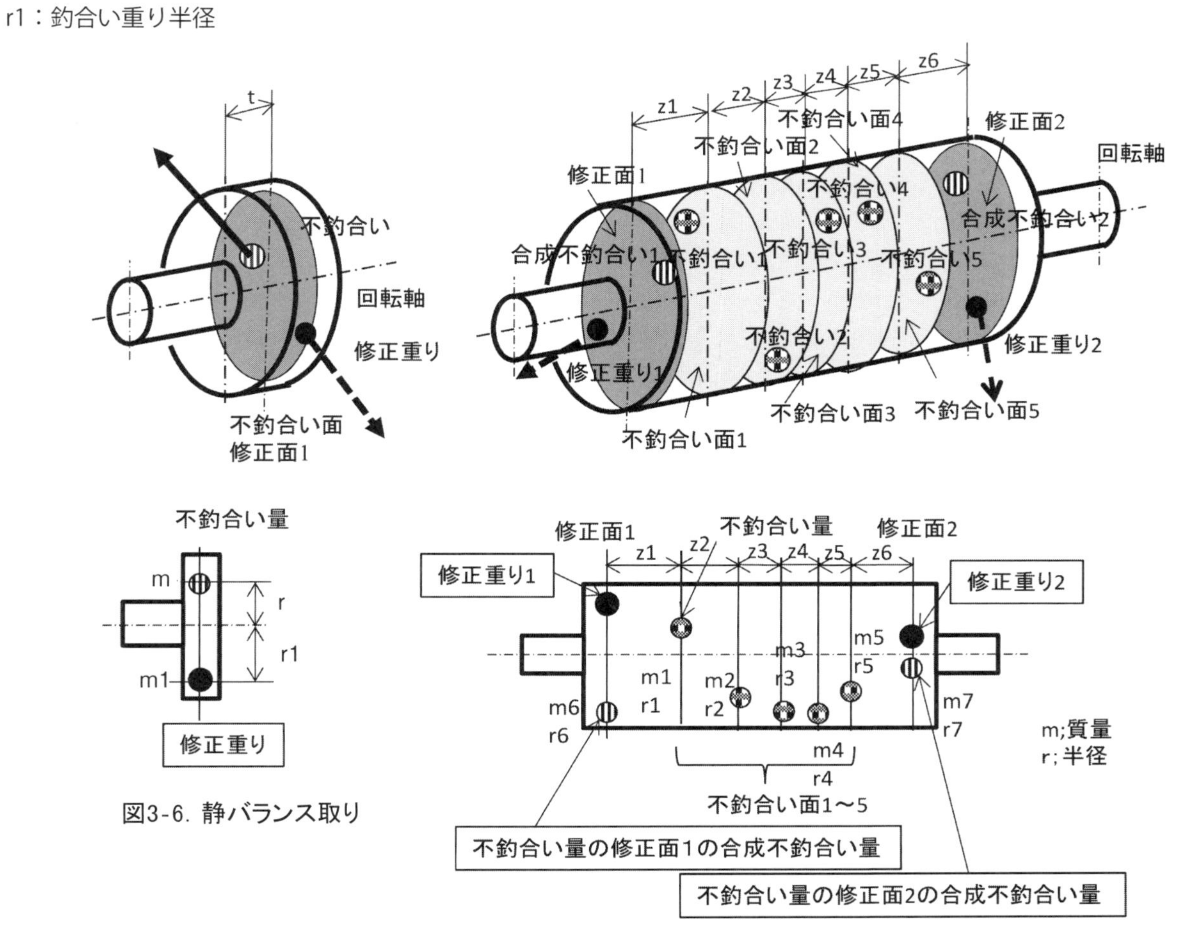

図3-6. 静バランス取り

図3-7. 動バランス取り

図 3-8 に不釣合い面１～５の不釣合いによる偶力を、左右の修正面１および修正面２にその幾何形状により集約し、ベクトルの加算により合成し、さらにこの合成した不釣合い量を修正重りで除去した図を示す。本図は分りやすくするために不釣合いを平面で示している。正確にいえば、修正面 1、2 において、それぞれの不釣り合い量１～５を合成することになる。集約した修正面 1、2 が軸方向に Z 寸法離れている関係で、不釣合い力がモーメント力となる。それぞれの関係は次のように示される。

$$F \times Z = F67 \times Z$$

F：修正面1の釣合いの修正重り1による力

F′：修正面2の釣合いの修正重り2による力

Z：修正面1、2間の長さ

F67：修正面1の不釣り合い力1～5の合成量

F67'：修正面2の不釣り合い力1～5の合成量

以上から動バランス取りはモーメント荷重を除去する目的で、修正面が軸方向に２個必要となり、不釣合いの原因となるこのモーメント荷重はバランサと呼ばれる機器を用いて除去する。動バランサの外観写真を図 3-9 に示す。動バランサは、回転体を支持する一対の軸受けと不釣合いの量による振動を計測する軸受に取り付いた加速度ピックアップ（写真に示されていない）、その信号の位相を検知する位相検知器（白黒テープを回転体に巻き付け、この変化点を原点として光ピックアップで検知する）、および回転駆動用のベルトで構成されている。機構系で得られた加速度と位相の振動情報は測定部に送られて、演算により修正すべき量と位相が表示される。測定では、両軸受けの距離、軸受けから修正面までの距離および両修正面の半径を回転体の情報として入力する。この不釣合い量を回転軸で修正する方法として、次に示す２つの方法がある。

①修正面にて所定の重さを除去する場合、この方法は通常ドリルを用いて、この部分に穴を加工する。少々乱暴だがグラインダーで所定の重量を取り去っている製品もある。

②修正面にネジ穴を前もって加工しておき、たとえば円周方向に 24 個の M3 深さ 10mm のタップ孔を加工する。このタップ穴の下穴の加工により不釣合いが発生する可能性があるので、下穴深さに公差を入れて、当該加工で発生する不釣合い量を低減しておく。この中に決められた重量のネジを挿入して修正を行う。このとき軽量の重さを得るために 180°方向に位相の異なった方向で重さをコントロールし、小量の不釣り合い量を得ることができる（図 3-10）。

図 3-11 に計測部の不釣合い量表示画面を示す。動バランサの測定部は、それぞれの修正面での不釣合いをベクトル量の位相とその大きさで示しており、半径方向がその大きさで、円周方向が角度を示す位相となっている。あらかじめ入力した形状入力情報から加速度計によって修正面に付加すべき修正重りの情報を得る。この図では１ g の修正重りを 210°の位置に付加するように指示されている（黒丸が補正すべき修正量のベクトル値である矢印の先端の位置を示している）。

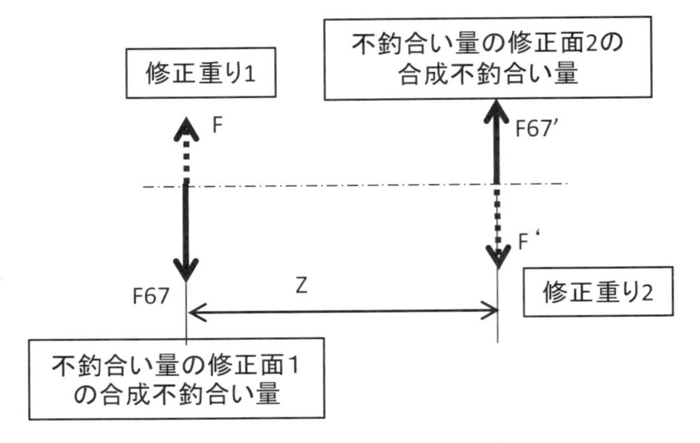

図3-8. 動不釣合いのベクトル表示

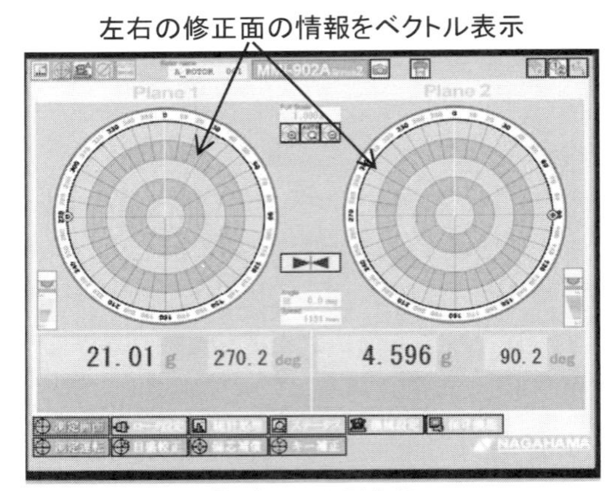

動バランサ測定部

動バランサ機構部

図3-9. 動バランサ外観写真

出所：長浜製作所（http://nagahama.co.jp/?p=257&lang=ja）

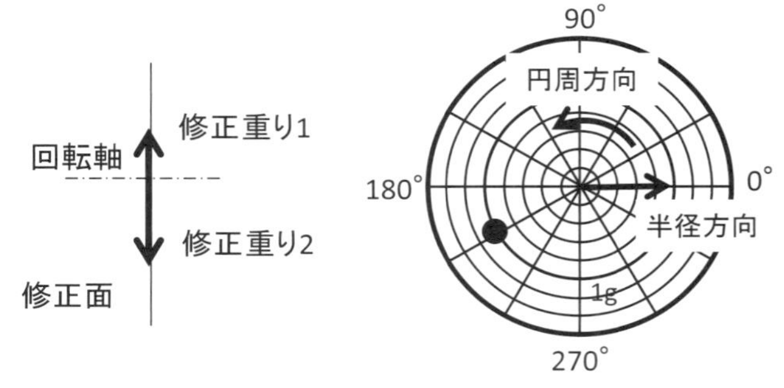

図3-10. 小量の不釣り合い量の制御

図3-11. 不釣合い量の表示

続いて、フィールドバランス取りについて、**図 3-12** に静圧空気軸受けの砥石回転軸を持つ研削盤のフィールドバランス取りを例に挙げて説明する。静圧空気軸受け方式の回転軸の先端に砥石が取り付いており、この砥石が高速回転することで、研削加工を行う。加工の切り込みはコラムをガイドにして上下移動するスライダーが下方向に移動することで行われる。この砥石を取り付けた回転軸は砥石を取り付けない状態で動バランス取りが行われている。この回転軸に砥石が取り付くことでアンバランスが発生し、このバランス取りをフィールドバランサーを使用して稼動状態で行う。砥石近傍の回転軸のハウジングにその振動を計測するための加速度計が取り付いており、スピンドル後部には回転方向の位相を検知するための光電方式のピックアップが配置されている。このピックアップでその位相を検出するために回転体に白黒テープを貼り付け、その原点位置を決めている。砥石の前部にネジにより重さを追加するためのタップ穴が加工されている。なおこのネジ穴は円周方向に均等に 15 度ピッチで 24 個配置している。

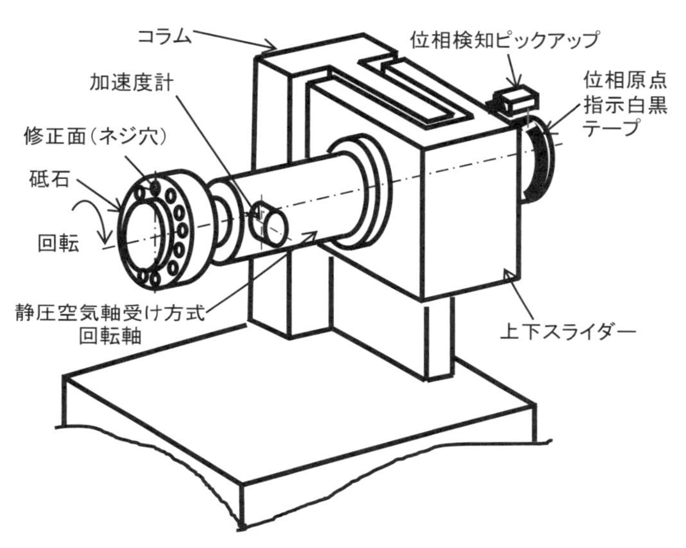

図3-12. 静圧空気軸受け研削盤

図 3-13 を用いて実際のフィールドバランス取りを説明する。

（1）最初の振動の大きさとその回転方向位置（初期不釣合い）
　黒丸がその計測量：振動振幅値：0.15 μ m、位相：145°

（2）ためし重りを 0°の位置に取り付ける（(1) 図）
　薄い色の丸と薄い実線がその計測位置：ためし重り：5g、振動振幅値：0.12 μ m、位相：250°

（3）ためし重りを取り外し、90°位置に取り付ける
　濃い色の丸がその計測位置：ためし重り：5g、振動振幅値：0.12 μ m、位相：60°

以上のデータから初期不釣合いの量を決定し、このバランス（(2) 図）取りを行なう。

（2）（3）の操作で、この測定値が得られるベクトル量が試し重りによって与えられた指示画面上での力となる。操作（2）で図中の細かいピッチの破線の矢印で示されるベクトルがこの値で、次に（3）の操作で示されるためし重りのベクトルを粗いピッチの破線で示す。この結果から初期不釣合いを取り去るには 315°方向（表示位置）に 4.5g の重りが適量であることが判る。ただし、回転軸上では 25°の位置に 4.5g の重りを付加する。数回、この作業を繰り返すことで不釣合い量は 0 方向に近づくことになる。測定器の感度を上げた状態で不釣合い量が 0 に近づくと指示値の光点が振れ、停止しないある点を中心に回転する状態が発生する。この振幅値が、最終的なバランス取りの最終結果となる。

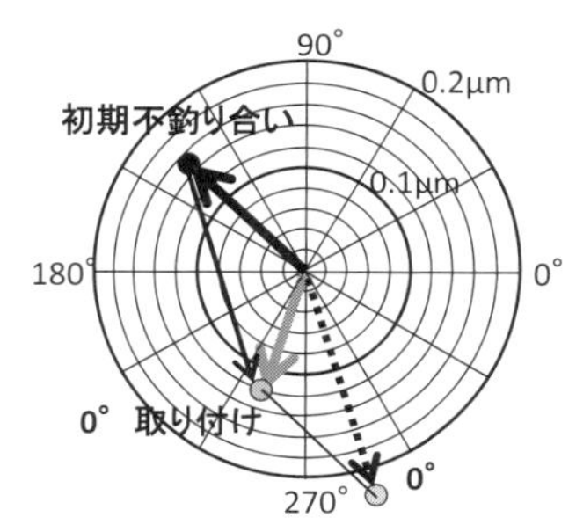

（1）0°の位置に試し重り取り付け

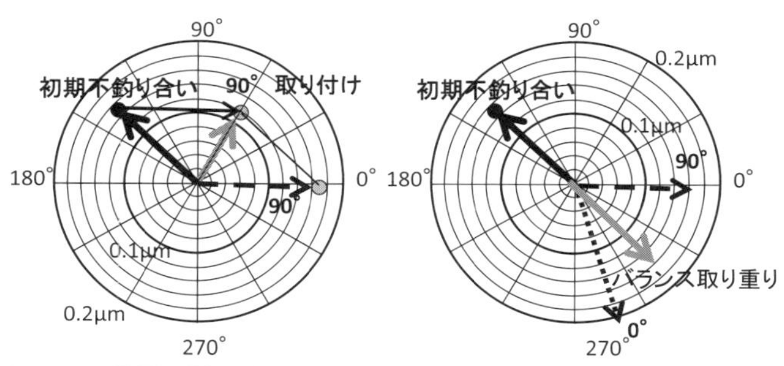

（2）90°の位置に試し重り取り付け　（3）0°、90°の位置の試し重り

図3-13. フィールドバランス取り指示画面

静圧空気回転軸受けのフィールドバランス取りについて

（1）フィールドバランス取りの最終の判定値は、不釣合いである砥石を回転軸に取り付けない時、スピンドル単体で計測した不釣合い量以下をその値とする。この場合、不釣り合いの原因となる砥石の動バランス取りは取り付け前の単体で実施しておく。

（2）（3）図に示す一回目のためし重りによる指示画面上の細かいピッチの破線で示されるベクトルと位相を 90°進めたときの粗いピッチの破線で示されるベクトルは指示画面上で 90°の位相とそのベクトルによる振幅の大きさが等しくなるはずであるが、実機でこの操作を行う場合、期待していたこの角度にならいことがままある。この場合、カットアンドトライでネジの着脱によりその不釣合い量が小さくなるようフィールドバランス取りの作業を進める。

（3）上記の場合、その位相は 72°で振幅値の差は 0.06 μ m（＝ 0.23 － 0.17）となっている。

静圧空気軸受けのフィールドバランス取りの振動について

（1）静圧空気軸受けの回転軸は上下スライダーに固定されている片持ち梁の先端に回転する不釣合いが取り付き、強制振動により加振されている。

（2）加速度計と位相検知ピックアップにより回転変位とその回転位置を計測している。

04 ヒートサイクルが加わる部品の固定ネジの緩み

概要

図4-1にシリコンウエハーの加熱試料台を示す。この試料台は、ヒーターを加熱試料台上面の下部に内蔵しており、200℃の加熱を可能としている。軸上方の皿を固定するネジの緩みを説明する前に本試料台上にシリコンウエハーの搬送動作である搬入／搬出の動きを**図4-2**を使用して示す。

搬入動作

(1) フォーク形状の搬送器に搭載したシリコンウエハーを前進動作により加熱試料台上に搬入（**図a**の黒矢印動作）
(2) 軸に取りついた皿がシリコンウエハーをその上部に載せて上昇（**図b**の黒矢印動作）
(3) 搬送器が後退（**図b**の黒矢印動作）
(4) 皿が下降し、シリコンウエハーを加熱試料台に搭載（**図c**の黒矢印動作、**図d**）

加熱試料台上でシリコンウエハーの処理を行い（**図d**）、上記した搬入と逆の動きにより、試料台から取り外す搬出動作を行う。

搬出動作

(1) 皿の上昇によりシリコンウエハーを上部位置に移動（**図c**の破線矢印動作）
(2) 搬送器がシリコンウエハー受け取り位置に前進（**図b**の破線矢印動作）
(3) 皿下降により搬送器上にシリコンウエハーを搭載（**図a**の破線矢印動作）
(4) シリコンウエハーを搭載した搬送器が後退（**図a**の破線矢印動作）

試料台の下部に配置したエアシリンダーによってこの皿の上昇、下降の動作を行い、エアシリンダーの動作を伝える軸は大気中から真空環境に運動を導入するためにOリングの軸シール構造となっている。この搬入搬出動作中にトラブルが発生した。皿と軸を固定しているネジが緩んで、矢印方向に皿が回転した。この回転動作で加熱試料台上面に加工された凹形状の溝の中に入っていた皿の位置が軸の上下方向の移動に伴って回転し、加熱試料台の上面と干渉し破損した。

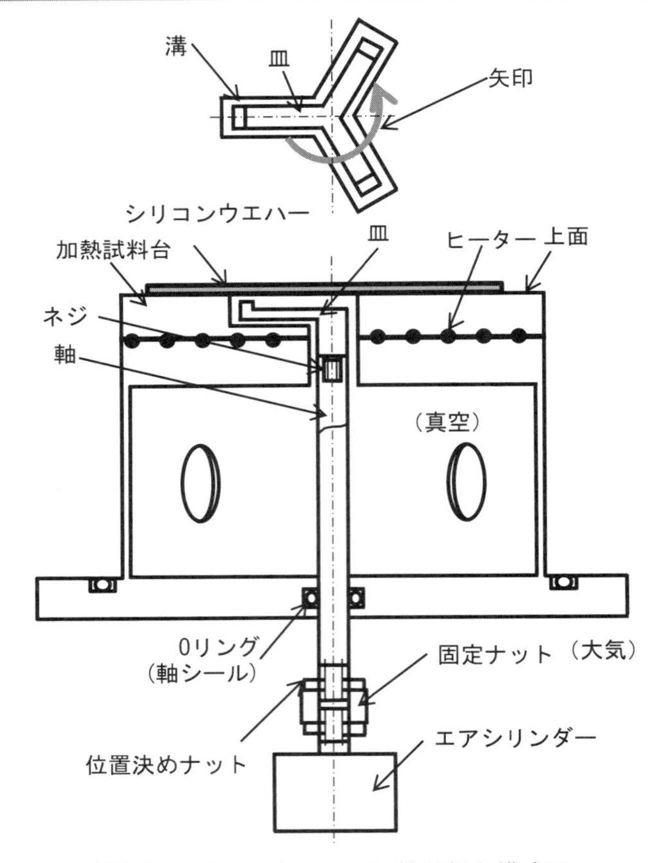

図4-1. シリコンウエハー加熱試料台構成図

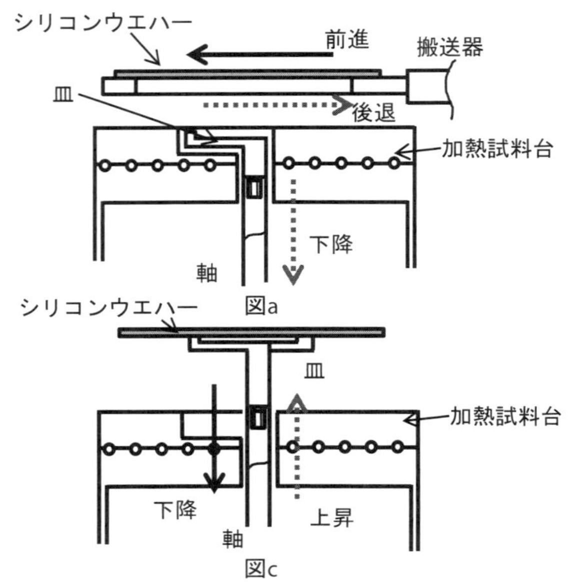

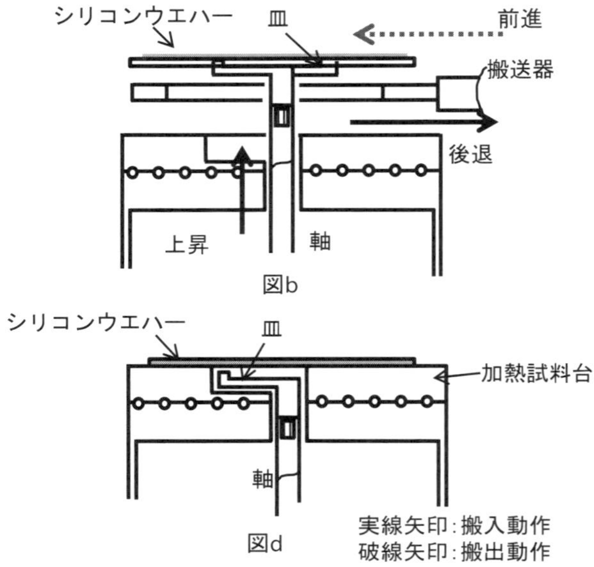

図4-2. シリコンウエハーの搬入搬出動作

原因

皿と軸を固定しているネジが緩んだ原因は、試料台の昇降温（ヒートサイクル）と皿の上下方向の繰り返し移動動作で、皿に加工したネジと固定する軸のネジの噛み合い力が解放されたことによる。

なお、組み立ての際、皿が試料台の溝内に入る回転方向の位置合わせは、試料台の下部に配置した「位置決めナット」と「固定ナット」を用いて回転方向の任意位置に皿を固定する構造によって実現している。

対策

皿の固定をネジから固定ピンに変更して、ヒートサイクルおよびエアシリンダーの繰り返し移動により緩みが発生しないピン圧入構造で両部品を固定した。**図 4-3** の対策後の皿と軸の固定構造に示す。圧入寸法は、孔の H7 に対して、p6 の公差を採用した[*1]。ピンの外形は ϕ 3mm とし、厚入の穴は治具ボーラーで、軸は旋盤を用いて所定の精度に加工した。

*1） H7、p6のはめ合い公差はNo20の事例で説明

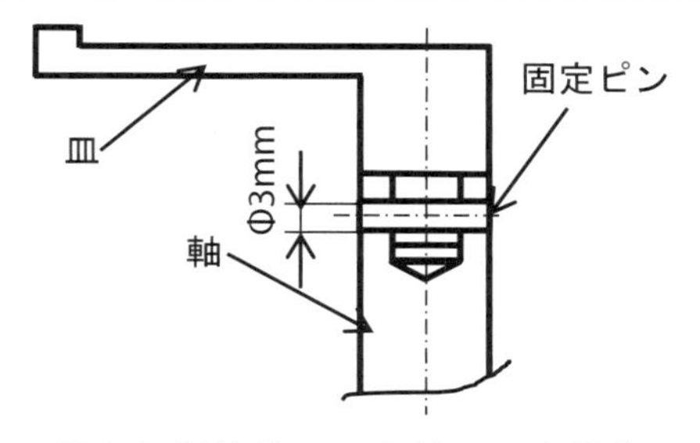

図4-3. 対策後の皿と軸の固定構造

得られた知見

ヒートサイクルと移動を繰り返す部品の固定はネジを用いないで、固定ピンとする。

ネジの緩み止め

ネジは機械装置に多用される要素部品で、レンチにより容易にその締結が可能であるが、事例に説明したようにその使用環境によっては緩みが発生し、締結に要求される軸力が消滅する。過去の固定の歴史を振り返ってみるとネジの緩みによる多くの事故が発生している。ネジの緩みが許容できない部品の締結は溶接などの接合を行えばよいが、再分離が困難となるので、メンテ、調整などの目的で該当部品に分離の機能が要求される場合、この方法は使用できない。ネジは容易に分離が可能で締結の際、強固な軸力が発生できる機械要素で、産業革命以来多用されてきた。加速度による繰り返し荷重が加わる振動環境、繰り返しの熱応力が加わるヒートサイクルの環境などネジの緩みが生じる外乱が存在する場合、技術者は、ネジの緩み防止に知恵を絞ってきたが、完璧な方法がないのが実情で、締結対象によって、適切な緩み止め法を採用しなければならない。

市販されているネジの緩み止め法（製品を含む）とその特徴および効果などについて以下に示す。

項番	項目	動作・構造等	特徴	緩み止め		
				規格ネジ[*2]	締結動作[*3]	効果[*4]
①	特殊形状座金（バネ、皿、歯付き）	座面にネジの軸方向にバネ作用を持つ座金を挿入してバネの弾性変形力を利用	手軽に実施される方法で、コストパフォーマンスが良好	○	×	低
②	ダブルナット	ナットを２個使用し、お互いのナットの軸力の反力を利用	静的な被駆動体の締結には有効であるが、速度が変化する環境で使用する場合その効果は小さい	○	×	低
③	菊座金	主にベアリングの内輪の固定に使用される方法で菊形状の座金の変形を利用	緩み防止機能は大きいが、軸に特別な加工を要求するので工数の増大によるコストの上昇が発生	○	○	高
④	接着剤	ヘンケルジャパン社から供給される「ロックタイト」と呼ばれる製品がその代表例	手軽に実施できる方法で、接着剤の種類が多く、用途に適した選択が必要	○	○	低
⑤	ピン、ワイヤー固定	ネジ軸またはナットとネジ軸を貫通して穴を開けて、ピンまたはワイヤーで固定	ネジ、ナットの加工に工数が必要でナットの脱落は防止できるが、締め付けの軸力保持は困難	×	○	低
⑥	ノルトロックワッシャー	ノルトロック社から供給される特殊形状の座金	使用条件が合致すればその効果は大きい。コストの課題有り	○	○	高
⑦	スプリングボルト[*5]	ネジ山の特殊形状が、ネジ締結の弾性変形時、緩み止め性能を発揮	バネ作用により常時ネジ山とナットが接触しその力により締め付けトルクが増大	×	○	ー

ネジの緩み防止例

項番	項目	内容	特徴	緩み止め		
				規格ネジ [*2]	締結動作 [*3]	効果 [*4]
⑧	Uナット [*5]	ナットの端部に組み込まれた板バネが、締結の際の弾性変形により緩み止め機能を発生	ナットの交換でこの方法を使用できる。板バネとネジの常時接触がネジ締結時の負荷を発生	×	○	高
⑨	エキセントリックナット [*5]	一対となった構造のナットを使用し、お互いのナットが偏芯したテーパー面で接触し固定力が発生	テーパー形状によって強力な力が発生する。特殊な形状のナットを用いるためコストが課題	×	×	−
⑩	ナイロンインサートナット [*5]	ナットに挿入した締結の際変形するナイロン部品が噛み合い、ネジとの接触で変形	特殊形状のナットで手軽に緩み止め効果が実現	×	○	−
⑪	オールメタルロックナット	割り構造の緩み止め機能を有するナットがネジ軸と噛み合う締め付け力で緩み止め効果を発揮	ナットとネジの噛み合いが、常時緩み止め力を発生する構造	×	○	−
⑫	NEW ロックナット	特殊形状のナットと座金の構造で、締め付け力がナットを締結方向と逆方向に押し緩みを防止	ボルトで発生する軸力により座金を介してナットに緩み止めの傾きを与える構造で、座金を弾性変形領域で使用	×	○	−
⑬	ノジロック [*5]	ネジ山形を1ピッチで1箇所変形させた楔形状がナットと噛み合い緩みを防止	ネジの進行に伴い、常時噛み合うネジ面に接触変形がネジの緩み止めに有効で、緩み力を超えた締結力が必要	×	○	−
⑭	リブドロックワッシャー [*5]	座金表面の凹凸形状がボルトおよび被締結部品に食い込み、緩みを防止する	締結体の材質によって効果が異なる。食い込み効果が小さい軟質材の締結には不向き	○	○	−
⑮	くさびナット [*5]	ナットにくさび形の傾斜が加工されており、これに接触するネジ山に半径方向の緩み防止力が発生	規格の山形状と異なる特殊形状のナットを使用し、噛み合うと同時に緩み止め効果を発揮	×	○	−
⑯	Lock'n Bolt-F	溝の加工されたボルト先端の軸芯にテーパー形状の穴を加工し、締結後この穴にテーパーピンを挿入して割り部のネジを半径方向に押し広げて緩み止めを行う	テーパー形状のピンを締結後、半径方向に広げる必要が有り、このため抜けネジなどの制限がある。ネジを緩める場合、難点有り	×	×	−

*2）規格ネジと規格ナットの使用できる構造を「○」とした。「×」の構造はネジの緩み止め構造に規格品以外の特別な形状のネジ、ナットが必要となる。
*3）ネジの締結動作がネジの一方向締め付け操作によってのみ実施できる構造を「○」とした。「×」印は締結動作に緩みを生じる操作が発生するので、軸力が必要な締結作業の手順にその管理が必要である。
*4）緩み止め機能の評価は筆者の使用経験のある項目については記したが、使用経験のない項目については「−」で表示した。
*5）商品名

①特殊形状座金（バネ、皿、歯付き）

構造

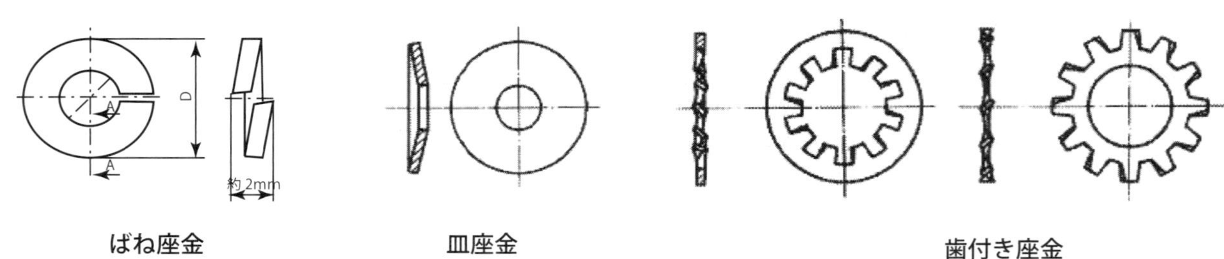

ばね座金　　皿座金　　歯付き座金

出所：ばね座金/長浜製作所（http://nagahama.co.jp/?p=257&lang=ja ）

動作

軸方向にバネ性を持ったバネ座金、皿座金は締結時、ネジまたはナットを固定軸方向に押し返し、ネジにその緩みが生じる軸方向変位が発生した場合、その固定軸方向の力すなわちネジの噛み合い面の面圧が座金のバネ性により消滅しない構造となっている。歯付き座金はネジの緩み方向の回転力をこの歯による摩擦で増大させる構造で、この摩擦力の増大が緩み止め機能を有する。

②ダブルナット

構造

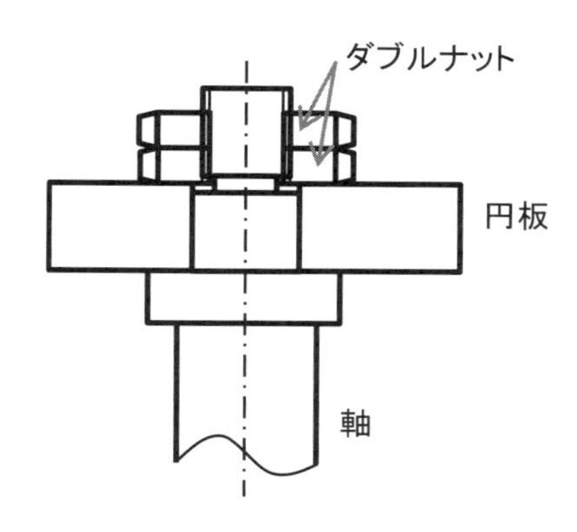

動作

固定ネジにナットを複数個（通常はその名称が示すとおり2個）取り付けて、緩み止めの効果を狙った機構である。締結の手順は、まず1番目のナットで所定の締結力を得、続いて2番目のナットを締め付けるわけであるが、1番目のナットと接触したときに1番目のナットと2番目のナットをお互いに強固な反発力が発生するように1番目のナットにレンチを掛けて、2番目のナットを締結する。このとき、1番目のナットに締結方向とは逆方向のトルクを加えるため、締結軸力が減少する場合があるので、この操作を行うときは注意する必要がある。ユーザーは構造上避けて通れないこの操作を理解して使用しなければならない。低速回転の精密ネジに歯車などの駆動部品を固定する手段として、テーパー軸と併用して使用する。

③菊座金

構造

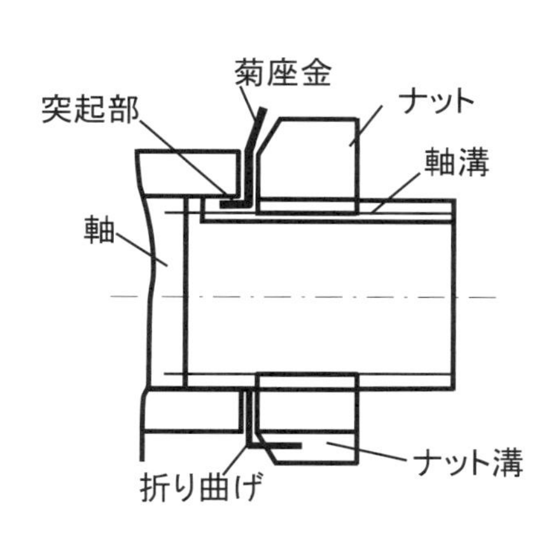

①ベアリング用ナット

②ベアリング用菊座金

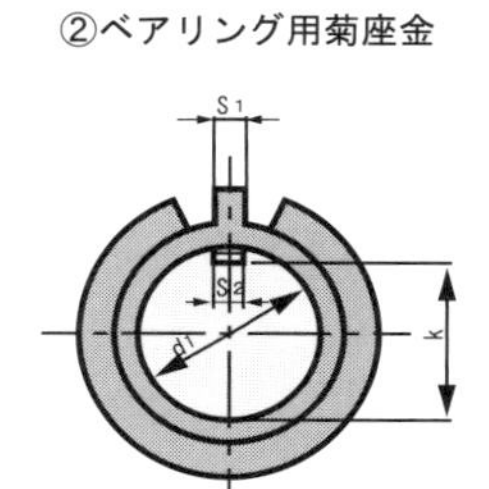
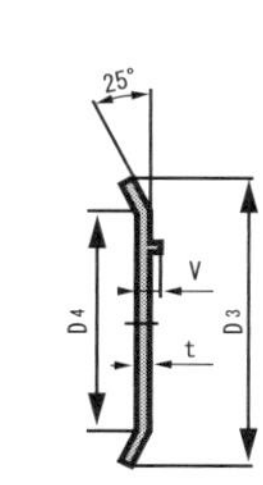

動作

菊座金の内径の回転軸方向の突起部がネジ軸に加工された溝に入り、軸の回転方向に菊座金が拘束される。菊座金の後方に位置したナットが、当該ネジ軸と噛み合い菊座金を間に挟んだ状態で締結の軸力を発生する。この位置で菊座金の外周に位置する複数の突起部のひとつが、ナットの溝と円周方向で同位相に位置し、この突起部をナットの溝方向に折り曲げ、軸とナットを菊座金を介して固定する。この固定は菊座金のせん断強度に依存し、緩み防止法としては強固な方法で、ベアリング内輪の固定に多用されるが、軸の溝加工に工数を要する点が難点である。

出所：株式会社ミスミ（http://jp.misumi-ec.com/pdf/fa/p0765.pdf）

④接着剤

代表例：ロックタイト

出所：ヘンケルジャパン株式会社
(http://www.henkel-adhesives.jp)

動作

ネジとナットの噛み合い部に塗布する接着剤で、要求される接着強度によって各種の型式の製品が供給されている。有名な製品はヘンケルジャパン（株）のLOCTITE（ロックタイト）で、当該製品は嫌気性で、ねじの締結により空気が遮断されると硬化が始まる。1～24時間程度の放置で接着機能が発揮する。使用法などはデータ入手先の情報を活用いただきたい。

必要に応じて取り外しができる固定から強固な固定まで、各種の接着強度の製品が準備されており、使用者はその締結力を見積もって、その選択を行う必要がある。

⑤ピン、ワイヤー固定

構造

動作

ネジの端部に穴を加工し、この穴にピンを挿入する方法で、ネジの穴加工とピンが必要となる。この方法では締結ナットの回転位置を当該ピンで拘束できないため、ナットの緩みによる軸力の消滅は防ぐことはできないが、ナットのネジからの脱落は防止可能である。

この方法とは別に、締結動作によって軸力が生じた位置でナットと軸に通し穴を同時に加工して、ここにピンを通す同類の方法があるが、この方法はネジの締結後穴加工を行う必要がある。また、この通し穴の加工については、ネジの締結が緩まないよう工夫が必要である。穴に挿入するピンは穴径と比較してピン形が細いので、その隙間でナットの回転方向に上記の緩みが発生することになる。加工に工数を要する割には効果の小さい方法である。ナットの脱落防止に有効な構造である。

⑥ノルトロックワッシャー

構造

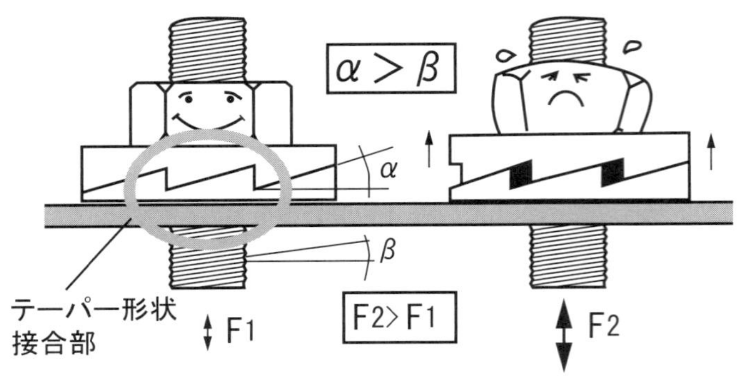

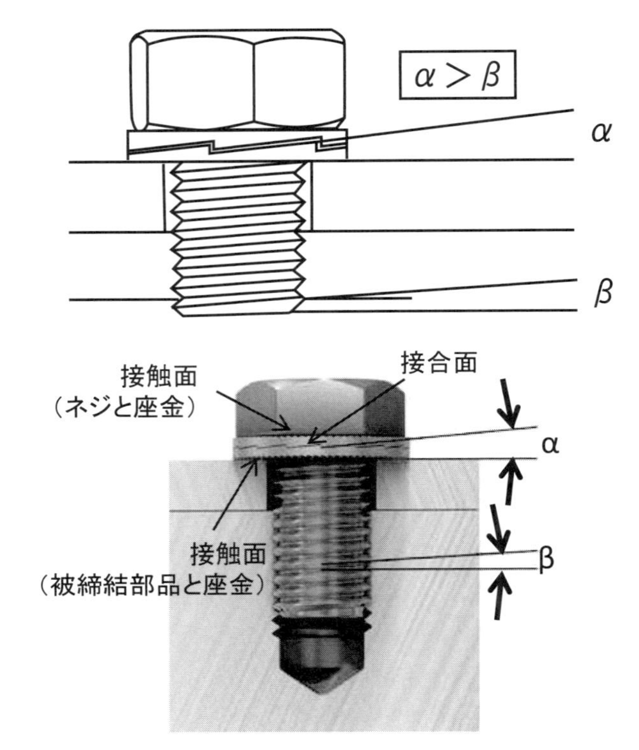

出所：株式会社ノルトロックジャパン
(http://www.nord-lock.com/ja/nord-lock/wedge-locking/)

動作

規格形状のボルトまたはナットを使用し、セットになった特殊形状の座金で緩み止めの効果を得る。座金は左図に示すように2枚1組となっており、上下2枚の座金がテーパー形状の接合面ですべる構造となっている。1組の座金の上面のネジの座面と下面の被締結部品に接する座金の両面は鋭い凹凸構造となっている。

ナット緩み止め効果の発生を上図を用いて説明する。締結時は左上図に示すとおり、テーパー形状接合部が噛み合った状態で軸力が発生する。ネジが緩む際の状況が左上図に示されている。この場合、次に示す作用がネジの緩みを防止する。

1）ナットの緩む動作でネジと座金、被締結部品と座金間の接触面ですべりは発生しない。すなわち、当該座金面の鋭い凹凸構造がこのすべり防止に寄与する。

2）ナットの緩む動作で両座金の接合面ですべりが発生するが、このテーパーのリフト量は、右上図に示すように、ネジピッチと比較して大きくなっている。すなわち、座金接合面の角度 α が、ネジのピッチの角度 β より大きく作られている。

3）ネジが緩むためには、この両ピッチの差分だけネジを軸方向に伸ばすか、または座金厚さを縮める必要がある。これには、ヤング率にひずみをかけた数字に断面積を掛けた値の大きな力が必要となる。この力を得るには、それに見合ったトルクを加えなければならない。このトルクが緩み止めトルクとなるわけである。すなわち、強力な緩み止め効果が得られることになる。実に巧妙な緩み止めの優れた方法である。

ただし上記で示したネジ座面と座金間および座金と被締結部品間のすべりが発生した場合、この緩み止め機能が使用できないことになる。すなわち、前記の表中に示したように、被締結部品の材質がプラスチックスまたは表面処理に塗装が施されていた場合、この効果は期待できないことになる。従来の座金と互換性が高い方式なので使い勝手がよく、緩み止め効果が期待できるので、技術者は緩み問題発生時に即対応できるように、机の引き出しに常時準備しておきたいものである。

⑦スプリングボルト

構造

ネジ山部形状

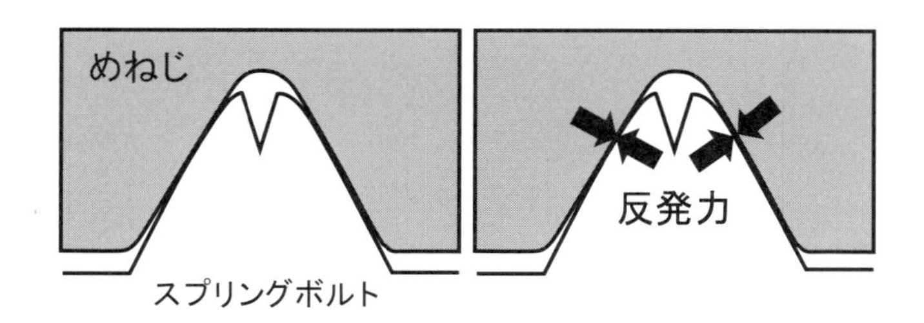

動作

特殊なネジ形状に加工されたスプリングボルトのネジ山の両面がめネジに接触する構造である。特殊形状のネジ山はその頂上部分にスリットを設け、締結時にはスプリング効果で反発力（弾性力）を発生する。この反発力により、緩みを防止する。この緩み止め作用は、ナットにネジを締めこんだ時点で有効になるため、締結時には、常にスプリング効果による締め付けトルクの増大が生じることになる。したがって、ネジ面にこのスプリング力によって、接触が常に発生することになる。また、ネジ強度を問題とした場合、JIS 規格と形状が異なる構造が、気になる点である。

スプリングボルト：商品名

⑧Uナット

構造

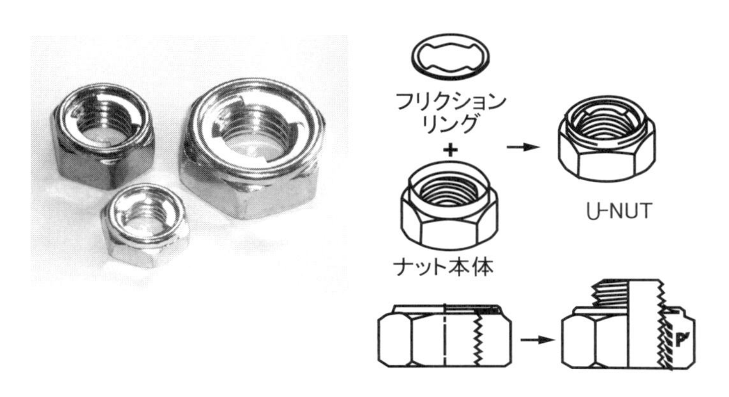

動作

ネジと噛み合うナットの山は JIS 規格形状で、写真に示すように、ナットは板バネを上部に組み込んだ、特殊な形状となっている。緩み止めは、板バネがネジ谷部を押し付けることで、その効果を発揮する。この緩み止め作用はナットにネジを締めこんだ時点で生じるため、締結の際には常にこの効果による締め付けトルクの増大が発生する。したがって、締結時にはネジ面にスプリング力によって、接触が発生することになる。円形状の板バネの内面が常時接触する構造は、この緩み止め作用で気になる点である。

富士精密製作所から「Uナット」という商品名で発売されているほか、各社から同様な構造の製品が多数製造・販売されている。

Uナット：商品名

⑨エキセントリックナット

構造

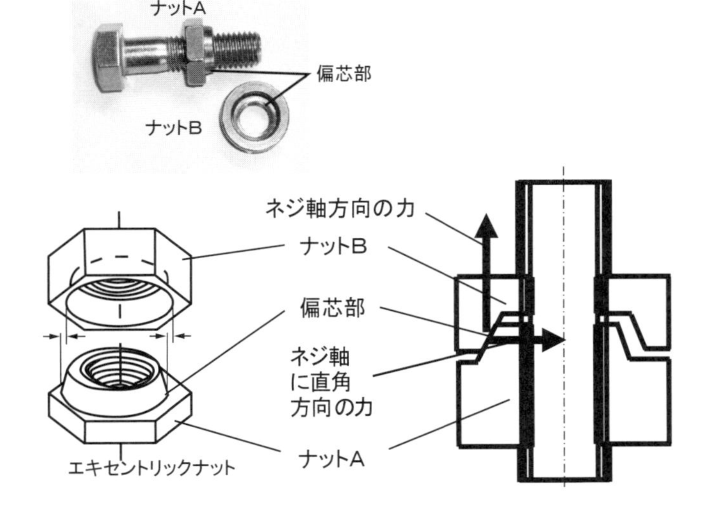

動作

ナットのネジ山は JIS 規格の形状で、左図に示すようにナットが２部品の特殊な形状となっている。まずナット A を締めつけて、所定の締結力を得て、続いてナット B の締め込みにより、ナット A の偏芯部のテーパー面が一箇所ナット B のテーパー面と接触する。この接触力によってネジ軸と直角方向とネジ軸方向に力が作用して、緩み防止の力が発生する。また、テーパー作用によって、ネジの軸力に対して直角方向に発生する力によって生ずる緩み止めの力は強力で、締結位置のみでその効果が生じる点は優れたところである。ナットが特殊形状となるのでコストの点で問題がある。

エキセントリックナット：商品名

⑩ナイロンインサートナット

構造

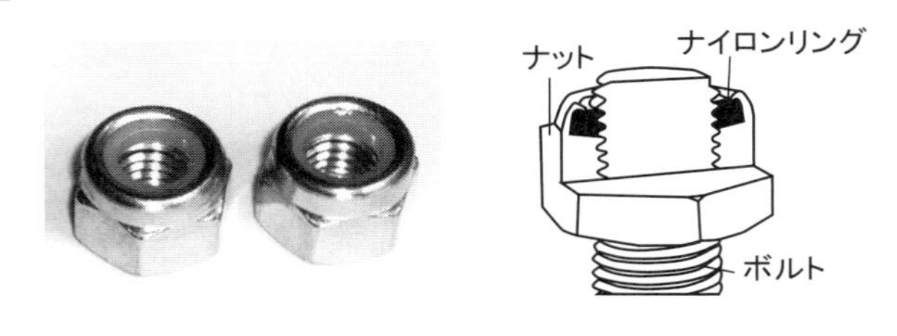

動作

ナットのネジ山はJIS規格の形状で、左図に示すようにナットの被締結部品と接触する反対の端部にかしめ構造でナイロンリングが取り付いている。締結法は、ネジ軸に当該ナットをネジ込み、所定のトルクで締結する。緩み防止のナイロンが噛み合った時点で緩み防止効果が期待できるが、緩み防止はナットが被締結部品と接触した時点で生じることになる。締め付け開始時点からナイロンがネジと接触する構造であることから、ナイロンのへたりなど少々気になる点もあるが、軟質のナイロンを使用することで、ネジ面に傷が付かぬよう配慮がなされている。ネジ、ナット共に規格品の形状が使用できるので安心できる。各社から多様な製品が供給されている。

ナイロンインサートナット：商品名

⑪オールメタルロックナット

構造

動作

ネジと噛み合うナットが特殊形状となっており、被締結部品と接する面と反対のナット端部に、緩み止め防止構造が仕込んである。具体的には、この部分のネジとのはめあいが「しまりばめ」となっており、この力をコントロールするためナットの軸方向に、写真に示すように溝が加工されている。この構造により「しまりばめ」のナットが弾性変形内でその半径方向に変形する構造になっている。このナットが噛み合い開始時点から弾性変形したしまりばめ構造を持つナットがネジと接触し、すべる構造となっている。

出所：ロックファスナー株式会社
(http://www.lockfastener.com/e356901.html)

⑫ NEW ロックナット

構造

凹型ナット
偏芯凸型座金

ナットと座金のテーパ一部でナットを傾斜させることによりナットのねじ山がボルトネジ山上部に接触し、さらなる「緩み止め」効果を発揮！

密着

ナットとボルトが押し付けられ、密着し、緩み止め効果が発生。

クサビ効果

ナットを締め込むことで座金がボルトに喰い込みます。

テーパ形状

動作

ナットと座金が特殊な構造で、両部品の接触部にテーパー形状が仕込んである。ナットの締結による軸力が、このテーパー面を介して被締結物に伝わる際に、座金のテーパー部がナットを締結軸に対して傾ける。この傾きがナットを半径方向に押し付けこの動作が緩み止め効果を発揮する。座金を弾性領域内の使用で緩み止め効果が期待できる。緩み止めが締結場所で生じる点は優れた構造であるが、ナットが片当たりでネジと接触し、ここに締結力が作用する点は気になる構造である。

出所：西日本高速道路エンジニアリング関西株式会社
(http://www.newlocknut.jp/)

⑬ノジロック

構造

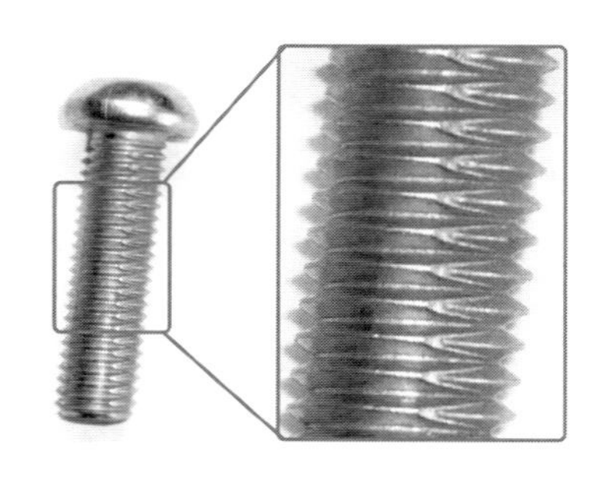

動作

ネジの山形状が特殊な構造の緩み止め方式である。ネジ山の螺旋の一部をネジ穴と「しまりばめ」になるように細工をした構造で、この構造を左図の写真に示すように軸方向に連続して加工している。この方法は締め付けスタート時点からネジ穴とナットが噛み合うしまりばめ部がお互いに接触し、この結果生じる塑性変形により、相手ネジの接触面に傷の発生は問題である。

ノジロック：商品名

⑭リブドロックワッシャー

構造

動作

ネジとナット形状はJIS規格形状で、座金が特殊形状の緩み止め方式である。座金の両面に左図に示すように鋭い凹凸部が加工されており、この部分がネジの座面と被締結物に食い込んで緩みを防止する。ネジの締め付け操作により締結位置で緩み止め効果が期待できる構造は優れた点である。被締結部品がプラスチックなどの軟質材の場合は、この座金面で摩擦力が確保できず緩み止め効果が期待できないので注意を要する。

リブドロックワッシャー：商品名

⑮くさびナット（NETIS登録商品　No. CB-170024-A）

構造

くさびナットのしくみ

ねじ谷部の傾斜により発生する半径方向の拘束力で緩み防止効果を得る

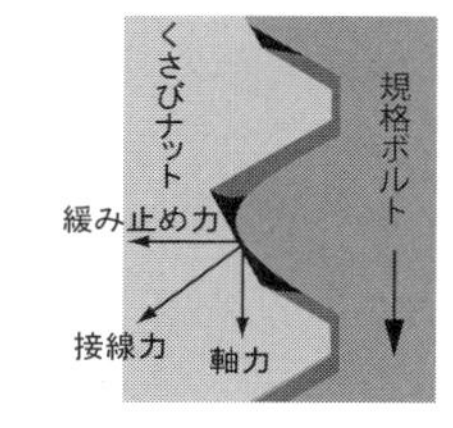

標準ボルト＋くさびナット

ネジ山面とナット谷傾斜部の接触力で発生する接線力が半径方向の緩み止め力と軸方向の固定力となって作用する

動作

ネジと噛み合うナットの山形状が特殊な構造で、ナットのネジ谷部に左図に示すように特殊なくさびが加工してある。このくさびがネジの山部と接触することによる半径方向の拘束力の増大で、緩み止め効果を発揮する。JIS規格ナット同様の締め付けが可能で、作業性を損なうことなく、ゆるみ止め効果が得られる。

くさびナット：商品名

⑯ Lock'n Bolt-F

構造

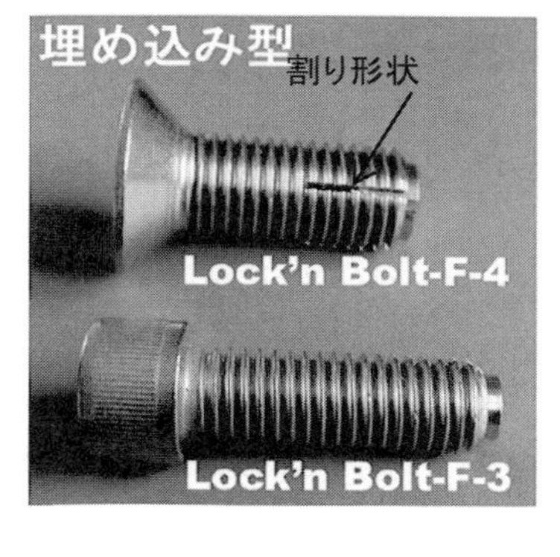

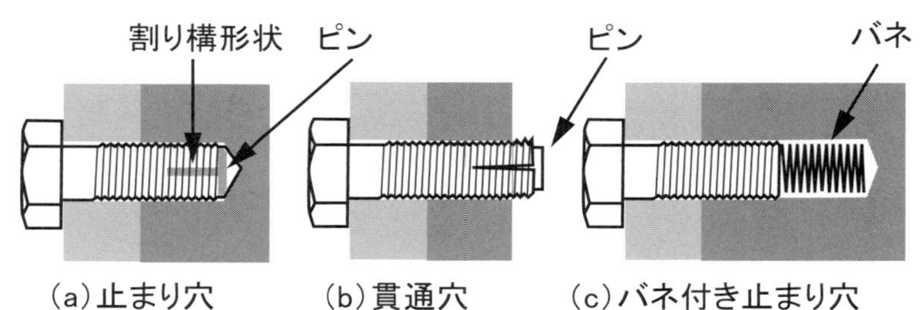

（a）止まり穴　穴底面の位置制御が必要で推奨構造ではない

（b）貫通穴　推奨構造

（c）バネ付き止まり穴

動作

ネジ軸の端部にテーパー形状のピンが打ち込んである。左図に示すように、止まりネジの場合は、ピンが止まり穴の底面と接触することにより、ピンの押し込み動作が割り形状のネジを広げるように作用し、これが緩み止め効果となる。

突き抜けネジの場合は、中央の図が示すように、締結が完了後のネジ端部にテーパー形状のピンを打ち込むことによってネジの噛み合い部を押し広げ、同様に緩み止め効果を発揮できる（推奨構造）。

上図に示したように、本方式による止まり穴での使用は、ネジの下孔深さ寸法のコントロールを必要とするため、推奨構造ではない。すなわち、使用例に示すように、ボルトの軸力が被締結部品に作用すると同時に、この埋め込んだピンが下穴とぶつかる構造にしなければならず、ネジ穴加工が難しいといわざるを得ない。

この問題を回避するために、図（c）に示すようにバネを止まり穴の奥部に配置した場合、このバネ力がその緩み止め力を決めることになる。また、止まり穴の場合、ボルトを緩めるときに打ち込みピンの分離作業が困難となるので、ピンによる緩み止め力を決める構造が、当該緩み止め構造を決める場合のキーポイントである。

出所：株式会社ロックン・ボルト
（http://www.lockn-bolt.co.jp/product/f.html）

（H2ロケット（日本）エンジン）

H2 ロケットエンジン JE7 の酸素供給ターボポンプ

ワイヤーによるネジの緩み止め

（サターンロケット（米国）エンジン）

サターン5型ロケットエンジン（5本のクラスタ構成）

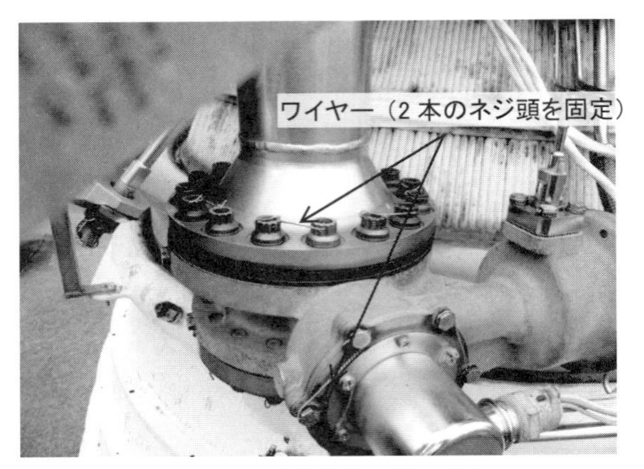

ワイヤーによるネジの緩み止め

航空機関係のネジの緩み止めは、写真に示す上記の方法（ワイヤーを用いた固縛）が多用されている。緩み止めの動作について**図 4-4** を用いてその構造と動作を説明する。一対のネジAとネジBを、たすきがけ形状に配置したワイヤーで固定する。このワイヤーはたとえば、ネジAが矢印で示す緩み方向に回転しようとした場合、ワイヤーで結合されたネジBに矢印方向の締め付け力が働き、これが緩み止め動作となる。本方式は規格のネジとナットの山形状が使用されており、締結強度など安心な点ではある一方で、締結作業にワイヤー取り付け穴加工とワイヤー取り付け作業に工数を要する点に問題がある。また、ワイヤーを巻きつける際にネジ軸にその緩み力が作用しないよう、組み立て手順を管理する必要がある。

矢印（緩み力）

ワイヤー（たすきがけ形状）

ネジB

矢印（締め付け力）

ネジA

ワイヤーをネジ頭の側面に貫通孔を加工してその中にワイヤーを通し、ワイヤーを締め上げてネジと固定

ネジ頭

ネジ頭

図4-4. ワイヤーを用いたネジの固縛構造

ヘリコプターにおけるネジ緩み止めの実例

（外装、メンテ用の蓋固定ヒンジ）

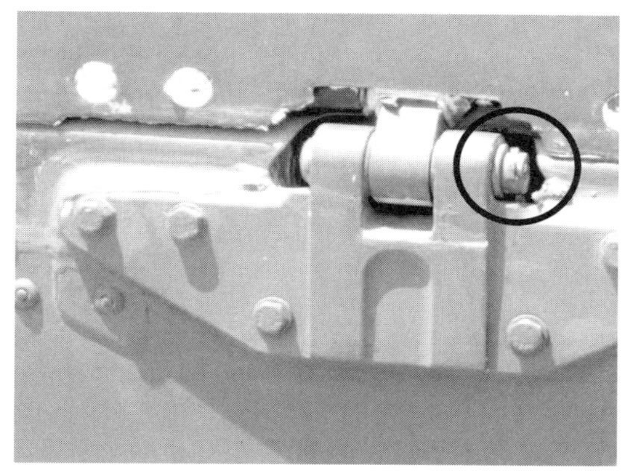

ナットに半径方向に穴を開け、当該穴と割りピンを用いて固定

（回転羽根固定ネジ）

ナットに半径方向に穴を開け、当該穴とロックワイヤー（特殊ワイヤー）を用いて固定

（動力伝達部品固定ネジ）

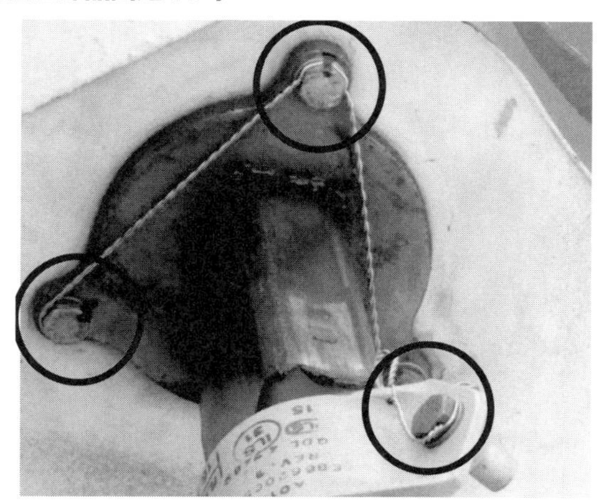

ナットに半径方向に穴を開け、穴にロックワイヤー（特殊ワイヤー）を用いて、固定３個のネジにワイヤーを絡ませている（このワイヤーの絡ませる方向が少々気になる）

（動力伝達部品固定ネジ）

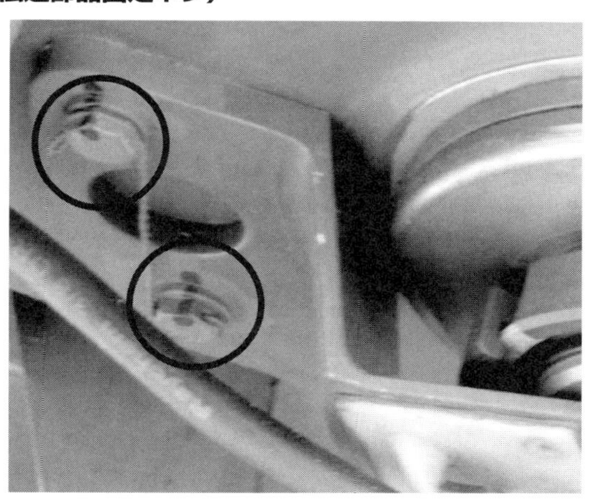

ナットに半径方向に穴を開け、当該穴とロックワイヤー（特殊ワイヤー）を用い、対になったネジが緩みを防止する形にワイヤーを結合

（動力伝達部品固定ネジ）

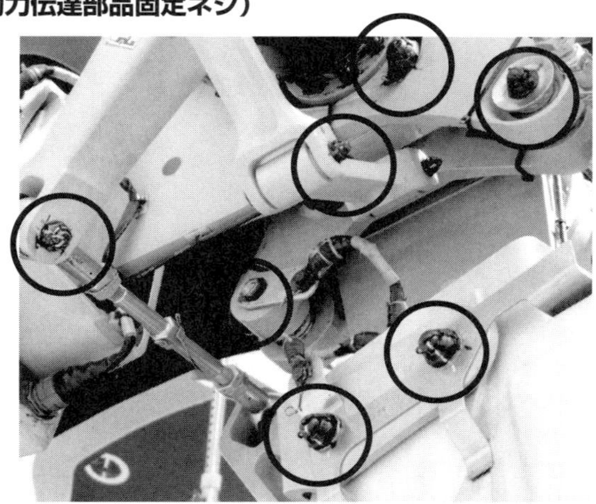

ナットに半径方向に穴を開けてこの穴にロックワイヤー（特殊ワイヤー）を用いて固定

（しらせ搭載大型ヘリコプター（英国製、三菱重工にてノックダウン生産、CH101 91号機、2016.4.19撮影））

05 歯車固定ネジの緩み

概要

大気中から真空中に、回転運動を導入する動力伝達構造の断面を**図 5-1** に示す。駆動軸に取り付いた駆動歯車が中心部の回転軸に固定した従動歯車と噛み合っており、駆動歯車部品は分離フランジに、回転軸を含む従動部品は固定フランジに固定されている。真空シールを介して両方のフランジをネジ固定する際、両平歯車が噛み合う構造となっている。固定フランジの外径はΦ253mm で、回転軸の回転数は最大 30rpm である。歯車は止めネジによってそれぞれの回転軸に固定する構造で、具体的にはボスの部分に半径方向にタップ穴を加工し、穴付き止めネジをネジ込む固定構造である。この止めネジが回転駆動中に緩み、軸と歯車の固定できないトラブルが発生し、駆動軸の回転が従動軸に伝わらない現象が生じた。

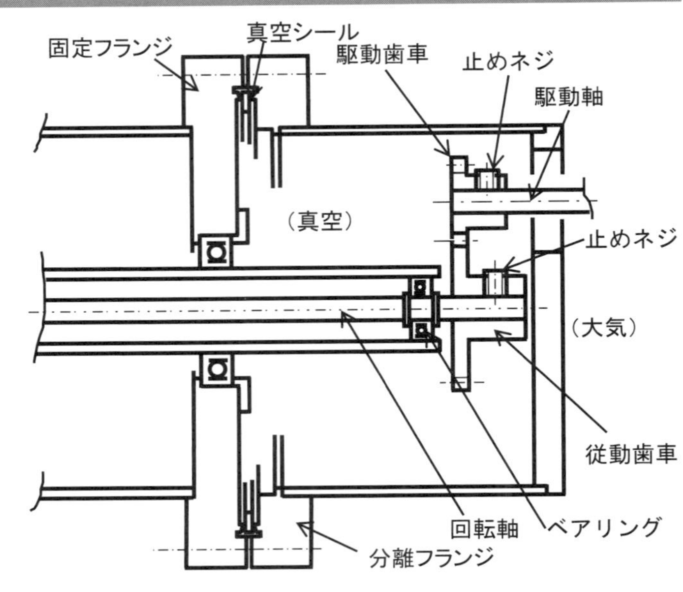

図5-1. 回転運動導入機構

原因

歯車と軸を固定している穴付き止めネジの緩みが、原因である。この緩みの主な原因は、歯車を駆動する際発生する振動によると考えている。

対策

歯車と軸を、**スプリングピン**[解説1] を用いて**図 5-2** に示す構造で固定した。固定作業は、回転軸に打撃力などの衝撃力を与えないよう、**スプリングピン圧入治具**[解説2] を用いて行った。

解説 1　スプリングピン

スプリングピンは部品を軸に固定する機械要素で、穴の軸方向と直角方向にバネ性を有しており、固定軸と固定部品に通し穴を加工し、これに圧入する。スプリングピンは、バネ性により穴から脱落することはない。

φ 4mm のスプリングピンを使用する作業手順は次のとおりである。

①軸とスプリングピンの仮固定（事故事例の、穴付き止めネジによる固定法を使用）

②両部品を仮固定した状態で、ドリル盤でボス部にφ 4mm の通し穴を加工

③φ 4mm のスプリングピンを通し穴に圧入

④仮固定用の穴付き止めネジを取りはずし、作業を完了

スプリングピンは、薄板を円筒状に湾曲させた円筒形状のピンであり、外力が加わらない状態の外径寸法は挿入穴より大きいため、取り付け時に、バネ作用によって穴面に半径方向の力が働いて、強い保持力を発揮する。スプリングピンは機械的強度に優れ、かつ中空のため軽量の特徴を有する。形状は**図 5-3** に示すとおりで、Φ 4mm のスプリングピンに対して、通常は同径のドリルで穴を加工するが、ときには、スプリングピンを挿入する力を軽減する目的で、径の 5% 程度大きな穴にこのピンを圧入して使用する場合もある。スプリングピンはその頭文字をとって「S ピン」と呼ばれている。

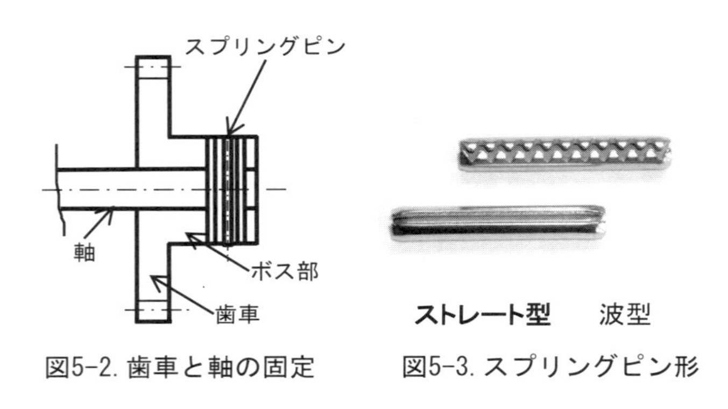

図5-2. 歯車と軸の固定　　図5-3. スプリングピン形

JIS B2808 から得たピンの情報を示す（詳細は規格を参照）。

構造による種類
溝付き
2 重巻き

荷重による種類
重荷重用
一般荷重用
軽荷重用

呼び径	取り付け前寸法	
	最小径	最大径
1	1.1	1.2
2	2.15	2.25
3	3.15	3.25
4	4.2	4.4
5	5.2	5.4

解説 2 スプリングピン圧入治具

スプリングピン挿入作業を行うとき、次に示す問題が発生するので、スプリングピン圧入治具を製作して問題を解決する。

問題の内容を、スプリングピンの取り付け工程作業を示して説明する。

①ドリル盤により軸と歯車を止めネジで仮固定した現合状態で、取り付け穴を加工する（**図 5-4**）。

②ハンマーでスプリングピンの頭を叩き、取り付け穴に打ち込む（**図 5-5**）。

②の組立作業を行うとき、ハンマーの打撃による衝撃力が加わり、ベアリングの破損が発生する。

この対策として、スプリングピンを挿入する圧入治具を製作した。この治具は、スプリングピンを取り外す場合も、ベアリングに衝撃を加えることがなく、作業を行うことができる。

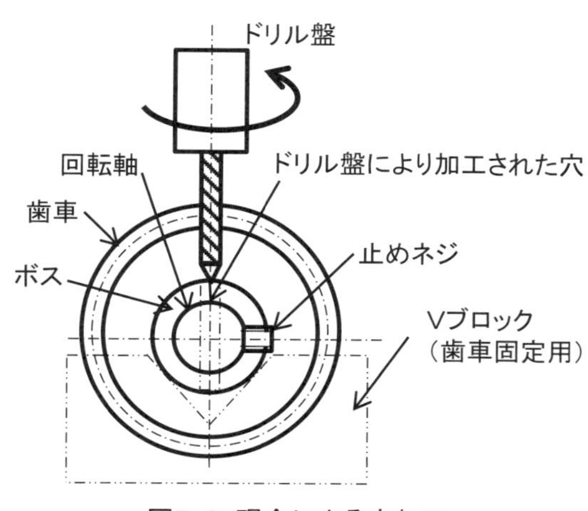

図5-4. 現合による穴加工

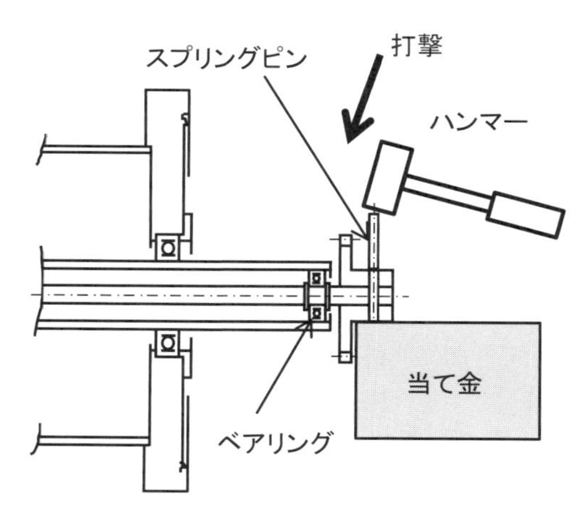

図5-5. スプリングピン打ち込み作業

図 5-6 で、圧入治具の構造と、これを用いたスプリングピンの取り付け作業を示す。この治具は、歯車のボスの外径に接する円弧形状が加工された２体構造の固定治具、固定治具を接合する固定ネジ、スプリングピンを押し込む押しネジで構成される。

使用方法は、結合する軸と歯車のボスに通し加工されたネジ穴に入れたスプリングピンを、押しネジのネジ込みによって取り付ける。この治具はスプリングピンを取り外すときにも使用可能で、挿入時と同様に衝撃力の発生がない。**図 5-7** に、治具を用いたスプリングピンの取り外し作業を示す。抜きピンを用いてスプリングピンを上部から押し込んで、下側の固定金具の穴からスプリングピンを押し出す。

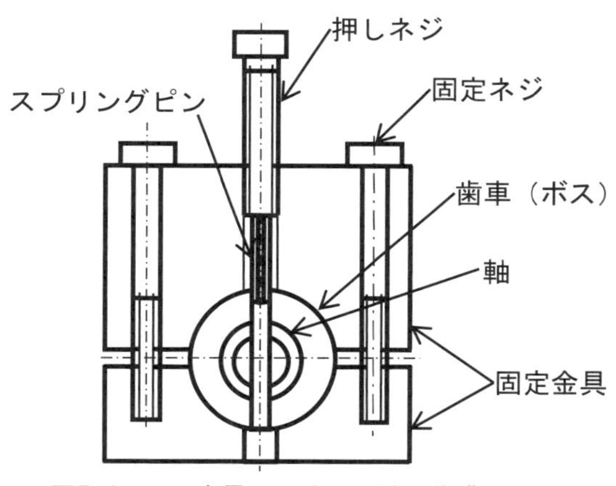

図5-6. 圧入治具による取り付け作業

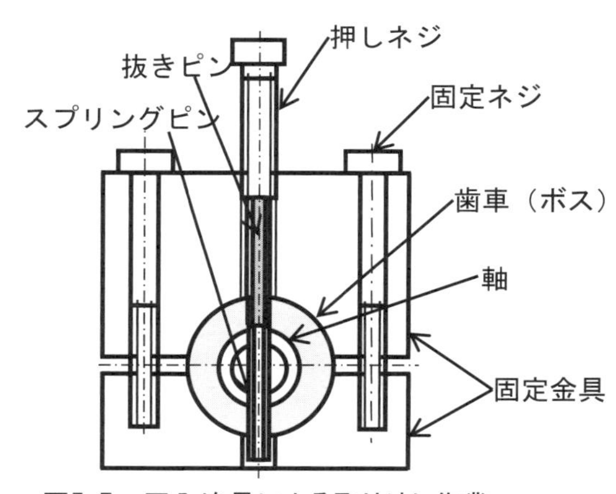

図5-7. 圧入治具による取り外し作業

結合する両部品に、**図 5-4** に示す方法を用いて通し穴を加工し、スプリングピンの圧入により両部品の組み立てを行う。しかし、これでは固定した片方の部品を交換する場合、現合で加工した穴の位置がネックになって、この交換作業ができない。その原因は、新たに取り付けようとする部品の通し穴が前の部品と同じ位置に加工ができない点にある。これに対処するために、別の位置に新たに穴を加工すると、穴が増えることにより軸の肉が薄くなって、強度が低下する。

この問題点を解消するために、現合加工ではなく穴あけの専用機を使用した高精度加工で、新たな部品との交換を可能とする方法を以下に示す。次頁**図 5-8** と**図 5-9** に、歯車のボスと軸にスプリングピンを取り付ける穴を加工するための図面を示す。両穴とも治具ボーラーを用いて形状記号の割芯度（形状記号 ⌯）0.03mm で、ϕ 4mm の H7 の公差寸法で穴を加工している。部品の交換を容易とした構造であり、この方法で加工した穴は、固定部品の交換時もスプリングピンの再使用が可能となる。

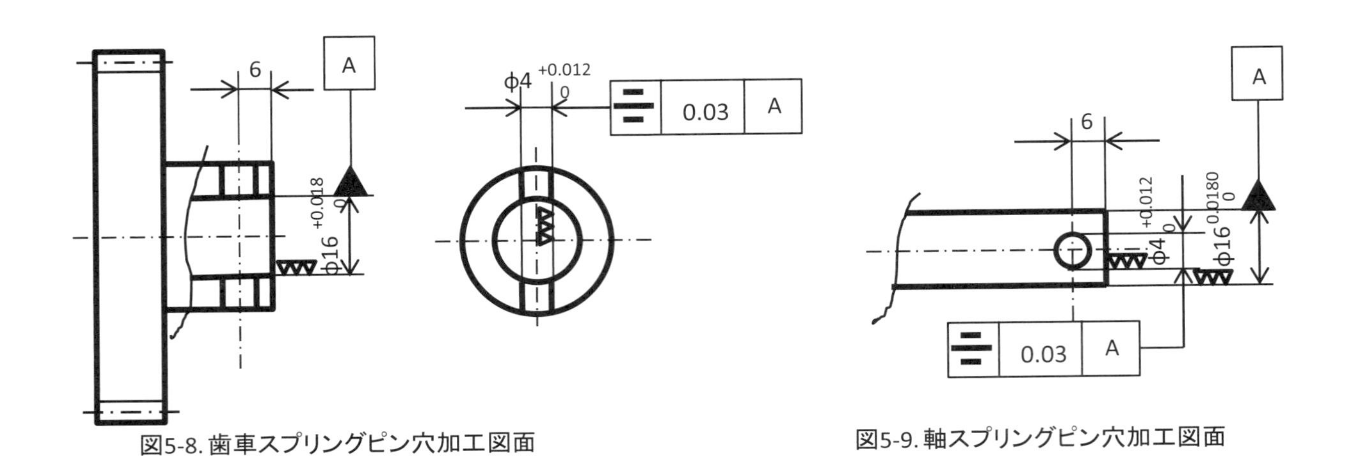

図5-8. 歯車スプリングピン穴加工図面　　図5-9. 軸スプリングピン穴加工図面

回転体と軸の固定法の種類と特徴を下記に示す。

項番	種類	構造図	構造他	メリット	デメリット
(1)	止めネジ	止めネジ 面取り 歯車 ボス 回転軸	①歯車のボス部にタップ加工を行い、止めネジで歯車と回転軸を固定する ②回転軸に面取りを行い、止めネジの接触力を効果的に活用する ③回転軸に面取りの他、もみ付け加工（先端角60°のドリル加工）も歯車を取り外すとき、有効な方法である ④ボス径が大きい場合、止めネジをダブルで使用して固定力を強化し、ゆるみ止め効果を補強する	①安価構造	①振動などによる緩みが発生する ②歯車の伝達トルクが大きい時は止めネジ先端接触部に、もみ付け穴を加工するなど強化が必要である
(2)	スプリングピン		①歯車のボス部にスプリングピンを圧入して、歯車と固定軸を固定する ②スプリングピンを加工する下穴は、回転軸と歯車を組み立てた状態で、ドリルにより同時現合加工とする ③歯車を交換する場合、固定穴を互換性があるよう高精度加工する（形状精度の割芯度、穴公差を記入、前記内容図5-8、図5-9）	①強固な固定	①スプリングピン圧入の際に衝撃力が加わるので、この対策が必要である（圧入治具使用） ②固定部品の取り替えを可能とする固定穴の互換性ができる構造とする（固定穴の高精度加工）
(3)	コレット[解説3]	コレット アナボ 溝	①歯車のボス部と回転軸をコレット構造を用いて固定する ②コレットネジ締め付け力によって歯車と回転軸が仕様のトルクで固定されるように、その構造を決める ・ボスの外内径と溝形状 ・コレットのアナボ個数とサイズ	①部品の交換が容易に可能	①加工に工数を要するので高価となる

解説3　**コレット構造**

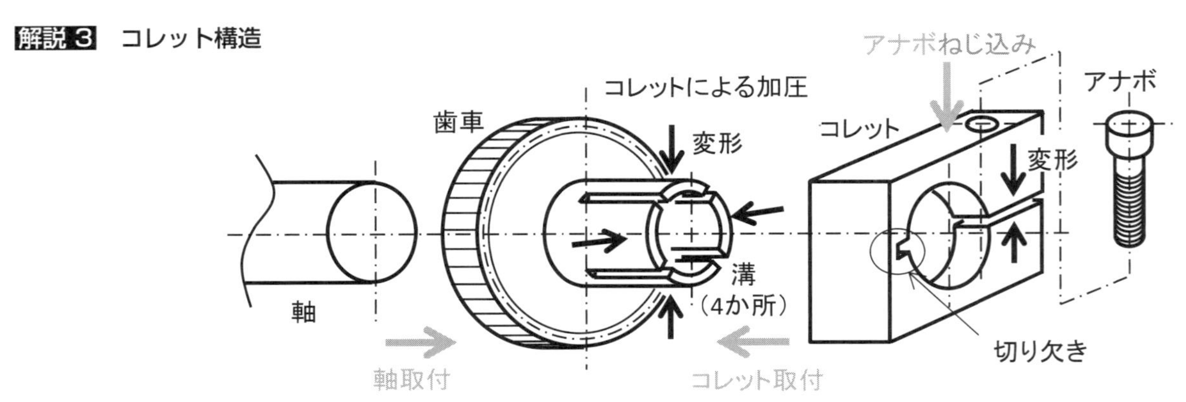

図5-10. 軸と歯車のコレットによる固定

軸と歯車の、コレットによる固定を説明する。**図 5-10** にコレット構造を示す。軸が、溝が加工された歯車のボスの部分に挿入され、このボスの外周にコレットが取り付けられる。コレットには切り欠きが加工されており、ネジにより矢印方向に変形しやすい構造になっている。このネジによる変形が歯車のボスの外形部に伝わり、この部分が矢印方向に変形し、ボス部の内周を軸の外径に押し付けることになる。すなわち、コレットのネジの締結力を、軸と歯車の固定力に変換する構造である。

市販されている固定機構

商品名：ホジロック

メーカー：三木プーリ

歯車と軸を固定するメーカーから供給されている着脱可能な固定機構の動作を下図を用いて説明する。

アウタースリーブに配置されたクランピングボルトの締め付けによりアウタースリーブのテーパー部が矢印で示す軸方向に変形して固定力が発生する。テーパー部には変形を容易とするために円周方向に溝が複数個配置されている。巧妙な機構で、クランピングボルトの軸力である固定力はこのホジロック内部のテーパーによる倍力機構で増幅されて軸と歯車が固定される。使用方法、その固定力窓は下記のデータ入手先のHPを参照いただきたい。各社から同様な機器が販売されている。

出所：三木プーリ株式会社
(http://www.mikipulley.co.jp/data/pdf/jp/et_po_psk_ma.pdf)

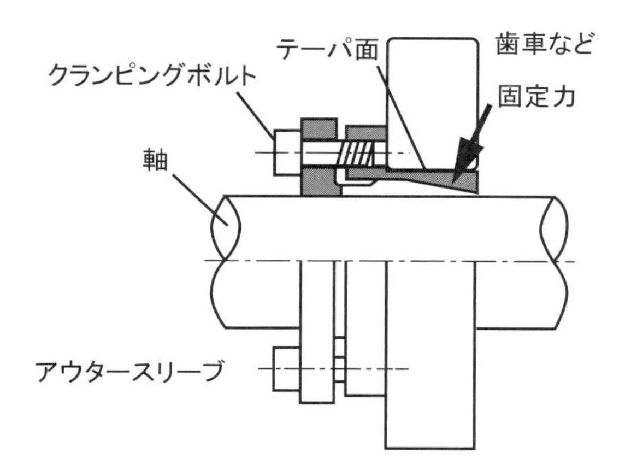

商品名：ETP ブッシュ

メーカー：三木プーリ

別の着脱可能な固定機構の動作を、メーカーのHPから入手した図版を用いて説明する。スリーブ内に注入した流体を加圧し、当該スリーブの変形を固定部品と軸の固定力に変換してその締結を行う。加圧力はフランジを押し付けるためのクランピングボルトで発生させる。使用方法等本機器の仕様は、データ入手先のメーカーのHPを参照していただきたい。

出所：三木プーリ株式会社
(http://www.mikipulley.co.jp/data/pdf/jp/et_et_ct.pdf)

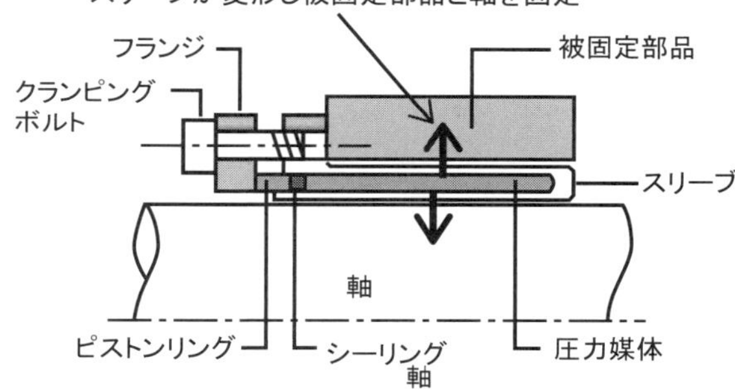

エンジニアの忘備録 3

設計とは

あるとき、指導者から「設計とは何ですか」と聞かれた。私はしどろもどろに「要求者の仕様に従った装置を作ること…」と答えた。これを聞いて、指導者は「設計とは『寸法』を決めることだ」と私に断言した。「寸法を決める行為が設計作業」というのはわかり易く、的を射た回答である。

意識を持ち、悩んでいる問題に対して質問された場合には、流ちょうにすらすらと考えを述べることができるが、思わぬ質問にはしどろもどろとなるものである。この質問はしどろもどろとなった部類に入り、日頃「設計とは何か」などということについては、考えたこともなかったということである。

寸法を決めるための設計作業で重要な点は、いかにして寸法を決めるかということである。この決定の背景は、完成した装置や部品には現れない、氷山でいえば水面下の氷のような存在である。氷山の氷は、その90%が水面下にあるというように、寸法を決めた背景の分厚さが私の設計に対する理想である。私は25年間設計を行ってきたが、少ない背景で寸法を決めたことが数限りなく多いのである。

入社当時にお世話になった指導者の下で5年間設計技術を学んでいたときのことである。指導者が描いたレーザープリンター用高速回転軸受けの1次計画図から、製作を考慮した詳細な計画図である2次計画図を作成する作業を与えられたことがあった。この作業を進めた結果、ネジなどの固定部を加えたところサイズが大型化してしまい、指導者にえらく怒られたことを覚えている。サイズは高速回転体にとって、風損の増大などを生ずる基本性能で、これを無視した設計となったことに対して怒られたわけである。

最近は、装置を設計するときには、コンパクトさが要求される。コンパクトさが要求された装置を設計するには、まず最初に全体形状を決め、これに装置を押し込むというトップダウンの方法が有効である。個々の部品を積み上げて全体の大きさを決めるボトムアップ法では、要求されたコンパクトな装置を完成させることはまず不可能だ。

寸法を決める設計は、今でも私が好きな作業である。

06 摩擦力固定による歯車と回転軸の緩み

概要

図6-1に、アームを揺動回転する駆動系の断面図を示す。モーター軸に取り付いた駆動歯車が、ベアリングで支持された回転軸の下端に取り付いた従動歯車と噛み合い、当該回転軸の上端に取り付いたアームを駆動する構造となっている。モーター軸の先端には、回転位置検出器として動作するフォトセンサーが取り付いている。穴を一箇所に加工された遮光板が、フォトセンサーの光軸を遮断する構造で、この穴がフォトセンサーの光軸と一致すると、フォトセンサーのLED光が受光側で検出され、モーターの回転位置を確定する。この駆動系では、モーター軸とアーム間の回転力伝達のための固定部は3箇所存在する。その固定法と構造は、下記に示す通りである。

回転駆動中、アームの回転位置がずれる現象が発生した。ずれの検出は、フォトセンサーによるモーター軸の回転位置と、アーム揺動位置の異常で検出した。なお、駆動モーターはACサーボモーターを使用しており、ずれは項番（2）の従動歯車と回転軸の固定箇所で発生した。

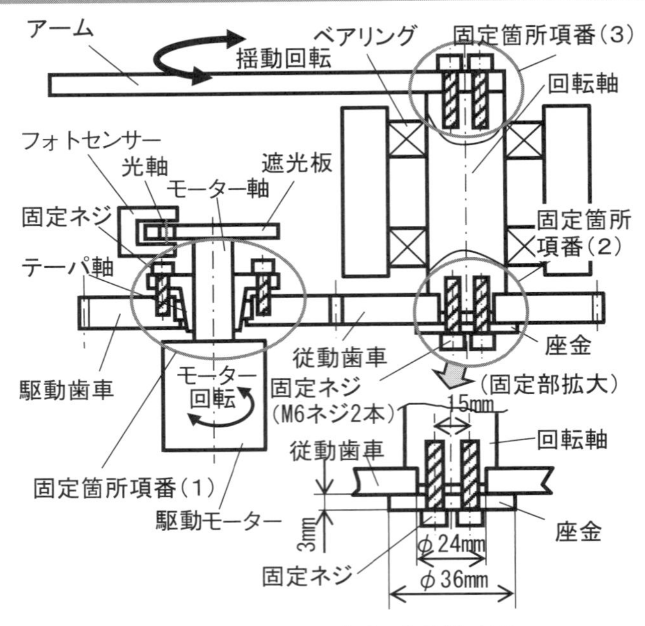

図6-1. アーム回転駆動系概略図

回転軸と部品の固定法と固定構造

項番	固定箇所	固定力	固定構造
（1）	モーター軸と駆動歯車	ネジの締結力を増加するテーパー構造による摩擦力（フリクション継ぎ手）	固定ネジの締め付けでテーパー軸と駆動歯車の軸方向の位置が接近し、その結果、テーパー軸が固定軸内をモーター方向に進み、テーパー締め込みによる円周方向の力がモーター軸と駆動歯を固定
（2）	従動歯車と回転軸	ネジの締結力による座金と従動歯車の摩擦力	回転軸と従動歯車のはめ合い公差はH7、h7のインロー構造で、座金の2本の固定ネジが回転軸のネジ穴に噛み合う構造となっており、この締結力による摩擦力が従動歯車と回転軸の両部品を固定
（3）	回転軸とアーム	ネジの締結力によるアームと軸の摩擦力とネジ軸のせん断力	アームに加工された穴を通る2本の固定ネジが回転軸のネジ穴に噛み合う締結力でアームと回転軸の両部品が固定され、さらにネジのせん断力も両部品の固定に寄与

原因

従動歯車と回転軸が位置ずれを起こし、結果的にフォトセンサーが取り付くモーター軸とアーム位置のずれが生じた。回転軸と歯車の固定力は、上記のように、ネジの締結力が座金を介して歯車と回転軸による摩擦で生じる。このずれは、従動歯車の固定の摩擦トルクが、モーターの駆動トルクより小さくなったためである。

（締結力の見積もり）

このトラブルは、上記のように従動歯車と回転軸の両部品の締結力が原因と考えており、固定ネジの締結力を下記の通り計算によって見積もる。

仮定条件

（1）使用ネジ：M6、2本
（2）ネジの締め付け：トルク50kg-cm
（3）座金の歯車と接触する直径：φ 24mm（歯車の内径）
（4）座金の厚み：3mm

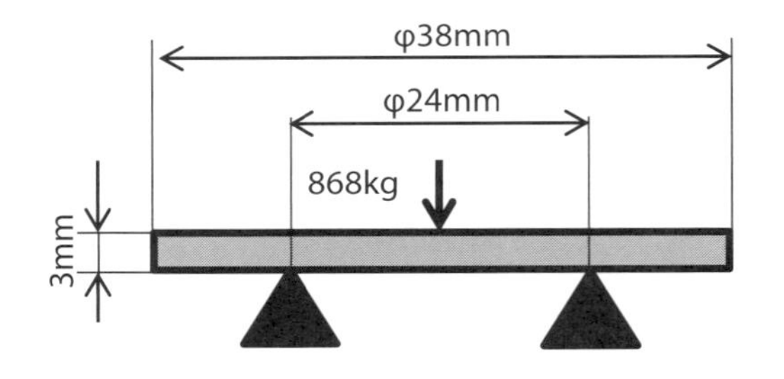

図6-2. 座金の変形計算

ネジの締め付け力

次ページに示すネジの説明からM6のネジを5Nmで締結した場合の標準軸力は430kg＝（4,220N ÷ 9.806）である。

このネジ2本が座金に加わるので、860kg＝（430kg/本×2本）の締結力が作用することになる。話を簡単にするために座金の中央部にこの締結力が作用し、座金が軸方向に変形して従動歯車の内径部で接触したとして、その変形量を見積もる。

変形量の見積もり

最大変形量：$\triangle L_{max} = 0.217 \times P \times ((2.54 \times a^2 - 1.52 \times b^2 - b^2 \times \log(a/b)) \div (E \times t^3))$

出所：日本機械学会（機械実用便覧P129 3.9円盤の応力とたわみ）

P：荷重（kg）	＝860 kg
a：支持点半径（mm）	＝12 mm
b：荷重面半径（mm）*1	＝7.5 mm
E：ヤング率（kg/mm^2）	＝21,000 kg/mm^2
t：厚み（mm）	＝3 mm

*1) 荷重面積半径は2本の固定ネジのピッチとした

上記数値を代入すると最大変形量は0.089 mmとなり、その位置は座金の中心位置となる。

ネジの締結力について

この説明は「株式会社東日製作所の技術資料」を基にしている。

出所：株式会社東日製作所
（https://www.tohnichi.co.jp/download_services#type_5）

図6-3はネジ山の拡大図で、ネジ山の角度とリード角が示されている。ネジはその回転運動を軸方向の直線運動に変換するなじみの深い機械要素である。このネジは**図6-4**に示すように円柱形状のネジ軸に斜面が巻き付くつる巻き形状をなしており、**図6-5**に示すように巻き付いた面を展開すると斜面を移動する運動に変換され、斜面を移動する力が斜面の直角方向に変換される倍力機構となる。この倍力機構で生ずる力が締結力となっている。

ネジの締結力は下記の式で示すことができる。

$$T = Ff \times (d2 \div 2 \times (\mu \div \cos\alpha + \tan\beta) + \mu n \times dn \div 2) \div 1000$$

T：締め付けトルク（Nm）
Ff：軸力（N）
d2：有効径（mm）
dn：座部有効径（mm）
μ：ネジ部摩擦係数
μn：座部摩擦係数　　ネジ山の半角方向の摩擦係数
α：ネジ山の半角　　ISOネジでは30°
β：リード角　　リード：ネジ一回転で進む距離の斜面の角度換算値

$$T = Ff \times (d2 \div 2 \times (\mu \div \cos\alpha + \tan\beta) + \mu n \times dn/2) \div 1000$$

- $\mu n \times dn/2$ → ネジ斜面の摩擦角の有効径換算値
- $\tan\beta$ → ネジのリード面を斜面に展開時の斜面の角度
- $\mu \div \cos\alpha$ → ネジのリード面を斜面に展開時の斜面の摩擦係数
- $d2 \div 2$ → ネジのトルク換算のためのネジ径

上記の考え方の元に、系列のネジの締め付けトルクと標準軸力を、右の表に示す。

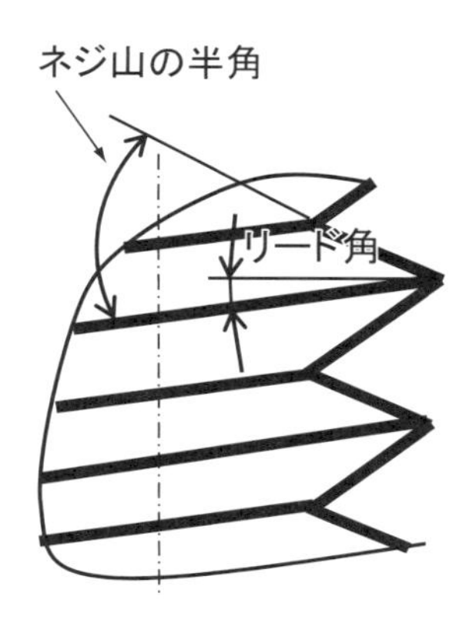

図6-3. ネジ山の拡大図

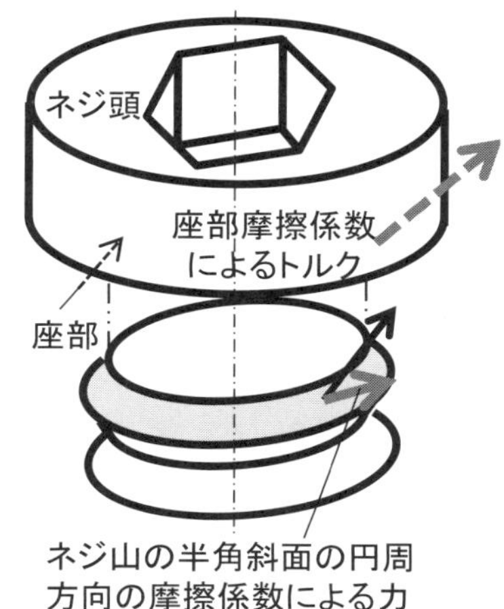

図6-4. ネジ山とネジ頭の斜視図

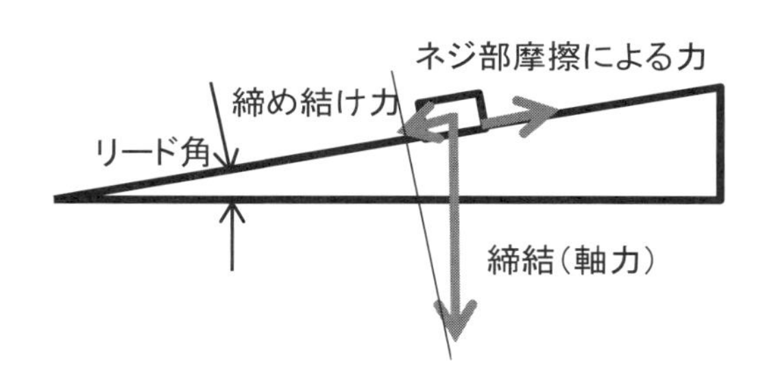

図6-5. ネジの斜面展開図

ネジの呼び径	標準締め付けトルク（Nm）	標準軸力（N）	最大軸力（N）	最小軸力（N）
M1	0.019	96.6	138	74.3
M2	0.174	435	621	334
M3	0.634	1,060	1,510	813
M4	1.48	1,840	2,630	1,420
M5	2.98	2,980	4,260	2,290
M6	5.07	4,220	6,030	3,250
M8	12.3	7,690	11,000	5,910
M10	24.4	12,200	17,400	9,370
M12	42.5	17,700	26,300	13,600

締め付けトルクと標準軸力の表

座金の変形を計算で推定

座金に加わる力はM6の穴付きボルト2本のためその軸力は860kg（＝430kg×2）である。この時の締め付け力を5Nmと計算した。この軸力が軸の端面に中心振り分け15mmの位置に加わる。中央部に加わるこの力（860kg）の概算値は、円盤の中央で半径12mmの円周上の点で自由支持で支えると、**図6-6**に示すように座金が変形する。すなわち半径12mmの円周で、座金と歯車のボス端部が接触する。

以上から、固定トルクは、半径7.5mmの位置に860kgのネジによる締結力が作用すると考える。この半径7.5mmの位置は、2本のネジの中心間距離（15mm）の半分の寸法とした。

摩擦係数を0.15として、固定トルクは上述したように9.5Nm（＝860×0.0075×0.15×9.806）と計算した。

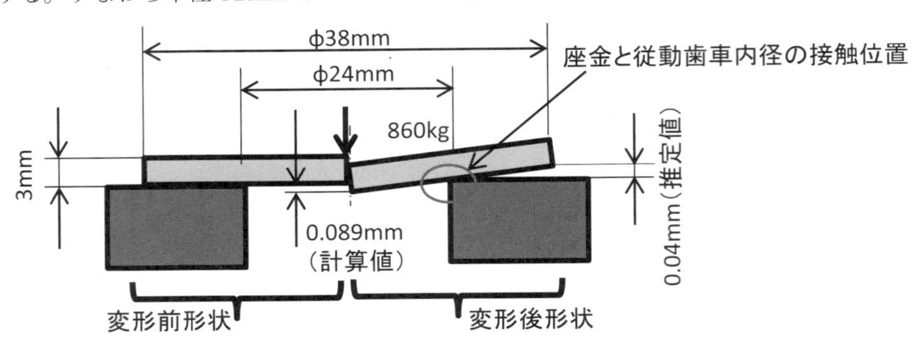

図6-6. 座金と従動歯車の接触位置の計算

アーム回転の必要トルクの算出

アームを駆動する回転トルクは、アームの加速/減速に必要なトルクで決まる。

（算出の手順）

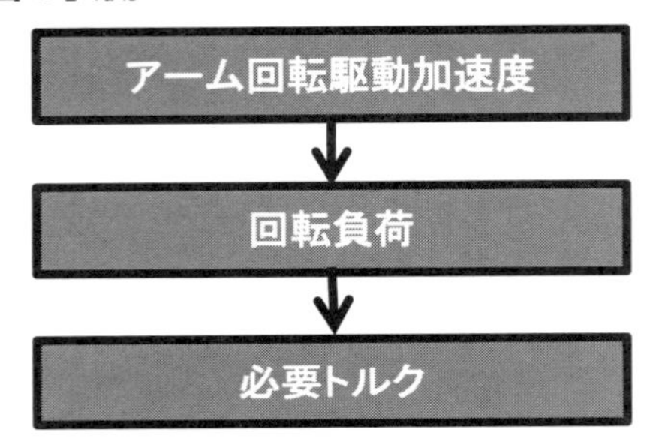

①アームの回転角速度

仮定条件180°（π rad）の角度を1秒で回転すると考え、加速度一定の制御を行う。

角速度と位置の関係：角度＝1÷2×α×t^2

α：角加速度　rad/s^2

t：時間　sec

0.5秒でπ/2の角度進む場合の角加速度を上記の式から求める

$1 \div 2 \times \alpha \times 0.5^2 = \pi \div 2$

$\alpha = 50.265$ rad/s^2　←求める角加速度

②回転負荷

回転負荷を「アーム」「回転軸」「歯車」部品と仮定し、上図に示すように回転軸中心で、それぞれの部品が回転軸を中心に回転する場合の慣性モーメントを算出する。

a）アームの回転負荷

m＝0.972 kg

J＝（1÷3）mL^2　m：質量、L：長さ

J＝（1÷3）×0.972×0.62＝0.1166 kgm^2

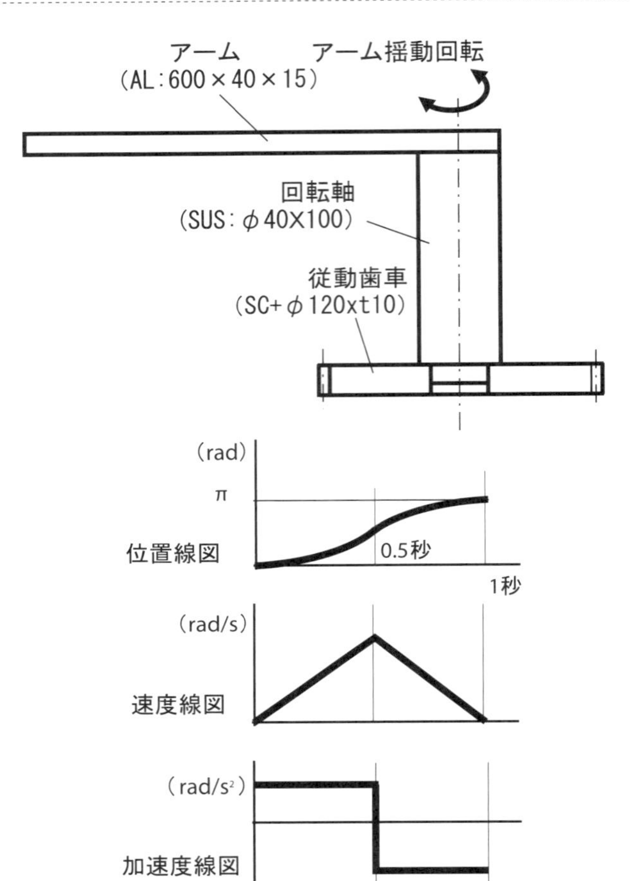

b）軸の回転負荷

m＝1.508 kg

J＝（1÷2）mr^2　r：半径

J＝（1÷2）×1.508×0.022＝0.0003016 kgm^2

c）歯車の回転負荷

m＝0.904 kg

J＝（1÷2）mr^2　J＝（1÷2）×0.904×0.062＝0.0016272

回転負荷の合計＝0.1164＋0.0003016＋0.0016272

＝0.11857 kgm^2

③必要トルク

$T=J\times\alpha$

T トルク：Nm

J 慣性モーメント：kgm^2

α 角加速度：rad/s^2

各数字を代入して　$J=0.11857\ kgm^2, \alpha=50.265\ rad/s^2$

必要トルク　T=2.1 Nm　←求める最大トルク

以上から

固定トルク	9.5 Nm
加速度トルク	2.1 Nm

固定トルク＞加速度トルク

これらの計算によると、この固定法で緩みは発生しないはずであるが、現実には緩みが生じた。これは前頁で計算した座金の変形が原因と推定する。すなわち、座金と歯車内径との接触部が**図 6-6** に示すように円周上の線となり、繰り返し使用によりこの部分で摩擦による固定力が発生できなかったことによると推測し、次に示す対策構造とした。

対策

図 6-7 に、改造後の固定方法について示す。改良前の構造の、座金と歯車を一体構造とした。新たな構造では、固定力は歯車の接触面と回転軸の端面の接合部に直接伝わり、当該部の摩擦面が保障される。すなわち、問題となったトラブルを起こした構造の、接触面の問題を解決する構造とした。

さらに、改造構造でのネジのせん断力がその接合力だと考えると、下記のようにその力を計算できる。

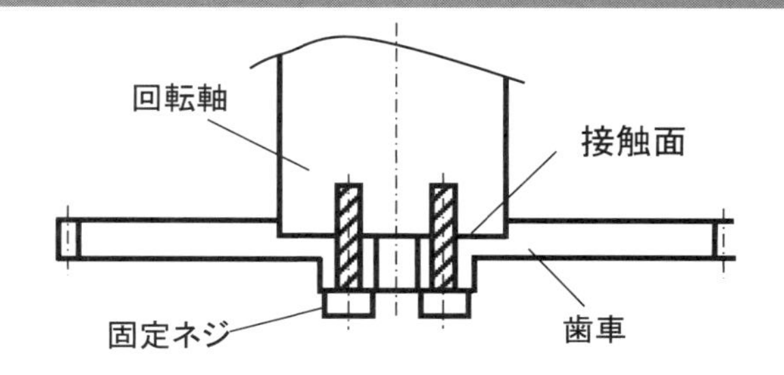

図6-7. 改造後の固定方法

(締結力の見積もり)

仮定条件

(1) 使用ネジ：M6、2 本

(2) ネジ位置：ϕ 20 mm

(3) 許容せん断応力：

$\tau=\sigma$（許容引っ張り応力）$\times 0.85=60\ kg/mm^2\times 0.85=51\ kg/mm^2$

固定力

固定力はネジに加わるせん断力で：

せん断荷重＝51（kg/mm^2）×19.6（mm^2）×2（本）＝1,999.2 kg

せん断力は固定最大トルクと桁違いの大きな力となる。

エンジニアの忘備録　4

知識のレベル

装置開発を行うための知識のレベルは次の 4 段階がある。

①名前を聞いたことがある：対象に対して一言で説明が終わってしまう。多くの場合これに相当する。

②説明できる：特徴を一つ二ついえる。電車の中で読んだ「日経メカニカル」の記事に相当し、専門に近い内容である。

③使用できる：機器を使用するキーポイントである仕様と、使用に際してのメリットディメリットを理解している。

④トラブルシューティングできる：開発装置にトラブルが発生した場合、その機器が仕様性能を発揮する機能、動作の詳細な広い範囲にわたる、一連の内容に相当する。

この知識レベルを分類すると①②は本の知識、③④は実務経験による知識である。開発技術者に要求したいレベルは④であり、トラブルシューティングを行うには、機器について細部まで知る必要がある。トラブルシューティングは、対策者に多くの知識を要求し、知識を得るために担当者は多くの時間をこれに費やす。筆者は、「本と経験による知識」の融合が、トラブルシューティングに対する最強の手段だと考えている。

この知識は、対象となる装置がすんなりうまく動くと限定的となり、トラブった場合は深い知識となるという、皮肉な一面を有している。知識を得るには多くを経験しなければだめで、優秀な技術者といわれるまでに、多くのトラブルシューティングに対応できる知識の引き出しを得る必要がある。近道は、多くの装置を正しい手段で開発することであると考えている。

ここでいう「正しい手段」とは、限られた時間内で最善を尽くすという意味である。装置仕様や課題を与えられたときにその内容を的確につかみ、これを実現するための手段を調査・検討し、考案した複数個の候補の中から評価表を作成し、最適な構造を決定する。この作業を進めるときの問題は、手を抜いて、深く考えないで不確定な部分を残したまま、構造を決めないことである。作ってみないとわからない部分は、明確化して第 2 候補のバックアップ構造を考えておき、まさかのときの対策とする。ただ、作業者には時間という厳しい制約がある。そこで、解決すべき作業内容に優先順位をつけて、装置仕様に影響を及ぼす部分から、検討作業を進めることとする。この検討に要する時間は、おのずとその開発する装置の規模で決まる。6 カ月の製作期間が与えられた装置は 3 カ月程度で設計しなければならず、この検討に要する時間は 1 カ月程度である。1 カ月でどこまで検討ができるか。これまでの経験で、うまく動いた機構を再利用などして、この課題を乗り切らなければならない。

いずれにしても、基本構造を決める作業の担当者は、常にこれを念頭に置かなければ、優れた構造は出てこないものである。

07 真空用 ICF フランジの取り付け誤差による、ベアリングの破損

概要

真空の環境に、大気中から回転運動を導入する機構の断面構造を**図 7-1** に示す。**回転導入機** [解説1] に取り付けたモーターの回転運動を、真空内で噛み合う一対の歯車を経由して回転軸に伝える構造となっている。モーターの回転数は数10rpm で、真空内の歯車によって減速されている。真空内の回転軸は円筒軸と同軸で、円筒軸の内径に取り付けられたベアリング 1 と、円筒軸の外径に取り付いたベアリング 2 によって支持されている。回転軸と歯車は、それぞれスプリングピンで固定されている（No. 05 参照）。

分割部の真空シールは **ICF フランジ** [解説2] によって達成されており、当該フランジは、外周部に配置したネジによって接合されている。円筒軸を支えるベアリング 1、ベアリング 2 を内部に収納した ICF フランジの外径は φ 253mm で、回転導入機は φ 70mm の ICF フランジに取り付いている。

この運動導入機構の使用時に、真空内で回転するベアリング 1（**図 7-1**）が破損する事故が発生した。

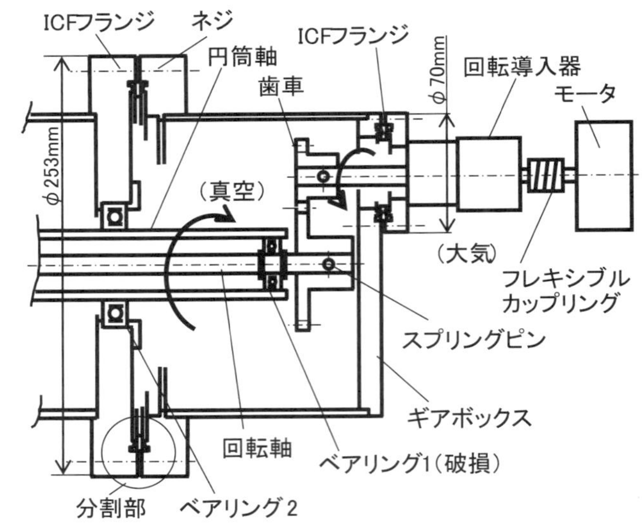

図7-1. 空間運動導入機構断面図

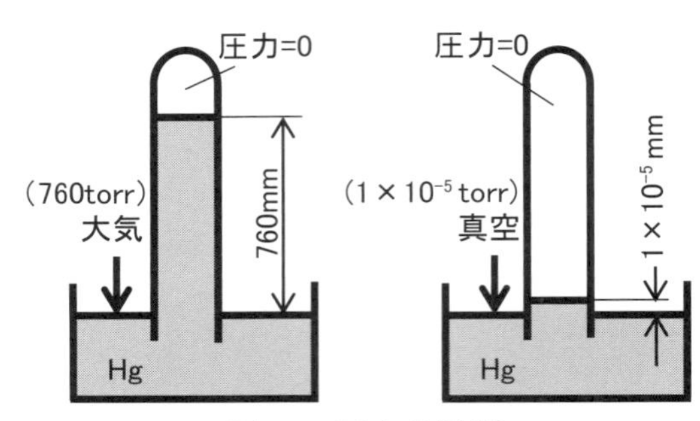

図7-2. 圧力の計測

真空とは

大気には窒素、酸素、二酸化炭素、アルゴンほかのガスが含まれており、圧力はトリチェリの表示で 760torr と定義されている。この定義に従うと、**図 7-2** の左図に示す状態が 760torr（1 気圧）と説明される。片側が封じられた 1m 程度のガラス管に水銀（Hg）を満たし、開放端を下にした状態を保持すると、ガラス管内の水銀の高さが 760mm になり、これを 1 気圧とする。この方法は、大気の圧力を水銀柱の高さで示すものである。

10^{-5}torr の真空はトリチェリの圧力の概念で示せば**図 7-2** 右図に示す通りである。このとき、10^{-5}mm の寸法の計測は不可能なので、回転運動のガス粘性による変化や電子の移動を用いた計測などが行われている。ISO による圧力の単位は Pa（N/m^2）が使用されている。

1torr ＝ 1.3 × 10^{-2}Pa がその単位の変換量である。

解説 1　回転導入機

回転導入機の動作と外観図を、メーカーの HP から得た情報で**図 7-3** に示している。この回転導入機は、大気中の回転運動を真空内の回転軸の運動として導入する機構である。大気中の回転運動は、大気中と真空中に配置したベアリングを経由して導入されており、揺動運動は真空中の回転軸の運動として伝わる。大気と真空の分離部は、「ベローズ」と「真空フランジ（φ 70ICF 固定フランジ）」の 2 カ所で、ユーザーは真空フランジを用いて、所望の真空チャンバーに取り付いた同径の真空フランジに回転導入機を取り付け、運動導入を行う。この構造の回転導入機は標準的な真空の要素機器であり、ほかにも O リングの軸シールを用いた方式、磁気カップリングによる方式などが、メーカーから供給されている。ユーザーはその目的に沿って仕様を満足する回転導入機を選択する。

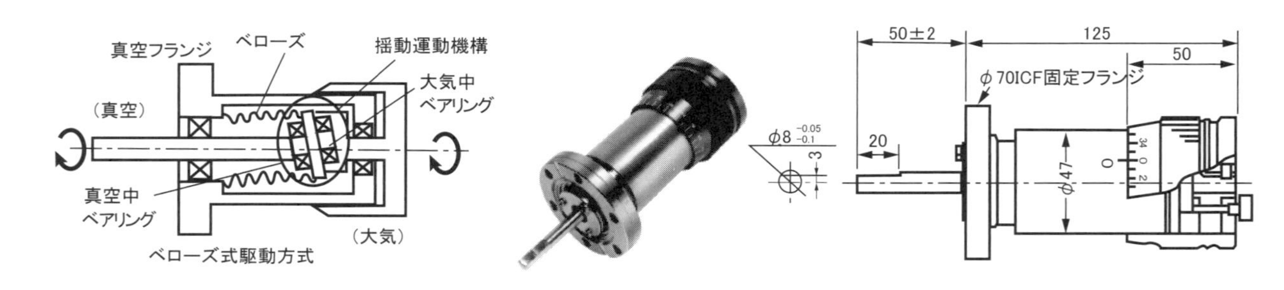

図7-3. 真空用回転導入機の構造断面図と外観

出所：キヤノンアネルバ株式会社（http://www.canon-anelva.co.jp/products/component/introductory/pdf/in_detail01.pdf）

解説2 ICF真空フランジ

図7-4に超高真空（10^{-8}torr以下の圧力）のシールに使用するICF真空フランジの構造図を示す。ガスケットを挟み込むフランジには鋭形状のエッジが加工されており、この部分で銅製のシール材であるガスケットを押しつぶし、このエッジがシール材に食い込むことによって、その機能を発揮する。シール部の拡大図に示すように、ボルトの締め付け力がガスケットを締め上げる。ガスケットは、そのシール面に作用するシール力を有効に使用する目的で、外周がフランジの凹部にはまり込む構造となっている。すなわち、エッジによるガスケットの外周方向への変形を、はまり込みにが内周方向に押し戻してシール圧を上げ、シール性能をさらに高める構造となっている。

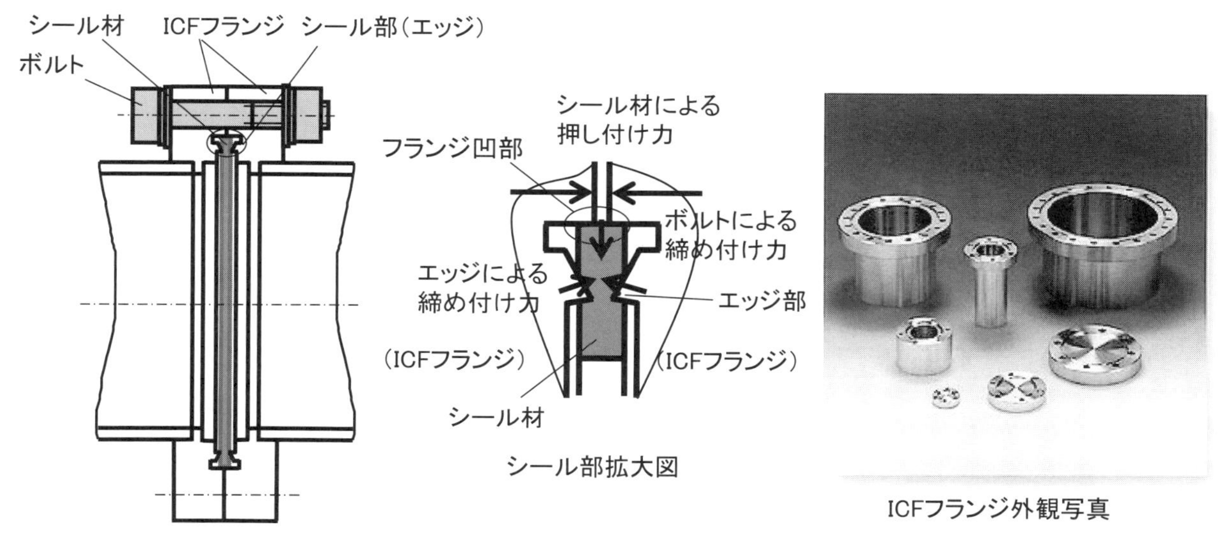

図7-4. ICFフランジのシール構造

原因

歯車の芯間距離が適正値から縮む方向にずれ、真空内の歯車の噛み合いの接触力が大きくなり、この力によって回転軸を支持する軸受けが破損した。この構造では、歯車の噛み合い（芯間距離）の調整ができない。すなわち、組立て時の最終工程で回転導入器が取り付いたICFフランジを本体部に取り付けることになり、歯車の噛み合いはICFフランジの取り付け状態で決まる。ICFフランジの締め付け位置がシールの接合位置となり、歯車の芯間距離の調整ができない構造となっている。また、歯車の半径方向の位置はICFのガスケットのはめあい寸法で決まり、ICFフランジの倒れが原因となる歯車の傾きは、複数個のICFの固定ネジの締め込み量で決まる。歯車の噛み合わせに影響を及ぼす各部品の誤差分析を図7-5に示す。これは、各部品の加工公差の片側の最大値で示した。この表から、誤差は真空シールであるICFフランジが主な原因で発生していることがわかる。

項番	項目	誤差（片側）
①	ベアリング外輪と挿入穴	0.02mm
	ベアリング内輪と軸	0.02mm
②	ガスケット外径とICFフランジ穴	0.1mm
	ガスケットとICFエッジの傾き（＝100mm × 2 × 10^{-3}rad）	0.2mm（2 × 10^{-3}rad）
③	ベアリング外輪と挿入穴	0.01mm
	ベアリング内輪と軸	0.01mm
④	歯車内径と軸	0.02mm
⑤	歯車内径と軸	0.02mm
⑥	ガスケット外径とICFフランジ穴	0.1mm
	ガスケットとICFエッジの傾き（＝30mm × 6 × 10^{-3}rad）	0.18mm（6 × 10^{-3}rad）
	合計（最大値）	1.00mm

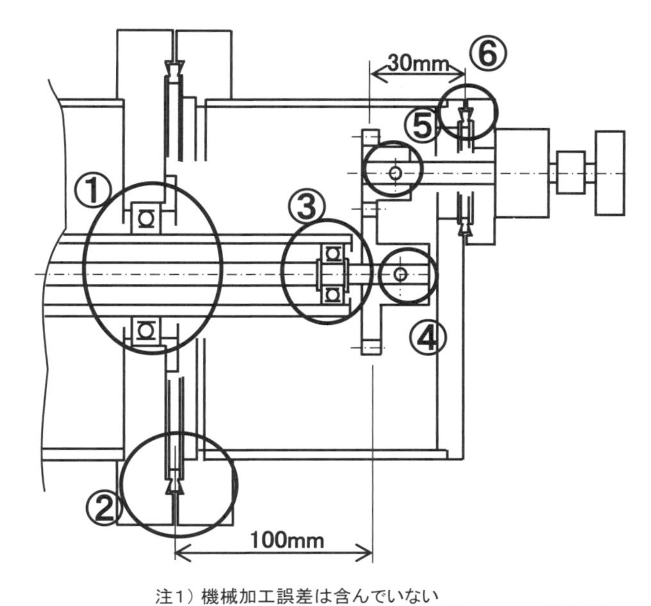

注1）機械加工誤差は含んでいない
注2）ガスケットとICFエッジの傾きは最大0.3mmを締め代の不均一誤差とした

図7-5. 歯車の噛み合い誤差の分析

対策

対策の構造を**図 7-6** に示す。真空内に歯車を固定する軸受けユニットを配置して、大口径の ICF フランジ取り付け前に、軸受けユニットの移動により歯車の心間距離の調整を可能とした。当該軸受けユニットを ICF フランジに取り付ける固定ネジのガタを利用して、この軸受けユニットにより歯車の芯間距離の調整を行った。

回転導入器軸と真空内の軸受けユニット内の回転軸は、**図 7-7** で示す軸の誤差分析を行い、フレキシブルカップリングを用いて両者を結合した。その結果、回転導入器を取り付ける ICF フランジの組立誤差が発生した場合、変位を吸収できる構造とした。組立て作業の最終工程で、回転導入器とフレキシブルカップリングの固定ネジにアクセスするサービスポートを、回転軸と直角方向に設けた。なお、フレキシブルカップリングは、コレットの結合方式を用いている。この構造の採用により、大口径の ICF フランジを固定する前の工程において、歯車の噛み合い調整が可能となり、さらに回転導入器を取り付ける回転軸の芯ずれは、フレキシブルカップリングを用いてその力を吸収できる構造とした。

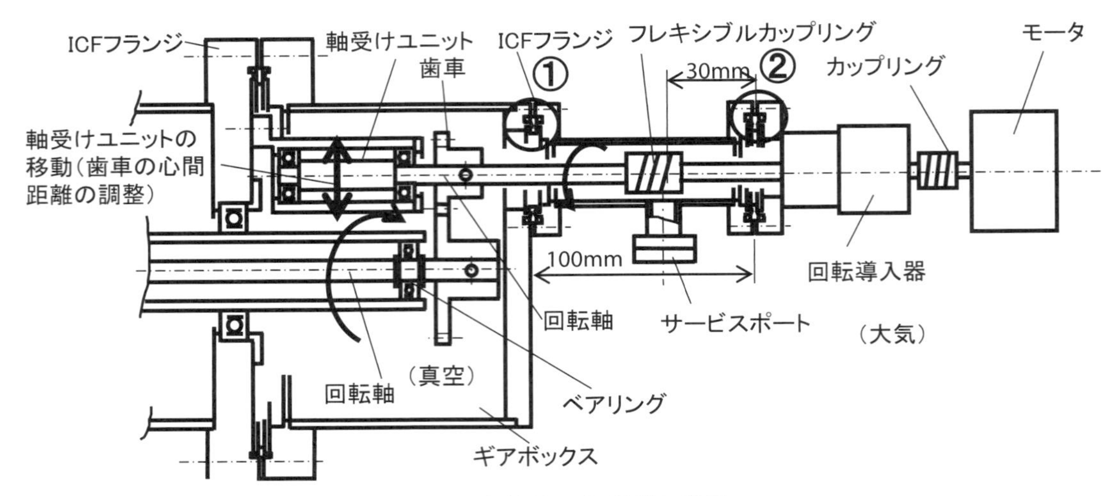

図7-6. 対策後の運動導入機構

項番	項目	誤差(片側)
①	ガスケット外径と ICF フランジ穴	0.1mm
	ガスケットと ICF エッジの傾き $(= 100 \times 6 \times 10^{-3})$	0.6mm $(6 \times 10^{-3}$rad)
②	ガスケット外径と ICF フランジ穴	0.1mm
	ガスケットと ICF エッジの傾き $(= 30 \times 6 \times 10^{-3})$	0.18mm $(6 \times 10^{-3}$rad)
	合計	0.98mm

カップリング仕様

最大0.98mmの変位が軸の両端で発生するとき、この変位で発生するカップリングの反力で歯車を支持するベアリングが破損しない剛性を持つフレキシブルカップリングを使用

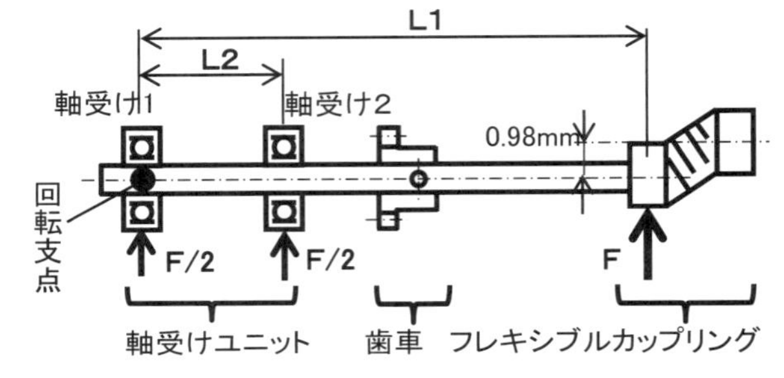

軸が軸受け1を回転支点として回転モーメントを受けたとすると

軸受け2に加わるモーメント力は:F･L1/L2

軸受け1に加わるモーメント力は:0

軸受け2に加わる力は:F/2+F･L1/L2

軸受け1に加わる力は:F/2

図7-7. 対策後の軸の誤差分析とカップリングに加わる力の計算

(設計指針)

ICF フランジは、超高真空のシール保持がその機能であって、芯出しの調整機能を同時に達成するには良い構造ではない。すなわち、真空シールの機能が芯出しの機能を阻害する要因を含んでいる。このような場合は、求められるそれぞれの機能を、別々の機構要素に分けた構造としなければならない。

ここで得られた教訓は「複数の機能をひとつの機構要素で実現しない」である。技術者は、しばしば同種の課題に出会うが、ここでその事例のいくつかを紹介する。

項番	項目	内容
(1)	エアシリンダーによる駆動機構	駆動と駆動軸直角方向荷重の支持
(2)	光学部品の光軸調整機構	あおり調整と高さ調整機構
(3)	固定と位置決め機構	リーマボルトによる± 0.01mm の位置決め
(4)	テーパーによる芯出しと軸方向の位置決め機構	2 面当たり加工の問題点
(5)	真空シールと芯出し構造	容器の変形による位置決め誤差の発生

(1) エアシリンダーによる駆動機構

図7-8に、エアシリンダーによって負荷を前後に駆動する機構を示す。チューブ内の加圧により可動シールを目的の方向に押し進め、シリンダーロッドに取り付けた負荷が移動するようになっている。この構造は負荷の前後移動とその重量によるモーメント荷重の保持という、2つの機能をエアシリンダーの推力発生機構で達成しようとするものである。この構造でエアシリンダーを使用した場合、可動シールの金属部がチューブ内径と接触してかじりが発生し、その傷から空気が漏れ、エアシリンダーの推力機能が失われる。

対策として、それぞれの要求機能を別々の機構に分割した構造を示す。すなわち、負荷となる重量はリニアガイドを取り付けて支え、エアシリンダーは負荷の前後移動の推力発生器として用いる。

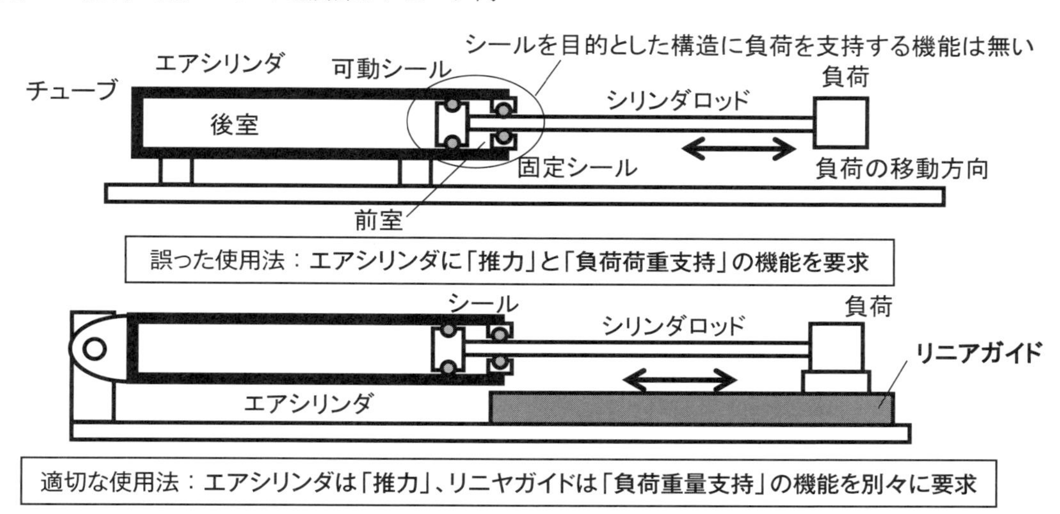

図7-8. エアシリンダによる移動機構

空気圧メーカーが製造販売しているガイド付きエアシリンダー

ユーザーが新たにガイドを設計する必要がない、ガイド付きエアシリンダーをメーカーが製造販売しており、その外観写真を図7-9に示す。推力発生のエアシリンダー機構と、負荷荷重を支持する案内機構を、コンパクト構造で一体化した機構要素となっている。この外観写真から、中央部にエアシリンダーが配置され、その周囲に案内が取り付けられていることがわかる。類似する機能を持った製品が各社から供給されている。

図7-9. ガイド付きエアシリンダ外観

出所：SMC株式会社（http://ca01.smcworld.com/catalog/ja/actuator/MGP-Z/6-2-2-p0423-0494-mgp/data/6-2-2-p0423-0494-mgp.pdf）

(2) 光学部品の光軸調整機構

光学部品を光軸に対して調整する機構を図7-10に示す。中心線で示した光軸に対して光学部品をあおり方向と上下方向に調整する機構である。この調整のために、光学部品を固定した移動板の前後に調整ネジと固定ネジをそれぞれ2本を1セットで配置し、これらのネジの締結によって、所望のあおり変位と上下変位を得る構造となっている。2本の調整ネジを異なる量ネジ込むことによってあおり調整が可能で、また2本の調整ネジを同量ネジ込むことによって上下方向の高さ調整ができる。固定ネジはあおりと高さの調整が終了した後、固定板に締め付けることで移動板と固定板の一体化を行う。図では2次元で説明してあるが、1セットのネジを3個配置することで、3次元の位置調整を可能とする。なお、調整ネジの固定板との接触部は操作性向上のためにR形状とする。この構造で、光軸調整を行う場合、そのあおり変位と上下変位を同じネジで行うため、その動きが干渉し、その調整に工数を要する。

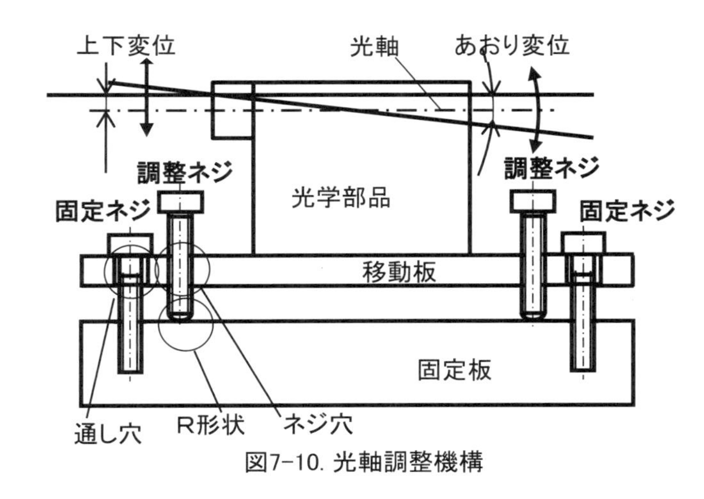

図7-10. 光軸調整機構

調整工数を短縮するための対策構造は、あおり変位と上下変位を達成する機構を別々に配置して、独立してその調整を可能とする。通常、あおりステージと上下ステージを2段に重ねて、この機構を達成する。この種のステージは、光学機器メーカーが製造販売している。

(3) 固定と位置決め機構

リーマボルトを用いて、被固定板と固定板の位置決めを行う構造の断面図を、**図 7-11** に示す。リーマボルトはそのネジと同軸に位置決め用のインロー部を加工した、固定機能と位置合わせ機能とを併せ持つネジである。固定板と被固定板の同位置に加工した公差 H7 の基準穴にインロー部を通して、両部品の平面内の位置を決める構造である。被固定板の位置決め精度によって、リーマボルト位置決め部の外径の軸公差を決める。位置決め用の基準穴はそれぞれの板に 2 個加工し、平面内の位置決めを可能としている。通常、インロー部のはめあいは、穴基準で加工する。すなわち、穴を H7 の公差に加工し、これに対して、はめあう軸公差で位置決め精度を得る。位置決め精度を± 0.01mm と規定した場合、リーマボルトをネジ込む際に、基準穴とリーマボルトの軸が接触することで、場合によってはかじりが発生し、そのネジ締め動作が困難となる。この場合、位置決めピンと固定機能を有するネジの機能は別部品で分ける必要がある (**図 7-12**)。ただし、求められる位置合わせ精度が± 0.05mm 程度ならば、リーマボルトの使用で問題ない。

(4) テーパーによる芯出しと軸方向高さ位置決め機構

回転軸に取り付けた円板の、回転軸と回転半径の 2 方向の位置を、テーパーを用いて決める構造図を**図 7-13** に示す。この構造は、回転半径方向の位置はテーパーはめあいによる芯出し機能を使用し、軸方向は、図に示したように、端面にホルダーを押し当てて実現する。テーパー面と端面の同時接触を、軸とホルダーの加工に要求することになる。すなわち、この加工は取り付け部と同形状のテーパー軸をマスターとし、テーパーと端面が同時にマスターの対応する部分に接触するホルダーを作成することで実現する。この加工は、接触する両面の赤タンによる当たり (接触) の確認と、加工の繰り返しによる現合作業となる。作業者に高度な技能を要求し、またテーパー部と端部の加工に工数を要するため、本構造は採用せず、通常はテーパーによる芯出し機能と軸方向位置決めは別々の構造とする。

(5) 真空シールと芯出し構造

真空容器の対向するフランジに取り付けた部品の、取り付け構造の断面図を**図 7-14** に示す。シールを配置した真空容器の上下に、フランジ A とフランジ B が、固定ネジにより取り付けられている。フランジ A、B にはそれぞれ部品が取り付いており、左方向のフランジを通過して光が入り込んでいる。光軸に合わせて、部品 A、B が正確に位置決めされる。組み立て手順は次の通りである。

①フランジ A、B に部品 A、部品 B を取り付ける。
②両部品の芯出しの調整は、真空容器に取り付ける前、または取り付けた後に、大気の環境で行う。
③真空容器取り付け後に当該調整を行う場合には、真空容器内の部品 A、B にアクセスするポートを真空容器に取り付ける必要がある。
④芯出し調整終了後、真空容器の真空排気を行う。

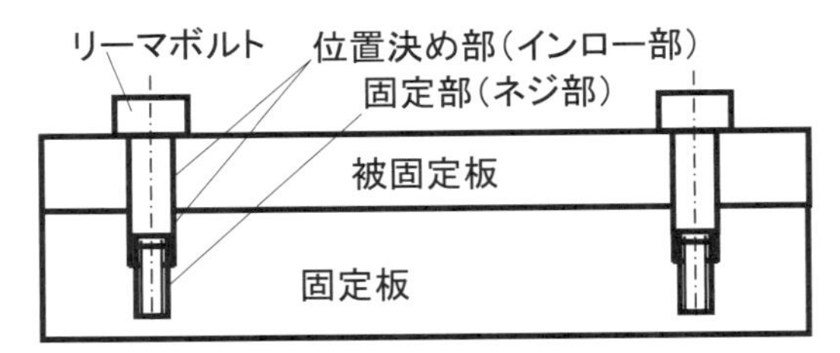

図7-11. リーマボルトによる位置決め

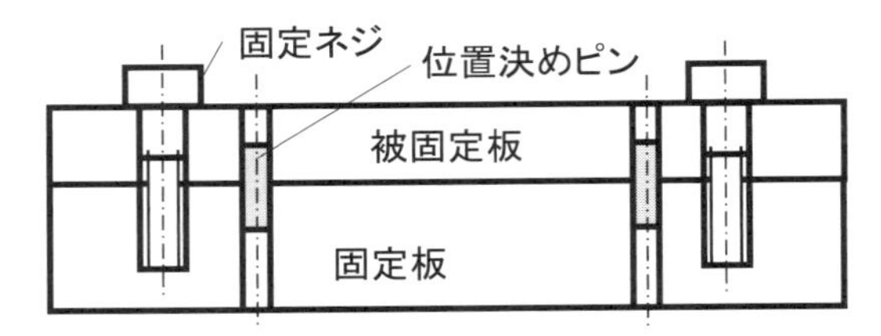

図7-12. 位置決めピンによる位置決め

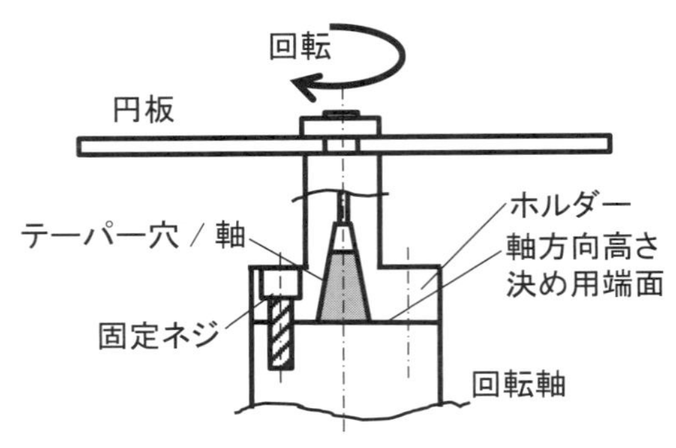

図7-13. 回転円板の位置決め構造図

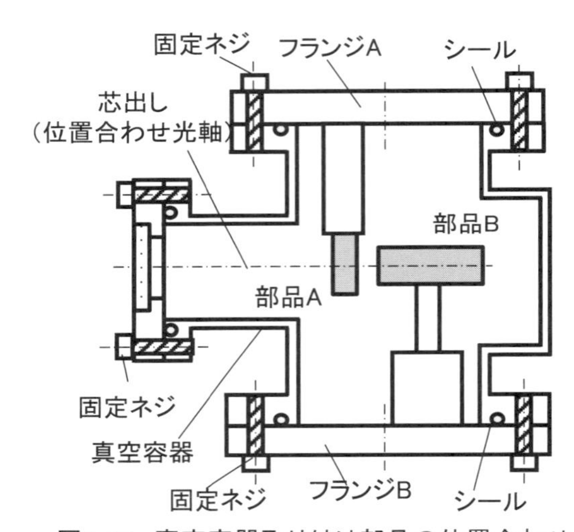

図7-14. 真空容器取り付け部品の位置合わせ

大気環境で位置合わせを行った部品 A、B により、真空環境にて所望の作業を行なう。このとき、真空排気によってチャンバーが変形し、光軸がずれる現象が発生するので、意図した真空環境での作業が困難となる。問題は、真空シールを行うフランジを位置決め用の基準として用いたことにより、圧力による真空容器変形が位置合わせに影響を及ぼす構造となっていたことによる。対策構造は次の 2 点である。

①真空排気後、部品 A、B の位置合わせを可能とする。この場合、片側または両側のフランジに位置合わせ機構の追加が必要となる。
②片側のフランジに A、B の両部品を取り付けて、圧力による真空容器の変形が両部品の相対変位に影響を及ぼしにくい構造とする。

08 除振台上の静圧回転空気軸受け駆動軸のベアリングの破損

概要

静圧空気軸受けスピンドル[解説1]を除振機構付きの**石定盤**[解説3]上に配置し、架台内のモーターにより駆動する機構の断面図を**図8-1**に示す。静圧空気軸受けスピンドルは、高精度の回転が得られる軸受けであり、その精度を保つために、外乱となる振動を防止する目的の空気バネ方式の除振機構を備えた**除振台**[解説2]を、定盤と共に使用している。静圧空気軸受けスピンドルの回転駆動系は、下部の架台内に配置した回転軸受けと、これに取り付いた上下2個のベアリングで支持された駆動軸で構成されている。駆動軸の上端に静圧空気軸受けの回転体が固定されており、他端の小径プーリは、回転軸受けの右に配置したモーターの先端に取り付く大径プーリでベルト駆動する構造となっている。駆動軸は、架台内部の回転軸受けと石定盤上の空気軸受けスピンドルの回転中心の誤差を吸収するために、両者の変位量を吸収する変形可能な切り欠き構造となっている。この機構を用いて空気軸受けスピンドルの回転駆動を行ったとき、回転軸受け内のベアリングが破損する事故が発生した。リテーナーが破損してボールが一部はずれ、ベアリング内のグリースが外部に漏れて周囲に飛び散り、正常な回転が不可能な状態であった。使用ベアリングの型式などは次の通りである。

- ・破損までに要した時間：5年間
- ・使用ベアリングの型式：単列深溝6205ZZ
- ・破損ベアリング：上下2個共

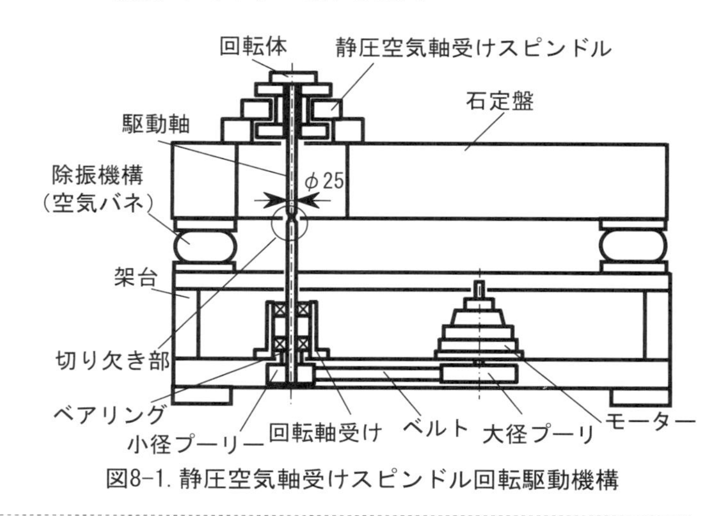

図8-1. 静圧空気軸受けスピンドル回転駆動機構

解説1 静圧空気軸受けスピンドル

静圧空気軸受けスピンドルは、回転振れ精度が0.1 μ m以下の滑らかな高精度回転を得られる、隙間に圧縮空気を吹き出す圧力で支持した軸受けである。**図8-2**に、静圧軸受けスピンドルの構造図を示す。右下は、静圧空気軸受けと駆動用のモーターが同軸上に組み込まれた型式の構造図である。この図では左部に静圧空気軸受けを、右部に駆動モーターを配置している。軸受けはラジアル軸受けとスラスト軸受けからなっており、それぞれの詳細な構造を**図8-2**の左と右の下部に示されている。

ラジアル軸受けは、円筒形状に高精度加工された回転軸に向かって固定側から圧縮空気を噴出し、支持する構造となっている。下図に、圧縮空気の吹き出し口の絞り構造を示されている。絞りは、供給側の圧縮空気圧を一定値に保つための流体抵抗として作用する。

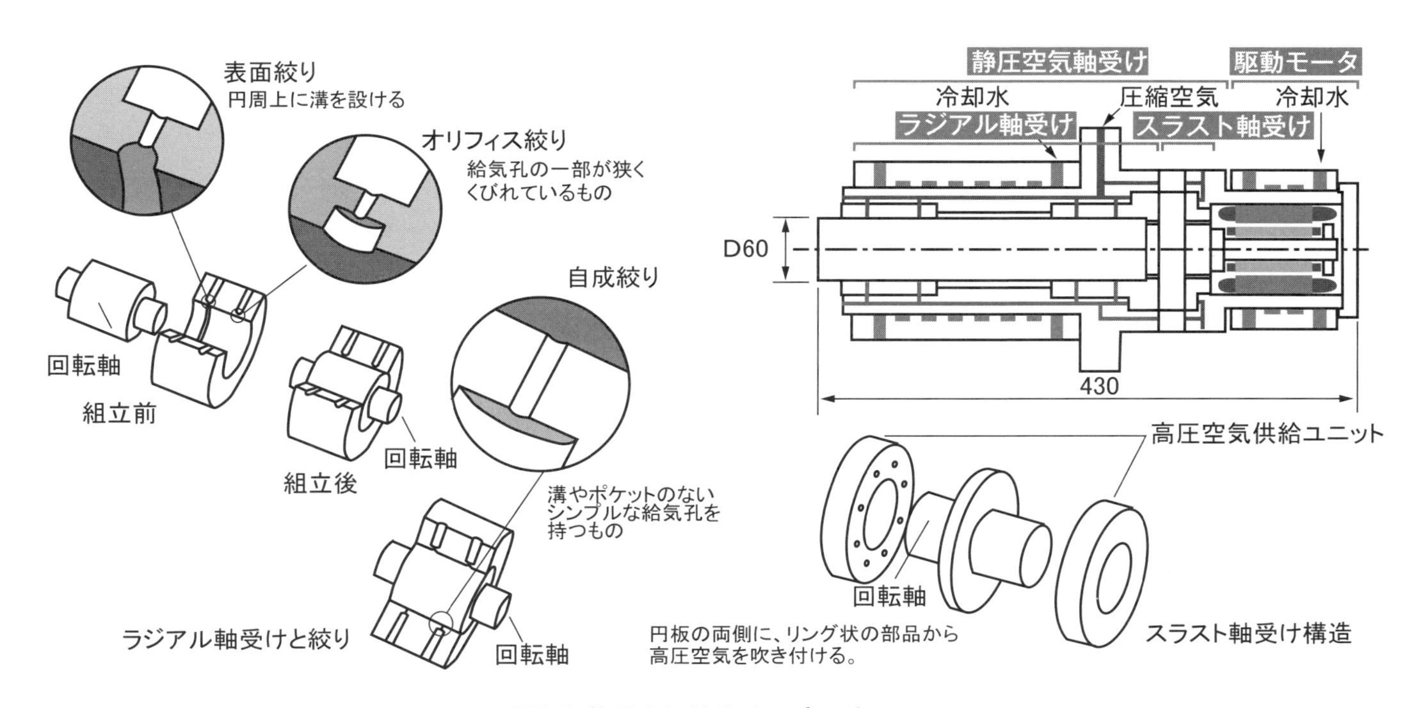

図8-2. 静圧空気軸受けスピンドル

通常のノズル絞り構造においては、この絞りの径は0.2～0.3mm程度と小さく、その他の軸受けの諸元値である軸受け面積、隙間、供給圧、絞りの個数、絞りの配置位置が性能である負荷能力、軸受け剛性、圧縮空気の流量を決める。

スラスト軸受けは、回転体を回転軸方向に支える軸受けで、回転するスラスト板にその両側から圧縮空気を吹きつけてこれを支持している。

この軸受けによるスピンドルの回転精度は0.1μm以下と記載したが、高速回転時の回転精度は不釣合い量と密接な関係があり、不釣合い量と回転数が大きくなると回転精度は低下することになる。

不釣合い量と振れ量の関係は、ローターの不釣合いから発生する変位として、回転軸と直角方向軸の回転（コニカルモード）と回転軸と平行な並進方向の直線移動（パラレルモード）の量として計算可能である。なお、この計算法は下刊の「折の巻」で解説予定である。

静圧軸受けに関しては、メーカー、研究者から多くの情報がHPで公開されており、キーワード「静圧空気軸受け」「絞り」で検索すると設計法、特徴などの情報を得ることができる。

解説2　除振台

架台に取り付けた駆動モーターによる回転振動が、架台を介して石定盤に伝わり、石定盤上に搭載した精密移動機器（静圧空気軸受けスピンドル以外は図示せず）に変位を発生させ、高精度移動に障害を及ぼす。この変位を防止するために、架台と石定盤の間に除振機構を配置して、架台から石定盤に伝わる振動を遮断する。

振動遮断の考え方を、1次元のモデルによるニュートン力学を用いて説明する。すなわち、架台が振幅B、周波数ωで振動し、搭載する石定盤が振幅A、周波数ωで振動した場合の、AとBの振幅の関係を求める。

計算の要点は次の通りである。

1）ニュートン力学による力の釣合い方程式は、①式で示される

2）①式を解いた解すなわち振幅A/Bと振動周波数ω／ωnの関係を②式で示しており、そのグラフを下図に示す

3）架台の振動波形は正弦波とし、架台の振動周波数（ω）は石定盤上で変化しないとする

計算結果をグラフ化したのが下右図で、次のことが判る。

1）石定盤の重量とこれを支えるバネの組み合わせの固有振動数（ωn）よりも小さい振動数（ω）の架台振動は、そのまま定盤に伝わる（グラフの（a）部）。

2）架台の振動数（ω）が石定盤の重量とこれを支えるバネの組み合わせの固有振動数（ωn）よりも大きいならば、定盤上でその振幅値は減少する。すなわち除振効果が得られる（グラフの（b）部）。

3）架台の振動数（ω）が、定盤とこれを支えるバネで構成される固有振動数（ωn）と一致する（ω／ωn＝1）ならば定盤上でのその振幅値は増幅される（共振点（c）部）。

以上から、広い周波数にわたって架台の振動を石定盤に伝えないようにして、除振性能を上げるには、石定盤の質量を大きくすると同時に支持体のバネ剛性を小として、その固有振動数を下げなければならない。柔らかいバネを使用するために、通常、バネは空気バネを用い、1～2HZの固有振動数とする。

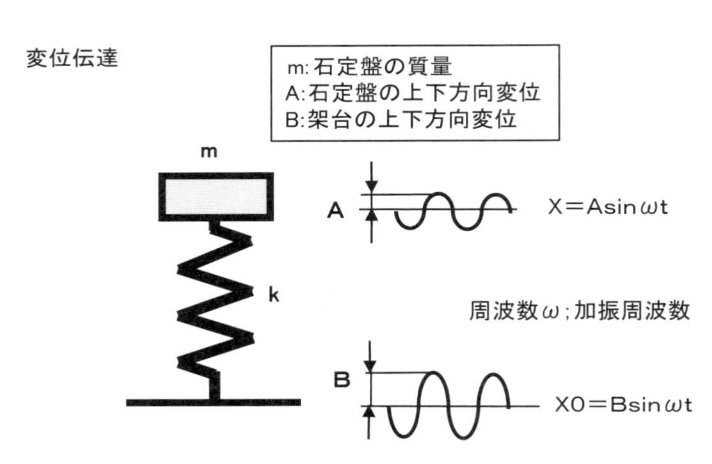

質量mにおける力の釣合い方程式:架台の振動振幅Bによる強制振動

$$m\ddot{X}+k(X-X0)=0 \quad \text{-----} ①$$

$\ddot{X}=-A\omega^2\sin\omega t$、$X=A\sin\omega t$、$X0=B\sin\omega t$を代入

$$-mA\omega^2\sin\omega t+k(A\sin\omega t-B\sin\omega t)=0$$

$\sin\omega t$を消去して

$$-mA\omega^2+k(A-B)=0$$

$$(-m\omega^2+k)A=kB$$

$$\frac{A}{B}=\frac{1}{1-\frac{\omega^2}{\omega n^2}} \quad \text{-----} ②$$

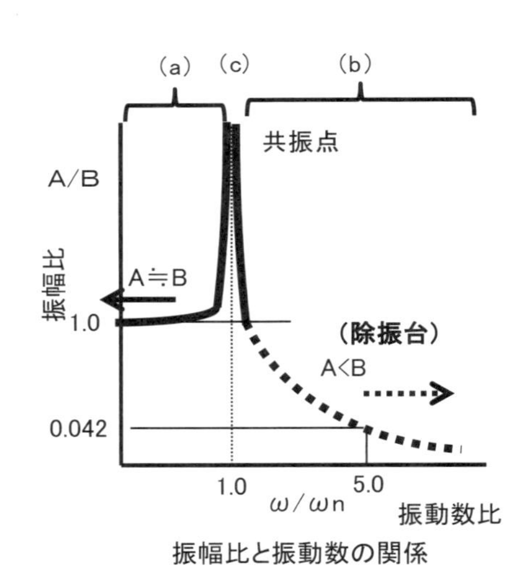

振幅比と振動数の関係

ω:架台で発生する振動の周波数

ωn:石定盤の質量と架台と定盤の間のバネ剛性で決まる周波数(固有振動数と呼ばれる)

ここで、ωnは固有振動数で、$\omega n=\sqrt{\frac{k}{m}}$である

図8-3に、垂直方向の防振を目的とした空気バネ式除振台の外観と構成機器を示す。４本のエアータンクを備えた脚部上に４個の空気バネを配置し、定盤を支持している。定盤の浮上高さと、定盤の水平を保つための自動レベル調整器が定盤の下部に配置されており、定盤の水平精度を1mm程度に保つ。本除振台で使用する圧縮空気は、その近くに配置したエアーコンプレッサーを用いて発生させるが、工場配管の圧縮空気を用いることもできる。良好な防振性能が必要とされる光学機器は、低い固有振動数を必要とし、これを得るには「ダイアフラム型空気バネ」を用いる。工作機械など大重量の機器を防振するためには固有振動数は高めになるが、一定値のバネ剛性を確保して加工力による工作機械の移動量を大きくしないため、防振ゴムを使用する。両固有振動数の中間値を得るには「ベローズ型空気バネ」を用いる。

垂直方向の固有振動数と使用するバネ材構造

○ 1～2Hz：ダイアフラム型空気バネ

○ 5～10Hz：ベローズ型空気バネ

○ 10～20Hz：防振ゴム

前記したように高性能の除振台は固有振動数の小さいダイヤフラム空気ばねを使用することになるが、コストは防振ゴムと比較してけた違いで高価である。空気バネ、防振ゴム共に上下方向と同様に左右方向についても同様に除震が可能であるが、上下方向と比べてその固有振動数は、大きな数字となる。

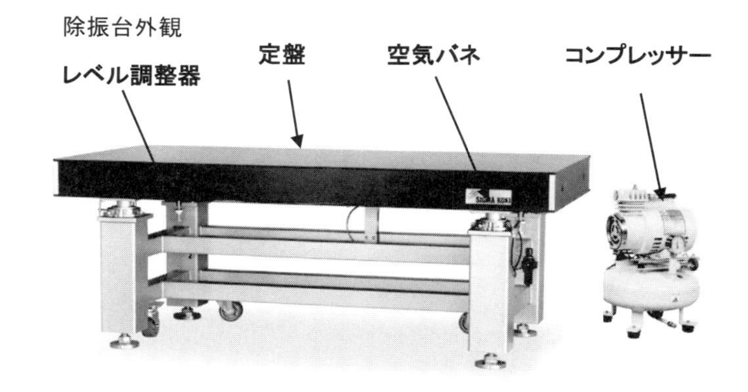

構成機器

項番	項目	内容
(1)	定盤	材質：FC（鋳鉄）、石
(2)	バネ	空気バネまたはゴムバネ
(3)	レベル調整器	定盤の水平保持機構
(4)	ユーティリティ	コンプレッサー

図8-3. バネ方式の除振台

出所：シグマ光機株式会社（http://www.global-optosigma.com/jp/Catalogs/pno/?from=page&pnoname=TDI-LA%2FLM&ccode=W6007&dcode= ）

解説３ 石定盤

機械構造物の基本となる形状は「平面」と「円」である。その平面を作り込んだ機械要素が定盤であり、計測の基準面、組み立てのベース面などに使用されている。定盤はその材質と構造によって鋳鉄、石、ハニカムの３種類が存在する。その特徴他を以下に示す。

種類	特徴他
鋳物定盤	①溶融鉄を型に流し込む鋳造技術によって素材を製造し、加工によって平面を得る。通常の定盤は、この鋳物材が多い。 ②フライスによる機械加工、仕上げのキサゲ加工によって目的の平面を得る。 ③定盤のサイズは様々で角100mm～角数mの製品まで存在し、平面精度はその要求によってまちまちであるが、数μmの平坦度を有する高精度の製品がある。 ④定盤の表面にネジなどの取付穴の追加工を行う場合、加工対象が金属なので手軽に追加工が可能である。 ⑤大サイズの定盤では、変形を防止する目的で数百mmと厚く、リブ構造にもかかわらず重い。 ⑥使用中に誤って表面に打痕を付けた場合、その部分が盛り上がり、平面状態を損なわれる。打痕の有無は、油砥石でその表面をなめ、光沢で盛り上がりのある部分を確認するとよい。小さな打痕は、油砥石の処理で除去できる。
石定盤	①石定盤は、インド、アフリカ原産の石を立方体形状に切り出し、表面を機械加工によって仕上げて、表面精度を得る。 ②機械加工は、通常、ラップ加工が用いられる。 ③サイズは小から大サイズまであるが、大型の石定盤をよく目にする。 ④定盤の表面に取り付けネジを加工する場合、金属製のボスを石定盤に接着によって埋め込み、これにタップ穴を機械加工となる。ボスを埋め込む穴は、先端にダイヤモンド砥粒を固定した円筒形の工具による特殊加工が必要であり、汎用の機械では加工できないので、専業メーカーに依頼することになる。 ⑤石定盤の材質の石の比重は2.2～2.3g/cm^3と鋳鉄と比べて小さいが、中実構造となるので、結果として定盤は重い ⑥使用中に、表面に打痕をつけた場合、石の性質上その打痕は必ず凹形状となり、定盤の平面性能に与える影響は小さい。
ハニカム定盤	①上記の両定盤に比べ、軽量化を可能にしたものがハニカム定盤である。 ②心材となるコアにアルミ材・鉄材・非磁性ステンレス材を用いている。 ③ハニカムコア材を、上面板（非磁性ステンレス材）と下面板（非磁性ステンレス材または熱間圧延鋼板）で挟んだサンドイッチ構造となっている。 ④軽量かつ剛性が高く、形状の加工性も良く、大サイズ6mx2mが製作可能である。

平面創生法

定盤などの平面を創生する「3面すり合わせ法」についてその手順と原理を説明する。

①ブロックを3個準備する。それぞれを「A」「B」「C」と名付ける。

②ブロック「A」「B」をすり合わせる。

③ブロック「A」「C」をすり合わせる。このすり合わせ加工では、ブロック「C」を加工する。

④ブロック「B」「C」をすり合わせる。

⑤④のすり合わせで、全面が当たればブロック「A」「B」「C」は目的の平面が得られている。

⑥④のすり合わせで、すり合い部が外周のみとなる凹構造の場合、「A」ブロックは凸構造なので凸部を修正し、上記②〜④の作業を繰り返す。

このすり合わせ作業はキサゲ加工で実施する。

この平面創生法などの機械加工法とその測定法はMOORE社の「超精密機械の基礎（FOUNDATION OF MECHANICAL ACCURACY)」発行国際工機株式会社に詳しく書かれているので、一読することをお薦めする。使用されている写真は実に美しく撮影されている。

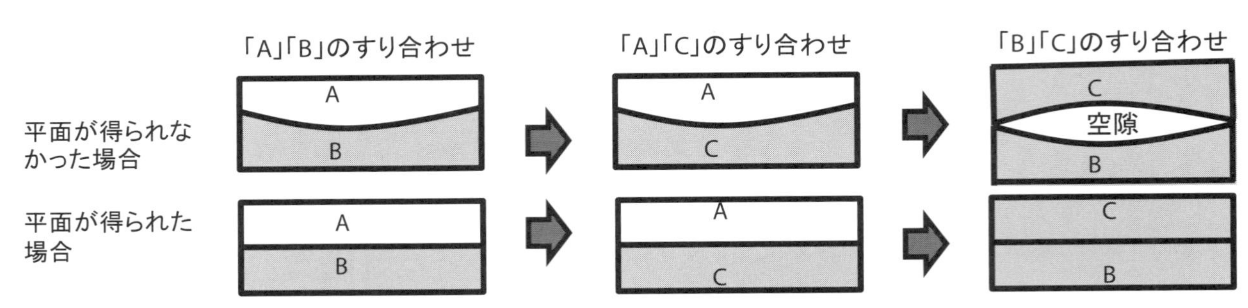

図8-4. 3面すり合わせ法による平面の創生

キサゲ加工によるすり合わせ

キサゲ加工は熟練技能を要する作業で、被加工部品に加工力、固定の力が加わることはないので、加工による変形は極めて小さい。高精度の平面を得るには環境の温度管理がキーポイントとなる。

温度管理は、室温および被加工物を作業環境に入れた後、一定温度に落ち着くまでの放置時間の管理である。また、作業者がキサゲ作業を行う場合、体温が被加工物に伝わらない配慮も必要である。右写真の定盤表面で輝度の少ない（暗い）部分が比較測定の基準となるマスター定盤と当たる部分である。この部分が前面にわたって均一に分布することが重要で、白く光っている部分の深さはキサゲ工具で調整できる。この部分が潤滑の際、油溜りとなり、0.005〜0.02mmの深さで、制御可能である。筆者は、加工されたキサゲ面の平坦度を3次元測定器を用いてその平面度を計測した際、サブミクロンオーダで平面度が得られた結果に驚いた経験がある。

キサゲ作業

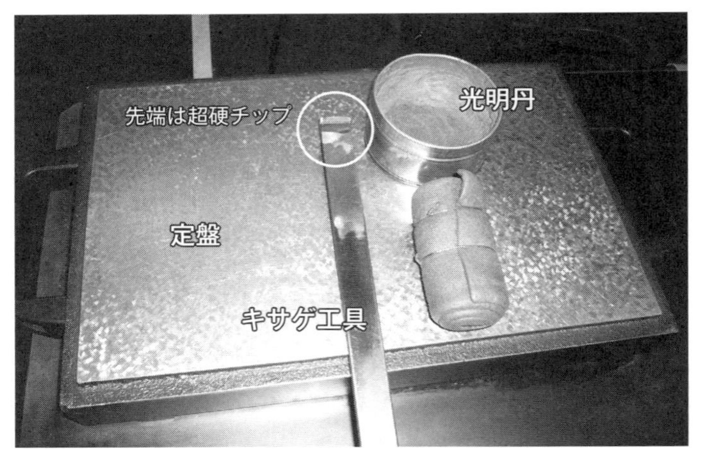

キサゲ作業工具

図8-5. キサゲによるすり合わせ加工

出所：株式会社ナノ

原因

このベアリングの破損の原因はベアリングの寿命である。

ただし、ベアリングの寿命を評価する場合は負荷荷重がキーポイントとなるが、除振台の変位の算出により負荷荷重を見積もることは困難である。というのは、除振台は架台に対して、外部から作用する外乱となる力によって、その移動範囲は限定できるが自由に動く。この変位を正確に見積もることができないので、軸受け寿命を用いてこの負荷となった荷重を計算によって求める。この計算のためには、ベアリングメーカーから提示されている負荷荷重と総回転数で決まる寿命の関係式を用いる（下記の①式）。

寿命計算のための仮定

1）ベアリングはラジアル荷重のみが作用すると考える
2）寿命は 5 年間
3）回転数：3,600rpm　運転時間：8 時間 / 日、200 日 / 年

総回転数＝ 3,600（回転 / 分）× 60（分）× 8（時間）× 200（日 / 年）× 5（年）＝ 1.728×10^9（回転）

ベアリング（6205）動定格荷重：1,400kg

寿命＝（1,400/C）$^3 \times 10^6$（回転）…… ①

ここで寿命総回転数を 1.728×10^9（回転）とすると 負荷荷重のCは、C ＝ 0.8 kg と計算できる。

回転駆動軸受けと空気軸受けの回転中心の位置関係は、軟構造の除振機構によって位置決めの不確実により発生する。この位置決めの不確実さで、ラジアル荷重 0.8 kg が発生した。切り欠きのない直径 25mm で長さ 400mm の軸端に 0.8 kg の荷重を加えた場合、軸端で変形する量は 40 μｍで、この数値は単純片持ち梁により計算することができる。したがって、空気軸受け架台内に配置した駆動軸受けの芯出し精度は、40 μｍ程度であると考えることができる。組み立て精度は、静圧空気軸受けの回転中心と軸受けの回転中心の心ずれを半径方向 0.1mm に指定し、この精度を測定して組み立てを行った。測定方法は次の通りである。

図 8-6 に、石定盤上の静圧空気軸受けスピンドルと架台内に取り付く回転軸受けの、両回転中心を一致させる位置出しのための計測法を示す。静圧空気軸受けスピンドルと架台内の回転軸受けを結合する駆動軸を取り外し、静圧空気軸受けスピンドルに計測基準回転軸を取り付け、回転軸受けに被計測固定軸を取り付ける。計測には、静圧空気軸受けスピンドルの回転と、固定した回転軸受けを用いる。静圧空気軸受けスピンドルの回転中心と、これに固定した計測基準回転軸の芯を一致させ、合わせて、計測対象となる回転軸受けに固定した被計測固定軸の回転中心と、回転軸受けの回転中心も合わせる。すなわち、被計測固定軸はベアリングの内輪にインローではめ込み、このインロー部とダイヤルゲージの計測点が接触する円筒部は、10 μｍ以下（仕様の 1/10）の同芯に加工する。

この状態で、静圧空気軸受けスピンドルをゆっくり回転させて、ダイヤルゲージで最大値と最小値を計測し、その中間を芯出し量とし、この芯出し量が目標値の 0.1mm 以下になるよう回転軸受けの位置を調整する。

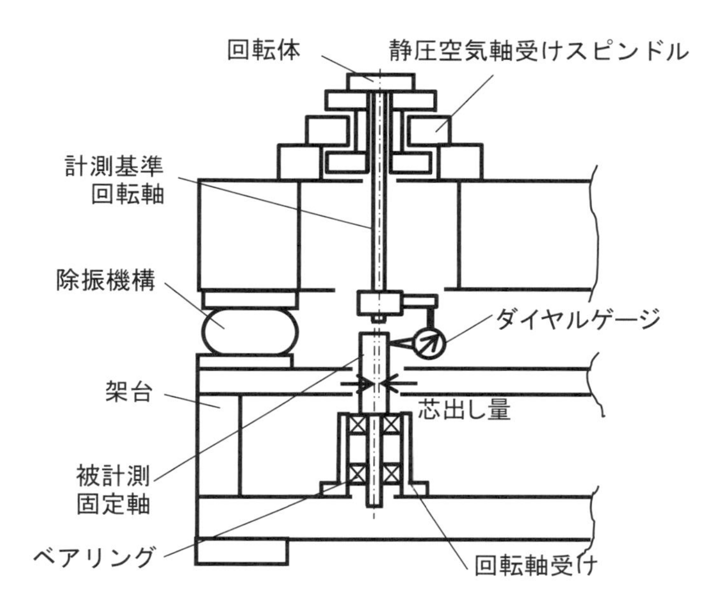

図8-6. 回転中心位置出しのための計測法

対策

破損したベアリングは稼働時間と、負荷荷重の妥当性をからベアリングの寿命による破損と考え、ベアリングを交換して新たに駆動軸を製作した。

その他

1．静圧空気軸受けスピンドルの回転駆動

最近の静圧空気軸受けスピンドルの駆動構造は、同軸上に組み込んだモーターを採用したものが多い。次頁右上図は当該メーカーの製品で、静圧空気軸受けスピンドルの上部に高周波モーターが組み込まれており、高速回転スピンドルとして使用される。このほかに最近よく目にする AC サーボモーター、希土類永久磁石を用いた DC トルクモーターなど、駆動モーター一体構造の静圧空気軸受けスピンドルも製造販売されている。一体構造であるため、モーター・スピンドル間の駆動軸を必要とせず、コンパクトで扱いやすいという特長がある。

この一体構造は、半導体を多用した高精度のモーターコントローラーと、大トルクを発生する希土類永久磁石の出現に負うところが多い。ただし一体構造でも、外乱となるモーター振動を減らすためのバランス取りは必要である。この構造のスピンドルを採用した場合、ここで課題としているベアリング寿命の問題は解消されることになる。

スピンドルの回転精度などについては、メーカーのカタログの調査などで確認いただきたい。本章で紹介したトラブルが起こった 1980 年当時は、一体型のビルトインタイプのスピンドルはなかったが、最近の静圧回転空気軸受けは、このモーター組み込みタイプが一般的になっている。

2．回転軸の変形について

使用した静圧空気軸受けの諸元値情報と外観写真を、右中央に示す。剛性、負荷容量共に、日本で製造されている同種のものと比較して約 10 倍の剛性値性能を有する、優れた製品である。絞りは表面絞りで、軸受け隙間は約 5 μｍと狭く、エア消費量は極めて少ない。

重量が重いことと、圧縮空気の供給圧が 10 気圧以上と高い点が使いづらい点である。この静圧空気軸受けの小型版として、4B/4R のシステムがある。カタログにあるように、スラスト板の回転部品取り付け面は、その振れ量が 0.1 μｍ以下の高精度回転軸受けである。

この軸受けを使用する際には、負荷となる静圧空気軸受けの軸受け隙間で発生する風損を計算に入れて、駆動モーター出力を選定しなければならない。前記したように、軸受け隙間が 5 μｍと狭く、なおかつ軸受け面積が大きいので、特に高速回転で使用する場合には、軸受け隙間で発生する風損による負荷をできるだけ正確に見積もり、駆動モーターのパワーを選定する必要がある。

風損の計算は下刊の「析の巻」で解説予定である。

芯ずれ駆動による被駆動体の変位の見積もり

石定盤上の当該静圧空気軸受けスピンドルと、架台に配置した軸受けの、両部品の回転中心にずれがある場合に発生する、力と変位を考えてみる。この機構を採用する際、芯ずれで発生する力が静圧空気軸受けの回転精度に悪影響を及ぼさないか、当該の使用環境で静圧空気軸受けを破損させることはないか、といった問題に直面する。これらの問題について検討する場合、芯ずれで生ずる力の見積もりが必要となる。この力は、ベアリング寿命から 0.8kg と見積もった。この荷重が作用した場合の軸受け、石定盤の変位をダイナミックな現象として捉え、その量を見積もる。

諸元値の算出に際しては、芯ずれによって生ずる力 0.8kg によって静圧空気軸受けスピンドルと石定盤の間に発生する変位をダイナミックなモデルを考慮して計算する。このとき、駆動系の回転数と同じ周波数で、スピンドルと石定盤が動くことになる。

（1）回転駆動系の設計の諸元値

①静圧空気軸受けスピンドルの回転軸と回転軸受けの芯ずれ量：0.1 mm

②駆動軸直径 φ 25mm、全長 800mm の中央部に切り欠きを有する

③回転数：3,600 rpm

④石定盤質量：1,500 kg（サイズ 2,000 x 1,000 x 250mm）で空気バネによる上下の固有振動数 1Hz（左右方向の固有振動数 2Hz）

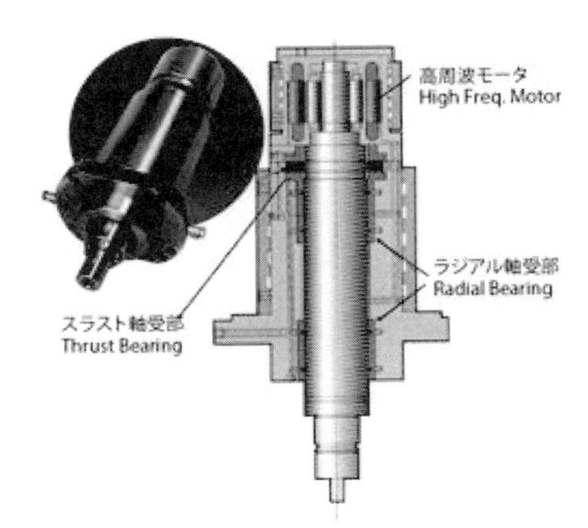

出所：東芝機械株式会社（http://www.toshiba-machine.co.jp/jp/technology/tech_catalog/f1.html）

項目		仕様値
負荷容量	ラジアル	890 N
	アキシャル	5350 N
	モーメント	340 N-m
剛性	ラジアル	350 N/μm
	アキシャル	1750 N/μm
	モーメント	11.3 N-m/μ-rad
運動誤差	ラジアル	25 nm
	アキシャル	25 nm
	モーメント	0.1 μ-rad
総重量		64 kg
エア消費量		85 L/min

出所：国際テクノ株式会社（http://www.itctokyo.com/siyou.html）

使用したPI（professional instruments）社10Bの諸元値と外観写真

出所：国際テクノ株式会社（http://www.itctokyo.com/syoukai.html#1）

（2）変形についてのモデル化

各部品の諸元値

①静圧空気軸受けスピンドルローターの質量：24kg（写真形状から推定）

②静圧空気軸受けスピンドルラジアル剛性：35,700.000kg/m（=350N/ μm）

③石定盤質量：1,500kg

④除振台水平方向剛性：133,249kg/m （水平方向の固有振動数 1.5Hz から概算）

⑤軸の変形で発生する力：0.8kg

⑥軸の剛性：2,360kg/m（直径φ 25 ×長さ 800m の「片持ちはり」の剛性）

変形のモデルについて振動方程式を立て、静圧空気軸受けの変位量について計算する。

$m1：m1 \cdot \ddot{x}1 = -x1 \cdot k1 - (x1 - x2) \cdot k2$ …… ④

$m2：m2 \cdot \ddot{x}2 + F = (x1 - x2) \cdot k2 - k3 \cdot x2$ …… ⑤

方程式は 1 次元でモデル化した 2 自由度の強制振動の式として示される。

2 つの質量 m1、m2 が k1、k2、k3 のバネで結合されているために m1 の運動が m2 に影響を及ぼす。このとき、m2 に強制力 F・sin ω t が作用する。方程式は力とか速度の関係を示す F ＝ m・a のニュートンの法則で、力の釣合いを示している。

m1、m2 での力の釣合いに関してそれぞれ④⑤の式を立てる。k2 と k1 のバネの変位の差だけの力 k2・(x1 − x2) が m1 に作用するわけであるが、x1 ＜ x2 の時はバネは圧縮され、m1、m2 を押し戻すように作用するから m1 について− k2・(x1 − x2) の力が作用する。m2 についても同様であるが、その変位の方向は m1 に作用する力の逆になるので、k2・(x1 − x2) で示すことができる 。また m2 には強制力 F が働くことになる。F はローターの回転で発生する力で、sin ω t の回転周期でその力がローターである m2 に加わることになる。

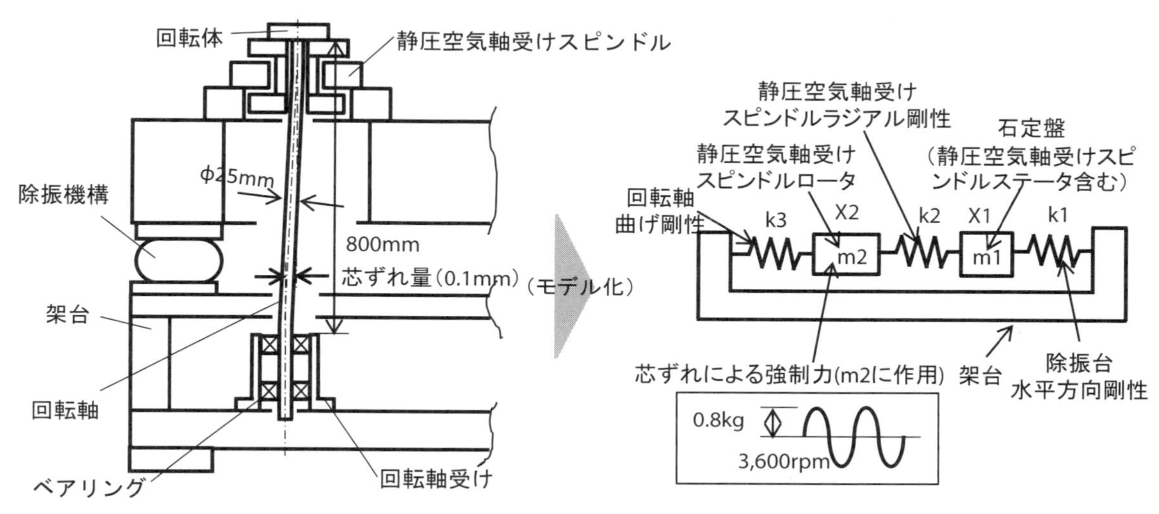

図8-7. 計算のためのモデル化

（3）方程式を解く

この強制振動の方程式から得られる x1、x2 の解を下記のように仮定する。強制振動の場合、強制振動の周期で x1、x2 の変位が示される

$X1 = x1 \cdot \sin\omega t \qquad \ddot{x}1 = -x1 \cdot \omega^2 \cdot \sin\omega t$

$X2 = x2 \cdot \sin\omega t \qquad \ddot{x}2 = -x2 \cdot \omega^2 \cdot \sin\omega t$

$F = F \cdot \sin\omega t$

④⑤式に代入して

$m1 \cdot (-x1 \cdot \omega^2 \cdot \sin\omega t) = -x1 \cdot \sin\omega t \cdot k1 - (x1 \cdot \sin\omega t - x2 \cdot \sin\omega t) \cdot k2$

$m2 \cdot (-x2 \cdot \omega^2 \cdot \sin\omega t) + F \cdot \sin\omega t = (x1 \cdot \sin\omega t - x2 \cdot \sin\omega t) \cdot k2 - k3 \cdot x2\sin\omega t$

sinωtを消去して

$-m1 \cdot x1 \cdot \omega^2 = -x1 \cdot k1 - (x1 - x2) \cdot k2$ …… ⑥

$-m2 \cdot x2 \cdot \omega^2 + F = (x1 - x2) \cdot k2 - k3 \cdot x2$ …… ⑦

⑥⑦からx1、x2を求める

⑥より

$-m1 \cdot x1 \cdot \omega^2 + x1 \cdot k1 + x1 \cdot k2 = -x2 \cdot k2$

$(-m1 \cdot \omega^2 + k1 + k2)x1 = -x2 \cdot k2$

$X1 = k2 \cdot x2 \div (-m1 \cdot \omega^2 + k1 + k2)$ …… ⑧

⑦より

$-x1 \cdot k2 = m2 \cdot x2 \cdot \omega^2 - F - x2 \cdot k2 - x2 \cdot k3$

$X1 = (m2 \cdot x2 \cdot \omega^2 - F - x2 \cdot k2 - x2 \cdot k3) \div (-k2)$ …… ⑨

⑧＝⑨

$k2 \cdot x2 \div (-m1 \cdot \omega 2 + k1 + k2) = (m2 \cdot x2 \cdot \omega 2 - F - x2 \cdot k2 - x2 \cdot k3) \div (-k2)$

$-k22 \cdot x2 = (m2 \cdot x2 \cdot \omega 2 - F - x2 \cdot k2 - x2 \cdot k3) \cdot (-m1 \cdot \omega 2 + k1 + k2)$

$x2 = (F \cdot (-m1 \cdot \omega 2 + k1 + k2)) \div (k22 - (-m1 \cdot \omega 2 + k1 + k2)(-m2 \cdot \omega 2 + k2 + k3))$

⑧へ代入して

$X1=(k2 \cdot F) \div (k22-(-m1 \cdot \omega 2+k1+k2) \cdot (-m2 \cdot \omega 2+k2+k3))$

次の数値を代入して　$m1=1,500$ kg

$m2=24$ kg

$K1=133,240$ kg/m

$K2=35,700,000$ kg/m

$K3=2,360$ kg/m

$\omega=376.99$ rad/s

静圧空気軸受けロータと石定盤の変位量を計算する

$x1=(35,700,000\times0.8)\div(35,700,000-(-1,500\times376.992+133,240+35,700,000)\cdot(-24\times376.992+35,700,000+2,360))=4.08\times10^{-9}$ m

$x2=(4.079\times10^{-9})\cdot(-1,500\times376.992+133,240+35,700,000))\div35,700,000=2.026\times10^{-8}$ m

変位部	変位量
静圧空気軸受けローター	20.3 nm
石定盤	4.1 nm

計算によるそれぞれの部位の変位量を上の表に示す。

この結果から、回転軸の変形の加振力は静圧空気軸受けローターの変位は静圧空気軸受けの隙間の 1/200 程度なので、破損、回転精度の悪化などの問題とはならないことが確認できる。

質問をするには

企業で仕事をしていた若いころ、技術報告会に機会を見つけて出席していた。会場では、幹部が最前列に座り、関係者がその後ろに座って、神妙に話を聞くわけである。この報告会で報告時間が 30 分ほどの比較的重い内容では、20 分の報告の後、質問・討論時間が 10 分程度が割り当てられる。質問時間には、最前列に座った幹部が中心となり、後ろの席に座った関係者は遠慮して質問しようとしない。若い時代からこのような環境で育った技術者は、報告会の質問時間は幹部がするものだと信じて、質問をしようなどとは考えもしなかった。

報告会で話を聞いて質問を行うには手順がある。その手順は次の通りである。

①報告者の課題と、報告者が何を言いたいのかを理解する。

②自分がその課題にアプローチするとしたら、どのように考え、どのような方法を取るか考える。

③報告内容と②の自分の考えが異なる場合は、その項目を質問の対象とする。

④質問者の背景は、今までの経験と知識を基に自分の世界で考える。

⑤会場で質問する場合、「恥ずかしい」といった感情は捨てる。

私は、企業に在籍した最後の時代に若手の生産技術者と一緒に、他社の生産現場を訪問していた。このイベントでは上記の質問の仕方を参加者に伝え、質問することを常に促していた。私が質問を促す理由は「ちゃんと聞いて勉強するのですよ」というメッセージである。寝ていては質問などはできはしないわけである。

30 名ほどの若手の技術者と、ある板金加工メーカーを訪問したときに、1 時間ほど時間に余裕ができた。先方からは「早めにお帰りになりますか？」と聞かれたが、見せていただいた内容について質問させてくださいと申し出て、専門家を集めていただいた。すると、次から次へと質問を求める手が上がり、あっという間に 1 時間が過ぎてしまった。

先方の営業担当者から小声で「金友さん、この人たちはどのような仕事をされているんですか？」と聞かれ、「工場のラインで油にまみれてモノづくり、トラブルシューティングをしている普通の技術者です」と答えた。だが、なぜそのようなことを聞くのかと疑問に思い、尋ねてみたところ、「通常、訪問者の質問といえば 2 ～ 3 件がいいところで、このようなことは今までありませんでした」とのことだった。

私はこの経験から、ちゃんと手順が判れば、こちらのいわんとすることが伝わるのだということを理解した。

最近、久しぶりに出席した企業の研究討論会では、1 人の若手の技術者が最前列に座り、報告ごとに活発に質問していた。時間の半分はその技術者の質問となっていた。最初のうちは、昔の様相と変わってきたものだと好意を持ってみていたが、その質問内容を聞いていると教科書にある知識のレベルで、うんざりしてしまった。どうも、その若手の技術者は質問することを目的としているらしく、回答に対してさらに疑問を抱くこともなく、質問後は満足げな顔をして着席していた。このような状況は願い下げである。

報告時に 1 ～ 2 件の質問を考えておき、周りの状況を見ながら重要な順に質問するようにしていただきたい。不幸にして質問者が多くて質問できなかった場合は、質問箱を利用するとか、受付に報告者宛てのメモを残し、事後にコンタクトを付けるという手もある。

私は、コンサルタントを生業としているので、設計技術について、若手の技術者に話す機会がある。話した後に、10 分ほどの質問時間を設けるのであるが、必ずといっていいほど、予定時間の 10 分前に私の仕事は終了する。

だが、机上を片付けていると若い技術者が恐る恐るやってきて「ちょっといいですか？」と質問が始まることがよくある。気がつけば、その後ろにもう一人待っていたりする。

このような場合の質問は、実務に関連する話なので長くなることが多い。私は質問に答えるのは嫌でないが、ぜひ質問時間内に質問していただきたい。とはいうものの、私にも、若いころ、話の終了後に講演者のところに行って質問した覚えがある。

09 高精度スピンドルのベアリングの腐食による回転精度低下

概要

図 9-1 に、回転する砥石を用いて、回転ステージ上に固定した被加工部品の外周を、高精度（サブミクロンオーダー）の円筒形状に加工する加工機を示す。砥石と被加工部品の回転運動と、砥石の前後と上下の直進運動による切り込み動作を用いて、加工を行う。上部に、加工面に研削液を供給するノズルが取り付いており、このノズルから注入される研削液が、砥石と被加工部品の接触部の冷却、潤滑、研削くずの除去を行う。加工機のそれぞれの加工軸の軸受けの種類は下表の通りである。

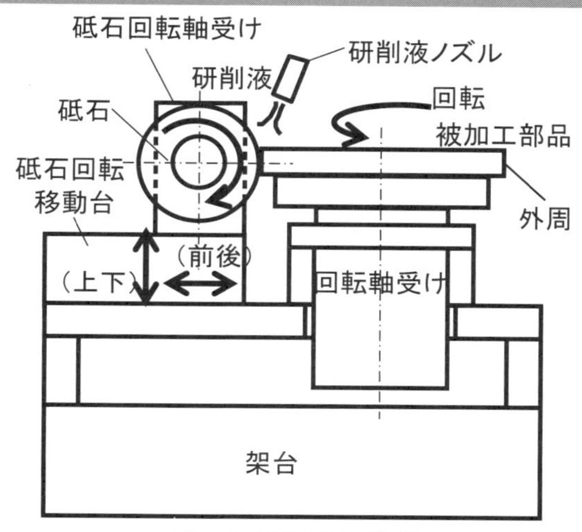

図9-1. 加工機の構成

項番	項目	軸受け
1)	加工部品回転	転がり回転軸受け
2)	砥石回転	静圧空気回転軸受け
3)	砥石上下	転がり直線軸受け
4)	砥石前後	転がり直線軸受け

図 9-2 に、回転軸受け断面の構造図を示す。回転ステージが取り付く回転軸を、その上下位置に取り付けた転がり軸受けが支持する構造となっている。上部はアンギュラコンタクト構造の回転軸受けで、下部は単列深溝構造の回転軸受となっている。背面組み合わせ型のアンギュラコンタクト軸受けは、**回転軸方向のガタを取るために両ベアリングの間にスペーサを内輪と外輪の間に挟む構造**[*1] を採用しており、回転精度を得るための**高精度回転軸受け構造**[解説1] としている。回転駆動は、両回転軸受けの間に配置したビルトインタイプのモーターで駆動する構造としている。両軸受けの上下には、研削液などの異物からベアリングを保護する目的でシールが配置されており、シール部が回転軸と接触することにより機密性を保つ構造を採用している。また、回転軸は熱による変形を防ぐ目的で、熱膨張率の小さい**インバー材**[解説2] を使用している。この加工機で被加工部品の加工を実施していたところ、円周方向の加工精度が数μｍと悪化する現象が発生した。

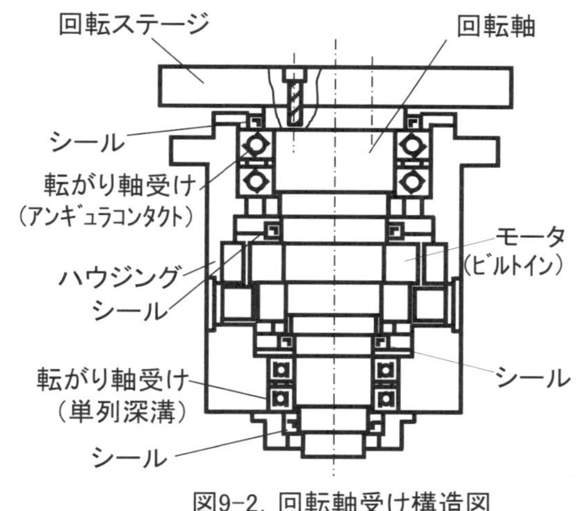

図9-2. 回転軸受け構造図

*1）No. 01「回転軸受けの軸方向ガタの除去」を参照
ここでは、ガタ取りの考え方・作業手順を記載している。

解説 1　高精度回転軸受け構造

転がり軸受けを用いた高精度回転構造の要素技術を下記に示し、それぞれの項目について具体的に説明する。

項番	項目	内容
1)	転がり軸受けの精度	高精度転がり軸受けの使用
2)	転がり軸受けの固定	転がり軸受けと取り付け軸、ハウジングとのはめ合い公差
3)	軸とハウジングの構造	高精度機械加工を可能とする構造と加工した精度を維持する構造

（1）転がり軸受けの精度

転がり軸受けは完成された技術で、JIS 規格でその精度と計測方法が定められており、供給メーカーから各種の技術資料が提供されている。ここでは、転がり軸受けの精度に関して、メーカーのカタログに示される技術資料を用いて説明する。

まず、転がり軸受けの構造を、単列深溝軸受けを例に挙げて示す。ハウジングに固定される外輪、回転軸に固定する内輪、および両部品の間に配置するボールと、その整列機能などを有するリテーナーで構成される、シンプルな構造である。高精度に加工されたそれぞれの部品の総合性能である回転精度が、転がり軸受けの精度として下記に示すように等級分けされており、それぞれの等級で許容値が決められている。

次頁図 9-4 に、転がり軸受けのメーカー技術資料から抜粋した軸受けのサイズに対する、精度の許容値と測定方法を示している。等級は C2 級から C6 級まであり、C2 級がもっとも高精度な軸受けである。C2 級では、ベアリングサイズ（内径）φ 20mm で内輪の振れ量が 2.5 μｍ以下の数値が規定されている。その軸受け内部にはサブμmのオーダーで、同直径寸法のボールがキー部品として使用されている。

情報機器であるハードディスク、光ディスクの回転小型軸受けなどには、高精度の当該回転軸受けが使用されている。回転軸受けの精度に関する詳細は、インターネットで、「転がり軸受け」と「精度」をキーワードとして検索すれば、更なる情報が入手できる。近年は、高速回転などを目的に、セラミックス材を用いた製品が商品化されている。セラミックス製のベアリングは、自重が軽いにもかかわらずヤング率が鋼の約2倍と強度が大きく、特に高速回転で有効なベアリングであるが、高価な点が欠点である。

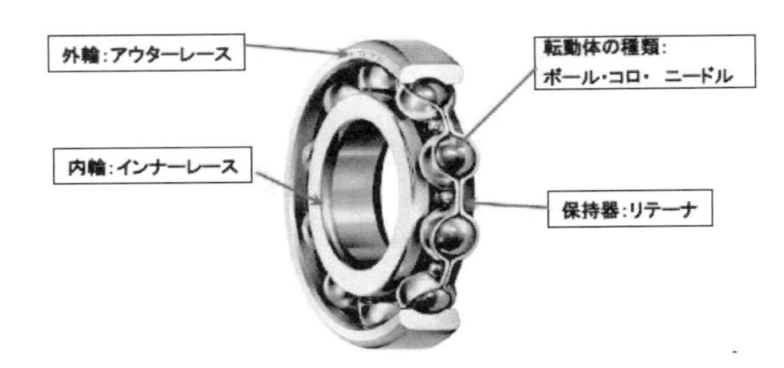

図9-3. 単列深溝転がり軸受けの構造図

ラジアル軸受けの許容差及び許容値(内輪)

呼び軸受内径	平面平均内径の寸法差										ラジアル振れ					側面の直角度			アキシャル振れ		
	0級		6級		5級		4級		2級		0級	6級	5級	4級	2級	5級	4級	2級	5級	4級	2級
mm	上	下	上	下	上	下	上	下	上	下											
2.5～10	0	-8	0	-7	0	-5	0	-4	0	-2.5	10	6	4	2.5	1.5	7	3	1.5	7	3	1.5
10～18	0	-8	0	-7	0	-5	0	-4	0	-2.5	10	7	4	2.5	1.5	7	3	1.5	7	3	1.5
18～30	0	-10	0	-8	0	-6	0	-5	0	-2.5	13	8	4	3	2.5	8	4	1.5	8	4	2.5
30～50	0	-12	0	-10	0	-8	0	-6	0	-2.5	15	10	5	4	2.5	8	4	1.5	8	4	2.5
50～80	0	-15	0	-12	0	-9	0	-7	0	-4	20	10	5	4	2.5	8	5	1.5	8	5	2.5

(単位:μm)

ラジアル軸受けの許容差及び許容値(外輪)

呼び軸受内径	平面平均内径の寸法差										ラジアル振れ					外径面の直角度			アキシャル振れ		
	0級		6級		5級		4級		2級		0級	6級	5級	4級	2級	5級	4級	2級	5級	4級	2級
mm	上	下	上	下	上	下	上	下	上	下											
2.5～6	0	-8	0	-7	0	-5	0	-4	0	-2.5	15	8	5	3	1.5	8	4	1.5	8	5	1.5
6～18	0	-8	0	-7	0	-5	0	-4	0	-2.5	15	8	5	3	1.5	8	4	1.5	8	5	1.5
18～30	0	-9	0	-8	0	-6	0	-5	0	-4	15	9	6	4	2.5	8	4	1.5	8	5	2.5
30～50	0	-11	0	-9	0	-7	0	-6	0	-4	20	10	7	5	2.5	8	4	1.5	8	5	2.5
50～80	0	-13	0	-11	0	-9	0	-7	0	-4	25	13	8	5	4	8	4	1.5	10	5	4

(単位:μm)

回転精度の測定方法

測定部	測定方法	測定部	測定方法
内輪のラジアル振れ	重り 内輪のラジアル振れは、内輪を一回転させたときの測定器の読みの最大値と最小値との差	外輪のアキシャル振れ	外輪のアキシャル振れは、外輪を一回転させたときの測定器の読みの最大値と最小値との差
外輪のラジアル振れ	ダイヤルゲージ 内輪のラジアル振れは、外輪を一回転させたときの測定器の読みの最大値と最小値との差	内輪の横振れ	内輪の横振れは、マンドレルと共に一回転させたときの測定器の読みの最大値と最小値との差
内輪のアキシャル振れ	内輪のアキシャル振れは、内輪を一回転させたときの測定器の読みの最大値と最小値との差	外輪の外径面の倒れ	あて金 外輪の外周面の倒れは外輪をあて金に沿って一回転させたときの測定器の読みの最大値と最小値との差

図9-4. 転がり軸受けの精度

(2) 転がり軸受けの固定

転がり軸受けで支持された回転体を設計するときに設計者が悩むベアリングを回転軸やハウジングに固定する際のはめ合い公差について説明する。ベアリングの内輪を回転軸に固定する場合、ベアリングの精度等級に見合った高回転精度を得るには、そのはめ合い寸法が重要となる。この目的のはめ合いは、しまりばめを用いる。

図 9-5 にはめ合い選択表を示すので、はめ合い寸法を決める場合の参考にしていただきたい。特に表中の「機能上の分類」は設計技術者にとって有益な情報で、「部品を破損しないで分解・組み立てができる」の表現に従った公差を選択する場合は、組み立て調整を行なう部署との連携、具体的にいえば、分解組み立てを行なうための治具や、そのノウハウを確認して、寸法を決める必要がある。

しまりばめは、基準穴の H7 公差に対して p6 近傍の軸寸法はめ合いを使用する。ベアリングを回転軸にはめ合う場合、内輪寸法はメーカーにより、正確にその寸法は決められているので、所定のたとえば H7、p6 のしまりばめとなるように、ユーザー側でその軸を加工することになる。回転軸にベアリングを挿入する際は、圧入または焼きばめを使用する。ここで示した事例の製造した回転軸は、温度による熱膨張率が小さいインバー材を用いたので、ベアリングを加熱する焼きばめを行なった。焼きばめのためのベアリング昇温は、加熱プレート上にベアリングを置いて加温する専用機を用いた。ベアリングメーカーから供給されている、均一加熱に有効とされる、電磁方式の専用の加熱器の一例を**図 9-6** に示す。

図9-6. ベアリング加熱器

出所：日本精工株式会社

ベアリングを上記の H7、p6 のしまりばめとした場合、たとえば内径 ϕ 30mm のベアリングを用いるとすると、ベアリング内径のゼロ公差に対して、締め代の 0.028mm（28 μ m）をプラスした軸径に仕上げることになる。この場合、ベアリングの加熱温度を 125℃にすれば焼きばめができる。ベアリングの内径の加熱による膨張寸法は Δ L ＝ 30（内径）× 12 × 10^{-6}（熱膨張率）× 100（温度）＝ 0.036mm となり、熱膨張によって設計値とした 0.028mm（28 μ m）の締め代が可能となる。このとき、組み立て環境の室温を 25℃とすれば、加熱温度が 100℃なので、ベアリングの加熱温度は両者の合計値である 125℃（＝ 25 ＋ 100）としなければならない。

			H6	H7	H8	H9	適用部分	機能上の分類		適用例
部品を相対的に動かし得る	すき間ばめ	緩合				c9	特に大きいすき間があってもよいか、またはすき間が必要な動く部分 組み立てを容易にするために隙間を大きくしてよい部分 高温時にも適当な隙間を必要とする部分	機能上大きいすき間が必要な部分 膨張する。位置誤差が大きい はめあい長さが長い コストを低下させたい 製作コスト 保守コスト		ピストンリングとリング溝 ゆるい止めピンのはめあい
		軽転合			d9	d9	大きいすき間があってもよいか、あるいはすき間が必要な部分			クランクウエブとピン軸受(側面) 排気弁弁箱とばね受けしゅう動部 ピストンリングとリング溝
				e7	e8	e9	やや大きなすき間があってもよいか、あるいはすき間が必要な動く部分 やや大きなすき間で、潤滑のよい軸受け部 高温・高速・高負荷の軸受け部(硬度の強制潤滑)	一般の回転またはしゅう動する部分 (潤滑のよいことが要求される) 普通のはめあい部分 (分解することが多い)		排気弁弁座のはめあい ショルダーボルト(e9) クランク軸用軸受け ストップボルト(e9) 一般しゅう動部 ブラーボルト(e9)
		軽合	f6	f7	f7 f8		適当なすき間があって運動のできるはめあい(上質のはめあい) グリース・潤滑油の一般常温軸受け部			冷却式排気弁弁箱挿入部 リターンピン(f9) 一般的な軸とブッシュ ランナーロックピンe9) リンク装置レバーブッシュ
		精転合	g5	g6			軽荷重の精密機器の連続回転部分 すき間の小さい運動のできるはめあい(スピコット、位置決め) 精密なしゅう動部分	ほとんどガタのない精密な運動が要求される部分		リンク装置ピンとレバー キーとキー溝 精密な制御弁棒 プッシャーピン(g6)
部品を相対的に動かし得ない	中間ばめ	滑合	h5	h6	h7 h8	h9	潤滑剤を使用すれば手で動かせるはめあい(上質の位置決め) 特に精密なしゅう動部分 重要でない静止部分	部品を損傷しないで分解・組み立てできる	はめあいの結合力だけでは、力を伝達することはできない	リムとボスのはめあい 精密な歯車装置の歯車のはめあい ノックピン(h7) スプールブッシュ(h6)
		押込	h5 h6	js6			わずかなしめしろがあってもよい取付部分 使用中互いに動かないようにする高精度の位置決め 木・鉛ハンマで組み立て・分解のできる程度のはめあい			継手フランジ間のはめあい ガバナウエイとピン 歯車リムとボスのはめあい
		打込	js5	k6			組み立て・分解に鉄ハンマ・ハンドプレスを使用する程度のはめあい (部品相互間の回転防にはキーなどが必要) 高精度の位置決め			歯車ポンプ軸とケーシングの固定 テーパピンセットの圧入部(k6)
			k5	m6			組み立て・分解については上に同じ 少しのすき間も許されない高精密な位置決め			ノックピン (m6) 油圧機器ピストンの固定 ボールボタン(k5) 継手フランジと軸のはめあい
		軽圧入	m5	n6			組み立て・分解に相当な力を要するはめあい 高精度の固定取り付け(大トルクの伝達にはキーなどが必要)		小さい力ならはめあいの結合力で伝達できる	たわみ継手と歯車(受動側) 高精度はめ込 ガイドピン&ブッシュ(m5) 吸入弁、弁案内挿入 アンギュラピン(m5)
	しまりばめ	圧入	n5 n6	p6			組み立て・分解に大きな力を要するはめあい(大トルクの伝達にはキーンなどが必要)。ただし。非鉄部品どうしの場合には圧入は軽圧入程度となる。鉄と鉄、青銅と銅との標準的圧入固定	部品を損傷しないで分解することは困難		吸入弁、弁案内挿入 ノックピン(p6) 歯車と軸の固定(小トルク) ストップピン(p5) たわみ継手軸と歯車(駆動側)
		強圧入・焼ばめ・冷しばめ	p5	r6			組み立て・分解については上に同じ 大寸法の部品では焼きばめ、冷やしばめ、強圧入となる			継手と軸
			r5	s6 t6 u6 x6			相互にしっかりと固定され、組み立てには焼きばめ、冷やしばめ、強圧入を必要とし分解することのない永久的組み立てとなる。軽合金の場合は圧入程度となる		はめあいの結合力で相当な力を伝達することができる	軸受ブッシュのはめ込み固定
										吸入弁、弁座挿入 継手フランジと軸固定(大トルク)
										駆動歯車リムとボスとの固定 軸受ブッシュはめ込み固定

図9-5. はめ合い選択表

出所:株式会社ミスミ(http://jp.misumi-ec.com/maker/misumi/mold/tech/pdf/09_mo1513.pdf)

（2）軸とハウジングの構造

回転ベアリングによって高精度回転を得る場合、これを固定保持する軸とハウジングは重要部品となるので、これらを設計図に従って高精度に加工し、組み立てる必要がある。この高精度の部品形状について、その事例を示す。

項番	項目	内容
1)	軸の非対称構造	回転軸にその変形の原因となるキー溝の加工
2)	軸に加わるモーメント力	回転軸にベアリングなどを固定する時に曲げ力の発生原因となるネジの加工
3)	軸のセンター穴	端部にネジ穴が存在し、加工用のセンター穴が配置不可能な研削加工回転軸
4)	ハウジング穴構造	ハウジングに２個の穴をボーリング加工機によって製作する際、高精度加工が得られる通し穴加工

回転軸非対称構造

回転軸にベルト回転駆動のためのプーリー、歯車駆動のための歯車、タイミングベルト駆動のためのタイミングプーリーを取り付ける際、キーを用いた取り付け構造を採用する場合がある。このときの軸構造の代表例を**図 9-7** に示す。これは、軸方向荷重と回転軸方向荷重を受けるアンギュラコンタクト軸受けと、回転軸方向荷重を支持する単列深溝軸受けを、軸の両端に具備する構造であるが、その中間部に駆動部品が取り付く。駆動部品を取り付けるためのキー溝は、軸の外径を仕上げた後の最終加工となり、通常はフライス、またはマシニングセンターを用いて、片側からエンドミルにより加工する。この加工時、高精度に仕上げられた軸の同軸度が、変形により悪化することになる。このように、高精度回転軸に、非対称構造であるキー溝などをミーリング加工することは、加工後の変形を考えると、好ましい構造ではない。

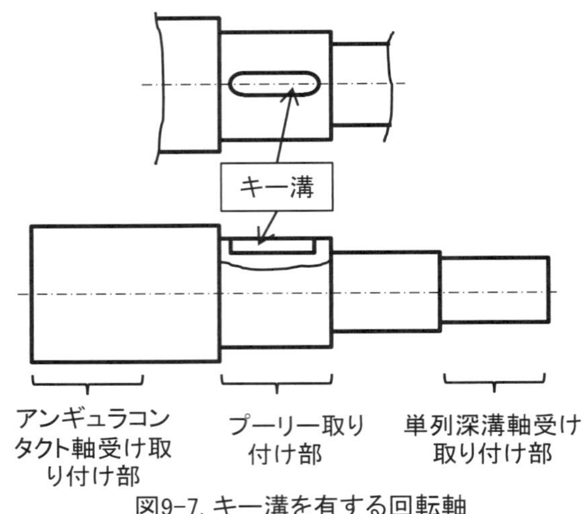

図9-7. キー溝を有する回転軸

回転軸モーメント構造

図 9-8 に示す、ネジを用いて回転軸にベアリングの内輪を固定する構造はよく目にするが、組み立て時の軸の変形の観点から考えると、良い構造とはいえない。特に、このネジが両ベアリングの中間に位置する場合は、問題を生じる可能性がある。その理由は、ネジの締め付けは軸に対して片当たりとなるので、回転軸にモーメント力が加わり、回転軸に曲がり変形が生じることになるからである。どうしてもネジを用いた構造を採用しなければならないときは、ネジの端部、すなわち軸変形がベアリングに影響を及ぼしにくい位置に配置した方が良い。

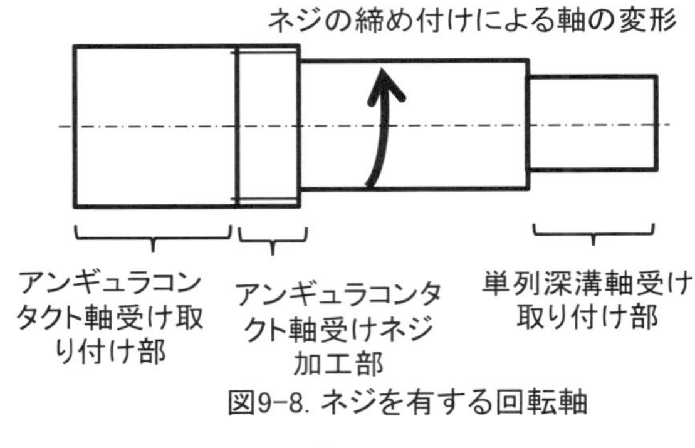

図9-8. ネジを有する回転軸

回転軸のセンタ穴

高精度な回転軸は両センターによる研削加工によって行い、その回転軸を**図 9-9** に示す。研削盤上に高精度な回転を維持する状態で回転軸を取り付けるが、その加工を行うには軸の両端面にセンター穴を加工しなければならない。センター穴は加工の基準であり、その構造を上図に示す。センター穴の表面粗さ 0.2S と指定したテーパー面が、研削加工機の回転センターまたは固定センター治具に接することになる。このとき、**図 9-9** の下図のように軸端にネジ穴が存在する場合は、コミ栓と呼ぶ部品を圧入法を用いて軸端部に固定し、その中央に研削加工のためのセンター穴を加工する。これで両センター構造を作り出し、回転軸の加工を行うことになる。圧入とは、しまりばめによりコミ栓と回転軸を固定する方法である。コミ栓は、研削加工終了後取り外す。コミ栓構造は次の２点で問題がある。

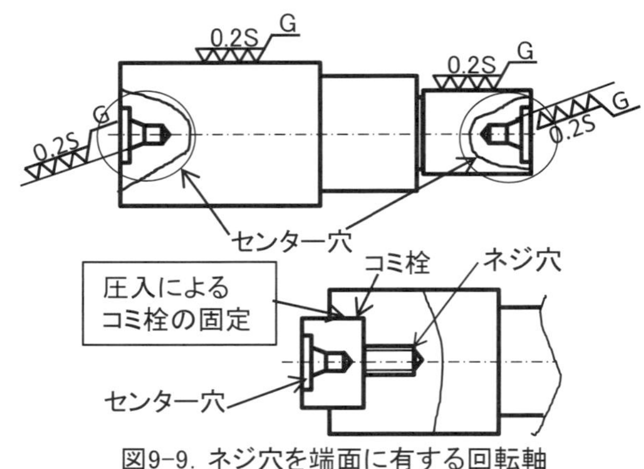

図9-9. ネジ穴を端面に有する回転軸

①コミ栓のセンター穴は、他端のセンター穴と一対で軸回転の基準となるので、高精度が要求される。この場合、コミ栓は圧入により軸に固定されているが、軸とは別部品なのでその精度が問題となる。

②コミ栓を取り外した後に、ベアリング固定軸直径の追加工する事態が生じた場合、再度コミ栓を打ち込んでセンタ穴を加工することになる。この場合、以前のコミ栓の状態を再現することはできないので、両ベアリング固定部の同軸精度は、さらに低下することになる（**図 9-10** に両センタによる研削加工を示す）。

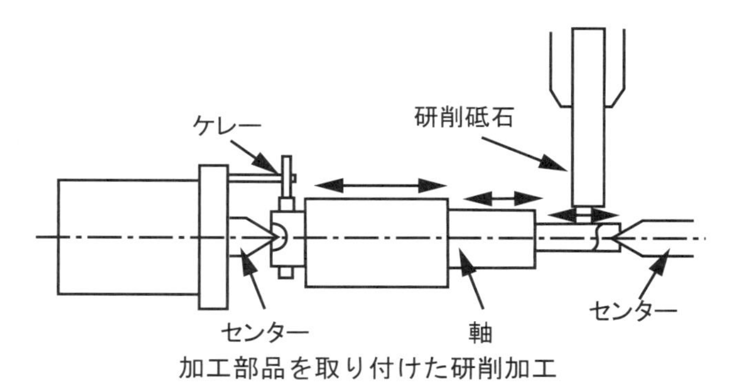

図9-10. 両センターによる丸軸の研削加工

ハウジング穴構造

図 9-11 の左部に、ベアリング、ハウジング、回転軸で構成される回転体と、これを支持する構造図を示す。上図はアンギュラコンタクトベアリングの両側にベアリング押えをネジ固定して軸方向の動きを規制する構造となっている。一方、下図はアンギュラベアコンタクトベアリングを、ベアリング押えで片側から止まり部に押し付ける構造を採用している。それぞれのハウジングの部品図を右部に示す。上図のハウジングに加工された両穴は、通し構造となっている。一方、下図のハウジングのベアリング穴は、止まり構造が存在する段付きの穴となっている。この穴は治具ボーラーと呼ばれる穴あけ専用機で高精度加工する。

上図の穴は左方向からボーリングヘッドを挿入し、最初の工程で手前の穴を加工し、次の工程で加工径を変えて奥の穴を加工するが、下図のでは、加工方向 1 で段付き部手前まで加工した後に、ハウジングをボーリングヘッドに対して 180°回転させ、加工方向 2 で加工する必要がある。この回転動作で、両穴の軸芯の加工精度が低下する。

したがって、高精度回転を得るためには、上図のハウジング構造が優れていることになる。さらにハウジング穴の高精度加工は両穴の直径を同直径寸法に変更すれば、ボーリングヘッドの加工穴径変更の操作が不要となり、より高精度な通し穴加工が期待できる。

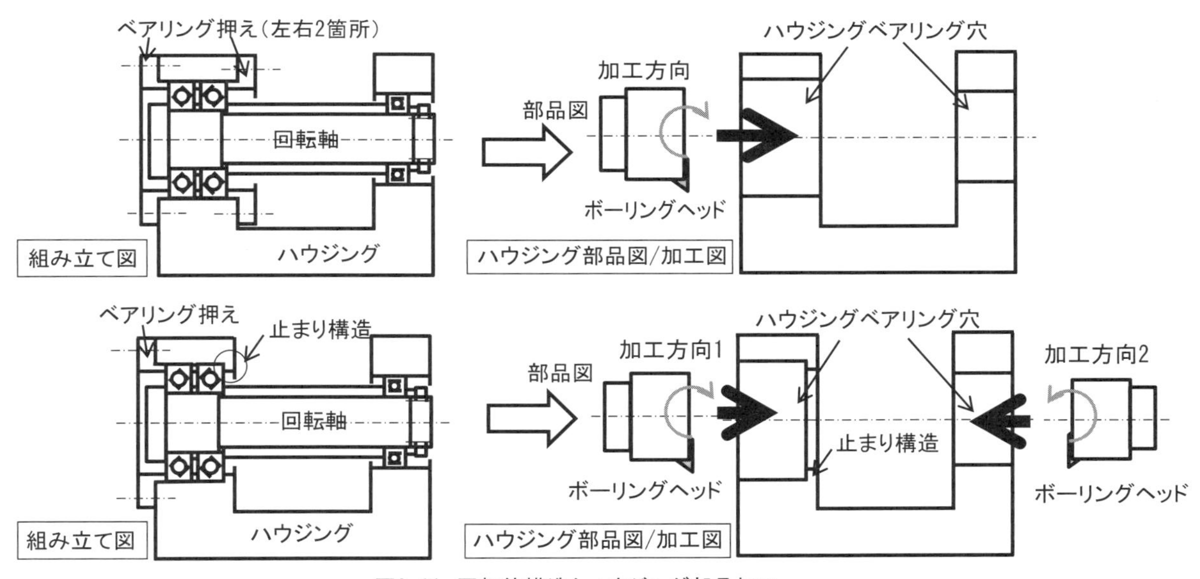

図9-11. 回転体構造とハウジング部品加工

高精度回転を得る回転軸およびハウジング部品に要求される特性の実現は、工作機械が部品上で実現できる構造および、組立の際、精度を再現できる構造設計がキーとなる。このため設計者は、加工者、組立調整者との細心の意思疎通が重要で、加工し易く組立し易い構造をその部品構造に反映すべく、回転装置を設計する必要がある。

これは、精密装置のすべての設計に通用する基本的な考え方である。設計者は、製作現場とコミュニケーションを良好にしておかなければならない。

精密回転軸受けの構成要件である回転軸の加工法などについて広く記載された下記の本には、多くの事例がそのノウハウとともに記載されている。興味ある方は一読していただきたい。

参考文献：木村歓兵衛著『精密軸受けを精密に使う』大河出版

解説2 インバー材

インバー材は常温付近で熱膨張率が小さい合金鋼で、鉄に36%のニッケルと0.7%のマンガン、0.2%未満の炭素が含まれる。この合金の温度とともに変化する熱膨張率を**図9-12**に示しており、鋼材の1/10以下の数字である（0.29×10^{-6}/℃の記載右部最下段の曲線がこのメーカーが提供する低膨張率のインバー材を示しており、通常よりもさらに高性能のインバー材であるスーパーインバーと称している）。

この材料は温度によって寸法が変化しないため精密部品に使用されており、ブラウン管のシャドーマスクがその使用実例となっている。この鋳物版に、ニレジスト系の鋳物材がある。この鋳物材は、精密部品を搭載する定盤の材料として使用されている。

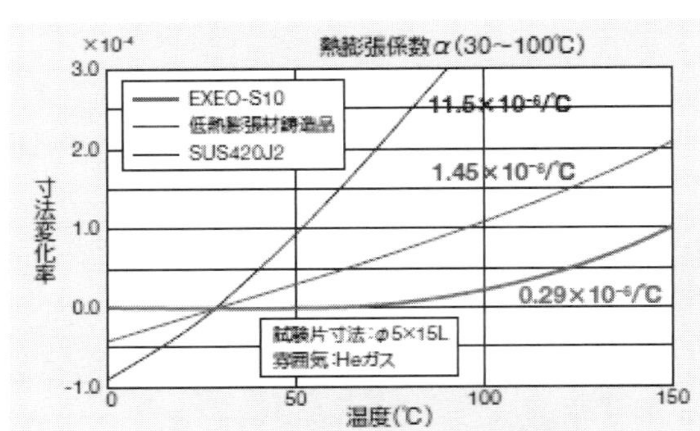

図9-12. インバー材の熱膨張率
出所：株式会社不二越（http://www.nachi-fujikoshi.co.jp/web/pdf/4308-2.pdf）

原因

原因は、被加工部品を搭載回転する回転軸受けの、回転精度不良であった。なお、この回転軸受けの研削加工中の回転数は、10rpm前後である。具体的には、回転軸の上部に配置したアンギュラコンタクトのベアリングの腐食が原因であった。この被加工部品の回転軸受けは、アンギュラコンタクトの高精度ベアリングを上部に配置して軸方向荷重を支持し、この軸受けと軸の下部に取り付けた2個の単列深溝軸受けで回転方向を支持している。それぞれの軸受けベアリングの上部には**シール**[解説3]を取り付けて、外部からの異物の侵入を防止している。アンギュラコンタクトベアリングの腐食メカニズムは次の通りである。

（1）霧状態の水性の研削液が上部ベアリングのシールの上部に侵入。
（2）シールのリップ部とこれに接触する回転軸の磨耗で軸に浅い溝が形成。この溝は回転軸がインバー材で軟質のため発生した。
（3）この溝から研削液が上部のベアリングに侵入。
（4）侵入した水溶液性の研削液によってベアリングが腐食。
（5）腐食物が異物となってベアリングの高精度回転を阻害。

解説3 シール（参考）

使用したオイルシールの型式と仕様は下記の通りで、その断面形状を**図9-13**に示す。オールシールの寸法などに関する情報は示したデータの出所にアクセスし、メーカーの情報を参照していただきたい。

（1）メーカー：NOK
（2）型式：AG3191E1（VC型）
（3）形状：φ 75X φ 60X6
（4）材質：ニトリルゴム

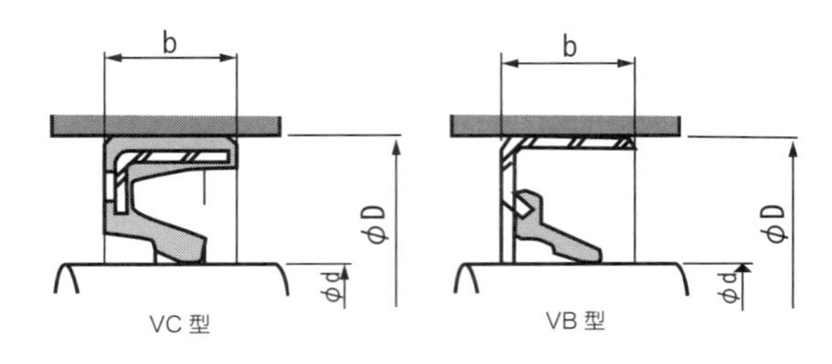

図9-13. オイルシールの断面形状
出所：NOK株式会社（http://www.nok.co.jp/product/oilseal/vc_nbr.html）

対策

固定フランジからエアを吹き出し、回転円盤の下面を外周方向にエアの流れを形成し、さらにこの圧縮空気の流れ方向を下方向に向け、ベアリングの上部のシール部に研削液の侵入を防止する構造とした。この構造でベアリングを腐食環境から遮断した。

この対策で採用した対策構造を、**図9-14**に示す。フランジの下部から上記のように圧縮空気を流し、フランジの上部にじゃま板と案内板を取り付けて、回転ステージと両板間から空気を吹き出して、腐食の原因となる研削液の侵入を防止する構造を採用した。この空気の吹き出し構造を次のように検討した。

空気の流れ（**図9-15**）
①圧縮空気がレギュレーターを通過して、フランジ部からその上面に侵入する。
②空気はフランジ上部の空気たまりに流れ込む。
③じゃま板上部の隙間を通過し、円周方向に流れる。
④案内板により下方向に空気流れの向きが変わる。
⑤じゃま板と案内板の間を空気が流れ環境中に放出する。

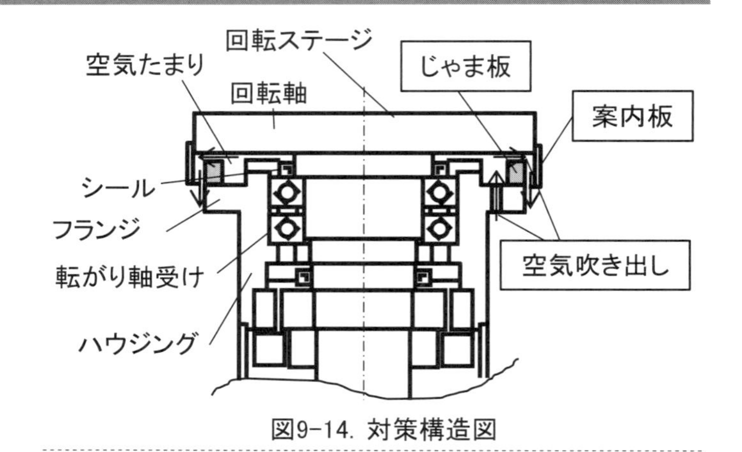

図9-14. 対策構造図

進入する研削液は、細かい霧状と水滴の2種類がある。霧状の研削液は重力に逆らって舞い上がり、液体状の研削液は重力により下方に落下する。研削液の状態に合わせて、以下の考え方でその侵入を防止する構造とした。

①霧状の研削液の侵入は、じゃま板と回転ステージの隙間で阻止する。

②液体状の研削液の進入は、案内板とじゃま板の側面の隙間で阻止する。

舞い上がった霧状の研削液は吹き出した空気の流れでその進入を防ぎ、液状の研削液に対しては重力方向の侵入口の遮断を目的に案内板を配置する構造となっている。この対策構造の実現に当たり、下記の通りに設計した。この構造を決める際、空気の吹き出し**流速を可変**[解説4]できるようにレギュレーターを取り付けた。この構造の採用で、研削液の侵入を防いだ。

項番	項目	緒元値
1)	回転ステージとじゃま板隙間	①隙間の間隙：0.3mm
		②圧縮空気の流量 ：5L/ 分
		③じゃま板と回転ステージの隙間での流速（出口）流速：0.45m/s
2)	じゃま板側面と案内板の隙間	①隙間の間隙：1mm
		②隙間の長さ：8mm
		③圧縮空気の流量× 5：5L/ 分
		④じゃま板と案内の隙間での流速（出口）流速：0.13m/s

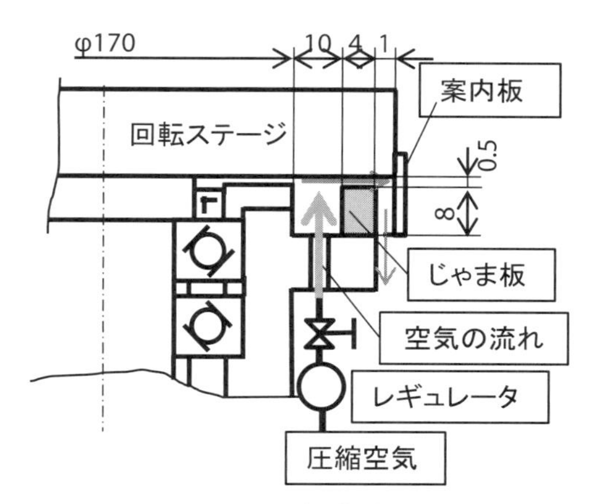

図9-15. 対策構造図

解説4　流量計測について

空気流量計測のための、各種の流量計がメーカーが販売している。代表的な製品としては、**図 9-16** に示すフロート式の流量計、ディジタル表示のコンパクトな流量計などである。ここでは、手軽に概算の流量が計測可能な方法を示す。**図 9-17** に配管系統図を示しており、使用機器は次の通りである。

項番	機器	仕様他
1)	バルブ 1	流量調整バルブ
2)	タンク	流量に合わせてサイズを決めるが、配管を活用しても良い
3)	レギュレーター	圧力計付き
4)	バルブ 2	ストップバルブ

フロート式流量計
仕様
①測定流量（空気）
120L/分～30m³/ 分
②精度FS　±2%
（FS: フルスケール）

出所：コフロック株式会社
(http://www.kofloc.co.jp/product/list.php?type=1&category_id=63)

ディジタルフロースイッチ
仕様
①測定流量（空気）
1L/分～500/分
②精度FS　±5%
（FS: フルスケール）

出所：SMC 株式会社
(http://ca01.smcworld.com/catalog/BEST-5-6-jp/pdf/6-p1017-1038-pf2a.pdf)

図9-16. フローメータ

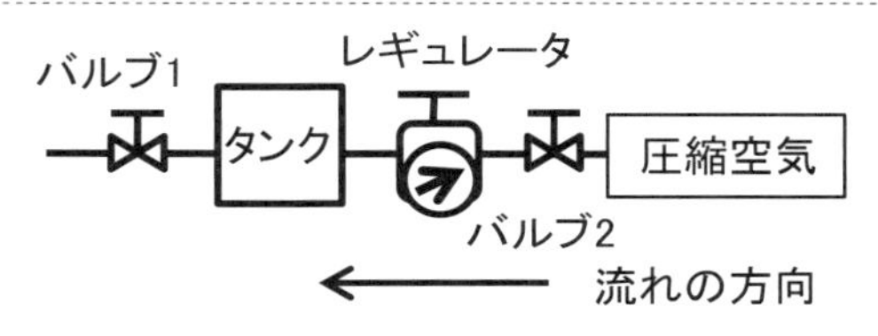

図9-17. 流量計測機器

測定法は、次のとおりである。まず、バルブ 1、2 を閉じることでレギュレーターで調圧した圧縮空気を配管系に満たす。続いてバルブ 1 を開いて下流の圧縮空気の消費流量を計測する被測定装置に流し、その圧力の降下値と経過時間を読めば、その消費流量の概算値が計測できる。この場合、次の誤差を考慮しておく必要がある。

現象を支配する方程式は、Q = C ×（P1 − P2）

Q：流量、C：抵抗（主に流量調整バルブ）、P1：レギュレーター圧力、P2：大気圧（被測定装置の下流が大気）。

抵抗値は圧力によって変化しないと考えると、レギュレーター圧力でその流量は変化する。このため、圧力の変化を用いて計測する場合は、この圧力の変化によって生ずる誤差を考慮しなければならないが、流量の概算値を手軽に計測するのはこの方法で十分である。具体的な数字で示すとタンク容量が 10L で、圧力が 5 気圧から 4 気圧に落ちるまでに 30 秒の時間がかかったとするならばバルブ下流に取り付けた機器の消費流量は大気圧換算で 90L/ 分（= 10 × 60（秒）/30（秒）× 4.5（気圧=（5 + 4）/2））となる。誤差を小さくする場合、圧力の変化が小さい範囲を使用すればよい訳であるが、この場合、圧力が降下する経過時間が短くなる。

設計指針

有効に働くと考えていたオイルシールが、正常に動作しなかったことが主原因である。これは、オイルシールと接触した回転軸に摩擦力によって溝が形成されたためである。この溝ができた原因は、軸の軟質材にあると考えている。前述したように、熱膨張を防止する目的で軸にはインバー材を使用している。この材質は硬化ができないので、本問題が発生した。硬化が可能ならば、焼き入れ等、適切な当該処理を行い、オイルシールの機能が発揮可能な軸硬さとする。

第 2 の原因としては、研削液がオイルシールの上部に侵入したことがあげられる。今回の対策では、研削液のオイルシール部への進入防止を実施した。

10 真空用ベアリングの選定方法

概要

真空の環境でシリコンウエハー、観察試料などを搭載して移動する機器は、半導体製造装置、電子顕微鏡などの分野でキー技術として使用されている。真空内の移動機構については、完成された信頼性の高い汎用的な方式はなく、その要求仕様（移動軸数、精度、負荷、寿命）によって、適切な機構を選択・設計しなければならない。

真空内移動機構の設計担当者は、軸受けのかじりによる移動不良で悪戦苦闘した経験を持っている。移動の構成部品は駆動力源、駆動力伝達系、駆動部からなり、装置によってはその駆動伝達系、駆動要素機器を真空中に配置するので、摩擦・磨耗が大きな問題となる。通常、大気圧環境で機械要素を使用する場合、潤滑剤を用いたスムーズな機構系の動作が可能となるが、圧力の低い真空環境では、放出ガス量の多い潤滑剤は使用できない。真空環境でスムーズな移動を得るには転がり軸受けを使用するが、ここでは、真空内で使用できる転がり軸受けと、その選定法について説明する。

取り扱う真空は、10^{-5}torr 以下とする。この圧力環境ですべり案内を用いた機構系は存在するが、その能力である負荷・寿命に関して不利で、その使用は限定的である。機械技術者が 50 名ほど集まる、ある会合で真空に関係する技術者数を数えたところ、私を含めて 2 名だった。ちなみに、一番多かったのは金型技術者であった。機械技術全体から見ると、真空を取り扱う技術はこのようにマイナーであるため、これを支える真空ベアリングにメーカーが力を入れないのが実情である。

真空とは

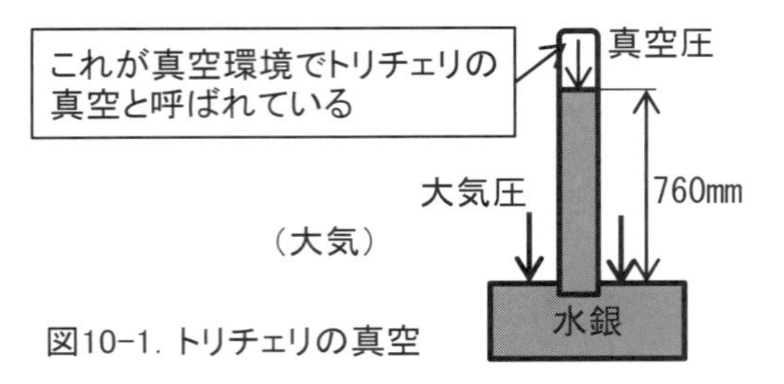

図10-1. トリチェリの真空

真空とは空気の少ない空間で、トリチェリの真空と呼ばれる現象が我々にはなじみやすい。長さ 1,000mm 程度の片側が閉じたガラス管に水銀を満たし、**図 10-1** に示すように、開放した口を重量力方向に向けて立てた場合、高さ 760mm 位置で水銀柱が保持される。ガラス管上部空間の圧力がトリチェリの真空と呼ばれ、760mm の水銀柱は、ガラス管内の真空圧力と大気圧との圧力差を示す。すなわち、この水銀柱 760mm を大気圧の 760mmHg（760torr）と定義している。上記した 10^{-5}torr とはこの水銀柱の高さが 10^{-5}mm ということである。しかし、実際には 10^{-5}mm の水銀柱は計測できないので、このような低い圧力は電子の移動などを用いて計測[*1] する。

*1）真空圧力を測定する真空計の選び方は『新版真空ハンドブック』（株式会社アルバック編　p31）を参照

真空内の機構

目的とする部品を空間の決められた位置に運搬する直進ステージの機構について、真空内で使用する場合の課題を、**図 10-2** を用いて説明する。

ステージは、目的の部品を搭載した移動台により決められた位置に移動する機能を有しており、移動台をガイドする案内、回転移動するネジおよびネジを案内する軸受け、移動の駆動力を発生するモーターと、モーターの動力を効率良く利用するための減速機で構成される。また、減速機とネジを結合するカップリングも、重要な構成機器である。真空内に配置した移動台を動かす場合、これらの構成機器を取り付ける環境が重要となる。具体的には真空環境と大気環境いずれかを選択するわけであるが、大気環境に配置した機器は潤滑剤を用いたスムーズな運動が可能となるが、真空環境に配置した機器には、潤滑が十分できないという問題がある。

これは、真空中で使用できる潤滑剤が少ないことに起因する。真空とはガスの少ない環境で、特に 10^{-8}torr 以下の超高真空と呼ばれる環境では、通常の液状潤滑剤は使用できない。その理由を理解するには、蒸気圧の現象を知らなければならない。

蒸気圧とは、任意の温度において、ある物質の気体が液体状態と平衡になる圧力のことである。物質の、ある温度での蒸気圧は、一意的に決定される。物質の液体の周囲で、その物質の分圧が液体の蒸気圧に等しいとき、その液体は気液平衡状態にある（**図 10-3**）。圧力を下げると、液体はさらに気体中に蒸発して、環境の圧力を上げようとする。すなわち、環境の圧力は、液体の蒸発量に依存することになる。

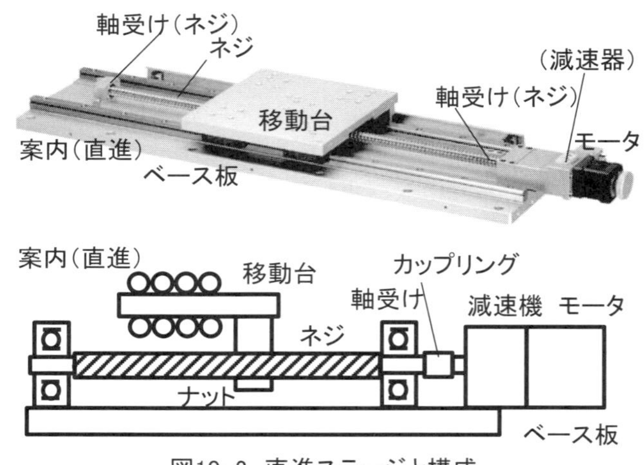

図10-2. 直進ステージと構成

出所：中央精機株式会社
(http://www.chuo.co.jp/contents/hp0056/list.php?CNo=56)

図10-3. 気体液体間のガスの移動

項番	使用対象	蒸気圧 室温 (torr)
1)	ロータリーポンプ（オイル）	10^{-3} ～ 10^{-6}
2)	油拡散ポンプ（オイル）	10^{-6} ～ 10^{-9}
3)	O リング塗布（フッ素系グリース）	10^{-8} ～ 10^{-11}

図 10-4. 真空用のオイルとグリースの蒸気圧の概略値

図 10-4 に、真空環境での仕様を目的とした潤滑剤である、真空ポンプ油などの蒸気圧を示す。蒸気圧として、10^{-3} から 10^{-11}torr の数字が示されており、目的とする真空環境における潤滑剤の使用量は、真空環境を達成するためのポンプの排気速度と、放出ガスの主原因となる潤滑剤の量で決まることになる。すなわち、排気速度 1,000L/s のポンプで排気中の放出ガス量が 1×10^{-6} torrL/s であるとすれば、その真空容器の到達圧力[*2]は 10^{-9} torr（$= 1 \times 10^{-6}/1{,}000$）ということになる。排気速度は有限の値なので、$10^{-6}$ torr 以下の圧力を達成するには、潤滑剤の使用はできないといわざるを得ない。

また、クリーンな真空環境を得ようとする場合、潤滑剤である高分子物質の**分圧**[*3]が真空環境に存在すること自体が、許容されない場合がある。このような場合、当該真空内部で通常の潤滑剤を用いたスムーズな機構系の移動は期待できない。

真空内で移動台を動かす場合、転がり軸受けとすべり軸受けの選択肢があり、続いてその要素機構の構造の選択となる。ここでは回転軸受けの案内に使用される真空内で使用する転がり軸受けの選定法について、潤滑方法と合わせて説明する。

*2）放出ガスと真空ポンプの排気速度による到達圧力の関係は『新版真空ハンドブック』（株式会社アルバック編　p46～60）を参照。

*3）多成分から成る混合気体のある1つの成分が、混合気体と同じ体積を単独で占めたときの圧力を表す。

真空用転がり軸受けの潤滑

真空用転がり軸受けの選定方法について説明するにあたり、真空用転がり軸受けの構造について示す。真空用転がり軸受けの構造は、大気環境で使用するグリースなどの潤滑剤を用いた転がり軸受けと同構造で、真空に対応可能な潤滑剤とその供給法を採用している。

大気中で使用するベアリングの代表例である単列深溝転がり軸受けの構造を、**図 10-5** に示す。構成部品は外輪、内輪と、両者の間に配置する転動体としての玉と、その保持器で構成される。保持器は転動体を円周方向に整列させる機能を有し、転動体と常に接触する構造となっている。このベアリングは開放タイプであるが、軸方向の両面に潤滑剤の保持を主な目的として金属板を取り付け、シール／シールド型のベアリングとしている。

真空用の単列深溝転がり軸受けを、**図 10-6** に示す。基本的な構成は上図のベアリングとほぼ同じであるが、保持具の構造と固体潤滑剤を供給するスペーサーの存在が、大気環境で使用する**図 10-5** に示すベアリングと異なる点である。具体的には固体潤滑剤を供給するスペーサーをベアリング内の転動体間に仕込んでおり、ベアリングの回転で、転がり面に固体潤滑剤を供給する構造となっている。

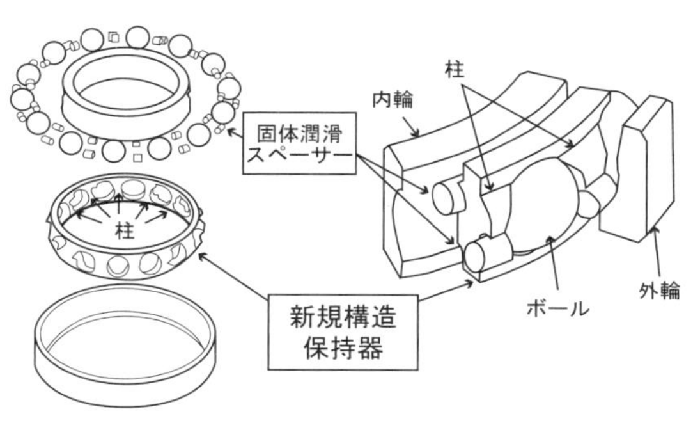

図10-6. 真空用単列深溝転がり軸受けの構成部品

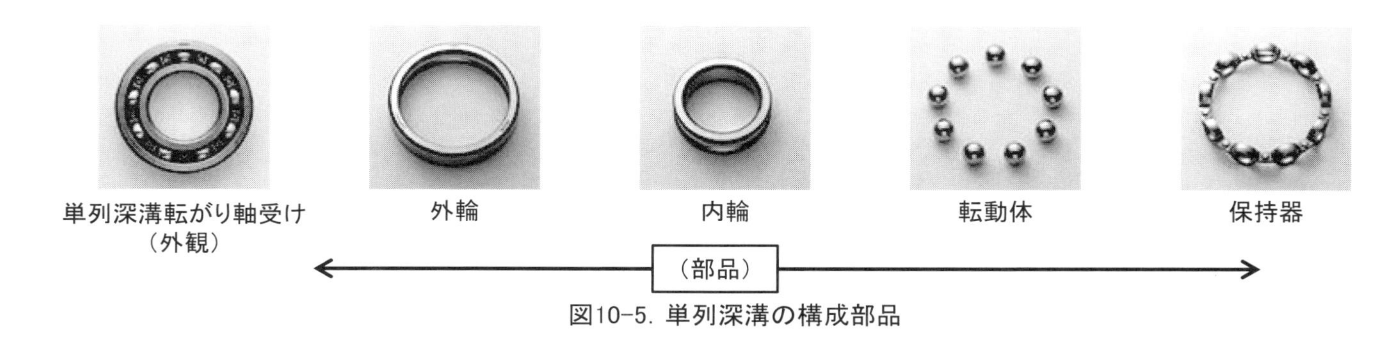

図10-5. 単列深溝の構成部品

真空用転がり軸受けに使用する潤滑剤は、その蒸気圧によって使用する圧力が決まるが、通常のグリース状潤滑剤は、低圧力の真空には使用しない。潤滑剤の種類と特徴を、**図 10-7** に示す。二硫化モリブデンに代表される層状の物質、銀に代表される軟質金属と、PTFE（テフロン）に代表される高分子材料が示されている。二硫化モリブデンは、高温で使用するネジなどの潤滑にも使用されている、真空の潤滑剤として代表的な物質である。

分類	層状構造物資	軟質金属	高分子材料
潤滑剤	二硫化モリブデン（MoS_2） グラファイト、窒化ホウ素他	金、銀他	四フッ化エチレン（PTFE） ポリアミド、ポリイミド他
特性	MoS_2 は－200 ～ 650℃の範囲で使用可 グラファイトは、吸着ガスによって潤滑特性が変化するので注意を要する	薄膜、複合材の形で使用、Au の摩擦特性は、活性ガスのほか、不活性ガスの影響も受ける。Ag は常に真空中で使用	一般に、高分子材料の摩擦磨耗特性は雰囲気の影響を受けにくい。PTFE は低温でも潤滑性があり、ポリイミド：50 ～ 350℃、ポリアミド：室温～ 250℃の範囲で使用可能

図 10-7. 真空用固体潤滑剤の種類と特性

出所：『新版 真空ハンドブック』（株式会社アルバック編　p118）

図 10-8 に、グリース潤滑剤、固体潤滑剤、およびセラミックスを用いた、真空用転がり軸受けの一覧表を示す。セラミックスのベアリングが、低い圧力で使用されている（表中最下段）。このベアリングは、軽量（鋼の 1/3）でヤング率が高い（鋼の 2 倍）という特性を生かして、マシニングセンターの主軸用の高速回転軸受け、および高温軸受けとしても使用されている。

潤滑材		特徴	用途	構造
グリース潤滑	フッ素系グリース	真空環境に適した KDL グリース（フッ素系）を適量封入している。また、発塵量が少なくクリーン環境にも適応する。グリース潤滑で、潤滑信頼性にも優れている。ただし、低い圧力環境では使用できない。	半導体製造装置、液晶製造装置、搬送ロボット、真空ポンプ	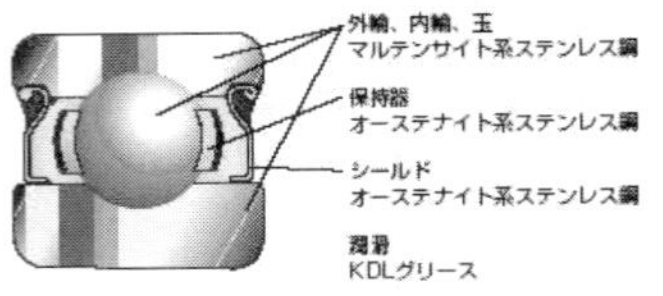 外輪、内輪、玉 マルテンサイト系ステンレス鋼 保持器 オーステナイト系ステンレス鋼 シールド オーステナイト系ステンレス鋼 潤滑 KDLグリース
樹脂	固体潤滑材とフッ素樹脂	固体潤滑剤とフッ素系高分子による固体潤滑ベアリングである。保持器材料には、耐熱性に優れた PEEK 樹脂（ポリエーテルエーテルケトン）をベースにした樹脂を用い、高温において安定した性能を発揮する。	紙パック製造装置、液晶洗浄装置	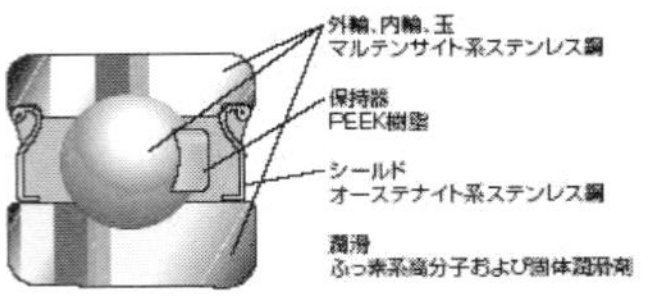 外輪、内輪、玉 マルテンサイト系ステンレス鋼 保持器 PEEK樹脂 シールド オーステナイト系ステンレス鋼 潤滑 ふっ素系高分子および固体潤滑剤
固体潤滑（無機材料）	二硫化モリブデン潤滑	二硫化モリブデン被膜による固体潤滑ベアリングである。耐荷重性、潤滑性においては高分子潤滑よりも優れている。	半導体製造装置、回転炉、液晶製造装置、真空蒸着装置、ターボ分子ポンプ	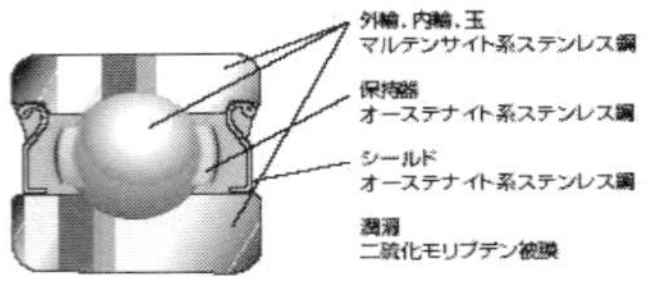 外輪、内輪、玉 マルテンサイト系ステンレス鋼 保持器 オーステナイト系ステンレス鋼 シールド オーステナイト系ステンレス鋼 潤滑 二硫化モリブデン被膜
	二硫化タングステン	二硫化タングステンを用いた固体潤滑ベアリングである。耐熱性と耐荷重性に優れている。保持器を用いず、二硫化タングステンを含有したセパレーターによって玉を等間隔に保持している。	半導体製造装置、液晶製造装置、真空蒸着装置、PDP 製造装置	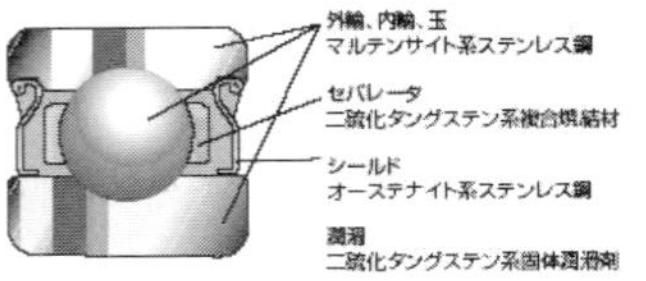 外輪、内輪、玉 マルテンサイト系ステンレス鋼 セパレータ 二硫化タングステン系複合焼結材 シールド オーステナイト系ステンレス鋼 潤滑 二硫化タングステン系固体潤滑剤
	銀（イオンプレーティング）	転動体に施した銀イオンプレーティングによる固体潤滑ベアリングである。放出ガスが少ないので、超高真空用途に適している。	半導体製造装置、液晶製造装置、真空蒸着装置、真空モーター、医療機器	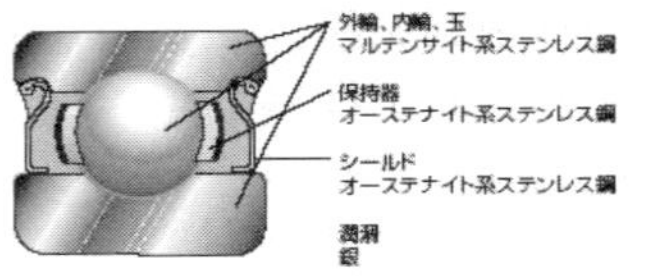 外輪、内輪、玉 マルテンサイト系ステンレス鋼 保持器 オーステナイト系ステンレス鋼 シールド オーステナイト系ステンレス鋼 潤滑 銀
材料	セラミックス（窒化珪素）	転動体にセラミックスを用い、外輪内輪に SUS440C を使用。転動体および外内輪共にセラミックスを使用。超高真空、高温環境の使用に適している。	半導体製造装置、ターボ分子ポンプ	

図 10-8. 真空用ベアリングの潤滑油と特徴・用途

出所：名古屋ベアリング株式会社（http://nagoyabearings.addr.com/product_shinku.html ）

図 10-8 に示す真空用玉軸受けの外輪と内輪の間には、ステンレス製のシールドが取り付いており、固体潤滑剤が転がり軸受け外部に飛び出しにくい構造となっている。この転がり軸受けを真空の環境で使用する場合、設計者がその軸受けを選定する際は、そのベアリングサイズを決めなければならない。この場合、ベアリングの寿命を設計の基準とする。通常のベアリング寿命は負荷荷重と回転数を掛け合わせたＤＮ値と呼ばれる数字で示され、ベアリングメーカーから寿命の実験式と共にこの数字が提供されている。真空用のベアリングの選定にも同様の実験データが真空転がり軸受けメーカーから提供されている（**図 10-9**）。メーカーのデータのため、当該メーカーが提供するベアリングに有利な傾向はあるが、選択の目安として参考にしていただきたい。

この表は、縦軸が荷重条件で、動定格荷重（使用条件）を基本動定格荷重（ベアリングの固有の値、メーカー供給の数字）で割った数字の百分率表示で示されており、横軸はベアリングの寿命を総回転数で示している。使用するベアリングは、当該メーカーのベアリングをはじめとして、数社の製品が記載されているが、これらすべてが真空用のベアリングということを注目していただきたい。このデータで示される負荷荷重は、ベアリングの動定格荷重の数％の数字である。**図 10-10** に、代表的な玉軸受けの動定格荷重を示す。内径 ϕ 20mm のベアリングの動定格荷重が7,900 Nであるから、真空用ベアリングで支持される基本動定格荷重を3%とした場合、その数字は237 Nとなる。この数字をどのように理解するかであるが、10kg程度の負荷を支持した場合、余裕はほとんどない。すなわち、**図10-11**に示す、プリロードをベアリングに加えてその**ガタを取る**[解説1]、といった操作は行うことはできない。

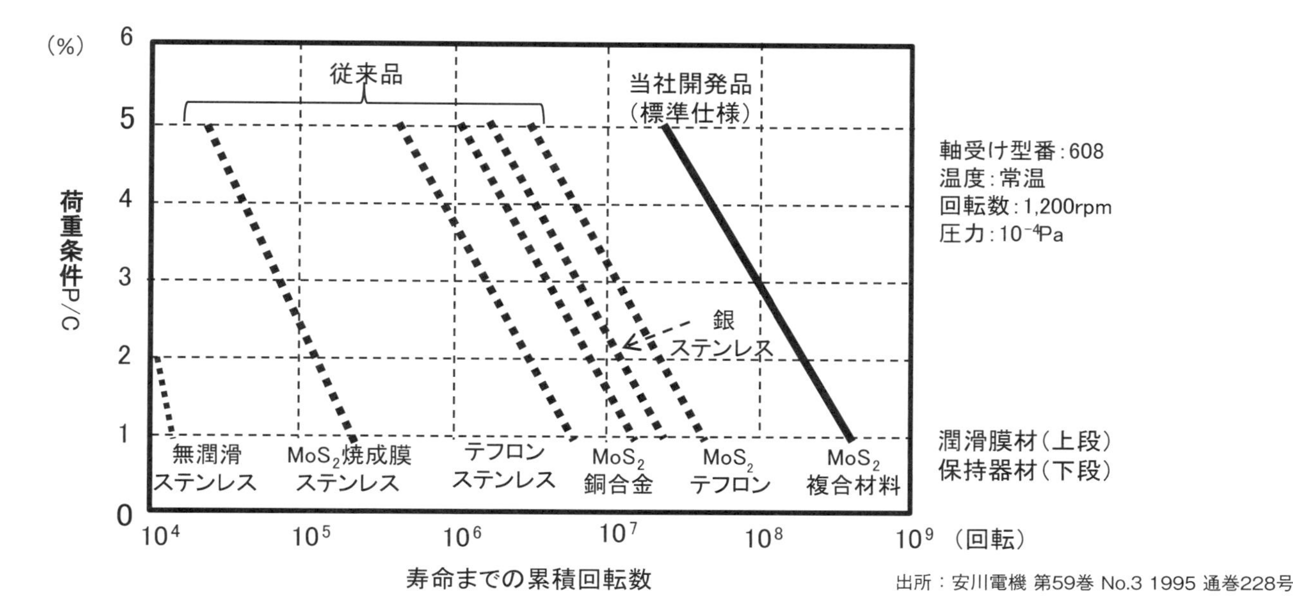

出所：安川電機 第59巻 No.3 1995 通巻228号

標準仕様深溝玉軸受けの寿命までの累積回転数の平均値Lst(回転)の式
軸受け寿命は、軸受摩擦トルクが定常値の2倍を上回った総回転数とした

$$Lst=10^{(0.8993-0.00223T-0.295P/C-0.002577T\cdot P/C)}$$

T:軸受温度(℃)、温度範囲 20℃＜＝T＜＝200℃
P/C(%)の範囲: 2＜＝P/C＜＝4%

出所：『技報　安川電機』　第62巻 No.2 1998年　通巻239号

図10-9. 動定格荷重と寿命の関係

この場合、ベアリングの寿命である総回転数は、室温で使用した場合、10^6回転程度となる。この寿命10^6回転という数字は、60rpmで使用すると278時間程度となり、1日に8時間稼動すると、35日程度の寿命となる。負荷荷重と回転数を掛けた寿命の指標となる数字、DN値を大きくするには、内径の大きな軸受けを使用すること、すなわち転動体の直径を大きくしなければならない。

項番	型式	内径 (mm)	基本動定定格荷重 (N)
1)	6000	φ 10	4,550
2)	6001	φ 12	5,100
3)	6002	φ 15	5,600
4)	6004	φ 20	7,900

図 10-10. ベアリングと基本動定格荷重

出所：NTN株式会社
(http://www.ntn.co.jp/japan/products/catalog/pdf/2202_b01.pdf)

解説1　プリロードによるベアリングのガタ取り

図10-11に、プリロードによるベアリングのガタ取りについて説明する。右図は単列深溝のベアリングの外輪が軸受け内で回転軸方向隙間を有して固定されており、この隙間が回転軸の軸方向の規制できない移動量､すなわちガタとなって現れる。ガタを取る方法を右図で示す。内輪にスペーサを配置し、押さえで外輪を軸方向に加圧して矢印で示すようにプリロード(力)を加えて、回転軸の軸方向のガタを除去する。このプリロードがベアリングの負荷荷重となり､ベアリングの寿命を短縮する。すなわち、回転軸をその軸方向に移動を制限する荷重を加えると、その寿命が短くなるので、ベアリングの負荷荷重が小さい真空内では、負荷となるプリロード荷重を加えることができない。つまり真空の環境で無潤滑で使用する転がり軸受けは寿命を考慮する場合、ガタ取りができないと考えるべきである。

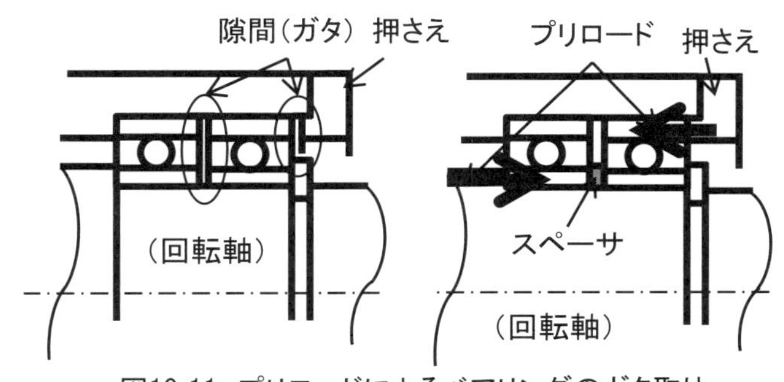

図10-11. プリロードによるベアリングのガタ取り

真空環境で動作する機構について

モーターを用いて真空内の１軸ステージを駆動する機構系について、その構成部品と、配置を考慮した転がり軸受けの潤滑について説明する。

前記の真空内で転がり軸受けを用いた機構を採用する場合、転がり軸受けの負荷荷重は小さく、寿命までの総回転数が少ないので、潤滑を必要とする駆動系、ステージ機器は大気中に配置して、必要な移動部品のみを腕あるいは固定軸を用いて真空環境に配置する構造が採用される場合が多い。**図10-12**は、運動を真空中に導入する際の導入機器の取り付け場所を示しており、この図では、駆動系を大気中に配置している。この構造では、真空環境と大気環境を分離する要素技術である、運動導入器が必要となる。この目的では、一般に、金属の薄板を溶接し軸方向に伸縮可能な構造の、**ベローズ**[解説2]が使用される（**図10-14**）。

ただし、今回のように１軸のみに移動の場合、この方式が有効であるが、２軸以上の移動を得るには、案内、駆動系を真空内に配置しなければならないことが多い。

転がり軸受けの選定は、前記したように、基本動定格荷重と寿命を考慮しなければならない。このように潤滑という観点から真空内機構を考えるとき、その要素機器の配置環境は機構系/軸受けの寿命を考慮する必要がある。真空環境で動作する機器の注意点と考え方について、**図10-13**に示す。

筆者は、寿命の観点から、真空外部に駆動機器を配置して、真空内の部品を駆動する方式を推奨する。この構造を採用する場合、特に複数の軸の移動が可能で、摩擦による駆動を使用しない、弾性ヒンジ構造[*4]（切り欠きバネ構造）の移動機構が、真空内配置に有利と考えている。ただし、この構造では全移動距離が 0.1 mm以下の短移動距離に限られる。

*4）事例16でこの構造を解説

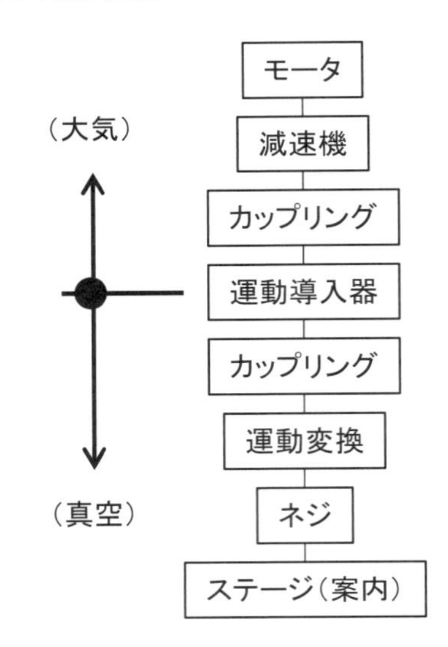

図10-12. 真空環境で使用する移動ステージ構成

項番	分類 大分類	分類 小分類	注意点 / 考え方
1）	構成	要素機器の全体構成	真空容器の圧力変形を考慮した機構要素の設置
			負荷荷重と潤滑を考慮した機構要素の設置場所の決定
2）	機器	案内	被駆動体の移動特性による転がり案内とすべり案内の選択
3）		モーター	真空環境でモーターを使用する場合、その環境で動作可能なモーターを選定
			大気中にモーターを配置する場合、運動を導入する機器を目的の仕様に合わせて選定
4）		ネジ	固定ネジ：締結力を発生するネジを使用
			駆動ネジ：スティックスリップのないネジを使用
5）		カップリング	モーターと被駆動軸を同軸に結合固定し、両部品の駆動軸の変位を吸収できる機能を持つ。モーターを大気中に配置して真空環境に置かれた駆動軸を動かす場合、運動導入器とモーター、駆動軸の結合が必要
6）	素材 / 基本技術	運動導入器	大気中から真空内に運動を導入する直線導入器、回転導入器
7）		材料	放出ガス量の小さい材料を使用、放出ガスの低減プロセスである 120 ～ 150℃の加熱に耐える材料の使用
8）		潤滑	放出ガス量の小さい潤滑剤を使用、放出ガスの低減プロセスである 120 ～ 150℃の加熱に耐える固体潤滑剤の使用
9）		運動変換	真空内での運動方向の変換機構

図 10-13. 真空環境で動作する装置の構成機器の注意点

解説2　ベローズ

ステンレスの薄板を積層して溶接した構造の真空用金属ベローズを**図10-14**に示す。このベローズは主にその積層方向に主な可動性を有している。ベローズを使用する際は、その軸方向（有効径）の面積へ真空による面圧が加わることを考慮して使用しなければならない。真空内に運動を導入する機器にはこのベローズが多様されている。

図10-14. 金属ベローズ外観写真

出所：入江工研株式会社
（http://www.ikc.co.jp/products/bellows/ts_wbellows.html）

11 プーリ巻きつけワイヤーの破損

概要

アームの先端に取り付けた搭載板の回転と直線の両動作を創生する、リンク方式搬送機の外観図と動作図を、**図 11-1** に示す。搬送機は左右２対の２段アームと、駆動装置で構成されており、両アームの同期運転により搬送動作が生ずる。**図 11-1** の下図右に示すように、左右のアームが同じ方向に回転すれば搭載板の回転動作を、左図に示すように逆方向に回転すれば直進動作を発生する。それぞれのアームは、中央部に配置された減速機（**ハーモニックドライブ** 解説1）付きの、２個の**ＡＣサーボモーター** 解説2 によって駆動される構造となっている。この搬送機は、駆動装置の上部にアームを取り付けた構造が特徴である。被搬送部品を搬送機の周囲に配置することが可能で、作業空間を有効に使えることから、比較的軽量の被搬送部品の運搬に適した、コンパクトな構造の搬送機である。

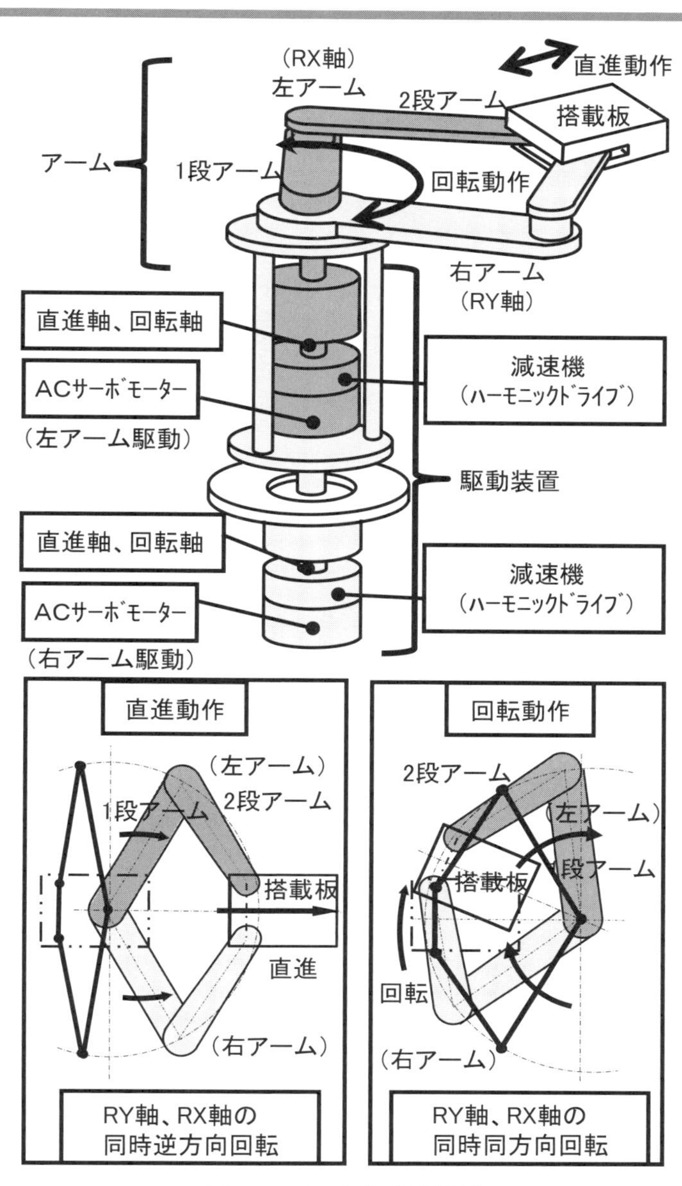

図11-1. リンク方式搬送機

図 11-2 に示すマルチチャンバー方式の半導体製造装置で、この種の搬送機が採用されているのをよく見かける。この半導体製造装置は、中央部に配置した搬送室に搬送機を収納し、周囲に取り付けた複数個の処理室（チャンバー）で半導体製造プロセスを実施する構造となっている。すなわち、移載器の回転と直進運動を組み合わせて、搬送室の周囲に配置した搬送室に、被搬送品のウエハーを搬送する構造である。半導体製造装置の前面に搬入室と搬出室が取り付いており、当該装置にウエハーの出し入れが可能な構造となっている。それぞれの処理室にはプロセス環境を真空とする排気系が取り付いており（図示せず）、バルブによって仕切られた構造となっている。

この構造の搬送機は、中央部に配置した駆動装置から２段に配置したそれぞれのアームを駆動する。具体的には直列に配置した２段アームが、左右の１対の１段アームと同期運転する構造となっている。この同期動作について下表に示す。

項番	項目	同期
1)	左右アーム	上下の AC サーボモーターと左右の１段アームの直結構造による同期運転
2)	１段、２段アーム	AC サーボモーターと直結する１段のアームの運動と先端の２段アームのワイヤー 解説3 による同期運転

図 11-3 に、ワイヤー を用いたアームの制御の平面図（右図）と斜視図(左図)を示す。同期のためのワイヤーは、1段の左アーム内に組み込まれている。ワイヤーは、アームの左右の両回転に対応できるように、上部と下部に配置されている。ワイヤーのモーター側は１段右アーム駆動軸にプーリを配置し、ワイヤーの端部に取り付けたワイヤー固定金具によって、このプーリに固定している。ワイヤーの他端である２段左アーム軸との固定は、ワイヤーのテンション機構を介して当該軸に固定している。この構造は直進運動のとき、１段アームに同期した２段アームの駆動を可能としている。この搬送機による移載動作を行っているとき、ワイヤーが切れるトラブルが発生した。

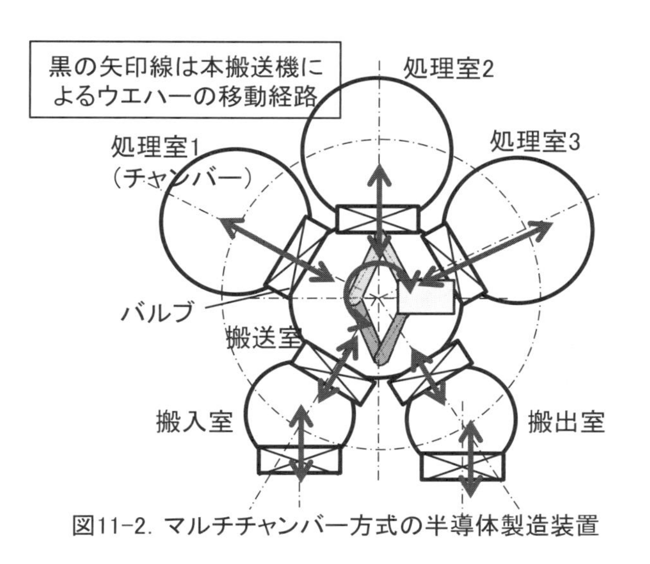

図11-2. マルチチャンバー方式の半導体製造装置

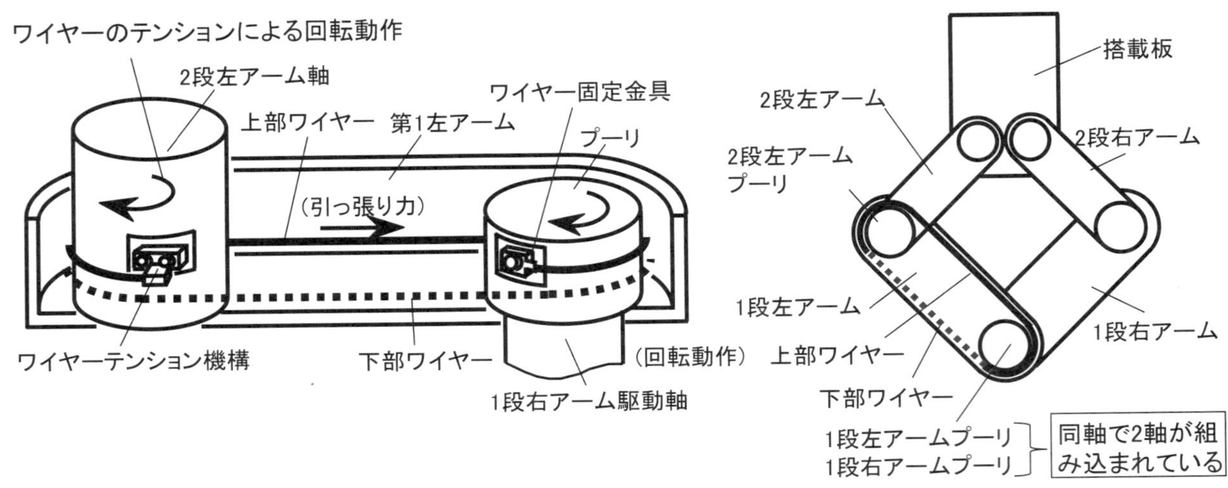

図11-3. ワイヤーによるアームの制御

解説1 ハーモニックドライブ ®*1

ハーモニックドライブの特徴はコンパクトな形状で比較的大きな減速比が得られる。同種減速機としてメーカーから下記の製品が供給されている。これらの減速機について、その特徴などについて説明する。

*1)「ハーモニックドライブ」はハーモニック・ドライブ・システムズ社の登録商標で、一般名称は「波動歯車装置」

項番	項目	特徴
1)	ハーモニックドライブ	ハーモニックドライブは、歯車による楕円と真円の差動を利用した減速機で、小型・軽量・高効率でモーター直結構造の減速機として使用されている
2)	サイクロ ®*2 減速機	サイクロ減速機は特殊形状の噛み合い状態を創生するエピトロコイド平行曲線を用いて転がり接触を実現した減速機である
3)	遊星歯車	太陽歯車（sun gear）を中心として、複数の遊星歯車（planetary gear）が自転しつつ公転する構造を持った減速機で、汎用的に使われている

ハーモニックドライブ

ハーモニックドライブはハーモニック・ドライブ・システム社から供給されている、小型で大きな減速比を得るメカニズムである。その外観写真と原理図を、**図11-4**に示す。構成は、**図11-4**の左図に示すように、一般的な使い方として出力軸となるフレクスプライン、入力軸となる楕円形状のウェーブ・ジェネレーター、フレクスプラインと噛み合うサーキュラ・スプラインの、主要3点部品からなる。楕円形状であるウェーブ・ジェネレーターの回転に合わせて変形するフレクスプラインとサーキュラ・スプラインは、歯数が数枚異なっている。このためウェーブ・ジェネレーターの1回転に対し、その差分だけフレクスプラインが回転することになる。サーキュラスプラインの歯数が102枚でフレクスプラインの歯数が100枚ならばその減速比は1/50ということになる。弾性変形による歯車の噛み合いを用いているため、得意とする減速比は1/50、1/80、1/100、1/120、1/160の比率で、1/30より大きく1/320より大きい減速比の製品は供給されていない。

メーカーのカタログから抜粋した減速比を、**図11-5**に示す。フレクスプラインの弾性変形は、ウェーブ・ジェネレーターの楕円形状で制御されており、その短軸と長軸の差が歯車の歯たけよりも大きくなければこの減速動作を行うことができない。また、歯数が少なく、歯車数の差が大きなフレクスプラインは、変形量を決めるひずみが大きくなるので、この構造のハーモニックドライブは製作困難となる。したがって、減速比が1/30より大きな製品は実用的でないことになる。

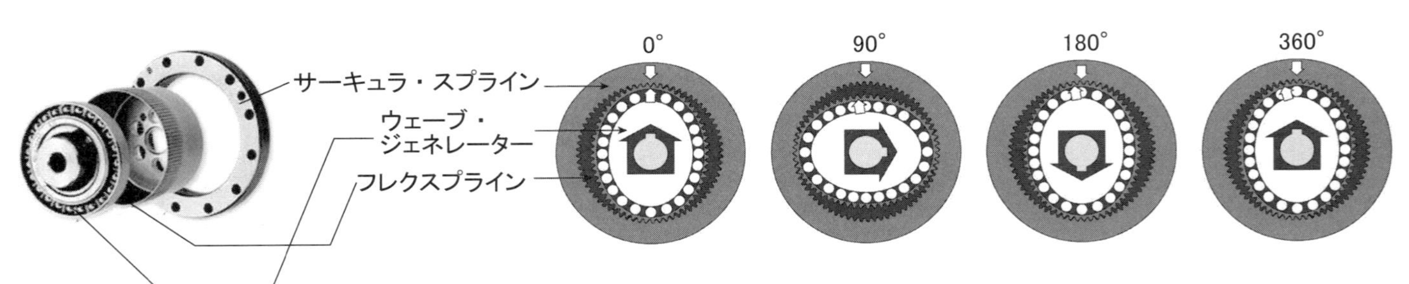

図11-4. ハーモニックドライブの外観とその減速原理

出所：株式会社ハーモニック・ドライブ・システムズ（https://www.hds.co.jp/products/hd_theory/）

型番	減速比	最大トルク（Nm）	許容連続トルク（Nm）	最高回転数（rpm）
20A	1:50	73	21	120
	1:80	96	35	75
	1:100	107	43	60
	1:120	113	48	50
	1:160	120	48	37.5

この減速機の形状と AC サーボモーターを取り付けた一体構造は次の通り

形式 20A アクチュエータ
①外径：ϕ 117mm
②長さ：125mm

図 11-5. ハーモニックドライブを取り付けた AC サーボアクチュエータ SHA シリーズ

出所：ハーモニックドライブカタログ

サイクロ[®*2] 減速機

サイクロ減速機は、住友重機械が製造販売している小型形状・大減速比の減速機である。その動作と構造図を、**図 11-6** に示す。一番下が構造図で、4 枚の図と説明で、減速動作を解説している。回転中央部のクランクが入力軸となり、内ピンが出力軸となる。遊星歯車数と固定太陽内歯車となる外ピン数が、減速比を決める。減速比の決め方は、一番上の図に示す通りである。この減速機は、外ピンと噛み合う遊星歯車を特殊なトロコイド系曲線歯車としたことにより、遊星歯車の偏心による移動量をスムーズに伝達している。これらの図は、サイクロ減速機の動作をわかりやすく説明した製品カタログからの引用だが、動作の原理となる動きが、わかりやすく解説されている。メーカーは、減速比 1/6 ～ 1/119 のものを提供しているが、複数段の直列使用によりその減速比をさらに大きくすることが可能である。AC サーボモーターと一体化した製品も販売されており、ユーザーが使いやすい形で提供されている。

なお、下記 HP にメーカーから本減速機の構造図及びその動きが動画で提供されている。

*2）「サイクロ」は、住友重機械工業株式会社の登録商標

参考文献：住友重機械工業株式会社（http://cyclo.shi.co.jp/product/gmoter/saikuro6000/）

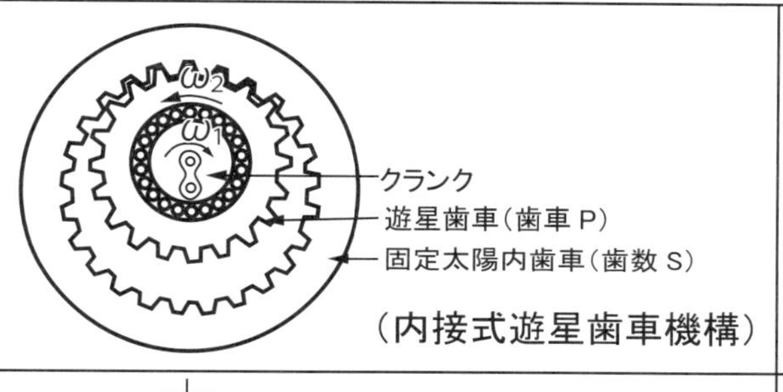

（内接式遊星歯車機構）

左図のような内接式遊星歯車装置において、角速度 ω_1、ω_2 の関係は遊星歯車理論により次式で表される。

$\omega_2 ／ \omega_1 ＝ 1 − S ／ P ＝ −（S − P）／ P$

ここで $S − P ＝ 1$（歯数差 1）とすれば $\omega_2 ／ \omega_1 ＝ − 1 ／ P$ となり、回転方向が逆向きで最大の減速比が得られるが、一般のインボリュート歯形では歯先の干渉を生じるために、この機構を 1 枚歯数差で有効に利用することはできない。

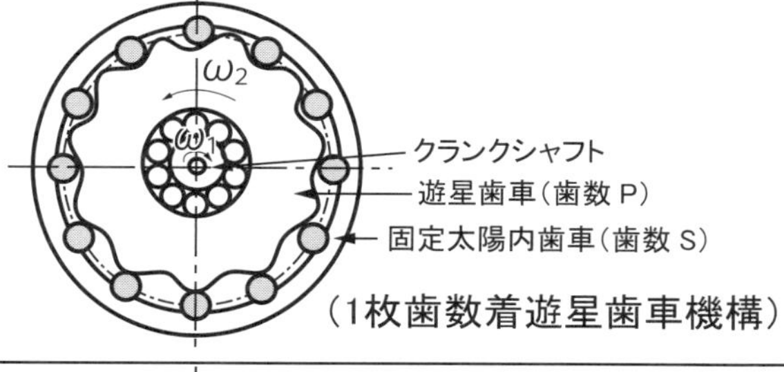

（1枚歯数着遊星歯車機構）

サイクロ減速機はこの問題を解決するために左図のように、内歯車に円弧歯形を採用し、遊星歯車をエピトロコイド平行曲線とすることで、歯先干渉がなく、また比類のない同時噛み合い数を持ちつつ、1 枚歯数差の内接式遊星歯車を実現している。

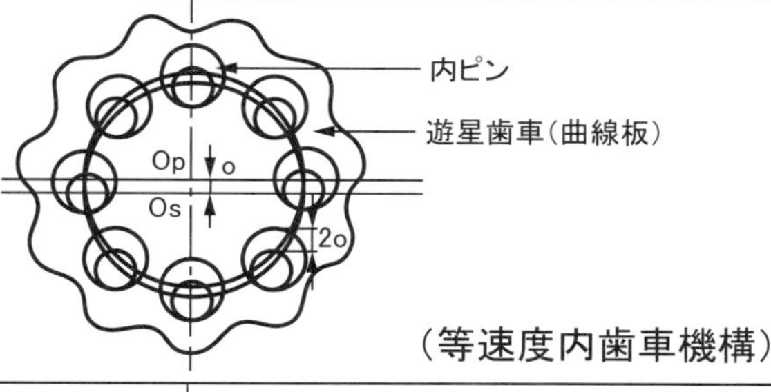

（等速度内歯車機構）

遊星歯車（曲線板）は、高速で公転（ω_1）しながら、同時に低速で自転（ω_2）する。サイクロ減速機は、左図の円弧歯形による等速度内歯車機構を用いて、減速された自転だけを内ピンに取出す。内ピンは、クランク軸（高速軸）中心 Os と同心円上に等配置されているので、これをそのまま低速軸に植込むことにより、容易に高低速軸とを同心にすることができる。

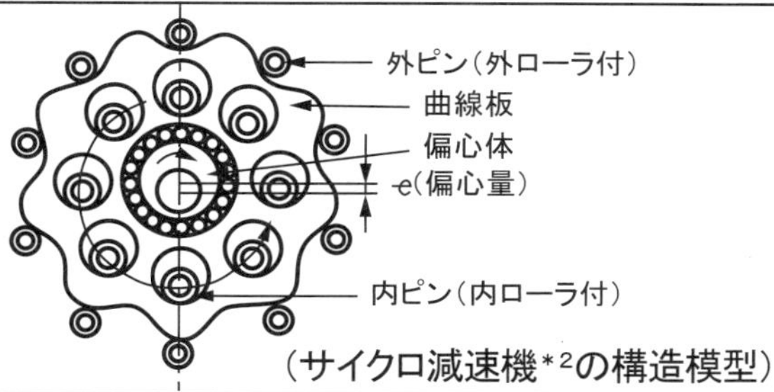

（サイクロ減速機*2の構造模型）

以上の 2 つの機構を巧みに組合せ、円弧歯形にローラーを装着して左図のようにまとめたものが、サイクロ減速機である。ローラーによって滑り接触が転がり接触に変換されるので、機械的損失は非常に小さく、極めて高いギア効率が得られる。

図 11-6. サイクロ減速機の作動原理と構造

出所：住友重機械工業株式会社『サイクロ減速機製品カタログ（2001-3.1）』

遊星減速機

同軸で小型の減速機として、車関係を中心に使用されている減速機である。その構造図を、**図 11-7** に示す。

中心に位置する太陽歯車の周りを、複数個の遊星歯車が内歯車と噛み合った状態で公転しながら自転しており、これらの歯車軸の選択により、減増速と、回転方向の選択が可能である。たとえば太陽歯車を入力軸とし、遊星歯車を出力軸として、内歯車を固定とした場合、下記に示す減速比が得られる。これらの歯車の枚数は、歯車の噛み合い条件を満たすように決めなければならない。

減速比＝Za÷(Za＋Zc)

Za：太陽歯車枚数

Zc：内歯車枚数

遊星歯車の減速機を提供しているメーカーによる、減速機の仕様例を、**図 11-8** に示す。幅広い減速比が得られている。

以上、コンパクト形状で大減速比が得られる３種類の減速機について説明したが、伝達トルク、出力から比較した場合、それぞれの棲み分けとなる特徴は、下の通りである。

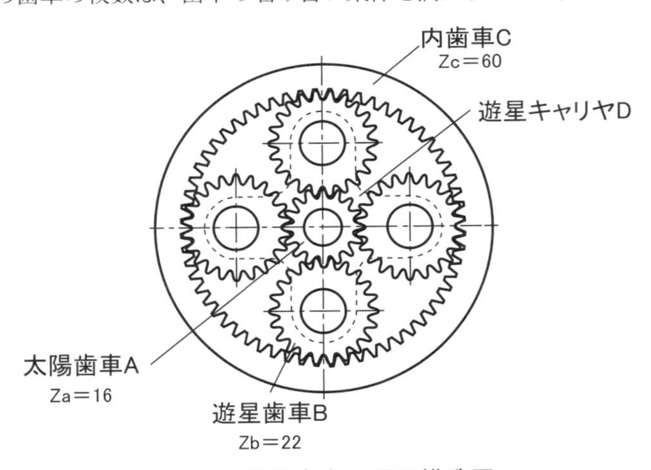

図11-7. 遊星歯車の原理構造図

出所：小原歯車工業株式会社
(http://www.khkgears.co.jp/gear_technology/intermediate_guide/KHK388.html)

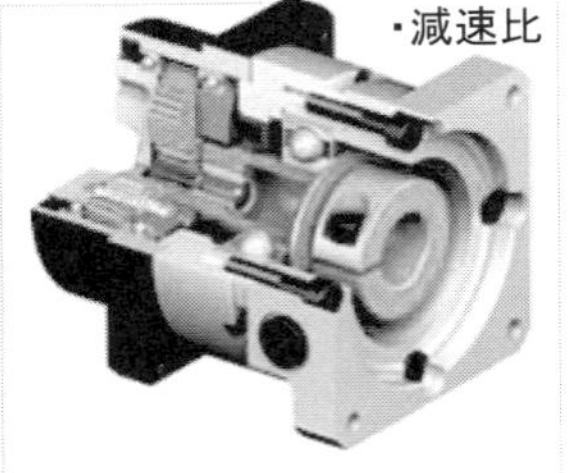

図11-8. 遊星歯車の構造と仕様

出所：住友重機械工業株式会社
(http://cyclo.shi.co.jp/product/contorol/ibp1/)

項番	項目	特徴	剛性
1)	ハーモニックドライブ	小トルクで比較的小さいパワーの機器用の減速機	小
2)	サイクロ減速機[注]	中から大パワーの機器用の減速機、固有振動数が大きくできるので高速移動が可能	大
3)	遊星歯車	大パワーの機器用の減速機 / 増速機、固有振動数が大きくできるので高速移動が可能	大

注）「サイクロ減速機」「サイクロ」は、住友重機械工業株式会社の登録商標

解説２　ACサーボモーター

ファクトリーオートメーションの分野で、ＡＣサーボモーターが多く使用されるようになってきた。特に小型ステージの駆動、産業用ロボット、人型ロボットの駆動用に、このモーターが使用されている。ＡＣサーボモーターの構造を、**図 11-9** に示す。コイルを巻いた固定子であるステータの中で永久磁石のローター（回転子）が回転する構造で、回転軸の両端にベアリング（軸受け）が配置されている。回転軸の一端に光学式のエンコーダー（検出器）が取り付いており、回転位置の検出を可能としている。エンコーダーの逆端にカップリングを取り付けて、発生した回転力を外部に取り出す構造で、必要に応じてこの軸に減速機を直結し、所望の回転が可能となっている。この図には示していないが、通常ユーザーは、モーター本体と共に供給される制御装置をセットで購入する。最近は、小型分野に限らず、大型のＡＣサーボモーターも使用されるようになってきた。

ＡＣサーボモーターの特徴は下記の通りである。

①ＣＰＵの性能向上による速い応答速度

②永久磁石のローターによる小型高出力

③フィードバックによる高分解応答制御

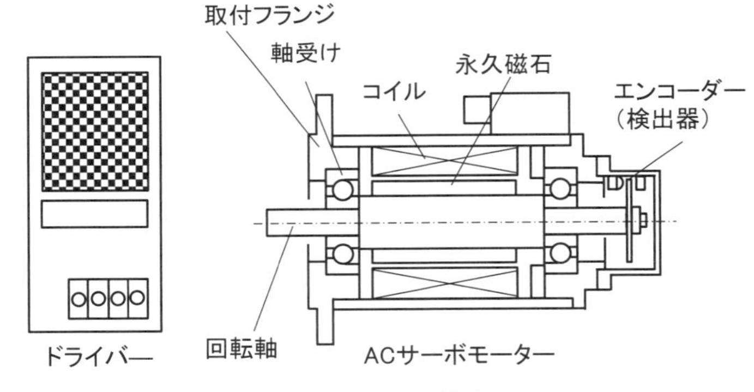

図11-9. ACサーボモーター構造図

解説３　ワイヤー

ここで、使用したワイヤーはより線タイプで細い線をよった製品である。このリンク方式の搬送機のアームの制御にワイヤーを用いたのは、引っ張り強度と柔軟性を考慮しての選択である。このワイヤーの構造について、メーカーの技術資料を用いて説明する。使用したメーカーの技術資料は、ワイヤーをロープと称しているので、以下ロープとワイヤーは同義語としてよんでいただきたい。

構成

ロープの構成は、ストランドの数と形、ストランド中の素線の数と配置、繊維心入りか、ロープ心入りかなどによって変化するが、ここでは一般的なロープの構成について説明する。

ロープは、数本～数十本の素線を、単層または多層により合わせたストランド複数本を、心綱（図11-10では「繊維心」）の周りに所定のピッチでより合わせる。

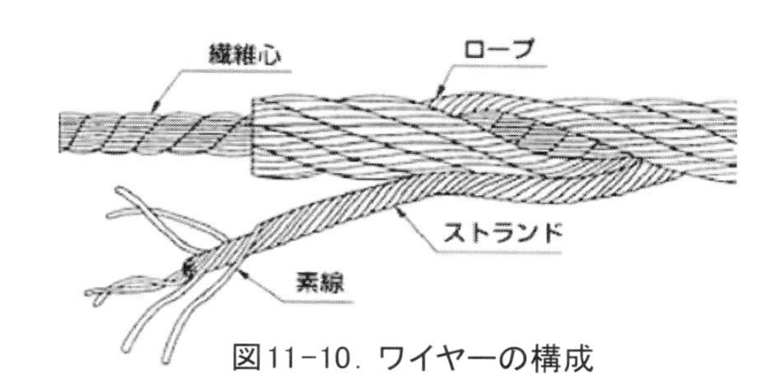

図11-10．ワイヤーの構成

ストランドの数（図11-10、図11-11）

ストランド数は通常3～9本だが、特別の場合を除いて、構造的にバランスのとれた6ストランドがほとんどである。例外として、柔軟性を要求されるエレベータ用は8ストランドとされ、非自転性を要求される場合には、ストランドを2層以上にすることもある。同一径のロープでは、一般にストランド数が増加するほどストランド径は細くなり、柔軟性を増して強度が低くなり、耐摩耗性や耐形くずれ性などが劣る。

図11-11．ストランド形状

ストランドのより方（素線の数と配置）（図11-12）

ストランドは、通常同一径または異なる直径の7～数十本の素線が、単層または多層に、より合わされている。素線を2層以上重ねて配置する方法には、各層の素線を同じより角でよる交差よりと、各層の素線が同一ピッチになるように1工程でよる平行よりとがある。同一径のストランドでは、素線数が増加するほど素線径は細くなり、ストランドは柔軟性を増すが、逆に耐摩耗性や耐形くずれ性などが劣るようになる。

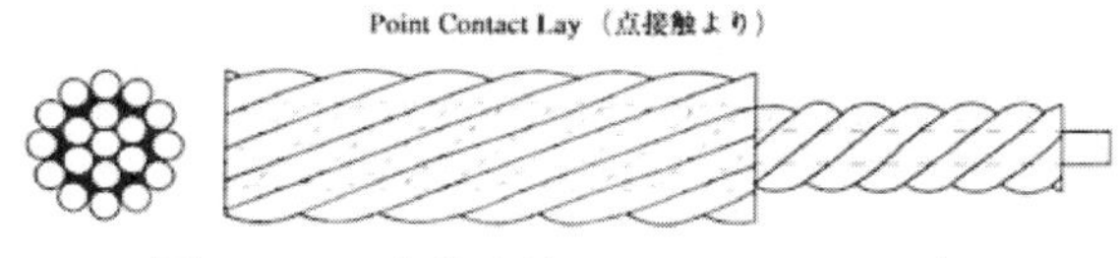

図11-12．交差より6×19のストランド

交差より（図11-13）

交差よりは、ほぼ同径の素線を、各層別により角がほぼ等しくなるようにより合わせたもので、各層により込まれる素線の長さが等しくなり、各層間の素線は点接触状態となる。したがって、素線に作用する引張応力は均等になるが、点接触による曲げ応力などが付加されて、耐疲労性はあまり期待できない。このより方には、6×7、6×19、6×24などが属している。

素線の配置には、1本の心線の周りに素線を6本、12本、18本、24本と等差級数的に6本ずつ各層ごとに増加する方法と、素線3本をより合わせたものを心にして、その周りに9本、15本と6本ずつ各層ごとに増加する方法とがある。通常は前者の配置が圧倒的に多くなっている。

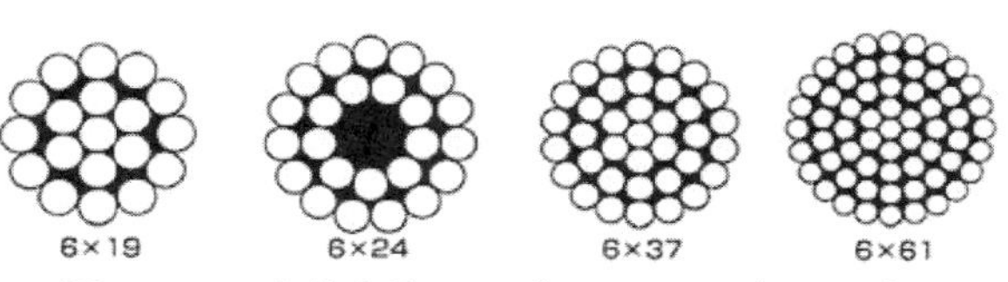

図11-13．交差より ロープのストランド 断面例

平行より（図11-14）

平行よりは、ストランドの下層素線の谷間に上層素線が正しく重なるよう、各層素線を隙間なく配置させるために、それぞれ異なる径の素線を同時によったもので、各層素線は同一ピッチになって、線接触状態を呈する。したがって、交差よりロープと異なり、各層素線のより角及び素線の長さは等しくないが、線接触となっているために耐疲労性が優れている。

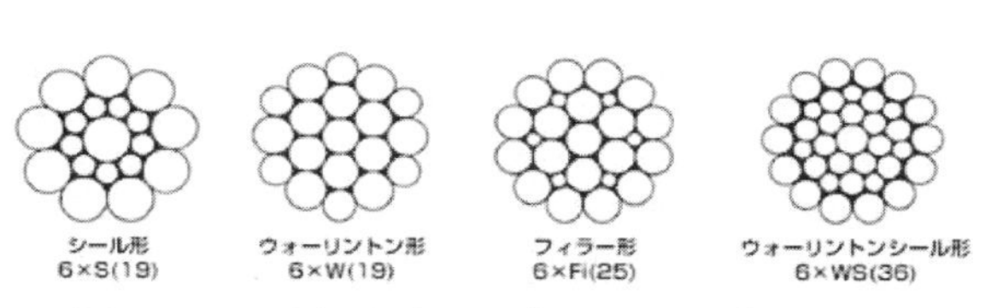

図11-14．平行よりロープのストランド断面図

出所：東京製綱株式会社
(http://www.tokyorope.co.jp/product/wirerope/outline.html)

①シール形（Seale）

各層の素線数は1＋n＋nのように表され、内外層の素線数が同数で、内層素線の凹みに外層素線が完全に収まっている。このシール形ロープは、他の平行よりと比べて外層素線が太いので、特に耐摩耗性に優れており、主としてエレベータ用として使用される。

②ウォーリントン形（Warrington）

各層の素線数は1＋n＋（n＋n）のように表され、外層素線には大小2種類あり、外層素線数は内層素線数の2倍で、内外層の組合わせによって隙間を少なくしてある。最近はあまり使用されていない。

③フィラー形（Filler）

各層の素線数は1＋n＋（n）＋2nのように表され、外層素線数を内層素線数の2倍とし、内外層の隙間に内層素線と同数の細いフィラー線が充填されている。このフィラー形ロープは、柔軟性、耐疲労性、耐摩耗性のバランスが良く、平行よりロープのうちで最も広範囲に使用されている。

④ウォーリントンシール形（Warrington Seale）

ウォーリントン形とシール形とを組み合わせたもので、耐疲労性が非常に優れ、また柔軟性に富みさらに耐摩耗性にも優れているため、用途は広範囲にわたっている。

ロープのより方

ロープのより方には、普通よりとラングよりとがある。その特徴を**図 11-15** に示す。普通よりは、ロープのより方向とストランドのより方向とが、逆方向によられている。一方ラングよりは、ロープのより方向とストランドのより方向とが、同一方向によられている。ロープやストランドのより方向には、**図 11-16** に示すようにＺよりとＳよりとがある。とくに指定のない場合はロープはＺよりで、ストランド製品はＳよりで作られる。

項目	普通より	ラングより
外観	素線はロープ軸にほぼ平行	素線はロープ軸に対してある角度をなす
利点	キンクしにくく、取扱いが容易 よりが締り、形くずれしにくい	表面に現われている素線は長く、耐摩耗性に優れている 柔軟で耐疲労性も良い
欠点	耐摩耗性と耐疲労性はラングよりに劣る	ロープの自転性（トルク）が大きく、キンクを生じ易い

図 11-5. ロープのより方とその特徴

出所：東京製綱株式会社
(http://www.tokyorope.co.jp/product/wirerope/outline.html)

ロープの端末処理

ロープを使用する際は、上記したようにその特徴を理解して仕様を決めなければならない。上記以外の仕様に、端末処理がある。端末処理は、ロープを使用する際に対象となる装置に取り付ける方法を規定するもので、その形状に合わせて選択する。通常はロープメーカーから指定して購入することになる。**図 11-17** にロープの端末形状について示す。ロープ外径は、メーカーから各種の製品が提供されている。メーカーのカタログを参考にしていただきたい。

図11-16. ロープのより方

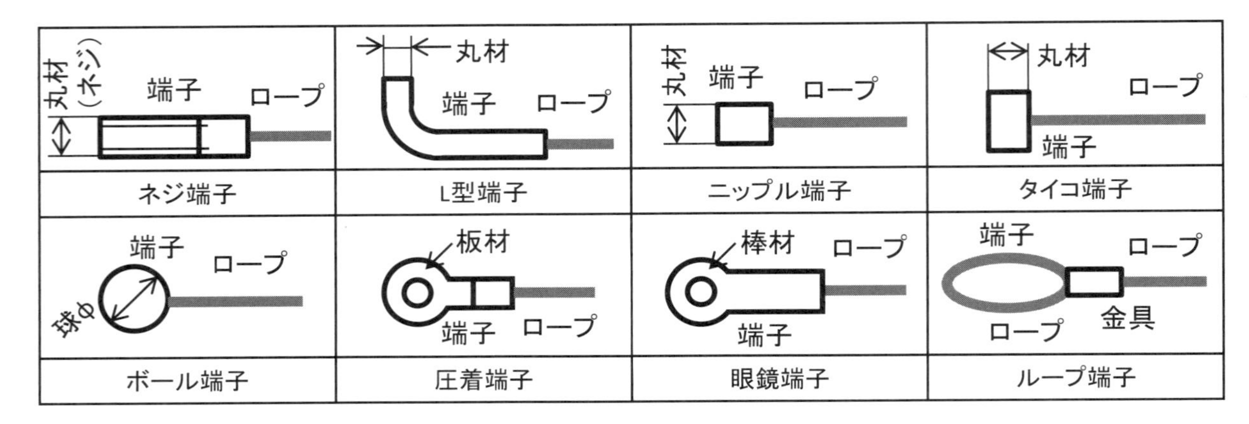

図11-17. ロープの端末形状

原因

アームの前後運動に伴って、テンションの加わったワイヤーとプーリとの摩擦で、摩擦磨耗が発生する構造である。この繰り返しによりワイヤーが破断した。ワイヤーの型式などの情報は次の通りである。

①使用ワイヤー

型式	素線径	外径	破断強度	重さ	材質	端末処理	メーカー
TC150	φ 0.1mm	Φ 1.5mm	180kgf	9.1g/m	SUS304	タイコ端子	トヨフレックス
						圧着端子	

出所：トヨフレックス株式会社（http://www.toyoflex.com/technical/etc/pdf3_1.pdf

断面形状

②使用条件

項目	内容
テンション	ワイヤーのたわみ量（ワイヤーの長手直角方向から荷重を加えてその変形量[解説4]）：1kg/2mm の変形
	ワイヤー長さは 250mm で、ワイヤーのテンションは約 27kg に相当
潤滑	潤滑剤は塗布せず
	これはクリンルーム内での使用を想定したため、潤滑剤は塗布しないで使用

対策

対策として、寿命実験装置を製作し、繰り返し動作によるワイヤーの寿命試験を行った。この試験機では、プーリに巻き付いたワイヤーにエアシリンダーで繰り返し荷重を加えて、切断までの加重回数で判定した。**図 11-18** に作成したワイヤー試験機の概略平面図を示す。直径 φ 30mm のプーリに巻き付けたワイヤーの一端にエアシリンダーを接続し、供給する圧縮空気の ON・OFF で繰り返し荷重を加えた。試験したワイヤーと結果は、**図 11-19** の通りである。

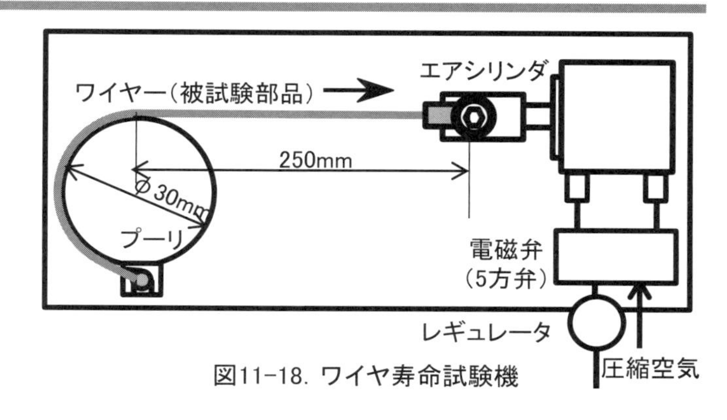

図11-18. ワイヤ寿命試験機

型式	素線径	外径	破断強度	重さ	材質	断面形状	切断回数
TC150	φ 0.1mm	Φ 1.5mm	180kgf	9.1g/m	SUS304		100 万回破断せず
TB150	φ 0.165mm	Φ 1.5mm	190kgf	8.9g/m	SUS304	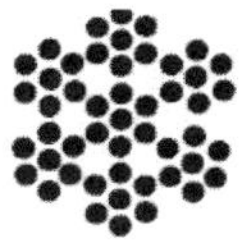	100 万回破断せず
TP216	φ 0.08mm	Φ 2.16mm	318.8kgf	14.4g/m	SUS304		25 万回

図 11-19. ワイヤー寿命試験結果

出所：トヨフレックス株式会社（http://www.toyoflex.com/technical/etc/pdf3_1.pdf）

なおワイヤーは下記の条件で使用した。

①ワイヤーにはクリンルーム用グリース（商品名:モリコート）を薄く塗布し潤滑性能を向上した。

②テンションはワイヤーのたわみ量、すなわちロープの長手直角方向の荷重による同方向の**たわみ量を 1kg/2mm の変形量とした**[解説4]。

上記の結果を反映し、実機では TC150（潤滑剤付き）を使用した。事故を起こしたものと同型式のワイヤーに潤滑剤を塗布して使用することで、その対策とした。

解説4　テンション（たわみ量）

図 11-20 に示すように、ワイヤーのテンションを定量化する目的で、荷重 1kg 時にたわみ量が 2mm となるように調整した。

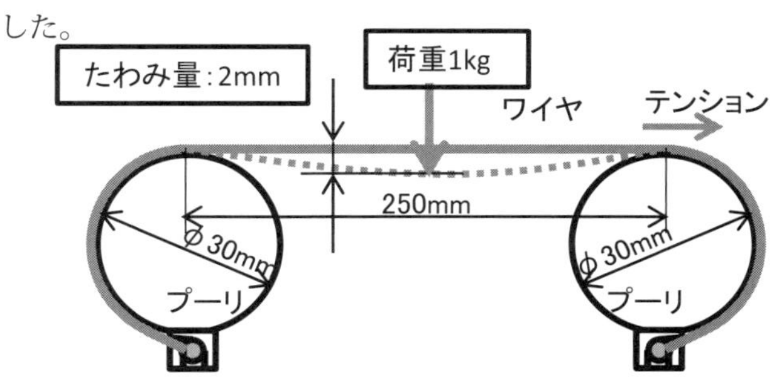

図11-20. ワイヤのテンション

設計指針

（1）ワイヤーは素線形が細いほど、巻き付いたプーリの半径を小さくできる。メーカー推奨プーリ径は、素線径の 400 倍である。破断した TCP216 は素線径が細かったが寿命は短かった。原因は摩擦磨耗である。

（2）巻き付き方式でワイヤーの寿命を延ばすためには、ワイヤーを潤滑する必要がある。今回の試験結果から、寿命に影響を及ぼしたのは、潤滑だという結果を得た。潤滑剤はワイヤーの使用において必須である。

（3）ワイヤーの長寿命化に対しては、ナイロンコートのワイヤーが効果的であるとのこと。ロープメーカーの話では、このコートにより、寿命の 2 倍化も可能とのことである。

（4）TC150 を用いた搬送機は、400 万回の動作でワイヤーの破断は発生していない。

12 真空移動台の駆動力伝達柔軟継ぎ手

概要

超高真空の環境で、XYZ ΘΦの５軸方向に試料を移動する、５軸試料移動台の斜視図を**図 12-1** に示す。仕様は次の通りである。

1）移動距離

X軸：±3mm　Y軸：±10mm

Z軸：0−3mm　Θ軸：360°

Φ軸：±15°

2）移動

「ガタ」および「スティックスリップ」のない滑らかな動き

3）移動方法

真空フランジの大気側に取り付けた回転導入器による手動回転

4）移動環境

真空環境（圧力：10^{-8}torr 以下）

試料ステージは真空フランジに固定されており、この真空フランジを真空容器（図示せず）に固定することで、目的とする装置に取り付ける。なお、真空フランジは、**ICF フランジ** 解説 1 と呼ばれる超高仕様で、銅材のガスケットをシール材に用いている。

それぞれの移動台には転がり軸受け案内を使用し、ＸＹ軸はネジ送り、Ｚ軸はネジとテーパー斜面による送り、Θはウォームとハスバ歯車、Φ軸は平歯車による駆動としている。この駆動は、真空フランジに取り付けた**回転導入器** 解説 2 の運動をそれぞれのステージに伝え、移動台が所定の方向に移動する。回転導入器から駆動部までの駆動力の伝達するカップリングとして、柔軟性を有し、固定された回転軸の移動に対し追従可能な、**動力伝達ワイヤー** 解説 3 を用いている。動力伝達ワイヤーは、ステンレス線材をらせん状に成形した構造の部品である。

図 12-2 を用いて、Φ回転移動を説明する。半円筒案内と、当該部品に固定した平歯車が、ころを用いた半円筒の外面を案内として、円周位置 4 点で接触しており、半円筒案内の中心軸で回転する。平歯車を用いて試料台をΦ方向に駆動し、Φ移動位置の両端で運動方向を切り替えた場合、移動台の正常動作が困難であった。この異常動作は、ワイヤーの大きな捻り変形により発生した現象である。

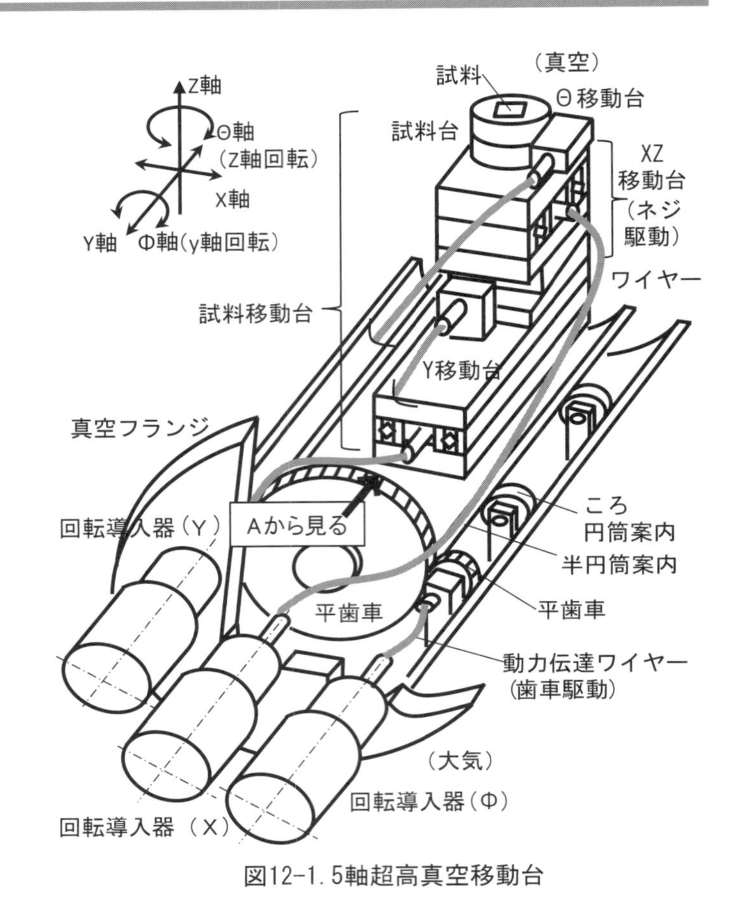

図12-1. 5軸超高真空移動台

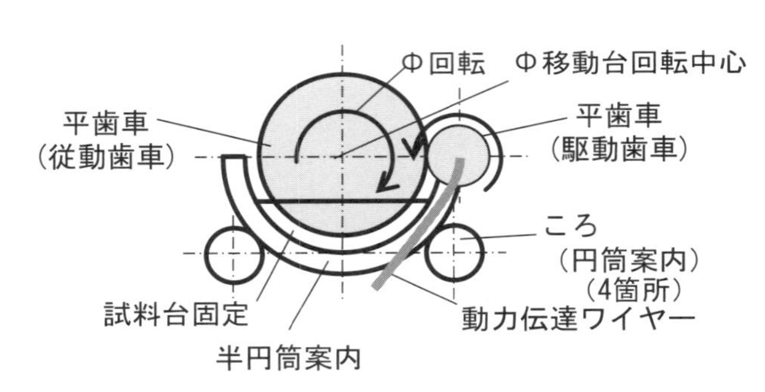

図12-2. ワイヤー駆動図（Aから見る）

解説 1　ICF フランジ

図 12-3 を用いて、真空シールを目的とした ICF フランジについて説明する。右図には、固定ネジによってフランジを取り付けた状態を示し、左の写真は、フランジの外観写真を示す。右図のように、シール材のガスケット（銅製）をそのエッジ部で締め上げることにより、面圧が発生して、シールとして機能する構造である。通常はフランジを溶接により取り付けた円筒パイプの内面が真空で、固定ネジ側を大気状態で使用する。シール材以外の材質は、ステンレスを用いている。

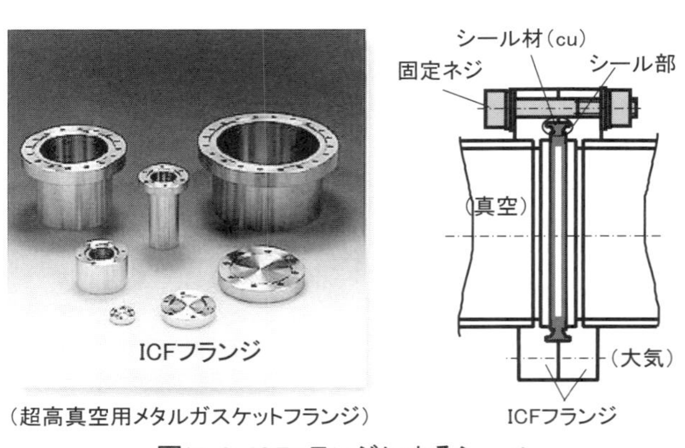

図12-3. ICFフランジによるシール

出所：株式会社ムサシノエンジニアリング
(http://www.musashino-eng.co.jp/product/standard/a2/)

両フランジは同形状で、シール材はフランジのインロー部にはめ合う構造となっている。この真空フランジはメーカーから供給されているが、寸法が開示されているので、自社で製作可能である。ネジによる接合で一体化されるフランジは、お互いに互換性がある構造となっている。ICF フランジの規格は外径がΦ 34、Φ 70、Φ 104、Φ 152、Φ 203、Φ 253mm のものがあり、Φ 203 のフランジの固定用のネジは M8 が 20 本で、適正締め付けトルクは 100kgcm 程度である。このトルクで得られる軸力の合計は約 18,000kg で、シール材のガスケット締め付け力は約 35kg/mm となる。

解説2 回転導入器

真空内に大気中から回転運動を導入する回転導入器は、真空を遮断する機能と回転力を伝達する機能も同時に達成する、真空装置の要素機器である。

回転導入器の種類とその特徴を、**図 12-4** に示す。使用圧力で分類すると、圧力の低い超高真空（10^{-8}torr 以下）で使用可能な「ベローズ」「マグネット」、圧力の高い環境（10^{-4}torr 以上）で使用可能な「磁性流体」「軸シール O リング」方式がある。図中に示した各方式の緒元値は、その構造に依存する。表中の数字は、大小比較の参考値程度にとどめておいていただきたい。また、詳細は、メーカー提供カタログを参照していただきたい。

前記した 2 つの機能を達成するそれぞれの回転導入器について、**図 12-5** を用いて説明する。超高真空用の「ベローズ」と「マグネット」は、大気中の入力軸と真空中の出力軸が分離されており、その間を真空隔壁が分断し、シールを行っている。ベローズ方式は、真空隔壁が弾性変形し、その回転が軸の揺動運動を用いて伝達されるが、マグネットの場合は、固定隔壁を通って磁場が形成され、回転力が伝わることになる。

近年、永久磁石の最大エネルギー積（BHMAX）の数値が大きな希土類の磁石の登場により、小型で回転トルクが大きい回転導入器が開発されている。このような真空隔壁を持つ構造の回転導入器は、圧力の低い超高真空に使用される。

機能/方式	ベローズ*1	マグネット*1	磁性流体*2	軸シールOリング
外観				
圧力	10^{-6}Pa以下	10^{-6}Pa以下	10^{-5}Pa以上	10^{-3}Pa以上
ベーキング	200℃	200℃	室温	100℃
許容リーク量 (Pa・m³/sec)	1.33×10^{-11}	1.33×10^{-11}	―	―
放出ガス	小(ステンレス)	小(ステンレス,マグネット)	大(磁性流体)	大(Oリンググリス)
伝達力	20kg・cm以下	100kg・cm以下	制限なし(軸径依存)	制限なし(軸径依存)
回転	連続回転	連続回転	連続回転	連続回転
バックラッシュ	数度(無負荷時)	大	0	0
寿命	10万回転	無	無	無
案内	転がり(大気,真空)	転がり(大気,真空)	転がり(大気)	転がり(大気)
原理	ベローズの首振り運動による回転導入	マグネットの結合力による回転導入	回転軸の大気から真空に貫通による回転導入	回転軸の大気から真空に貫通による回転導入
メーカー	トヤマ、COSMO、入江工研、アールデック他	COSMO、アールデック他	KYODO、理学メカトロニクス他	ユーザ製造

図12-4. 回転導入器の種類と特徴

出所*1：株式会社アールデック
出所*2：理学メカトロニクス株式会社（http://www.rigaku-mechatronics.com/）

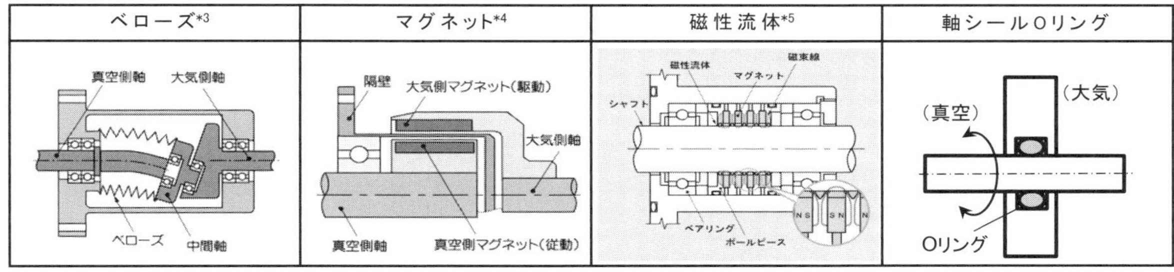

図12-5. 回転導入器の種類と構造

出所*3 *4：理学メカトロニクス株式会社（http://www.rigaku-mechatronics.com/technology/ ）
出所*5：理学メカトロニクス株式会社（http://www.rigaku-mechatronics.com/technology/technology01.html）

一方、圧力の高い真空環境で使用される「磁性流体」と「軸シールＯリング」は、軸が大気と真空中を貫いており、磁性流体あるいはゴム弾性体を使用して、両環境を分離する構造となっている。磁性流体シールのキー部品である磁性流体は、磁性粉を油内に分散させたものであり、永久磁石で作った磁場で、磁性流体粉をシール部に保持するシール構造である。この磁性流体シールは、１段で約 0.2 気圧程度の圧力保持が可能で、１気圧保持するために、軸方向に数段（５段以上）の磁性流体シールを配置している。固定部と回転軸は、油を介してシールされており、お互いが接触することはない。

「軸シールＯリング」は、ゴムの粘弾性体にグリースを塗布し、粘弾性体に対して回転軸がすべり、シールが行われる。摩擦部を有するので短寿命であることが、欠点として挙げられる。

これらの高真空用のシールは、構成部品である油が真空中に露出しており、油によるガスの発生が圧力を上げる原因となる。

解説３　動力伝達ワイヤー

図 12-6 に、動力伝達ワイヤーの外観図と使用例を示す。この製品はメーカーによってその呼び名は異なるが、「フレキシブルジョイント」のキーワードで検索すれば、メーカー、仕様などの情報を入手することができる。下の外観写真は、緩やかに曲がったフレキシブル特性を示している。写真上部のフレキシブルジョイントは、その表面にプラスチックを巻き付けた製品である。写真下部はステンレス製のスプリングがむき出し構造が示されている。真空用は表面からの放出ガス量の関係でこの写真に示すフレキシブルジョイントを使用する。

右図はフレキシブルジョイントの構造図で、細いワイヤーを編み込んで一本の線材としており、芯線の周囲を４層に１層ずつ方向を変えてワイヤーを巻き付けた構造となっている。細いワイヤーを束ねた巻き線構造によりワイヤー長を長くすることで、フレキシブル性能を達成している。

下段の図は、フレキシブルジョイントを使用する場合の、フレキシブルの特徴を示している。左端の図は、直線に配置した駆動軸と従動軸（被駆動体）をフレキシブルジョイントで結合したものであり、従動軸の位置が変化した場合、フレキシブルジョイントがこれに追従して変形し、回転力を伝えることを示している。すなわち、従動軸を備えた移動台が、その下段に位置する別の移動台によってその位置が変化しても、回転力の伝達が可能であることを示している。

２番目の図面はかさ歯車の動力伝達方向である 90°の駆動軸と従動軸の配置に対する対応を示している。

３番目、４番目の図は段違い位置に配置した駆動従動軸の間の結合を示している。すなわち、図示のように歯車およびユニバーサルジョイントの代用が可能である。

フレキシブルジョイントを選定する際は、仕様である両軸の位置、伝達トルク、回転動作の特徴を理解・評価して使用しなければならない。メーカーはユーザー仕様に合わせてフレキシブルジョイントを製作し、提供するのが一般的である。

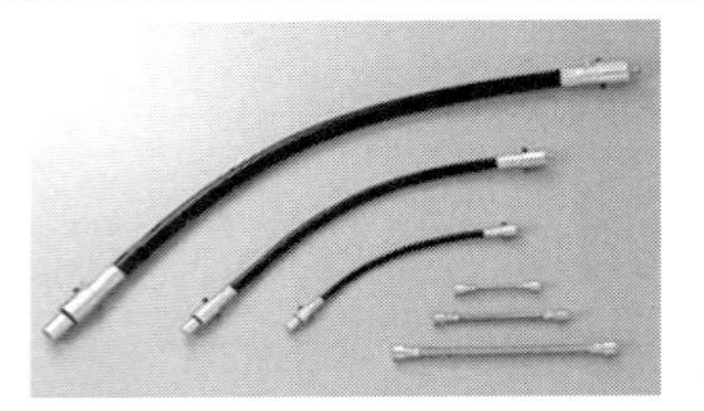

外観

出所：株式会社昌和発條製作所
（http://showa-spring.com/products/info/flex.html ）

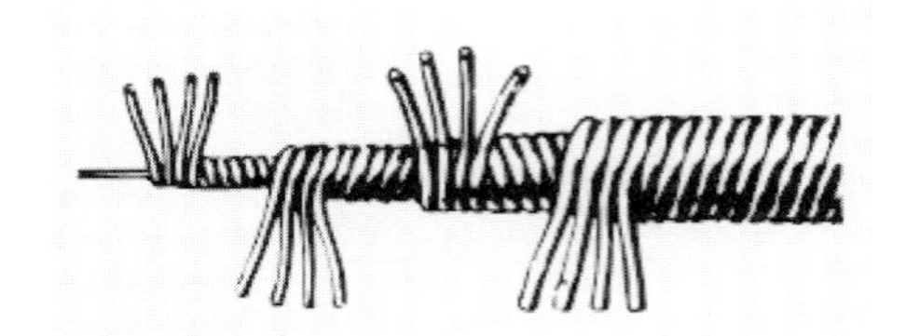

構造

出所：サンフレックス株式会社
（http://www.mmjp.or.jp/sumflex/power/pdf/about_fs.pdf ）

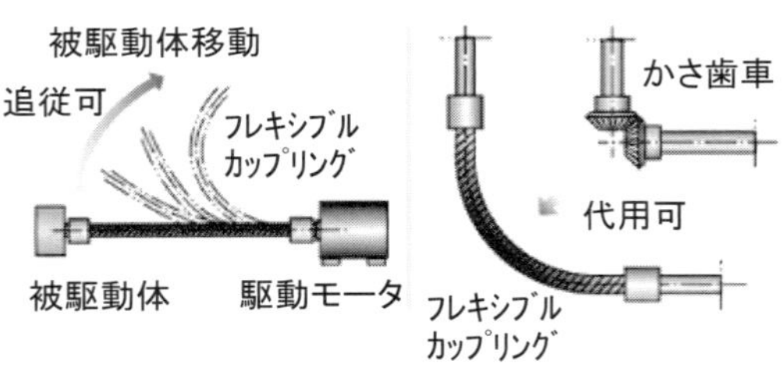

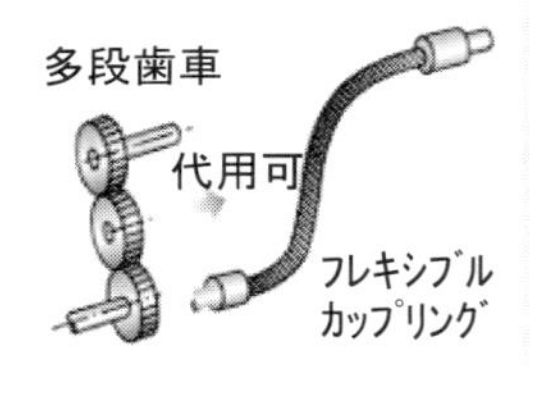

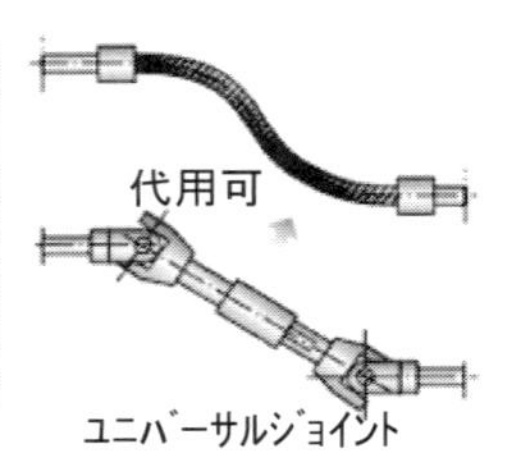

使用例

図12-6. 動力伝達ワイヤ構造・使用例

出所：株式会社昌和発條製作所（http://showa-spring.com/products/info/flex.html）
技術資料入手申し込み先：http://showa-spring.com/contact/index.php

原因

被駆動部品である移動台ステージの回転方向の不釣合いが大きく、歯車をワイヤーで回転駆動するとき、ワイヤーに発生する捻じれ変形が、このトラブルの原因である。**図 12-7** に、ワイヤーの負荷トルクの主原因となる、移動台ステージの重心移動によるモーメント負荷の発生を示す。

ΦステージのΘ°回転により、その重心位置が回転中心垂直線から水平方向に X1 位置移動した場合、Φ回転の中心位置からの距離 X1 と、移動台ステージの重さ Ws を掛け合わせたモーメントが作用し、このステージをΦ方向に駆動する歯車に、Wh の力が加わる。Wh の力は $Ws \times X1 \div X2$ で計算できる。この Wh に駆動歯車の半径 r を掛けた数値が、駆動ワイヤーに加わるモーメントとなる。

すなわち、駆動ワイヤーは、このモーメントが常時加わった状態で回転しなければならない。モーメントが加わり、ワイヤーがネジれ変形して回転力の伝達が不可能になったことが、今回のトラブルの原因である。この回転力の発生の原因はΦ軸の移動によるステージの重心位置の変化であり、このモーメント発生の重心位置の変化は、X 軸の移動位置もその値に影響を与える。ワイヤーの負荷である駆動モーメントの選定ミスが、この事故の原因ということになる。

回転負荷を駆動する場合の駆動ワイヤーの動きを、**図 12-8** を用いて説明する。回転負荷に不釣合いが取り付いており、駆動ワイヤーに回転ノブで回転力を与える。黒矢印方向に回転しているときの駆動ワイヤー位置を黒線で示し、グレー矢印方向に逆転させた場合の駆動ワイヤーの状態をグレー線で示す。回転方向の変化が、回転負荷のモーメントを支持する駆動ワイヤーに異常な動きを発生させる。回転導入器の操作によるトラブル発生を、操作手順に従い以下に示す。

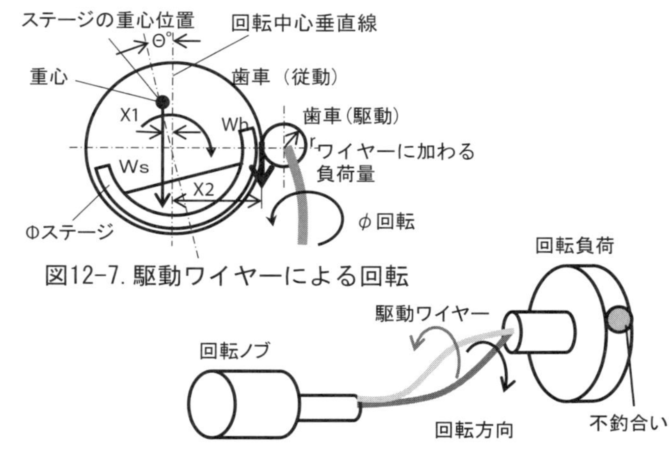

図12-7. 駆動ワイヤーによる回転

図12-8. モーメント荷重回転体の駆動ワイヤーによる回転

項番	回転ノブ動作	駆動ワイヤー動作	回転負荷動作	駆動ワイヤー状態	トラブルの現象
①	右（黒矢印方向）に回転	黒線の位置	右方向に回転	正常動作	駆動ワイヤーの回転方向が反対方向に変化するとき、中ステージが回転方向切り換え動作に応答せず、項番③④で異常な現象が発生する
②	停止	停止	停止	正常動作	
③	左（グレー矢印方向）に回転	グレー線の位置にジャンプ	停止	異常動作	
④	左（グレー矢印方向）に回転	停止（グレー線の位置）	停止	異常動作	
⑤	左（グレー矢印方向）に回転	左方向に回転	左方向に回転	正常動作	

対策

駆動軸に、ヘリカルカップリングを両端に取り付けた軸カップリングを用いた。ヘリカルカップリングは、結合する軸の傾きの位置ずれを吸収する機能を持ち、回転方向の剛性はワイヤーよりも格段に大きい。このヘリカルカップリングを 2 個用いて、フレキシブル性能を向上させた（**図 12-9**）。ヘリカルカップリングが使用可能であったのは、ICF フランジに取り付く回転導入器の軸位置と駆動歯車の軸位置が、当該カップリングを取り付ける条件を満たしてしていたことによる。具体的には、両軸が同方向を向いており、その変位量が 10mm と小さかったことによる。なお、両軸の軸方向寸法位置は 80mm である。

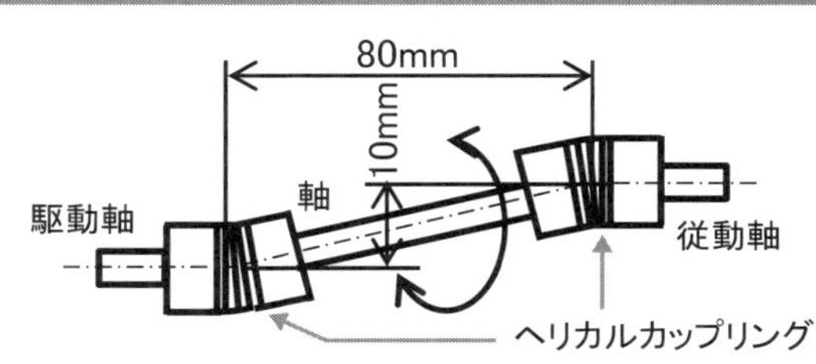

図12-9. 対策に使用したヘリカルカップリング

設計指針

真空内で移動する、以下に示すような負荷変動の大きい多軸の移動台を、真空外部に取り付けた回転導入器を用いて駆動する場合の考え方について説明する。

①事故事例で示したように、回転負荷に不釣合いが取りついており、回転位置により負荷が変化する。

②回転導入器の回転変位の剛性不足などが移動台にバックラッシュ、スティックスリップなどの異常な移動現象として伝達される。

上記のように負荷不可変動が大きい多軸の移動台で、カップリングに要求される機能を考える際、駆動系の負荷とその種類を図 12-10 に示す。

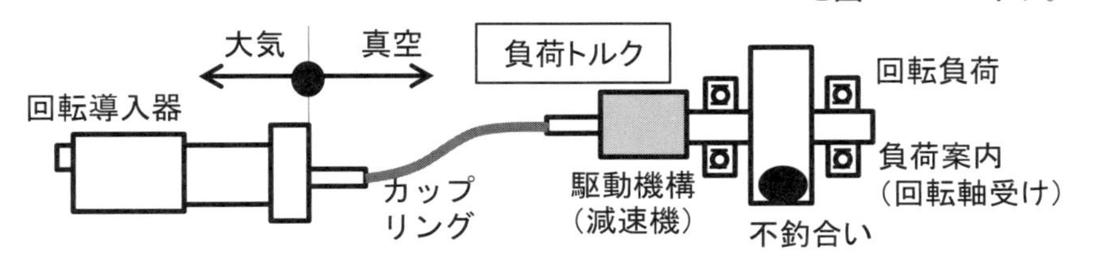

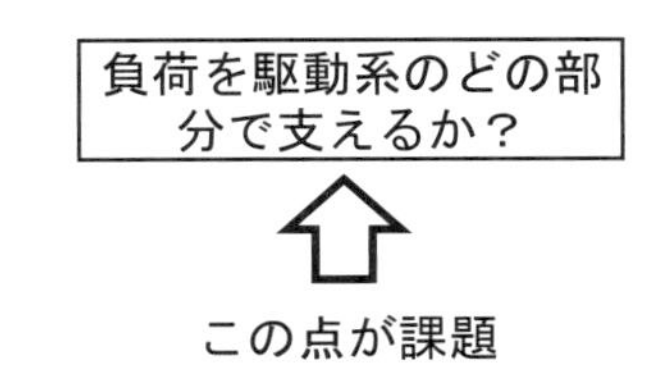

負荷の種類	負荷の内容	事例
摩擦・磨耗負荷	負荷が停止状態にあるとき、カップリングにその負荷を支える力は加わらない	①３角ネジによる負荷の駆動（垂直、水平方向）
		②ボールネジによる負荷の駆動（水平方向）
		③ウォーム・ハスバ歯車による負荷の回転駆動
		④ラック・ピニオンによる負荷の駆動（水平方向）
回転負荷	負荷が停止位置にあるとき、カップリングにその負荷を支える力が加わる	①ボールネジによる負荷の駆動（垂直方向）
		②平歯車、ハスバ歯車による不釣合いの回転負荷の駆動
		③ラック・ピニオンによる負荷の駆動（垂直方向）

図 12-10. 駆動系と負荷の種類

このとき、カップリングの仕様で重要な性能は、その駆動トルクと回転角の関係を示す剛性である。剛性が大きなカップリングは、フレキシブル性は低いが伝達トルクは大きい。一方、剛性が小さいカップリングは、フレキシブル性は大きいが伝達トルクは小さい。

今回の事例のように、剛性が小さなカップリングで比較的大きな負荷を支持する場合には、減速機をカップリングと負荷の中間に配置する必要がある。すなわち、カップリングを真空環境に配置する関係上、この減速機も真空環境に取り付けなければならない。この構造では、真空環境で使用する減速機が重要な機械要素部品となり、減速機の潤滑問題がポイントとなる。

負荷を支える機械要素と考慮する点について、その関係を**図12-11**に示す。

また、カップリングの種類と特徴について**図12-12**に示す。カップリング選定の際の参考にしていただきたい。

真空環境における使用の「適」「不適」の判定は、以下の場合を「適」とした。

①使用する部品がステンレス
②潤滑剤を使用しないこと
③構造がシンプルなこと

負荷の支持部	対象とする機器	考慮する点	その他
駆動力発生部	回転導入器	カップリングと回転導入器を負荷の支持が可能な高剛性品とする	回転負荷の不釣合いを除去する目的でカウンターウエイトを回転負荷に取り付けバランスを取る方法があるが、この方法を採用した場合、負荷の重量が重くなる
駆動力伝達部	カップリング 減速機（歯車） ネジ	摩擦磨耗部に潤滑を行う。駆動機構を減速機能を持つ「ネジ」「ハスバとウォーム」の構成として、カップリングと回転導入器の負荷を小さくする	

図 12-11. 負荷を支える機械要素と考慮する点

大分類	小分類	構造	許容取り付け誤差	伝達トルク	真空環境で使用
固定軸継手	キー継手	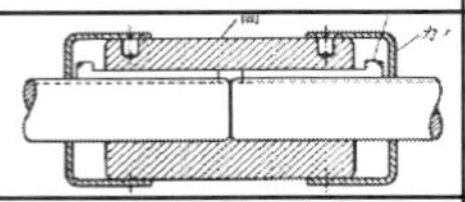	芯違いで5/100mm　以下	大	適
	ピン継手	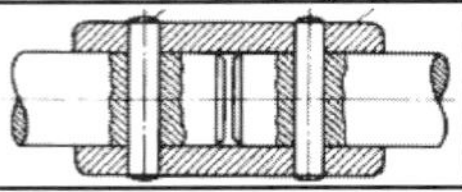	芯違いで5/100mm　以下	大	適
	円錐継手	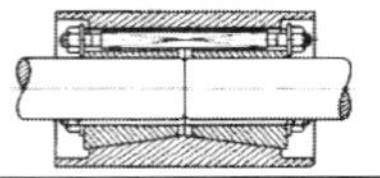	芯違いで5/100mm　以下	大	適
自在継手	オルダム継手		芯違いで5mm以下 回転数に依存	中	不適
	等速自在継手	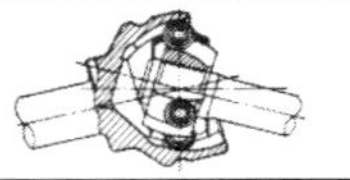	角度30度以下	中	不適
	不等速自在継手	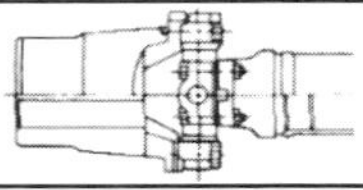	角度30度以下	中	不適
たわみ継手	歯車継手	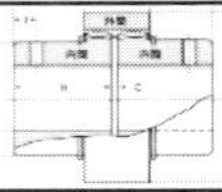	芯違いで0.3mm以下	大	不適
	ウエハー継手	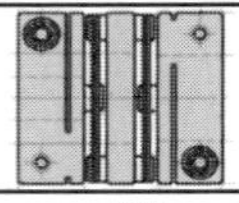	芯違いで0.3mm以下	小	適
	ゴム継手	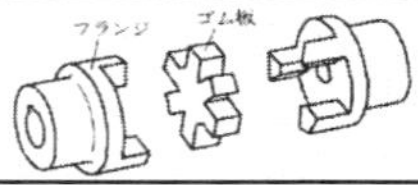 フランジ　ゴム板	芯違いで0.5mm以下	中	不適
	ベロー継手		芯違いで1mm以下	小	適
	ヘリカル継手		芯違いで1mm以下	小	適
	ワイヤ継手		芯違いで数十mm ワイヤ長さに依存	小	適

図12-12. カップリングの種類と特徴

13 回転移動台駆動用ワイヤー継ぎ手の剛性不足

概要

超高真空（10^{-8}torr）の環境で動作するΦ回転台上に、被移動部品を搭載した移動機構を、**図 13-1** に示す。Φ回転台は、その下部に配置した回転案内上を、回転軸を中心に移動する。回転案内は、半円形状のΦ回転台の外周に接して 4 個配置されている。固定台に取り付く支持アームのベアリングに案内された、Φ回転台の回転アーム先端の回転軸を、駆動ワイヤーを用いて駆動している。駆動ワイヤーの他端は回転導入器の先端に取り付いており、大気環境側のノブを手動で回して回転力を得る構造で、移動範囲は 0 ～ 15°である。駆動ワイヤーを用いた理由は、移動台の下に XY 移動台が配置されており、回転軸をΦ駆動する回転軸位置が XY 移動台により変化することにより、Φ移動台の動力伝達系にフレキシブル性が要求されるためである。

駆動ワイヤーでΦ移動台の回転駆動を行ったとき、駆動ワイヤーの回転剛性不足でワイヤー自身が捻れ、運動を伝えることができない、という事故が発生した。Φ方向のストロークエンドとなる 15°の位置の回転軸の駆動トルクは 15kgcm である。

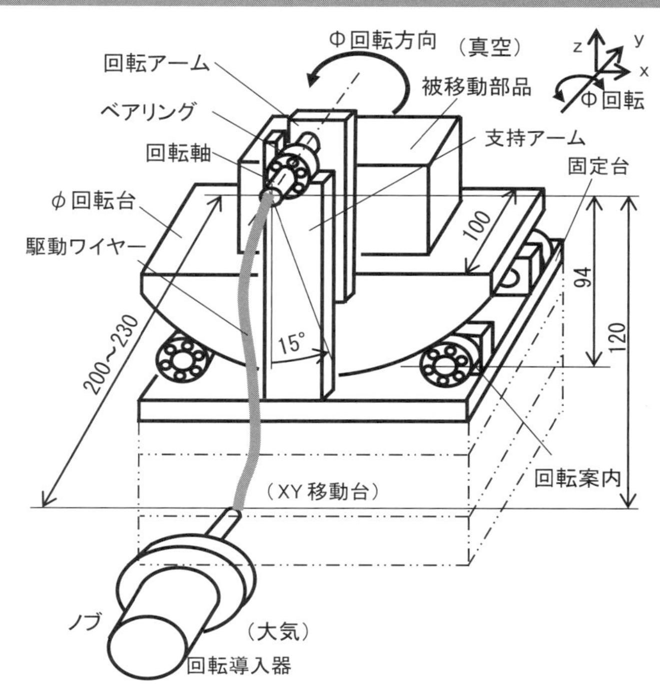

図13-1.真空内移動機構

原因

（1）駆動ワイヤーの許容トルク

トラブルの原因は、駆動ワイヤーの許容トルクに対して、その負荷が大きかったことによる。

駆動ワイヤーを入手後、そのトルクを計測したところ、許容トルクは 1.5kgcm で、本構造稼働時の負荷のトルク 15kgcm の 1/10 であった。この許容トルクはワイヤー自身が捻れ、動力伝達が不可能となるトルクであった。これは、駆動ワイヤーの選定ミスが原因である。

（2）負荷トルク

図 13-2 にΦ移動台の寸法図を示しており、負荷トルクを計算により求める。

計算方法

負荷トルクが最大値となるのは、Φ移動台の傾きが最大角度である 15°となった状態である。計算に当たっては、下記の釣合い方程式が成り立つ。

並進の力：W＝F1＋F2＋F3

モーメント：F1×R2＝W×R1＋F2×R2

未知数：F1、F2、F3

方程式：2本

未知数の数 3 個に対して方程式は 2 本で、負荷トルクを求めるための未知数が一意的に決まらない。移動台を拘束する点である案内 2 箇所と、Φ移動台回転中心にその未知数である力が加わるわけであるが、この拘束点が 3 カ所と多いことに起因する。この計算では、Φ移動台の回転中心に作用する力である F3を 0 と考えて、負荷トルクを計算する。

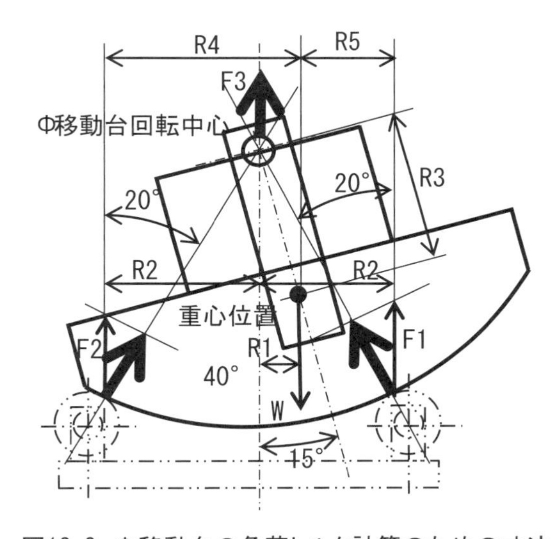

図13-2. Φ移動台の負荷トルク計算のための寸法

すなわち、負荷トルクの T を考慮に入れると

解くべき釣合い方程式は

並進の力：W＝F1＋F2……①

R4×F2＝R5×F1……②

モーメント：F1×R2＋T＝W×R1＋F2×R2……③

①②式から F1、F2 を計算し、この数値を③式に代入して負荷トルク（T）を求める。

計算に使用する部品の概略形状と取り付け位置を、次ページの表と**図 13-3** に示す。各部品の材質はステンレスで、重心位置は図示の回転中心から下方向の距離（Z 方向距離）で示す。

重心位置の計算

Φ移動部品は下記の 4 点の部品からなる。重心位置を**図 13-3** の XG とすると、XG は各部品の積算した重心のモーメントがゼロの位置となり、得られる重心位置は回転中心位置から下方向に 47.4 mmの位置である。各部品の質量と Z 方向距離を、下表に示す。

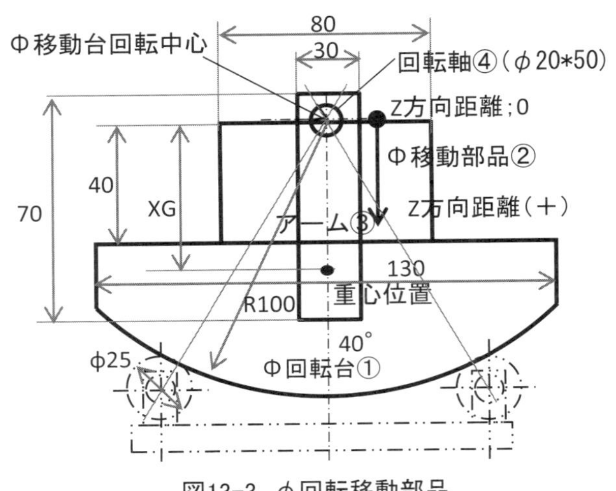

図13-3. φ回転移動部品

Φ移動部品名

①Φ回転台
②Φ移動部品
③アーム
④回転軸

Φ移動台部品の形状と重心位置

項番	部品名	形状（mm）	重量（kg）	重心位置（Z 寸法、mm）
①	Φ回転台	R100 × 130 × 60 × t100	4.8	70
②	Φ移動部品	40 × 80 × t80（外観寸法）	1.5	20
③	アーム	30 × 70 × t8	0.13	20
④	回転軸	Φ 20 × 70	0.17	0

重心位置

(70−XG)×4.8＝(XG−20)×1.5＋(XG−20)×0.13＋(XG−0)×0.17

重心位置：XG＝47.4mm

駆動トルクの計算

W＝F1＋F2　……①
R4×F2＝R5×F1　……②
F1×R2＋T＝W×R1＋F2×R2　……③
ここで
W＝6.6 kg
R1＝12.3 mm
R2＝34.2 mm
R4＝46.5 mm
R5＝21.9 mm
左記の値を代入してF1、F2、Tを計算すると
F1＝4.5 kg
F2＝2.1 kg
T＝−72.72 kgmm
以上から負荷トルクは T ＝ 7.3 kgcm となる。

ここで、ベアリングの負荷トルクはベアリングの摩擦係数を 0.01 とし、重さ W が半径 100 mm の位置に加わると考えて

ベアリングの摩擦によるトルクは　T'＝ W × 0.01 × R ＝ 6.6 × 0.01 × 10 ＝ 0.66 kgcm

負荷トルクの合計は　：T ＋ T' ＝ 7.3 ＋ 0.66 ≒ 8 kgcm

実測値と計算値の差異

上記計算による負荷トルクは 8kgcm で、実測値は 15kgcm であり、実測値が計算値に対して約 2 倍と、大きな差がでている。この差異の原因は、F1、F2 の値が、上記の計算値の約 2 倍と大きいことによる。

その原因は、Φ移動台を構成する部品の加工精度と、組み立て精度によるところが大きい。これらの部品の形状と、Φ試料台を組み立てたときの理想的な形状との間に、ずれが存在しており、このずれによる組み立て変形より、F1、F2 が理想的な計算で得られた数字よりも大きくなったと考える。**図 13-4** に示す A 軸と B 面の直角の精度が出ていれば、その変形はない。このとき、B 面と、H 面（Φ回転台の円周面）に直角度が出ている必要がある。この A 軸と B 面の直角度を保証するには、部品の加工精度を考えると、回転軸の C 面と E 面の精度、回転腕の D 面と G 面の平行度、および、前記したΦ回転台の B 面と、回転案内が接触する H 面（円筒面）の直角度が必要となる。もちろん、取り付け台の平面度も、必要精度に加工しておかなければならない。

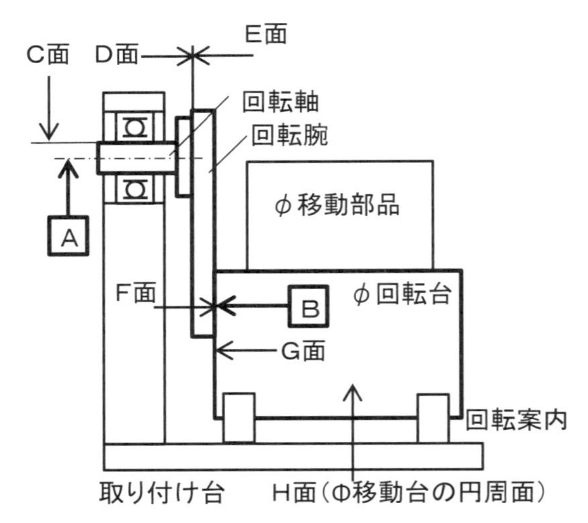

図13-4. Φ移動台部品組み立て

今回採用した構造は、回転軸の軸受けと回転案内の双方が**過拘束構造**[解説1]となっている。

過拘束というのは、既に拘束している自由度をさらに拘束する状況を示し、通常は剛性を大きくする目的で使用する。この構造は、部品加工と組み立てに高精度を要求する。今回採用した過拘束の構造は、4個の回転案内でΦ試料台の円周を案内しており、さらに回転中心のベアリングがそのΦ回転の過拘束構造となっている。すなわち両方の拘束が干渉し、この干渉でF1、F2を2倍にする変形力が作用した。

解説 1　過拘束構造

過拘束構造は上述したとおりであるが、その例として工作機械などに使用される案内の2事例を紹介する。

項番	項目	内容
(1)	ダブルV溝案内	高精度の工作機械に採用されたすべり方式/転がり方式のテーブルの案内
(2)	ダブル丸軸案内	高精度のステージに採用されたすべり方式のテーブルの案内

過拘束の他の事例として、工作機械のテーブル駆動用のボールネジを支持するアンギュラコンタクト軸受けをネジ部の前後に配置し、両軸受けでネジ軸方向にプリロードを加えた製品がある。このとき、ボールネジの昇温による変形が熱荷重として軸受に作用するので、ボールネジの軸芯に冷却水を流して温度の上昇を防止している。この過拘束構造は、送りネジの高速化によるタクト短縮と軸方向の高剛性化による精度向上を目的としている。

(1) ダブルV溝案内

図13-5に、紙面方向に移動するステージの移動と、直角方向の断面図を示す。両サイドにV溝形状の案内が取り付いており、中央部に送りネジが配置されている。これはムーア社の治具ボーラーなどに採用されている**ダブルV溝案内**[*1]である。概略図はすべり方式となっているが、速い移動速度をが求められる移動台は、転がり案内を採用している。

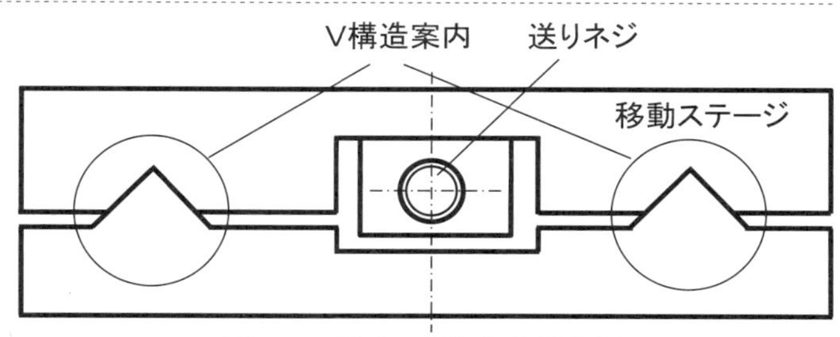

図13-5. ダブルV溝案内構造図

*1) WAYNE R. MOORE著『超精密機械の基礎　FOUNDATIONS OF MECHANICAL ACCURACY（発行・国際工機株式会社）』のP55を参照。美しい写真とわかりやすい解説で、自社の精密機械に関して説明している解説本である。

(2) Vフラット案内

過拘束を実施していない案内は**図13-6**に示す構造で、Vフラット構造と呼ばれている。両側に2個配置した軸受けの、一方がV構造でもう一方がフラット構造である。V案内は左右と上下方向の拘束を目的とした構造で、フラット構造は上下方向の拘束を行っている。

一般的な工作機械に採用されている移動台のすべり軸受け構造で、工作室の研削盤、旋盤などの工作機械の案内を注意深く観察すればこの構造を確認することができる。

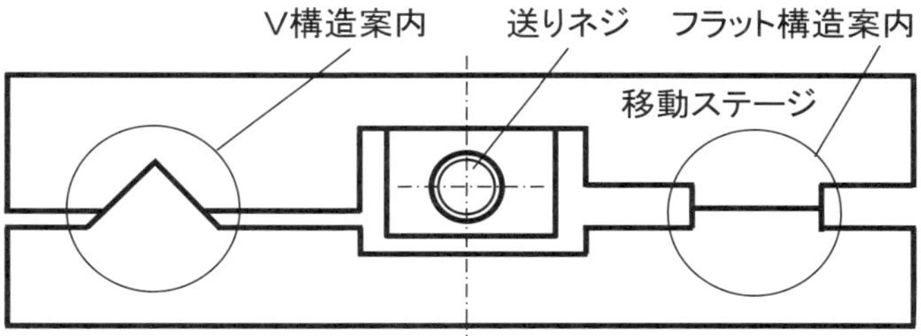

図13-6. Vフラット案内構造図

(3) ダブル丸軸案内

図13-7に、紙面方向に移動するステージの移動と、直角方向の断面図を示す。両サイドに丸軸形状の案内が取り付いており、中央部に送りネジが配置されている。これは精密移動台に使用したすべり方式の案内である。なお、この丸軸上ですべる移動部は、V溝となっている。

この構造はすべり接触部が丸軸とV溝の線形状となり、接触圧が高くなるので、重い移動台を負荷することはできない。すなわち、低負荷のステージに用いる構造である。ただし、名称の通り案内が円筒形状なので、少ない工数で高精度な研削盤加工が可能となる利点がある。

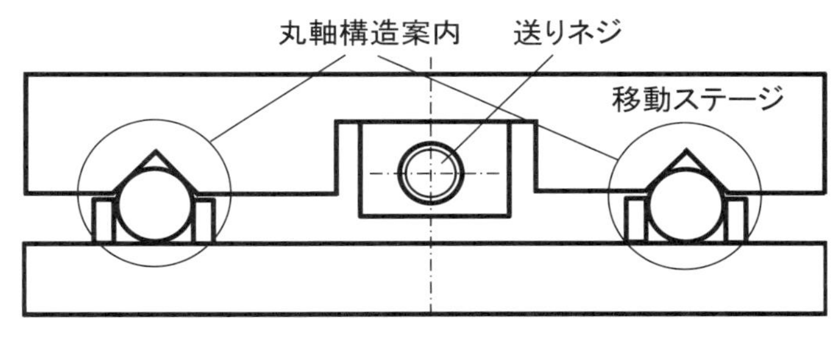

図13-7. ダブル丸軸案内構造概略図

対策

対策後の構造を、**図 13-8** に示す。駆動ワイヤーに加わる負荷を小さくしており、具体的な対策構造は次の通りである。

項番	項目	内容
1)	過拘束の解消	回転軸の案内を除去し、Φ移動台の拘束を当該移動台の半円形状の外周とし、平歯車を固定した回転案内のみとした。なお、回転案内の数量は従来通り４個とした
2)	負荷トルクの低減	回転拘束を解消後、下記の３）に示す小歯車の負荷トルクを駆動ワイヤーの許容トルク以下にするためにΦ移動ステージの右部を**図 13-8** で示すようにバネの引っ張り構造とし、Φ移動台がその最大ストロークの15°移動した時に 1.5kgcm の負荷トルクとなるように引っ張りコイルバネを選定した
3)	歯車による駆動	**図 13-8** に示すようにΦ移動台の両回転案内間に配置した減速比の大きい平歯車による駆動構造とした

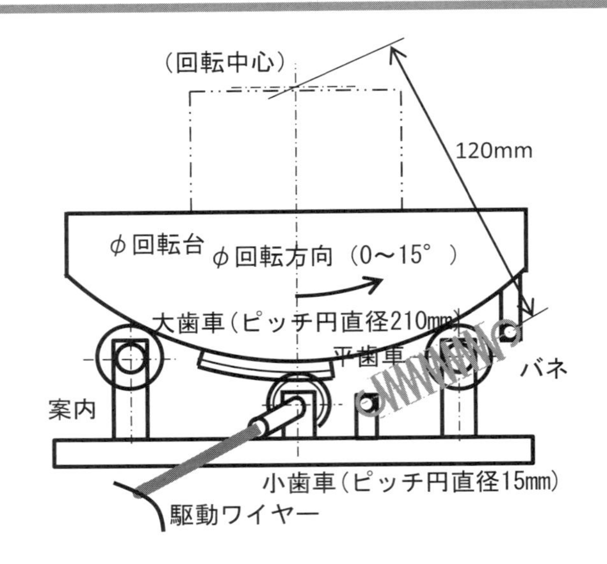

図13-8. 対策後のΦ移動台構造

負荷トルクと駆動トルク

改造構造の負荷トルクは、回転部品の構造変更点を考慮すると、角度 15°の位置で 8kgcm となる。この位置での駆動ワイヤーのトルクが 1.5kgcm となるように、バネ力を調整する。

改造前の過拘束構造を解消したので、改造後の構造では、ワイヤーに加わるトルクは計算値のトルクとする。

歯車減速後の駆動トルクは、次の関係式で求める。

駆動トルク＝負荷トルク÷減速比

ここで　負荷トルク＝8 kgcm（移動位置15°の状態で）

歯車減速比＝14（＝210÷15）

駆動トルク＝8÷14＝0.57 kgcm

移動位置と駆動トルクの関係をグラフで示す（実線）。

このグラフを見ると、0°の駆動トルクが 0 となっている。つまり、この状態では歯車に加わるトルクが 0kgcm であり、歯車の噛み合いのガタでΦ回転台が動き、不安定になる。その対策として、図に破線で示すように、0°の位置で負荷トルクが発生するようにバネで引っ張る構造とした。

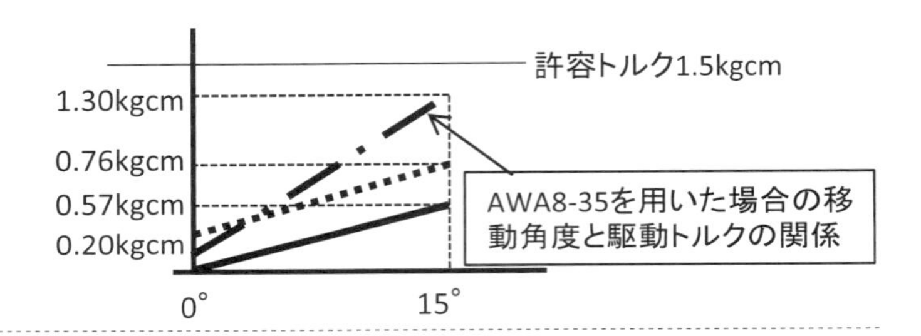

バネに要求される仕様

①自由長：40 mm

②初期力：0.3 kg

③最大長さ：70 mm

④バネ硬さ：できるだけ「小」

移動角度が大きくなるにつれて、バネによる負荷が大きくなる。この負荷を小さくするために、バネ剛性は「小」とする必要がある。

AWA8-35（引っ張りバネ（ミスミ供給））仕様

項番	項目	仕様値
①	自由長	35 mm
②	初期力	0.1 kg
③	最大長さ	71 mm
④	最大荷重	0.85 kg

この関係を上図のグラフで示すと一点鎖線となり、15°位置で許容トルク（1.5 kgcm）の 87％の数字（1.3 kgcm）となる。

このバネを用いた場合の駆動トルク

位置	駆動トルク
0°	0.08kgcm
15°	1.3kgcm

この対策で使用したばねは引っ張りコイルバネであるが、圧縮ばねも含めて、既製品が供給されているので、ばねメーカーのリストの中から選定して使用する。選定に際して考慮する点は、「圧縮長」「最大引っ張り長」「ばね定数」「自由長」「外径」「材質」である。供給メーカーは HP 検索をインターネットで行えば、多くのメーカーがこれにヒットする。筆者が設計を担当していた初期の時代は、ばねの設計値である「線径」「外径」「巻き数」「自由長さ」「材質」を独自に決めていたが、上記の既製品を使用するようになって、ばね定数値が高精度となり、しかも、ばねの設計トラブルが少なくなった。したがって、汎用的なばねは既製品を使用することをお勧めする。

14 真空中で使用するユニバーサルジョイントの動作不良

概要

大気中の回転導入器により、真空中で矢印方向に直進移動する移動台の平面図を、**図 14-1** に示す。**真空環境で動作する移動台**[解説1]は、φ200mm の ICF フランジに対して 45°の角度に取り付いており、真空中のネジにより、大気中の回転運動を直進運動に変換する構造となっている。回転導入器とネジ軸の間には、シングルタイプの**ユニバーサルジョイント**[解説2]とワイヤージョイントを直列に配置して、移動台のネジを駆動している。ユニバーサルジョイントとワイヤージョイントの両方を配置している理由は、次の通りである。

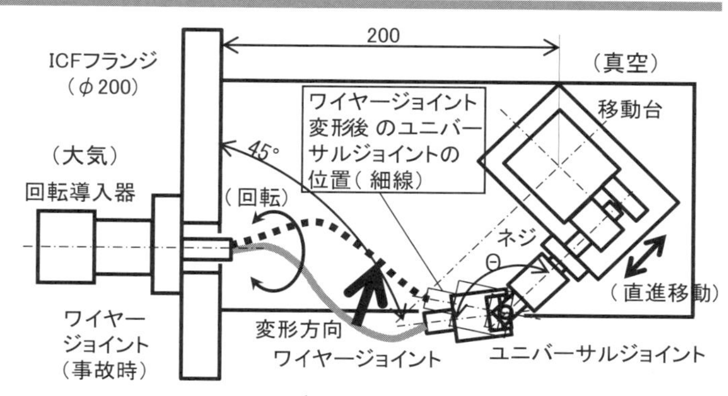

図14-1. 真空内移動台の平面図

項番	品名	使用目的
①	ユニバーサルジョイント	ネジと回転導入器の両軸をユニバーサルジョイントにより同じ方向に向け、ワイヤージョイントの変形量を小さくする
②	ワイヤージョイント	フレキシブル性能を有するジョイントにより離れた回転導入器とネジ軸の位置ずれを吸収する

上記の構造で回転導入器を回したとき、ワイヤージョイントが太い矢印の方向に動くと同時に、ユニバーサルジョイントが細線で示す位置に移動した結果、両軸の角度（Θ）が小さくなってその回転が停止し、回転導入器によるネジの回転が不可能となった。

解説 1　真空環境で動作する移動台

真空中で移動台を使用する場合、その要素機器の潤滑方法で、使用圧力が決まる。すなわち、潤滑剤からのガスの放出が、使用圧力を決めることになる。フォンブリン（商品名）などのシリコン系グリースを使用する場合の使用環境圧力は～ 10^{-6}torr、スパッタなどの成膜技術を用いて塗布した固体潤滑剤を使用した場合は～ 10^{-10}torr となる。真空環境用移動台の構成要素である「ネジ」「直線軸受け」「カップリング」「回転軸受け」の、それぞれの案内方式である「転がり」と「すべり」に関して、構造とその特徴の概要を下表で説明する。

項目	方式	構造	特徴
ネジ	転がり	ボールネジ	ナットとネジの間に配置した循環するボールの転動でスムーズな運動を得る駆動要素である。通常はネジ回転でナットの直進移動を行うが、ナットに軸方向の力が加わった場合、ネジが回転するので、使用に際しては注意が必要で、真空用ボールネジがメーカーから販売されている
	すべり	3角ネジ	ナットとネジのすべり摩擦で運動が伝達される構造で、両部品にかじりが発生しづらい材質を選定して、動作の信頼性を向上する
直線軸受け	転がり	ローラー、鋼球	移動案内と固定案内の間にローラーまたは鋼球を配置し、軽与圧により安定した直線動作を得る機械要素で、真空環境で使用する場合、その与圧量を管理する必要がある
	すべり	樹脂	テフロン樹脂中に摩擦磨耗特性を強化するカーボンなどの材料を分散させて、そのすべり特性と磨耗特性が向上させたすべり軸受け用の樹脂を使用する。樹脂材は通常、接着で案内面に固定する
カップリング	変形	金属	金属、プラスチックの弾性変形を利用した潤滑不要の継ぎ手「ヘリカル」「ウエハー」名称の製品が、メーカーから提供されている
	すべり	ユニバーサルジョイント	金属、プラスチックのすべり運動を用いた継ぎ手で、負荷によりすべり部の接触圧力が決まる。高信頼性を得るには低負荷での使用がキーとなる
回転軸受け（ネジ案内）	転がり	玉	負荷荷重がその寿命を決定する。金属材料の他、セラミックスの転動体の玉軸受けがメーカーから提供されている
	すべり	樹脂	摩擦特性を向上した材料を分散させた樹脂を金属部品に接着して使用する。高真空中の使用は、放出ガス量が少ない接着剤の使用がキーとなる

真空の環境で動く移動テーブルの各機械要素の設計に際しては、前頁の表中に示すように、負荷荷重などの要求使用に対して、「転がり」と「すべり」の選定が重要である。通常「転がり」は高速運動で有利であり、「すべり」はコストの点で有利となる。メーカーから提供されている真空仕様の自動ステージの例を、次頁**図 14-2** に示す。真空グリースの使用と、駆動モーターを真空内に配置していることから、使用する環境は、10^{-6}torr より高い圧力の真空環境となる。

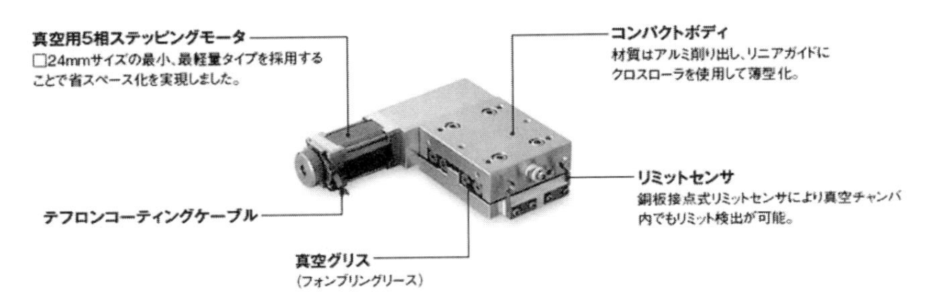

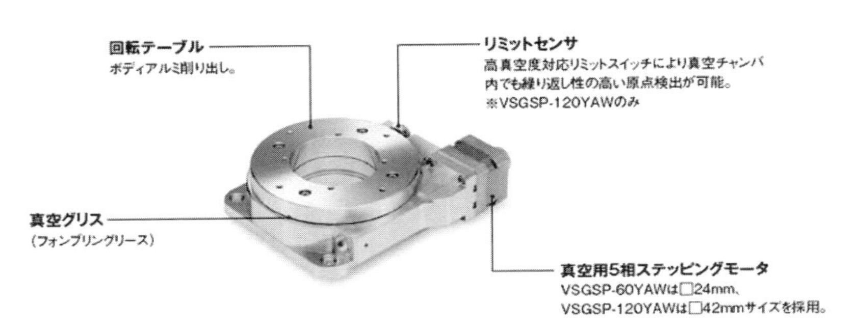

図14-2. 真空環境で動作する直線、回転台

出所：シグマ光機株式会社
(http://www.products-sigmakoki.com/category/mc/mc09.html)

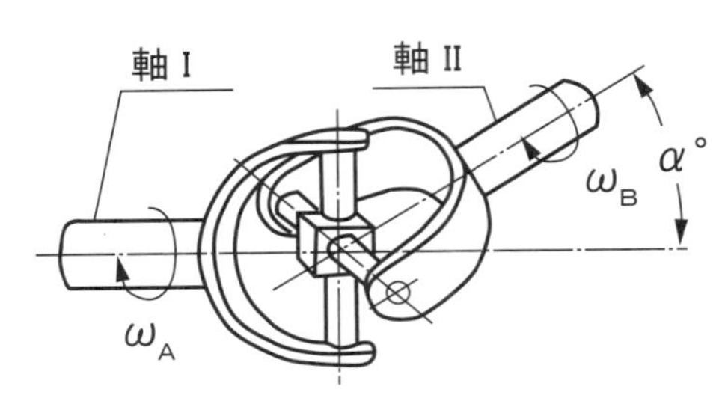

図14-3. ユニバーサルジョイントの動作原理図

解説2 ユニバーサルジョイント

ユニバーサルジョイントは回転運動を伝達する機械要素で、駆動軸と従動軸が同軸に配置されていない場合に両軸を結合する、継ぎ手である。両軸がある角度を伴って交公差する場合や、水平距離が離れている場合は、ユニバーサルジョイントの使用で、両軸の結合が可能となる。

その原理図を、**図14-3**に示す。この図では、両軸がある角度を持って交差する場合を示している。すなわち、軸Ⅰと軸Ⅱがα°で交差しており、軸Ⅰが角速度ω_Aで回転する場合、軸Ⅱはω_Bで回転する状態となっている。このときの両軸の回転角速度の関係を、**図14-4**に示す。両軸の回転角速度の関係は、その交差角（α）が決めている。両軸が30°で交わる場合、すなわちα＝30°を**図14-4**の式に代入するとここで横軸の回転角度Θ＝45°とした場合

$$\omega_B = \frac{\cos 30°}{1-(\sin 45°)^2(\sin 30°)^2}\omega_A$$

$$\omega_B = 0.9897\omega_A$$

と計算することができる。30°の公差角で交わった軸の伝達角速度の誤差は、最大1%強と比較的小さな数値であることが判る。

このユニバーサルジョイントは、微小な水平方向の位置ずれを吸収することが可能である。水平方向に大きくずれた両軸をユニバーサルジョイントで結合する場合の考え方は、メーカーHPを参照いただきたい。

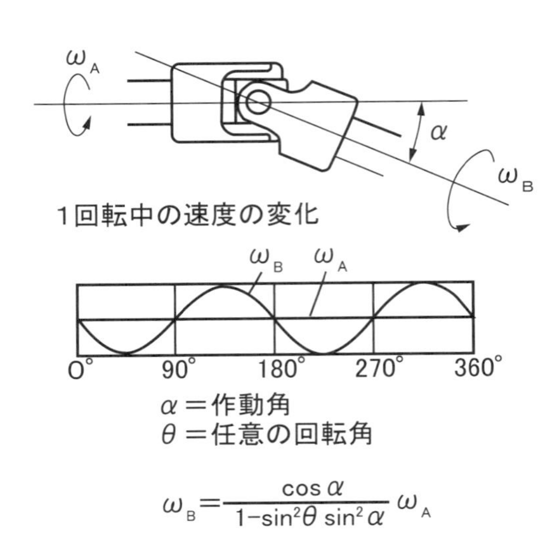

図14-4. ユニバーサルジョイントの回転角速度

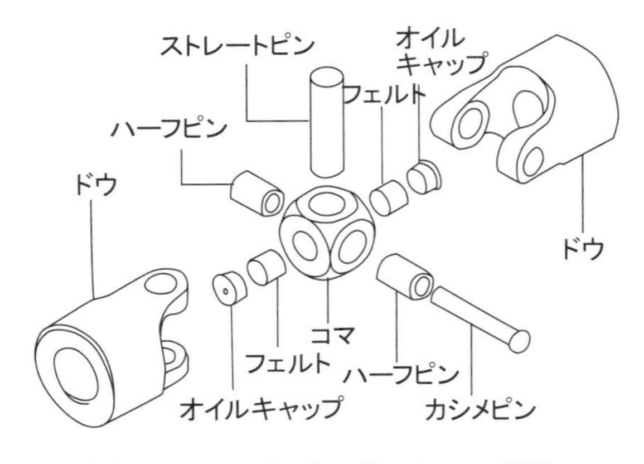

図14-5. ユニバーサルジョイントの構造

図 14-5 は、代表的なユニバーサルジョイントの斜視図を示している。駆動軸、従動軸と結合する「ドウ」の端部に、「ストレートピン」「ハーフピン」により「コマ」が取り付き、この部品を介して両軸を結合する構造である。

ユニバーサルジョイントを真空環境で使用する場合は、「ピン」を挿入した「ドウ」の穴と、「コマ」と「ドウ」の接触面に潤滑が必要であり、この部分に潤滑剤を塗布する。比較的高い圧力の真空環境、および低トルクで使用する場合は、樹脂製のユニバーサルジョイントが、信頼性の点で有利である。樹脂製を使用する場合は、当該樹脂材からガスの放出量により、使用する圧力を決めることになる。

原因

このトラブルは、図 14-6 に示すように、回転導入器の駆動トルクが、ワイヤージョイントを介して移動テーブルに伝わるとき、ワイヤージョイントに上方向の力が加わった結果、ワイヤージョイントが破線で示すように太い実線の矢印の方向に移動する。その結果、ユニバーサルジョイントとワイヤージョイントの結合部が破線の矢印で示すように上方に移動し、ユニバーサルジョイントの交差角のストップエンドまで移動し、その回転が不可能となったのである。この原因を下記のように推定する。

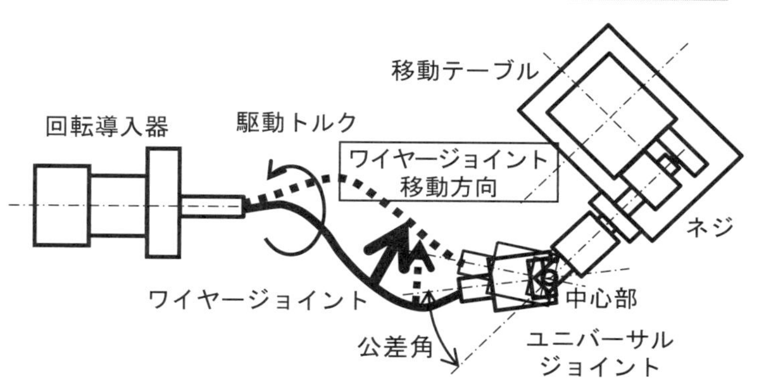

図14-6. 真空内移動台駆動平面図

項番	項目	内容
1)	ユニバーサルジョイントの移動	ユニバーサルジョイントとワイヤージョイントの結合部が、ユニバーサルジョイントの中心部で回転移動が自由に可能なため、ワイヤーの変形に対して拘束力がなくなった
2)	ワイヤージョイントの移動	回転導入器の駆動トルクがワイヤージョイントの一方向の変形を発生させ、この変形がユニバーサルジョイントの回転伝達能力を超えた

対策

ユニバーサルジョイントがワイヤーの変形に対する拘束力を失った結果、ワイヤージョイントとユニバーサルジョイントが結合する従動軸取り付け位置が駆動トルクにより変化することが、この事故の原因と考えている。この問題を解決するために、次の対策案のうち、項番２）の案を実施した。

項番	項目	内容	対策図
1)	ユニバーサルジョイントの拘束	ユニバーサルジョイントとワイヤージョイントの結合部を拘束し、その水平面内で動かない構造とする。この構造によりワイヤージョイントの水平面内での変形を拘束する	図 14-7
2)	ユニバーサルジョイントの除去	回転導入器の駆動トルクがワイヤージョイント変形を引き起こし、この変形がユニバーサルジョイントの回転伝達能力を超えないようにユニバーサルジョイントを除去する。この場合、ワイヤージョイントが回転導入器の駆動トルクによって過度に変形しないことを確認する（ワイヤージョイントの伝達トルクが駆動トルク以下の確認）	図 14-8（今回実施した対策）

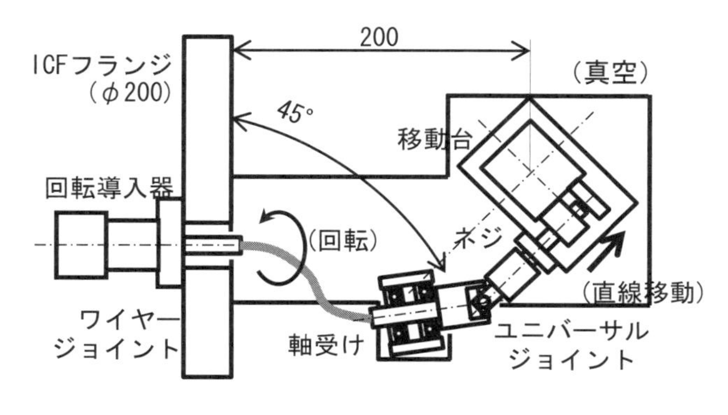

図14-7. 対策後の真空内移動台駆動平面図

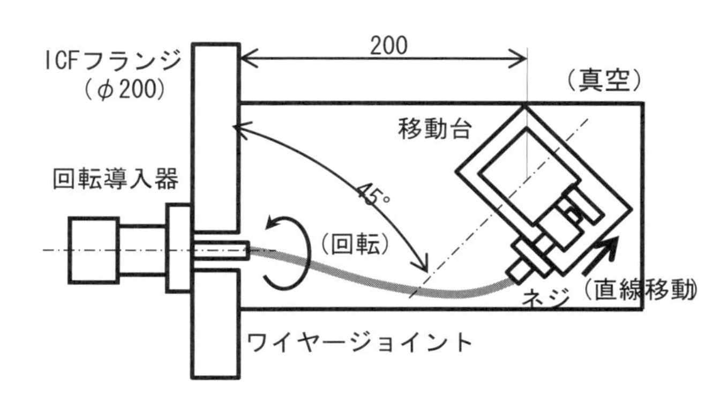

図14-8. 対策後の真空内移動台駆動平面図

設計指針

ユニバーサルジョイントの真空環境使用に対して得られた教訓を記す。

(1) ユニバーサルジョイントは、駆動軸、従動軸共にラジアルベアリングで回転位置を拘束して使用する。軸方向の移動が必要な場合は、駆動軸、従動軸のいずれかの直線運動が可能なスプライン軸を用いる。ユニバーサルジョイントの従駆動軸をワイヤージョイントに接続固定して、フリーの状態で使用したことが、今回のトラブルの原因となった。

(2) ユニバーサルジョイントは、45°で使用可能とカタログに記載されているが、角度の大きい場合はシングルタイプではなくダブルタイプを使用する。

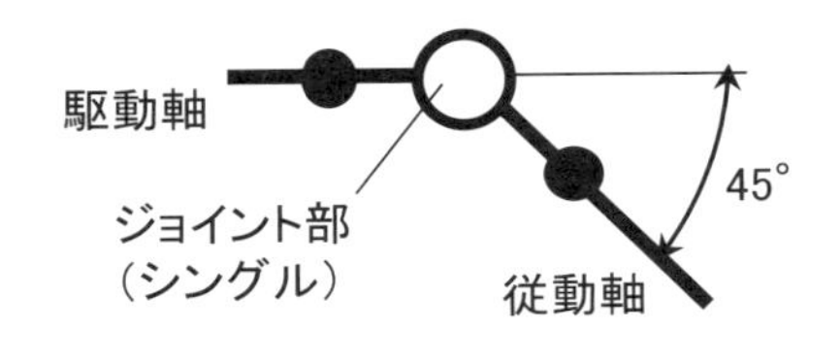

シングルジョイントの場合

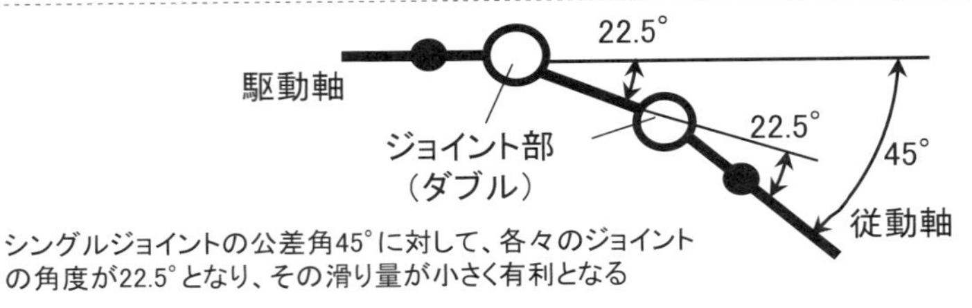

ダブルジョイントの場合

(3) ユニバーサルジョイントには、滑り部が存在する。真空内では、この部分の摩擦係数が大きくなるので、滑りにくくなる。すべりをできるだけ減らすために、取り付けは、駆動軸と従動軸の角度を小さくする。もしくは、摩擦部分に真空用潤滑剤を塗布する。真空中でユニバーサルジョイントを使用する場合には、摩擦係数の小さい材料である、樹脂製品の使用も有効である。ただしこの場合、樹脂の強度を考慮し、伝達トルクが小さい場合に限る。

エンジニアの忘備録 6

若いエンジニアが技術を入手するには

機械工学の専門教育を修了後、企業に入社し、技術力を持つ尊敬されるエンジニアになって技術で飯を食っていこうと志したエンジニアの卵が、技術を身につけるには3つの要件が必要となる。

①当該技術者が、優れたエンジニアになるという強い意志を持っていること

②所属する会社に、解決すべき技術課題が存在すること

③所属する会社に、優れた指導者がいること

このうち、①の項目は本人の意思で、これがないと話は進まない。

問題となるのは次の2項目である。企業は利益を追求する場であり、職場には解決すべき何らかの課題がある。面接の際、希望する職場と課題解決の対象業務を伝えれば、これを担当することができる場合が多いが、すべて満足されないにしても、自分の意思を相手に伝えることで、幾分かの希望はかなう。

③の指導者は、その職場に入ってみないとわからない項目であり、当人にとってはアンコントローラブルな要素となる。右も左もわからない職場で、いくばくかの本の知識しか持たないエンジニアの卵が、自分一人で技術力を身に付けることは不可能に近く、助言者すなわち指導員が必要である。特に入社時の最初の指導者が、若手の技術者のこれからの成長を決めるといっても過言ではない。最近は企業に余裕がなくなって職場で若手のエンジニアを教育する時間が減り、人事課が教育プランを作って教育センターに送り込む状況を目にする。この種の「OFF THE JOB TRAINING」での指導は限定的である。効果がないとは言わないが、当該職場の指導員が育成に努力し、指導する「ON THE JOB TRAINING」と比較すると、明らかに劣る。

自分の話で恐縮であるが、今にして考えると、私は入社当時、実に素敵な指導者についたと考えている。私を指導したとき、その指導者は仕事が一番できる33歳であった。

仕事には厳しく、毎日怒られてばかりいた。怒るときは、時間をかけて怒ってくれた。特に力学に強く、精密機械装置の設計では、振動問題についてみっちり教育された。振動方程式に始まり、複素関数論を用いて解析し、除振構造の在り方を、基本方程式をもとに説明してくれるのだが、私がちんぷんかんぷんでボケっとしていると「何を勉強してきたのかね」と、たっぷり嫌味を言われた。これに触発され、寮に帰って毎日2時間程度は、独学で教科書を読んで振動についての問題を勉強した。独学とは実につらいもので、テキストに記載されている数学的な概念など、理解できないところが多く存在する。私は穴があるラフな性格であるが、本を読む場合、理解できないところを読み飛ばして前に進むのが嫌なたちなので、2時間で10行も進まないことさえ、ままあった。幸いにも、1年間程度で一冊の本を読破し、振動の基本であるニュートンの常微分方程式を理解した。寮に数学を専攻していた同僚がおり、わからないところがあると、よく教えを請いに訪問した。彼は三浦とい い、メビウスの輪を数学で考える勉強をしていたと聞いている。彼は私の実力を直ちに見抜き、じつに簡単な言葉で私に教えてくれた。今でも「デュアメル積分」について分り易く教えてもらったのは記憶に新しい。この経験から、本当に理解している人は簡単な言葉で説明できるということを、改めて知った。

指導者は、この常微分方程式を複素関数論で解いたが、私はルンゲ・クッタ法であった。この育成過程で、私はエンジニアとして技術に取り組む姿勢と、勉強する癖を身につけることができた。別の視点に立つと、こうやって私の経験の一端を本として残そうと考えたのも、この指導者の影響ではないかと考えている。

15 マイクロメーターヘッドの衝撃による位置決め不良

概要

回転軸先端の調整位置と、退避位置の２ヶ所の位置決め動作を行う微小回転移動装置の平面図を、**図 15-1** に示す。この動作は、**ピボット軸受け**[解説1] を中心位置に配置した軸の回転運動で得ており、位置の選択は、一端に配置した駆動源であるエアシリンダーの押し引きと、**マイクロメーターヘッド**[解説2] とバネによる停止位置制御により、実現している。黒の実線で回転軸の調整位置を、細線でその退避位置を示しており、マイクロメーターヘッドによって調整位置における回転軸の停止位置を決定している。

高精度な回転軸先端の位置調整は、以下の構造で得ている。マイクロメーターヘッドと逆側に配置したバネによって、マイクロメーターヘッドの先端がストップ板を介して軸と常に接触しており、この動作が再現性良くスムーズに実現できる構造となっている。また、バネを収めたバネホルダーは、ネジ構造で筒に固定されており、その前後位置調整により、バネ力が選択できる機構を採用している。

エアシリンダーに圧縮空気を供給する退避位置では、マイクロメーターヘッドの先端が軸と離れることになる。退避位置はバネのストップ位置で決まり、この位置では、回転軸先端の位置決めの必要はない。

この運動のキーとなる、回転運動の支点のピボット軸受け構造は下面図に示した通りである。ピボット軸受けが、ネジで軸方向に移動可能となっており、両軸受けを押し付け方向に移動させて、与圧を与える構造となっている。

移動軸の先端位置が、太線で示す調整位置から細線で示す退避位置に移動し、再度太線の元の調整位置に戻ったとき、位置の再現性に３μｍの精度が、仕様として要求される。再現する位置の調整は、エアシリンダーの横に配置したマイクロメーターヘッドによって行う。前記したように、軸に固定したストップ板を反対位置の押しバネでマイクロメーターヘッドに押し付けて、その位置を決めるわけである。このストップ板は、焼き入れ鋼の平面研削盤による加工、マイクロメーターヘッドの先端は焼き入れ鋼を球丸形状に加工している。

この構造でエアシリンダーの ON/OFF 動作により位置の再現性を計測した際、エアシリンダーによる退避位置に移動する回転運動を行うたびに再現性能が１～1.2 μｍずつシフトし、この動作を繰り返すたびにシフト量が積算されて、仕様である３ μｍの位置決め精度を達成できなかった。

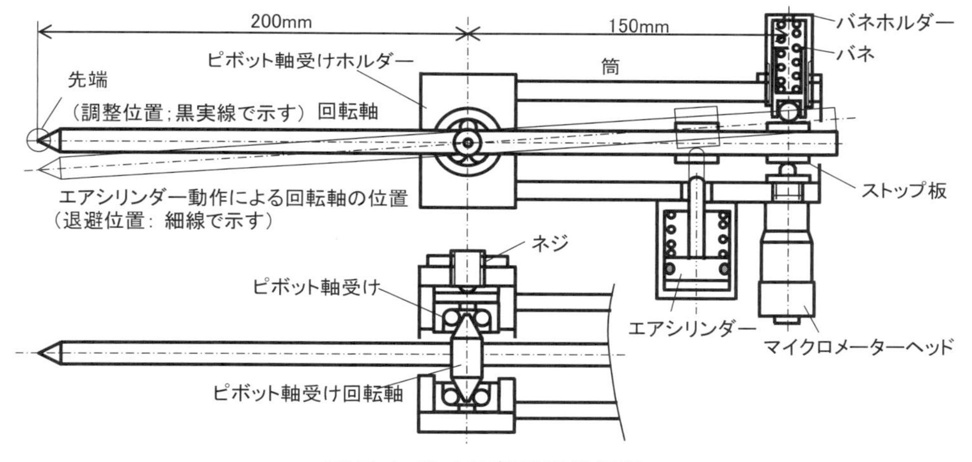

図15-1. 微小回転移動装置図

解説１ ピボット軸受け

ピボット軸受けの断面形状と斜視図でその構造を、**図 15-2** に示す。外輪および数個の転動体から成るシンプルな構造で、ピボット軸受け回転軸の先端は、円すい形状（頂角は通常 60°）に加工されている。転動体がピボット軸受け回転軸と接触する回転半径を小さくすることが可能で、さらにこのピボット軸受けと支持されたピボット軸受け回転軸の摩擦係数は転がり摩擦のため小さいので、駆動トルクは小さく高速回転体のラジアル軸受けおよびスラスト軸受けに、与圧を加えて精密機械の回転中心として使用されてる。具体的には、音速に近い周速度の回転翼による大容量の真空排気を行うターボモリキュラーポンプの回転翼の軸受け、コンピューターの外部メモリである磁気ディスクの、ヘッドの運動を案内する回転軸受けとして、使用されている。特に高速回転で使用する場合は、ベアリングの潤滑が重要となり、回転体の重量、与圧量によって使用するピボット軸受けのサイズを決めなければならない。

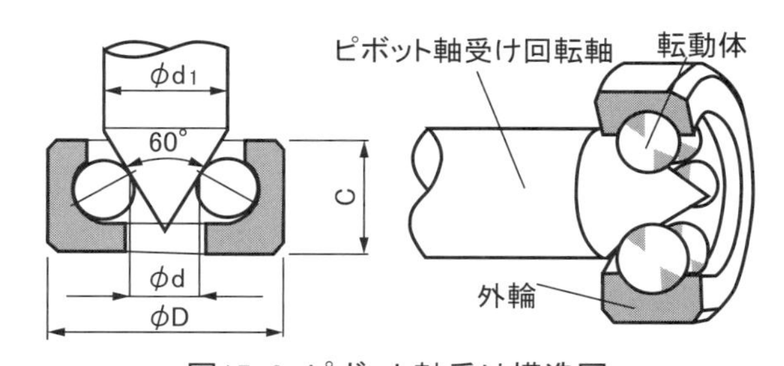

図15-2. ピボット軸受け構造図

ここで、その回転中心として使用する、代表的な要素機構について、その特徴と構造を、**図 15-3** を用いて説明する。

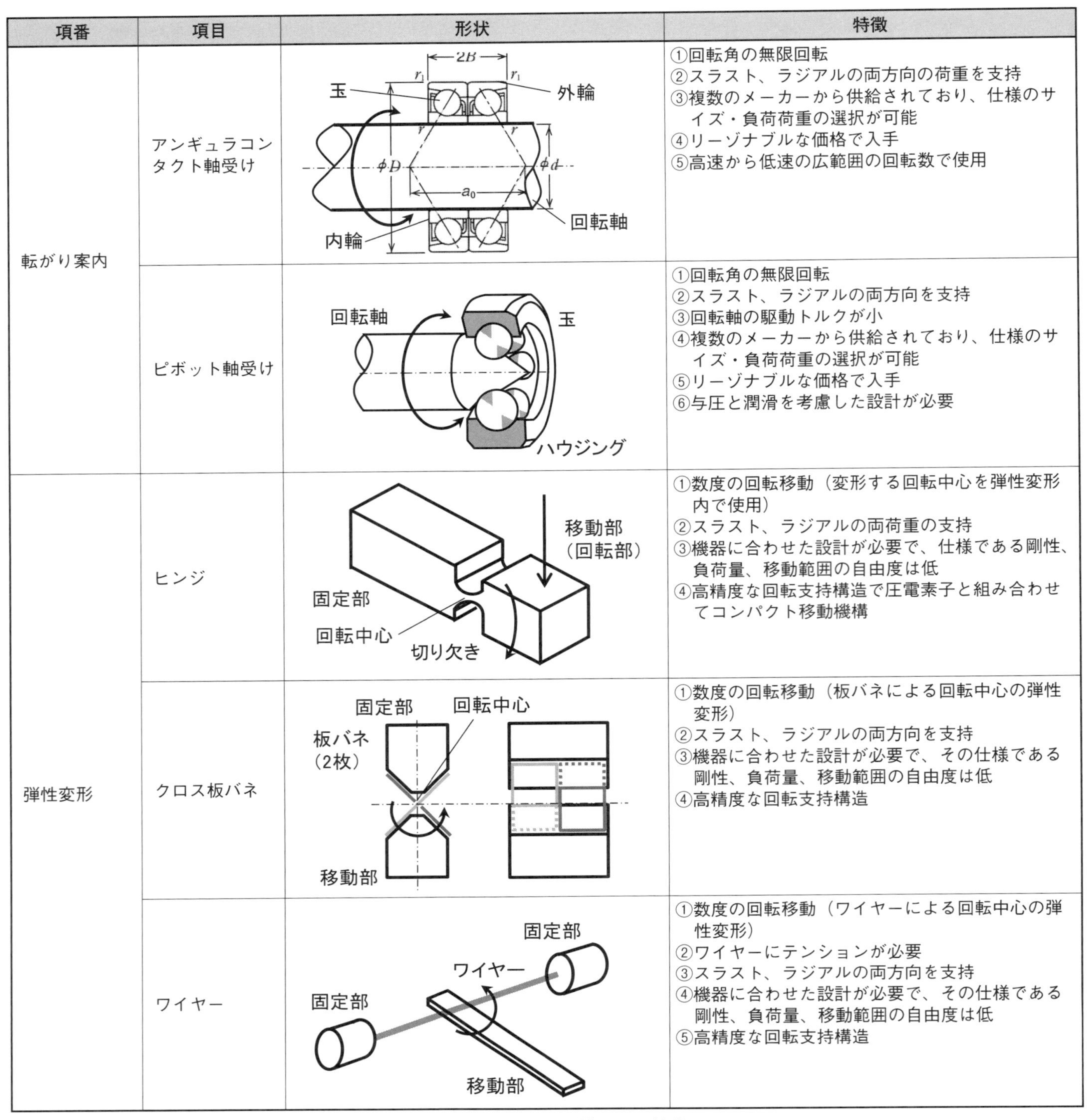

項番	項目	形状	特徴
転がり案内	アンギュラコンタクト軸受け	2B、r_1、r_1、玉、外輪、r、r、ϕD、ϕd、a_0、回転軸、内輪	①回転角の無限回転 ②スラスト、ラジアルの両方向の荷重を支持 ③複数のメーカーから供給されており、仕様のサイズ・負荷荷重の選択が可能 ④リーゾナブルな価格で入手 ⑤高速から低速の広範囲の回転数で使用
	ピボット軸受け	回転軸、玉、ハウジング	①回転角の無限回転 ②スラスト、ラジアルの両方向を支持 ③回転軸の駆動トルクが小 ④複数のメーカーから供給されており、仕様のサイズ・負荷荷重の選択が可能 ⑤リーゾナブルな価格で入手 ⑥与圧と潤滑を考慮した設計が必要
弾性変形	ヒンジ	移動部（回転部）、固定部、回転中心、切り欠き	①数度の回転移動（変形する回転中心を弾性変形内で使用） ②スラスト、ラジアルの両荷重の支持 ③機器に合わせた設計が必要で、仕様である剛性、負荷量、移動範囲の自由度は低 ④高精度な回転支持構造で圧電素子と組み合わせてコンパクト移動機構
	クロス板バネ	固定部、回転中心、板バネ（2枚）、移動部	①数度の回転移動（板バネによる回転中心の弾性変形） ②スラスト、ラジアルの両方向を支持 ③機器に合わせた設計が必要で、その仕様である剛性、負荷量、移動範囲の自由度は低 ④高精度な回転支持構造
	ワイヤー	固定部、ワイヤー、固定部、移動部	①数度の回転移動（ワイヤーによる回転中心の弾性変形） ②ワイヤーにテンションが必要 ③スラスト、ラジアルの両方向を支持 ④機器に合わせた設計が必要で、その仕様である剛性、負荷量、移動範囲の自由度は低 ⑤高精度な回転支持構造

図 15-3. 回転要素機構とその特徴

解説2 マイクロメーターヘッド

代表的なマイクロメーターヘッドの形状を**図 15-4** に示す。数μmの精度で部品の長さを計測するマイクロメーターのネジを用いた移動機構で、移動台に組み込んで位置決め用の駆動源として使用する。コストパフォーマンスが良いので、用途に合致すれば、安価にステージを作る際の有効な部品となる。使用には制約条件があり、これを考慮しなければならない。特に負荷荷重の数字が意外に小さいので、注意を要する。設計者がマイクロメーターヘッドを選定する際、**図 15-5** に示す通り、仕様を決めなければならない。

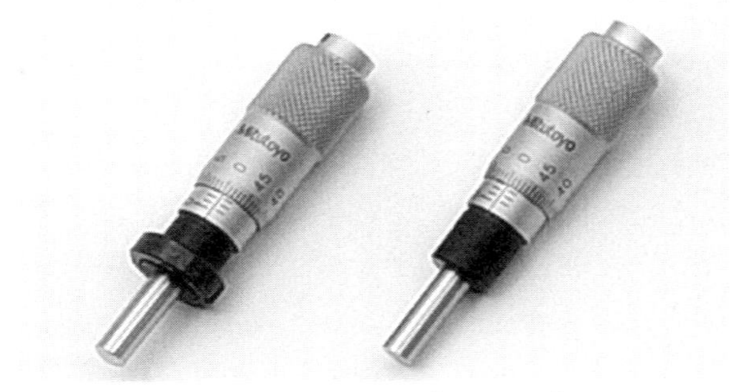

図15-4. マイクロメーターヘッド

出所：株式会社 ミツトヨ
(http://www.mitutoyo.co.jp/products/micrometerheads/micrometerheads.html)

項番	項目	仕様の範囲	備考
1)	精度	1 μm～	液晶によるディジタル表示可能
2)	移動ストローク	～ 50mm	特注で長移動ストロークの製品有り
3)	固定方法	押しネジ、ナット、ネジ込み、コレット、フランジ	
4)	負荷荷重	～ 5kg	軸方向耐荷重
5)	クランプ	ノブ操作によるストップ機能	
6)	先端形状	フラット、曲面、ポイント、フランジ、ネジ	

図 15-5. マイクロメーターヘッド選定の際の仕様

原因

駆動源に、単動方式のエアシリンダーを用いた。元の位置に絞りを戻すためにエアアウトを実行すると、**エアシリンダー**[解説3]内部のバネ力で軸が後退位置に下がり、**図 15-1** に示す筒内のストップ板がマイクロメーターヘッドの先端に接触して停止する。このときの衝撃でマイクロメーターヘッドの固定軸がわずかに回転して、停止位置が変化した。

図 15-6 に、単動方式のエアシリンダーの構造図を示す。直進移動する軸が円筒容器内を前後に移動する単純な構造で、エアの投入によってシールされた軸が前進し、エアを抜くと軸がバネ力で戻る構造である。

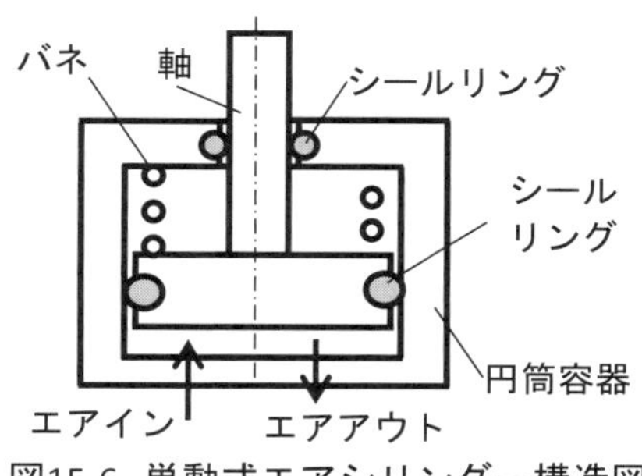

図15-6. 単動式エアシリンダー構造図

対策

図 15-7 の対策構造のとおりエアシリンダーに、メータアウトタイプのスピードコントローラー（スピコン）を取り付け、エアシリンダー内から出る圧縮空気の流速を低速化することで、ストッパであるマイクロメーターヘッドの先端に回転軸のストップ板が衝突する衝撃力を弱めて、停止精度を向上した。

スピコンは上部にネジが取り付いており、コントロールする圧縮空気の流速を、このネジで調整することが可能である。すなわち、圧縮空気がエアシリンダーに入る場合は濃いグレー色の矢印で示されるバイパス流路を流れ、エアシリンダーから出る場合は淡いグレー色の矢印で示される主流路に配置した絞りを通過する。絞りを通過する圧縮空気はその速度が落ちて、エアシリンダー内の圧力の変化速度が下がることで、エアシリンダー軸の移動速度が低下する。圧縮空気経路のバイパスと主流路の選択は、流路に配置した逆止弁による。逆止弁は**図 15-8** に示す構造で、圧縮バネ、鋼球とハウジングで構成されている。濃いグレー色の矢印方向にエアーが流れる場合は、圧縮空気の圧力がバネ力が鋼球を押し付ける力に打ち勝って、鋼球が図示の位置から上方向に移動し、鋼球とハウジングの隙間を通過して圧縮空気が流れる。

逆方向の淡いグレー色の矢印方向の流れでは、鋼球がハウジングに押し付けられて、ここでシール効果が発生し、流れが遮断されることになる。

濃いグレー色の矢印方向に圧縮空気が流れる場合、バネ力と鋼球の重さに打ち勝つ圧力が必要となる。すなわち、バイパス流路には、流入する空気の圧力が①式で示される圧力になるまでは流れない。流れはじめる圧力をクラッキング圧力といい、逆止弁を使用する際に考慮しなければならない場合があるので、注意を要する。クラッキング圧力が 0 気圧の逆止弁はなく、通常は 0.05 ～ 0.5 気圧である。

この対策構造を採用することで、停止精度の再現性を 0.2 ～ 0.25 μ m ずつのシフト量に低減した。

F＋W＝S×（P2−P1） …… ①

F：バネ力

W：鋼球の重さ（重力が下方向に働く場合）

S：流路の面積

P1：流出側の圧力

P2：流入側の圧力

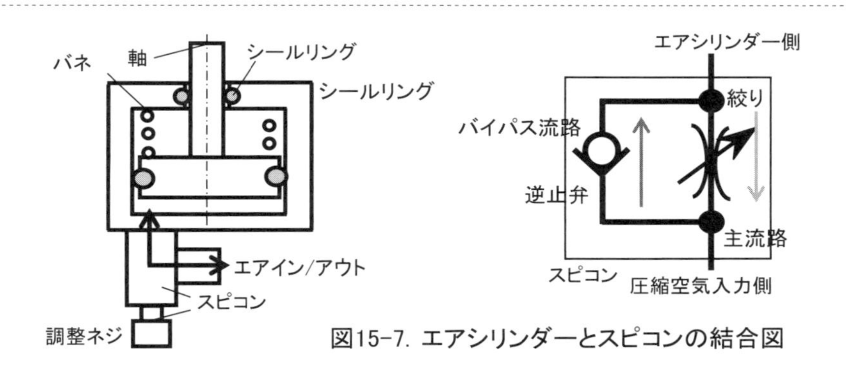

図15-7. エアシリンダーとスピコンの結合図

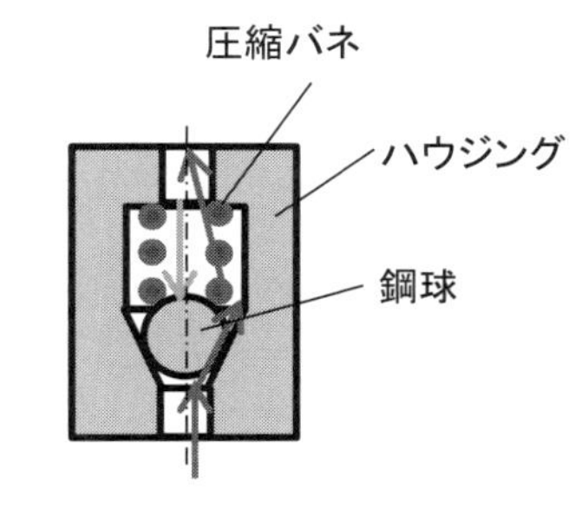

図15-8. 逆止弁の概略構造図

解説3　エアシリンダー

構造

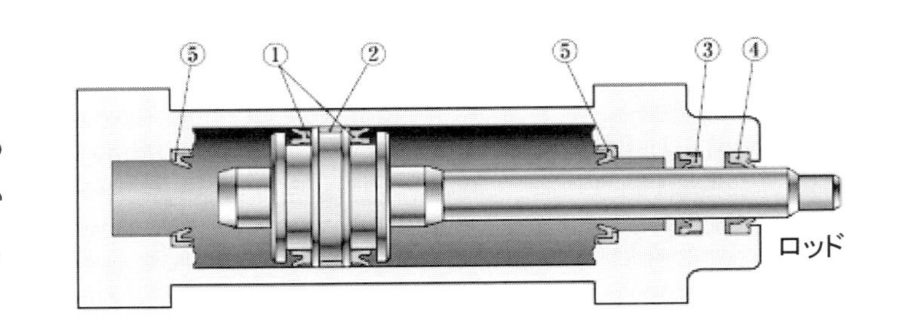

エアシリンダーは完成された要素機器で、選定方法などについて、メーカーが資料を公開してる。代表的メーカーのHPから入手したエアシリンダーの構造と機能を、**図15-9**に示す。ハウジングとロッドの両部品で構成されるシンプルな構造で、キーは、この表に示すとおり、軸シール技術である。

品番	名称	材質	機能他
①	ピストンパッキン	PGY パッキン	耐摩耗性重視のピストン専用パッキンで、給油からドライエアまでの条件下で、安定したシール性を保持
②	ピストン軸受け	SWA ウェアリング	布入りフェノール樹脂製で、耐荷重性の優れたピストン軸受け
③	ロッドパッキン	PNY パッキン	耐摩耗性重視のロッド専用パッキンで、給油からドライエアまでの条件下で、安定したシール性を保持
④	ダストシール	SFR（SDR スクレーパ）	外部からの塵埃の侵入を防止して、パッキンや軸受けを保護
			SFR スクレーパは空気圧専用の低摩擦タイプで、主として屋内の通常雰囲気で使用するシリンダー用
⑤	クッションシール	PCS クッションシール	ストロークエンドにおけるショックを吸収して、シリンダーの破損や衝撃音を防止。他のクッション方式に較べ、シリンダーのチェックバルブが不要になるなどメンテナンス上有利。標準空気圧シリンダー用

図15-9. エアシリンダーの構造と機構

出所：株式会社阪上製作所（http://www.sakagami-ltd.co.jp/technical/example.html）

駆動法

図15-10に圧縮空気、逆止弁付きスピコン、電磁弁によるエアシリンダーの駆動法を示す。エアシリンダーの右室、左室に圧縮空気を選択的に送ることで、エアシリンダーのロッド位置を決めている。圧縮空気の経路選択は電磁弁によって行い、逆止弁付きスピコンは流出する圧縮空気の流出速度を落として、エアシリンダーの移動速度を制御する。図示するように、圧縮空気が大気中に排出される側に逆止弁を配置する使用法を、メータアウトと呼ぶ。本図でエアシリンダーを駆動する場合、たとえば左図に示す駆動を行うとき、エアシリンダーの右室に圧縮空気が入っていない場合には、電磁弁を駆動してもロッドの逆止弁による速度制御は得られない。

ここでは、右室と左室に導入した圧縮空気によってエアシリンダーの位置が決まる、「複動型のエアシリンダー」と呼ばれる方式を使用している。エアシリンダーを駆動する電磁弁は、4方弁と呼ばれる方式の電磁弁である。

エアシリンダーの位置を制御するキー部品の電磁弁について説明する。**図15-10**の4方弁電磁弁の動作は、電源の「ON」「OFF」によって状態を制御する。左図は電磁弁が「ON」の状態を示し、右図は電磁弁が「OFF」の状態を示している。通常電磁弁が通電されていない「OFF」の場合は、エアシリンダーの右室に圧縮空気が供給される状態となる。通電時、エアシリンダーのロッドが引き込まれた右の状態を保持するには、電磁弁を「OFF」状態に制御すればよいことになる。

エアーの「ON」「OFF」により、作動状態を制御する電磁弁が市販されている。電磁弁には、圧縮空気の制御法によって、各種の製品が販売されている。その種類と特徴を、**図15-11**に示す。電磁弁の選択と、エアシリンダーを組み合わせて使用することで、期待どおりに制御された移動をエアシリンダーに与えることが可能となる。3方電磁弁を使用する場合は単動式のエアシリンダーを使用し、4方電磁弁を使用する際は複動式のエアシリンダーを使用する。単動式のエアシリンダーでは、一方向の動きは圧縮空気が駆動力となり、他方向の動きはエアシリンダーに収納されたバネ力による。

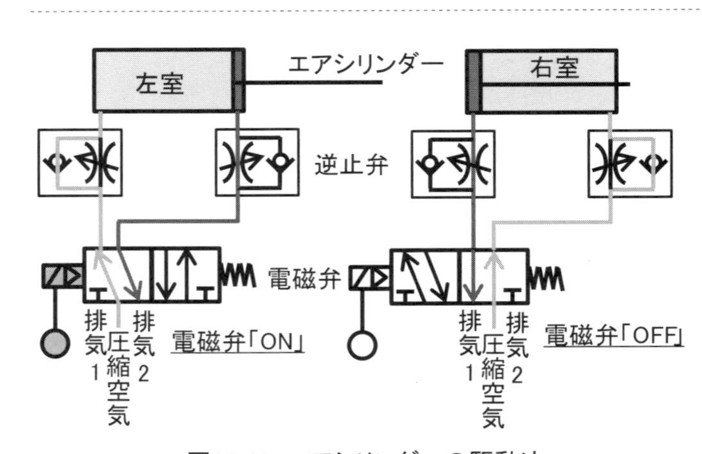

図15-10. エアシリンダーの駆動法

選定方法

エアシリンダーの選定方法を、**図15-12**に示す。選定するための仕様となる項目は、負荷容量、移動距離、動作速度、圧縮空気の消費量、エアシリンダーの制御である。これらの数値の検討は、メーカーから供給されているカタログの仕様を参照していただきたい。移動速度については、圧縮空気がエアシリンダーに流入する速度などによって変化するので、配管径などを考慮した機器選定が必要となる。

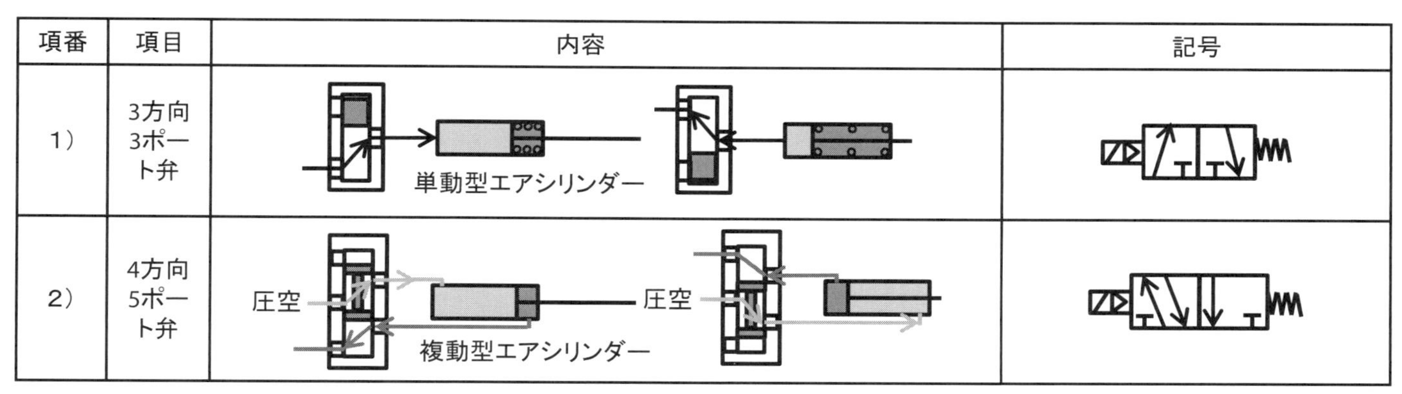

項番	項目	内容	記号
1）	3方向3ポート弁	単動型エアシリンダー	
2）	4方向5ポート弁	圧空　圧空　複動型エアシリンダー	

図15-11. エアシリンダーを制御する電磁弁

項番	項目	内容
1）	負荷容量	負荷容量は、チューブ内径と供給する圧縮空気の圧力で決まる。メーカーのカタログに、供給されているエアシリンダー内径のデータが記載されているので、これを参照して選定を行う。ロッドの押しと引きでは、わずかではあるが、発する力が異なる
2）	移動距離	移動距離は、エアシリンダーの長さで、一意的に決まる。メーカーのカタログに、供給されている移動距離のデータが記載されているので、これを参照して長さを決める
3）	動作速度	動作速度は、圧縮空気の供給量とチューブの内径、移動距離によって決まり、メーカーからその資料が提供されている（SMC 株式会社　http://ca01.smcworld.com/catalog/BEST-technical-data/pdf/2-m27-49.pdf）。この資料には、当該メーカーから提供される製品毎のデータが記載されている項目は以下に示す通りである ①ロッド始動時間②全ストローク時間③ 90% 出力時間④最大速度⑤終端速度⑥衝突速度 動作速度は、前記した逆止弁で制御が可能である
4）	圧縮空気の消費量	圧縮空気の消費量は、動作回数、エアシリンダーの内径、動作距離によって決まる。これらを掛け合わせた量がその消費量である
5）	エアシリンダーの制御	エアシリンダー位置の制御は、次の点を考慮して制御機器を選定する
		①電源投入時の動作
		②電源遮断時の動作

図15-12. エアシリンダーの選定方法

特別な使用法

（1）中間停止

エアシリンダーは、中間停止を不得意とする機器である。中間停止を3位置などのように、限定された位置で停止する場合の構造例を、**図 15-13** に示す。

エアシリンダーを直列に取り付けて、両シリンダの間は固定せず、エアシリンダー1のロッド先端が、エアシリンダー2の後端に接触する構造とする。エアシリンダー2は両ロッド方式のエアシリンダーを使用する。

両エアシリンダーは選択して駆動することが可能で、ストローク1を得る場合はエアシリンダー1を動作（圧縮空気を供給）とし、エアシリンダー2は不動作（圧縮空気を供給しない）とする。

ストローク2を得る場合は、エアシリンダー1を不動作としエアシリンダー2は動作とする。この図では、エアシリンダーを直列に並べたが、並列に並べても、同様の中間停止の動作を得ることができる。

エアシリンダー1	エアシリンダー2
不動作	不動作
動作	不動作
不動作	動作

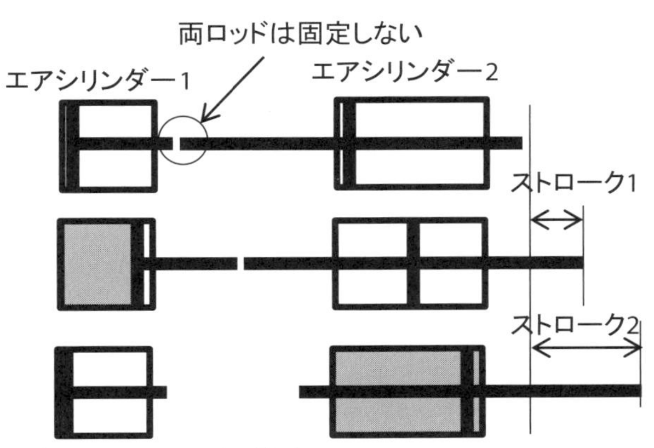

図15-13. 中間停止エアシリンダー構造

(2) ガイド付きエアシリンダーと供給メーカー

エアシリンダーはその移動方向に推力を発生する駆動機器で、モーメント荷重は保持することはできない。モーメント荷重を保持する場合、別途ガイドを配置して。ここでこのガイドでモーメント荷重を支持する。この目的のガイド付きエアシリンダーが各社から販売されている。図15-14に代表的な製品を示す。

外観	構造、メーカー他	データの出所
	ガイド付薄形シリンダー JMGP (SMC社) 小型薄型のガイド付きエアシリンダー	出所：SMC株式会社（http://www.smcworld.com/products/ja/s.do?ca_id=211）
	ガイド付コンパクトシリンダー (CKD社) ＳＳＤシリーズにガイドロッドを装備し、耐横荷重、不回転精度が向上	出所：CKD株式会社（http://www.ckd.co.jp/newproduct/newproduct/cc893.htm）
	ガイド付シリンダー （コガネイ） エアシリンダーとリニアガイドを結合し省スペースと不回転移動を達成	出所：株式会社コガネイ（https://official.koganei.co.jp/product/BCG）

図15-14. メーカーから供給されているガイド付きエアシリンダー

決めるには

エンジニアの一連の仕事は、次の手順で進む。

①解決すべき仕様を与えられる　②仕様に対して課題を見出す　③課題解決策を検討する　④解決策を具現化する

この過程の中で、③の解決策の検討では、複数個の案の中から最適の方法を選択するわけであるが、たとえば、ある構造について外部のメーカーを選定する場合、複数のメーカーの中から一社を選定するわけだが、複数の中から最適となる項目を選定すること、すなわち「決める」作業が必須である。

「決める」作業を行う場合、たとえば与えられた仕様を満足する真空装置のメーカーを選定する際には、資材担当者にめぼしいメーカーを聞くなり、インターネットで検索するなりして調査し、作成した仕様書を候補メーカーに説明し、見積もりを依頼する。

見積もりを受けたメーカーは、当該仕事をやりたくないときは、常識外の金額と納期を見積書に記入してくるので、受け取り側はこれを理解して対処する。複数の見積もりを受け取った技術者は、その中から2社の候補を選定し、メーカー訪問して発注先を決定するわけであるが、これが難しい。

この決定は、「技術」と「COST」の比較となる。技術に関しては技術担当者がキーマンであるが、両メーカーを比較する場合、キーマンは使用技術に関する明確なビジョンを持つべきである。あれもこれも有するメーカーを選ぼうなどと考えると、決断が大いに鈍り、正しい決断の阻害要因となる。

決断は、仕様に対して必要となるキー技術を所有していれば「OK」とする考え方に徹する。たとえば先に記した真空装置であれば、真空のリークを調べる「Heリークディテクター」を所有し、なおかつその設置環境が油煙の侵入のないクリーンな環境であれば、さらに点数が加味される。選定候補の一方の会社にこのディテクターがなければ、これを有するメーカーを選定する。両候補メーカーがこのディテクターを所有していれば、両者とも「OK」と判断し、資材部門に選定をまかせる。彼らはコスト面で判断して、メーカーを選定することになる。

技術を見て外注先を選定する際には、限られた時間内に決断を下さなければならない。決めるための判断基準と候補の会社のありようを調査するとき、当該技術を理解し、ビジョンを持ち、判断基準を1～2個決めて、決定に臨むわけである。時間をかければ、それだけ情報量が増え、最適解に近づくわけであるが、現場で働く技術者が調査にかけられる時間は、限られている。限られた時間内に最適な決定を行う技量も、技術者に求められる重要な資質である。

責任者として判断を下す場合、私はビジョンを持ち、自分の目で確かめて決断してきた。そうすることにより、不幸にして選定に失敗しても、自分の技術がなかったとあきらめがつき、後のトラブルシューティングに元気を出す、源とすることができる。

16 圧電素子を駆動源に用いた3軸微移動ステージの移動軸の干渉

概要

顕微鏡下で、先端の針がxyz方向に移動可能な試料ハンドリング装置を、**図16-1**に示す。針の駆動源は、圧電素子を組み込んだ、コンパクトな**3軸ピエゾステージ**（型式：TRITOR38（メーカ：Piezosystem jena（Germany））解説1 を購入して使用した。**図16-2**に、その外観図を示す。このとき、3軸ピエゾステージは、25mm（高さ27mm）の立方体形状で、内部に3本のピエゾを配置している。そのステージ構造は入手できていないが、**弾性ヒンジ構造**解説2 のシンプルな構造であると想像できる。このステージの仕様は次のとおりである。

（1） ストローク：38μm（印可電圧150V）

（2） 剛性　X：0.5 N/μm

　　　　　Y：0.45 N/μm

　　　　　Z：0.8 N/μm

発生した問題は「移動軸の干渉」、すなわち駆動した軸以外の停止軸が駆動軸の干渉により移動する現象で、下記のとおりである。

（1） X方向に移動するとき、動作開始の0μm近傍で、Y方向の干渉動作である不連続性を有するジャンプ現象が発生する（**図16-3**）。

（2） Y方向への移動時、X方向の干渉が発生する（**図16-4**）。

（3） Z軸移動するとき、XY方向に移動の干渉が発生する。Z軸40μm近傍で逆の移動方向の位置で、連続性がないジャンプが発生する（**図16-5**）。

上記動作の測定結果をまとめて示すと次のとおりである。

動作	最大変位 干渉／基準（μm）	干渉量（%）
X移動に対するY方向の変位	2/40	5
Y移動に対するX方向の変位	6/40	15
Z移動に対するXY方向の変位	－0.8,1.4/40	4

解説1 TRITOR38 piezosystem jena製3軸ピエゾステージ

このステージのキー技術である弾性ヒンジ構造の移動機構は、光学、量子力学、半導体分野における、サブμmの微小位置決めの要求によって出現した技術で、案内に弾性変形を利用しているのが特徴である。図16-2に外観図を示し、メーカーのホームページから入手した特徴、用途を合わせて示す。

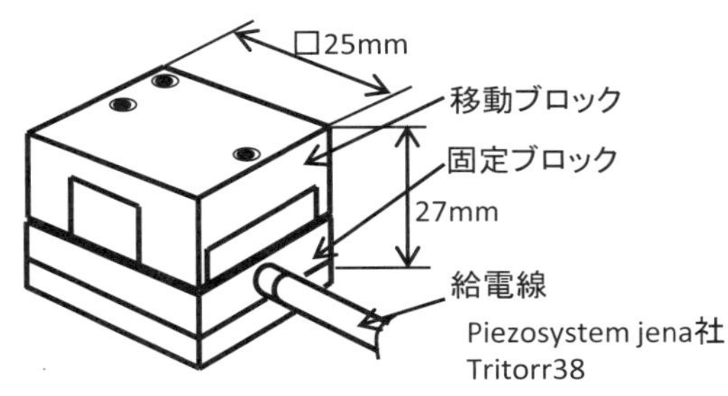

図16-2. 3軸ピエゾステージの外観図

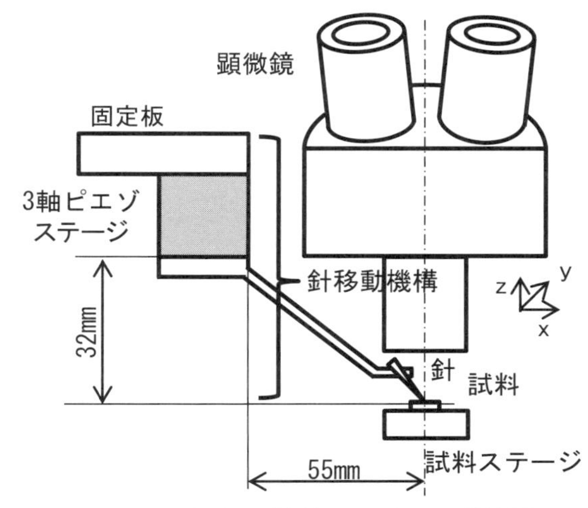

図16-1. 試料ハンドリング装置

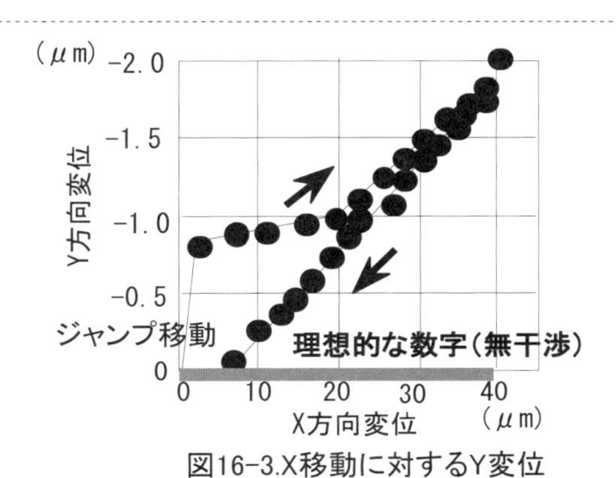

図16-3.X移動に対するY変位

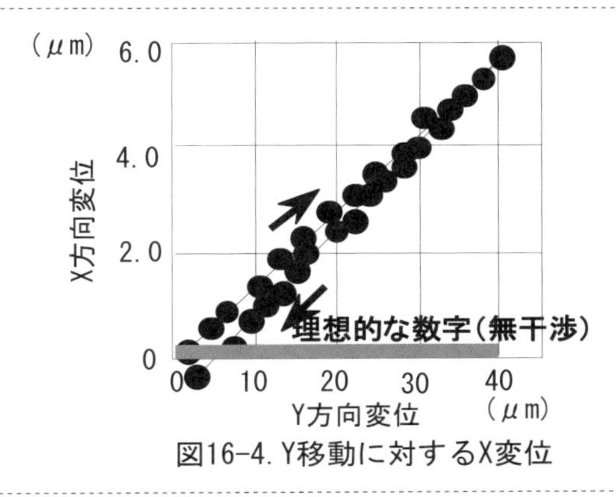

図16-4. Y移動に対するX変位

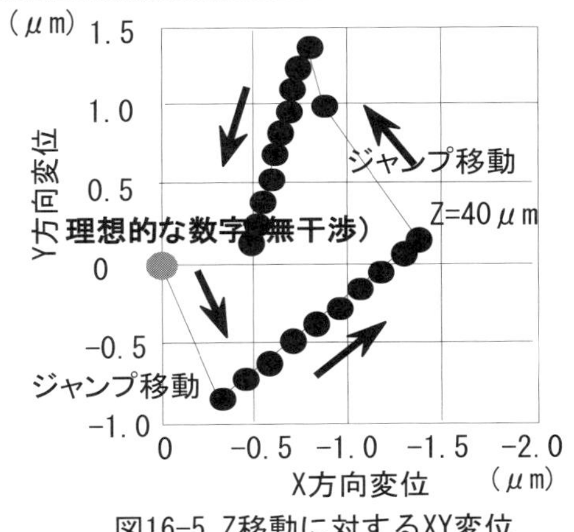

図16-5. Z移動に対するXY変位

特徴

①ナノメートルの位置決めが可能な、移動距離 38 μ m の 3 軸ステージ

②機械的な摺動部がない、**弾性ヒンジ**[解説2]のコンパクトな構造

③有限要素法によって最適化を行った、平行移動構造による精密移動

④高い位置分解能

用途

①摩擦力顕微鏡、原子力間顕微鏡

②光ファイバーの位置決め

③光学機器のビームの位置合わせ

④半導体素子製造用ステッパー

「仕様」の項目と数値の意味するところ

項番	項目	単位	数値	数値の意味　他
1）	移動軸	---	3 軸 (x,y,z)	空間の位置決めには、XYZ 方向の 3 軸の移動が必要となる
2）	移動距離	μm	38	移動距離は、大きければ大きいほどその用途が広がるので望ましいが、微小寸法を取り扱う分野では、圧電素子による駆動を考慮した場合、当該方式で得られるこの移動距離で満足しなければならない
3）	分解能	nm	0.07	代表的な対象サイズが 10nm なので、その 1/10 の分解能が必要とされるが、この数字は満足できる値である
4）	共振周波数	HZ	630/685/915 (x,y,z)	対象として多数個を扱うので、短時間の移動が要求される。移動速度を上げ、移動に要する時間を短くするには、ハンドリング機構の共振周波数を大きくする必要がある。すなわち、「**物体は共振周波数以上の速度では動かすことはできない**」[解説3]という基本ルールに従う ステージに負荷が取り付き重量が増すので、共振周波数はさらに下がる。本ステージの 3 点の弱点のうちの 1 つは、この共振周波数が低い点である。残りの 2 点は以下のとおりである ①**位置決めの再現性が不正確（移動のヒステリシス）**[解説4] ②お互いの移動軸の干渉（今回のこのトラブル）
5）	剛性	N/ μ m	0.5/0.45/0.8 (x,y,z)	4）に密接に関係する項目である。共振周波数は SQRT（k/m）で求まるので、この値を大きくするには、質量（m）が小さく、剛性（k）が大きな構造としなければならない。ただし、この共振周波数は上記のように両数字の平方根となるので、両数値改善の割には、共振周波数の変化は期待できない
6）	駆動電圧	V	− 20 ～ 130	取り扱いが容易な数百ボルトの電圧が現実的で、この数字は満足できる値である
7）	外観寸法	mm	25 × 25 × 27	真空などの環境で使用するケースでは、真空容器を小さくする目的で小型化が望ましい。この数値は満足できる数字である

解説2　弾性ヒンジ構造

弾性ヒンジによる微小回転機構を、**図 16-6** に示す。円弧状の切り欠き部の片端を固定して他端に力を加えると、切り欠き部を中心にした回転変位を得ることができる。キーとなる構造は、回転中心を構成する切り欠き部の寸法決定である。切り欠き部は、材料の弾性変形内で使用する必要があり、弾性変形は、材料力学で定義された物性値と、形状で決定されるその弾性ヒンジ固有の値である。すなわち、変位からひずみが求まり、ひずみから応力が求まる一連の関係で、これが切り欠き構造に適用されることになる。

$\varepsilon = \Delta L/L$　$\sigma = E\varepsilon$　ε：ひずみ量　ΔL：変形量　L：全長　σ：応力　E：ヤング率

弾性ヒンジを 4 箇所に使用した平行移動機構を、**図 16-7** に示す。これは精密移動装置に好んで使用される機構であり、弾性ヒンジが平行板バネ構造を構成する要素となっており、作用力に対して、移動部が平行に上下する。板バネが一枚である場合、その移動部は回転成分を持ち、いわゆる「おじぎ」現象が発生することになる。2 枚の板バネ構造とすることで、この回転成分の発生を除去するすることができる。

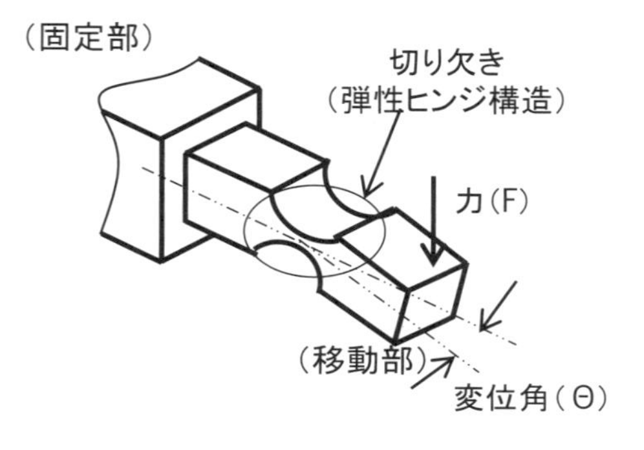

図16-6. 弾性ヒンジ構造による回転機構

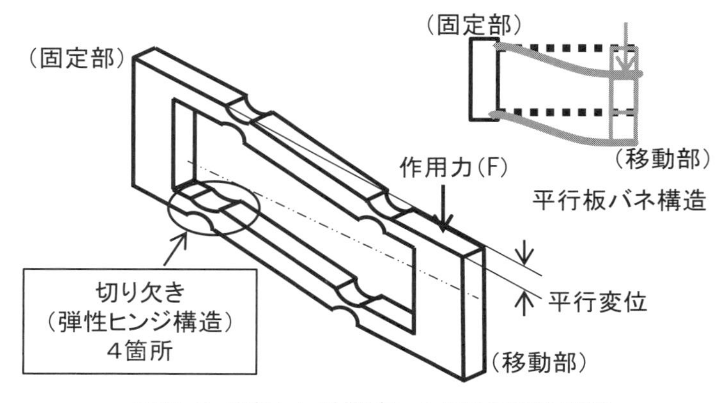

図16-7. 弾性ヒンジ構造による平行移動機構

弾性ヒンジの切り欠き構造を設計するとき、荷重に対して切り欠き部の弾性変形が発生し変形量が得られ、そのときの許容荷重量の見積もりは、有限要素法による構造解析を用いれば、かなり正確に算出することが可能である。この計算法は、CPUの性能向上とともに急速に発達した技術で、最近では設計作業の道具として、CADとともに使用されている。本計算を行う場合、その素養（知識と経験）は必要だが、一度入手すれば、設計者の有力な道具となる。構造計算の分野だけでなく、振動、伝熱、流体、電磁気などの偏微分方程式や常微分方程式で表される現象を、連立方定式に展開して解く方法である。この計算方法は、弾性ヒンジの設計に有効である。有限要素法を用いた解析については下巻「析の巻」に記載予定である。

弾性ヒンジの設計時に、切り欠きの円弧状の形状に注目しがちであるが、円弧形状の厚み方向の寸法も合わせて重要なポイントで、負荷荷重を考慮して、その厚みを決める必要がある。

図16-8に、弾性ヒンジ構造を複数個使用した電子天秤に使用されている､重量を検知するキー部品の平行移動機構を示す。これは、平行板バネを上下に2段に配した構造（図中ではパラレルガイドと表現）で、移動部に上方向から荷重を加えると、移動部の平行変位が得られる。このとき、移動部に回転変位の発生はなく、平行変位のみが生じる点に特徴がある。この平行板バネの動きを得るために、4個の弾性ヒンジを使用している。前記したTRITOR38の構造にも、この弾性ヒンジが使用されていることは、カタログ上のデータなどから想像できる。

この弾性ヒンジ構造を使用した電子天秤は、被測定物を弾性ヒンジを介して支持し、重量を変位として取り出すのだが、この微小変位を拡大する「てこ機構」も、一体ブロック構造に搭載されている。被測定物の重量により発生した変形を、電磁力を用いて元の位置に戻すときにコイルに流す電流を計測し、電流値を重量として認識するわけである。すなわち弾性ヒンジの再現性が、電子天秤の性能を決めることになる。先に示した弾性ヒンジによる平行移動機構に似た構造が採用されていることが判る。**図16-8**のブロック構造の機能図の中央部に「コイル」の文字があり、変位を拡大してこれを取り出し、これを電磁力で計測できる構造となっている。電子天秤メーカーは、この構造を工夫することで、mg以下の重量計測を達成している。

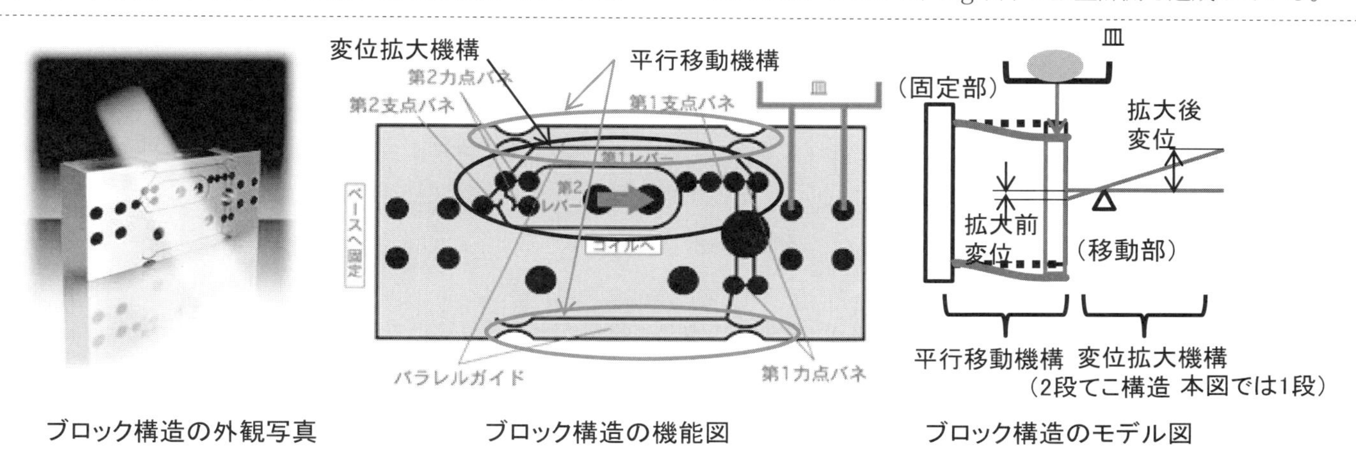

弾性ヒンジ構造他の採用に得られた特徴（メーカーのHPから）
○レバー系の軽量化により制御速度を向上
○一体ブロック構造によりセル全体の温度分布が均一になり温度特性を向上
○ダブルレバーシステム及びセルの一体化により対衝撃性が向上

図16-8. 弾性ヒンジ構造を使用したブロック

出所：株式会社島津製作所（http://www.an.shimadzu.co.jp/balance/products/feature6.htm）

解説3 共振周波数以上の速度では動かすことはできない

構造物を「共振周波数以上の速度では動かすことはできない」に該当する事象を、モデルを用いて具体的に説明する。次頁**図16-9**に、磁石の吸着力により回転力を伝達するマグネットカップリングを用い、シャッターを回転駆動する機構を示す。マグネットカップリングはアウターマグネットとインナーマグネットで構成されており、アウターマグネットの回転にインナーマグネットが追従して回転する動作は、両部品が磁力の回転剛性で結合されていることによる。この回転剛性は、両部品を結びつける回転角に対する回転力の強さと考えることができる。

隔壁を介したインナーマグネットに回転軸とシャッターが取り付いており、これらの部品が回転移動の負荷となっている。マグネットカップリングの剛性と回転負荷のイナーシャで構成される振動モデルから導かれる共振周波数はω_n = SQRT（J/K）（ω_n：共振周波数、J：慣性モーメント、K：バネ剛性）から導かれる。

共振周波数よりも高速にアウターマグネットの回転位置を移動させ、これに追従して移動する、シャッターが取り付いたインナーマグネット位置を、計算により求める。この問題の解を得るには、**図16-9**に示す計算モデルの2階の常微分方程式を、汎用的な解法であるルンゲ・クッタ法で解くことで、目的の解を得ることができる。

計算結果を、次頁**図16-10**に示す。アウターマグネットが0.05秒で0.314rad位置へ移動したときの、インナーマグネットの位置を示している。共振周波数は3.7Hzで、周期は0.27秒であるので、アウターマグネットの移動速度は、共振で得られる周期に対して2.7倍（= 0.27/（2^{x}0.05））近い高速に移動している。

このとき、インナーマグネットは最大速度で追従しているが、図示するようにアウターマグネットの動きに追従できず、「遅れ」が生じている。この遅れ量は、上記の共振から得られる周期のほぼ半分の値となっている。すなわち、最大速度は共振に依存することがわかる。正確には、被駆動部品が追従する最大速度は、共振によって得られる速度である。

このモデルを一般的な構造物に拡張することも可能である。バネ剛性は、構造物の材質形状で一意的に決まる有限の値で、このバネ剛性を有する構造により負荷となる質量 / イナーシャを動かす場合と等価となり、最大追従速度は、その共振周波数から得られる速度ということになる。最大速度で駆動する場合、**図 16-10** に示すように、目的の位置に対してオーバーシュートが大きく、現実的にはその制御性を考慮して共振周波数の1/3 以下の速度で動かさなければならない。

図 16-10 に示す計算結果では、インナーマグネット追従移動は、共振周波数で振動しており、初期の振幅が最後の振幅値と同じ数値となっている。これは、モデルに移動速度の大きさに比例する力である粘性項を仮定しなかったためで、通常の構造物ではこの項が存在するので、この振幅値は順次減衰することになり、減衰の速度は粘性項の大きさに依存することになる。

計算のシミュレーションの詳細は下巻の「析の巻」で説明を予定（2021 年頃出版予定）している。

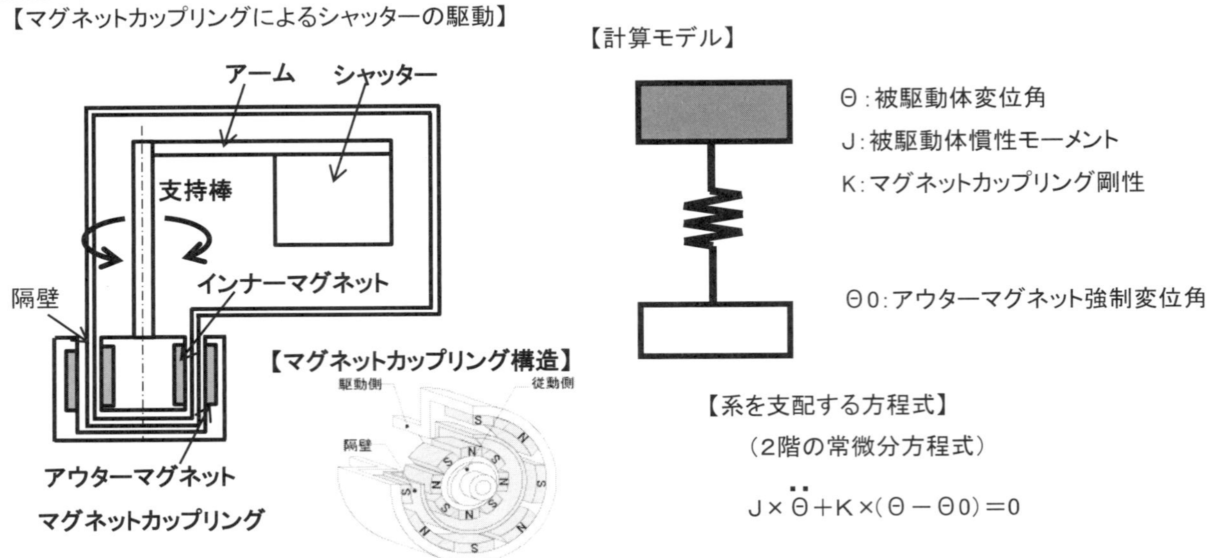

【マグネットカップリングによるシャッターの駆動】

アーム　シャッター　支持棒　隔壁　インナーマグネット　アウターマグネット　マグネットカップリング

【マグネットカップリング構造】　駆動側　従動側　隔壁

【計算モデル】

Θ：被駆動体変位角
J：被駆動体慣性モーメント
K：マグネットカップリング剛性
Θ0：アウターマグネット強制変位角

【系を支配する方程式】
（2階の常微分方程式）

$$J \times \ddot{\Theta} + K \times (\Theta - \Theta 0) = 0$$

図16-9. マグネットカップリングによる回転駆動と計算のモデル化

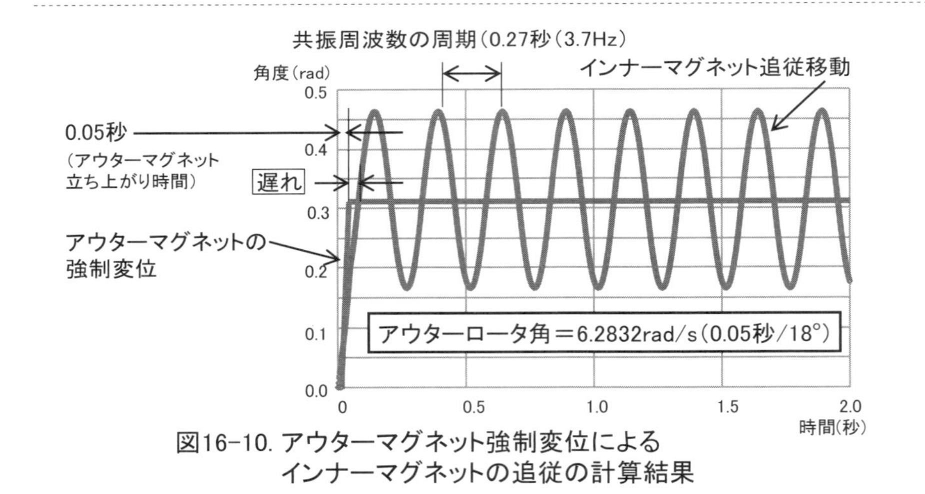

図16-10. アウターマグネット強制変位によるインナーマグネットの追従の計算結果

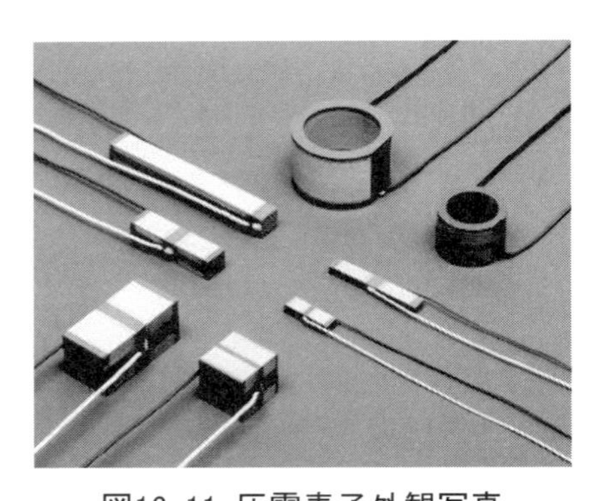

図16-11. 圧電素子外観写真

出所：株式会社トーキン
（https://www.tokin.com/product/pdf_dl/sekisou_actu.pdf）

解説4　位置決めの再現性が不正確（移動のヒステリシス）

位置決め再現性は、その駆動源である圧電素子の性質によるところが大きい。圧電素子とは加えた電圧に対して伸びが生じる素子で、ピエゾ素子とも呼ばれており、**図 16-11** にその外観を示す。

特徴

①10 〜 20 μ m/100V の変位が得られる（微小位置決め）
②サブミクロンオーダーの分解能が得られる（高分解能移動）
③駆動にヒステリシスが発生する
④共振周波数が大きい（速度の速い移動に適する）
⑤発生力が大きい

用途

①精密移動機構（精密ステージ）の駆動源
②マスフローコントローラー（精密流量制御バルブ）
③オートフォーカス用モーター

圧電素子の種類と特徴

項番	項目	形状	仕様他	データ入手先
1）	積層型		形状 10 × 10 × 20mm、駆動電圧 150V ①変位量：16 μ m ②発生力：3,500N ③共振周波数：69kHz	トーキンカタログから抜粋 http://www.chip1stop.com/maker/nec-tokin/category.do?makerCd=TOKN&page=1&dispInfoType=piezo
2）	バイモルフ型		形状 40 × 10 × t0.55mm、駆動電圧 100V ①変位量：500 μ m （先端部の曲がり量）	日本セラテックカタログから抜粋 http://www.ceratech.co.jp/product/01_05_01.html
3）	円筒型		形状外径Φ 38 ×内径Φ 34 ×長さ 30mm ①共振周波数：24kHz ②メーカー特注品	トーキンカタログから抜粋 https://www.tokin.com/product/pdf_dl/atuden_ceramic.pdf

圧電素子による微小移動機構

原子力間顕微鏡（AFM）のキーパーツである触針を、ナノメーターオーダーの原子サイズで駆動する移動装置に用いる圧電素子とその構造を、図 16-12 に示す。トライポッドと呼ばれる xyz の移動機構は、それぞれの軸方向に圧電素子を配置し駆動する構造で、触針を取り付けたブロックを圧電素子で各方向に押す構造となっている。この構造では、xyz の移動に際して、移動の干渉は避けられない。チューブスキャナと呼ばれる円筒型の圧電素子を用いた xyz 方向の移動機構は、圧電素子の電極を適切に駆動することで、それぞれの方向の移動を得る構造であるが、この構造においても、移動軸の干渉は避けられない。メーカーから提供される AFM には、チューブスキャナ型の圧電素子を用いた構造が採用されている場合が多い。シンプルな構造により共振周波数を高くすることが可能なためである。

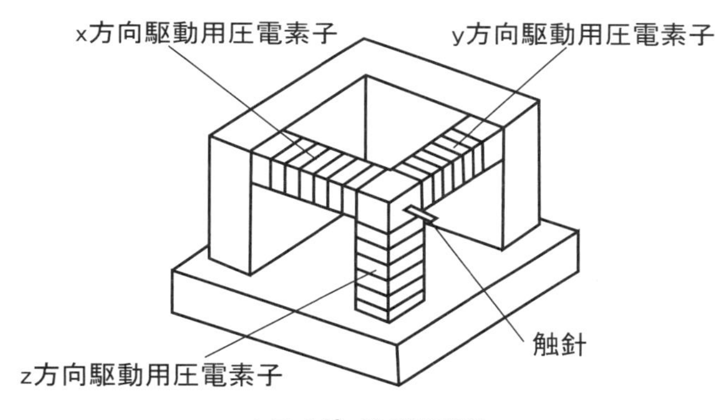

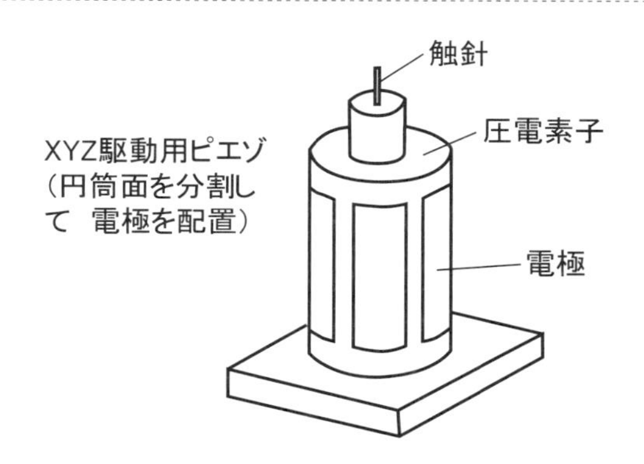

図16-12. 圧電素子による微小移動機構構造図

圧電素子で発生するヒステリシス

図 16-13 は、積層型圧電素子に電圧を印加したときの変位量を示す。原点から順次電圧を加えることで、矢印で示すように圧電素子は伸縮するが、電圧を大きくしていったときと小さくしていったときの変位曲線は、同じ軌跡を通過しない。これをヒステリシスと呼び、最大変位量の約 15 ～ 20% 程度生ずる。

また、圧電素子への電圧印加を数回繰り返したときの変位曲線を見ると、1 回目と 2 回目以降では電圧 0V 近傍での変位量が変化している。これをゼロシフトと呼ぶ。圧電素子の原点以外のスタート位置で使用した場合も、この変位曲線の形は異なる。圧電素子をオープンループ（位置計測による停止位置の制御をしない場合）で使用する場合、このヒステリシスの発生がその位置決めの誤差となる。

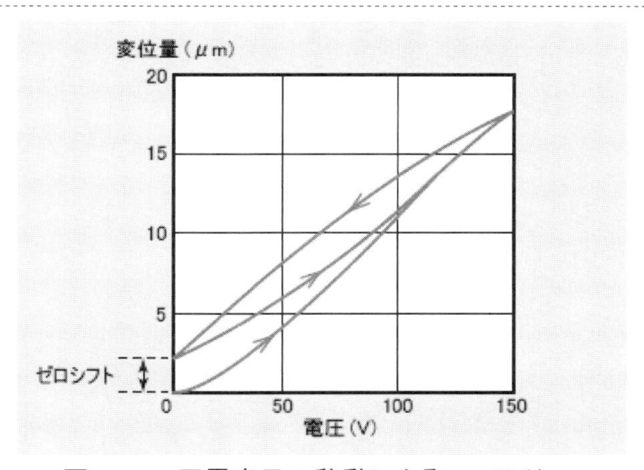

図16-13. 圧電素子の移動によるヒステリシス

出所：株式会社ナノコントロール（http://www.nanocontrol.co.jp/application/files/6614/5273/7360/technical_information_1.pdf）

圧電素子のヒステリシスを除去する制御

前記した圧電素子のヒステリシスを除去する、コンパクトな寸法計測と位置制御方法について説明する。この構造は、圧電素子が伸びる面にひずみゲージを貼り付けて、そのひずみ量を計測し、変位量を測定しようとするものである。通常の抵抗線ひずみゲージで計測可能なひずみ量は 10^{-5} 程度であるので、抵抗線ひずみゲージの長さを 2mm とすれば 20nm の分解能でその長さの測定が可能となる。

ひずみゲージを内蔵センサーとして使用し、圧電素子のヒステリシスを除去し、nm オーダーの制御ができるステージがナノコントロール社から提供されている。その外観写真を、**図 16-14** に示す。仕様などは、次のとおりである。

①ひずみゲージ式変位センサーを使用したフィードバック制御

②移動：ストローク 200 μm

分解能 50nm（圧電素子のフィードバック制御）

図16-14. 圧電素子の制御による小形ステージ

出所：株式会社ナノコントロール（http://www.nanocontrol.co.jp/japanese/products/piezo-stage/strain-gauge-stage）

弾性ヒンジステージとネジ送りステージの比較

方式	駆動源	案内	特徴	位置計測
ネジ＋転がり	ネジ＋モーター	ネジ：転がり案内 直線移動台：転がり案内	分解能：μm 移動距離：～ 1,000mm	光学スケール レーザー測長計
圧電素子＋弾性ヒンジ	圧電素子	回転：弾性ヒンジ 直線：平行弾性ヒンジ	分解能：nm 移動距離：～ 50 μm	ひずみゲージ 静電容量 レーザー測長計

対策

メーカーにて対策を行い、**図 16-15、16-16、16-17** に示す結果を得た。それぞれの定量的な値は次のとおりである。

動作	最大変位 干渉／基（μm）	干渉量 (%) ( )内は改造前
X 移動に対する Y 方向の変位	2/43	4.7（5）
Y 移動に対する X 方向の変位	3.5/40	8.8（15）
Z 移動に対する XY 方向の変位	－ 2.2,1.2/40	5.5（4）

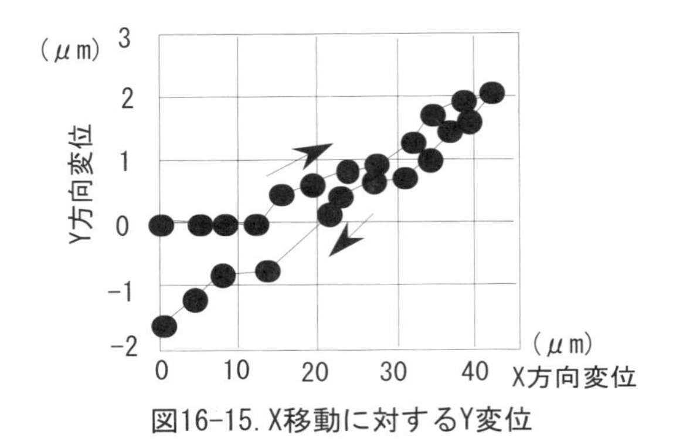

図16-15. X移動に対するY変位

この改造に関して、メーカーは具体的な対策内容を開示していないので、いかなる対策が行われたかは不明であるが、弾性ヒンジを用いたステージについては、調整による各軸の干渉量の改善が可能なことが判った。

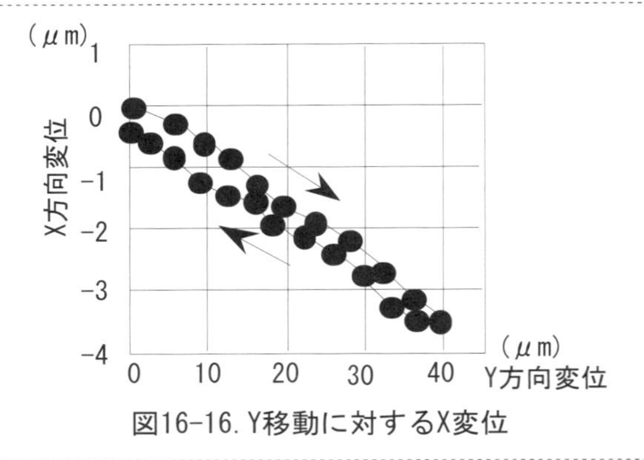

図16-16. Y移動に対するX変位

その他

3 軸圧電素子を用いた弾性ヒンジ構造の移動台の欠点は移動軸の干渉で、それぞれの軸の干渉値として、上記の数字は常識的な値である。この干渉をなくすには、干渉量の補正が有効である。この場合、目的の軸の移動に対して、ほかの軸を動かして補正する方法が現実的であるが、これが成立するにはヒステリシスのない、再現性の高い移動精度が必要である。

いずれにしても高精度のナノメーターのオーダーの位置決めを行うには、そのヒステリシス特性を除去する位置計測によるフィードバック制御が有効となる。レーザー測長計、または静電容量変位系（ADE 社製　商品名：マイクロセンス）、ひずみゲージを用いれば、サブミクロン寸法の位置計測が可能となる。

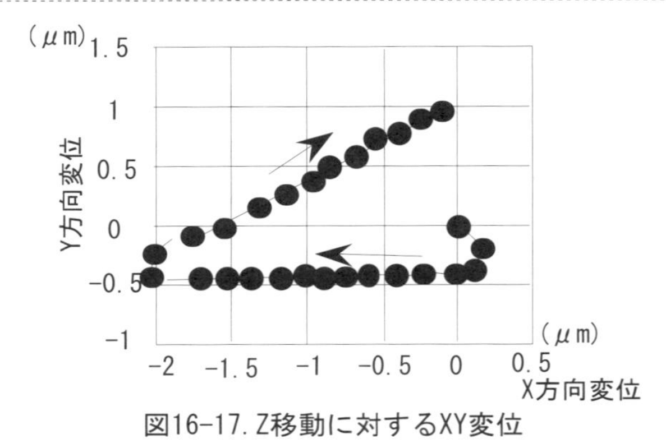

図16-17. Z移動に対するXY変位

17 真空内移動ステージの真空外駆動２軸の干渉による移動不良

概要

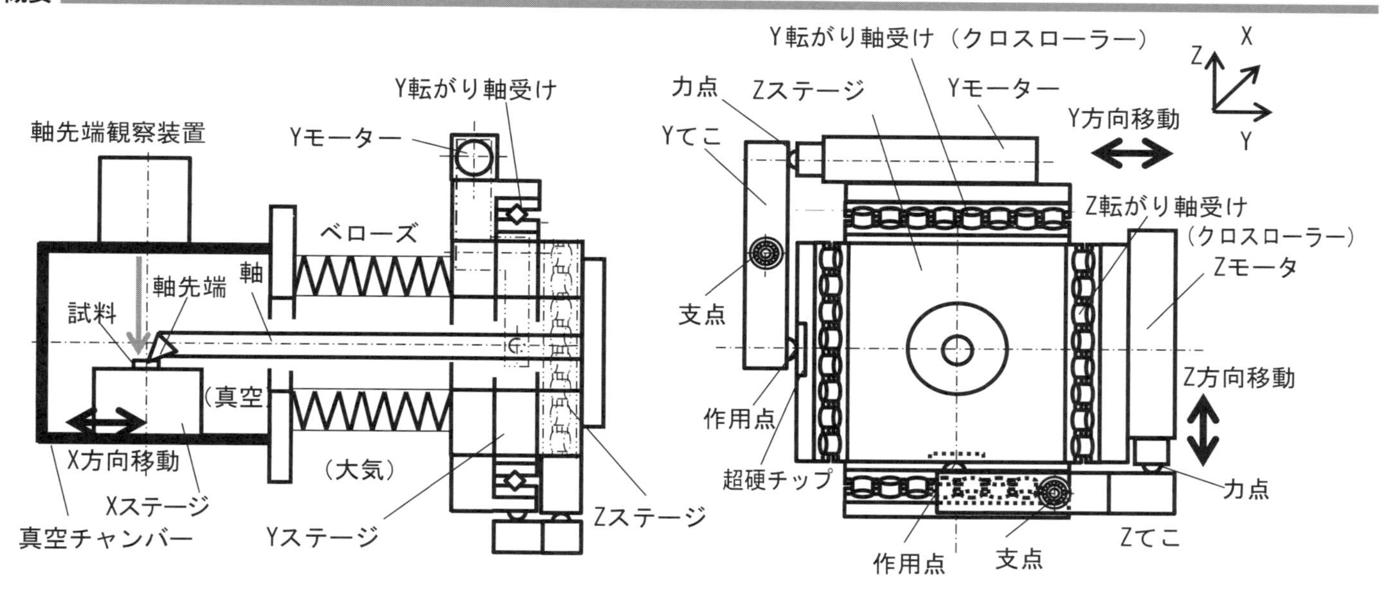

図17-1. 真空内XZ運動導入機構

図 17-1 に、10^{-7}torr の真空環境に配置した軸先端を、Z 平面内で YZ の 2 方向に移動する運動導入機構を示す。軸先端の移動は、真空外部に配置した YZ 方向に移動する 2 段重ねのステージを、それぞれの方向に駆動する構造となっている。

真空環境に X 方向に移動するステージが組み込まれており、真空外部に配置した YZ ステージと真空内部の X ステージで、試料に対して軸先端が 3 次元移動することを可能としている。YZ 移動の駆動源は、モーターと案内を一体化した構造の**駆動モーター**[解説 1] で、モーターの回転により、先端の微小移動を得ることができる。駆動モーターの動きを各ステージに伝える機構として、てこによる回転運動を使用している。てこは「支点」「作用点」「力点」で構成される単純な要素機構で、精密移動機械の動力伝達機械要素としてよく目にする。

YZ ステージの駆動機構の構造をわかりやすく説明するために、**図 17-2** に斜視図を示す。移動台を駆動する Y モーターは YZ ステージの固定台に取り付いており、てこを用いてモーター先端の作用点の動きを Y ステージに伝えている。Z モーターは Y ステージに取り付いており、同様に、てこを用いてその動きを Z ステージに伝えている。

てこの支点となる回転軸は、転がり案内を用いてスムーズな動きを得ている。モーター先端とてこ部品が接触する力点は鋼球とフラット面のすべり構造、てこと各ステージが接触する作用点は、鋼球と超硬チップフラット面のすべり構造である。

移動ステージの案内は、転動体としてころを用いた**クロスローラー軸受け**[解説 2] を使用している。各移動ステージは、てこによって一方向に押す構造であるり、反対方向の移動のためにステージを**バネで引っ張り、プリロードを加えている**[解説 3]（バネは図示せず）。

これらの機構によって構成される YZ ステージの移動の仕様は次のとおりである。

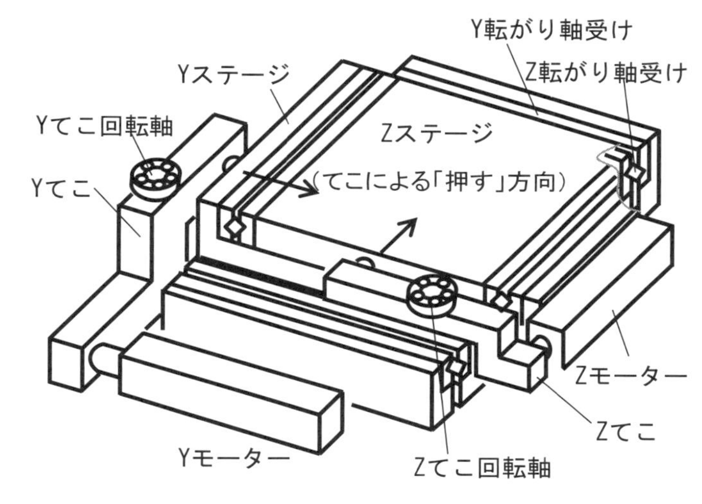

図17-2. 真空内XZ運動導入機構斜視図

(1) 移動距離：± 5mm
(2) 移動分解能：1 μ m

YZ ステージの移動を真空内の軸先端に伝達するための真空保持機能を有し、加えて YZ 方向に変形可能な要素機構として、真空に運動を導入する**溶接ベローズ**[解説 4] を用いている。

溶接ベローズは薄板を溶接で接合したもので、軸方向と軸と直角方向に可動性を有する真空要素部品である。大気と真空の遮断に用いており、使用した溶接ベローズの平均内径がΦ 50mm なので、約 20kg（≒ $2.5^2 \times \pi$）の大気圧荷重が X 方向に加わる。軸先端の動きは、真空チャンバー上部に配置した軸先端観察装置で位置の計測が可能な構造となっている。

この移動ステージを用いて軸先端の移動を行ったところ、Z 軸と Y 軸の移動の干渉が発生した。状況は次のとおりである。
(1) Z 軸の移動に対して Y 方向に 3 ～ 5 μ m 変位が発生した。
(2) この Y 方向の干渉は、Z 方向の一方向の連続移動に対して最初の一回時に発生し、その後の移動で発生はない。具体的には、Y 方向の移動が停止した後に、Z 下方向の一方向移動、複数回のうち、最初の移動時に、Y 方向に 3 ～ 5 μ m の移動が発生する。

解説 1　駆動モーター

駆動モーターとして使用した**図 17-1** に示す YZ 方向にその先端が移動するモーターを**図 17-3** に外観写真、外形サイズおよび仕様を示す。駆動はステッピングモーターのオープン送りで、そのコンパクトな形状と送りの分解能が 0.00002mm と小さい点がその特徴である。

ステッピングモーターの回転移動が減速機によって微小角に変換されて、内蔵の駆動ネジ（ピッチ 0.5mm）を回転させることにより、先端が 15mm の範囲内で分解能 0.00002mm で動く仕組みである。最小分解能が 0.00002mm であるから、この動きがステッピングモーターの 1 パルスで得られるとすれば、1 ステップ当たりのネジ軸の回転角は 0.0144（= 360/(0.5/0.00002)）° / パルスになる。駆動モーター内部にはその先端部の直進移動を案内するガイドが内蔵されている。

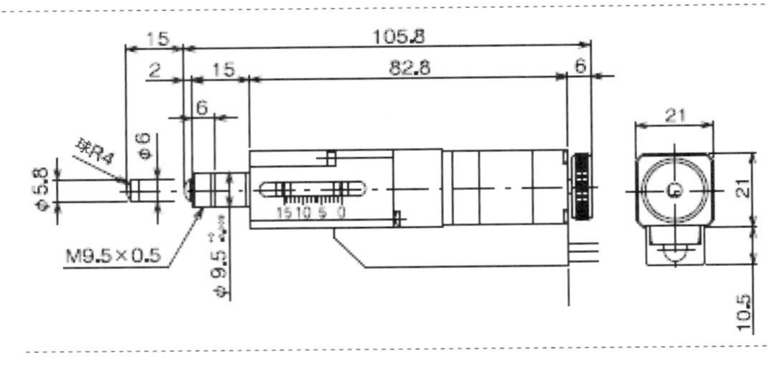

項目	仕様
移動量	0 ～ 15mm
使用モーター	ステッピングモーター
推力	10kg
分解能	0.00002mm
位置決め精度	0.01mm
繰り返し精度	± 0.003mm
重量	0.25kg

図17-3. 使用した駆動モーターの外観と仕様

出所：中央精機株式会社
(http://www.chuo.co.jp/core_sys/product/images/020/catalog/GC39144-145.pdf)

解説 2　クロスローラー軸受け

転動体、移動案内、リテーナーで構成されるクロスローラー軸受けと、これを組み込んだ直進ステージの写真を、**図 17-4** に示す。移動案内と固定案内の V 形状の溝に、リテーナーでその位置を保持された転動体を挟み込む構造である。転動体はころ形状で案内との接触部が直線となるので、接触部が点である玉構造の案内と比較して、剛性が高い点が特徴である。構造がシンプルであるために精度を出しやすく、高精度の直進転がり案内として使用される。一対のクロスローラー軸受けを 2 セット使用して高精度移動台を製作する場合、その移動精度を得るために下記の 2 点を満足させる構造としなければならない。

項番	項目	内容
1)	案内取り付け	取り付け面の高精度構造
2)	プリロード	軸受け転動体ガタの除去

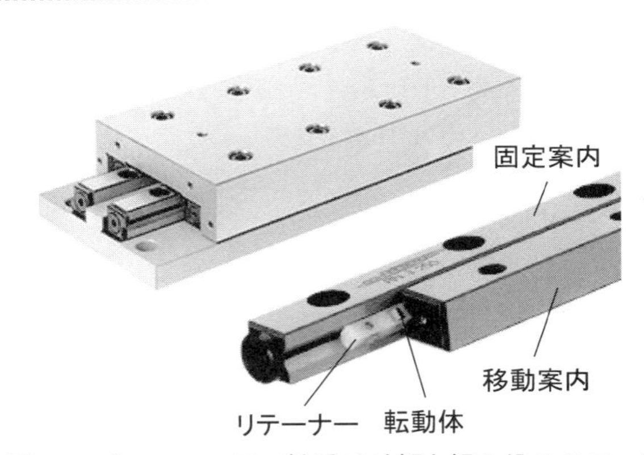

図17-4. クロスローラー軸受け外観と組み込みステージ

出所：シュネーベルガー
(https://www.schneeberger.com/ja/会社概要/コアコンペテンス/)

(1) 軸受け取り付け部品構造

取り付け部品の精度を決めるときの、クロスローラー軸受けの固定部品（移動台、固定台）の形状とその精度を示す（**図 17-5**）。

1)　移動台の左側に取り付く移動案内側面①を、左右方向の基準とする
2)　移動台の左右の移動案内の底面が取り付く面②⑦を、高さ方向の基準とする
3)　固定台の左右に取り付く固定案内の側面④⑤を左右方向の基準とし、当該案内の底面が取り付く面③⑥を高さ方向の基準とする
4)　面⑧は固定の基準面としないので、その平面を高精度に仕上げる必要はない

移動案内(基準)
③ ④　移動台
移動台に移動案内の固定ネジ
⑤ ⑥
移動案内
(プリロード)
押しネジ
(プリロード)
① ②
固定台
⑦ ⑧
固定案内
固定台に固定案内の固定ネジ

図17-5. クロスローラー軸受けの組み立て図

(2) 取り付け部品の精度

移動台

1) 移動台の①面は、図中仕上げ記号面を研削加工するための基準面となるので、研削加工により平面精度を得る
2) 図中A基準面は、平面研削盤の砥石側面で加工する
3) 図中直角形状精度面は、平面研削盤の砥石外周で加工する
4) 材質は、真空部品を考慮して、錆の発生のないSUS304とする

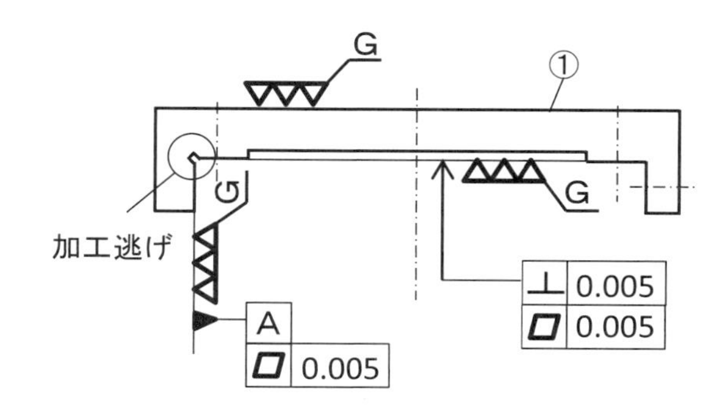

固定台

1) 固定台の①面は、図中仕上げ記号面を研削加工するための基準面となるので研削加工により平面精度を得る
2) 図中平行形状精度面は、平面研削盤の砥石側面で加工する
3) 図中直角形状精度面は平面研削盤の砥石外周で加工する
4) 材質は真空部品を考慮して錆の発生のないSUS304とする

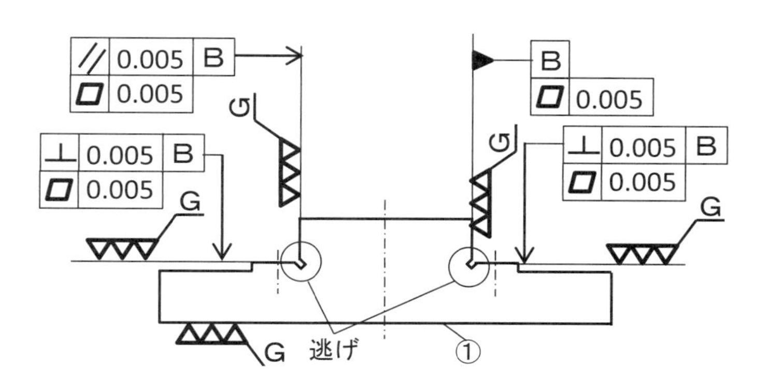

(3) 組み立て

1) 移動台の右側移動案内以外の案内を、移動台、固定台の高精度加工面に押し付けて、固定ネジで固定する。
2) 移動台の右側移動案内を、移動台の側面の押し付けネジにより、プリロードを加えて固定する。プリロードは押しネジのトルク管理で行い、案内を均一に押し付ける。

解説3 バネによる移動台の送り方向のプリロード付加法

図17-6に、クロスローラー案内の移動軸方向の引っ張りバネにより、移動方向にプリロードを付加した構造を示す。引っ張りバネの一端は固定台に取り付けたピンに、他端は移動台に取り付けたピンに固定されている。この引っ張りバネの伸び力で、移動台を駆動モーターの矢印方向に押し付けている。引っ張りバネは、移動台の移動方向に対して左右に配置し、クロスローラー案内にモーメント力が発生しない構造となっている(反対側の引っ張りバネは、図に示されていない)。駆動モーターは、先端の前後移動によって移動台を同方向に駆動するので、両部品の接点である駆動モーターの先端と移動台の接触点は、常に接触している必要がある。そこで、接触点に一定の押し付ける力を発生させて、モーター先端の移動変異が移動台に伝わるようにしなければならない。モーター側の接触点は、移動モーターの先端に鋼球をかしめで固定しており、移動台の接触部には超硬材のブロックをかしめで取り付けてある。

引っ張りバネは、メーカーから供給されている標準品の中から自由長、発生荷重、巻き径などの緒元値を決めて選定する。代表的なバネメーカーの、標準品の選択のための表を、次頁**図17-7**に添付しておく。

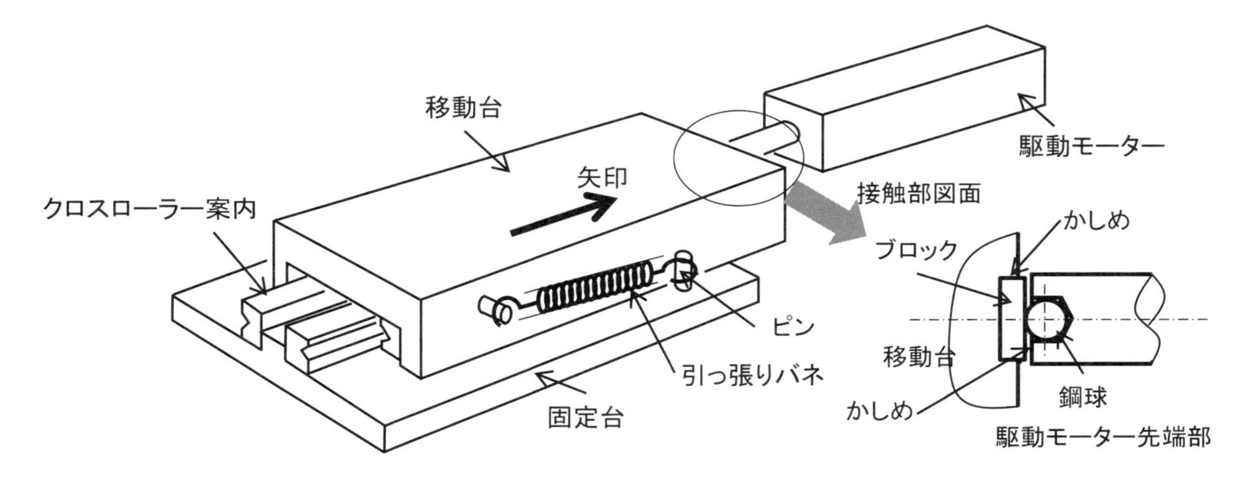

図17-6. クロスローラー案内移動台のバネの使用

製品番号	外径 (OD) φ mm	線径 (d) φ mm	自由長さ (Lf) mm	総巻数 (N) 巻	ばね定数 (k) N/mm	基準荷重 (P1) N	基準荷重時長さ (L1) mm	許容荷重 (P2) N	許容荷重時長さ (L2) mm	初張力 (Pi) N	1袋内個数
E645	10	0.8	31.7	15.5	0.282	5.98	46.6	10.2	61.6	1.765	10
E646			38.9	24.5	0.18	5.98	62.3	10.2	85.6	1.765	10
E647			50.9	39.5	0.114	5.98	88	10.2	125	1.765	10
E648			69.3	62.5	0.072	5.98	128.2	10.2	187.1	1.765	10
E665		1.2	36.5	15.5	1.632	21.67	44.4	34.52	52.3	8.826	5
E666			47.3	24.5	1.044	21.67	59.6	34.52	71.9	8.826	5
E667			65.3	39.5	0.653	21.67	85	34.52	104.6	8.826	5
E668			92.9	62.5	0.415	21.67	123.9	34.52	154.8	8.826	5
E669		1.4	38.9	15.5	3.236	34.81	44.8	53.94	50.7	15.691	5
E670			51.5	24.5	2.069	34.81	60.7	53.94	70	15.691	5
E671			72.5	39.5	1.294	34.81	87.3	53.94	102.1	15.691	5
E672			104.7	62.5	0.824	34.81	127.9	53.94	151.1	15.691	5

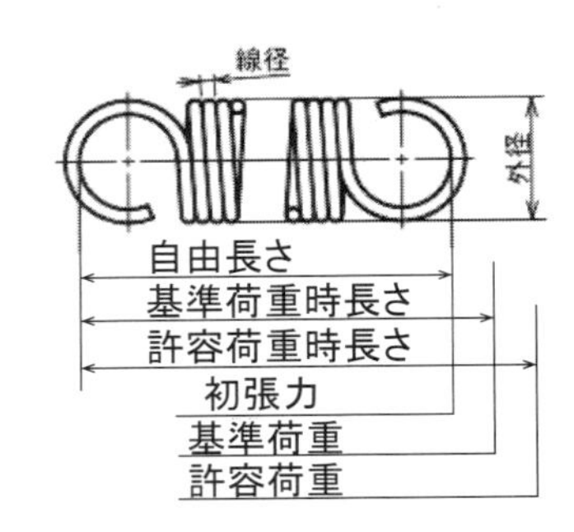

出所：株式会社 アキュレイト
（https://www.accurate.jp/）

図17-7. メーカーから提供されている標準引っ張りバネ

解説4 溶接ベローズ

溶接ベローズは、真空装置において真空外部の強制変位により真空内機器を移動する場合、大気環境と真空環境を遮断する、真空装置のキーとなる要素部品の一つである。**図17-8**に外観写真、**図17-9**に断面図を示す。図からもわかるように、溶接ベローズはドーナッツ形状のステンレスの薄板を、その外周部と内周部で溶接して、板厚方向に重ねた構造となっている。ステンレス板の板厚は0.1～0.5mm程度で、断面形状は波型、平坦円板などの各種がメーカーから提供されている。**図17-9**に示すように、ベローズの両端にはフランジが取り付いており、一端のフランジを固定側に、他端のフランジを移動側に取り付け、両フランジの相対変位をベローズで吸収する。変形による所定の半径方向と軸方向の変位を得るためにこのような構造になっているが、半径方向の変位はベローズの外径による制限があり、通常大口径のベローズは移動しにくいので、多数枚の薄板を重ねることになる。ベローズの仕様（口径、長さ、自由長に対する軸方向変形量、半径方向変形量）がメーカーから提供されているので、参照していただきたい。

参考までに、メーカーから提供されているベローズの変形の状況を示した写真を、**図17-10**に示す。メーカーのカタログによれば内径φ50mm、外径φ70mmで、1ブロック長17～22mmで軸方向変位5mmを得ることが可能である。より長い変位を得るには、このブロック数を増やす必要があるが、形状により許容されるブロック数は制限があるので注意を要する。ブロック数を増やす場合は、案内の付加など、特殊な構造の採用で対応可能である。上述したように、溶接ベローズは薄板を多数枚重ねた溶接構造であり、高度な薄板溶接技術を駆使した製品といえる。

溶接ベローズの端部には、フィッティングと呼ばれる板が取り付いており、この板にユーザーは所望のフランジを溶接で取り付ける。溶接部の形状については、メーカーが公開しているので、必要に応じてそのHPで確認していただきたい。

図17-8. ベローズ外観
出所：入江工研 株式会社
（http://www.ikc.co.jp/products/bellows/ts_wbellows.html）

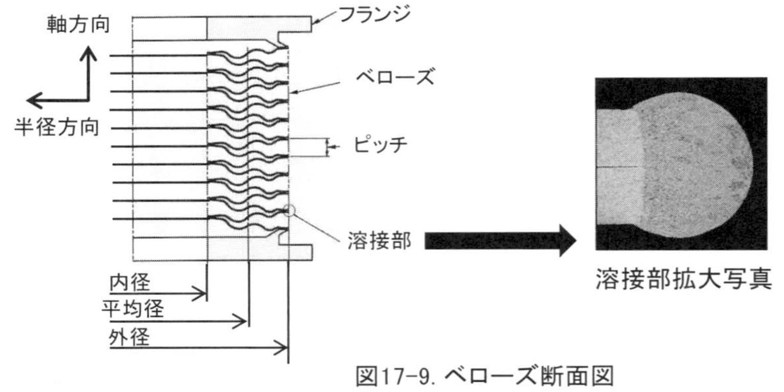

図17-9. ベローズ断面図
出所：日本バルカー工業株式会社
（http://www.valqua.co.jp/wpcontent/uploads/pdf/products/pc07_0312.pdf）

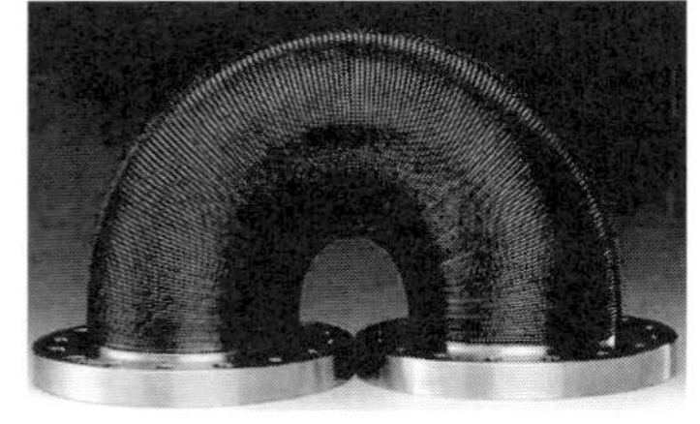

出所：日本バルカー工業株式会社
（http://www.valqua.co.jp/wp-content/uploads/pdf/products/pc07_0312.pdf）

図17-10. ベローズ変形

原因

干渉の原因究明のため、Z 方向の駆動により発生する力を、**図 17-11** を示す。Z 方向の移動は、Z てこの支点を中心とする回転運動によって生じる、作用点の軌跡で示される回転運動で得ている。この回転運動は、Z 方向の駆動力とともに、Y 方向の摩擦力を生ずる。

この現象から、このトラブルの原因は次のように推定される。

(1) 作業点の移動により Y 方向摩擦力がグレーの矢印方向に発生

(2) Y 方向摩擦力が Z 移動台のクロスローラーガイドを移動方向と直角方向に押すことにより、Y 方向に変位が発生

(3) この変位は、Z 方向移動開始時のみに現れており、以後の移動では発生していないことから、運動開始時の初期に発生する移動台案内の移動方向と直角方向に存在したガタが原因と考える

図17-11. Z駆動部

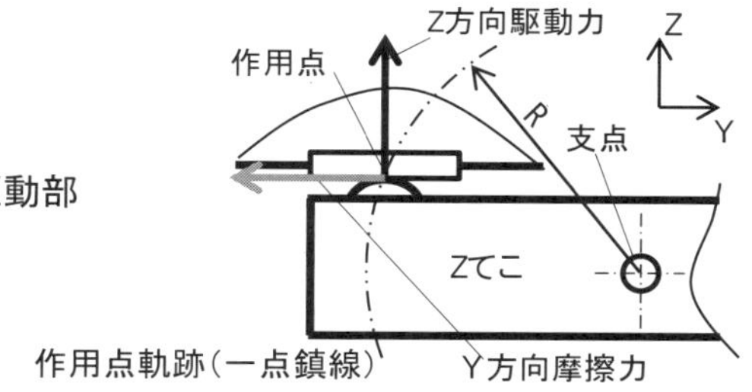

対策

図 17-12 に改造後の Z 方向駆動部の構造図を示す。てこの作用点部分に転がりベアリングを配置して、駆動時に発生する Y 方向摩擦力を低減した。この対策を施すことで、Z 方向の移動に対して Y 方向の干渉をなくすることができた。Y 軸受け、Z 軸受けともに、同様の対策を行った。

この改造に際して、Z 移動クロスローラー軸受けのプリロードの付加と、転がりベアリングの取り付けの 2 案を、対策案として挙げた。両対策を行う予定であったが、転がり軸受けの使用で問題が解消されたので、プリロードの付加は実施しなかった。両対策の考え方は右の表のとおりである。

得られた知見

多軸の移動機能を持つステージでは、駆動によって発生する移動の干渉を検討項目に入れなければならない。特に摩擦力が干渉方向に発生する場合、この摩擦力を低減しなければならない。そのための有効な手段が、転がり化である。発生する力を低減すると同時に、軸受け剛性を上げる対策が重要である。

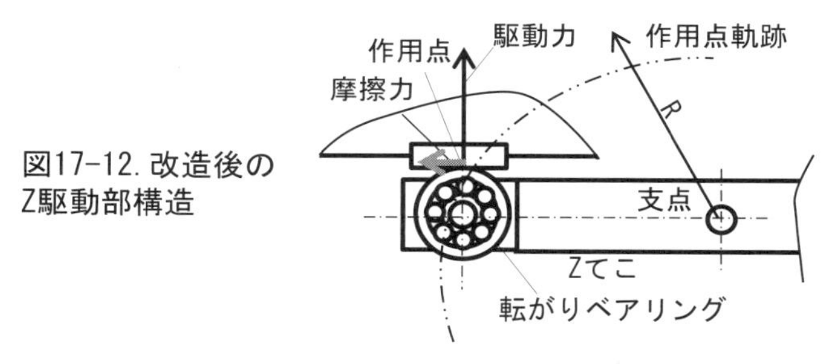

図17-12. 改造後の Z駆動部構造

項番	項目	内容	考え方
1)	転がり軸受け	Z てこの作用点をすべりから転がりに変更	作用点で発生する Y 方向の摩擦をを小さくして、変位量を抑える
2)	プリロード	Z 移動クロスローラー案内のプリロードの付加	Z 移動台側面のプリロードネジによってプリロードを加えてガタを取り去り、作用点の摩擦力による変位を減じる

エンジニアの忘備録 8

他人の書いた図面をデザインレビュー（DR）するには

装置設計の手順は、次のような工程となる。①要求者から仕様を聞き、ラフスケッチと概略計算により原理設計を行う。②ドラフタに向かい、スケールを決めて、計算などにより基本設計を行う。③加工･組み立て･使い勝手を考えた詳細設計に進む。④ DR を行う。⑤ 1：1 スケールの製作図面を作成する。この一連の工程の④が DR であり、同僚、上司、ほか関係する技術者から意見を聞いて、計画図を修正する。場合によっては、②の基本設計が終了した後に DR を行う場合もあるが、ここでは④の後の DR について話す。大型装置で数カ月にわたって進めた計画図について参加技術者に説明し、あれこれとダメ出しをされるのは、担当した設計者にとって、つらい局面である。しかし、DR によって計画図が新たな視点で評価され、その結果、製作後のトラブルを確実に減らすことができる。

私が若いころ、ベテラン設計者の意見には感服したものである。ベテランといわれる設計者の指摘は、経験に裏付けられた知識から出てくる内容であり、中には私が考えも及ばなかった問題点もあった。関係者の立場で DR に参加するとき、そこで議論される計画図チェック法の方針は、次のとおりである。①構成部品の加工ができるか（加工作業）②組み立てができるか（組み立て調整作業）③要仕様を満たすか（顧客満足）。特に部品点数が 100 点を超える比較的な大きな装置では、問題点を見つけるのは難しい。DR の視点は自分が過去に設計した構造と考え方の異なる部分であり、特に経験したトラブルについては細部にわたった DR が可能となる。上記の 3 項目について DR を行うわけであるが、ベテランの設計者は頭の中で製作工程のプロセスに従って作業を行なってみる。たとえば組み立てる場合、ネジを取り付け、レンチで回して仮固定し、芯出しを行い、固定を行う。このときの、ネジの取り付けスペース、レンチ作業のスペース、芯出し測定器の種類と取り付けスペースなどをチェックするわけである。このように DR の手順を理解し、それなりに技術を付けておけば、DR 参加時に有用な発言によって一目置かれ、優秀な設計技術者として関係者から尊敬されるのである。

ちなみに、私が若いときに、受けた DR で今でも印象深いのは、次の 2 点である。①運搬に関する配慮で、具体的には釣りボルトの取り付けスペース　②組み立て時の計測装置とこの計測装置を取り付けるための基準面の設置

18 駆動ネジのスラスト支持不備による送り方向誤差の発生

概要

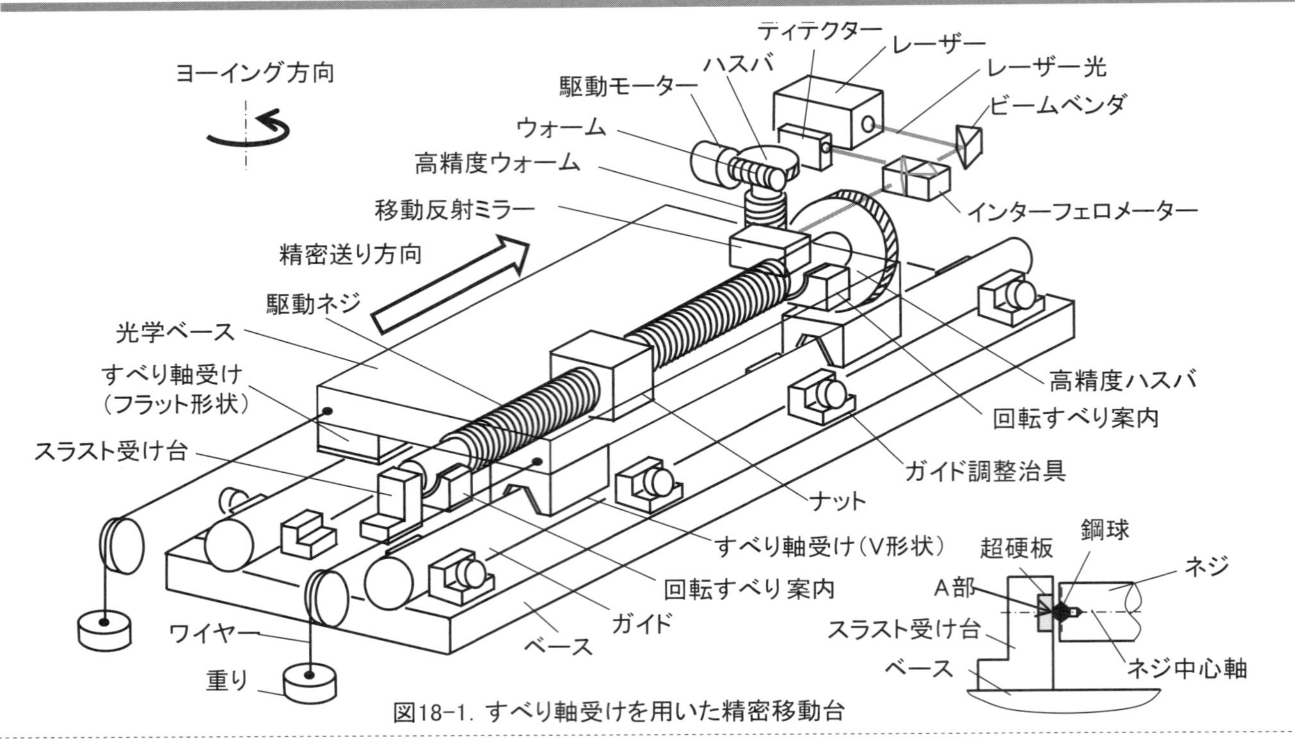

図18–1. すべり軸受けを用いた精密移動台

図 18-1 に、鋳物製の光学ベースを、矢印で示す一方向に駆動する、精密移動台の斜視図を示す。この精密移動台の案内構造は、ベースに固定した断面を丸形状に加工した２本のガイドと、光学ベースの下面の四隅に取り付いたＶ形状とフラット形状部品の、すべり構造となっている。**すべり軸受け**解説1 である **V 形状の案内**解説2 は、移動に対して直角の方向および上下方向に光学ベースを拘束し、**フラット形状の案内**解説2 は上下方向に光学ベースを支える。すべり軸受けとガイドである金属製丸軸との接触部には、摩擦係数の小さい樹脂が接着されており、滑らかな動きを得ている。丸軸は研削加工で円筒度５μｍ以下の形状精度で仕上げ、ガイド調整治具を用いて光学ベース上に直進精度良く固定されている。光学ベースの直進移動精度は、Ｖ形状のすべり軸受けと接触する丸軸ガイドの直進性に依存しており、組み立て時にレーザー測長計による移動の**ヨーイング**解説4 データを用いて調整する。光学ベースの下には、移動のための駆動ネジとナットが配置されている。ナットは光学ベースの下面にネジ固定されており、駆動ネジは前後に取り付けた**回転すべり案内**解説1 に支持されている。駆動ネジの回転方向のすべり案内は、円形状の半割り構造で、駆動ネジ軸との接触部には低摩擦の樹脂材料を接着してある。駆動ネジの軸方向のスラスト拘束は、駆動ネジ端部のセンター穴に鋼球を配置して、これがスラスト受け台の超硬板と接触している。駆動ネジのセンター穴は他端にも加工してあり、この両センター穴は、より高精度な研削加工を行う目的で、研削盤にこの部品を正確に取り付けるための、前加工孔である。両センター穴の精度は、高精度研削ネジを加工するキー技術の一つとなっている。

駆動ネジの他端には**高精度のハスバ歯車**解説3 が固定されており、これと噛み合ったウォームにより回転駆動されている。このウォームには、もう一つのハスバ歯車が取り付いており、駆動モーターの軸端に固定されたウォームと噛み合い、ハスバ歯車を駆動している。すなわち、ネジはウォームとハスバを組み合わせた２段の減速機を介して駆動されていることになる。

光学ベースには、ワイヤーを介して左右に２個の重りが取り付いており、ネジ軸の先端に配置した鋼球とベースに固定したスラスト受け台の超硬板の間に接触力が発生するように、プリロードを加える構造となっている。

光学ベースは、**レーザー測長計**解説4 で距離の計測をしている。レーザー測長計は移動反射ミラー、レーザー、ディテクター、ビームベンダ、インターフェロメーターで構成されている。この測長計は、進行方向の移動距離のほか、移動に伴う光学ベースのヨーイング方向の回転計測（**ヨーイング計測**解説4）が可能で、ガイドの直進性を高精度に測ることができる。

移動する光学ベースと固定されたベース板の材質は、温度変化に対して熱膨張率の小さい**ニレジスト系の鋳物**解説5 を用いており、外乱に強い構造となっている。

この移動台を矢印方向に移動中に、前後方向に 90nm の移動ムラが発生した。この移動ムラは、モーターが一定速度で回して移動台が移動しているときに、直線に対して 90nm の移動変動が発生する現象として現れた。

解説 1　すべり軸受け

すべり軸受けは固定部と移動部の間のすべりで両部品の相対移動を可能とする軸受けで、相対移動のすべり機能と移動部の動きを拘束する機能を持っている。

この光学ベースでは、すべり材料として樹脂材料を使用しているが、この樹脂材料と軸受け材を固定する接着方法について説明する。

すべり軸受けの諸特性は次のとおりである。

1） 材料：ガラス繊維入りのテフロン
2） 厚み：0.27mm
3） 固定：接着面とすべり面が表と裏に分けられており、接着面を接着剤で金属に固定可能

ガラス繊維は対磨耗特性を上げるための対策で、テフロンの磨耗特性を桁違いに改善することができる。同種の製品の物性値などを**図 18-2** に、当該 HP から抜粋したすべり軸受け材料の特性などを以下の 1）～ 3）に示す。

1） テフロンライナーは、グリース、オイル、水分等の影響を受けて、わずかに膨潤する
2） グリースやオイルの塗布は、効果がない上にコンタミネーションを巻き込み、異常磨耗の原因となるため、その使用は避ける
3） 荷重によっても異なるが、テフロンライナーは使い始めて 500 ～ 1,000 サイクルで初期摩耗が起こり、これを過ぎると摩耗速度は落ちる

テフロンライナーの直線軸受けについて、その接着法を**図 18-3** に示す。エポキシ系接着剤を裏面に塗布し、軸受けの V、フラット形状の接着面に押し付けて接着を行うのであるが、V 形状の接着には、図のように、角形状の接着用軸を押し当てて、V の角度が所定の 90° となるようにする。接着剤の厚みでこの角度を調整することになるが、接着用軸の角度が転写されるので、接着用軸の角度は正確に仕上げておかなければならない。この接着用軸を押し当てたままの状態で放置し、接着剤が固化するまで待つ。

次にフラット形状の面の接着だが、平坦度が出た接着用ブロックを使用する。これは、接着用ブロックの平坦面が、フラット軸受け樹脂のすべり面に転写されるためである。

両形状のすべり軸受けの接着を行う場合、樹脂のすべり面の Z 方向の高さを管理するために、接着剤の厚みをコントロールする必要はない。ただし、接着される金属材料の接着部の当該高さは、機械加工で所定の寸法に決めておく必要がある。これは V・フラットで構成される軸受け構造は、高さ方向の寸法を組み立て作業で調整できないためである。

続いて、回転すべり案内にすべり軸受けを接着する方法について、**図 18-4** に示す。ネジのすべり部の径と同寸法に加工した接着用軸を用いて、2 個の回転すべり案内を同時に接着する。

接着方法は、前記した直進すべり軸受けと同様であるが、回転すべり軸受けでは 2 カ所のすべり面の高さを一致させなければならない。高さが一致していない場合、**図 18-1** の駆動ネジがベース板に対して傾いて取り付くことになり、結果としてネジの回転すべり面と接着した回転すべり案内がせり合うことになる。

名称	テフロンライナー（x-1118）
補強材	ガラス繊維
厚さ	0.25 ～ 0.29mm
静荷重性能	482N/mm^2
動荷重性能	220N/mm^2
摩擦係数	0.03 ～ 0.1
概要	広く用いられているライナーシステム

図 18-2. すべり軸受け用テフロンシート材料

出所：ミネベアミツミ株式会社（http://www.eminebea.com/jp/engineering_info/bearing/rodend_sphericalbearings/cat-2/003.shtml）

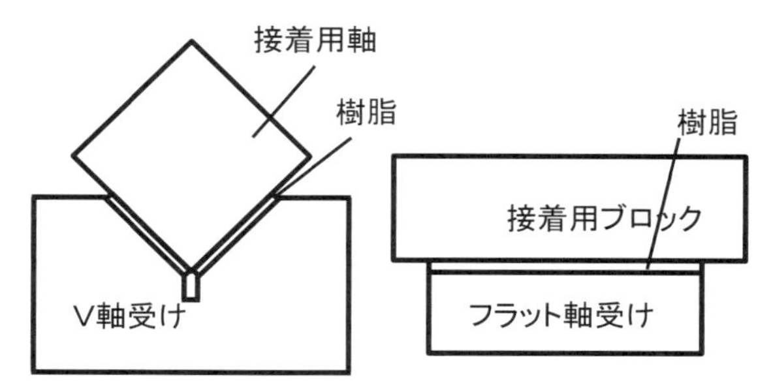

図18-3. 直進すべり軸受けの接着法

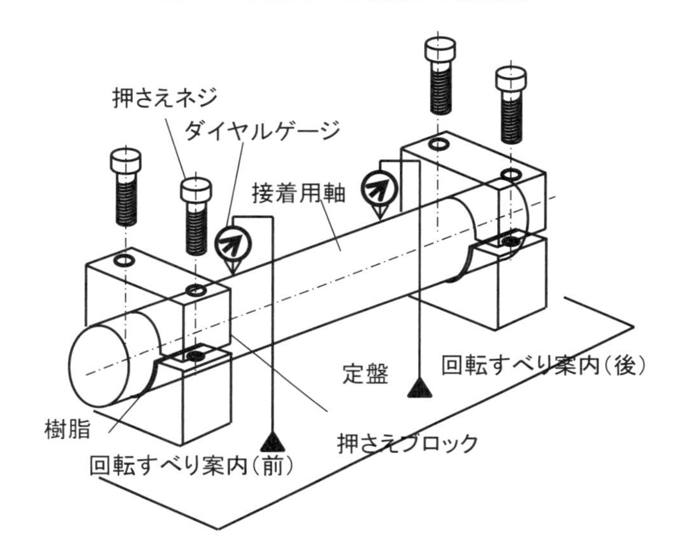

図18-4. 回転すべり軸受けの接着法

定盤上に案内を固定した後、接着剤を塗布した樹脂シートと案内部を合わせる。その際、押さえブロックで接着用軸を上部から押さえ込むことで、高さ方向の寸法をそろえた接着を行う。

具体的にこの作業を説明すると、定盤面から接着用軸の一番高い頂上点の高さをダイヤルゲージで計測し、図に示した前後位置でこの値が所定の 5 μ m 以内になるように押さえブロックのネジの締め付けを調整する。この接着は前後の軸受け高さを決められた一定の数値にそろえる必要があるので、直進軸受けの接着と比較して難易度が高いが、必要な治具を準備して適切なプロセスを適用すれば、比較的容易に行なうことができる。

解説 2　V 形状案内、フラット形状案内

工作機械を含む精密機械の直進軸受けの案内としては、高速化のニーズに応えて、リニアガイドと呼ばれる循環型の転がり軸受けが多く使われるようになってきている。以前は精密直線軸受けの多くはすべり軸受けで、通常は、V- フラット案内、

V-V 案内が用いられていた。**図 18-5** に両案内の、移動方向と直角方向の断面図を示す。左図が V- フラット案内の断面図、右図が V-V 案内の断面図である。V- フラット構造では、紙面方向の移動方向に対して直角方向と上下方向を V 形の案内で支持し、右側のフラット面で上下方向を指示する。この場合、下部品を固定とし、上部品を移動とする。右断面図の V-V 案内は左右の両軸受けが上下支持と直線案内の両方向を案内することになる。両案内の特徴は次のとおりである。

移動精度	加工性
①ヨーイング（Z 軸回転）のモーメントに対しては V-V 案内が剛性が高いためその変形量が小さい ②移動による Z 方向の移動精度は両軸受けとも同等	①加工性は V- フラットがその精度を出しやすい ② V 案内を図 18-5 では凹形状を凸形状としているが、両側を凹形状に加工し、その間に角形状のブロックを配置する、加工の容易性を考慮した V-V 案内も存在する（右図に示す）。

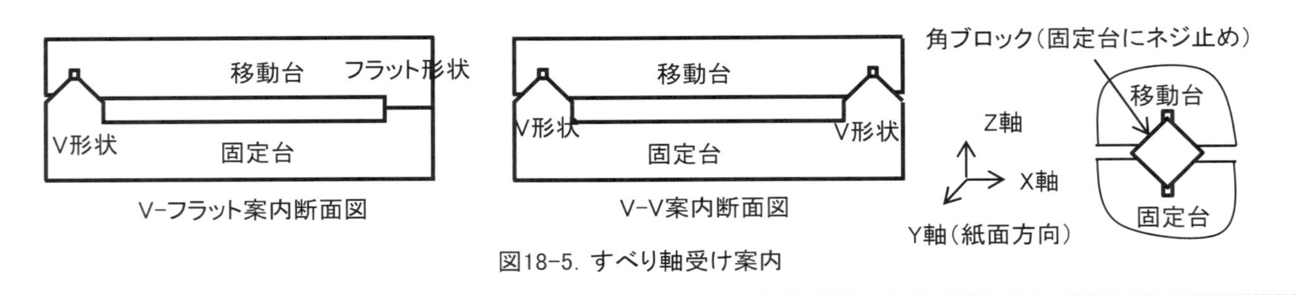

図18-5. すべり軸受け案内

解説3 高精度ハスバ・ウォーム歯車

高精度ハスバ・ウォーム歯車の噛み合いを、**図 18-6** に示す。ネジの一端に取り付いたハスバ歯車と、ウォーム歯車が噛み合う構造である。ハスバ歯車の外径は約 φ 150mm。ウォームの外径は φ 25mm 程度で、歯形はインボリュート形状、モジュールは 0.8 である。材質は焼入れが可能な鋼で、両歯車ともに研削加工で仕上げてある。ハスバ歯車と駆動ネジとの固定は、駆動ネジのインロー部にハスバ歯車の穴をはめ込み、駆動ネジ軸に加工したハスバ歯車固定ネジにナットを締め付けて、ハスバ歯車をフランジ端面に押し付ける。ナットは、緩み止めの目的で、ダブルナットとする。

ウォームとハスバ歯車の噛み合い精度の角度伝達誤差を、両軸にロータリエンコーダーを取り付けて計測した。**図 18-7** に、その計測の外観図を示す。左右のセンターでウォームの両端のセンター穴を押して支持し、ケレーでウォームの回転角をロータリエンコーダーと駆動モーターの取り付け軸と結合している。ハスバ歯車は、ウォーム軸と直角に取り付いており、その回転軸の端部にも、同様にロータリエンコーダーが取り付いている。このエンコーダーで両部品の回転角を読み、その回転伝達誤差を計測する。

図 18-8 に、その計測結果を示す。理想的な噛み合いに対してウォーム歯車の取り付け位置を変化させて、回転伝達誤差の計測を行った。計測結果グラフの小さな山がウォーム歯車一回転の誤差で、どの噛み合い条件においても約 1 秒となっている。噛み合い条件を変えた場合、角度伝達誤差が変化しない現象は、まさにインボリュート歯型の特徴を示している。なお、このグラフで 1 目盛が 1 秒となっており、誤差のない理想的な噛み合いデータのグラフは直線を示す。

歯車を用いた角度伝達誤差が小さい減速系の設計は、高精度歯車の使用はもちろんであるが、両歯車が「ちゃんと」噛み合う構造設計が重要である。「ちゃんと」とは、歯切り加工時の歯車と加工工具の関係を、組み立て時に再現することである。そのためには、歯車の加工基準面を、組み立てで再現する。確認のための基準面は、**図 18-6** に示すように、ハスバ歯車の基準端部と基準円周部としている。

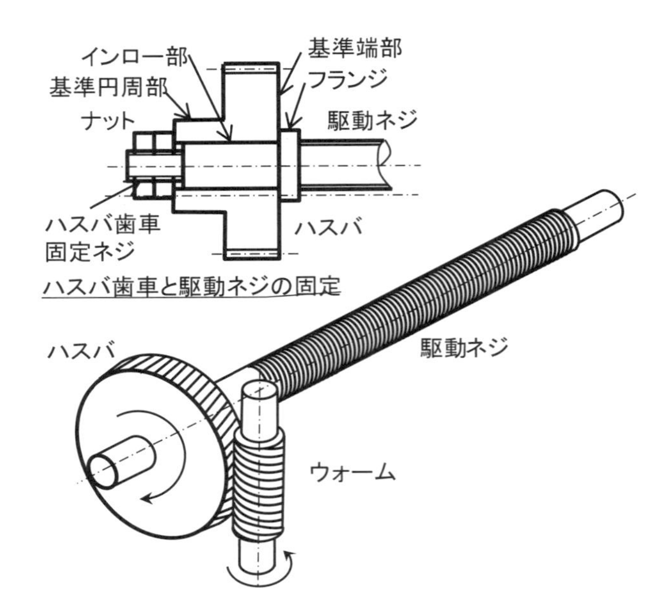

図18-6. ハスバ歯車とウォームの噛み合い

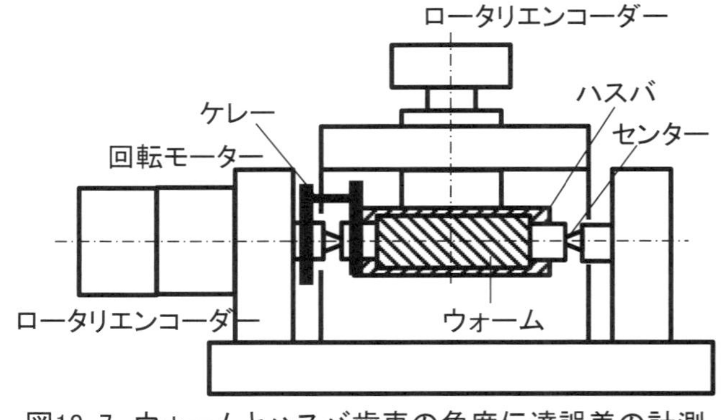

図18-7. ウォームとハスバ歯車の角度伝達誤差の計測

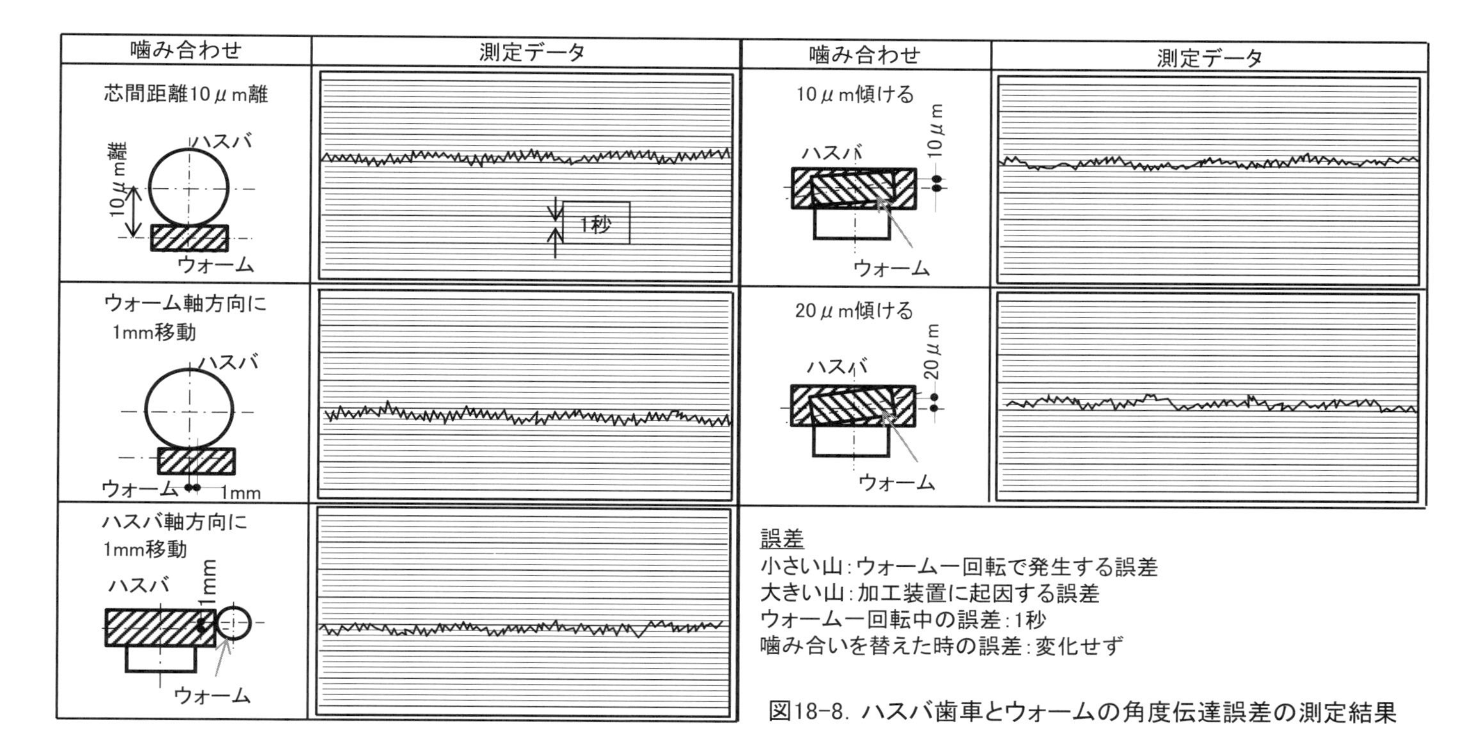

図18-8. ハスバ歯車とウォームの角度伝達誤差の測定結果

解説4 レーザー測長計

レーザー光の干渉による、大距離の高分解能な計測法である。この干渉による寸法計測の歴史は古く、19世紀の末に米国軍人マイケルソンによって発明された。マイケルソンは、光のドップラー効果を実験で示そうと考え、この高精度測定器を開発したと伝えられている。当時はレーザー光はなかったので、装置は単色光を用いたものであった。マイケルソンはこの装置を用いて、地球の自転で生じる東西軸方向の表面速度30km/秒と、南北方向の0km/秒の差が、光の速度に与える影響を計測しようと試みた。すなわち、この高精度測長計を地球上で法線軸に対して回転させれば、光の波長が変化するので、干渉の縞模様が動くと考えた。結果は、どのような位置に向けても、縞模様はぴたりと止まったまま動かなかった。これは、どんな速度で動く物体から発した光も、秒速30万km/秒の一定速度で動くという特殊相対性理論を示すことになった。この測長計の開発で、マイケルソンは1907年に米国人初のノーベル賞を受賞した。

マイケルソンの開発した測長計の原理図を、**図18-9**に示す。以下ウィキペディアの内容を引用する。

マイケルソン干渉計には精密に磨かれた2つの鏡がある。光源から単色光を発し、それが光線に対して斜めに置かれたビームスプリッターにあたる。ビームスプリッターはいわゆるハーフミラーになっていて、光線の一部はそのまま透過して一方の反射鏡に向かい、別の一部は反射されてもう一方の反射鏡に向かう。それぞれの反射鏡で反射された光線はビームスプリッターに戻って合流し、一部は光源とは異なる方向へ進む。そこに検出器を置いておくと干渉縞が観測できる。

マイケルソン干渉計における光の経路

光源から検出器までの経路は2つある。一方はビームスプリッターで反射されて図の上の方の鏡に向かい、反射されてビームスプリッターを透過して検出器に向かう。もう一方はビームスプリッターを透過して右端の鏡に向かい、反射された後ビームスプリッターで反射されて検出器に向かう。単色光源から発せられた並行は光線がビームスプリッターに当たったとき、反射する光線と透過する光線は同じ強さになることが基本である。どちらの光線も可干渉光である。つまり、マイケルソン干渉計は1つの光源からの光を分割することで可干渉光を生み出している。2つの経路の長さが波長の整数倍（0を含む）の場合、2つの光線は互いに強め合うように干渉し、検出器は強い信号を検出する。

マイケルソン干渉計の原理説明で示した2枚の反射鏡のうち、一枚を移動するステージに、他の一枚を固定側に設置すれば、ステージの移動による変位が、干渉光の明暗の縞模様の動きとなって現れる。

移動台のレーザー光半波長の移動距離が干渉縞の明暗が1/2波長分動くことになるので、波長0.6328 μ mの赤色レーザーを用いた場合、0.3124 μmが明暗の一波長ということになる。

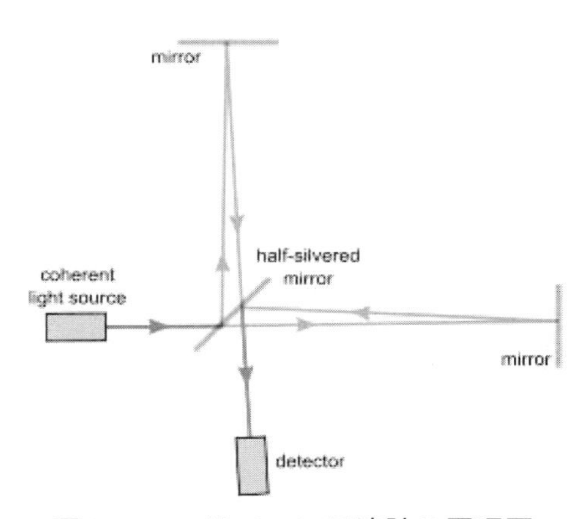

図18-9. マイケルソン干渉計の原理図

出所：ウィキペディアフリー百科事典
（http://ja.wikipedia.org/wiki/マイケルソン干渉計）

最近の信号処理は高度化しているので、一波長分の干渉縞を分解能 256 分割すれば、1.22nm の分解能を持つ測長計も得られる。この精度は、原子のサイズのオーダーである。

この原理を応用した測長計が、メーカーから供給されている。私が、現場にいたころは 1 軸数百万円と高価であったが、最近は、手軽に使用できる価格になっている。その分解能の微小化は特筆すべき点であるが、現実的に測定対象物の、このオーダーでの移動が可能かどうかは、はなはだ疑問である。

図 18-10 に、メーカーから供給されている測長計を、1 軸の距離測定に使用する場合と、2 軸によるヨーイング角度の測定に利用する事例を示す。ヨーイング計測では 1 秒の角度が計測できることが理解できよう。本方法を垂直方向に使用すれば、ピッチングも同様に計測することができる。

紹介したレーザー測長計は汎用機としてコンパクトに製作されたものであり、センサーユニット内に光源のほかインターフェロメーターなどの基準鏡が仕込んである。このほかに、装置内部に各レーザー測長計の部品を組み込んだ、精密移動ステージの専用使用機も供給されている。

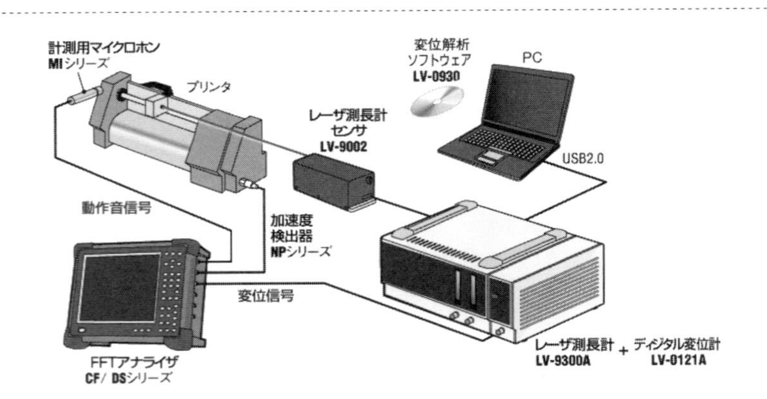

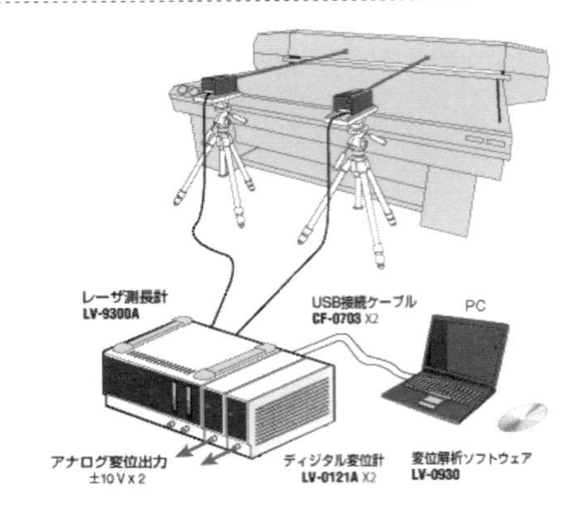

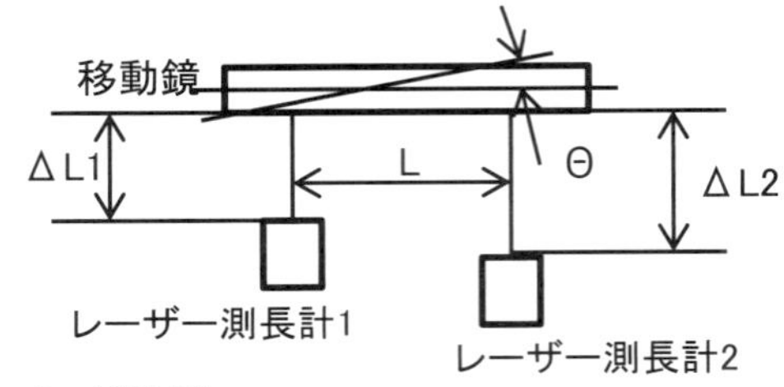

距離計測

0.155 nm の高分解能と1 MHz の高速サンプリングが実現可能

ヨーイング計測

ヨーイング角度 $\Theta = \frac{\Delta L2 - \Delta L1}{L}$

L=200mm, ΔL2−ΔL1=1 μmとすれば Θ=1秒$= \frac{1\mu m}{200mm}$

2台のレーザーを使用することで、基準長さ(L)その差分(ΔL2−ΔL1)を同時に計測しピッチング、ヨーイングが測定可能となる

図18-10. メーカーから供給されているレーザー測長計

出所：株式会社 小野測器
(https://www.onosokki.co.jp/HP-WK/products/keisoku/thickness/lv9300a.html)

解説5　ニレジスト系の鋳物

ニレジスト鋳鉄はニッケルを多く含んだ材質で、非磁性で耐熱、耐蝕、低熱膨張を必要とする機械部品に使用されている。光学ベースでは、温度変形を嫌う装置の鋳物材料として使用した。熱膨張率の表を**図 18-12** に示しており、材質に「ノビナイト」とあるのは、当該メーカーのニレジスト系鋳鉄材の商品名である。

項番	成分	重量%
(1)	炭素	2.5 ～ 3.0
(2)	ケイ素	1.4 ～ 1.8
(3)	ニッケル	13 ～ 16
(4)	銅	6 ～ 8
(5)	クロム	1.5 ～ 2.4
(6)	鉄	残り

図18-11. ニレジスト系鋳鉄の成分表

材　質	熱膨張係数（10^{-6}/K）
ステンレス鋼	20
ねずみ鋳鉄	11 ～ 12
ダクタイル鋳鉄	11 ～ 12
鋼	11 ～ 12
インバー	1 ～ 2
ニレジスト D － 2	18 ～ 19
ニレジスト D － 3	12 ～ 13
ニレジスト D － 5, T － 5	5 ～ 6
ノビナイト CF － 5	2.5 ～ 3.5
ノビナイト CD － 5	2.5 ～ 3.5
ノビナイト CS － 5	1 ～ 2
ノビナイト CN － 5	4 ～ 5（293 ～ 673K）
ノビナイト SI － 5	0 ～ 1

図18-12. ニレジスト系鋳鉄の熱膨張率

出所：株式会社 榎本鋳工所
(http://www.nobinite.co.jp/product/product_2.html)

原因

図 18-13 の右に、スラスト受け台に埋め込まれた超硬板と、駆動ネジ先端に配置された鋼球のすべり面を、顕微鏡で観察した状態のスケッチ図を示す。鋼球は、ネジの端面の研削加工用のＶテーパー穴形状のセンター穴に配置され、その鋼球のスラスト方向位置を、ベースに固定されたスラスト受け台で保持する構造となっている。この構造により、鋼球はネジと同体となって回転し、図中Ａ部で常に接触する構造である。スラスト受け台は、超硬板を配置することで、磨耗による変形の防止策がなされている。超硬板の表面は、研磨加工で仕上げてあるが、以下にあげる２つの原因により、接触部がダメージを受けていた。

1）　超硬表面の面粗さが大きい（研削加工面特有のスクラッチが目立つ）
2）　潤滑を行わずドライ状態で使用

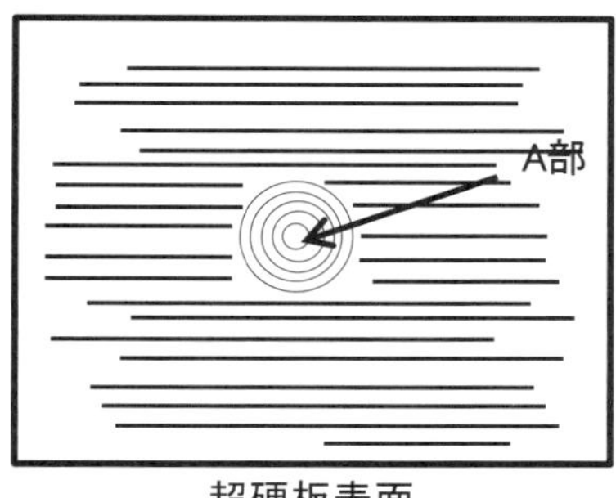

①超硬表面
研削加工の研削痕の中に同心円状のかすかな磨耗痕が発生。この磨耗痕の凹凸の段差はほとんどない
②鋼球表面
同心円状の目立った磨耗痕が発生。この磨耗痕の凹凸の段差は大きく目立つ

図18-13. スラスト軸受けの摩擦痕の状況

対策

次の２点の対策を行った結果、ピッチムラが 60nm に減じた。

1）　超硬板表面にラップ加工を実施し、表面の研削加工痕を除去し、鏡面状態にした。
2）　接触部に粘度の低い潤滑剤を定期的に注油し、常に潤滑状態とした。

エンジニアの忘備録　9

ものづくり作業を楽しくする

「まえがき」に書いたように、機械の開発技術者が装置設計を行う場合、３度、病気にかかる。寝つきが悪くなる症状は軽いほうで、ときによっては睡眠不足で体調を崩す場合もある。

このようにストレスの多い作業を乗り越える方法は、ものづくりを楽しむことである。一言でいえば創造の楽しさを味わうことであり、そのためには自分が考えた機構、プロセスの具現化に喜びを見出すことである。

私が設計を始めて間もないころ、軟Ｘ線を使用した分光分析機の設計を命じられた。軟Ｘ線は、大気中では減衰が激しいので、光路を減圧環境にしなければならない。この要求に応える私の選択肢は２つあった。１つの案は、分光器を収めた空間を光源も含めて、すべて減圧環境にする減圧チャンバーの製作であり、もう１つの案は、軟Ｘ線のとおり道のみを減圧にする方法で、分光器でΘ、２Θの法則に従って動くＸ線経路を減圧にする機構構造である。私はあえて、難しい第２の機構を考案する道を選び、その構造を考えに考えた。

１週間程度考えて、自分でいうのもなんだが、実にうまい方法を思いつき、これを図面化して製作したところ、期待通りに動いた。この装置の要求者は、ものづくりの好きな高野さんという方で、ずいぶん喜んでいただいたのを記憶している。ものづくりを楽しむということは、この創造作業を楽しむこと、すなわち頭にあるヴァーチャルを実現することであり、そのためには知恵を絞ってアイデアを出すことが重要であるという考えに、この作業を通して至った。

若い時期にものづくりの楽しさを味わった私は、装置開発の一連のプロセスの中で、仕様を満足する機構を考える作業が一番好きである。熱中してくると、一日中、課題の仕様を満足させる方法を考えている。私は、電車の中で考え事をするのが特に好きで、吊革にぶら下がって課題について考えていると、アイデアがふつふつと湧いてくる。求めるアイデアが浮かぶ瞬間は脳に負荷をかけたときで、強く負荷をかけなければアイデアが創造されることはなかった。だが、思いついたアイデアがすべて素晴らしいものというわけではなく、アイデアを図面化すると、とても作ることができない代物になることも多かった。私の考える癖は、この時代に訓練されたと考えている。

余談ではあるが、 考案したこの軟Ｘ線分光器の構造を何とか世間に問うて残したいと考えた結果、特許の申請を思い付き、定められたフォーマットに従い、発明についての文章と図面を作成した。この発明は、私にとって第一号の記念すべきものであった。しかし、特許請求を行ったところ公知例が特許庁から提示され、この分野で経験の乏しかった私は、その時点で取り下げたことを記憶している。発明執筆作業は、特許庁からの拒否が来た時点がスタート時点であることを、後で知った。

19 リンク型搬送機構の蛇行移動

概要

図 19-1 は、**リンク機構**解説1 を用いた搬送機で、**パルスモーター**解説2 の回転によって、搭載板に載せた薄板円板（厚み t0.725mm* 直径 φ 200mm、図示せず）を矢印方向に搬送する。搭載板に 2 本のアームが接続されていて、それぞれに第 1 リンクと第 2 リンクがある。第 1 リンクと第 2 リンクが回転軸受けによって結合されており、第 1 リンクの一端に取り付くピッチ円直径 φ 150mm の歯車が、パルスモーター先端に取り付いたピッチ円直径 φ 50mm の歯車と噛み合っている。要求される移動距離に対して必要な総パルス数を左右の駆動モーターに同時に投入する方法で駆動している。第 2 リンクの先端には搭載板が取り付いており、その取り付け状態を**図 19-1** 右の断面図で示す。搭載板に固定した 2 本の軸は、それぞれの第 2 リンクの先端の回転軸受けの内径穴にはめ込まれた構造で、第 2 リンクの回転移動に対して、搭載板の直進動作を保証する構造となっている。左右の第 2 リンクを搭載板に固定する 2 本の軸には、それぞれピッチ円径 φ 40mm の歯車が固定されており、左右の歯車が噛み合い、両リンクの動作が同期する。

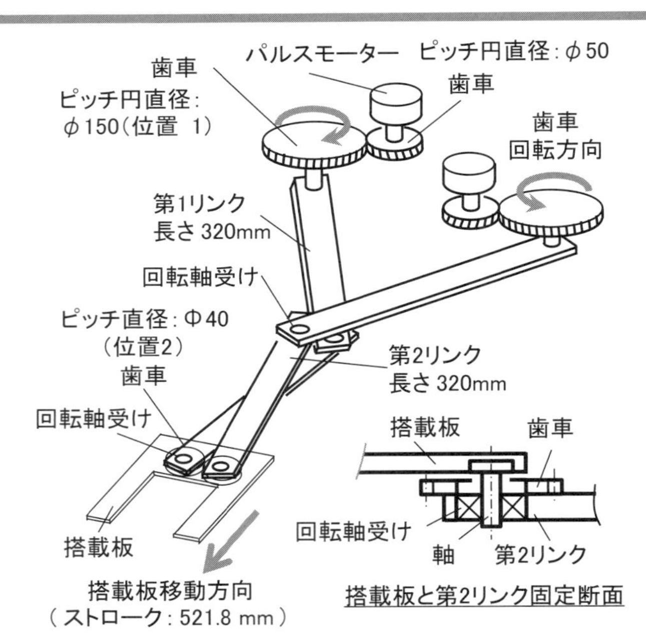

図19-1. 搬送機構構造

図 19-2 は、リンクの寸法図を示しており、第 1 リンクの 110°の角度移動で、521.8mm のウエハー搭載板の直線移動量を得る構造となっている。第 1 リンク、第 2 リンクの長さはともに 320mm で、太い実線はウエハー搭載板の戻り位置を、太い破線が移動後の先端位置を示しており、この太い実線と太い破線示す間をリンクが移動する。

リンク構造の搬送機は、半導体製造装置のウエハー搬送に使用されている。この機構の利点は、駆動機構を移動機構の第 1 リンク近傍に取り付けることが可能であり、また、不使用時には、リンクを中央部の戻り位置に移動することができる点である。すなわち、搬送機周囲に、ウエハーの加工・処理のための空間を多くとることができることになる。

この機構を使用した場合、ウエハーの先端から離れた位置に配置したモーターで駆動するため、その位置決め構造を工夫する必要がある。また、ウエハー搭載板を直線駆動するには、左右に取り付いたパルスモーターを同期運転しなければならない。この同期が取れなかった場合、トラブルが発生することになる。

使用する機器の緒元値は次のとおりである。

(1) 使用パルスモーター：UPX535M オリエンタル
　駆動パルス：0.36°/ パルス
　静止トルク：1.3kg•cm
　発生トルク：3.5kgcm

(2) 両パルスモーターがホールドトルクを発生する停止状態で、ウエハー搭載板の移動方向と直角方向のガタ、すなわちウエハー搭載板の左右方向の動きが 0.5mm 存在する。

ここで発生した問題は次のとおりである。

(1) ウエハー保持台が移動方向と直角方向の移動を伴って動く。直角方向の移動量の蛇行移動の最大値は、8mm であった。

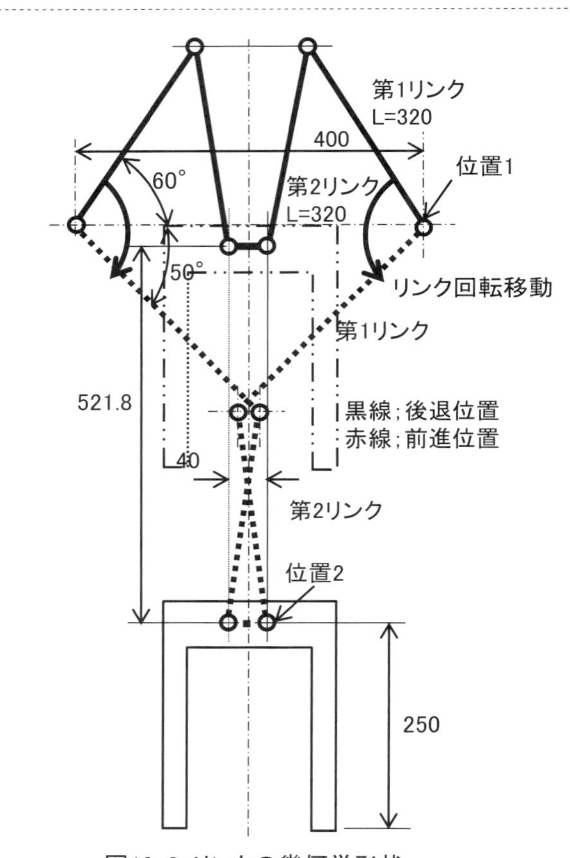

図19-2. リンクの幾何学形状

解説 1　リンク機構

この搬送機は機械要素のリンク機構を使用しているため、その動作を理解するには、リンク機構の運動を定量的に知る必要がある。この計算を次に示す。

リンク機構の動作を理解する上で必要となる次の項目は、計算によりその値を算出する。

項番	計算内容
(1)	パルスモーターの回転速度に対するウエハー搭載板の速度
(2)	ウエハー搭載板の加速度、各部材の加速度と、その駆動トルク・力の大きさ

(1) パルスモーターの回転速度に対する搭載板の速度

計算手順

①リンクが動く XY 平面でベクトル x (i)、y (j) を使用して、その位置座標を定義する。このとき紙面方向の (k) 成分は回転角速度を示す。

②相対速度の考え方を用いる。A から見た B の速度を vB/vA として、vB/vA (以下 vB/A と記す) を求め、vB の速度を計算する。

③この A から見た B の速度 vB/A から見た B 点の回転角速度 (WAB) と第二リンクの位置座標 (YAB) の外積で示す。

具体的計算

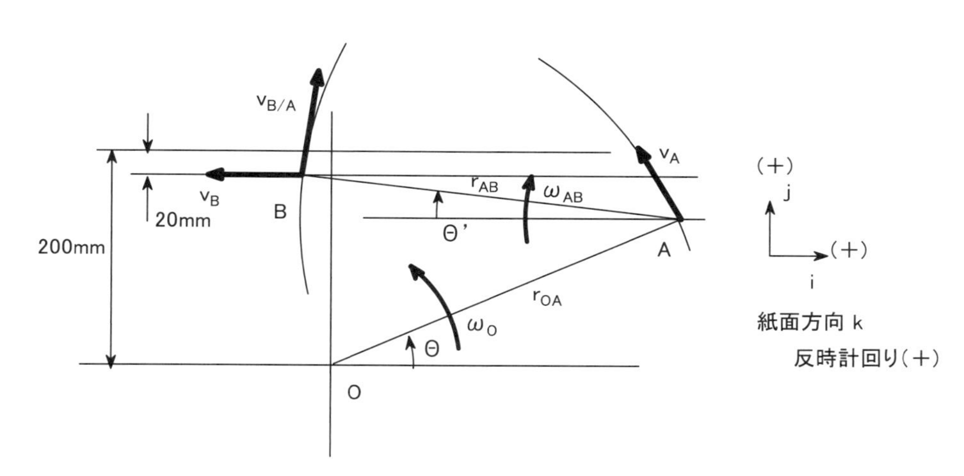

O : 第一リンク回転中心

Θ : 第一リンクの回転角

Θ' : 第二リンクの回転角

r_{OA} : 第一リンク

r_{AB} : 第二リンク

ω_O : 第一リンク回転角速度

ω_{AB} : A点から見たB点の回転角速度

v_A : A点の速度

v_B : B点の速度

$v_{B/A}$: A点から見たB点の速度

r=320mm、Θ=30°、ω_O=0.384rad/s を使用

$-v_B = v_{B/A} + v_A$--------①

$\omega_O = \omega_O(k)$

$\omega_{BA} = -\omega_{BA}(k)$

$r_{OA} = r_{OxA} x \cos30°(i) + r_{OA} x \sin30°(j)$

$v_A = \omega_O(k) x r_{OA}$

$= \omega_O(k) x (r_{OA} x \cos30°(i) + r_{OA} x \sin30°(j))$

$= 0.384(k) x (320 x 0.866(i) + 320 x 0.5(j))$

$= 0.384(k) x (277.12(i) + 160(j))$

$= 106.414(k x i) + 61.441(k x j)$

$= 106.414(j) - 61.414(j)$

$= -061.44(i) + 106.414(j)$

L=320mm

L=320mm

符号 : 反時計回り(+)

符号 : 反時計回り(+)

$v_A = \omega_O x r_{OA}$

v_B : 求める速度(符号はOを原点とする座標系)

相対速度の関係式

回転角速度はベクトル表示で(k)成分とし、

その符号は反時計回りを(+)とする

速度のベクトル表示/ベクトル計算

ベクトルの外積のルール適用(ixj=ixjxsinΘ)

ixi=0	ixj=k	ixk=−j
jxi=−k	jxj=0	jxk=i
kxi=j	kxj=−i	kxk=0

$$v_{B/A} = \omega_{AB}(k) \mathrm{x} r_{AB}$$
$$= \omega_{AB}(k)\mathrm{x}(-320\mathrm{x}\cos 3.5833° \ (i) + 320\mathrm{x}\sin 3.5833° \ (j))$$
$$= \omega_{AB}(k)\mathrm{x}(-319.374(i) + 20(j))$$
$$= -319.374\mathrm{x}\ \omega_{AB}(k\mathrm{x}i) + 20\mathrm{x}\ \omega_{AB}(k\mathrm{x}j)$$
$$= -20\mathrm{x}\ \omega_{AB}(i) - 319.374\mathrm{x}\ \omega_{AB}(j)$$

①式に代入して

$$-v_B = -20\mathrm{x}\ \omega_{AB}(i) - 319.374\mathrm{x}\ \omega_{AB}(j) - 61.44(i) + 106.414(j)$$

係数比較　i: $-v_B = -20\mathrm{x}\ \omega_{AB} - 64.44$------②

j: $-319.374\mathrm{x}\ \omega_{AB} + 106.414 = 0$------③

③から $-319.374\mathrm{x}\ \omega_{AB} = -106.414$

$\omega_{AB} = 0.333196\mathrm{rad/s}$

②へ代入して　$-v_B = -20\mathrm{x}0.333196 - 64.44$

$= -6.664 - 61.44$

$= -68.104\mathrm{mm/s}$

$v_B = 68.104\mathrm{mm/s}$

前記のベクトル外積のルールを適用

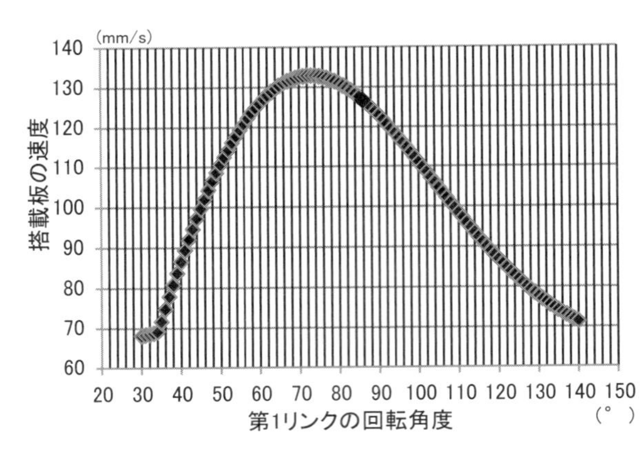

図19-3. 第1リンクの一定回転に対する搭載板の速度

上記の計算結果を用いて、第 1 リンクの回転角を 30°～140°の全ストロークを一定速度である 0.384rad/s で回転したときの vB の搭載板の速度の計算結果を、**図 19-3** に示す。

ウエハー搭載板の速度 v_B は、スタート位置の 30°が最小値の 68mm/s で、73°で最大値 133mm/s である。このリンク機構では、駆動回転角速度が一定であるのに対して、ウエハー搭載板の速度は 68mm/s から 133mm/s と、約 2 倍に変化していることがわかる。

また、Θを変数としたウエハー搭載板の速度 vB の計算式は、下記のように幾何形状から求めることが可能である。

$$v_B = r \times \frac{\omega_O \cos\Theta}{\cos\Theta'} \times \sin\Theta' + \omega_O \sin\Theta$$

$$\text{ここで } \Theta' = \sin^{-1}\frac{\mathrm{abs}(180 - 320 \times \sin\Theta)}{320}$$

(2) 搭載板の加速度と各部材の加速度

計算手順

①ウエハー搭載板の加速度を固定して、この数値を達成する各リンクの角加速度を求める。

②求め角加速度から当該リンクを駆動するために必要なトルクを計算する。

具体的計算

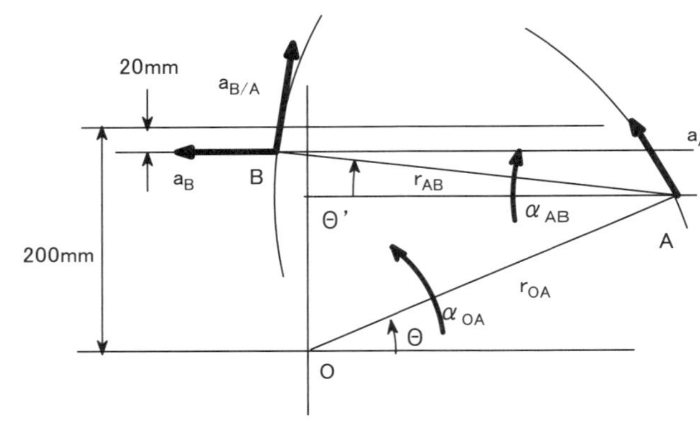

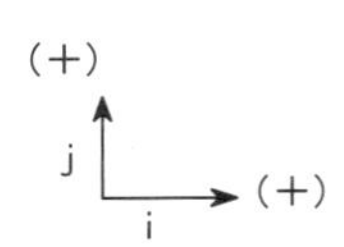

紙面方向 :k

符号は半時計方向が(+)

【図中記号の説明】

O:第一リンクの回転中心

Θ:第一リンクの回転角 (°)

Θ':第二リンクの回転角 (°)

r_{OA}:第一リンクの位置座標 (mm)

r_{AB}:第二リンクの位置座標 (mm)

L:リンク長 (mm)

α_{OA}:第一リンク回転角加速度 (rad/s^2)

α_{AB}:A点から見たB点の回転角加速度 (rad/s^2)

a_A:A点の加速度 (mm/s^2)

a_B:B点の加速度 (mm/s^2)

$a_{B/A}$:A点から見たB点の加速度 (mm/s^2)

【左部の式・記号の説明】

リンク長Lは固定値で320mm

符号;反時計回り(+)

$a_A = \omega_O \mathrm{x} r_{OA}$

a_Bは求める加速度(符号はOを原点とする座標系)

搭載板の加速度a_Bはそのストローク(521.8mm)を4秒で移動する加速度とする

この移動を加速度、速度、位置線図を用いて説明する

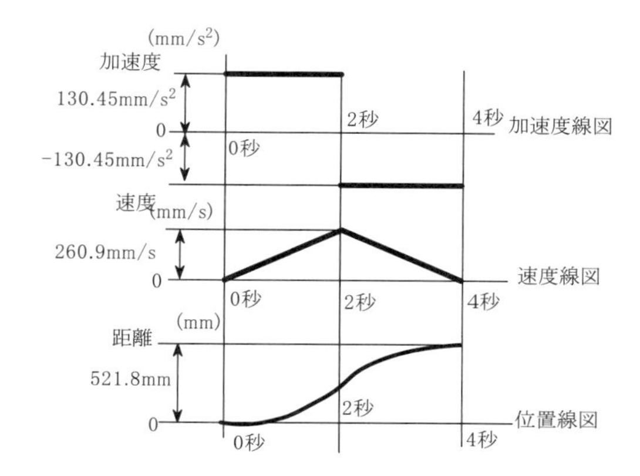

距離$=\frac{1}{2}$x加速度x時間^2

距離=521.8mm

時間4秒でこの距離を移動するので、ストロークの半分の距離を移動時間の半分で加速し残り半分の距離を同時間で減速して停止する

従って、距離$=\frac{521.8}{2}$mmを時間2秒で移動する加速ごとすると

加速度＝130.45mm/s^2

【数値を代入した計算】

L＝320mm、Θ＝30°、a_B＝－130.45m/s^2 を使用する

相対加速度の関係式

$-a_B=a_{B/A}+a_A$--------①

回転角速度はベクトル表示で(k)成分とし、その符号は反時計回りを(+)とする

$a_B=-130.45$mm/s^2

r_{OA}＝Lxcos30°(i)＋Lxsin30°(j)

＝320x0.866(i)＋320x0.5(j)＝277.12(i)＋160(j)

加速度のベクトル表示/ベクトル計算

ベクトルの外積のルール適用（i x j＝i x j x sinΘ）

ixi＝0	ixj＝k	ixk＝－j
jxi＝－k	jxj＝0	jxk＝i
kxi＝j	kxj＝－i	kxk＝0

$a_A=\alpha_{OA}xr_{OA}$

$=\alpha_{OA}$(k)x(277.12(i)＋160(j))

＝277.12xα_{OA}(kxi)＋160xα_{OA}(kxj)

＝－160xα_{OA}(i)＋277.12xα_{OA}(j)

r_{AB}＝－320xco3.5833°(i)＋320xsin3.5833°(j)

＝－319.374(i)＋20(j)

上記の加速度のベクトル計算のルールを適用

$a_{B/A}=\alpha_{AB}(k)xr_{AB}$

$=\alpha_{AB}$(k)x(－319.374(i)＋20(j))

＝－319.374xα_{AB}(kxi)＋20xα_{AB}(kxj)

＝－20xα_{AB}(i)－319.374xα_{AB}(j)

①式に代入して

－130.45(i)＝－20xα_{AB}(i)－319.374xα_{AB}(j)－160xα_{OA}(i)＋277.12xα_{OA}(j)

係数比較　i:－130.45＝－20xα_{AB}－160xα_{OA}------②

j:－319.374xα_{AB}＋277.12xα_{OA}＝0------③

③から　－319.374xα_{AB}＝－277.12xα_{OA}

α_{AB}＝0.86771xα_{OA}

②へ代入して　－130.45＝－20x0.86671－160xα_{OA}

＝－17.3542－160xα_{OA}----④

－160xα_{OA}＝－113.0958

α_{OA}＝0.70685rad/s^2

④へ代入して　α_{AB}＝0.86771x0.70685

＝0.61334rad/s^2

i方向の第二リンクの加速度を求める

第二リンクの加速度は第二リンクの重心位置(中心位置)の加速度となる

$a_{A2}=a_A$＋第二リンクの重心位置の加速度

$a_{A2}=\alpha_{OA}xr_{OA}+\alpha_{AB}x(r_{AB}\div 2)$

＝－0. 705685(k)x(－319.374(i)＋20(j))＋(0.61334(k)x((－317.374(i)＋20(j))÷2)

＝225.75(kxi)－14.14(kxj)-97.94(kxi)＋6.13(kxj)

＝225.75(j)＋14.14(i)-97.94(j)-6.13(i)

＝8.01(i)＋127.81(j)

第二リンクの加速度は128.06mm/s^2

第二リンクのi方向の加速度はa_{A2}のi成分とj成分の2乗和のルートなる

$a_{A2}=\sqrt{(127.81)^2+(8.01)^2}$

計算により求めた上記加速度と、各部材の慣性モーメントから、駆動トルクを求めた。計算は下記の関係式を使用した

回転慣性負荷（駆動トルク）＝慣性モーメント×角加速度

並進慣性負荷（駆動力）＝質量×加速度

この結果を**図 19-4** に示す。

解説2 パルスモーター

パルスモーターは、入力パルス数に対して回転角が保証される使い勝手の良い、モーターではあるが、その特徴を理解して使用しなければトラブルを起こすことがままある。ここでは、パルスモーターを使用する際、必要な知識を静特性と動特性の観点から説明したのち、パルスモーターを使用する際押さえておかなければならない特徴を説明する。

パルスモータの静特性

1 パルス当たりの移動量を得るメカニズムについて説明する。**図 19-5** の左図に回転軸受けに支えられた、ローターに対応してステーターがハウジング内に配置されているパルスモーターの構造図を示す。右図に示すようにステーターは 6 分割構造となっており、各層を独立して励磁できる構造となっている。入力パルスと回転角は幾何の問題となり、励磁するステーターとローターの吸引力がローターの回転力に変換される。励磁には破線の矢印で示す様に各層を順に起動する 1 相励磁と 1 相と 2 相を順に起動する 1・2 相励磁などがあり、1・2 相励磁は 1 相励磁の半分の分割角を可能とする。この説明でパルスモーターの 1 パルス当たり移動量を担保する原理を示した。ここで示すように、パルスモーターの駆動は特定のステーターに電流を順次切り替えて回転を得ているので、トルク発生に寄与していないステーターがあり、効率の良いモーターとはいえない。

次に**図 19-5** を用いて、我々がよく目にする現実的な分割角、1.8°、0.72° / パルスなどの高分解能のパルスモーターについて説明する。図で示すパルスモーターの分割角は 0.5° / パルスを 1・2 相励磁で実現する構造を示している。ステーターのコイルは円周を 36 分割し、ローターは円周を 40 分割して、1・2 相励磁でステーターを 4 ブロックに分割してこの動作を得ている。4 ブロックの分割はトルクアップの目的で採用した構造で、1 相、1・2 相励磁により 20 パルスの動作で 10°のローターの移動量を得ている。このステーターとローターの幾何構造が、分解能を決めるわけであるが、メーカーは、作りやすさ、特性値の観点から独自の構造を考案し、これをユーザーに提供している。

項番	項目	負荷	慣性モーメント質量	角加速度加速度	トルク力	トルクkgcm
①	第1リング	回転慣性負荷	0.00943 kgm2	0.70685 rad/s2	0.00667 Nm	0.068
②	第2リンク	並進慣性負荷	0.346 kg	0.10614m/s2	0.0367 N	0.0028
③	モータ歯車	回転慣性負荷	0.00199kgm2	2.12055 rad/s2	0.00422Nm	0.043
④	第1リンク歯車	回転慣性負荷	0.0424 kgm2	0.70685 rad/s2	0.00141 Nm	0.014
⑤	搭載板	並進慣性負荷	0.182 kg	0.13045 m/s2	0.0237N	0.00241
					合計	0.13

図19-4.リンク部品駆動トルク

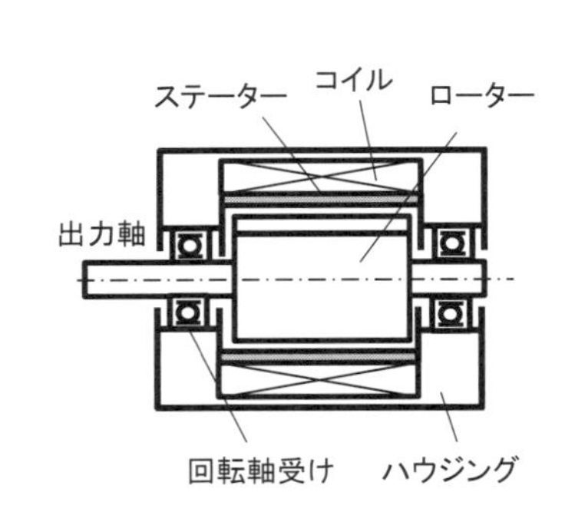

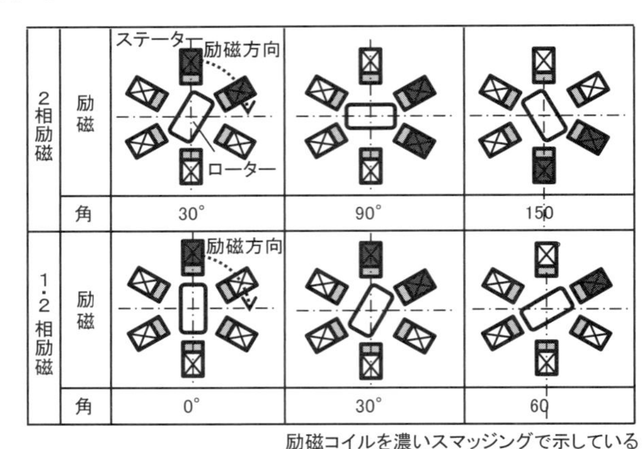

図19-5. パルスモーターの動作原理

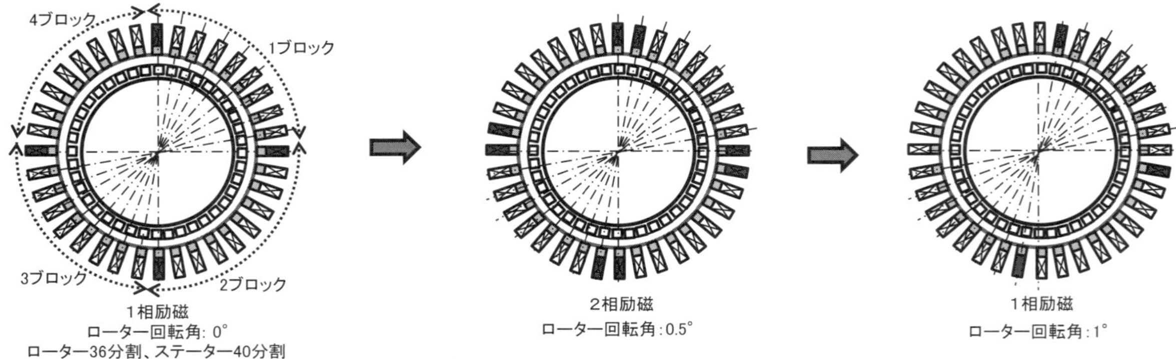

図19-6. 高分解能パルスモーターの動作原理

パルスモーターの動特性の理解は、常微分方程式で示されるニュートン力学の現象を理解する必要がある。正確にはこの方程式を解いて、定量的に評価できる技術の取得が望ましいが、これは下巻に譲ることにして、ここでは定性的な理解にとどめることにする。**図 19-7** にモデルを示す。この問題は回転体と回転ばねで構成される系にステーターの強制変位回転角Θ_0が作用したときのローターの回転角の応答として示される。

このモデルに成り立つ方程式は、回転版の運動方程式で、次の通りである。

$J\ddot{\Theta}+K\Theta=K\Theta_0$　J：慣性モーメント（kgm^2）
K：回転ばね（kgm/rad）
Θ：ローターの回転角（rad）
Θ_0：ステーターの強制回転角（rad）

この方程式をステーターの励磁位置が一定角度Θ_0でステップ移動したときの磁気結合したローター応答を問題とする。微分方程式を解くための初期条件は、時間 t ＝０のとき、ローター位置の角度Θ =0°で、 t ＝０秒でステーターが角度Θ_0に移動した場合のローターの角度位置の変化が応答となる。この応答の結果は、**図 19-8** に示す様にステーターの励磁位置に向かってローターが移動し、この位置を行き過ぎたあとΘ_0を中心として上下に振れることとなる。このときのオーバーシュートの角度の量はＪ、Ｋの値で決まり、ステップ応答の駆動源のステーターの磁場の移動速度をランプ応答（一定速度の角度の変化）とし、その傾きを最適化すれば、小さくすることは可能である。またこのオーバーシュートの周期を慣性モーメントＪと回転ばねＫを用いて、次のように示すことができる。

$$\omega_n=\sqrt{\frac{K}{J}}$$

このω_nは共振周波数と呼ばれる角速度（rad/s）で、この数字を２πで除すれば、共振回転数（revolution per second）を得ることができる。

上記の計算は、パルスモーターのΘ_0を１パルスと考えて、ローター角度の応答を示したが、パルスモーターは連続してパルスを入力することになる。このパルスモーターの使用方法の難しさである「くせ」はこの連続したパルスで駆動する場合を理解しておかなければならない。この問題は、２パルス目以降の応答として示されるわけであるが、例えば**図 19-9** の●位置で、２パルス目が投入されるとすれば、この位置を初期条件にして方程式で解いて、時間とローターの角度の位置を計算すればよい。この時の初期条件は、角度（Θ）、角速度（ω）と時間（t）である。この場合の強制変位の回転角は２Θ_0とする。この操作を連続していけば、図示したようにステーターの入力したパルスの励磁角度に対するローターの応答角度が求まることになる。ステップ応答は、駆動周波数がステップ状に変化した場合、系の共振周波数以上の速度で応答できないルールがあるので、この連続したステーターの磁場の移動速度である、パ

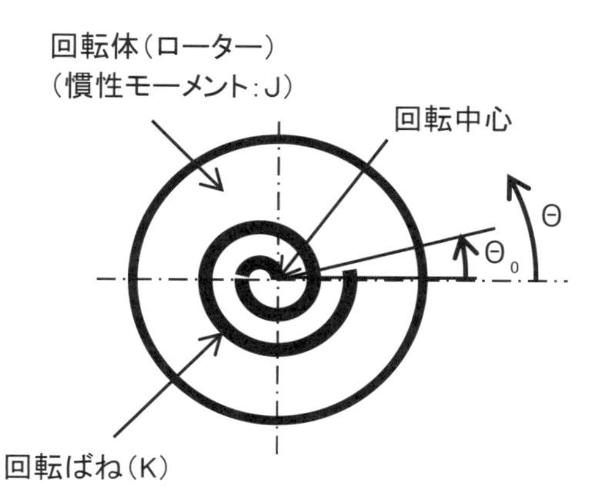

（ステーターとローターの間を結ぶばねでステーターの回転変位がこの回転ばねを介してローターの慣性モーメントを回転駆動することになる。ローターとステーターに働く磁気力がこの力の源で、厳密にいえば、ローター位置によってその大きさは変化するが、ここでは一定値とした）

図19-7. パルスモーターの動特性評価のモデル化

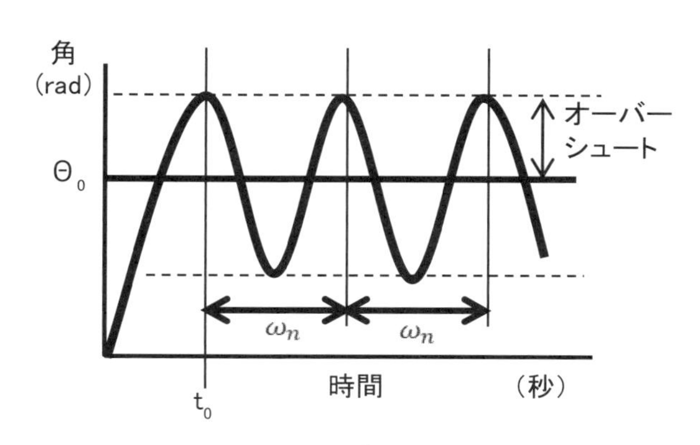

図19-8. ステーターのステップ移動によるローターの応答

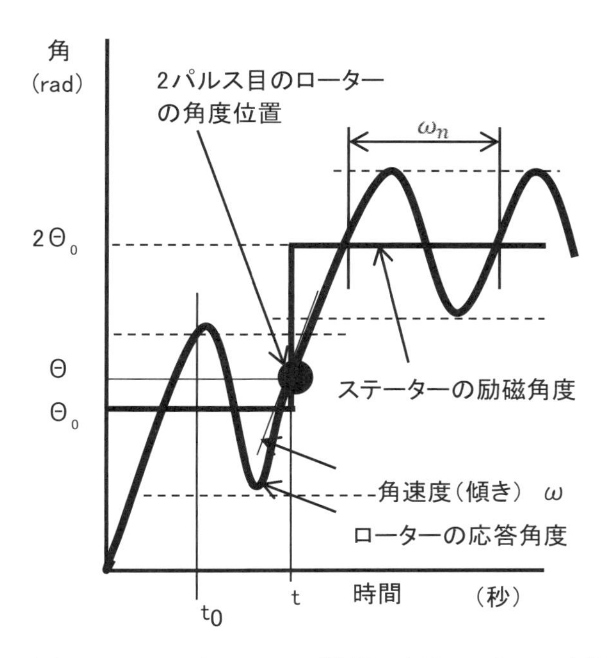

図19-9. ステータのステップ移動によるローターの応答

ルスの投入量の最大量は、そのときの駆動トルクを加味して、おのずと決まることになる。この最大値が応答周波数ということになる。

また、パルスモーターの駆動において、特定の周波数の駆動は図 19-8 に示す様にタイミングによってはオーバーシュートが大きくなり、大きな振動を発生することになる。ローターの周波数に対する応答特性を上げる目的で、ローターの速度によってステーターの励磁周波数速度を低い周波数から高い周波数に変化させる方法（スロースタート）がある。パルスモーターの入力パワーはステーターに流す励磁電流によって決定できる。

入力パワー：W＝VxI　W：入力パワー（watt）
V：電圧（ボルト）
I：電流（アンペア）

一方、負荷である回転体の動力は：P ＝ Mx ω
P：動力（watt（Nm/s）
M：トルク（kgm）
ω：角速度（rad/s）

この入力パワーと動力が等しくなるのであるから、ωの大きな、回転数の大きい場合、パルスモーターが発生するトルクは小さくならざるを得ない。

パルスモーターの特徴

パルスモーターの動特性から、パルスモーターによる駆動は1パルスごとに急激な加減速を繰り返した駆動であり、この急激な加減速は、常微分方程式で示した、ステップごとの初期条件がオーバーシュートが少ないように最適化してその駆動回転数を選ばなければならない。このオーバーシュートを減ずる方法として、常微分方程式に角速度に比例した力を発生する粘性項を付加して、駆動の際、生じたオーバーシュートを減衰させる方法がある。メーカーからこの目的のためのダンパーが付属品として、永久磁石などの磁気力、油の剪断力を用いた製品が販売されている。

下表に、動特性から示される「自起動周波数」「周波数とトルク」「共振周波数」についてその内容を示しておいた。定量的な数字は、メーカーのカタログを参照していただきたい。

このようにパルスモーターは、冒頭述べたように「振動」「脱調」「小トルク」と課題は多いが、多くの分野で広く使用されている理由はその制御のしやすさである。また、同期運転が可能な最適化運転が達成できれば、パルス数に比例した変位が得られる点と低コストな点も魅力のあるところである。

項目	内容	グラフ
自起動周波数	回転中のパルスモーターが負荷を駆動する周波数に引き込むことができるトルク（プルアウトトルクと呼ぶ）の最大値と周波数の関係を示したデータである。 周波数が高くなれば負荷トルクは小さくなる。 運転中に過大な負荷が加わった場合、パルスモーターは同期運転が不可能となる脱調現象が起こる。	（Nm） プルアウトトルク ／ 周波数（PPS）
周波数とトルク	回転開始時のパルスモーターの駆動周波数と発生する瞬時最大トルクの関係を示したデータである。 周波数が高くなれば、発生するトルクは低下する。 回転停止のトルクはホールドトルクと呼ぶブレーキトルクである。	（Nm） 発生トルク ／ ホールドトルク ／ 周波数（PPS）
共振周波数	パルスモーターを共振周波数で運転した場合、動特性で示す様にオーバーシュートが発生し、このオーバーシュートが過大となった場合は、同期運転が不可能となる脱調現象が発生する。 共振数歯数は、パルスモーターの負荷によってその慣性モーメントが変化するので、負荷を取り付けた状態でその運転条件を決めなければならない。	

原因

駆動パルスの同時入力に対して、2台のパルスモーターの同期移動不良が発生した。これは2台のパルスモーターの負荷の差と推定している。

パルスモーターは前記の「パルスモーターの動特性」の説明にある通り、ローター自身や負荷の異なる慣性モーメントのため、瞬時起動時や停止時にモーター軸に遅れや進みが生じている。すなわち、パルスモーターは指定のパルス数（pps）をドライバーに入力して駆動するわけであるが、このパルス数は1秒間の数として制御される。このパルス数に対する負荷の応答は、質量とバネで示される2次の微分方程式でその挙動は示される。ドライバーに入力したパルスに対して負荷がどのように応答するかは、負荷の状態に大きく依存する。

この負荷の応答は常微分方程式の解として、その時間応答が得られる。負荷が左右のパルスモーター軸で同じならば、応答は同じで、同期が取れた移動となるはずである。しかし、その負荷は質量と形状に依存する慣性モーメントのみではなく、摩擦力も加わる。その摩擦力の原因である軸受けの負荷を、左右同じとすることはできない。

また、パルスモーターの駆動パルスに関していえば、1パルスの非同期による左右の移動量が 0.65mm（ウエハー搭載板先端）と大きいこともその原因である。

この 0.65mm の移動量は、パルスモーターの1パルスあたりの回転角度を 0.36°として、回転の結果発生する距離を幾何形状から計算したものである。当初測定した振れ量は 8mm であるので、約 12 パルスの非同期が発生したことになる。

対策

ステッピングモーターを駆動するドライバーを、マイクロステップ方式とし、移動角度を0.036°/パルスとした。この対策で移動時の揺れ量0.5mm以下を達成した。

この対策は、パルスモーターの1パルスに対して、ウエハー搭載板の移動量を小さくして、非同期のパルス数によるウエハー搭載板の、移動方向に直角の動きを小さくした。すなわち、今回の対策で、負荷による非同期量はそのパルス数に依存し、移動量に依存しないということがわかった。

パルスモーターのマイクロステップ駆動の原理

パルスモーターの分割角をさらに細かくするマイクロステップ駆動が広く使用されるようになってきており、この駆動原理を説明する。この原理を理解するにはベクトルについて知らなければならない。力は方向と大きさを持ったベクトル量で、2つのベクトル量の足し算を2次元座標系に示した、**図19-10**を用いて説明する。

ベクトルCがベクトルAとベクトルBの和として示される場合、

$$C=A+B$$

A、Bのx方向の成分、y方向の成分を加えてC方向のx、y成分とする。ここで、ベクトルcのそれぞれの方向の成分は

$$Cx=Ax+Bx$$

$$Cy=Ay+By$$

ベクトルCの大きさは：$C=\sqrt{Cx^2+Cy^2}$

ベクトルCの方向は：$\Theta=\tan^{-1}\dfrac{Cy}{Cx}$

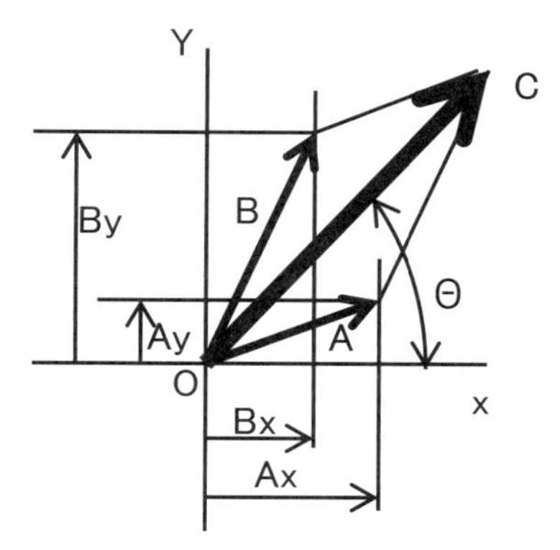

図19-10. ベクトルの足し算

このベクトルの加算がマイクロステップの原理で、**図19-11**に示すステーターが4分割された、パルスモーターで説明する。マイクロステップはステーター1とステーター2に流す電流により、発生する力のベクトル和となる。ここで電流値と発生力が比例していると考える。

①ロータ角度0°の場合：ステーター1の電流値を1とし、ステーター2の電流は0とする

②ロータ角度9°の場合：ステーター1の電流値を0.9とし、ステーター2の電流は0.1とする

③ロータ角度18°の場合：ステーター1の電流値を0.8とし、ステーター2の電流は0.2とする

④ロータ角度45°の場合：ステーター1の電流値を0.5とし、ステーター2の電流は0.5とする

このようにステーターに流す電流が励磁で発生する磁力となるので、ベクトルの加算が成立する。

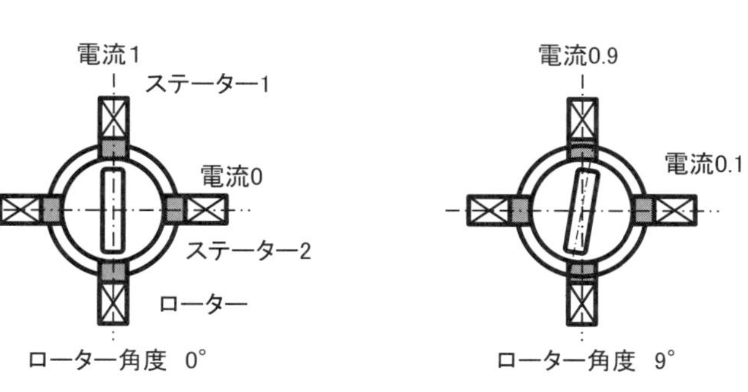

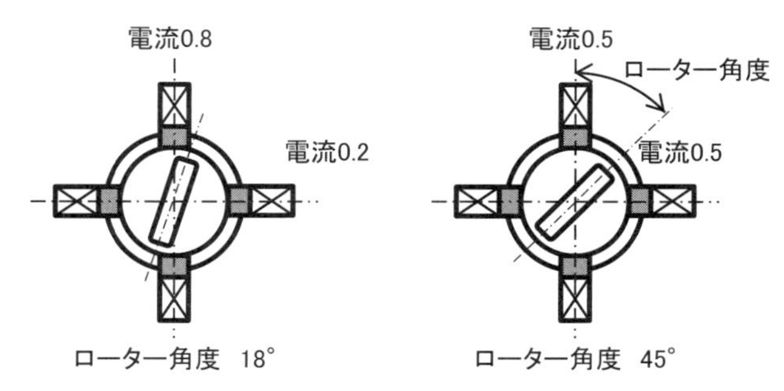

図19-11. パルスモーターのマイクロステップ駆動の動作原理

このマイクロステップの制御のドライバーは、上記のようにそれぞれのステーターに流す電流値を制御し、発生する複数のステーターによる合成された駆動力が釣合う回転位置にローターが停止する機能を利用した方法で、電流値を細かく制御することで、ローターの1回転を100,000分割する製品も提供されている。この方法が広く用いられるようになったのは、ドライバーの心臓部品である半導体の性能向上と低価格化によるところが大きい。このマイクロステップは、その分割角が細かいので、ユーザーはその回転精度が一見良くなったような錯覚を覚えるが、決して、精度は良くなっていないことを認識すべきである。精度はローターとステーターの位置関係で決まり、これを決めるのはローター、ステーターの向き合う部品の磁気特性も含めた分割の精度である。

パルスモーターの回転は、今回説明したようにパルスのステップ状のランプ移動の応答として得られる。負荷と駆動周波数が制御上適切でない場合、大きな振動が発生する使いづらいモーターとなる。このパルスモーターのマイクロステップ駆動はこの振動発生の低減にも貢献する。

変動する負荷の同期運転などの高精度の回転を得るにはサーボモーターの使用をしなければならない。サーボモーターの魅力は「火事場の力持ち」で、短時間ならば定格トルクの何倍ものトルクで稼働が可能であり、これはパルスモーターにない特性である。使用の切り分けは、動特性を要求される駆動はサーボモーターで、静特性と価格の要求にはパルスモーターとなる。

20 2箇所インロー部同時はめ合い構造による組み立て不良

概要

図20-1に、左右のアーム回転によりホルダーの移動を行う移載器の、斜視図を示す。回転中心に近い側の第1アームとホルダー側の第2アームはリンク構造となっており、その接合部には回転ベアリングが取り付いている。

左右の第1アームを回転駆動するモーターにより、ホルダーの回転と直進移動を得る機構である。実線矢印で示すように、第1アームを互いに逆方向に回転すれば、ホルダーは実線矢印で示す前進方向に直線移動し、逆回転すれば後退方向に直線移動する。また、破線矢印で示すように左右の第1アームを同方向に回転すれば、ホルダーは破線矢印で示す右方向に回転し、逆回転によりホルダーは左方向に回転移動する。

第2アーム先端のホルダーに被運搬物を載せ、所望の位置に移動する。この移載器には、別に上下機構が取り付いており、アームを含めて被運搬物の上下方向への移動を可能としている。第2アームとホルダーを固定する部分は、**図20-2**に示すように、ベアリング構造による回転軸を介している。この固定は、両部品の位置を決める目的で回転軸の軸部とホルダーの穴の**インロー構造**[解説1]となっており、回転軸の材料はステンレス（SUS304）、ホルダーはジュラルミン（A2017）である。

この移載器を組み立てる際、**図20-2**に示すように、左右の第2アームをホルダーに固定する回転軸とホルダーのインロー部にてかじりの現象が発生した。かじりは、回転軸のフランジ側面とホルダーのインロー部が接する部分のホルダー側で発生し、インロー部がかじりによって変形し回転軸の挿入が困難になった。

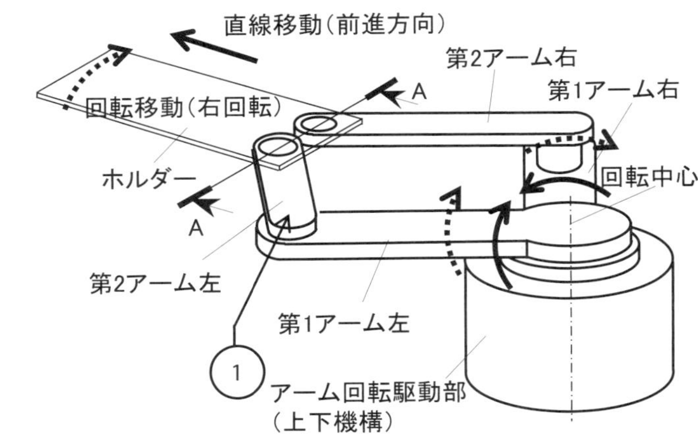

図20-1. アーム型移載器斜視図

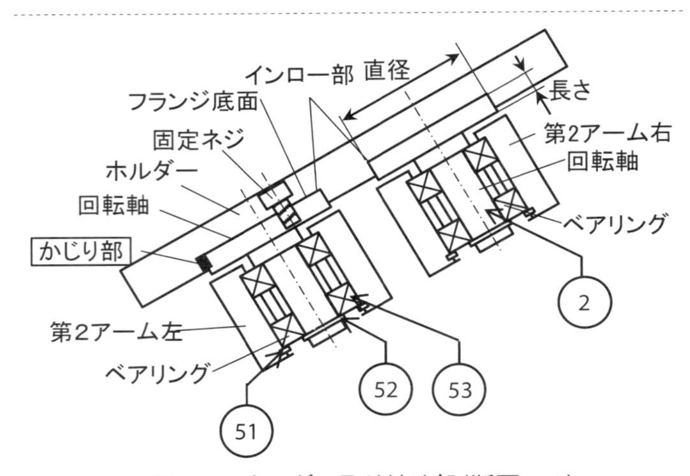

図20-2. ホルダー取り付け部（断面A-A）

解説1 インロー構造

インロー構造とは、穴と軸のはめ合いにより部品の位置決めを行う機械構造の基本的な要素で、加工により穴と軸の間に生じる隙間の量で、位置決め量を決定する。この隙間を確保するための穴と軸の寸法の差をはめ合い公差と呼び、規格で規定されている。

はめ合い基準による隙間の確保は、通常は穴を基準とした「穴基準法」が採用される。JISでは22種類のはめ合い公差を規定しており、アルファベットと数字の組み合わせで表記する。英数字は大文字と小文字で区別され、大文字は穴寸法を、小文字は軸寸法を示す。穴基準は、H7の穴寸法に対して軸でその隙間を調整する。公差の上限値は、同じH7でも径によって変化する。すなわち径の小さい穴ではその上限値は小さく、径が大きい穴では、上限値が大きい値となる。

穴基準法とは、冶具ボーラーなどを用いて精密に加工された穴にはめ合う軸を、比較的寸法精度の出し易い旋盤加工や研削加工により所定の隙間となるように加工し、寸法公差を実現する方法である。

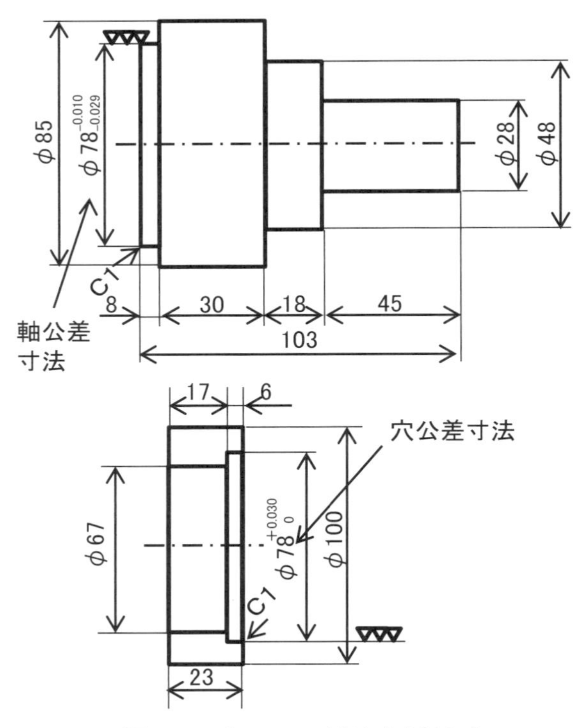

図20-3. インローではめ合う軸と穴

図20-3にお互いにはめ合う寸法を記載している。穴寸法

はH7公差寸法で、軸寸法はg6寸法で記入している。このφ78mmのインロー部で、軸と穴の中心位置の決定がされる。

「すきまばめ」「中間ばめ」「しまりばめ」

軸と穴の隙間によって、3類のはめ合いがある。穴よりも軸のほうが常に小さく、軸と穴の間に一定の隙間が確保される「すきまばめ」、軸の最小値が穴の最大値よりも大きい「しまりばめ」、状況によってどちらにもなる「中間ばめ」で、径によってはめ合い公差は変化する。**図20-3**で示した、インローではめ合う軸と穴の場合は、軸寸法と穴寸法が公差内であり、一定値の隙間が確保されるので「すきまばめ」となる。

図20-4にＪＩＳで規定されたはめ合い公差寸法を示す。設計者は表の中から公差を選定、記入し、部品設計を行う。

穴のはめ合い寸法

寸法の区分(mm)		B	C		D			E			F			G		H					Js		J	
を超え	以下	B10	C9	C10	D8	D9	D10	E7	E8	E9	F6	F7	F8	G6	G7	H6	H7	H8	H9	H10	Js6	Js7	J6	J7
–	3	+180	+85	+100	+34	+45	+60	+24	+28	+39	+12	+16	+20	+8	+12	+6	+10	+14	+25	+40	±3	±5	+2	+4
		+140	+60		+20			+14			+6			+2		0							-4	-6
3	6	+188	+100	+118	+48	+60	+78	+32	+38	+50	+18	+22	+28	+12	+16	+8	+12	+18	+30	+48	±4	±6	+5	+6
		+140	+70		+30			+20			+10			+4		0							-3	-6
6	10	+208	+116	+138	+62	+76	+98	+40	+47	+61	+22	+28	+35	+14	+20	+9	+15	+22	+36	+58	±4.5	±7.5	+5	+8
		+150	+80		+40			+25			+13			+5		0							-4	-7
10	14	+220	+138	+165	+77	+93	+120	+50	+59	+75	+27	+34	+43	+17	+24	+11	+18	+27	+43	+70	±5.5	±9	+6	+10
14	18	+150	+95		+50			+32			+16			+6		0							-5	-8
18	24	+244	+162	+194	+98	+117	+149	+61	+73	+92	+33	+203	+53	+20	28	+13	+21	+33	+52	+84	±6.5	±10.2	+8	+12
24	30	+160	+110		+65			+40			+20			+7		0							-5	-9
30	40	+270	+182	+220	+119	+142	+180	+75	+89	+112	+41	+50	+64	+25	+34	+16	+25	+39	+62	+100	±8	±12.5	+10	+14
40	50	+170	+120		+80			+50			+25			+9		0							-6	-11
50	65	+310	+214	+260	+146	+174	+220	+90	+106	+134	+49	+60	+76	+29	+40	+19	+30	+46	+74	+120	±9.5	±15	+13	+18
65	80	+190	+140		+100			+60			+30			+10		0							-6	-12
80	100	+360	257	310	+174	+207	+260	+107	+126	+159	+58	+71	+90	+34	+47	+22	+35	+54	+87	+140	±11	±17.5	+16	+22
		+220	+170																					
100	120	+360	+267	+320	+120			+72			+36			+12		0							-6	-13
		+220	+180																					
120	140	+420	+300	+360	+208	+245	+305	+125	+148	+185	+68	+83	+106	+39	+54	+25	+40	+63	+100	+160	±12.5	±20	+18	+26
		+260	+200																					
140	160	+440	+310	+370																				
		+280	+210																					
160	180	+470	+330	+390	+145			+85			+43			+14		0							-7	-14
		+310	+230																					

軸のはめ合い寸法

寸法の区分(mm)		b	c	d		e			f			g		h					js			j		k		m			n	p
を超え	以下	b9	c9	d8	d9	e7	e8	e9	f6	f7	f8	g5	g6	h5	h6	h7	h8	h9	js5	js6	js7	j5	j6	k5	k6	m4	m5	m6	n6	p6
–	3	-140	-60	-20		-14			-6			-2		0					±2	±3	±5	+2	+4	+4	+6	+5	+6	+8	+10	+12
		-165	-85	-34	-45	-24	-28	-39	-12	-16	-20	-6	-8	-4	-6	-10	-14	-25				-2		0		+2			+4	+6
3	6	-140	-70	-30		-20			-10			-4		0					+3	±4	±6	+3	+6	+6	+9	+8	+9	+12	+16	+20
		-170	-100	-48	-60	-32	-38	-50	-18	-22	-28	-9	-12	-5	-8	-12	-18	-30				-2		+1		+4			+8	+12
6	10	-150	-80	-40		-25			-13			-5		0					±3	±4.5	±7.5	+4	+7	+7	+10	+10	+12	+15	+19	+24
		-186	-116	-62	-76	-40	-47	-61	-22	-28	-35	-11	-14	-6	-9	-15	-22	-36				-2		+1		+6			+10	+15
10	14	-150	-95	-50		-32			-16			-6		0					±4	±5	±9	+5	+8	+9	+12	+12	+15	+18	+23	+29
14	18	-193	-138	-77	-93	-50	-59	-75	-27	-34	-43	-14	-17	-8	-11	-18	-27	-43				-3		+1		+7			+12	+18
18	24	-160	-110	-66		-40			-20			-7		0					±4.5	±6.5	±10.5	+5	+9	+11	+15	+14	+17	+21	+28	+35
24	30	-212	-162	-98	-117	-61	-73	-92	-33	-41	-53	-16	-20	-9	-13	-21	-33	-52				-4		+2		+8			+15	+22
30	40	-170	-120	-80		-50			-25			-9		0					±5.5	±8	±12.5	+6	+11	+13	+18	+16	+20	+25	+33	+42
		-232	-182																											
40	50	-180	-130	-119	-142	-75	-89	-112	-41	-50	-64	-20	-25	-11	-16	-25	-39	-62				-5		+2		+9			+17	+26
		-242	-192																											
50	65	-190	-140	-100		-60			-30			-9		0					±6.5	±9.5	±15	+6	+12	+15	+21	+19	+24	+30	+39	+51
		-264	-214																											
65	80	-200	-150	-146	-174	-90	-106	-134	-49	-60	-76	-20	-25	-13	-19	-30	-46	-74				-7		+2		+11			+20	+32
		-274	-224																											
80	100	-220	-170	-120		-72			-36			-12		0					±7.5	±11	±17.5	+6	+13	+18	+25	+23	+28	+35	+45	+59
		-307	-257																											
100	120	-240	-180	-174	-207	-107	-126	-159	-58	-71	-90	-27	-34	-15	-22	-35	-54	-87				-9		+3		+13			+23	+37
		-327	-267																											
120	140	-260	-200	-145		-85			-43			-14		0					±9	±12.5	±20	+7	+14	+21	+28	+27	+33	+40	+52	+68
		-327	-300																											
140	160	-280	-210																											
		-360	-310																											
160	180	-310	-230	-208	-245	-125	-148	-185	-68	-83	-106	-32	-39	-18	-25	-40	-63	-100				-11		+3		+15			+27	+43
		-410	-330																											

図20-4. はめ合い寸法公差

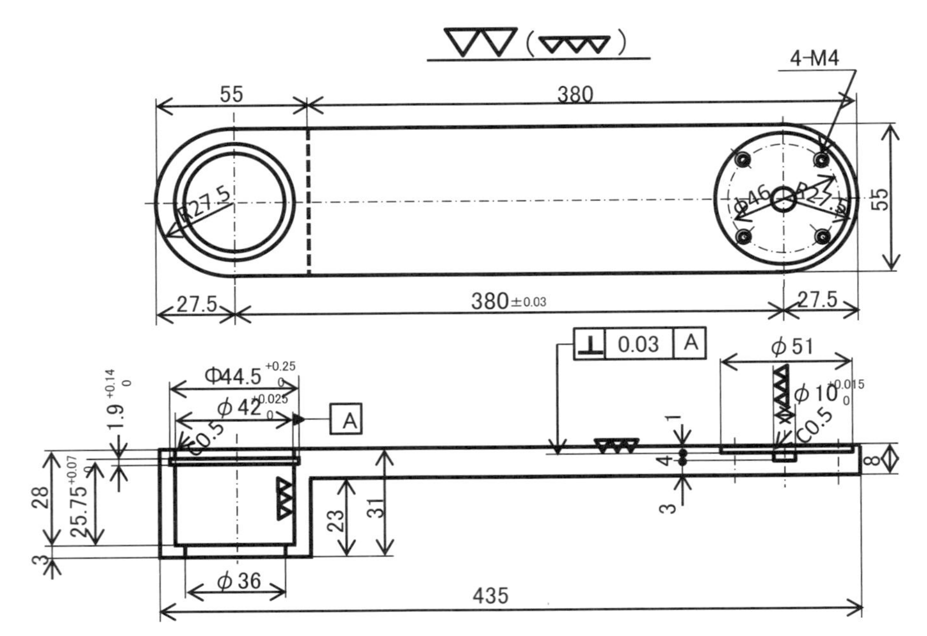

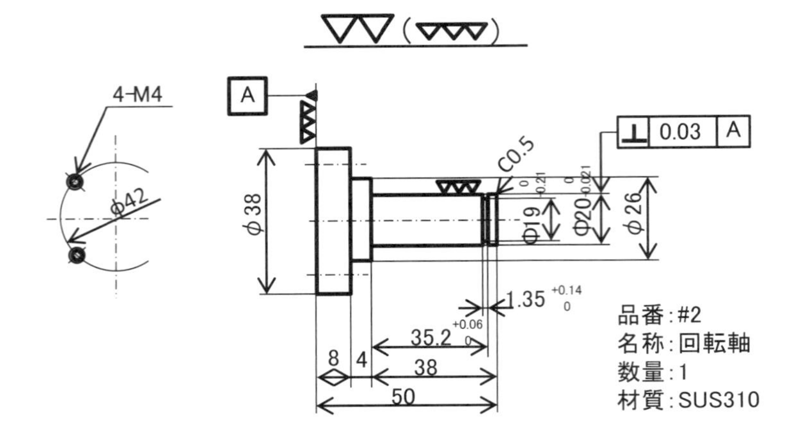

図20-5. 回転軸、第2アーム加工図面

品番	品名	型式
53	ベアリング	6004ZZ
52	軸用止め輪	STW-20
51	穴用止め輪	ETW-42
2	回転軸	
1	第２アーム	

穴用止め輪　軸用止め輪

図20-6. 止め輪外観

はめ合いの使用例を説明する目的で、前記のアーム構造の移載器の第２アーム回転軸（第２アームと第１アームの間に位置する部品）の加工図面を、**図 20-5** 示す。部品が移載機のどこに使用されているかは、**図 20-1** の○で囲んだ番号（品番）を参照していただきたい。設計作業を行う場合、使用する機械要素機構についての知識を持つことは重要であるが、同様に図面を読み解く技術、図面を作成する技術が必要となり、この図面を作成する場合、公差の記入法がキー技術の一つである。

さて、ここで、ベアリングと止め輪の公差について説明を行う。

ベアリングの公差

ベアリングは内輪と外輪をそれぞれの部品に取り付けて拘束するので、取り付け寸法である穴と軸の寸法を公差で記載された精度に加工する。通常ベアリングに要求する回転精度によって、公差と取り付け方法は変わるが、今回の場合、第２アームはその外輪を挿入する穴は通常のはめ合いである中間ばめのH7、内輪に固定する回転軸も同じく中間ばめのh7を使用する。中間ばめは、ベアリングのはめ合い部の寸法が「0」に加工されているとすれば、第２アームの穴で最大 0.025mm、回転軸で 0.021mm の隙間を許容することになる。

止め輪の公差

図 20-6 に外観写真を示した止め輪は、ベアリングなどを軸方向に拘束する機械要素部品である。軸用の止め輪と穴用の止め輪があり、その穴径または軸径に対して、使用する止め輪の型式が決まっている。止め輪の型式は品番 51、52 に示している。この止め輪は、軸または穴に溝を加工し、溝にはめ込んで使用する。穴用の止め輪の場合、その外径が挿入する溝穴より大きく製作されており、バネ作用で固定孔に納まる。溝穴の寸法については、図面に示したように、穴の止め輪の場合は幅 1.9mm、径 φ 44.5mm、軸の場合は幅 1.35mm、径 φ 19mm の寸法にそれぞれ公差を記入している。

軸方向の寸法公差について、回転軸の軸方向寸法（35.2mm）で説明する。この 35.2mm は、ベアリングの幅（12mm）2 個分、スペーサ寸法（10mm）、止め輪の厚み 1.2mm の積算値の値である。このとき、止め輪溝の隙間の寸法公差の記入が必要となる。ベアリングの軸方向の「ガタ」をなくす考え方で、**図 20-7** に示すように、隙間 0.15mm はベアリングの左方向に発生している。35.2mm の公差となっている＋ 0.06mm は、止め輪の厚み方向の＋側の公差としている。このとき、単列深溝のベアリングの軸方向の公差は 0 ～－ 0.12mm なので、右側ベアリングの右端面と止め輪の左端面の隙間が 0 となるように、溝の軸方向の位置を決めている。

分離治具

中間ばめ、しまりばめ公差で取り付けたベアリングの交換作業を行う際には、まず破損したベアリングを軸、または穴から引き抜く、分離作業工程が必要となる。このときのベアリングの状態は、はめ合い部に侵入した油が固化し、固着状態を呈している場合が多い。このようなベアリングを取り外すには、**図 20-8** に示す「プーリ抜き」と呼ばれる工具が有効である。使用方法はメーカーなどの HP に記載されているので、そちらを参照していただきたい。この工具を使用すれば、回転軸などに衝撃力を加えずに分離作業を行うことができる。

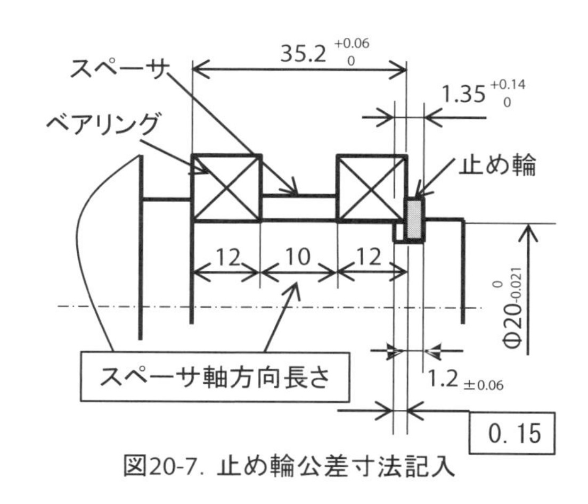

図20-7. 止め輪公差寸法記入

（汎用治具）

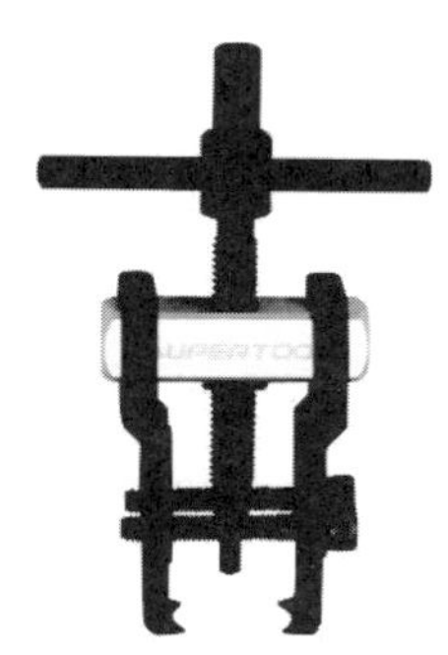
（専用治具）

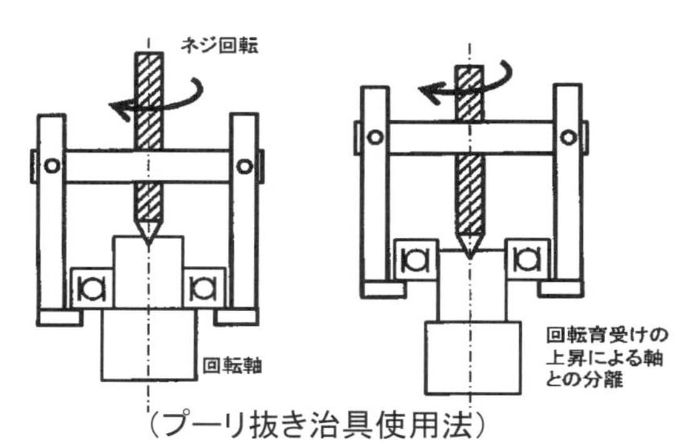

（プーリ抜き治具使用法）

図20-8. ベアリング取り外し治具（プーリ抜き治具）

原因

第 2 アームとホルダーを固定する回転軸とホルダーのインロー部で発生したかじりの原因は次の 5 点と考えた。

（1）インロー部の直径（φ 38mm）を噛み合い長さ（3mm）で除したその数値が大きい。

（2）インロー部のはめ合い公差が H7、h7 の中間ばめでその隙間が小さい。

（3）ホルダーの両インロー穴の芯間距離が、インローの噛み合い長さに対して長い。

（4）ホルダーの 2 箇所のインローに、同時に軸を組み付ける構造である。

（5）材質がステンレスとジュラルミンの軟質材である。

インローの直径と噛み合い長さの関係と挿入作業

トラブルの原因となった（1）のインロー部形状の組み立て調整作業における挿入作業の難しさについて考察する。**図 20-9** にその直径が大きい場合のインローと小さい場合のインローの傾きとその接触部について示す。両部品のインロー条件は以下のとおりとする。

①インローの軸方向長さは同じ

②インロー隙間は同じ

③インロー直径が異なる

この穴と軸の挿入操作時、生じる傾き角は下図に示す通り同じで、この傾き角の値がかじりに影響する。組み立て調整時には、傾き角以内になるように両部品の角度を調整して、挿入作業を行わなければならない。傾き角Θは隙間Δ、厚み L と軸径に依存する。

図20-9. 直径の違いによるインロー挿入作業

太い黒の実線矢印で示した、エッジ接触部のかじりにより生ずる法線方向の両力は同じで、この力と直角方向の黒の破線で示す力を固着力と考えた場合、この両力は同じとなる。この固着力に打ち勝ってはめ合い作業を行う場合、発生するモーメントはこの固着力に r1、r2 を掛ける数値となる。この場合、直径が大きいインローは小さいインローと比較して半径の比率で大きなモーメントが発生する。すなわち、径の大きなインローにかじりが発生した場合は、その回復に大きなモーメント力が必要となる。この大きなモーメント力が組立作業を困難にするわけで、人力でインローの隙間の微妙な寸法調整を行う場合、必要な力が大きいと作業が困難ということになる。また穴の中心位置を回転中心に傾き角Θが発達するので、直径の大きい軸の方が同じ傾き角に対してその隙間が小さくなり、直径の大きな軸の方が傾き角を小さくしてはめ合い作業を行う必要がある。

以上の理由から、小径寸法のインローのほうが挿入作業は容易である。この構造では、2カ所同時にインローをはめ合う必要があり、2カ所のインロー部の組み立て誤差がその位置に生じている。すなわち、アーム側のインロー部の軸位置は、2本のアームの組み立て精度として発生している。一方、この軸にはめ合うホルダーの穴は、機械加工により高精度に加工されており、両部品のはめ合い誤差がこのかじりの原因と考える。

インローの2カ所同時挿入は、インローを構成する穴と軸の位置の位置決め精度が悪いことで、その作業性を悪くしている。インローの穴位置はホルダー部品の加工精度で決まり、この精度は加工する機械の精度に依存する。両穴の径、平行度はH7の寸法公差で高精度加工が可能であるが、回転軸のインロー部はアームなどの複数個の部品の組み立て精度の累積となり、インローの回転軸の平行度は0.1mmオーダーの誤差となっている。この組み立てに誤差の累積は、第1アームと第2アームを固定するベアリングの半径方向の隙間と、2個のベアリングの間隔と、それぞれのベアリングと固定穴の隙間によって発生するアームの倒れによって生じている。

アーム長さの影響で、アームの先端に位置修正のための力を加えれば容易に変形するので、ホルダーと第2アームの回転軸の固定によりこの誤差は修正可能であるが、2つの回転軸の傾き量が異なるため、インローにかじり現象が発生しやすくなっている。インローのはめ合い作業がやりにくいので、さらにかじりが発生しやすくなる。

軟らかい材料同士の組み合わせでインロー部を構成すると、かじりやすくなる。今回は、重さを軽くする目的でホルダーをジュラルミンとしたわけであるが、これと相手材料のステンレス（SUS304）はかじりが発生しやすい組み合わせであった。

対策

問題点として指摘した組立困難な構造は、**図20-11**に示す構造で解決した。**図20-10**に示した構造もその対策構造として採用可能と考えている 。基本的な考えは次のとおりである。

(1)インロー部の（直径／その噛み合い長さ）値を小さくした（**図20-10**）。

(2) 分解時にその作業を助けるためのホルダー取り外しネジを配置した（**図20-10**）。

(3) インロー部を、分解可能な軸を差し込む構造とした（**図20-11**）。

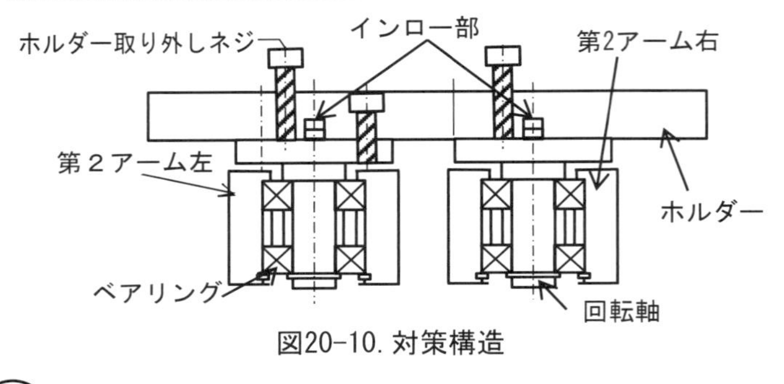

図20-10. 対策構造

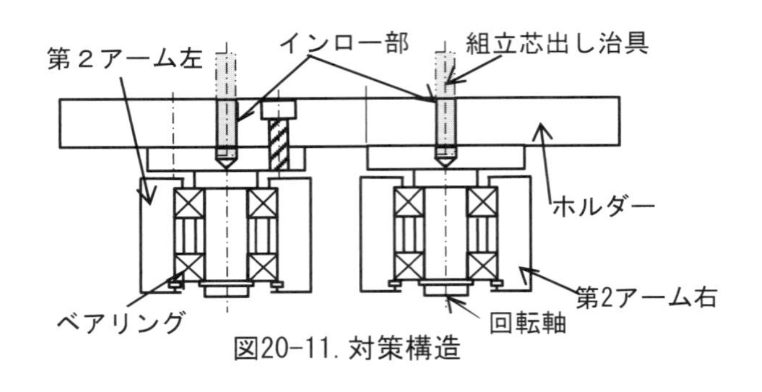

図20-11. 対策構造

エンジニアの忘備録 10

楽しくなかった仕事

楽しめなかった仕事は、ものづくりに直接関与しない「雑用」といわれる作業である。具体的には、経営に関する仕事や若手の技術者に働きやすい環境を作る仕事などで、年を取るにつれてそうした仕事は増えていった。

私が企業にいた時代は、高度成長時代から経済が減速するS字カーブの後半に当たり、成長が大きく鈍化する時期であった。経営に関する仕事は、3年ぐらいのつもりで担当させていただいたが、10年以上続けることになってしまった。

経営が苦しくなって、組織の規模を縮小するのは特につらかったが、このつらい経験を通して、給料の高い管理部門に属する人種は、石にかじりついても仕事を取ってこなければならぬ、という強い考えを持つようになった。

生家が商売をやっていた私は、特にこの思いは強かった。商売をしていると、仕事がなければ収入がなく、暮らしていけない。私は、遅くまで働く親父の背中を見て、仕事があることこそ生活の基礎であると、子供の頃に植え付けられた。

私の職場は、設計部門と製作部門を有し、装置開発を行なうこぢんまりした組織であったが、特に加工部隊の仕事量が減ってきたときは困った。設計部門は、仕事がなくても、将来に備えての標準化といった仕事を作ればよいが、製作部門はそうはいかぬ。毎日加工機の掃除をしているわけにはいかないのである。そこで、忙しい職場に仕事をもらいに行くと、相手の言い値で作業を受けることになる。それでも言い値で受けるしかなく、持ち帰って工務担当に作業の指示をするときは、本当にしんどかった。当時の工務担当者は経営状況を理解しており、そのような仕事でも、加工部隊を上手くコントロールしてくれた。

「雑用」にも、いくばくかの楽しみがあった。それは、作業量確保のために別の職場を訪問したときに、無理にお願いして、生産ラインなどを見せていただくことであった。

技術に未練があり、「雑用」の仕事を早めに切り上げて夜いくばくかの時間を作り、われわれの部隊に持ち込まれた課題解決のために時間を使った。そのおかげで、この雑用がこなせたのかもしれない。私は、企業生活の最後は長年所属した試作部門を離れて本社に行き、生産技術の仕事をしたわけであるが、そのとき、試作部門時代の人付き合いが役に立ったことを覚えている。

21 真空内機構のネジ落下

概要

図 21-1 に、第 1 の事例として、真空中に回転運動を導入する機構の断面図を示す。フランジに取り付く 2 本の回転軸のうち、右側の機構は手動ハンドルにより回転アームの駆動を行っている。手動ハンドルの回転を、磁性流体シールの回転導入器を用いて、大気から真空内に導入し、ピンを用いて固定したカラーとスプライン構造のカップリングによって分離した回転軸に伝達する。回転軸は、ハウジング内に取り付けたベアリングによる支持構造となっており、この回転アーム先端に取り付いた部品を、ディスク上部から手動ハンドルの回転移動で退避する構造となっている。

もう一方の左側の回転機構は、真空に配置したディスクを回転駆動モーターにより駆動している。ディスクは回転軸の上部に取り付いており、回転軸は右側機構と同様に真空内に配置したベアリングで支持されている。このディスクの上面の外周部には、ドーナッツ板がネジで固定されている。真空内への回転の導入は、右側機構と同様に、磁性流体シールを用いた構造となっている。

両回転軸は O リングの軸シール構造の真空フランジに取り付いており、当該真空フランジはネジを用いて真空容器に固定されている。取り付け方向は図示のように下方が重力方向となっている。

手動ハンドルで回転アームを駆動したところ、手動ハンドルの回転に伴い、異音が発生した。回転アーム部の磁性流体シールの上部の駆動系を分解して調査したところ次の状況であった。

(1) 図中黒丸部に穴付きボルト（M3x6L、ドーナッツ板の固定ネジ）が落下していた。

(2) 図中×印部のカラーの側面部に引っかき傷があった。

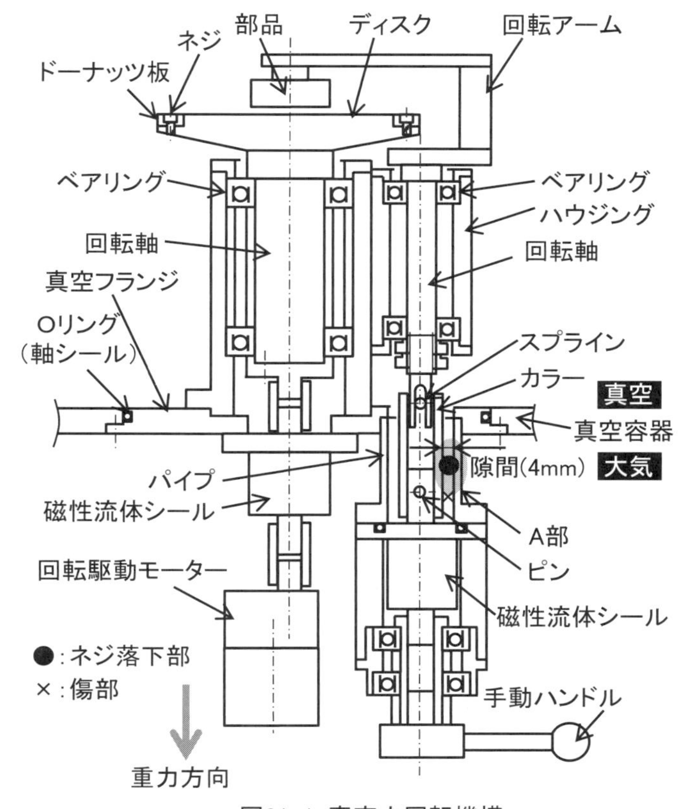

図21-1. 真空内回転機構

同種の第 2 の事例を図 21-2 に示す。これは真空に保持した処理室（図示せず）で試料を加工する、マルチチャンバー処理装置の試料搬送機構を示しており、試料をストッカーから目的の処理室に搬入するために、処理室結合チューブに搬送する。試料搬送チューブの紙面方向に、それぞれ処理室が配置されている。この試料の搬送は、試料ストックチューブ内に収納された試料を矢印 5 で示す直線移動機構の先端に載せて、搬送チューブ内のトロッコ上に移し変える。

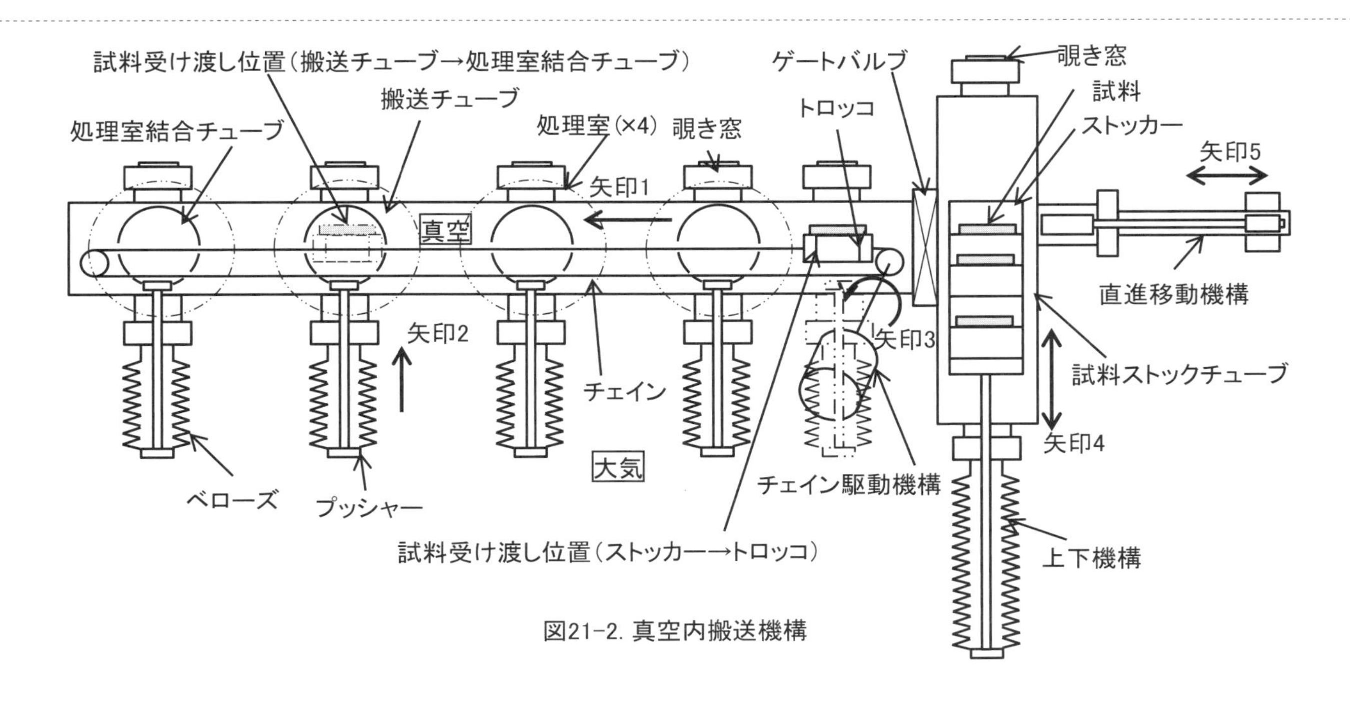

図21-2. 真空内搬送機構

トロッコは、チェーンによって試料を矢印 1 方向に移動するためのもので、目的とする搬送室の処理室結合チューブ位置で停止する。停止位置の下部に取り付いたプッシャーと紙面方向に動く直進移動機構（図示せず）により、トロッコ上の試料を処理室結合チューブを経由して処理室に搬入する。ストッカーからトロッコへの試料の受け渡しと、トロッコと試料搬送系（図示せず）の試料の受け渡しは、上部の覗き窓を通して目視しながら操作を行っている。

ストッカーはゲートバルブを介して搬送チューブに取り付いており、真空環境で試料の受け渡しを行う。ストッカーは、ゲートバルブを閉じた状態では、試料ストックチューブを大気環境として、試料を大気中に取り出すことができる構造となっている。試料ストッカーは、試料を収納する棚が上下方向に取り付いており、ストックチューブの上下機構により、ストッカーは垂直方向に移動する。この移動により、目的の試料を選択し、搬送することができる。

トロッコと試料搬送系（図示せず）の試料の受け渡しは、前記したように、プッシャーによる上下動作で行う。このプッシャーによる上下方向の直線運動は、**図 21-2** で示すように、真空外部からベローズを用いて行っている。

ストッカーから処理室に試料を搬送する動作は、説明した通りだが、この機構を用いて同様に、処理室からストッカーに試料を搬送することも可能である。

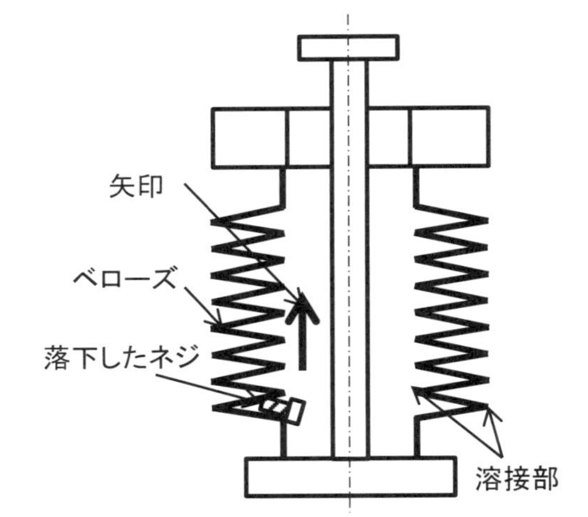

図21-3. プッシャーのネジの噛み込みによる破損

この機構を用いて試料を搬送中に、トロッコの部品を取り付ける 4 本の固定ネジ（M4x8L）のうちの 1 本がなくなっていることが判明したが、覗き窓からそのネジは見つけることはできなかった。最悪の場合として考えられるのは、本搬送系を使用中にこの落下したネジがプッシャー内のベローズの位置に落ち込んだ場合（**図 21-3**）、収縮時にベローズが破損する可能性がある。ベローズは、0.2 〜 0.3mm のステンレスのドーナッツ形状の薄板溶接構造であり、薄板の間にネジなどの異物が挟まった状態で縮んだ場合、溶接部が破損し、真空漏れが発生する可能性がある。

原因

装置使用中にネジの緩みが発生し、落下したそれぞれの事例は以下の現象である。

項番	項目	現象
1）	事例 1	①手動ハンドルの回転により異音が発生し、断続的な反力が新たにハンドルに生じたので、回転系の異常が判明した。 ②分解して当該回転系をチェックしたところ、図 21-1 に示した部分にドーナッツ板を固定していたネジが落下しており、このネジがその原因と特定した。 ③この事例は、外部から問題の場所が特定できたので、チャンバーを大気に開放して対策を行った後、真空の再立ち上げを行った。
2）	事例 2	①具体的な対策作業を行う際、ネジの落下場所とその状態が不明な点が問題であった。 ②使用環境が、超高真空（10^{-8}torr）と低い圧力のため、落下の可能性のある真空フランジを分離して確認を行おうとしたが、その落下場所として考えたプッシャーが 4 カ所存在していたので。分解場所を特定して最小限の作業で回復作業を行う必要があった。

対策

事例 1

ネジが隙間に落下しないように、隙間上部に蓋をしてその侵入を防止した。落下防止板は、**図 21-4** に示すように 2 つ割り構造にして、それぞれを真空フランジに、別々にネジ止めできる構造とした。

事例 2

ネジの落下場所特定とその状況確認のために、**工業内視鏡**[解説1] を用いて「搬送チューブ」と「プッシャー」内部を確認した。その結果、プッシャー内のフランジ部にネジが落下していることを確認した。工業内視鏡は、中央部の覗き窓を取り外して、各プッシャーのベローズ部に挿入した。

ネジの落下を確認したプッシャーを分解し、落下したネジを取り出し、事例 1 と同様に落下防止板を取り付けた。落下防止板は、**図 21-5** で示すように 2 つ割り構造で、インローにより位置を固定する構造とした。落下防止板は、真空排気を行う際にベローズ内のガスが抜けやすいように、複数個の穴を加工した。ネジがこの穴を通って落下しないように、穴のサイズは Φ 3mm の穴とした。

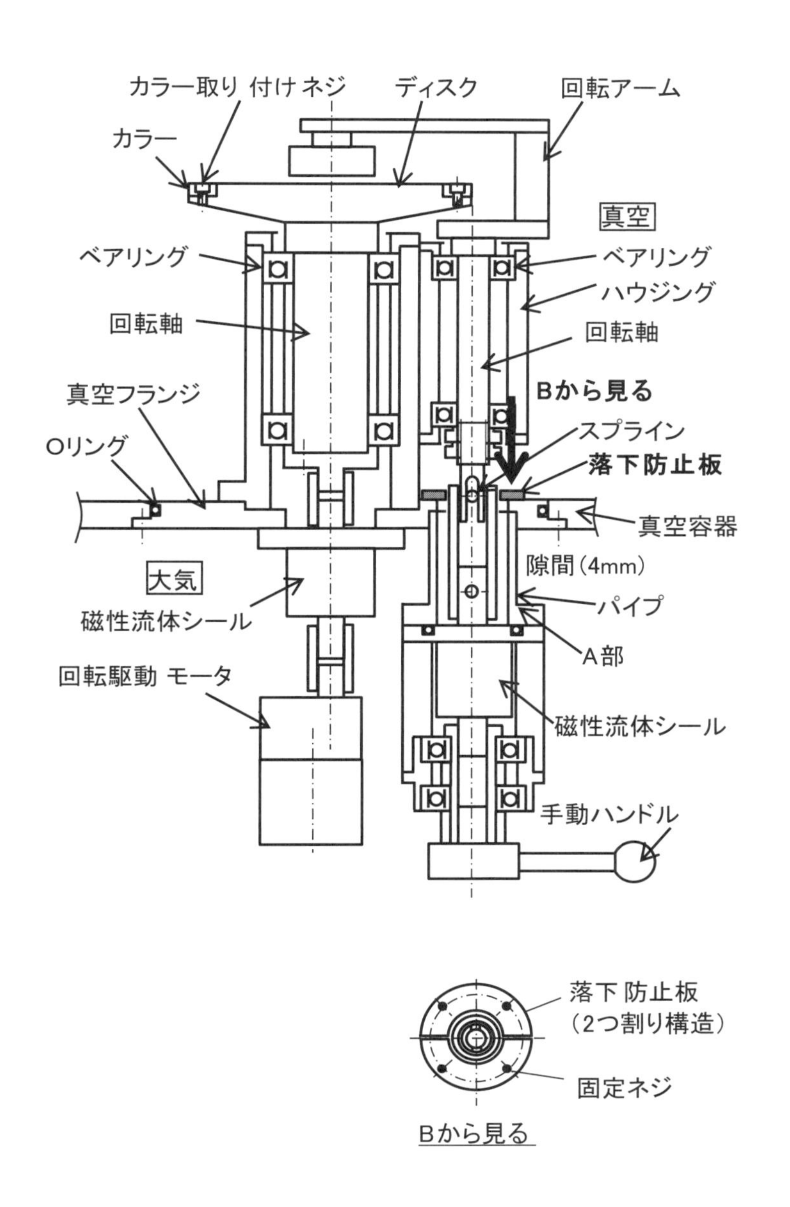

図21-4. 事例1の対策構造

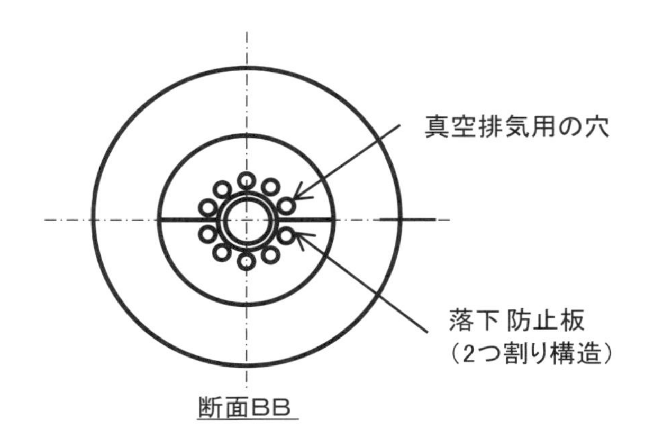

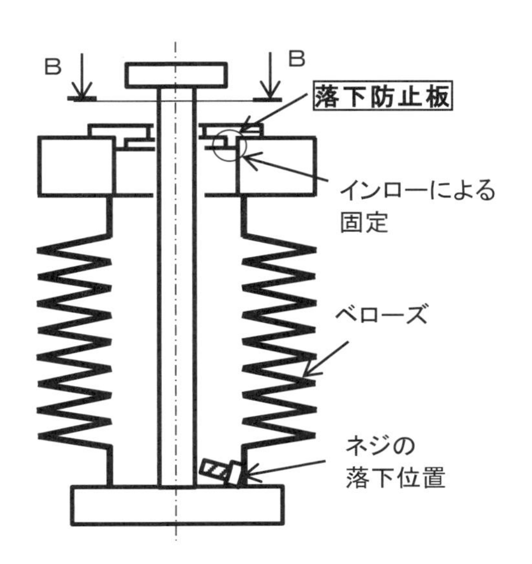

図21-5. 事例2の対策構造

解説 1 **工業内視鏡**

メーカーから供給されている工業内視鏡の外観写真を、**図21-6**の左に示す。中央の写真はその構成部品であるモニター、コントローラー、スコープが示されている。手元のコントローラーを操作することにより、スコープの先端を任意の対象物に向けることができる。私が使用した当時の工業内視鏡には、大画面のモニターはなかったが、近年のIT技術の向上に伴うハードの発達で、大きく見やすいモニターが取り付いている。**図21-6**の右は、ドリルで加工した穴内を本内視鏡で撮影した画像である。

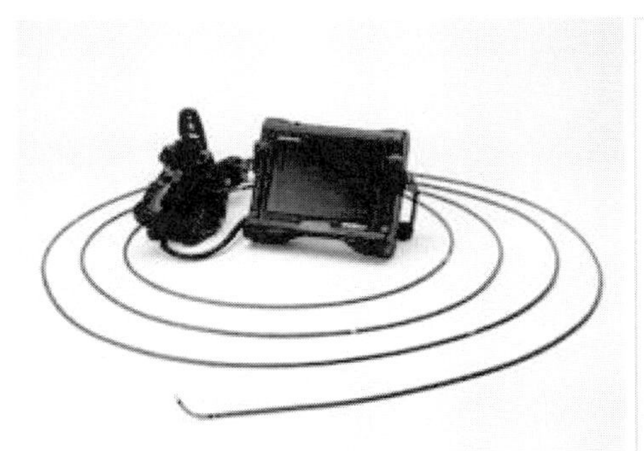
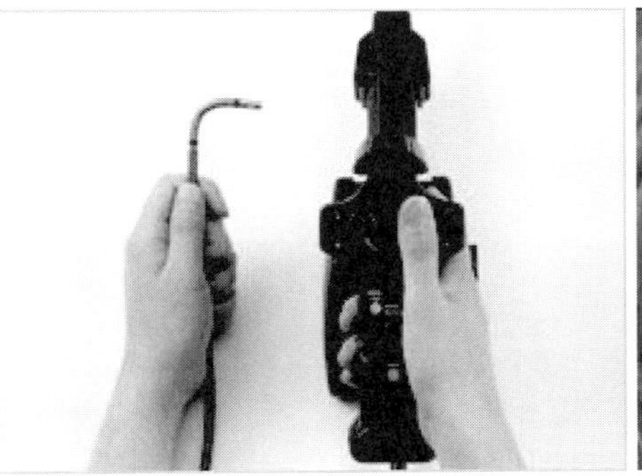
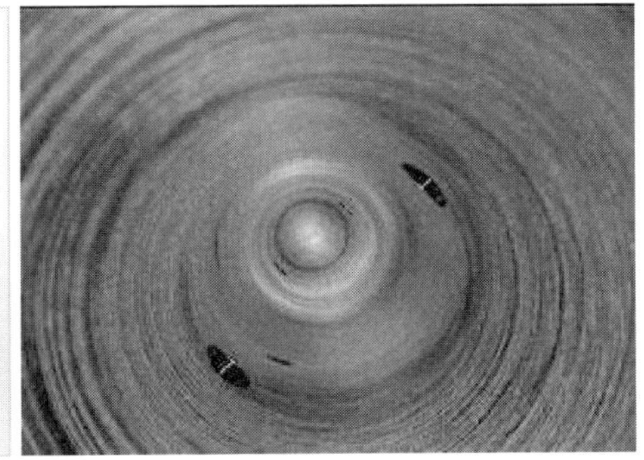

図21-6. 工業内視鏡外観写真ほか

出所：オリンパス株式会社（https://www.olympus-ims.com/ja/rvi-products/iplex-rx/）

図21-7に、同様の事例の対策として上部に保護用のネットを取り付けた、ターボモリキュラー方式の真空ポンプを示す。ターボモリキュラーポンプ内には回転する羽根が配置されており、音速に近い高速で回転して真空排気を行う。上部からポンプ内をのぞくと、回転羽根の全容が見ることができる。

このポンプを高速回転で運転中にネジなどの部品がポンプ内に落下した場合、ポンプの回転羽根が破損する事故が発生する。この事故を防止する目的で、ポンプの上部に異物落下防止用の網がオプションで取り付く構造になっている。この網は真空排気の抵抗が少なくなるように開口率を大きくした構造となっている。

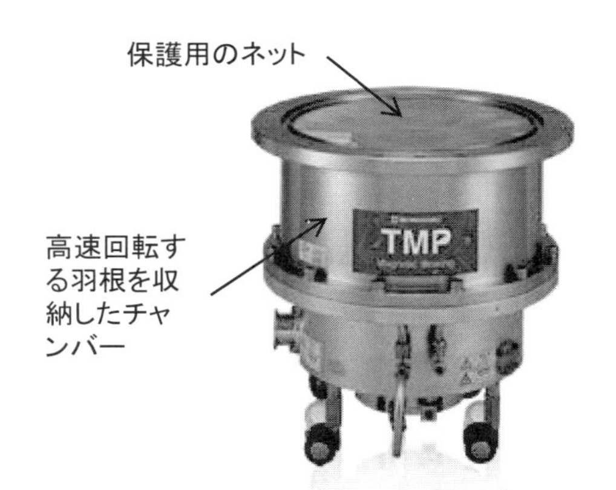

図21-7. 保護用のネット付ターボモリキュラーポンプ

出所：株式会社島津製作所
（http://www.shimadzu.co.jp/industry/products/tmp/dairyu/index.html）

得られた指針

装置が重力方向に取り付き、組み立てや装置使用の際に、ネジなどの落下物が問題となる構造では、次の配慮が必要である。

(1) ネジが落下しにくい構造とする。
  a) ネジに緩み止めを取り付ける。
  b) ネジの本数を最小限とする。

(2) 落下したネジが見える、視認性の良い構造とする。

(3) 落下したネジが装置の動作時問題となる部分に入り込まない構造とする。
  a) カバーを取り付ける。
  b) 部品間の隙間を落下物が侵入できない寸法とする。

エンジニアの忘備録 11

運動と仕事

私は学生時代のクラブ活動で、何度となく挫折した経験がある。中学時代のブラスバンド部、高校時代の剣道部、大学時代の柔道部いずれも続かなかった。ただ、入社後始めた運動は今でも続いている。スポーツといってもジョギングと水泳、それに一時期はサイクリングに凝っていたこともあった。

一番時間を費やしているのはジョギングであり、すでに3万kmは走ったのではないかと思う。記録をとっているわけではないが、シューズは約1,500kmの距離を走ったのちに新調する。靴底に穴が開き、道路の砂が靴内に侵入するようになると買い換えるのだが、ランニングを始めてから20足は履きつぶした。最近は主に休日をランニングの時間にあてている。

水泳は、ランニングで膝を傷めたときに始めたのだが、主に平日、訪問先から帰る途中でプールに寄り、約40～50分、距離にして1,500から2,000mを泳ぐ。泳いでいると、いろいろな連中が私に挑戦してくる。よせばいいのにこれを負かすべくピッチを上げて泳ぎ、終わるとへとへとになることが多い。

この1時間弱の運動時間中に、悩んでいる問題の解決策を見つけようと意識してスタートするのだが、開始してものの5分もすると頭の中が白くなって、アイデア創生などはどこかに飛んでいく。この少々激しいスポーツを行った次の日は体調がすこぶる良く、集中力が長続きする。なんでこんなに仕事に集中できるのかと振り返ると、昨日運動したからだと納得する。

スポーツと集中力の関係を私は知らないが、これは経験から得た貴重な関係式である。ただし、スポーツの後に晩酌をし、次の日に臨むと、その効果はまったく現れないのが不思議である。アルコールは体にとっては毒なのかもしれない。

であるから、スポーツは私にとって行うもので、見るものではない。テレビなどでスポーツを観戦していると、スポーツをするときの苦しい状況が思い起こされ、愉快な気持ちにはなれない。一日1時間のスポーツは私の時間の約4%で この時間の確保には変遷がある。 時間が自由だった独身時代は、会社の近くの寮に住んでいたので、会社が終わって夜が更けたころ、ランニングをしていた。結婚してからは、会社から1時間ほどをかけて通勤しており、早朝にランニングした覚えがある。足を傷めて走れなくなったときは、朝の早い時間にプールで泳いだ。年取った現在は、比較的自由に時間が使えるので、会社帰りと休日の昼間をその時間に充てている。

スポーツを楽しんでいると体を傷めることもあり、傷めた体と付き合いながら運動をすることになる。私が経験したもっとも大きなトラブルは、左ひざの故障で、入院して手術をした。病院では、二人の医者に見立ててもらった。一人は若い医者で、もう一人は年をとり、経験が豊富な医者であった。二人のアプローチは対照的だった。若い医師はＭＲＩで診断した。一方、年をとった医者は触診による診断が中心で、30分間も私の足を触れていた。結局、年をとった医者に手術をお願いしたのであるが、入院中に、彼が多数の医者の前で、私の足を手術をする理由を報告するのを聞く機会があった。手術を行う決断をした理由は、問題のある左足と右足の周の長さが約5cmも異なっているからだと説明した。正常な右足が太くなったのは、患者が左足のトラブルで苦しんだことの表れだというのだ。これを聞いた私は、その道のプロの観察の深さに敬服した。

運動は、ヒトがクロマニオンの時代に野山を駆け巡り、狩猟をしていた時代の名残りではないのかと考えている。私のDNAの中にこの情報が刷り込まれており、走ることによって獲物を獲った感覚が呼び起こされ、頭がすっきりするのではないかと。であるから、私にとって原始時代の自分に帰る行為と考えて、時間が許す限り、体調にかかわらず運動に励んでいる。ランニングは神田川沿いを、水泳は高井戸のごみ焼き場のプールで一年中楽しんでいる。

22 高温用リミットスイッチのドッグ形状不備による異常動作

概要

移動台の位置を検出するためのの機械要素である**リミットスイッチ**[解説1]は、移動台のストロークエンドの設定や、起動時の移動台初期位置設定のために使用される。**図22-1**に、リミットスイッチとドッグと呼ばれる構成部品の斜視図を示している。この移動台は高温環境で使用するため、リミットスイッチは耐熱の製品を使用している。信号線がリミットスイッチに取り付いているため、通常はリミットスイッチを移動台の固定側取り付けて、移動側にドッグを取り付けて、移動台が所定の位置に達したとき、**スイッチ回路の開閉により位置検出**[解説2]を行う。**図22-2**に示すように、移動に伴いドッグの斜面がリミットスイッチの押しボタンと接触し、破線の矢印方向にボタンを押し込み、リミットスイッチ内の回路が閉ざされ移動台の位置が検知される訳である。このリミットスイッチの外観写真と内部の構造図を、メーカーのHPから得た**図22-3**に示す。このリミットスイッチの温度使用範囲は最大400℃、許容操作速度は0.05～1000mm/sと仕様に示されている。このリミットスイッチは高温に対応する目的で、部品材料はセラミックスと金属であることが、この外観写真から判る。内部の構造を示した透視斜視図は、押しボタンと接点が可動バネで結合されている構造で、押しボタンの押し込みによって可動板バネが動作し、接点が開閉する。

高温環境でリミットスイッチをドッグで押したところ、**図22-2**に示すリミットスイッチの押しボタンとの接触によってドッグ斜面部に傷が付いて、ボタンが上下方向に作動せず、リミットスイッチ自体が固定板に取り付く固定ネジ部ですべり、下方向に移動した。

解説1 リミットスイッチ

リミットスイッチは位置を検出する目的で、移動台などに多用される機械要素部品で、内部に接点を有している。所定の位置でこの接点の開閉を行い、位置を検出する。開閉方法としては機械式、光学式などの種類があり、機械式は接触型、光学式は非接触の構造である。リミットスイッチは2個の部品から構成されており、一方が移動側に他方が固定側に取り付き、両部品の位置の一致により、ある一点を検出する。機械式のリミットスイッチの構造と外観は、**図22-1**、**図22-3**に示した通りである。

光学式のリミットスイッチの構成と外観写真を、**図22-4**に示す。接触式のリミットスイッチと同様に、移動側に取り付いた部品と固定側に取り付いた部品の位置関係を、遮光板が光路を遮ることで検出する構造である。光路が遮られると、信号はリミットスイッチの下部に取り付けた信号取り出し線(動作図)から制御機器に導入される。

このほかに非接触タイプのリミットスイッチとして「磁気」「静電容量」「超音波」を用いたスイッチが存在する。

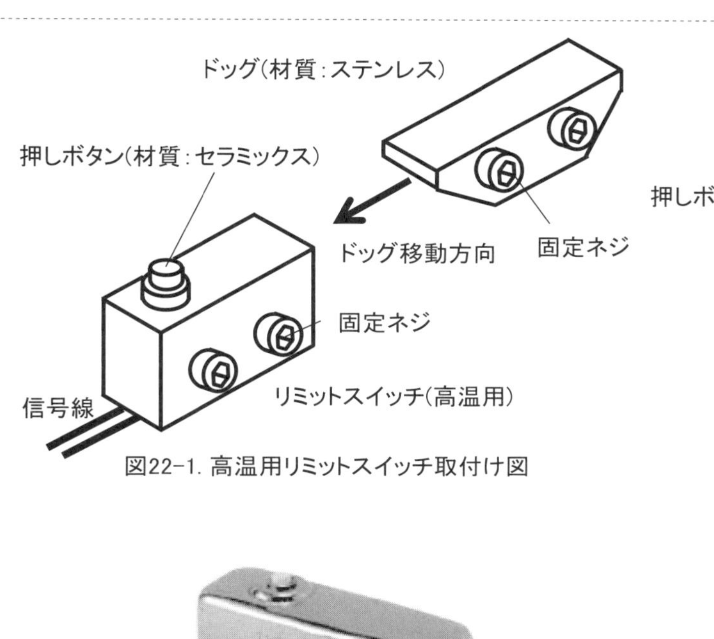

図22-1. 高温用リミットスイッチ取付け図

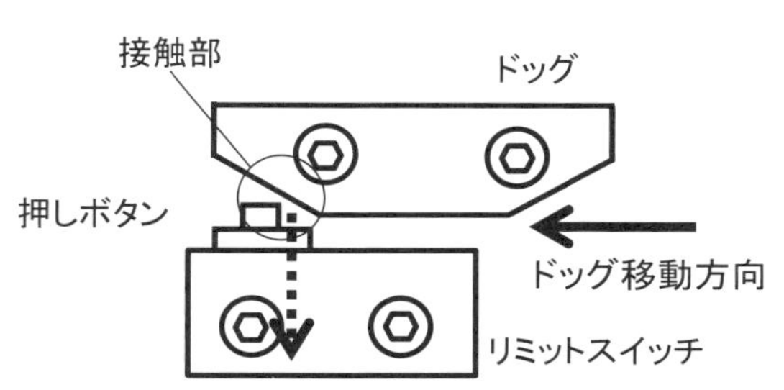

図22-2. リミットスイッチとドッグの接触

■構造／接触形式（1c接点）

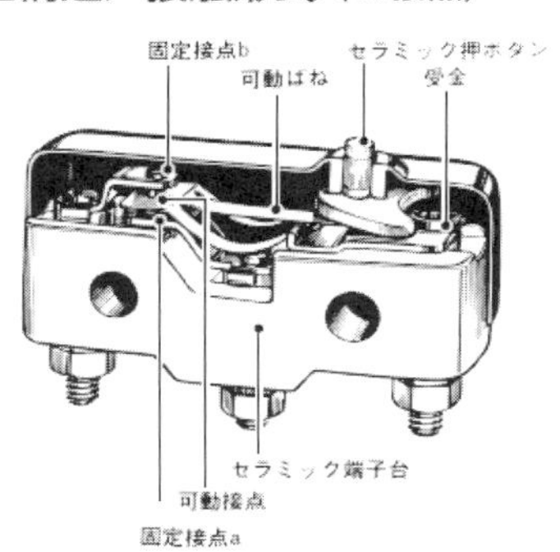

図22-3. 高温用リミットスイッチの外観と構造図

出所：オムロン株式会社（http://www.fa.omron.co.jp/data_pdf/cat/tz_ds_j_2_4.pdf?id=293）

これらのリミットスイッチについて、その特徴などを図22-5に示す。静電容量、超音波を用いたセンサーは、流体、粉体の検出用に用いることができる。ただし検出対象の物性、サイズによって検出能力が変化するので、センサーの取り付け位置を決める場合には、動作の冗長性を考慮に入れ、調整可能範囲を大きく設計しなければならない。

価格は機械式、光学式、磁気式が数百円/個と安価で静電容量式、超音波式は数千円/個と高価である。これらリミットスイッチの詳細は下記のデータの出所のHPを参照していただきたい。

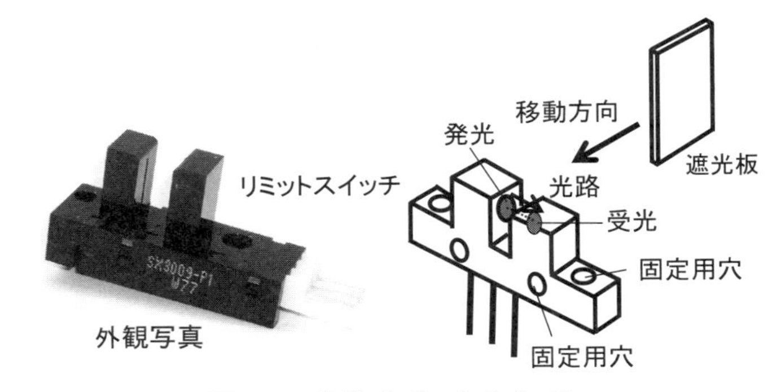

図22-4. 光学式リミットスイッチ

出所：オムロン株式会社（http://www.fa.omron.co.jp/products/family/3199/）

方式	接触式	非接触式			
	機械	光学	磁気	静電容量	超音波
外観					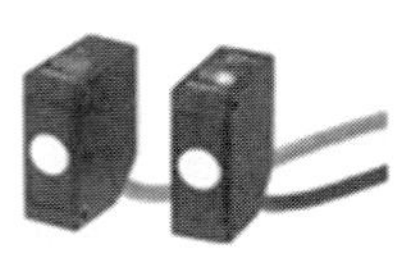
検出対象	ドッグ	遮光板	マグネット	導体、誘電体	固体（透明ボトル）
検出精度	繰り返し精度 0.1mm	繰り返し精度 0.05mm	動作 0.8mm 以上 復帰 2.2mm 以上 （ケース上面寸法）	検出距離 10mm	対象動作距離 500mm
他	用途による接触部形状、取り付け形状有り	遮光式、反射式 液面用	寿命5万回以上	検出対象の材質サイズによる検出距離変化	アンプ内蔵タイプ有
価格	安価	安価	安価	高価	高価
出所	パナソニック デバイスSUNX株式会社（http://www3.panasonic.biz/ac/j/fasys/component/limit_switch/ml/index.jsp）	パナソニック デバイスSUNX株式会社（https://www3.panasonic.biz/ac/j/fasys/sensor/micro/pm-65/index.jsp）	パナソニック デバイスSUNX株式会社（https://www3.panasonic.biz/ac/j/fasys/component/limit_switch/magnelimit/index.jsp）	オムロン株式会社（http://www.fa.omron.co.jp/products/family/472/specification.html）	オムロン株式会社（https://www.fa.omron.co.jp/products/family/504/）

図22-5. リミットスイッチの種類と特徴

解説2 位置検出用のリミットスイッチ

図22-6に、原点位置とストロークエンド位置を検出するために､直進移動台に取り付けたリミットスイッチを示す｡リミットスイッチは光方式を採用しており、センサー本体と遮光板で構成されている。ストロークエンドのリミットスイッチは、移動台前後方向の両端に取り付いており、このセンサーが作動すると、駆動モーターであるパルスモーターが直ちに止まる構造となっている。原点位置の検知は、次の説明に示す動作によって行う。通常この動作は、電源投入時にパルスモーターの初期設定動作として行う。以下にその手順を示す。

①電源投入

②パルスモーターの左回転による移動台の後退（パルスモーター方向に直進移動台が移動）

③直線移動する遮光板が原点の光スイッチを横切り、次に回転移動する遮光板により原点の光スイッチが動作した位置で停止する。

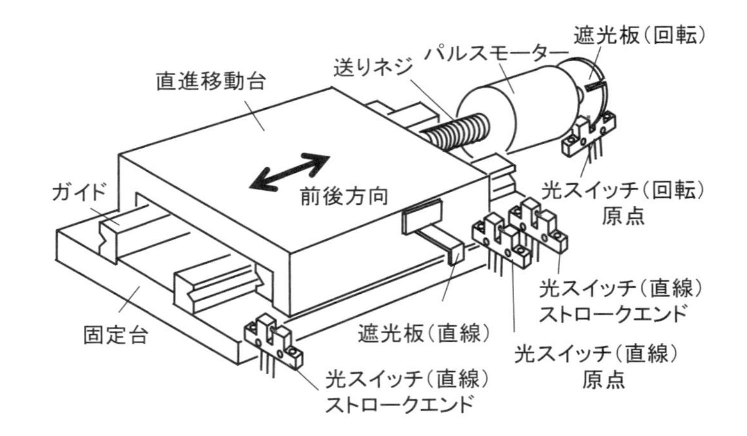

図22-6. 直進移動台に使用するリミットスイッチ

④上記③の位置を原点とし、この位置からパルスモーターのパルス数でその停止位置をカウントし、制御する。

この方法のメリットは、以下のとおりである。たとえばパルスモーターが 0.72°/パルス（500 分割/回転）で、駆動ネジのピッチを 3mm とした場合、パルスモーターの 1 パルスで 6μm（＝3mm/500 分割）の移動量となる。光スイッチの停止精度は 50μm 程度であるので、この方式を採用した場合、遮光板の遮光半径位置が 30mm、送りネジのピッチを 3mm とした場合、50μm の分解能で位置が検知できる。すなわち、X 移動方向の分解角度を計算すると、以下のとおりとなり、1μm 以下の分解能で、原点位置を読み取ることが可能となる。ただし 1 パルスに対して、6μm の移動量なので位置決め精度は±6μm である。

分解角度：360×0.05÷（30×2×π）＝0.095°

原点位置決め量：3×0.095÷360＝0.8μm

この直線と回転位置を検知するリミットスイッチを用いれば、リミットスイッチによる位置決め精度を向上させることが可能となる。なお、回転方向のリミットスイッチを使用せず直線方向のリミットスイッチのみの場合、原点の位置決め精度はリミットスイッチの位置決め精度である 50μm 程度となる。

パルスモーター回転軸と直線移動軸の 2 カ所にリミットスイッチを取り付ける方法は、送りネジの回転がナットの直線移動に変換される前の段階で、送りねじに取り付いたリミットスイッチにより、回転原点の位置決めを行うことにより、高精度化が達成できる。

直線移動軸のリミットスイッチは、ネジ軸の回転リミットスイッチが動作するタイミングを決めるために、使用されている。すなわち、直進用のリミットスイッチの動作直後に、回転用のリミットスイッチが動作した位置を、原点とする。

移動台の事例として、光スイッチを 2 個用いて高精度に原点を決める具体例を示したが、1μm の繰り返し精度で位置を検知できる、さらに高性能のリミットスイッチもメーカーから提供されている。**図 22-7** にその外観と仕様を示す。

項番	項目	仕様
1）	繰り返し精度	1μm 以下
2）	耐久性（機械）	1000 万回以上
3）	許容操作速度	1μm～0.5m/s
4）	使用周囲温度	－20～75℃
5）	使用周囲湿度	35～85%

図22-7. 高精度スイッチの仕様と外観

出所：オムロン株式会社（http://www.fa.omron.co.jp/product/item/d5a_1100f/）

原因

トラブルの原因は、**図 22-8** に示すように、「押釦（濃いスマッジング部品）」が案内（淡いスマッジング部品）の内部をすべらなかったことによる。これは、ドッグが押釦を押す力（N）によって押し込み方向に発生する力（Ny）と摩擦によるブレーキ力（R1y＋R2y）の関係が、下記のようになったためである。

Ny<R1y＋R2y

この現象の発生は、下記の 2 点が原因である。

①ドッグと押釦の間で発生する力が大きかった点（ドッグの材質であるステンレスが押しボタンの材質であるセラミックスと比較して軟らかかったために、ドッグの接触部に傷が付いてすべりが悪くなり、過大な力 N が発生した。）

②案内と押釦の間の摩擦係数が大きく、接触点ですべりが生じなかったため、結果として摩擦によるブレーキ力（R1y＋R2y）が押し込む力（Ny）に対して過大な値となった。

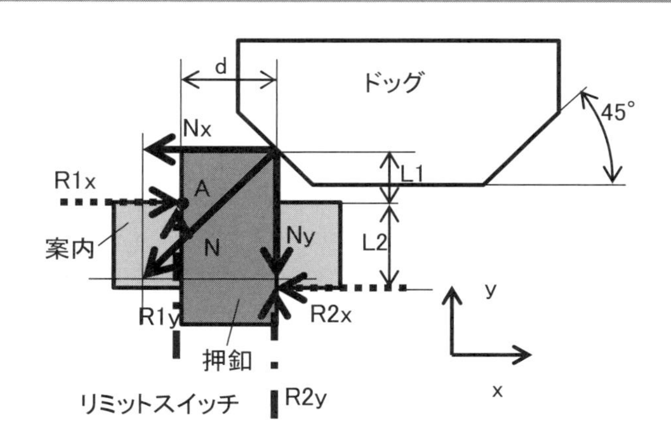

図22-8. リミットスイッチ動作時に発生する力

N：ドッグが押ボタンに作用する力（ドッグ斜面に垂直、実線）

Nx：ドッグが押ボタンに作用する力のX成分（実線）
　＝N×cos45°

Ny：ドッグが押ボタンに作用する力のy成分（実線）
　＝N×sin45°

R1x：押ボタンが案内に作用するモーメント荷重（破線）
A点で押ボタンが回転すると考えると
　R1x＝Nx＋R2x

R2x：押ボタンが案内に作用するモーメント荷重（破線）
A点で押ボタンが回転すると考えると
　Nx×L1＋R2y×d＝R2x×L2＋Ny×d

R1y：モーメント荷重による摩擦力（一点鎖線）
摩擦係数をμとすると
　R1y＝R1x×μ

R2y：モーメント荷重による摩擦力（一点鎖線）
摩擦係数をμとすると
　R2y＝R2x×μ
　R1y＋R2y＞Nyによりこの現象が発生した。

対策

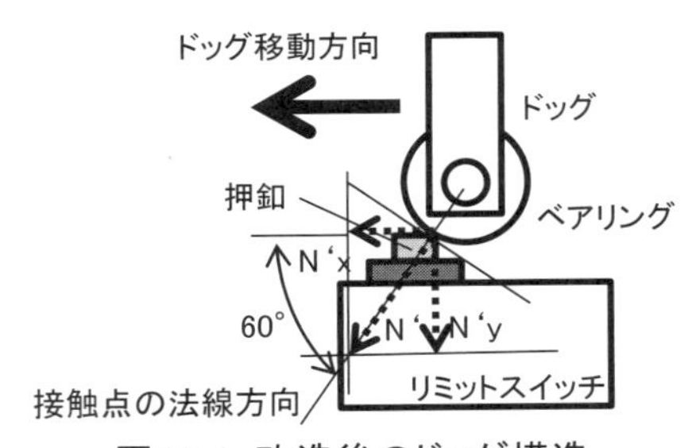

図22-9. 改造後のドッグ構造

図 22-9 に対策構造を示す。対策はドッグの角度を 60°とし接触部に回転ベアリングを使用し、この構造によって次の 2 つの効果を狙った。

①リミットスイッチの押ボタンと接触する回転ベアリングの外周は、硬度が HRC60 と大きく、押ボタンのセラミックと接触で傷が付かない。

②押ボタンと接触する点の、法線方向と進行方向がなす角度が 60°と大きくなった結果、以下の効果が得られた。

N'x：ドッグが押ボタンに作用する力のX成分（破線）
　　＝N'×cos60°

N'y：ドッグが押ボタンに作用する力のy成分（破線）
　　＝N'×sin60°

改造前の構造と発生する力を示した**図 22-9** と比較すると、ここで N ＝ N' とした場合、その法線方向の角度によって決まる x 成分は、改造後は小さくなっている。また、N'y の値は改造前の数字 Ny と比較して大きくなっている。これは、押ボタンが押し込まれる際、抵抗力が小さく、押し込む力が大きくなっていることを表しており、リミットスイッチの押し込みが改善されたことになる。なおドッグに取り付くベアリングは脱脂により潤滑油を抜き取り、高温環境で使用可能とした後に取り付けた。

エンジニアの忘備録 12

技術士の資格を取得して

私は、機械部門と情報工学部門の技術士の資格を取得している。機械部門の選択科目は精密機械で、情報工学部門は数値計算である。これらの資格は、30 歳代の後半に取得した。

受験を勧めてくれたのは、エンジニア忘備録（その 3）で紹介した加藤指導員である。「こんな資格があるよ。受験してみたら」と促され、早速試験問題を調べてみた。当時も今と大差なく、実務経験を重要視する筆記試験と口頭試験である。筆記試験の主要問題は「あなたが担当した仕事で、技術士としてふさわしいと思われる仕事について説明せよ」で、3 時間の所要時間内に 400 字詰め原稿用紙 8 枚で記述する。ほかに、私の記憶では 4 問の課題が出題されて、それぞれ 400 文字詰め原稿用紙 2 枚分を記述する。1 問、約 30 分のスピードである。

私はこの試験問題を見たとき、即座に「これは取れる」と考え、機械部門を受けるべく、1 年計画で準備を始めた。業務を通じての訓練と、休日を利用した準備である。業務では、筆記能力を高めるため、打ち合わせの議事録を、起承転結を付けて短時間で書く訓練を繰り返した。この作業は、自分の頭を整理し、次の道筋を決める際の有効な手段となるという、思わぬご利益があった。これは今も続けており、打ち合わせのメモは残すようにしている。

休日の訓練は模擬問題の作文で、機械に関する課題を想定して、記述の練習をした。最速で 400 文字を 20 分程度の速度で記述したのを覚えている。残念ながら、最初に受験した 35 歳の挑戦は、見事失敗に終わった。筆記試験は良かったが、口頭試験が旨くなかった。若い受験者は口頭試験で不利だと聞いていたが、私の場合もまさにこれだった。失敗にもめげず再挑戦して、機械部門の精密機械に合格したが、その記述の技術内容は「光ディスク原盤作成機の開発」であった。

36 歳で機械部門の合格を果たすと、虚脱感に襲われた。そこで、「数値計算」に挑戦することにして、それまで温めた技術で挑戦し、合格した。技術内容は「パソコンによる有限要素法」で、わかりやすくいえば、パソコンの小さいメモリーで大きな問題を解くための方法である。これついては、別の機会に書くことにしよう。

技術士は、機械部門から原子力放射線部門までの 20 部門に総合監理部門を加えて全部で 21 部門あり、若手のエンジニアが目標とするに値する国家試験である。現在、日本のエンジニア数が 200 万人程度であるのに対して、約 8 万人が技術士の資格を取得しており、エンジニアの約 4% が技術士ということになるが、日本ではまだまだマイナーな資格である。

建設部門では、技術士資格がキャリアの条件となっているので、約 10%の技術者が取得している。不幸にして建設以外の部門では、業務に直接役に立つことは少ないが、企業を離れてコンサルタントを個人で行う場合などは、有効な資格となる場合が多い。私の場合、技術士関連の仕事を霞が関で行う機会があり、そこで活用させていただいた。

また、技術士の資格を取得後、日本技術士会機械部会のボランティアを積極的に行い、多くの技術者と付き合う機会を得た。性格柄、人と付き合うのは好きな私にとって、これは楽しかった。

私は若手の技術者に、技術士資格の取得をぜひ勧めたい。それは次のような理由からである。

①技術者して必要なコアコンピタンスを試験で測定され、この技術を身に付けることができる。

②技術者として、ほかの技術者と交流できる機会を持つことができ、ほかの道を選択する際、有効な手段となる。

③技術者として、目標を持って仕事に取組み、これを達成することが自信になる。

技術士の筆記試験で求められる能力は、①部門全体の専門知識　②選択科目の専門知識　③選択科目の応用能力　④選択科目の問題解決能力　の 4 点である。①は 5 択、②～④は筆記試験となる。なお、これは第二次試験で、当該試験を受ける前に第一次試験に合格する必要がある。そして、第二次試験合格後には口頭試験が控えており、ここでみっちり質問される。

申し込みから結果の発表まで、延々 1 年にわたる試験である。合格には、計画的な準備が必要となり、何事も短時間でできる時代に、この 1 年間という長さには少々閉口する。技術士の平均合格率は 20%弱で、平均受験回数は 5 回、合格者の平均年齢は 43 歳とされているので、5 年計画ぐらいで目標を設定し受験すればいいわけである。

23 真空用ベローズを駆動するボールネジのブレーキ操作

概要

図 23-1 に、真空内で石英部品が上下方向に移動する上下移動機構の、正面図と平面図を示す。大気中に配置した駆動機構を用いて、ベローズの伸縮により、真空中に運動を導入している。駆動機構はネジと案内を用いた方式で、ネジは**ボールネジ**[解説1]を両案内の中央部に配置し、案内は転がり方式のリニアベアリングを用いている。

ボールネジの上端には、駆動用のパルスモーターと同軸にブレーキが取り付いており、外部信号によって**パルスモーターとブレーキ**[解説2]を制御して、石英部品の任意位置への移動と停止を行っている。このブレーキは、ベローズの内部が真空状態であることにより生じる吸引力に対して、石英部品の位置を保持する目的で使用される。すなわち、真空容器内が減圧状態でパルスモーターの電源を遮断し、モーターの保持トルクが期待できない場合に使用する機構である。ボールネジのナットに作用する軸力により、パルスモーターが回転する現象を防止するために取り付けられている。

ボールネジは、機械効率が良く、ナットに作用する軸力により、容易にネジが回転する。この装置の組み立て終了後に、真空容器内を減圧状態にしてパルスモーターやブレーキなど制御系の調整作業を行った。パルスモータースイッチがオフの状態でブレーキスイッチをオンした際にこのトラブルが起こり、石英部品が急激に下方向に移動し、下端のストロークエンドで衝突が発生し、その衝撃で石英部品が破損した。

各部品の動作仕様は次のとおりである。

①ブレーキスイッチのオンでブレーキは解除する。

②パルスモータースイッチをオンにすればパルスモーターの保持トルクが作動する。

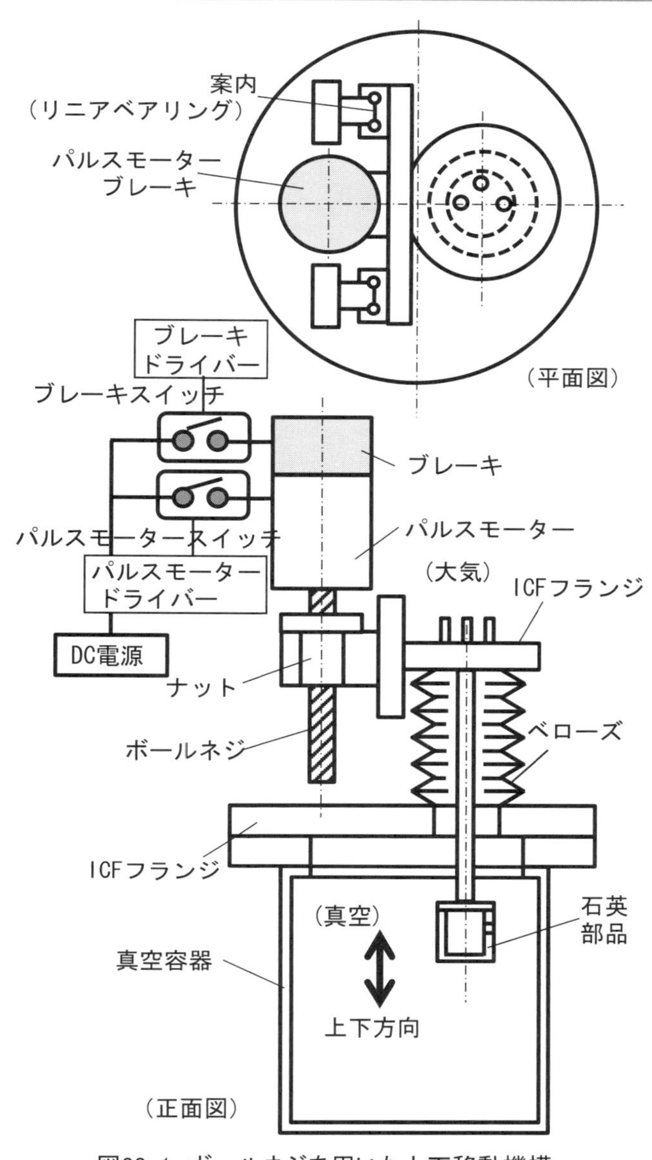

図23-1. ボールネジを用いた上下移動機構

解説 1　ボールネジ

ネジの歴史は古く、紀元前のギリシャ時代にイタリア南部出身のアルキタスによって発明されたといわれている。一説にはそれ以前に、ワイン製造の際、ワインを搾り出すためにネジを利用した加圧機が使われていたという記録もあるそうだが、定かではない。近代のネジとしては、産業革命期に開発されたウィットフォースネジ（山頂角が 55°で、ピッチは 25.4mm 当たりの山数）が有名で、このネジは現代も使用されている。

ネジは、機械要素として開発されて以来、すべり摩擦方式のものが使用されてきた。その後、高速化や低トルク駆動の要求に応える目的で、転がり摩擦を利用したボールネジが開発された。ボールネジの登場からすでに 100 年以上が経過するが、本格的に使用され始めたのは、1955 年に GM 社が自動車の操舵機構に採用してからである。筆者は 1970 年代から試作装置の設計作業に従事しているが、その頃から、ボールネジが移動台の駆動ネジとして使用され始めたと記憶している。

ボールネジの特徴

項番	構造	項目	内容
1）	転がり摩擦	高速移動	タクトを問題とする高速移動が要求されるステージの駆動要素機構として採用
2）		低トルク駆動	省エネの実現に寄与
3）		高い運動の変換効率	ナットの軸方向の力でネジ軸を回転することが可能
4）	シール構造	異物に弱い	ボールの転動面に異物侵入に対する防止策が必要
5）	ダブルナット構造	バックラッシュ取り	2個のナットを使用する構造で与圧をかけることが可能で、与圧量は両ナット間のスペーサーの厚さで調整できる

ボールネジの構造

メーカーのHPに掲載されている、ボールネジと噛み合うナット部分の外観と断面を写した写真を、**図23-2**に示す。ボールネジはネジとナットの間にある転動体（ボール）の転がり接触による低摩擦が特徴であり、ボールはナットの外部を回って循環する構造となっている。転動体を循環する目的の循環チューブを、その外観に見ることができる。

図23-3に、ボールと接触するナットの溝構造として、円弧形状とゴシック・アーク形状が示されている。円弧形状ではナットとボール、ネジとボールとの接触点がそれぞれ円弧の頂上の1カ所であるのに対して、ゴシック・アーク形状ではナットネジともに45°位置で2カ所の接触部を有し、それぞれの接触部はボールの回転中心に対して45°の位置に配置されていることから、軸方向剛性が大きくなっている。

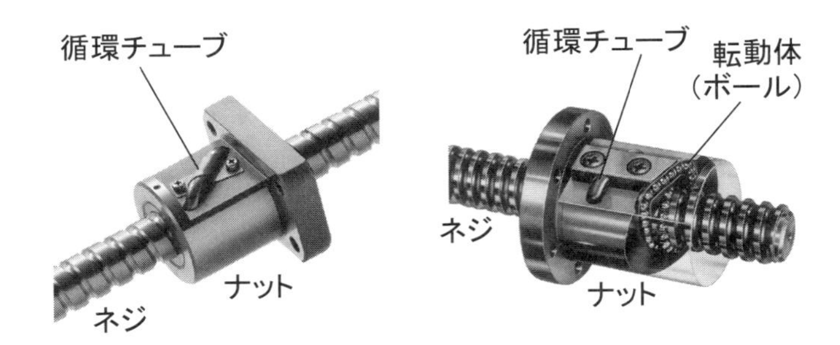

図23-2. ボールネジの外観

出所：日本精工株式会社 CSR本部殿から好意によりご提供いただく

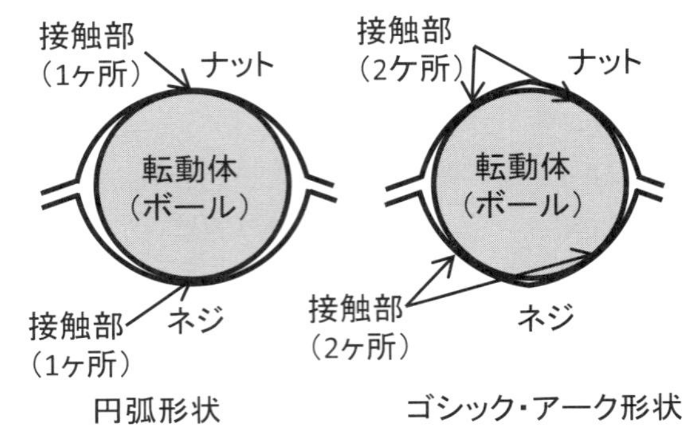

図23-3. ボールとナットの溝構造

ボールネジの精度

ボールネジによる送り精度は、ネジを構成する3個の部品である「ネジ」「ナット」「転動体（ボール）」の、個々の加工精度で決まる。ボールネジは、JISでその規格が定義されており、**図23-4**に、JISに準じて作成されたメーカーの精度の規格を示す。精度等級は、精密ボールネジでC0～C5級、転造ネジでC7～C10級までが存在している。C2級、有効部長さ300mmでその累積誤差が8μmと規定されている。

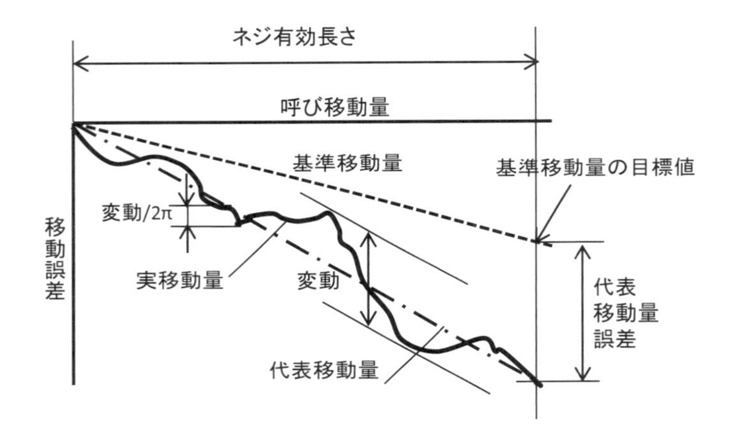

[実移動量]
実際のボールネジを測定した移動量

[基準移動量]
呼び移動量と同じで、使用目的に応じて意識的に呼び移動量を補正した値をとる

[基準移動量の目標値]
ネジ軸のフレ防止のためにかけるテンションや、外部荷重、温度による伸縮を考慮し、あらかじめ基準移動量を増減して製作することが可能

[代表移動量]
実移動量の傾向を代表する直線で、実移動量を示す曲線から、最小2乗法により求める

[代表移動量誤差]
代表移動量と基準移動量の差

[変動]
代表移動量に平行に引いた2本の直線ではさんだ実移動量の最大幅

[変動/300]
任意のネジ部長さ300mmの変動

[変動/2π(よろめき)]
ネジ一回転内の変動

		精密ボールねじ												
												転造ボールねじ		
精度等級		C0		C1		C2		C3		C5		C7	C8	C10
ねじ部有効長さ こえる	以下	代表移動量誤差	変動	代表移動量誤差	変動	代表移動量誤差	変動	代表移動量誤差	変動	代表移動量誤差	変動	移動量誤差	移動量誤差	移動量誤差
—	100	3	3	3.5	5	5	7	8	8	18	18			
100	200	3.5	3	4.5	5	7	7	10	8	20	18			
200	315	4	3.5	6	5	8	7	12	8	23	18	±50/300mm	±100/300mm	±210/300mm
315	400	5	3.5	7	5	9	7	13	10	25	20			
400	500	6	4	8	5	10	7	15	10	27	20			
500	630	6	4	9	6	11	8	16	12	30	23			

図23-4. リード精度用語とボールネジの誤差

出所：THK株式会社（https://tech.thk.com/ja/products/pdf/ja_a15_011.pdf）
（ボールネジのリード精度はJISB1192-1197に記載されている。下記の内容は本規格に準じて作成したメーカーの資料から抜粋したものである）

ボールネジは、製造方法によって精度が異なる。砥石を用いた研削加工と、型を用いた成形による転造加工の２種類の製造方法があり、研削加工は転造加工と比較して１桁高い精度を得ることができる。

ボールネジの使用法

【与圧】

精密ボールネジを移動台に組み込む場合、移動台のバックラッシュを防止する必要がある。その原因のひとつである、ボールネジで生じるバックラッシュを除去するために、与圧を付与した製品が、メーカーから提供されている。与圧量は「重荷重」「中荷重」「低荷重」から選択が可能である。**図 23-5** に、メーカーの HP から入手したボールネジの与圧構造を２種類示す。それぞれの与圧構造には、下記のとおりの特徴がある。

（バックラッシュ発生部）

項番	項目	内容
1）	ボールネジ	ボールネジ、ナットと転動体の噛み合い
2）	ボールネジのスラスト軸受け	アンギュラコンタクト軸受けの軸方向の組み立て

（ボールネジ与圧構造の特徴）

項番	項目	構造	特徴
1）	シングルナット	・溝よりもサイズの大きいボールを用いて与圧を与える ・ナットとボールの形状で与圧を与える	ナットが１個の部品であるのでナットの高精度加工が必要となる
2）	ダブルナット	・ナットを２個用いてその間に挿入した間座（スペーサ）により与圧を付与する	ナットが分割構造であるので、ナットの間の間座の厚みでその与圧量が調整できる。軽荷重の与圧は重荷重の与圧よりその間座の厚みは薄い
		・ナットの組み立てで与圧を与える	ナットが２体部品であるので、組み立てによりその軸心精度が低下する

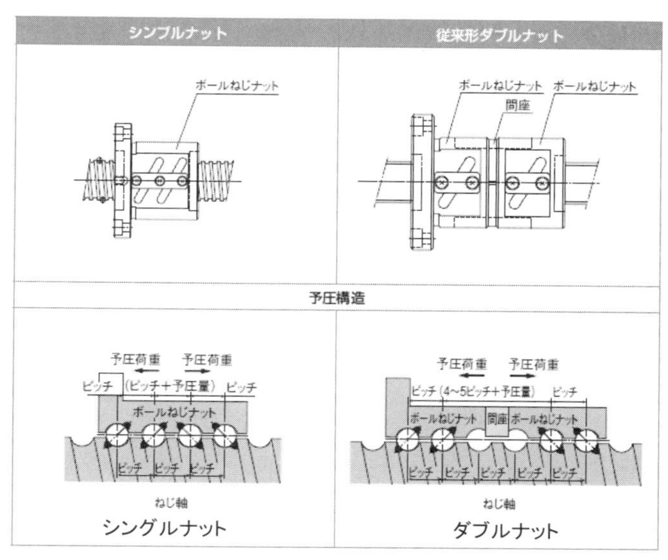

図23-5. ボールネジの与圧構造

出所：THK株式会社（https://tech.thk.com/ja/products/pdf/ja_a15_158.pdf）

図23-6. ボールネジ用の軸受けユニット

出所：黒田精工株式会社
（http://www.kuroda-precision.co.jp/products/lm-equip/support/buk_bum.html）

【軸受けユニット】

ボールネジをステージに組み込むための、専用の固定軸受けがメーカーから提供されている。これはボールネジの片端を支持する１対のアンギュラコンタクト軸受けであり（**図 23-6**）、ボールネジ製造メーカーが、移動台を構成する機器のバックラッシュ等を保証する意図のもとに、提供している。ユーザーは、このユニットの使用により、支持軸受けで発生するバックラッシュが「ゼロ」を達成できるアンギュラコンタクト軸受けを、その調整まで含めて入手できるわけである。ユーザーは、ボールネジ取り付け面を所定の精度に加工し、そこにボールネジを固定するだけで、バックラッシュを含め、メーカーの仕様どおりの諸元値で使うことができる。

この軸受けユニットは、下記を満たすように作られている。

①アンギュラコンタクト軸受けの軸方向のガタ取りが不要
②アンギュラコンタクト軸受けの潤滑にグリースを封入
③アンギュラコンタクト軸受けへの塵の進入防止
④アンギュラコンタクト軸受けの固定ネジの緩み防止

【特別仕様ボールネジ】

ネジ山には下記に示すような特殊な仕様の製品がある。

項番	項目	内容
1）	大リードボールネジ	高効率特性を生かしたリード 50mm の高速駆動用ボールネジ
2）	ボールスプライン組み込みボールネジ	ボールスプラインをボールネジと同軸に組み込み、複雑な動きを単純な構造で得る
3）	軸端の加工ボールネジ	ボールネジの一端に固定用のアンギュラコンタクト軸受けと他端に単列深溝の軸受けを取り付ける軸加工を行ったもの

解説2　パルスモーターとブレーキ（ブレーキ付きモーター）

ブレーキ付きモーターについて説明する。モーターにより、ネジを用いて移動台などを駆動する場合、保持力を持たせる目的でブレーキを内蔵したモーターが、メーカーから提供されている。

モーターと停止トルクについて、その特徴を右表に示す。ネジを用いた移動台などの位置決め制御に使用するパルスモーター、ACサーボモーター、DCサーボモーターは、通電時の回転の停止状態においては仕様値の停止トルクを示すが、非通電時には、ローターが磁石である場合を除いて、停止トルクは発生しない。ローターが磁石である場合も、停止トルクはきわめて小さく、負荷を保持することはほとんどできない。すなわち、非通電時にはモーターによる保持トルクは期待できないと考えて、移動台を設計すべきである。

項番	モーター	ローター（材質）	ステーター（材質）	停止トルク（通電時）	停止トルク（非通電時）
1）	インダクションモーター	磁性体	コイル	有	無
2）	インダクションモーター	磁石	コイル	有	有（小）
3）	パルスモーター	磁性体	コイル	有	無
4）	パルスモーター	磁石	コイル	有	有（小）
5）	AC サーボ	磁性体	コイル	有	無
6）	DC サーボ	磁石	コイル	有	有（小）

非通電時にも負荷を保持する機能をモーターに持たせるには、モーターにブレーキを取りつけたブレーキ付きモーターを使用する。今回の事例で示したように、上下移動台をボールネジで駆動する場合、ボールネジの低摩擦の性質から、ナットに加わった軸力でモーターが回転駆動される。すなわち、真空によりベローズが縮む力が作用した場合、モーターが回転して負荷が下方向に移動することになる。このときのベローズによる力は、その平均径（＝(外径＋内径)÷2）の面積で決まる。たとえば外径φ80mm、内径φ65mmならば41.3kg（$=\pi\times((8.0+6.5)\div 2)^2$）となる。

図23-7に、メーカーから供給されているブレーキ付きのモーターを示す。

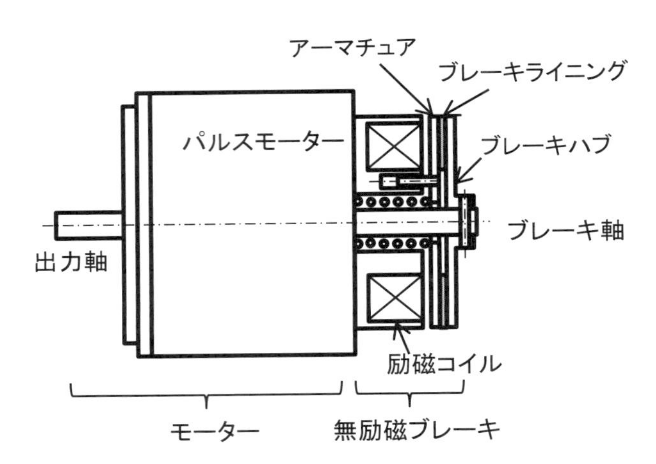

図23-7. ブレーキ付きモーター無励磁型電磁ブレーキ

ブレーキ付きモーターには、励磁作動型の電磁ブレーキが採用される。これは、モーターを非通電状態にすると、ブレーキが動作するものである。この動作を**図23-7**で説明すると、ブレーキは、ブレーキライニングをブレーキハブとアーマチュアに挟み込んだ構造である。非通電時は励磁コイルに電流が流れないので、コイルスプリング力で前記のブレーキが動作しているが、励磁コイルに電流が流れると、コイルスプリングに抗して電磁石にアーマチュアが吸引され、ブレーキが開放された状態になり、モーター軸は自由に回転する。モーター駆動電源がブレーキ電源と連動する構造であれば、モーターが非通電で保持トルクが発生しない状態になると、ブレーキが動作する。

このような一体構造のブレーキ付きモーターでは、ブレーキ電源とモーター電源が同時に非通電になるときにタイムラグが発生して、停止状態を確実に保持できない場合がある。特に、負荷荷重が大きく、加速度が大きい場合には、タイムラグである数十ミリ秒の間に上下移動台が動くことになる。作用する力による加速度が判明すれば、ブレーキが作動するまでの移動距離は、下記のニュートンの式によって計算できる。

$S=(1/2)at^2$（S：移動距離、a：加速度、t：時間）

このタイムラグの影響を除くには、モーター電源を切る前にブレーキを非通電としなければならない。すなわち、モーターとブレーキを別々に制御する必要がある。

図23-8に、メーカーから提供されているブレーキ付きパルスモーターの使用例を転記する。被駆動体であるウエハー収納箱を、ウエハー搬送機に合わせて上下方向に移動する機構で、駆動ネジにはボールネジが使用されており、パルスモーターはカップリングを介してボールネジに直結されている。この場合、モーターを停止した非通電状態で、ウエハー収納箱の重量による負荷がボールネジを回転させて、停止トルクの非通電状態のパルスモーターを回転させることになる。これを防止するために、ブレーキ付きのパルスモーターを使用するわけである。

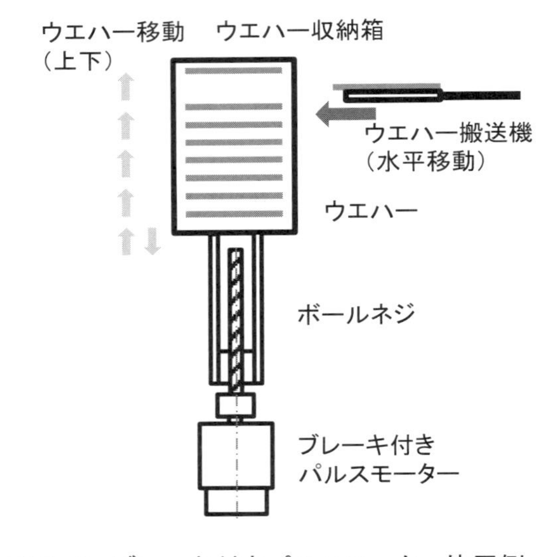

図23-8. ブレーキ付きパルスモーター使用例

原因

石英部品に衝撃力が加わった下方向の移動が生じた経緯は次のとおりである。

①真空容器の減圧状態によりベローズは常に縮む方向に荷重が加わっている。

②ブレーキスイッチの通電によってブレーキが解除された。

③モータースイッチは非通電の状態であるため、モーターの保持力が働かない。

④上記①の力によって、ボールネジが回転して石英部品が下方向への移動を開始した。

⑤石英部品は下方向に加速度運動し、下端のストップエンドに接触した衝撃で破損した。

ボールネジの回転保持力をその制御系の調整作業中、操作ミスにより、非通電状態で、ブレーキを通電状態にしてそのブレーキ力を解除した。そのため、ベローズの負荷でボールネジが回転駆動され、石英部品は急激に下方向に移動して、ストップエンドに衝突した。その衝撃力で、石英部品が破損した。

対策

モータースイッチとブレーキスイッチにインターロックを付加した。装置が動作時のインターロックの内容は、モータースイッチが入っていなければ（モーターの保持力を発生させなければ）、ブレーキによる保持トルクを解除できない構造とした。逆に、ブレーキを解除する場合は、必ずモーターでボールネジの負荷が保持できるようにした。具体的なインターロックとブレーキとモーターの電源との関係は右の表のとおりである。

項番	項目	内容
1)	電源投入時（立ち上げ時）	①ブレーキは非通電（ブレーキ力発生）
		②モーター非通電（モーター保持力発生無）
2)	運転時	①モーターに通電（モーター保持力発生）していなければブレーキに通電（ブレーキ力発生）できない。今回のインターロックの対策
3)	電源遮断時（終了時）	①モーターとブレーキがどのような状態でも、電源遮断時には、両部品に同時に非通電とする

その他

今回の事故について得られたインターロック以外の対策は次のとおりである。

①今回の事故は、装置の立ち上げ途中で発生した問題である。立ち上げ時には、運転時には起こらない現象が発生することが間々ある。特に、石英部品のように壊れやすい部品を取り付けての、立ち上げ時の調整は避けなければならない。石英部品に替えて調整用の金属製のダミーを製作し、まずはこれを装着して制御系の調整作業を行い、調整作業で期待どおりの動作を得た後に、石英部品と交換すべきである。

②送りネジにブレーキ効果を有する３角ネジを使用することにより、インターロック機構は不要となる。３角ネジをボールネジの代わりに使用すると、ベローズ内部が減圧状態でも、モーターの回転を停止した位置で、負荷である石英部品を停止させることが可能となる。

③図23-9に示すボールネジによる負荷の上下方向移動機構で、モーターが非通電状態になったとき、ボールネジに生じる回転角速度を計算する。なお、ネジ効率は100%とする。

（負荷の計算）

ボールネジの重量：0.502kg

モーターローターの重量：0.302kg

円柱形状の慣性モーメント＝1/2×質量×半径^2

ボールネジの慣性モーメント：

1/2×0.502×0.01^2＝0.0000251kgm^2

モーターローターの慣性モーメント：

1/2×0.302×0.02^2＝0.0000604kgm^2

慣性モーメントの合計＝0.0000855kgm^2

（作用するトルクの計算）

ここで作用するトルクは、直径φ 20mm、ピッチ 4mm で構成される斜面を70kgの負荷によって発生している。

トルク＝70×9.806×4÷62.83＝43.7N×0.01m＝0.437Nm

（発生する角加速度の計算）

慣性モーメント×角加速度＝トルク

0.0000855×α＝0.437

α＝5,111 rad/s^2

ブレーキ動作まで20msのタイムラグがあったとすると

タイムラグによる移動角は

（1÷2）×5,111×0.02^2＝1.022 rad

この角度をネジの送り方向の長さに変換すると

移動距離：0.65 mm （＝4×1.022÷（2×π））　となる。

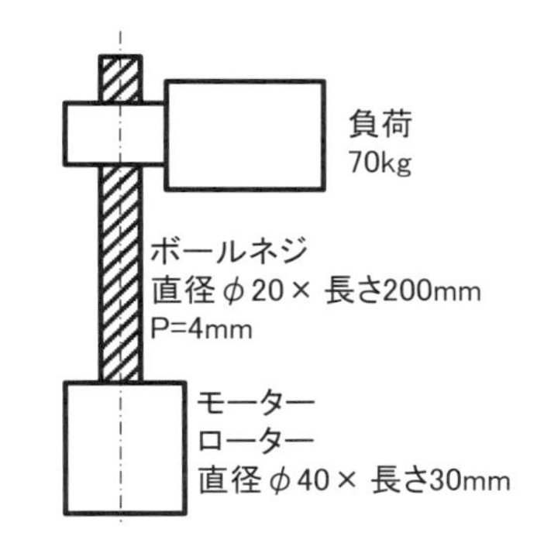

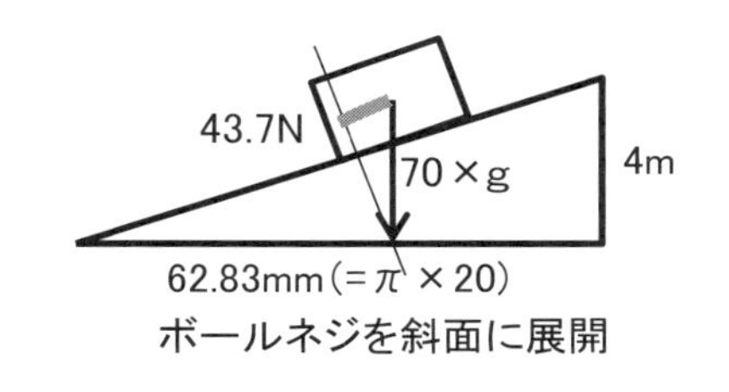

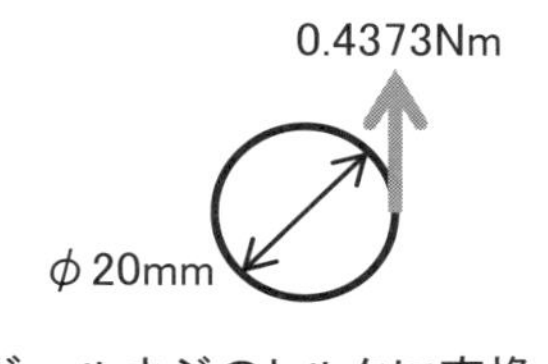

図23-9. ボールネジによる上下機構の諸元値

24 コレットチャックを用いた石英軸の固定による破損

概要

図24-1に、搬送器と加熱器からなる、シリコンウエハーの搬送加熱装置の斜視図を示す。シリコンウエハーを、狭寸法で配置したヒーターブロック間の加熱位置に搬送し、最大200℃の均一温度で加熱する。図示したように、シリコンウエハーは石英ホルダーの先端に、外周部を保持して取り付ける。石英製のホルダーを用いたのは、高温によるシリコンウエハーの汚染防止を目的としたためで、半導体製造装置の加熱を目的としたウエハーの保持治具の材料としては、通常、石英のほか、シリコンカーバイド、グラファイト材などが使われる。

搬送器による石英ホルダーの回転はウエハー冷却位置、受け渡し位置、加熱位置の3箇所を移動する。シリコンウエハーは軸1を中心軸として、これに取り付いた軸2、軸3、石英ホルダーとともに回転移動を行う。それぞれの軸は、コレットチャック1、2、3で結合されている。コレットチャックの固定機能は、それぞれの軸の先端に取り付いたブロックに仕込まれている。各ブロックには、軸が差し込まれる割り溝付きのインローの穴と締め付け用の固定ネジが加工されており、ネジの締め付けにより、回転と伸縮の任意位置で軸を固定する（**図24-2**にその部品の斜視図を示す）。

コレットチャック3は、ステンレス製の軸3と石英ホルダーを連結しているが、石英部品を固定する際に、石英軸が図の太い実線で示す位置で折損するトラブルが発生した。回転動作でシリコンウエハーを搬送時、ヒータブロックの側面からシリコンウエハーを加熱位置に挿入するとき、温度分布を小さくする目的で搬送時間を短縮するために搬送速度を上げる必要がある。そのためには、石英軸に対するコレットチャックの固定力を強固にしなければならず、固定ネジの締め付ける際に石英部品が破損した。ネジの固定は、発生する負荷トルクを考慮し、安全率を含めて1.34kgcmを設計値とした（この数字については以下に説明する）。

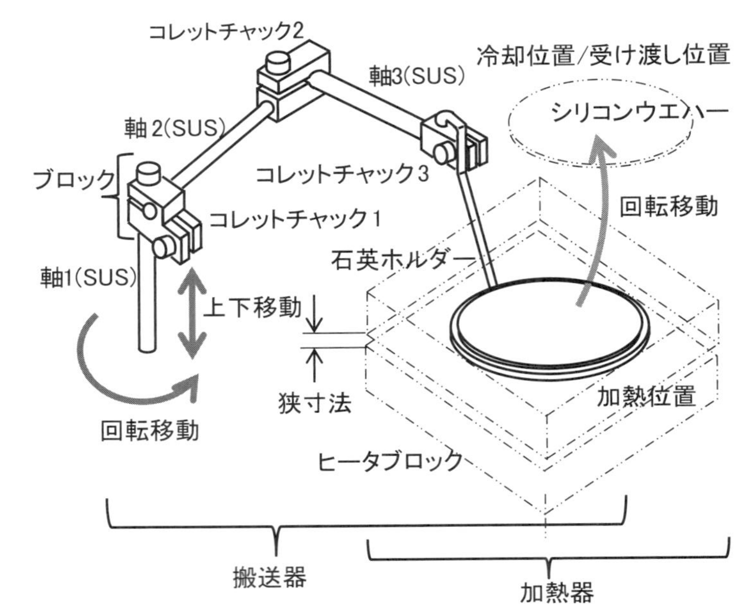

図24-1. シリコンウエハー加熱/搬送機斜視図

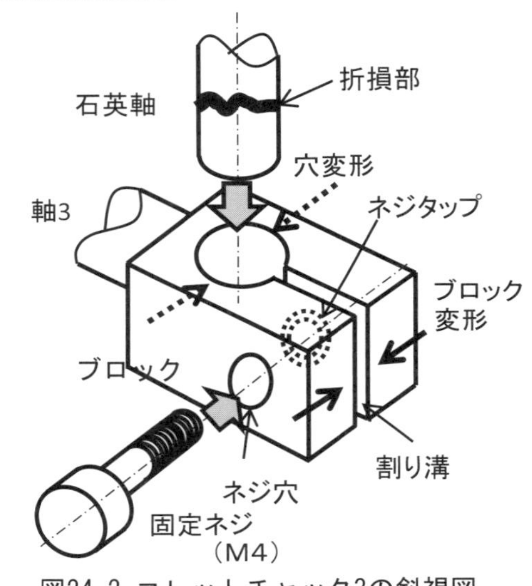

図24-2. コレットチャック3の斜視図

原因

原因を究明するに当たり、コレットチャックによる石英ホルダーの固定力を算出する。

（1）計算で求める項目

図24-1に示す搬送器のウエハーホルダーを、1秒で加熱位置から冷却・受け渡し位置まで移動するときの、コレットチャック3に要求される固定力を求める。

（2）計算対象のモデル化

図24-3に、搬送器の平面図を示す。軸2、軸3、石英ホルダーで支えられたϕ 200mmのシリコンウエハーが、軸1の中心周りで回転運動を行う。

この搬送器をモデル化するに当たり、軸2、軸3は金属材料のコレットで十分な固定力を得ることができるので、剛体として取り扱う。本事例で問題となった軸3と石英ホルダーの固定力を計算するにあたり、問題を簡単化する目的で、**図24-3**の左図に示すように、軸2、軸3を1つの剛体とし、破線で示す軸23とする。

この軸23と石英ホルダーの固定力を計算する。計算に際しては、固定力が石英ホルダーとシリコンウエハーの回転負荷の慣性モーメントを支えなければならない。そのためには、回転加速度を求める必要がある。加熱位置から冷却位置まで、1秒をシリコンウエハーの移動時間で、この移動は加速度が一定の等加速度運動としている。

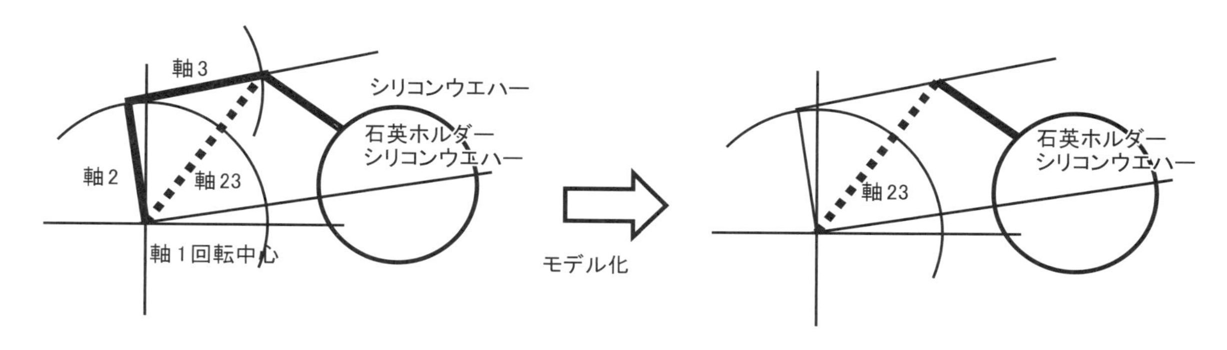

図24-3. 石英ホルダーの固定力計算の為の搬送器のモデル化

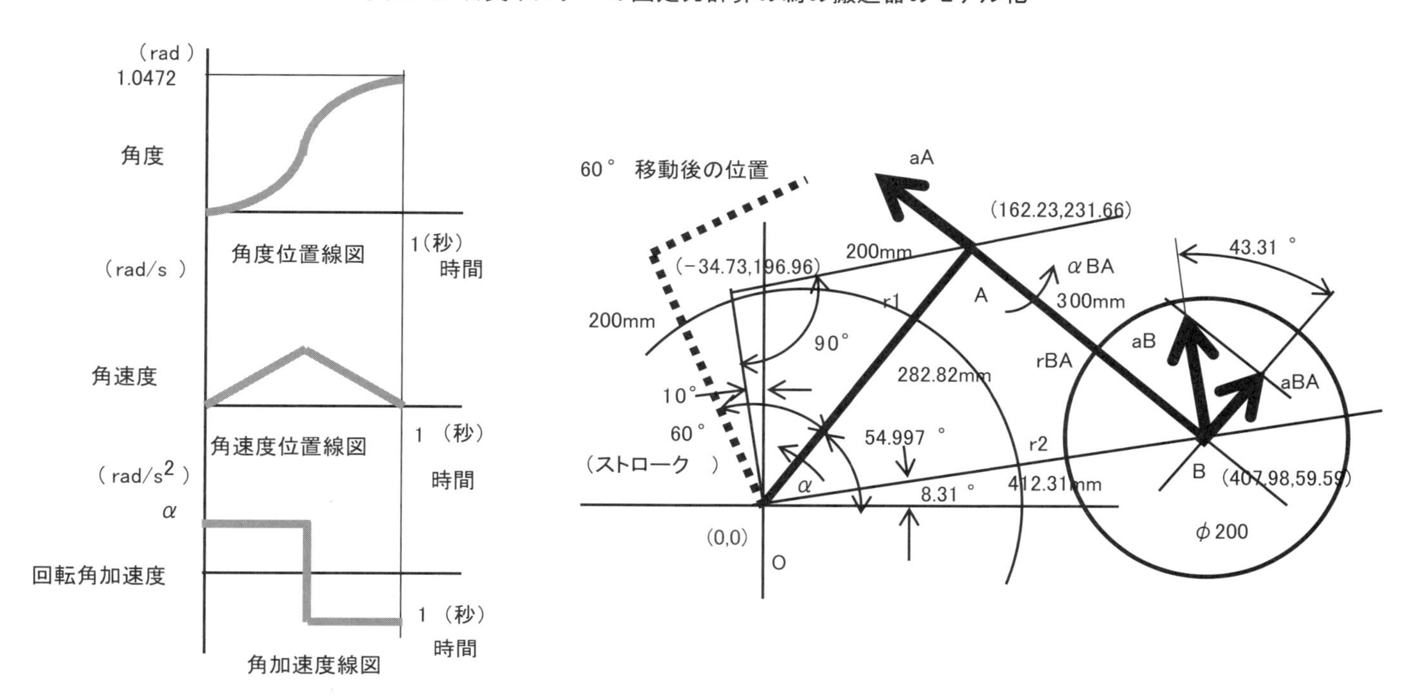

図24-4. 搬送線図

図24-5. 搬送器の固定力計算

(3) 計算

計算の概要説明

図 24-4 に、角度位置線図と角速度位置線図と角加速度線図を示す。ウエハーホルダーは等角加速度運動なので、移動ストローク中央でその符号が反転する。角度位置は2次曲線となり、計算条件となる1秒でストローク60°を回転する。**図 24-5** に、搬送器の固定力計算のための、軸と石英ホルダーの幾何学的形状図を示す。形状は回転軸を原点にして、その第一象限に石英ホルダーが位置するように配置してある。軸 OA は**図 24-3** で示す軸2、軸3を剛体部品として取り扱った軸23で、A部に石英ホルダー AB が取り付いている。図中カッコ内の数字は、それぞれの原点を基準にした座標を示しており、これは位置ベクトル計算時に使用する。図中の太い実線の aA は A 点の回転中心まわりの加速度を示し、同様に aB は O 点回りの B 点の加速度を示している。

以下にその計算を順を追って以下に示す。

計算で求める値

計算条件：1秒でそのストローク60°を回転

計算で求める数値：固定に必要となる力

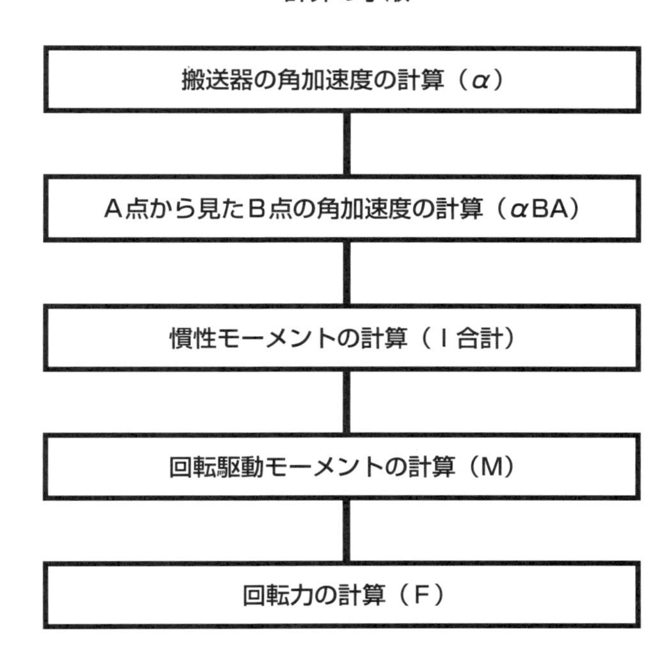

(1)搬送器の角加速度の計算(α)

この搬送器は60°の角度を1秒で移動する。この運動は、等角加速度運動と仮定している。

この等角加速度(α)を求める。

$60° = 1.0472\text{rad}$ <--回転角度をradに変換($=60 \times \pi / 180$)

$\frac{1}{2}\alpha t^2 = 1.0472$ <--等加速度運動の角加速度(α)と時間(t)と移動角度(1.0472)の関係

回転角度1.0472rad の半分を全移動時間の半分で加速し、残りの移回転角度を残りの時間で減速し停止すると考えて

$\frac{1}{2} \times \alpha \times t^2 = \frac{1.0472}{2}$ <--等加速度運動の角加速度(α)と時間(t)と移動角度($\frac{1.0472}{2}$)の関係

$t = \frac{1}{2}$secを代入して <--60°を1秒で移動する初期条件　$\alpha = \frac{1.0472}{(\frac{1}{2})^2} = 4.1888\text{rad/s}^2$

(2)Aから見たBの角加速度の計算(α_{BA})

$\alpha_{BA} = \alpha \times r2 \times \cos 43.31° \div rBA = 4.1888 \times 412.31 \times 0.727653 \div 300 = 4.1888\text{rad/s}^2$

(3)慣性モーメントの計算($I_{合計}$)

慣性モーメントは下記のⅠ、Ⅱ、Ⅲの部品からなる

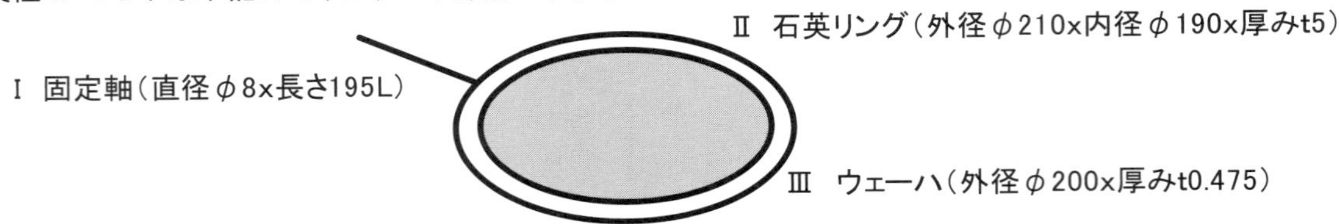

【Ⅰ固定軸のO点中心周りの慣性モーメント】

$I_{Ⅰ} = I + m_{Ⅰ} \times r^2 = \frac{1}{12} m_{Ⅰ} \times L^2 + m_{Ⅰ} \times r^2$ <--重心回りの慣性モーメントに重心までの距離に質量を掛けた数値

$m_{Ⅰ}: 0.4 \times \pi \times 19.5 \times 2.3 = 22.544 \times 9.806 = 0.022544\text{kg}$

$I_{Ⅰ} = \frac{1}{12} \times 0.022544 \times 0.195^2 + 0.022544 \times 0.0975^2 = 0.00007143 + 0.0002143 = 0.0002857\text{kgm}^2$

【Ⅱ石英リング(外径φ210x内径φ190x厚みt5)】

$I_{Ⅱ} = \frac{1}{2} m_{Ⅱ} \times k^2 + m_{Ⅱ} \times r^2$ <--重心回りの慣性モーメントに重心までの距離に質量を掛けた数値

$m_{Ⅱ}: (10.5^2 - 9.5^2) \times \pi \times 0.05 \times 2.3 = (110.25 - 90.25) \times \pi \times 0.5 \times 2.3$

$= 20 \times \pi \times 0.5 \times 2.3 = 72.257\text{g} = 0.072257\text{kg}$

$\frac{1}{2} \times m_{Ⅱ} \times k^2 = \frac{1}{2} \times 0.072257 \times 0.1^2 = 0.000361285\text{kgm}^2$

$m_{Ⅱ} \times r^2 = 0.072257 \times 0.3^2 = 0.00650313\text{kgm}^2$

$I_{Ⅱ} = 0.000361285 + 0.00658313 = 0.006864\text{kgm}^2$

【Ⅲシリコンウェーハ(外径φ200*厚みt0.475)】

$I_{Ⅲ} = \frac{1}{2} \times m_{Ⅲ} \times r^2 + m_{Ⅲ} \times r^2$

$m_{Ⅲ}: \pi \times 0.1^2 \times 0.0475 \times 2.33 = 139\text{g} = 0.139\text{kg}$

$I_{Ⅲ} = \frac{1}{2} \times 0.139 \times 0.1^2 + 0.139 \times 0.3^2 = 0.000695 + 0.012096 = 0.0139\text{kgm}^2$

【慣性モーメントの合計】

$I_{合計} = 0.0002857 + 0.006864 + 0.0139 = 0.0210497\ \text{kgm}^2$

(4)回転軸駆動モーメントの計算(M)

$M = I_{合計} \times \alpha$ <--駆動モーメントは慣性モーメントに角加速度をかけた値

$M = 0.0210497 \times 4.1888 = 0.08817\text{Nm} = 8.817\text{Ncm} = 0.8991\text{kgcm}$ <--1N=1kg÷9.806

(5)回転力の計算(F)

ここで、石英の固定軸の直径をφ8mmとすると

<--回転モーメントと回転力の関係:回転モーメント=回転力x半径

r=0.4cmより

よって、回転力$= \frac{M}{r} = \frac{0.8991}{0.4} = 2.24\text{kg}$

この回転力以上の力で石英を固定すれば、石英ホルダーは回転に耐えられる。石英軸の締め付け力と回転力の関係は

回転力＝摩擦係数×締め付け力

ここで摩擦係数を 0.1 と仮定すると締め付け力は 22.48kg（＝ 2.24 ÷ 0.1）と計算できる。

ネジの締め付け力は、2.7kgcm＝（0.8991kgcm（回転軸モーメント）× 3（安全率））としてコレットチャックの締め付けを行った。

締め付けは以下に示す手順で行う。

①コレットチャックで石英ホルダーを軽く固定する。

②石英ホルダーの固定トルクを計測する。

③固定トルクが 2.7kgcmの数値を満足するまで上記①②の作業を繰り返す。

④固定トルクが 2.7kgcmになったらその作業を終了とする。

当該の石英軸折損トラブルは、この締め付けを行っているときに発生した。石英軸を金属材料のコレットチャックで締め付けるときに、石英軸とコレットチャックの接触点に石英が破断する応力が発生したからである。石英材が高脆材であるために、変形により発生した応力を緩和することができず、石英部品の折損に至ったと推察できる。

対策

対策後の構造図を**図 24-6** に示す。振れ止めを、対策コレットチャックの先端に固定ネジで止め、これで石英ホルダーの軸部分を挟み込む構造で固定した。振れ止めの軸を挟み込む溝に隙間を持たせ、回転によって振れ止めの隙間の範囲で軸が移動し、振れ止めと軸が接触するとで軸の回転が止まる構造とした。

この構造を採用することで、固定に対抗する慣性モーメント力に対処した。振れ止めは固定ネジで位置を調整できる構造とした。この隙間キャンセル方法は、触れ止めとの接触が、石英軸の外周全体ではなく 1 点であることから、接触力による破損に対して有利と考えた。さらにこの接触力は、回転軸位置からの距離が 30mm と大きいので、接触力の低減が可能となる。先の固定力の計算による回転モーメントが 0.8991kgcmを使用すれば、この接触力は 0.3kg（＝ 0.8991/3）と算出される。

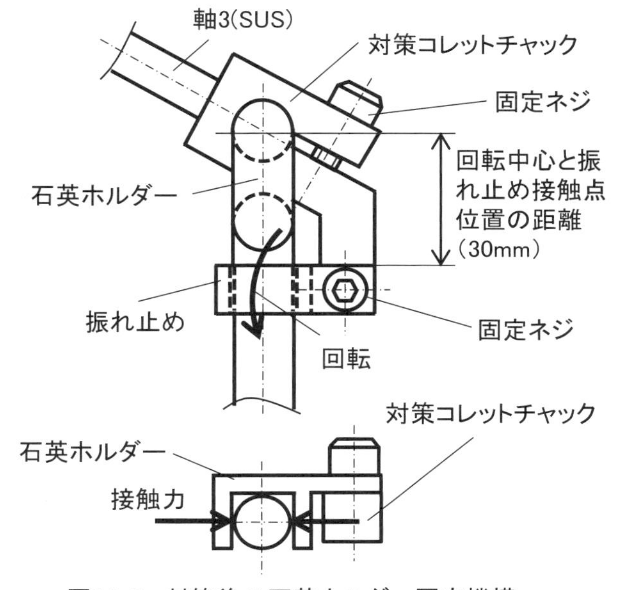

図24-6. 対策後の石英ホルダー固定機構

エンジニアの忘備録 13

混沌としてきた時

装置開発を進めていく上で、仕様から課題を摘出する作業、見出した課題に対してその解決策を検討する作業など、「考える」機会は多い。これは通常、限られた時間で複雑な問題から最適な解を求める作業となるが、進めていくうちに混沌とした状態に陥ることをしばしば経験した。

この状況に陥ると、自分が何をしているかわからなくなり、思考のパニック状態に遭遇する。通常、複雑な問題は簡単な問題に分解して、一つひとつ解決する方法で進めていく。これは複雑な問題を解決する際に一般的に行われる方法で、装置開発の課題解決にも有効である。混沌な部分をあいまいにして作業を進めると、装置の完成後に、その部分が火を噴くことになる。

たとえば、プロセスを実行する機構系をパソコンで制御する装置の仕様書を書く場合、仕様書は次の 3 つから構成される。①機構系　②制御系　③アプリケーション　である。①は機構設計者の立場、③は主にユーザーの立場で書くことができるが、問題はつなぎの②の部分である。あいまいに処理すると、これが問題を起こすことになるので、この部分に注力して仕様書を書かなければならない。

話を元に戻すが、混沌とした世界に落ち込んだときにに行うべきことは、原点に帰ることである。装置開発に戻れば原点とは仕様で、決められた「性能」を、決められた「費用と時間」で達成できる装置を開発することである。ここに戻れば、進むべき道を再発見することができる場合がある。

もう一つ、混沌な世界に落ち込んだときの有効な手段として推薦したいのが、当該問題に関する指導員、同僚に相談することである。相談とは仕事をする上でのキーワードの一つで、私が育った職場では仕事は「ほうれんそう」であると、よく上長が口にしていたのを記憶している。「ほう」は報告、「れん」は連絡、「そう」は相談である。

同僚に相談する場合には、内容によって聞くべき人を選定する必要がある。その分野に疎い技術者に質問しても、適切な答えが得られず、時間を浪費することになる。これを避けるためである。相談を受けたとき、自分の不得意な分野の話なら、得意な人を紹介してくれる同僚は本物であり、そのような技術者に相談したい。

よい相談相手を得るには、日頃から同僚とは良好な関係を作っておかなければならない。良好な関係を構築するのは簡単で、相手が困ったときは、自分の時間を使って協力し、助けることである。

25 石英チャンバー固定フランジ部の破損

概要

内部を減圧状態に保持する**石英チャンバー**[解説1]の取り付け構造を、**図25-1**に示す。チャンバーの素材である石英は高脆性のガラスであり、引っ張り強度は金属に比較して1桁以上小さい。この石英チャンバーは円筒形状で、ドーム形状の他端のフランジ部を押え板で固定台の間に挟み込み、ネジを用いて固定する構造となっている。石英チャンバーが固定板、押さえ板と接触する面にはゴム材の**Oリング**[解説2]を配置して、金属と直接接触を防ぐ構造となっている。この固定構造の詳細図を下図に示す。

石英チャンバーの外径はφ310mmのドーム形状で、厚みは4mmとなっている。この構造でその内部を減圧状態にしたところ、石英チャンバーのフランジA面に割れが生じた。なお、この減圧によって、石英チャンバーのフランジには上方向から845kg（$= 16.32^2 x \pi$（φ326mmがOリング位置））の力が加わっている。

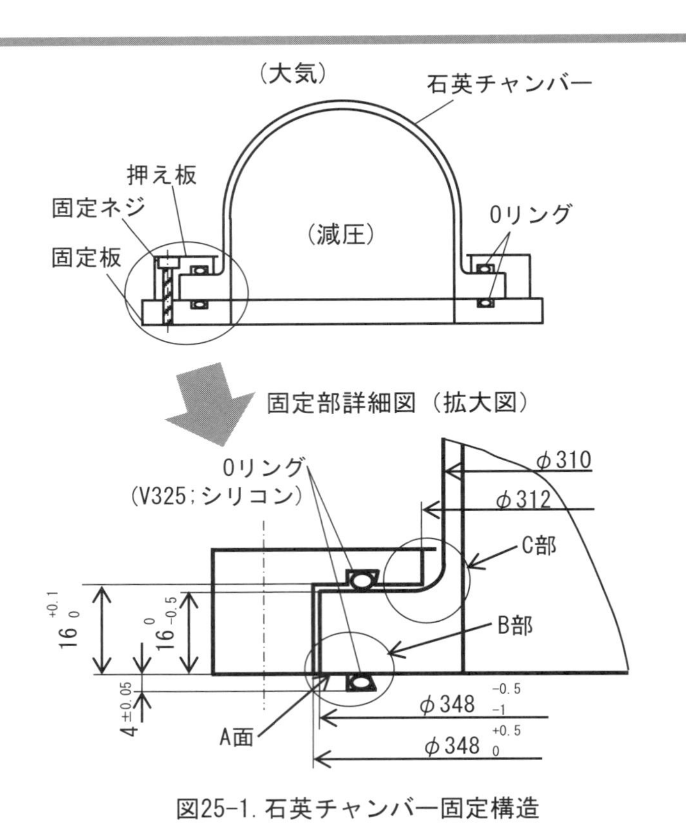

図25-1. 石英チャンバー固定構造

解説1 石英チャンバー

石英の構造材としての性質、加工法について説明する。

石英材の性質

隔壁材に代表される石英は半導体製造装置に使用される素材である。**図25-2**に示す熱処理炉の例では、「高温クリーン性能」「透明性」「高温強度」「絶縁性」「耐圧強度」といった特性から、石英が使われている。異物の制御のため、に高温状態でその表面からの異物発生の少ない石英部品が多用される。半導体の性能は、シリコンに添加されている微量元素によって決まるので、製造プロセスにおいて微量元素の制御がキーとなる。そのため、添加する微量元素の外乱となる半導体製造装置に使用する構造部品の表面からの異物発生は、なくさなければならない。

項番	装置	使用場所（形状）	活用される特性	使用状況
1)	加工装置	マイクロ波導入部（ドーム形状）	絶縁性 高温クリーン 高温強度 耐圧強度	高温のプラズマとチャンバー内の減圧に耐える特性と構造を持ち、プラズマ生成用のマイクロ波を、石英製の隔壁を通過してチャンバーに導入する。
2)	熱処理装置	熱処理炉の外壁（ドーム形状、チューブ形状）	透明性 高温クリーン 高温強度	チャンバー内の減圧と熱源の高温に耐える特性と構造を持ち、大気中に配置した熱源の輻射熱を、石英製の隔壁を通してチャンバー内部の被加熱部品に伝える。
3)	成膜装置	反応路の外壁（チューブ形状）	耐圧強度	チャンバー内の減圧と熱源の高温に耐える構造と、可燃性の成膜ガスに対する遮断性能を持ち、大気中に配置した熱源の輻射熱を、石英製の隔壁を通してチャンバー内部の被加熱部品に伝える。

図25-2. 石英部品の半導体製造装置における使用

メーカーのカタログに記載されている石英ガラスの機械的特性と特徴は以下のとおりである。

項番	特性	特徴他
1)	クリーン性	各不純物がppm以下と少なく、用途によってはさらに微量に制御可能。高温下でその特性が発揮される
2)	高温強度	縦弾性率の温度変化を示しており、高温で強度が大きい
3)	熱衝撃	線膨張率の温度変化を示しており、この数値は金属材料より2桁小さく、熱衝撃に強い
4)	気体透過性	一定量のガスを透過する。この性質を利用して、漏れ検査を行うHeリークディテクターの漏れ量の標準ゲージ部品として使用されている

透明石英ガラスの不純物(ppm)

元素	透明石英ガラス	合成石英ガラス
AL	5～20	<0.1
B	<0.1	<0.01
Au	0.0003	n.d.
Fe	0.1～1.0	<0.1
K	0.1～0.5	<0.01
Ca	0.2～1.0	<0.01
Cu	<0.1	<0.01
Li	<1.0	<0.01
Na	<1.0	<0.02
P	0.1	<0.1
Ti	1～2	<0.1

透明石英ガラスの縦弾性計数の温度依存性

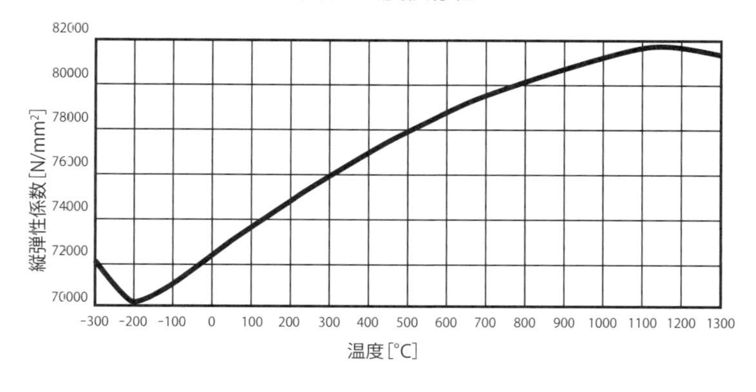

透明石英ガラスの線膨張率

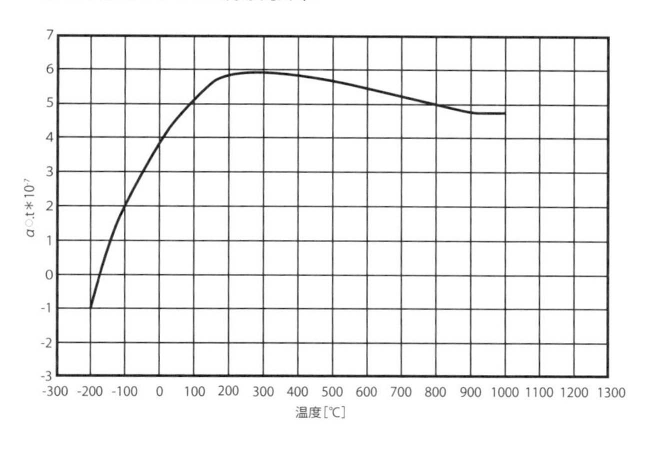

透明石英ガラスの温度における気体透過性

$\left(単位: \times 10^{-10} \dfrac{\text{Normal-cm}^3 \cdot \text{mm}}{\text{s} \cdot \text{cm}^2 \cdot \text{mbar}}\right)$

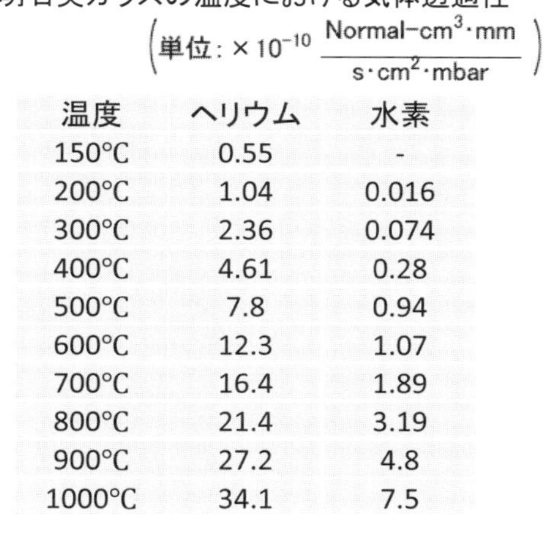

温度	ヘリウム	水素
150℃	0.55	-
200℃	1.04	0.016
300℃	2.36	0.074
400℃	4.61	0.28
500℃	7.8	0.94
600℃	12.3	1.07
700℃	16.4	1.89
800℃	21.4	3.19
900℃	27.2	4.8
1000℃	34.1	7.5

図25-3. 石英ガラスの性質

図 25-4 に、熱処理炉の構造物として石英チューブを使用する場合の課題と、構造に関する考え方を示す。石英チューブ内部では、外部に配置したヒータでウエハーホルダー上のシリコンウエハーを 1,000℃に加熱する。この熱処理プロセス中に、減圧状態の石英チューブ内に少量のガスを流す。

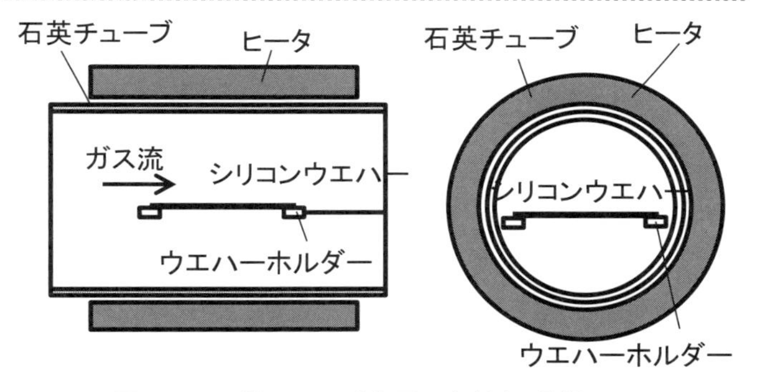

図25-4. 石英チューブを用いた熱処理炉

課題

①減圧環境においてシリコンウエハーを 1,000℃の定常温度に保持するしても、石英チューブが破壊されてはならない。

②シリコンウエハーが昇温中の非定常状態にあるとき、石英チューブに発生する温度分布によって破壊されてはならない。

構造の考え方

石英チューブの高温強度特性を見ると、室温の強度を 1,100℃まで保持し、これを超えると急速に軟化が始まる。すなわち、室温から 1,100℃までは、その温度内で使用することが可能な材料である。

さて、**図 25-4** に示す構造の熱処理炉における石英チューブの温度であるが、外部に配置したヒータで加熱した場合の石英チューブの温度は、石英チューブに出入りする熱量のバランスで決まる。この場合、ヒーターの加熱と石英チューブから放出される熱量は、石英チューブの温度が 1,100℃以下の一定値で、定常状態に達することになる。昇温中の石英チューブの破損は、その温度分布と熱膨張による変形が直接的な原因となるので、昇温中の温度分布、すなわち非定常の温度分布が問題となる。石英チューブの熱膨張率は 6×10^{-7} で、ステンレス(18.9×10^{-6})の 1/30 と小さく、急激な温度変化に対して破壊しづらい特性を所有する。昇温する場合の温度勾配は、その値が小さい方が石英チューブの破損に対しては有利である。石英チューブを熱処理装置の外壁として使用する場合、その高温強度の性能について悩むところであるが、石英チューブが使用されるのは、前述したように、これに対応した諸特性を有するからである。金属より破壊強度が 1 桁小さい石英チューブを、その内部に流れる可燃性のガスの遮断材として使用することは、装置の設計者にとって心配の尽きない問題であるが、石英はほかの材料では代用ができない高温におけるクリーン特性を持つ。

石英チューブの昇温中の強度を評価するには、数値計算と実験評価が有効であり、計算は「透明物体の輻射・対流・伝導の熱移動による温度分布計算」、実験は「透明体の温度分布」の計測となる。温度分布を計算した後に、これを用いて変形・応力計算を行うことになる。数値計算では熱の輻射率、透過率など不確定な定数が存在し、これらの数値は計算結果に影響を及ぼす。したがって、最終的に使用環境と同様な状態で実験を行わなければ、安心して当該石英部品を使用することはできない。計算と実験を組み合わせて温度分布を見積もる方法が、通常の装置開発の進め方である。

石英の加工

石英の加工方法の種類と特徴を以下の表に示す。

項番	分野	項目	加工内容	特徴
1)	成形	ガラス旋盤加工	石英部品の回転とバーナによる加熱で、主に円筒形状の石英チューブを軟化し、チューブ端面の密封などを行う	熟練技能が要求される加工。半導体製造装置に使用する石英チューブ、石英チャンバーの製造などに利用されており、成形精度は数 mm 程度である
2)	加工	研削加工	回転する砥石を用いて、平面運動する石英部品の平面加工を行う	通常加工面は梨地状態に仕上げられる
3)	加工	ラップ加工	遊離砥粒と回転板を用いるラップ加工により、石英ガラスの表面を高精度に加工する	加工面を鏡面に加工する加工法で、Ra0.1 μm の表面粗さは比較的簡単に得られるが、加工による取り代は極めて少ない
4)	加工	マシニングセンター加工	マシニングセンターにダイヤモンド砥粒工具の回転により加工する	NC による工具制御により、3 次元自由曲面加工ができる
5)	加工	レーザー加工	細く絞った炭酸ガスレーザーによるエネルギーを集中的に素材に照射し、熱溶融により石英ガラスの切断・切り出しを行う	板形状の素材から 2 次元形状の部品を切り出すことができる
6)	加工	超音波加工	遊離砥粒を超音波で加振し、石英ガラスを加工する	超音波で運動エネルギーを与えられた砥粒により材料を切り出す加工で、単位時間当たりの加工量は少ない

解説2 O リング

O リングは流体のシール用の要素部品として使用され、種類は**図 25-5** に示す通りである。ここでは、真空用の固定フランジに使用する軟質ゴム材の O リングについて説明する。

O リングの種類

軟質ゴム材を用いた O リングの種類と材質、形状の一覧を**図 25-6** に示す。

O リングの形状は JIS で決められており、各メーカーは「P」「G」「V」「S」「AS568」などのタイプの O リングを提供している。ここでは、よく使用される代表的な O リングについて、その特長などを示す。**図 25-7** に、O リングのタイプとその特徴を示し、**図 25-8** にそれらの O リング（P110）の溝寸法を示す。ほかの O リングの溝寸法については、メーカー提供の溝寸法図を参考にしていただきたい。インターネットで、「O リング」「溝寸法」をキーワードに検索すれば必要とする溝寸法のデータを入手することが可能である。

分類	内容	説明
材質	金属	超高真空用
	軟質材（ゴム）	中位真空用、高圧用
使用法①	固定用	フランジ面
	運動用	移動軸
使用法②	面シール	固定用
	軸シール	固定軸、移動軸
圧力	高圧	バックアップリング使用
	低圧	圧縮空気使用機器
	真空	金属材質ゴム材使用

図25-5. O リングの種類による分類

項番	材質	特徴
1)	ニトリルゴム	一般的な材質で、耐油性と耐磨耗性、安定した耐熱性を有する材料で、80℃で使用可能
2)	バイトン	フッ素ゴムとも呼ばれ、優れた耐油性と耐熱性を有し、広範囲に使用できる材料。120℃の温度で使用可能
3)	シリコンゴム	優れた耐熱性と耐寒性を有し、広い温度範囲で圧縮復元性を有する材料。120℃の温度で使用可能
4)	カルレッツ	米国デュポン社が開発した O リング材料。優れた耐薬品性と汎用のフッ素ゴムを上回る耐熱性を有し、300℃以上の高温度で使用可能。高価な点が難点である

図25-6. O リングの材質

項番	項目	特徴
1）	Pタイプ	規格：JIS B2401 用途：運動用・円筒面固定用・平面固定用として規定されたOリング 形状範囲　太さ範囲：φ 1.9～φ 8.4、内径範囲：φ 1.8～φ 1499.5
2）	Gタイプ	規格：JIS B2401 用途：円筒面固定用・平面固定用として規定されたOリング 形状範囲　太さ範囲：φ 3.1～φ 5.7、内径範囲：φ 24.4～φ 1499.3
3）	Vタイプ	規格：JIS B2401 用途：真空フランジ用として規定されたOリング 形状範囲　太さ範囲：φ 4～φ 10、内径範囲：φ 9.5～φ 1044.0
4）	Sタイプ	用途：円筒面固定用・平面固定用として幅広い分野で共有されているOリング、省スペースを目的として規定された細い線径が特徴である 形状範囲　太さ範囲：φ 1.5～φ 2.0、内径範囲：φ 1.5～φ 149.5
5）	AS568	規格：AS568規格はアメリカ合衆国SAEIによって航空宇宙規格として規定されたOリング 形状範囲　太さ範囲：φ 1.02～φ 6.98、内径範囲：φ 0.74～φ 615.8 形状範囲　太さ範囲：φ 1.42～φ 3.8、内径範囲：φ 4.7～φ 59.76

図25-7. Oリングのタイプと特徴

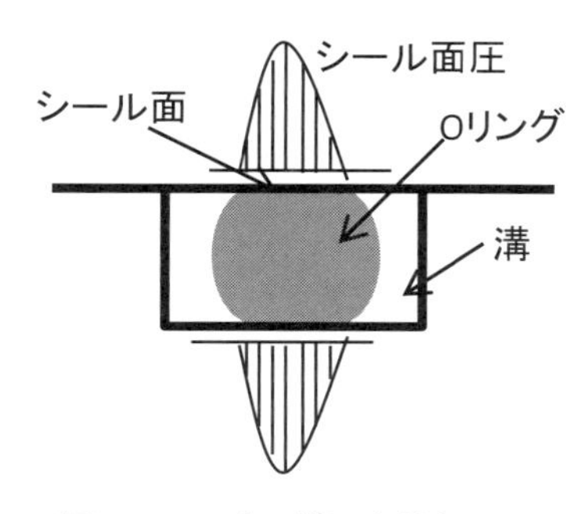

図25-9. Oリングによるシール

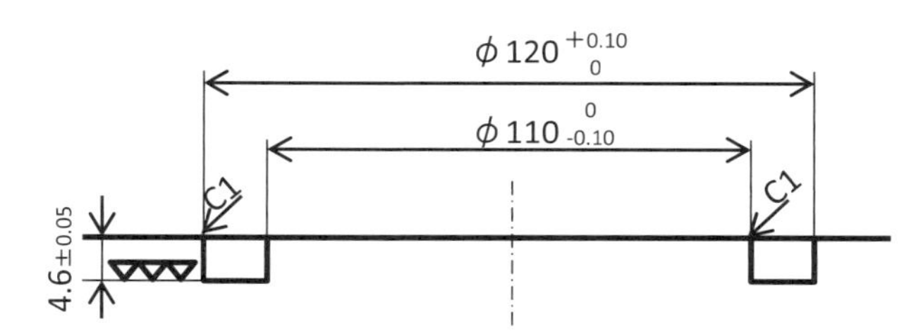

図25-8. OリングP110の溝寸法

Oリングシール

Oリングを用いて真空シールを行うとき、Oリングの押しつぶしによるOリングの復元力（弾性）の面圧でシール性能が生じる。P110のショアA硬度70を用いて、**図25-9**のOリング溝形状で、そのつぶし力を下記のとおり計算する。

①Oリング長さ:362.2mm（＝（109.6＋5.7）×3.1415）

②Oリングつぶし代：19%（＝（5.7－4.6）÷5.7）

③つぶし代19%の単位長さ当たりのつぶし力
0.45kg/mm（**図25-10**を使用）

④つぶし力：163kg（＝0.45×362.2）

配管のフランジ部での、Oリングによるシール効果の発生には、つぶし力に耐えるフランジ構造が必要となる。この構造を満たすため、次に示す2項目を考慮して構造を決定しなければならない。

①固定ボルト：サイズと本数

②固定部の形状：固定部構造の諸元値

これらの決定法について述べる。

項番①の固定ボルトのサイズと個数は、項目が具体的に決められているので、ルールに従って数値を決めればよい。

次に、項番②の固定部の形状である。固定部が次頁**図25-11**で示す2形状とした場合、左の図に示したブロックの単面にOリング溝の加工するケースと、右の図に示したフランジの端面に加工したケースが考えられる。固定部の形状について考慮しなければならないのは、Oリングの締め付けによる変形と、これが面圧に及ぼす影響である。たとえばフランジが薄いと、ボルトの締め付けによって厚み方向に変形し、Oリングに所定の面圧が得られない事象が発生する。この場合、フランジを厚くすれば良いわけであるが、その寸法を決めなければならない。

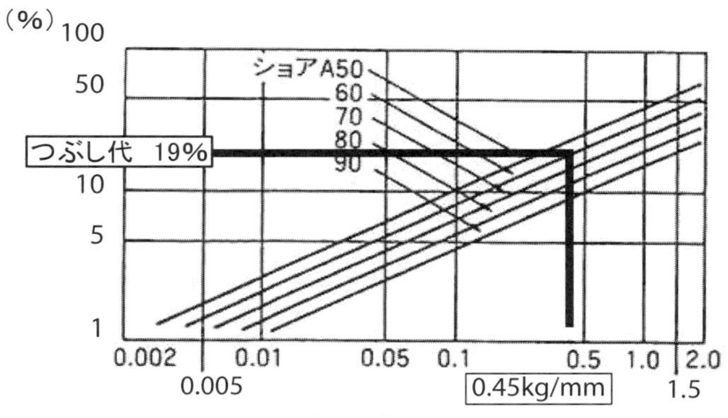

図25-10. Oリングのつぶし力とつぶし代の関係
出所：ジャスティン株式会社（http://justin.jp/pdf/Justin-O.pdf）

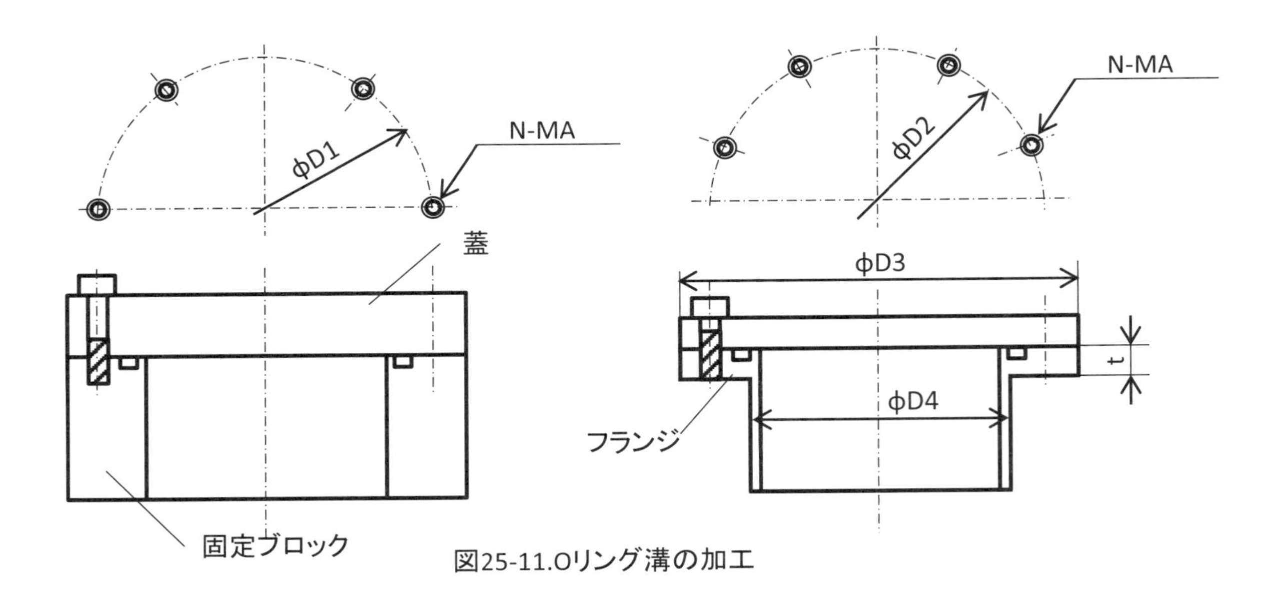

図25-11.Oリング溝の加工

真空用のフランジ寸法決定に関する考え方を次に示す。

項番	項目	O リング固定構造の考え方
1)	固定ブロック	①固定構造部品は固定ブロックと蓋からなる。固定ブロックは固定ボルトの締結によって変形しないと考え、O リングに面圧が発生するよう、蓋の厚みとボルトの本数を決める。 ②固定ボルトの諸元値と蓋の厚みは、JIS 規格フランジ寸法[解説 3]から決める。
2)	フランジ	①固定構造部品は、固定ボルトの締結によって変形が生じる。形状の緒元値であるφ D と t 寸法は、JIS 規格のフランジ寸法に従って決定する ②固定ボルトの緒元値[解説 3]は、JIS 規格のフランジ寸法に従って決定する

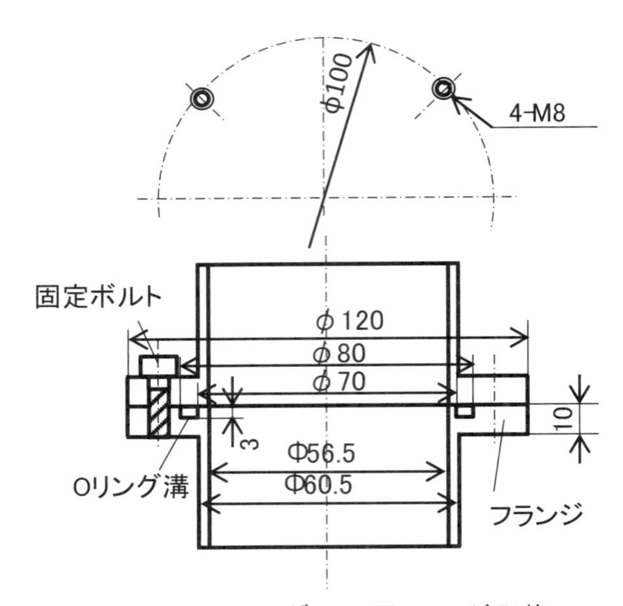

図25-12. OリングV120用フランジ形状
出所：株式会社 コスモ・サイエンス
(http://www.cosmo-science.co.jp/tec/02.html)

解説3 JIS 規格フランジ寸法

O リング V120 を使用するフランジ寸法(JIS 規格)について、下記に示す。

このＯリングの締め付け力を求める。

①締め代(O リングの外径φ 4):(4 − 3) ÷ 4 = 0.25 (25%)

②つぶし力：0.5kg/mm（**図 25-12** のシェア A70 の硬度）

③締め付け力：109kg（= 0.5 × 70 × π）

この締め付け力を 4 − M8 固定ボルトで得る。

ほかの種類の O リングに対応したフランジ形状についても同様に寸法の記載があるので、参考にしていただきたい。真空フランジメーカーの HP にアクセスすれば、容易にこの情報を入手できる。

原因

石英チャンバーフランジ部の破損原因として考えられる内容は、次のとおりである。

(1) **図 25-1** の A 面に 0.1mm の凹凸があった。

(2) 真空引きを行った場合、**図 25-1** の B 部の O リングはつぶし代が 30% であり、この状態で真空引きを行うと、固定板（SUS）と石英が B 部にて部分的に接触した。

(3) 石英チャンバー外径寸法がφ 312mm で、これを固定する押え板の内径寸法がφ 310mm である。さらに石英チャンバーの C 部にアール加工がなされており、石英の形状精度を考えると、この部分で接触したと考えられる。この金属と石英の接触によって、石英が破損した。

対策

対策後の構造を、**図 25-13** に示す。構造の変更点は以下のとおりである。

①A面の面精度を 0.02mm とし、研削加工を実施した。

②石英チャンバーの取付け面（A面）と接触する材料は、ステンレス面との間に配置した軟質材のテフロン板とした。

③押さえ板の内径と石英チャンバーの間の距離を 5.5mm と 4.5mm 広げ、干渉をなくした。

④石英チャンバーの強度は設計者にとって悩む点であるが、1kg/mm^2 の応力値で構造設計を進める。これは石英は理想的な状態で 200kg/mm^2 の強度を有するが、「表面のマイクロスクラッチの影響を考慮すると破壊応力値を 5kg/mm^2 に低下し、さらに安全率 5 を用いている。

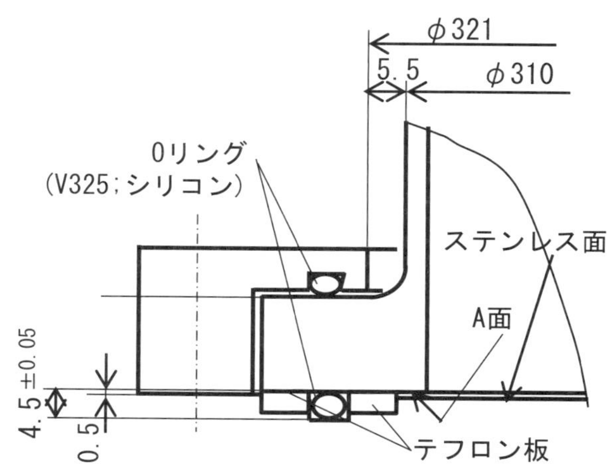

図25-13. 対策後の石英チャンバー固定構造

（設計指針）

（1）真空引きを行ったときに、石英チャンバーと金属部のコンタクトが発生しない構造とする。

（2）組立作業では、石英チャンバーに外力を加えない固定法が必要であり、具体的には下記の手順で組立てを行った。

①石英チャンバーを O リングの上に置く

②真空を引く

③押さえ板を軽く固定する

この組み立て法の考え方は、真空引きで石英チャンバー内を減圧状態として、フランジ部が落ち付く状態に保持し、その状態を押さえ板で再現しようとするもので、押さえ板と真空による両外力が、石英チャンバーに加わらないようにするものである。

エンジニアの忘備録 14

考える時間を作る

装置開発の一連の作業を分類すると「考える作業」「調査する作業」「決断する作業」「説明する作業」「図面を書く一連のルーチン作業」となる。冒頭にあげた「考える作業」では、与えられた仕様を達成する装置構成、当該装置構成から発生する課題の解決策などを考えながら進めなければならない。時間は無限にあるわけではなく、対象とする装置に関して金庫の扉が開いている時間は限られているので、その時間内に終わらせなければならず、3,000 万円程度の装置ならば、6 カ月後には完成品を要求者に手渡すのが通常である。2.5 カ月で設計し、2.5 カ月でモノづくりを行い、1 カ月で性能出しである。設計の 2.5 カ月の冒頭の 1 カ月間で基本設計を行い、方針を決めるわけである。この基本設計に充てることができる限られた時間は長いようで短く、こうでもないああでもないと要求元と打ち合わせているうちに、あっという間に時は過ぎる。

基本設計の作業を行っているときに、以前設計担当した装置のトラブルシューティングが入ってくると、最悪のパターンになる。じっくり考えなければならぬ時間に現場を走り回って、対策用の手続きをとることになる。すでにお客さんに渡している装置が火を噴いているのだから、これは緊急作業で、担当者に相当な負荷がかかることになる。何とかこの装置の対策を終え、疲れ切っている時期には、設計期間も半ばを過ぎており、スピードアップして推進しなければならぬ事態に陥る。そうなると退社時間が遅くなり、休日も出勤ということになる。

装置開発の上流側で行う「考える作業」は、頭が整理されていて、何を考えればいいかが明確であれば、どこでもできる作業である。この「考える対象を論理立てて、明確にする作業」をきちんとできるのが、一人前の設計者である。何を考えればいいのかを明確にした後、通勤時間などにこの作業を行うことになる。私は、カバンの中に小さなメモ手帳を入れて、当該課題項目を検討したものである。当時の通勤時間は 1 時間程度であったが、モノを考えるには程よい時間であった。

就寝前にアイデアは出ることもあった。だが、寝る前にあまり頭に負荷をかけると寝付けず、次の日に集中力が途切れることがよくあるので、この就寝前に考えることはおすすめできない。

考えるという過程では「量」と「質」が問題となり、有効で具体的な機構や方法を短時間で見出すことが重要である。考案された構造がどのような結果を生むのか、その時点で判断することは難しいが、解決すべき仕様を決められた期間と費用で達成できたか否かによって評価されるので、時間をかければいいというわけではない。質の評価は難しく、良さそうな構造でも、作ってみなければその良否が判定できない場合が多い。ただし、素性がいい構造は、計画図を見ただけでピンとくる。

私が、若い技術者と一緒に仕事をしていたときの話である。2,000 万円の予算で、2 個の試作品を作るという発注者の要求に対して、1 個は購入品、もう 1 個は製作品で対処することにした。担当した若い技術者の製作品の計画図を見たとき、私は十分説明も聞かないまま、これで行こうと決めた。この装置は製品に採用されて、今でも市場で動いている。彼は当日の朝まで、その機構について考えていたとのことである。

このように、負荷をかけねば素晴らしいアイデアは出てこないし、素性の良い構造はプロの目で見れば一見しただけで判るものである。

26 エアシリンダーの同期不良による上下移動機構の異常動作

概要

図26-1に、反応室内の試料台上の試料を上下方向に搬送する**ゲートバルブ**解説1の、リングゲートの上下機構の断面図を示す。軸方向に延び縮みした状態でシール機能を有するベローズが、**クイックカップリング**解説2によって、ボールブッシュで案内された軸に取り付いている。下部に配置した2個のエアシリンダーにより、この軸の他端に取り付いたリングゲートの上下移動を行っている。

この装置は、フランジの中央部に配置した試料に薄膜を形成する目的で使用され、試料はサセプターに取り付けられ、試料台上に置かれる。本図は、上位置に移動した試料に薄膜を形成する状態を示しており、反応室内の環境は外気と遮断された状態にある。試料の取り出し動作は、次の順序に従って行う。

①リングゲートが下位置に退避（試料搬送器の侵入スペースを確保できる位置まで移動）

②試料搬送器が右方向から移動

③試料位置で試料搬送器が上方向への移動。本動作で、サセプターを試料搬器に搭載

④試料搬送器が右方向に移動

試料搬送器の構造に関して本図に詳細を記していないが、チャンバーの外壁に取り付き、前後500mm、上下10mmの移動機能を有している。リングゲートには、円周状に2箇所Oリングが配置されており、シールとして機能している。エアシリンダーによるリングゲートの駆動は、5ポジション電磁弁のON/OFFによる圧縮空気の切り替えにより行う。リングゲートの上方向の移動では、上移動配管内に圧縮空気を導入し、下移動配管内は大気圧に保つ。この配管に取り付いたスピードコントローラーは、エアシリンダーのスムーズな動きを得ることを目的に、流速を制御している。電磁弁の上流に、圧縮空気を目的の圧力に調整するための**レギュレーター**解説3が配置されている。

この機構で、エアシリンダーに圧縮空気を流してリングゲートを上方向に移動させようとしたとき、移動の途中でリングゲートが停止し、上方向への移動が不可能となる現象が発生した。

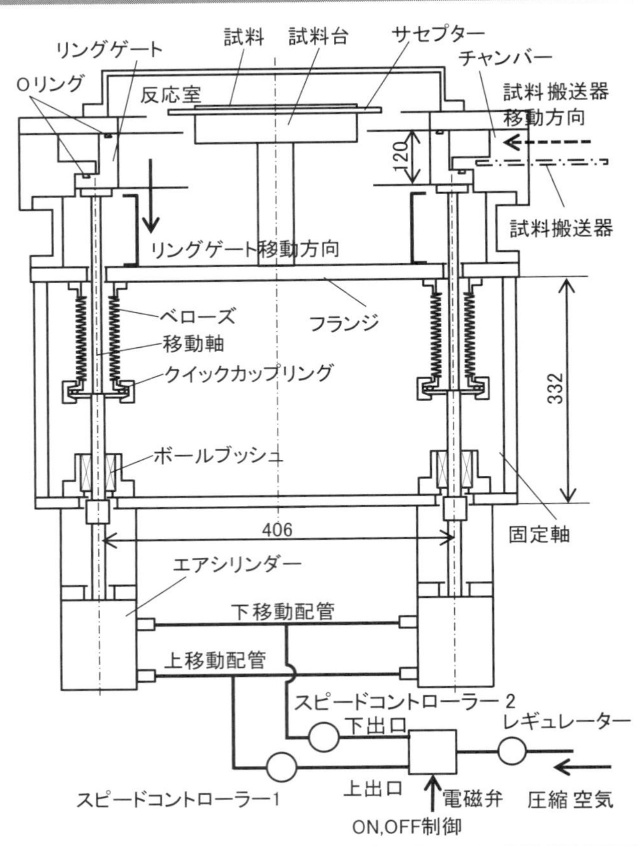

図26-1. エアシリンダーによるゲートバルブ上下駆動機構断面図

解説1 ゲートバルブ

バルブは、流路の開閉に使用する流体の制御機器で、移動部（バルブの種類によって「ゲート」「ステム」「弁座」「ボール」と呼ばれている）と固定部から構成されている。バルブ内に配置する移動部品をバルブ外部から駆動し、シール機能を有する移動部品が固定部品と接触した後に押し付けられることで、機能を発揮する。

図26-2に使用されるバルブの種類と、その構造、特徴を示す。ゲートバルブとボールバルブは、「開」状態のときには、流路内に移動部品が残らないため、流路抵抗はきわめて小さい。この事例で紹介したバルブは移動部がリング形状をしたゲートバルブで、移動部が図示した状態から120mm下方向に移動して外周部全体が開口し、このリングゲート部を通過してサセプターを取り出すことが可能な構造としている。

ここで、主に内部をウエハーが通過する目的で半導体製造・検査装置に用いられる、特殊なゲートバルブの事例を紹介する。**図26-3**にその外観と動作を示す。ゲートは矩形形状で、ゲート部を12" ウエハーが通過可能なように、長手方向の寸法は300＋α mmで製作されている。左図に示すバルブは、ゲートがバルブ内でシール位置の上方向に移動後、前後方向に移動することでゲートに取り付くOリングを座面に押し付け、シール効果を発揮する。右図のゲートバルブでは、ゲートの上方向移動によってOリングが座面に押し付けられ、シール効果を発揮するように、Oリングの配置が工夫された構造となっている。これらのバルブは、主に真空環境で圧力の遮断に使用される。

解説2 クイックカップリング

真空配管を接続するための継ぎ手として使用される真空機器の要素部品で、外周にOリングを配置したセンターリングをフランジの間に挟みこんで、シールする。フランジは、テーパ形状の固定具で締め上げて使用する。**図26-4**に、メーカーのHPから入手した外観図と継ぎ手部の構造図を示す。このフランジは一対の同形状で、使用しやすい構造となっている。

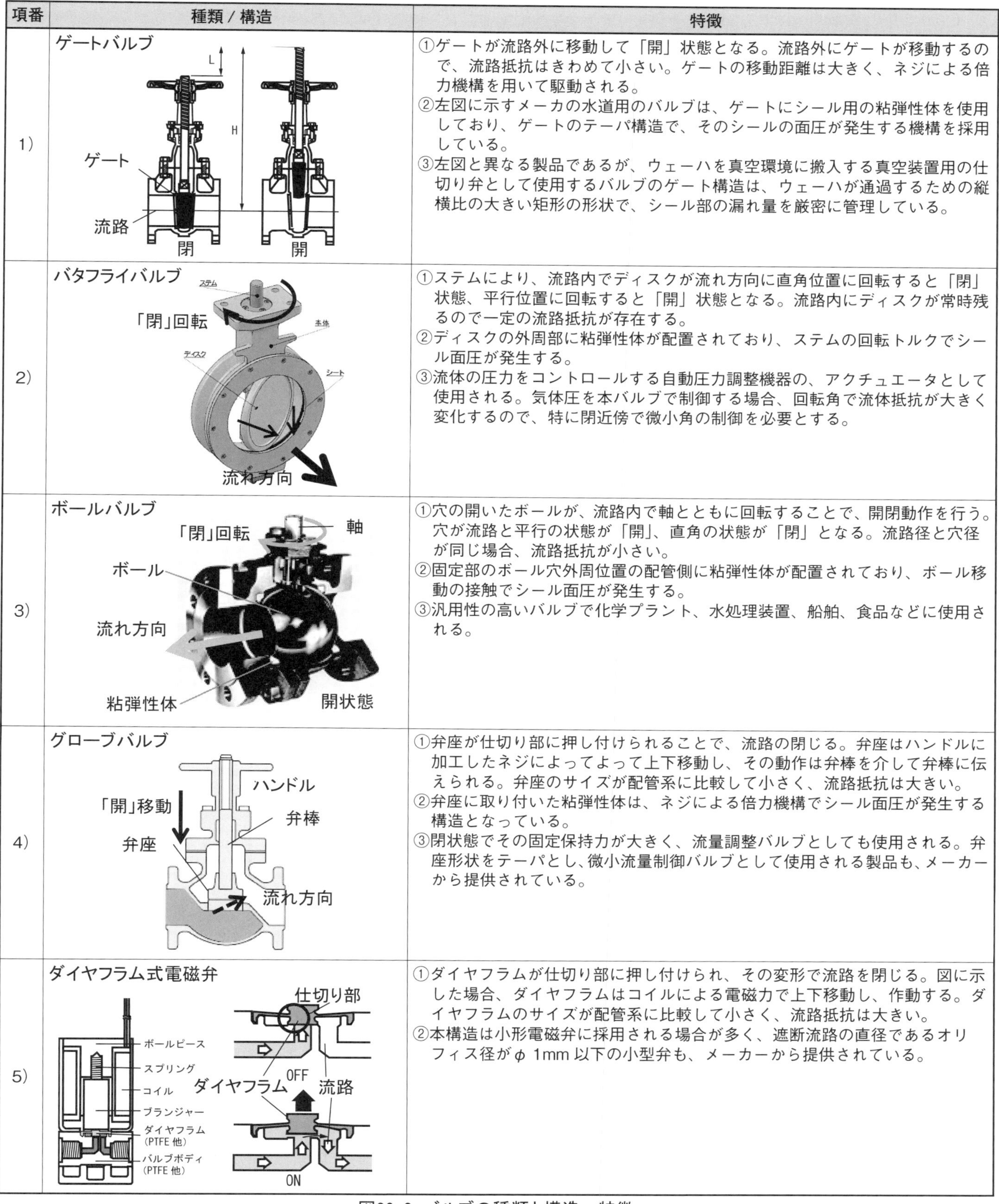

項番	種類／構造	特徴
1)	ゲートバルブ	①ゲートが流路外に移動して「開」状態となる。流路外にゲートが移動するので、流路抵抗はきわめて小さい。ゲートの移動距離は大きく、ネジによる倍力機構を用いて駆動される。 ②左図に示すメーカの水道用のバルブは、ゲートにシール用の粘弾性体を使用しており、ゲートのテーパ構造で、そのシールの面圧が発生する機構を採用している。 ③左図と異なる製品であるが、ウェーハを真空環境に搬入する真空装置用の仕切り弁として使用するバルブのゲート構造は、ウェーハが通過するための縦横比の大きい矩形の形状で、シール部の漏れ量を厳密に管理している。
2)	バタフライバルブ	①ステムにより、流路内でディスクが流れ方向に直角位置に回転すると「閉」状態、平行位置に回転すると「開」状態となる。流路内にディスクが常時残るので一定の流路抵抗が存在する。 ②ディスクの外周部に粘弾性体が配置されており、ステムの回転トルクでシール面圧が発生する。 ③流体の圧力をコントロールする自動圧力調整機器の、アクチュエータとして使用される。気体圧を本バルブで制御する場合、回転角で流体抵抗が大きく変化するので、特に閉近傍で微小角の制御を必要とする。
3)	ボールバルブ	①穴の開いたボールが、流路内で軸とともに回転することで、開閉動作を行う。穴が流路と平行の状態が「開」、直角の状態が「閉」となる。流路径と穴径が同じ場合、流路抵抗が小さい。 ②固定部のボール穴外周位置の配管側に粘弾性体が配置されており、ボール移動の接触でシール面圧が発生する。 ③汎用性の高いバルブで化学プラント、水処理装置、船舶、食品などに使用される。
4)	グローブバルブ	①弁座が仕切り部に押し付けられることで、流路の閉じる。弁座はハンドルに加工したネジによってよって上下移動し、その動作は弁棒を介して弁棒に伝えられる。弁座のサイズが配管系に比較して小さく、流路抵抗は大きい。 ②弁座に取り付いた粘弾性体は、ネジによる倍力機構でシール面圧が発生する構造となっている。 ③閉状態でその固定保持力が大きく、流量調整バルブとしても使用される。弁座形状をテーパとし、微小流量制御バルブとして使用される製品も、メーカーから提供されている。
5)	ダイヤフラム式電磁弁	①ダイヤフラムが仕切り部に押し付けられ、その変形で流路を閉じる。図に示した場合、ダイヤフラムはコイルによる電磁力で上下移動し、作動する。ダイヤフラムのサイズが配管系に比較して小さく、流路抵抗は大きい。 ②本構造は小形電磁弁に採用される場合が多く、遮断流路の直径であるオリフィス径が ϕ 1mm 以下の小型弁も、メーカーから提供されている。

図26-2. バルブの種類と構造、特徴

出所：
1）東洋バルヴ株式会社（https://www.toyovalve.co.jp/products/getfile/price/03%EF%BC%9A%E4%BE%A1%E6%A0%BC%E8%A1%A8%EF%BC%88%E9%9D%92%E9%BB%84%E9%8A%85%EF%BC%89.pdf
2）日本ダイヤバルブ株式会社（http://www.ndv.co.jp/faq/butterfly/butterfly001_20140305.html）
3）一般社団法人日本バルブ工業会（http://www.j-valve.or.jp/valve-faucet/elements_of_valve/type.html）
4）巴バルブ株式会社（http://www.tomoevalve.com/guide/kind/）
5）高砂電気工業株式会社（http://www.takasago-elec.co.jp/glossary/2000/01/000088.html）

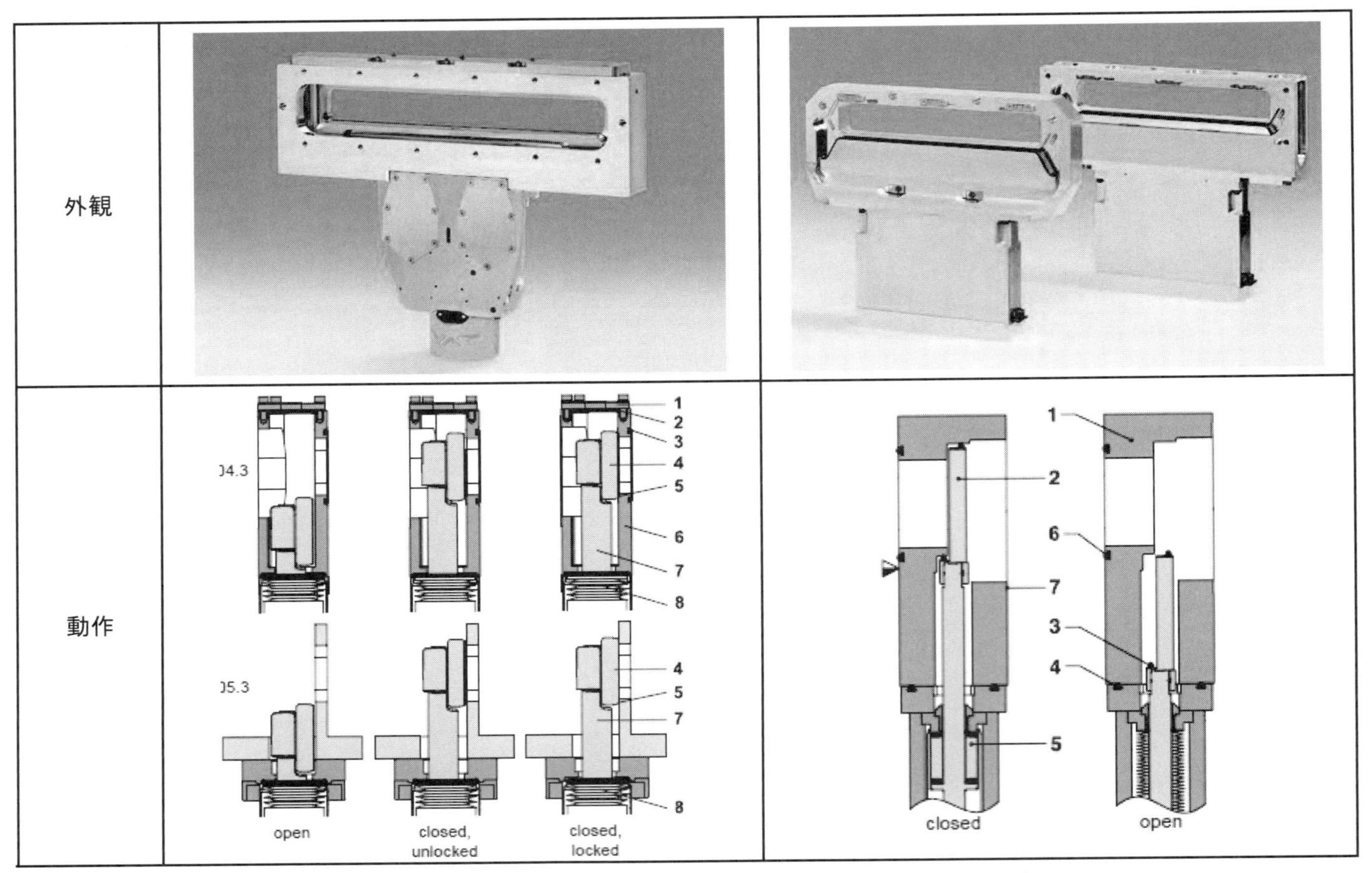

図26-3. 半導体製造装置に使用される矩形型の真空用ゲートバルブ

出所：VAT株式会社
(http://www.vatvalve.com/docs/default-source/informations-and-downloads/Katalog2016_J_WEB_A.pdf)

蝶ナットの手締めで、接合作業を行うことが可能である。外観写真では、成形ベローズの両端に当該カップリングを取り付けた使用事例などが示されている。

図 26-5 に、代表的なクイックカップリングのフランジ形状についての規格を示す。規格フランジの外径寸法はφ 30mm ～φ 75mm である。クイックカップリングは、ここで示したように、比較的小径パイプの真空継ぎ手として使用される。ユーザーはこのフランジを、適合したパイプやベローズなどに溶接して使用する。このフランジのほかに ICF フランジとの変換フランジ、90°に折れ曲がったエルボ、3 方向継ぎ手のティーなどが用意されている。詳細はメーカーのカタログを参照していただきたい。

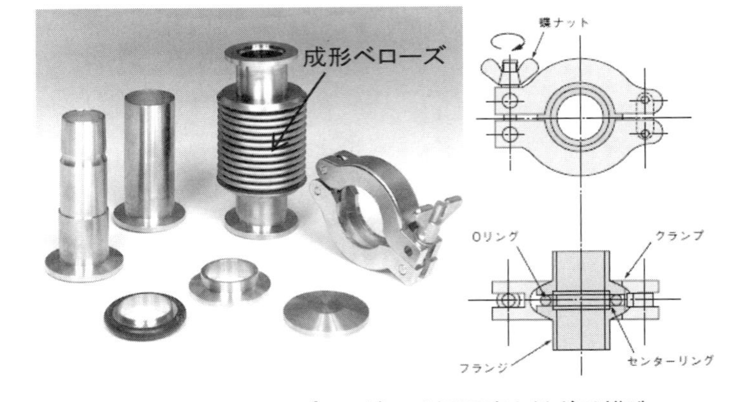

図26-4. クイックカップリングの外観写真と継ぎ手構造

出所：キヤノンアネルバ株式会社（https://www.canon-anelva.co.jp/products/component/parts/pdf/pa_detail03.pdf）

●フランジ（材質：SUS-304）

	型　名	φA	φB	φC	φD
NW10	954-7731	30	12.2	10	13.0
NW16	954-7732	30	17.2	16	19.1
NW25	954-7733	40	26.2	24	28.0
NW40	954-7734	55	41.2	38.5	42.7
NW50	954-7895	75	52.2	47	51.0

適用パイプ NW10：φ13.0×φ11.0　NW16：φ19.1×φ16.7　NW25：φ28.0×φ25.0
NW40：φ42.7×φ39.4　NW50：φ51.0×φ47.0

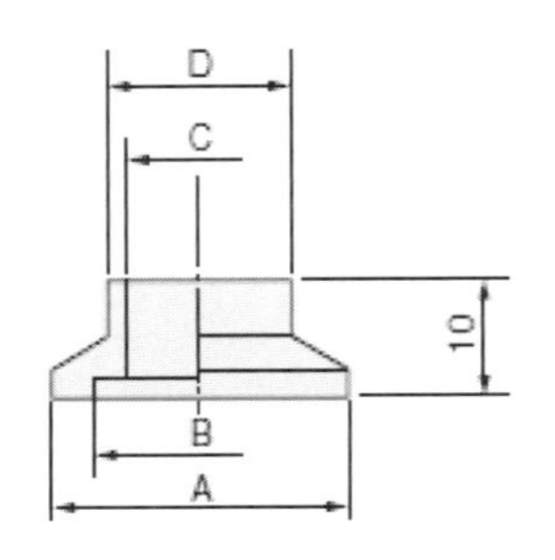

図26-5. クイックカップリングのフランジ形状の寸法

出所：キヤノンアネルバ株式会社
(https://www.canon-anelva.co.jp/products/component/parts/pdf/pa_detail03.pdf)

解説3 レギュレーター

レギュレーター（調圧器）は圧縮空気の圧力を調整する空圧機器である。図 26-6 に、その外観写真と構造図を示す。コンプレッサーで生成した圧縮空気に対して、次の目的のためにレギュレーターを使用する。

①コンプレッサーから供給される圧縮空気は、パイプとの摩擦や制御機器を通過する際の圧力損失を見越して、高めの圧力で供給されるので、機器に合った所定の圧力に調整する。

②コンプレッサー出口の圧力はコンプレッサーの ON/OFF によって上限値、下限値の間を行き来する。この上下限設定は調整可能であるが、通常は 50 ～ 100kPa に設定してある。この圧力の脈動幅をなくする目的で、レギュレーターはコンプレッサーの下限値以下の圧力に調整する。

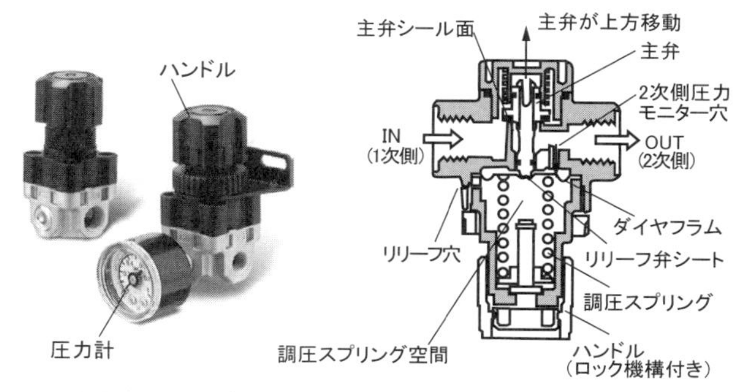

図26-6. レギュレーターの外観写真と構造図

写真出所：SMC 株式会社
(http://www.smcworld.com/products/ja/get.do?type=GUIDE&id=ARX)

レギュレーターの動作

図 26-6 に標準的なレギュレーターの外観写真とその構造図を示す。この構造図を用いて、その動作原理を説明する。

①圧力調整の指示

操作：調圧ハンドルの回転により、目的とする圧力に調整する

動作：調圧スプリングの長さ制御により、目的の力が発生する

② 2 次圧力モニター

動作：2 次圧力モニター穴を通過して、2 次圧がダイヤフラムを押す力が発生する

③圧力調整

動作：調圧スプリングと 2 次圧で、両側からダイヤフラムが押される

1）調圧スプリング力＞ 2 次圧力の場合

主弁が上方向に移動し、主弁シール面が「開」状態となり、調圧スプリングで決められた圧力まで 2 次圧が上昇

2）調圧スプリング力＜ 2 次圧力の場合

主弁が下方向に押し付けられ、主弁シール面が「閉」状態となり、リリーフ弁シートが開状態となる。2 次側の圧縮空気が調圧スプリングの空間に流れ込み、リリーフ穴から大気中に放出され、調圧スプリングで決められた圧力まで 2 次圧が下がる。

レギュレーター選定の注意

①レギュレーターは「リリーフタイプ」と「ノンリリーフタイプ」がある。リリーフタイプは、2 次圧が調整圧よりも上昇した場合にはその圧力を調整圧まで下げる機能を有する。特に、圧縮空気で駆動するアクチュエータの容量が負荷によって変化する場合（**エアシリンダーの 2 次圧が上昇して使用する場合**[解説4]）は、リリーフタイプを使用しなければならない。

②レギュレーターは、2 次側で使用する圧縮空気の圧力と流量によってその損失圧が変化するので、用途に見合ったサイズを使用しなければならない。

③レギュレーターは、2 次圧によって低圧タイプが存在する。200kPa以下の2次圧で使用する場合、低圧タイプを選定する。

解説4 エアシリンダーの 2 次圧が上昇して使用する場合

図 26-7 を用いてエアシリンダーを駆動する、2 次圧の上昇とリリーフ弁の関係について説明する。この図は、エアシリンダーによって、ステージの端部に圧縮空気で生じる力を加える機構を示しており、ステージはモーター送りで破線の矢印方向に移動する。このとき、図に示すようにステージが移動するとエアシリンダーもその移動量に従って、図示の「エアシリンダーの移動距離」分その先端が動く結果、エアシリンダー内の加圧空間の体積が小さくなって、この空間の圧縮空気はその体積が減る。エアシリンダー内の圧力が上昇することになり、その加圧力が大きくなる。ステージの移動前後で加圧力を変化させないためには、移動後に上昇したエアシリンダーの供給圧である、2 次圧を下げなければならない。すなわちこの上昇した圧縮空気を大気中に逃がし、その加圧力を一定値に保つ操作が必要となり、この動作をリリーフ弁が動作することになる。

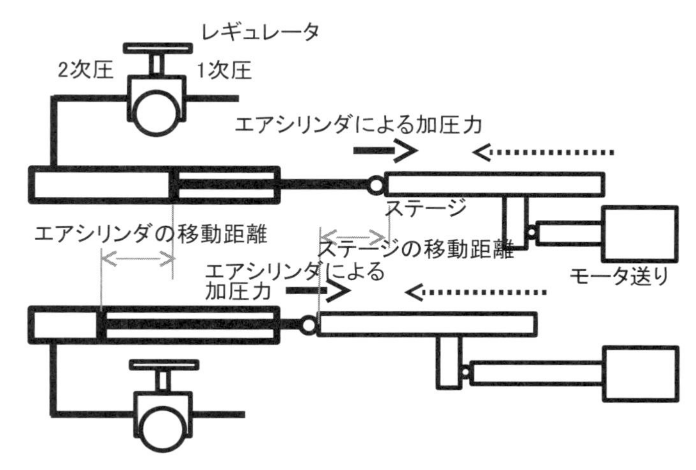

図26-7. エアシリンダの駆動圧が上昇する機構

原因

移動が不可能となる不具合の原因は、次のとおりである。

（1） 2個のエアシリンダーが同期して動作しない。

（2） ボールブッシュ曲げの剛性が弱く（1）で発生した回転モーメントを支えることができない。

空気圧シリンダーの非同期動作

図26-1に示したように、同じ型式のエアシリンダーに同時に圧縮空気を供給しても、エアシリンダーは同期した上下移動を行わない。これはエアシリンダーによる発生力に、時間的な「ずれ」が生じるためである。エアシリンダーの駆動力となる発生力Fは、F＝A（面積）xP（圧力）で示され、同じ型式のエアシリンダーを使用するので、この数字は同じと考えてよい。エアシリンダーの可動部品であるロッドがシリンダー内ですべる際のOリングシールによる負荷の不均一性（摩擦係数の不均一と考えてよい）、エアシリンダーの負荷となるリングゲートバルブの支持重量の差と、ボールブッシュの転がり摩擦負荷の不均一が原因で、エアシリンダーの同期運転ができなかったことによる。

ボールブッシュによる負荷支持

円筒形状部品の内側にボールを配置した構造で、丸棒の直線案内に使用する機械要素部品である。**図26-8**にその外観写真を示す。内部の案内方向に複数個のボールが配置されている。ボールブッシュは使用目的によって各種の製品がメーカーから供給されており、その種類と特徴を**図26-9**に示す。

今回の事例においてトラブルの原因と推察されるモーメント荷重に対して、ボールブッシュは弱い。モーメント荷重を支持するには、ボールブッシュの代わりにリニアガイド（メーカー名LMガイド）を使用するとよい。リニアガイドは、レールと転動体をメーカーが供給しており、モーメント荷重をメーカーが保証している点が特徴の一つである。

図26-8. ボールブッシュの外観写真

出所：株式会社エイエスケイ
（http://www.askltd.co.jp/ask_brand/ball_bush）

項番	項目	特徴他
1）	標準型	外径寸法が高精度に加工されており、広く使用される標準的なタイプ
2）	開放型	ボールを収納する円筒の一部を切り欠いて、丸軸シャフトを固定するスペースを確保したタイプ
3）	隙間調整型	ボールを収納する円筒の一部にすり割を加工し、内径の調整が可能。コレット構造のハウジングに取り付けて使用するタイプ
4）	ロングタイプ	標準型タイプを２個直列に並べて、モーメント負荷能力を向上させたタイプ
5）	フランジタイプ	標準型タイプにフランジを取り付けて、ボルト固定を可能としたタイプ

図26-9. ボールブッシュの種類と特徴

出所：THK株式会社
（https://tech.thk.com/ja/products/pdf/ja_a04_025.pdf）

一方、ボールブッシュの場合は、性能を保証した転動体はメーカーが供給し、ガイドはユーザーが準備する。

ボールブッシュがスムーズに動く条件を、荷重と軸受け形状、および摩擦係数の関係から計算によって求める場合のモデルを下図に示す。片持ちのボールブッシュ軸受けが支える腕の他端に、力が作用している。このモデルでは、モーメント荷重によってボールブッシュに発生する力の釣り合いからこの関係は計算できる。

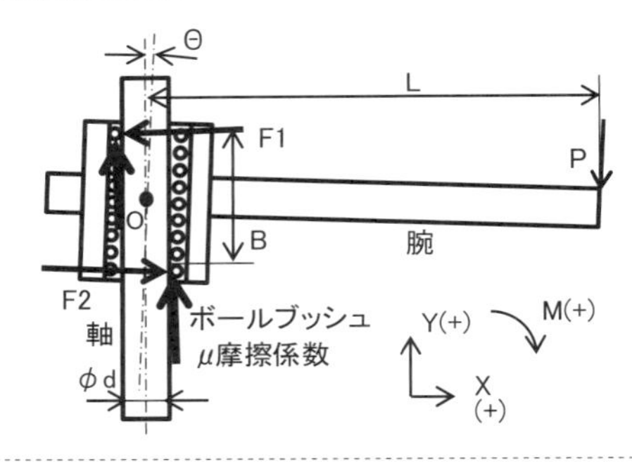

x方向の力の釣合い：F1＋F2＝0…①

y方向の力の釣合い：P−（F1＋F2）×μ＝0…②

O点回りのモーメント：P×L−（F1＋F2）×（B÷2）＋（F1−F2）×μ×（d÷2）＝0…③

ここでF＝F1＝F2とすると②式は

P＝2×F×μ…④

③式より

P×L−2×F×B÷2＝0

P×L−F×B＝0

④式を代入して

2×F×μ×L＝F×B

μ＝B ÷（2×L）

よって動作条件は μ<B÷（2×L）となる。

B：ボールブッシュの長さ
θ：傾き角
P：荷重
L：腕の長さ
F1, F2：ボールブッシュに加わる力
μ：ボールブッシュと軸の摩擦係数

ここで、L＝500mm、B＝100mmとした場合、摩擦係数が満足しなければならない値はμ＝100÷（2×500）＝0.1

この値は、転がり軸で得られる摩擦係数で、すべり軸受けでこの摩擦係数を得ることはできない。この数字はモーメント荷重に対して、ボールブッシュがスムーズな動きを行う場合、摩擦係数が満足しなければならぬ数値を示している。スムーズな動きに対する阻害要因としては、次のような項目が挙げられる。

項番	項目	内容
1）	軸の硬度	軸がボールブッシュのボールに対して硬度が小さいとモーメント荷重に対して、軸に引っかき傷が付き、摩擦係数が大きくなる
2）	隙間	隙間が大きいとFの荷重が端部のボールに集中し、過大な力が生じ軸に傷が付き、摩擦係数が大きくなる
3）	軸の変形	軸の変形によりFの荷重が端部のボールに集中し、過大な力が生じ軸に傷が付き、摩擦係数が大きくなる

モーメント荷重に対してスムーズな移動を得るためのボールブッシュ構造は、上記の３項目を考慮して決める必要があるが、ボールブッシュはモーメント荷重を受けることを目的とした軸受けではない。上述したように、モーメント荷重を支持する場合は、モーメント荷重を保証したLMガイドに順ずるリニアガイドを使用すべきである。

対策

図26-10に、対策後のリングゲート上下駆動機構断面図を示す。対策前の構造では左右２本を配置したエアシリンダーを、図示したように１本とし、**LMガイド**解説5（商品名：リニアガイド）を２本配置（図では１本であるが、円周方向に２本配置）した。エアシリンダーと直結した移動軸と２個のLMガイドの移動ステージをリングで結合し、これらの部品が同時移動するようにして、リングゲートのスムーズな移動を得た。２本のエアシリンダーの同期を行なわず、１本のエアシリンダーで生じるモーメント荷重を、高い剛性を示すLMガイドで支持する構造となっている。

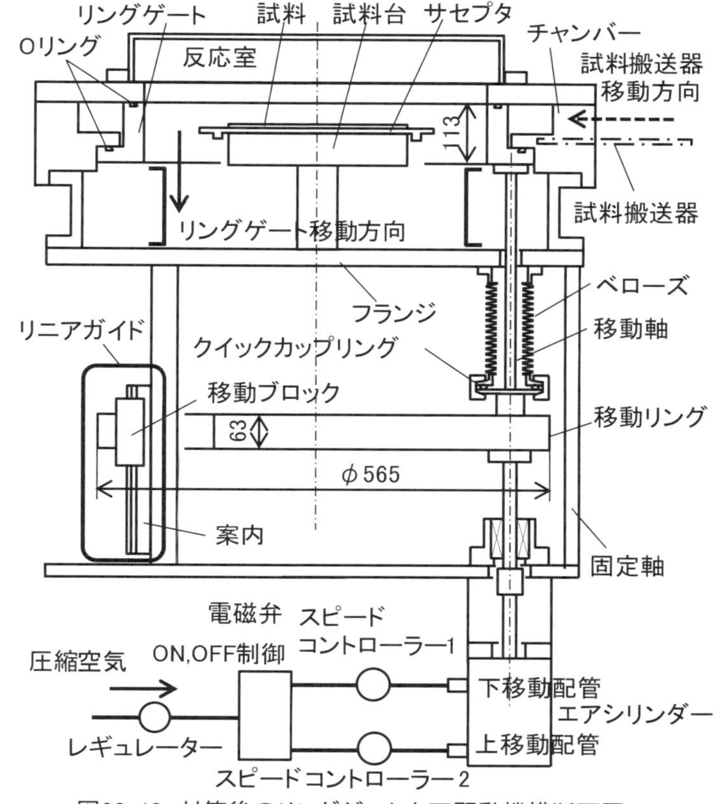

図26-10. 対策後のリングゲート上下駆動機構断面図

解説5 LMガイド

LMガイドはテーブルの案内用の直進軸受けとして、精密機械をはじめとする広い分野で使用されている。特筆すべき特性は、移動方向以外の５軸方向に高剛性を保証する点である。転がり軸受けの性質である高速移動の性能を活かし、特に短タクト加工が要求される工作機械の分野などで、広く使用されている。モーメント荷重と移動精度の点から、転がり運動を利用した直線タイプガイドの特性の分類を、**図26-11**に示す。

LMガイドが、特徴である高剛性を発揮できる理由は、その構造にある。移動ブロックと案内の両部品は、メーカーから最適構造のものが供給されている。軸受け剛性の要素であるボールと接触部が管理された材質で、メーカーが提案する独自の構造に高精度加工されている結果、軸受け隙間が正確に確保され、高剛性となっている。この構造であれば、負荷となるモーメント荷重に対して、特定の球ではなく複数の球に均等に荷重が加わり、結果として荷重が分散されるので、高い剛性値を示すわけである。この点が、剛性の小さいボールブッシュとの差異である。ボールブッシュの場合、前述したように、ユーザーが準備した軸の、緒元値の管理が十分でない点に、主な問題がある。

ここでは、LMガイドの特徴を記したが、設計・選定に必要な性能値は、メーカーのカタログを参照していただきたい。コストの点が気になるが、設計者と組み立て調整者にとって、使いやすい、高性能の直線軸受けである。

項番	品名	外観	移動台組込	移動精度他	モーメント荷重他
1)	LMガイド	移動ブロック 案内	①取り付け：案内固定ベースの直線精度と２本の案内の平行精度が求められる ②移動台に組み立て：動きを確認しながら、固定ネジを締め付け（容易）	①μmオーダーの直進性能を得ることができる ②取り扱いは容易	①高剛性 ②価格：高価
2)	ボール スプライン	スプライン軸	①取り付け：１本のスプライン軸で目的を達成するので固定構造は簡単 ②移動台に組み立て：穴のインローによるはめ合いとキー固定（容易）	① 10μmオーダーの直進性能を得ることができる ②取り扱いは容易	①中程度の剛性 ②価格：中程度
3)	ボール ブッシュ		①取り付け：２本軸の使用時には平行精度が求められ、案内軸固定精度が重要 ②移動台に組み立て：穴のインローによるはめ合い（容易）	① 10～100μmオーダーの直進性能を得ることができる ②取り扱いは容易	①低剛性 ②価格：安価
4)	クロスローラーガイド	リテーナ	①取り付け：案内固定ベースの直線精度と２本ガイドの平行精度が要 ②移動台に組み込て：熟練した調整技術が必要（熟練技能を要する）	①サブμm～μmオーダーの直進性能を得ることができる ②リテーナーが原因で移動が阻害される場合がある	①高剛性 ②価格：高価

図26-11. 転がりを利用した直線タイプガイドの特性の分類

出所：THK株式会社（https://tech.thk.com/ja/products/pdf/ja_b00_001.pdf）

２本のエアシリンダーを用いて長い部品を上下方向に動かす、エアシリンダーの同期構造の構成図を、**図26-12**に示す。長い被移動部品の上部にエアシリンダーを配置しており、このエアシリンダーに圧縮空気を供給して、被移動部品を上部に持ち上げる。前述したように、このときの両エアシリンダーの移動速度は、負荷によって微妙に異なる。この差異がモーメント荷重を発生させることになり、結果として上方向移動を困難とする。この対策として、両エアシリンダーの移動を拘束する目的で、エアシリンダーのロッドにラックを取り付け、これと噛み合うピニオンにより、ロッドの上下位置を同期させる。**図26-13**に示すラックとピニオンは、直進運動を回転運動に変換する歯車である。ここでは、左右のエアシリンダーの直進運動をピニオンが取り付いた連結シャフトで結合し、それらの直線移動の同期をとる構造となっており、シンプルな構造ながら効果的な機構となっている。

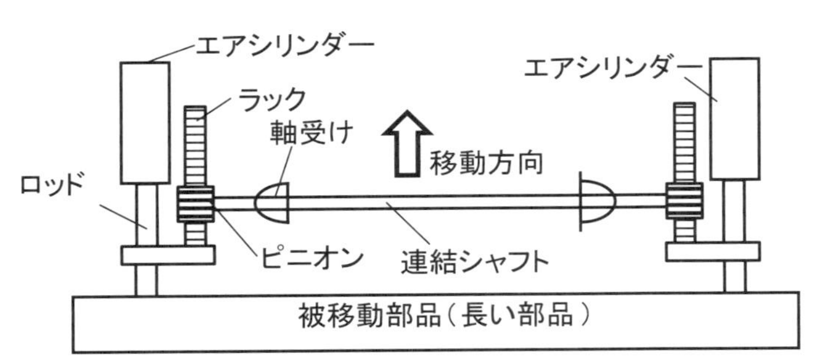

図26-12. 同期運動を行うエアシリンダー駆動上下機構

図26-13. ラックとピニオン外観写真

出所：小原歯車工業株式会社（https://www.khkgears.co.jp/khkweb/search/sunpou.do?indexCode=41&referrer=series&sic=1&lang=ja）

エンジニアの忘備録 15

若いエンジニアを指導するには

エンジニアは、入社して10年が経過すると、一人前の技術者として扱われるようになる。年の頃でいえば30代の始めから半ばにかけてで、この頃になると人によっては指導員を命じられる。指導にあたった当初は、何を指導したらいいのかと戸惑って右往左往するが、行きつくところは自分が若いときに受けた指導方法に落ち着くことになる。

私がいた部隊には指導方法のマニュアルがなく、指導者は見よう見まねで指導に当たった。若手のエンジニアにとっては指導者は重要な存在であり、若手が伸びるか否かのキーマンともいえる。私が指導を通じて学び､その後の仕事で役立ったのは、「コミュニケーションで、良好な関係を保つこと」と「若手の技術者について考える時間をとること」の２つだった。

（1）コミュニケーションで、良好な関係を保つこと

「退勤後、一杯飲みに行くこと」と考える方も多いだろうが、私がいわんとするのは、仕事を通してのコミュニケーションである。若手は自分の決断に不安があり、指導者の意見を聞きたいことがある。そんなときに、指導員が「今、忙しいから、後にしてくれ」と突っぱねられたら、若手は積極的に指導を仰ごうとしなくなる。つまり､コミュニケーションが悪くなるのだ。

私が若かった頃、指導員に「図面を見てください」とお願いすると、最優先で見てくれた。そんな経験もあって、指導員になった私は、若手から相談を受けると最優先で対応した。対応している時間中は目一杯若手の課題を考え、いろいろな方向から話し合った。若手が満足する仕様の機構案を提示したときは、大きな問題がなさそうなら、たとえほかによりよい方法があっても､「GO」を出した。「Not GO」とブレーキを踏むのは、当該の構造を採用すると、明らかにトラブルが生じるケースだけである。

昔、東京では３月に雪が降って、それから暖かくなるパターンが多かった。３月上旬のその日は、夕方から大雪になった。20時ごろ「大雪だから、早めに帰ろう」と帰り支度をしていると、若手の設計者から図面を見てほしいとたのまれた。それから１時間ほど話し合い、21時頃、国分寺駅からの中央線に乗った。電車は国分寺を出てすぐに大雪で止まり、西荻窪についたのは朝の５時。タクシーで家まで帰ったのを覚えている。「図面チェックを明日にしていれば、通常の時間で帰れたのに」と悔やんだが、今では思い出のひとつである。

（2）時間を取って考えること

若手のために考える時間をとることは､意外に少ない。だが、１日に10分程度、指導者が若手の立場で考えてやれば、その日に有効な指導方針を決めることができる。

この10分は、電車内で吊革にぶら下がっている時間で十分である。彼がその日に何をするかを１時間区切りで考えれば、指導の時間と具体的な内容を決めることができる。

朝、その若手の顔を見たときに、「昼から、移動機構について検討している内容を聞かせてくれ」と言えば、十分にコミュニケーションが取れる。特に若手が悶々としているときには、察知して目の前を明るくしてやらねばならぬ。これこそ、指導員の真価を問われる仕事である。

指導対象の70％は、指導者にとって解のある問題であるが、残り30％は試行錯誤が必要である。そうしたときは一緒に考える姿勢が大切であり、候補となる機構をあげて、次回まで設計を進めるように指示し、決定を先送りとする。

トランジスタを発明したショックレイは、木曜日の午前中は若手のために時間を割く習慣を崩さなかったと聞く。彼が指導を行う場合には、次の２つに重点を置いて若手を鼓舞していたそうである。１つ目は現在の課題解決のための手法、２つ目は半年後の課題に対する解決手法である｡つまり､「短期的課題」と「長期的課題」の両方を彼は若手に要求するわけである。私はこれらを若手のエンジニアの卵に課したことはなかったが、自分はこれらを意識して開発作業を進めていた。

27 エアシリンダーによる荷重の制御不良

概要

図 27-1 に回転テーブルに円板を押し付け、その円板が紙面方向に揺動する機構を示す。円板は独自の回転駆動機構を持たず、回転するテーブルと連動して自転する構造となっている。円板は揺動アームの先端に取り付いており、テーブル上から退避可能な構造となっている。退避の際には、揺動アームはエアシリンダーによって上方向に移動し、テーブルと離れる動作を行う。

円板を取り付けた揺動アームは、モーター回転と溝軸により**揺動運動**[解説1]を実現する**ロータリーボールスプライン**[解説2]の先端に取り付いている。ロータリーボールスプラインは、ボールが転がる溝が加工された揺動軸と揺動部品からなり、ボールの転がりによって揺動部品はロータリーボールスプライン軸上を上下方向に移動できる。揺動するボールスプライン軸は、**クロスローラー回転ベアリング**[解説3]と、揺動固定部品外周部に配置された回転軸受けで支持される構造で、固定台に対して揺動部品が回転可能となっている。この構造でエアシリンダーにより円板をテーブルに加圧し、圧力を調整することで押し付け力の可変を試みた。押し付け力可変の仕様は次のとおりである。

(1) 加圧力：1kg
(2) 加圧力の可変値：0.1kg ピッチで変更可能
(3) 加圧力は一定値とし、作業中に変更はしない
(4) エアシリンダーによる加圧と退避

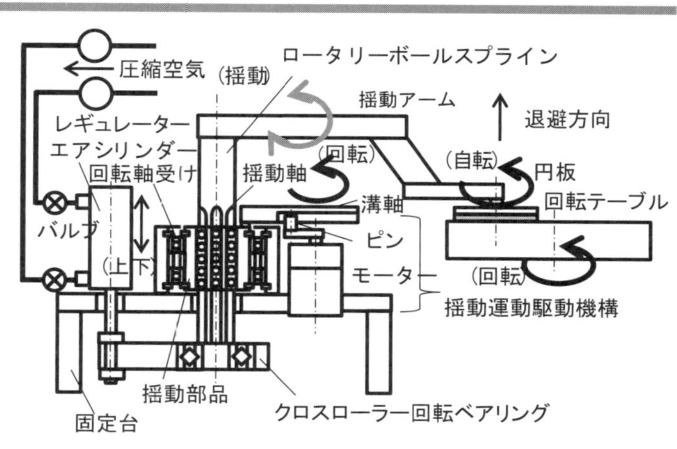

図27-1. 揺動加圧機構

この仕様に対して、機構系の緒元値は次のとおり。

(1) 揺動部重量：5.5kg
(2) エアシリンダーチューブ内径：φ 20mm
(3) レギュレーター：精密レギュレーター (0.005 ～ 0.4MPa)
(4) ロータリーボールスプラインの軸径：φ 20mm

この機構で円板の加圧力の最適値を求めるため、エアシリンダーの圧力を変化させてその加圧力値を計測した。この結果、エアシリンダーの圧力調節で、0.1kg の加圧力が可変できないことが判明した。

解説 1　揺動運動

本機構で採用したモーターの回転による揺動運動について、揺動アームの回転角速度などの緒元値を計算によって求める。

(1) 揺動角度 (Θ)

揺動角度 $=\tan^{-1}(30\div100)=16.7°$

(2) 揺動回転角速度 (ω_A)

①幾何学的位置関係：図 27-2 に示す通り
②駆動モーター回転数：30 rpm
駆動モーター回転角速度 (rad/s) $\omega_A=2\times\pi\times f$ (回転速度 rev/s) $=2\times\pi\times0.5=3.14$ rad/s

(3) 揺動回転角速度 (ω_B)

駆動モータの一定回転角速度 ω_A に対して揺動アームの揺動回転角速度 ω_B を求める。ここで

v_A：モーター軸の回転速度　　$v_A=\omega_A x r_A$ ------①
v_B：揺動軸の回転角速度　　$v_B=\omega_B x r_B$ ------②
r_A：モーター回転軸の位置ベクトル
r_B：揺動回転軸の位置ベクトル
R_A：モーター回転軸長さ
R_B：揺動回転軸長さ

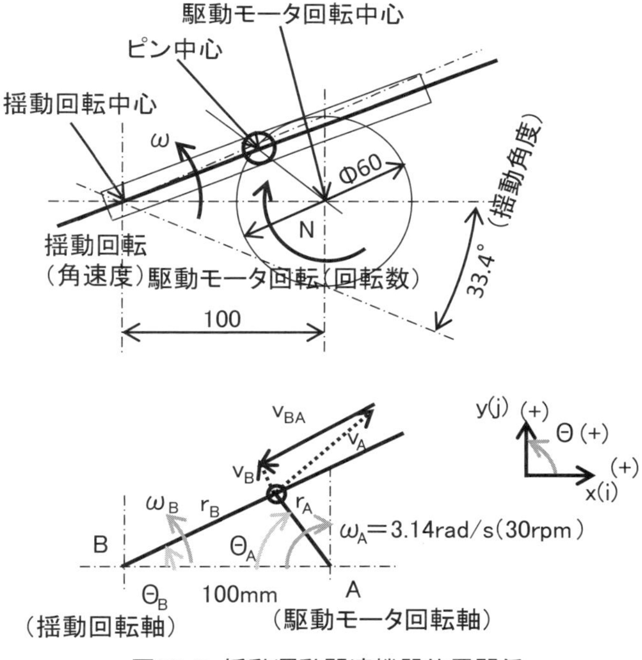

図27-2. 揺動運動関連機器位置関係

v_{AB}：r_Aの先端位置から見たr_Bの先端位置の速度（溝内を滑るr_B先端の速度）

$v_B = v_{BA} + v_A$------③

$r_A = -R_A\cos\Theta_A(i) + R_A\sin\Theta_A(j)$

$r_B = R_B\cos\Theta_B(i) + R_B\sin\Theta_B(j)$

$\omega_A = -\omega_A(k)$

$\omega_B = \omega_B(k)$

①へr_Aとω_Aを代入して

$$v_A = -\omega_A(k)x(-R_A\cos\Theta_A(i) + R_A\sin\Theta_A(j))$$
$$= \omega_A R_A\cos\Theta_A(kxi) - \omega_A R_A\sin\Theta_A(kxj)$$
$$= \omega_A R_A\sin\Theta_A(i) + \omega_A R_A\cos\Theta_A(j) \text{------④}$$

②へr_Bとω_Bを代入して

$$v_B = \omega_B(k)x(R_B\cos\Theta_B(i) + R_B\sin\Theta_B(j))$$
$$= \omega_B R_B\cos\Theta_B(kxi) + \omega_B R_B\sin\Theta_B(kxj)$$
$$= -\omega_B R_B\sin\Theta_B(i) + \omega_B R_B\cos\Theta_B(j) \text{--------⑤}$$

④⑤を③へ代入して

ここで　$v_{BA} = V_{BA}(i) + V_{BA}(j)$とする

$$-\omega_B R_B\sin\Theta_B(i) + \omega_B R_B\cos\Theta_B(j) = V_{BA}(i) + V_{BA}(j) + \omega_A R_A\sin\Theta_A(i) + \omega_A R_A\cos\Theta_A(j)$$

係数を比較して

(i); $-\omega_B R_B\sin\Theta_B = V_{BA} + \omega_A R_A\sin\Theta_A$------⑥

(j); $\omega_B R_B\cos\Theta_B = V_{BA} + \omega_A R_A\cos\Theta_A$-------⑦

⑥⑦よりV_{BA}を消去する

⑥より　$V_{BA} = \omega_A R_A\sin\Theta_A + \omega_B R_B\sin\Theta_B$

⑦へ代入して　$\omega_B R_B\cos\Theta_B = \omega_A R_A\sin\Theta_A + \omega_B R_B\sin\Theta_B + \omega_A R_A\cos\Theta_A$

$$\omega_A R_A\cos\Theta_A + \omega_A R_A\sin\Theta_A = \omega_B(R_B\cos\Theta_B - R_B\sin\Theta_B)$$

$$\omega_B = \frac{R_A\cos\Theta_A + R_A\sin\Theta_A}{R_B\cos\Theta_B - R_B\sin\Theta_B}\omega_A \text{-----⑧}$$

ここでΘ_AとΘ_Bの関係は

$$R_A\cos\Theta_A + R_B\cos\Theta_B = 100$$
$$R_B\cos\Theta_B = 100 - R_A\cos\Theta_A$$
$$\cos\Theta_B = \frac{1}{R_B}(100 - R_A\cos\Theta_A)$$
$$\Theta_B = \cos^{-1}\left(\frac{1}{R_B}(100 - R_A\cos\Theta_A)\right)$$

⑧へ代入して

$$\omega_B = \frac{(R_A\cos\Theta_A + R_A\sin\Theta_A)\omega_A}{R_B\cos\left(\cos^{-1}\left(\frac{1}{R_B}(100 - R_A\cos\Theta_A)\right)\right) - R_B\sin\left(\cos^{-1}\left(\frac{1}{R_B}(100 - R_A\cos\Theta_A)\right)\right)}$$

$R_A = 30$を代入して

$$\omega_B = \frac{(30\cos\Theta_A + 30\sin\Theta_A)\omega_A}{R_B\cos\left(\cos^{-1}\left(\frac{1}{R_B}(100 - 30\cos\Theta_A)\right)\right) - r_B\sin\left(\cos^{-1}\left(\frac{1}{R_B}(100 - 30\cos\Theta_A)\right)\right)} \text{-------⑨}$$

この時、右辺のr_Bを消去する目的で幾何学的関係から

$$R_B = \sqrt{(R_A\sin\Theta_A)^2 + (100 - R_A\cos\Theta_A)^2}$$

$R_A = 30$を代入して

$$r_B == \sqrt{(30\sin\Theta_A)^2 + (100 - 30\cos\Theta_A)^2}$$

⑨⑩をEXELの表機能を用いてΘ_Aの一回転に対してω_Bの関係をグラフ化する。

この時$\omega_A = 3.141592$rad/s（30rpm）とする。

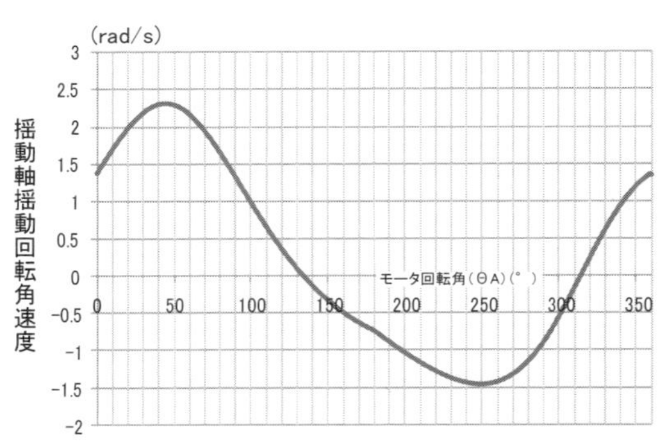

図27-3. 30rpmで回転するモータと揺動角速度の関係

解説2 ロータリーボールスプライン

ロータリーボールスプラインは、ボールスプラインの外周に回転ベアリングを配置したもので、スプライン軸の回転と直進移動が可能なコンパクトな機械要素である。**図 27-4** にその外観図を示す。直進軸受けと回転軸受けは、スプライン軸の半径方向に 2 重構造で配置されている。スプライン軸に近い内側に（a）図で示した直進移動するスプライン軸が仕込まれており、その外周に、回転移動する回転軸受けが配置されている。今回の事例で示したように、このロータリーボールスプラインを回転軸受けのアウターレースに固定すれば、スプライン軸の直進移動と回転移動を得ることができる。このスプライン軸の移動案内には、転がり案内を使用しているため、スムーズな動きを得ることができる。ロータリーボールスプラインの選定について、その項目を下記に示す。

項番	項目	内容
1）	直進移動速度	潤滑方法、スプライン軸の溝形状によってその許容速度は異なる
2）	負荷荷重	直線移動方向に対して直角方向に加わる荷重である
3）	許容モーメント	直線移動方向に対する曲げモーメントで、軸径、ボール条数によって許容モーメントは異なる
4）	許容回転数	潤滑方法によってその許容回転数は異なる

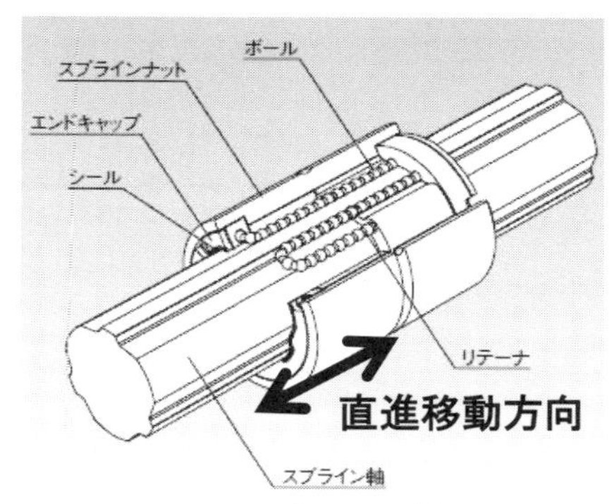

（a）スプライン軸

出所：THK 株式会社
（https://tech.thk.com/ja/products/pdf/ja_a03_036.pdf#1）

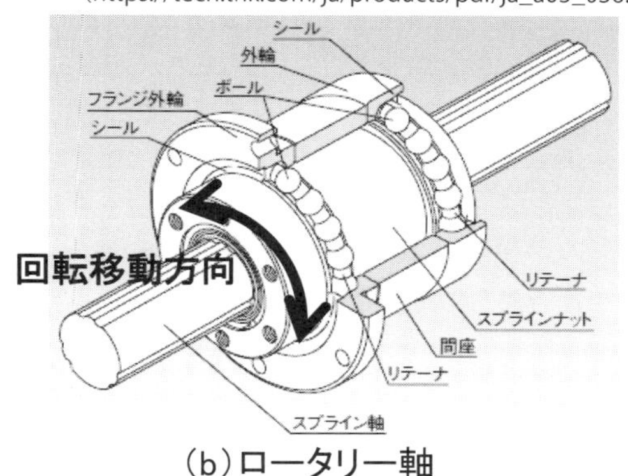

（b）ロータリー軸

出所：THK 株式会社
（https://tech.thk.com/ja/products/pdf/ja_a03_098.pdf#1）

図27-4. ロータリーボールスプラインの外観構造図

解説3 クロスローラーベアリング

クロスローラーベアリングは内輪と外輪の間にころを 90°の角度で交互に組み合わせて配置することにより、スラスト、ラジアルおよびモーメント荷重を同時に支持することが可能な、コンパクトな軸受けである。特にころと外輪、内輪の転がり接触部が線となるため、小形状の割に負荷荷重が大きく、小体積で大荷重が支持できるベアリングである。通常アウターレースが 2 分割構造でネジ固定されており、この構造で軸方向および回転方向のガタ取りを行っている。

メーカーのカタログから抜粋したクロスローラーベアリングの仕様値を**図 27-6** に示す。

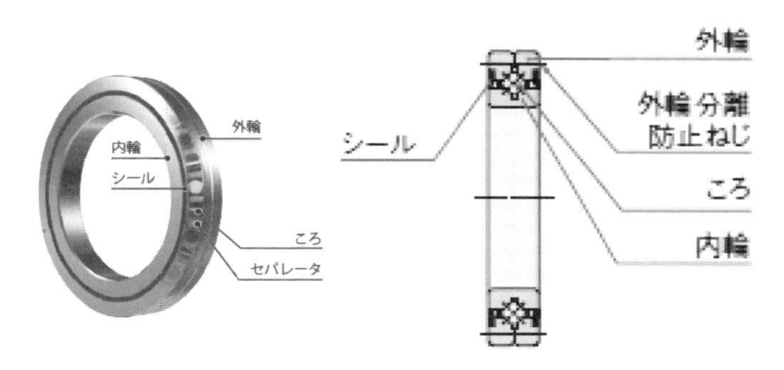

図27-5. クロスローラーベアリングの外観および構造図

出所：日本トムソン株式会社
（https://ikowb01.ikont.co.jp/technicalservice/ikoc0130.php?from=html&FLG=CRBF）

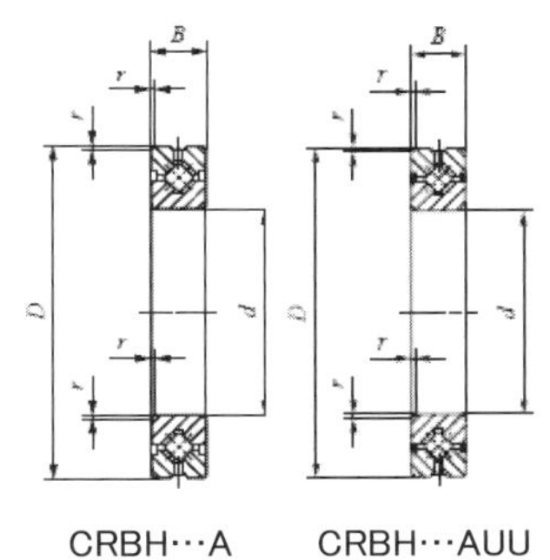

軸径 mm	呼び番号 開放形	呼び番号 密封形	質量（参考） kg	主要寸法 mm d	D	B	r_{min} (1)	取付関係寸法 mm d_a	D_a	基本動定格荷重 C N	基本静定格荷重 C_0 N
20	CRBH 208 A	CRBH 208 A UU	0.04	20	36	8	0.3	24	31	2 910	2 430
25	CRBH 258 A	CRBH 258 A UU	0.05	25	41	8	0.3	29	36	3 120	2 810
30	CRBH 3010 A	CRBH 3010 A UU	0.12	30	55	10	0.3	36.5	48.5	7 600	8 370
35	CRBH 3510 A	CRBH 3510 A UU	0.13	35	60	10	0.3	41.5	53.5	7 900	9 130
40	CRBH 4010 A	CRBH 4010 A UU	0.15	40	65	10	0.3	46.5	58.5	8 610	10 600
45	CRBH 4510 A	CRBH 4510 A UU	0.16	45	70	10	0.3	51.5	63.5	8 860	11 300
50	CRBH 5013 A	CRBH 5013 A UU	0.29	50	80	13	0.6	56	74	17 300	20 900

図27-6. クロスローラーベアリングの緒元値例（メーカーのカタログから）

出所：日本トムソン株式会社
（https://ikowb01.ikont.co.jp/technicalservice/ikoc0130.php?from=html&FLG=CRBF）

原因

当初計画した仕様とその達成法を下記に示す。

項番	項目		内容
1)	仕様	加圧力は 0.1kg	継続的に加圧を変える
2)	仕様達成法	エアシリンダー供給圧力により加圧力を変更	エアシリンダー径φ 20mm と精密レギュレーターを使用する。0.03 気圧変化で 0.1kg の加圧力変化とした

エアシリンダー供給圧力を変化させて、円板の加圧力を計測した結果、供給圧力を変えても加圧力は変化しなかった。この原因は、ボールスプラインの上下移動時の摩擦にある。摩擦力を評価するために下記の計測を行った。

項番	計測対象	項目	計測結果
①	ロータリーボールスプライン組み込み状態	上方向移動開始力	8.5 ～ 10.0kg
②	ロータリーボールスプライン組み込み状態	下方向移動開始力	− 2.5 ～− 0.5kg

揺動部品の重量は 5.5kg であり、①のロータリーボールスプラインを組み込み状態で上方向に移動する開始力が 8.5 ～ 10.0kg と計測されたので、上方向に移動する場合の摩擦力は、3.0（= 8.5 − 5.5）～ 4.5（= 10 − 5.5）kg である。この摩擦力は次の 3 項目である。

①スプライン軸の並進力で発生する機構系摩擦力

②スプライン軸のモーメント力で発生する機構系摩擦力

③スプライン軸の移動で発生するシールによる摩擦力

スプライン軸と揺動部品の摩擦は与圧による発生とボールの転がり摩擦によるものである。③のシールは、スプラインの可動部に異物が混入するのを防止する目的で取り付いている。

摩擦はエアシリンダーにも存在し、レギュレーターによる圧力変化が直接スプライン軸を上下に押す力として伝わるわけではない。空気圧による発生力から摩擦力を引いた力がエアシリンダーの駆動力となる。

上記に示したように加圧機構部品の摩擦を考慮していなかったため、0.1kg の加圧力を発生できなかった。

対策

図 27-7 に示す対策構造では、その加圧力がエアシリンダーの圧力とロータリーボールスプラインの摩擦力に依存しない構造とした。対策のために実施した改造は、次の 2 点である。

①揺動アームの高さ位置を決めるためのストッパーを、揺動部品と揺動アームの間に配置して、両部品間の距離を固定した。このストッパーは、軸方向の長さを可変できる構造とした。この構造により、揺動部品と揺動アームの間の距離が調整可能となった。

②揺動アームと円板の間に、平行板バネを配置した。平行板バネの緒元値は次のとおりである。

a）板バネ長さ：80 mm

b）板バネ 2 段平行間隔：20 mm

c）板バネ厚み：0.7 mm

以上の構造を採用することで、板バネの変形が加圧力を発生させる構造とした。この板バネの変形量は、ストッパーによって揺動アームの停止位置を制御することで達成した。

この対策構造の考え方を、次のとおり整理する。

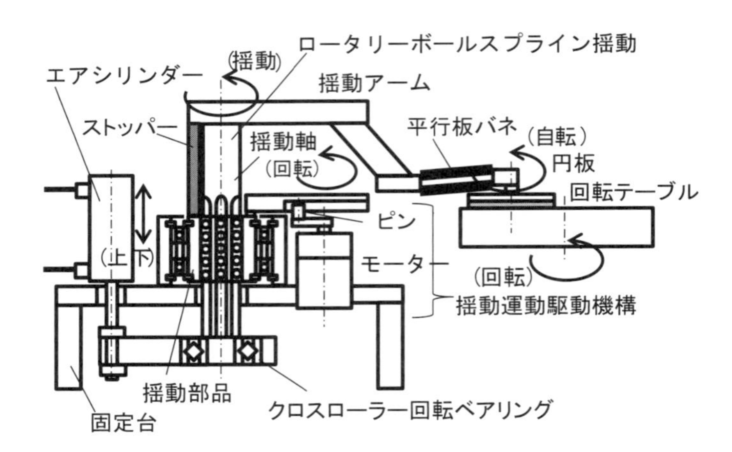

図27-7. 対策後の揺動加圧機構

項番	項目	対策構造の内容
1)	エアシリンダー＋ロータリーボールスプライン	揺動アームの加圧位置への移動動作を行う
		揺動アームの退避位置への移動動作を行う
2)	ストッパー	平行板バネ変形量を本部品により揺動アームと揺動部品間の寸法で決定する
3)	平行板バネ	平行板バネの変形によって加圧力が発生する。平行板バネの変形量は、ストッパーの軸方向長さで決定する

荷重制御方法について

ロードセルとACサーボモーターを用いたフィードバック制御による、荷重印加部品の荷重制御方法を、**図27-8**に示す。この方法では、ACサーボモーターによるボールネジの移動が荷重印加部品に加わる荷重に変換され、これをロードセルで計測して、目的の荷重となるようにACサーボモーターを制御するわけである。この方式の特徴は次のとおりである。

項番	項目	内容
1)	高速応答	高速動作を可能とする、モーターを使用した高速応答
2)	高荷重	ボールネジを用いた、荷重の倍力作用による高荷重

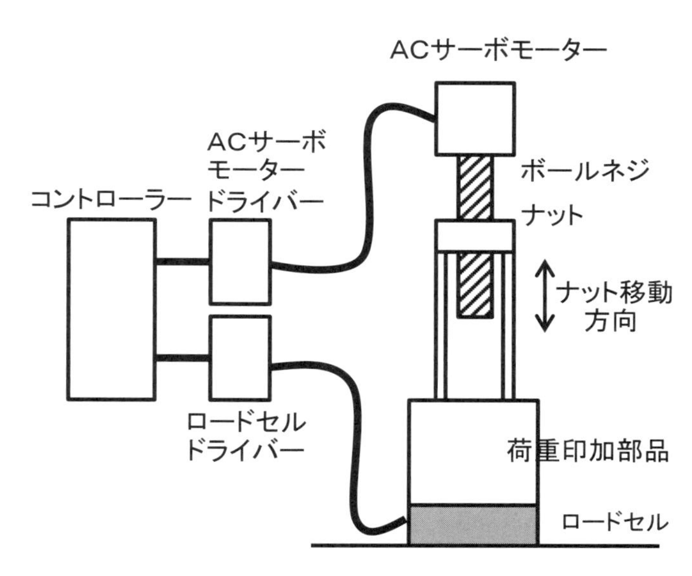

図27-8. ロードセルとACサーボモーターによる荷重制御

低摩擦エアシリンダー

エアシリンダーによる荷重制御の要求に応えて、シール部のすべり摩擦低減に工夫を凝らした各種の低摩擦エアシリンダーが、メーカーから供給されている。摩擦の低減箇所は、ロッド部シールであり、これを低摩擦構造にしている。供給メーカーのカタログから1例を抜粋して、**図27-9**に示す。詳細はメーカーのカタログを参照していただきたい。「低摩擦エアシリンダー」というキーワードで、インターネットで検索すれば、情報を得ることができる。

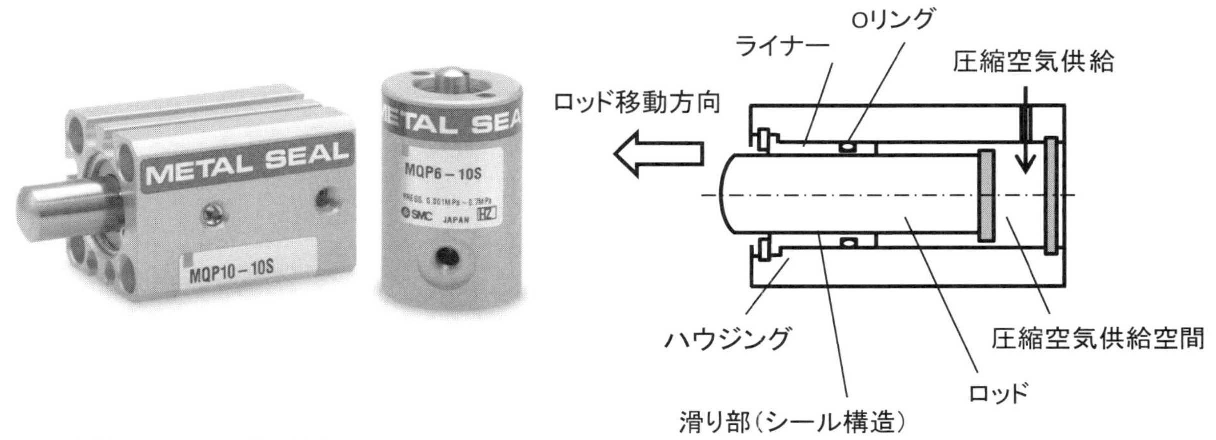

低摩擦エアシリンダの特徴

エアシリンダ駆動方式	単道動作で外力による引き込み
スティックスリップの少ない構造	ライナーのフローティング構造による低摩擦
かじりにくい構造	ロッドがピストンの機能を有しており滑り部が軸方向に長くかじりが発生しにくい構造
	滑り部がメタルシールの滑り構造
低摩擦	滑り部に粘弾性ゴムを用いない摩擦係数が小さくて一定の構造

図27-9.メーカから供給されている低摩擦エアシリンダの事例

出所：SMC株式会社（http://ca01.smcworld.com/catalog/BEST-5-3-jp/pdf/3-p1303-1330-mq.pdf）

28 ばね入りUシールの軸シール構造の回転駆動力の不足

概要

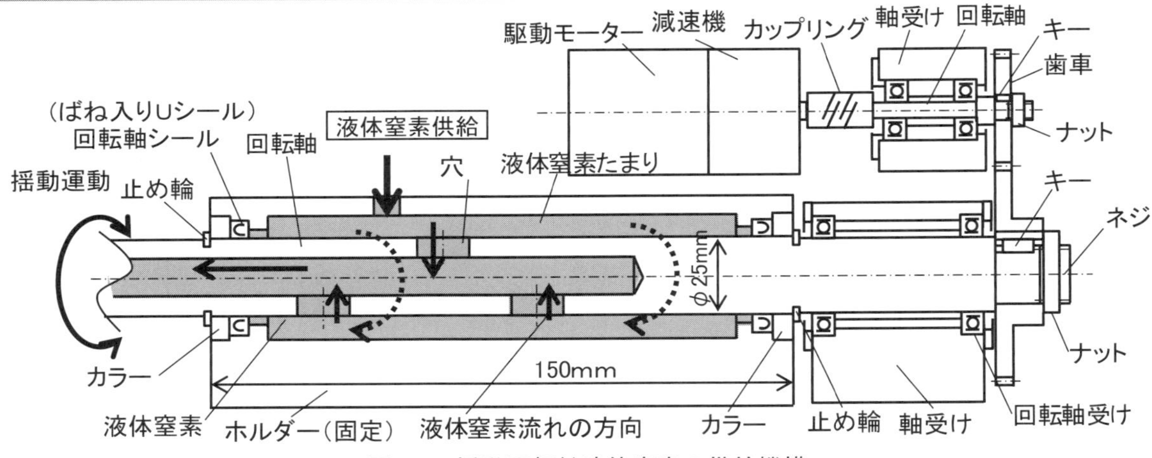

図28-1. 揺動回転軸液体窒素の供給機構

図28-1に、揺動運動する回転軸に液体窒素を供給する、液体窒素供給機構を示す（図中スマッジング部が液体窒素）。**液体窒素タンク**[解説1]（図示せず）から固定したホルダー内に液体窒素を導入し、このホルダー内から揺動運動する回転軸に加工された穴を経由して、回転軸内に導入する構造となっている。

回転軸の駆動は、上部に配置した減速機付きの駆動モーターの正逆転の切換えを利用し、モーター軸先端に取り付けたカップリングを介して、歯車が取り付いた軸を回転駆動する構造となっている。歯車はキーにより回転方向を拘束し、軸方向の拘束はナットを用いて歯車の端面を回転軸端面に押し付けている。揺動する回転軸は軸受けで支持され、モーター軸と同様に、軸端にキーとナットにより歯車が取り付いており、これによりモーターの回転力を回転軸に伝達する構造となっている。

回転軸は、回転軸シールを介して内部に液体窒素を収納したホルダー内で回転する。ホルダーからの液体窒素の流出を防止し、液体窒素にさらされる回転軸シールは、低温環境で回転に対軸シール性能を有する必要があることから、テフロンとステンレス材で製作された**ばね入りUシール**[解説2]を用いている。

回転軸シールは、その外径でホルダーに圧入する寸法となっており、軸方向はカラーを介して**止め輪**[解説3]でホルダーに拘束している。カラーとホルダーのはめ合い寸法は、ホルダー穴径がH7に対してカラー外径がh7で、内径と回転軸の外径に0.2mm程度の隙間を有する隙間ばめである。

回転軸は回転ストローク180°を3秒で往復運動する揺動構造となっている。この構造で揺動運動を行ったところ、モーターが回転しない現象が発生した。

解説1 液体窒素タンク

冷却材として使用する液体窒素は、図28-2に示す通り、沸点が77.3Kと低く、価格もリーゾナブルなので、汎用的な冷却材として使用されている。冷却性能の目安は「沸点」と「潜熱」である。さらに沸点が低い液体ヘリウムも、当目的に常用される優秀な極低温冷却材ではあるが、潜熱は小さい点に留意する必要がある。液体ヘリウムは蒸発して被冷却部品から奪う熱量は少なく、冷却能力が極端に小さいということである。

液体窒素のタンクの種類と特徴を、図28-3に示す。小型の手動供給容器は、主に液体窒素を大容器から運搬して機器に手動で供給する目的でに使用し、大型の容器は固定位置で、機器に自動供給するために使用する。自加圧容器に付属している液量モニターは目安程度の精度であり、正確さが求められる場合は、容器の下部に配置したロードセルなどでタンク重量を常にモニターし、その残量を計測する方法が採用されている。

項番	項目	液体窒素	液体酸素	液体ヘリウム
1）	沸点（K）	77.3	90.2	4.2
2）	比重（g/cm^3）	0.81	1.144	0.125
3）	潜熱（cal/cm^3）	38.5	58.2	0.62
4）	価格（¥/L）（参考）	60	80	200

図28-2. 冷却材の特性他

解説2 ばね入りUシール

ばね入りUシールは特に低温下などの特殊環境で、シールを行う機械要素部品として使用される。U字形状のステンレス製バネの周囲をテフロンで覆った構造で、バネによるシール面圧力の発生とテフロンによるシール特性を利用したものである。耐温度特性、耐薬品性、耐摩耗性に優れており、今回の事例では低温特性に着目して使用した。外内径の軸シールのための運動用、固定フランジに取り付けて使用する固定用途などにも使用可能である。ゴム製シールが使用できないような厳しい条件に適し、清浄性、低摩擦、長寿命などの特性を要求される機器用である。ばね入りUシールは密封流体の圧力に応じて、シールのための面圧が変化する自封性シールで、真空から高圧までの幅広い圧力範囲で使用される。図28-4にその外観写真と特徴を、図28-5にメーカーのHPから入手したばね入りUシールを使用した構造図例を示す。

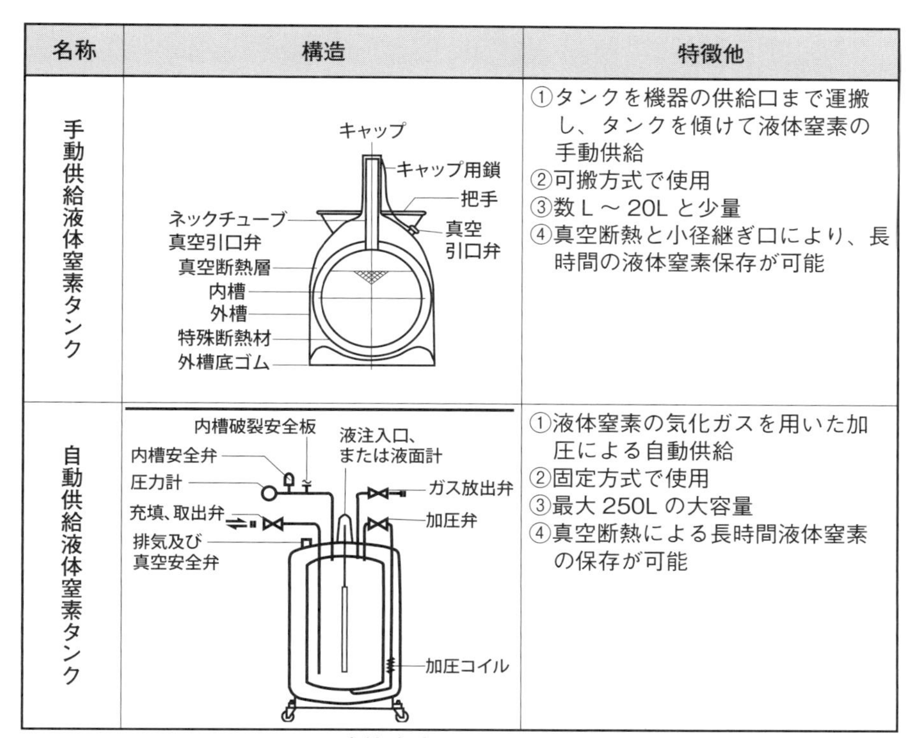

名称	構造	特徴他
手動供給液体窒素タンク	キャップ キャップ用鎖 把手 ネックチューブ 真空引口弁 真空 引口弁 真空断熱層 内槽 外槽 特殊断熱材 外槽底ゴム	①タンクを機器の供給口まで運搬し、タンクを傾けて液体窒素の手動供給 ②可搬方式で使用 ③数 L ～ 20L と少量 ④真空断熱と小径継ぎ口により、長時間の液体窒素保存が可能
自動供給液体窒素タンク	内槽破裂安全板 液注入口、 または液面計 内槽安全弁 圧力計 ガス放出弁 充填、取出弁 加圧弁 排気及び 真空安全弁 加圧コイル	①液体窒素の気化ガスを用いた加圧による自動供給 ②固定方式で使用 ③最大 250L の大容量 ④真空断熱による長時間液体窒素の保存が可能

図28-3. 液体窒素のタンクの種類と特徴

特徴
①温度範囲 ;- 200℃から+250℃
②溝形状 ; JISB2401 P　シリーズのOリングと同じ溝形状

図28-4. ばね入りUシールの外観と特徴

出所：三菱電線工業株式会社
http://www.mitsubishi-cable.co.jp/ja/products/group/seal/tree_sunflon-u-seal.html

構造図例については、上図はＯリングと同様の軸シール構造、中図はＯリングでは実現できない内圧を利用した面シール構造を示している。内圧により、ばね入りＵシールが上下のフランジ面に押し付けられて、この力によりシール面圧を確保している。下図の例はＯリングと同様の面シールの使用法である。

解説３　止め輪

止め輪は、ベアリングなどを軸に挿入して使用する場合、当該ベアリング位置を軸方向に固定する機械要素で、溝に挿入して使用する、簡便で重宝な機械要素である。主な種類としてはＣ形とＥ形があり、Ｃ型には「穴用」「軸用」がある。図 28-6 にその外観写真を示す。それぞれの特徴は次のとおりである。

C 形	①通常使用する一般的な止め輪 ②穴用と軸用の２種類がある ③穴用は穴の内径の段差溝に挿入して使用 ④軸用は軸の外径の段差溝に挿入して使用 ⑤取り付け方向は軸方向から挿入
E 形	①軸用の１種類である ②軸の外径の段差溝に挿入して使用 ③取り付け方向は軸の直角方向から挿入

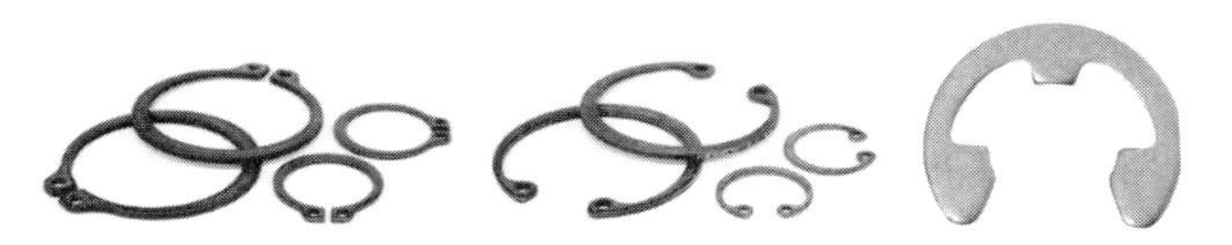

C形軸用　　C形穴用　　E形軸用
（E形は穴用無し）

図28-6. 止め輪外観写真

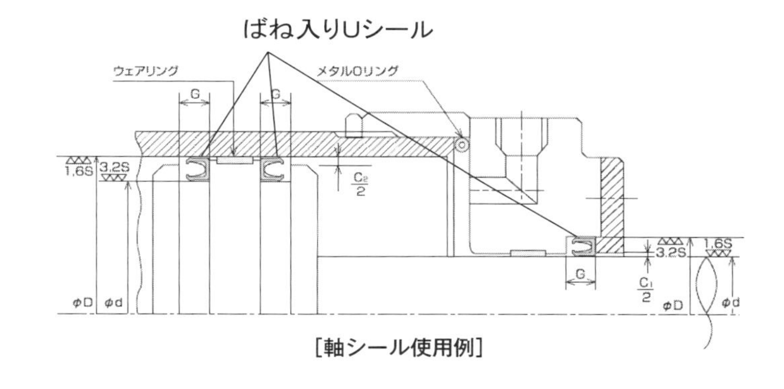

［軸シール使用例］

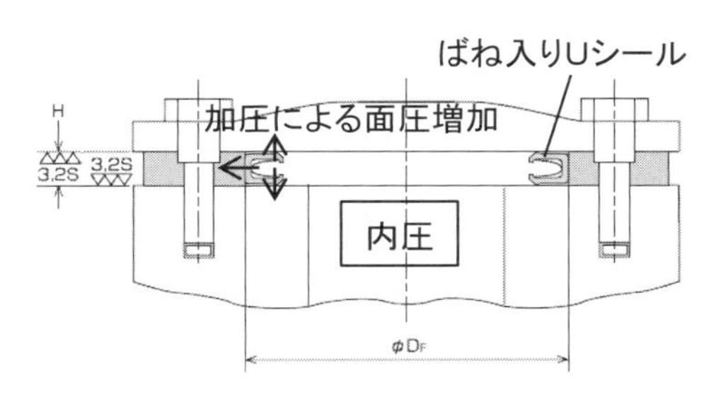

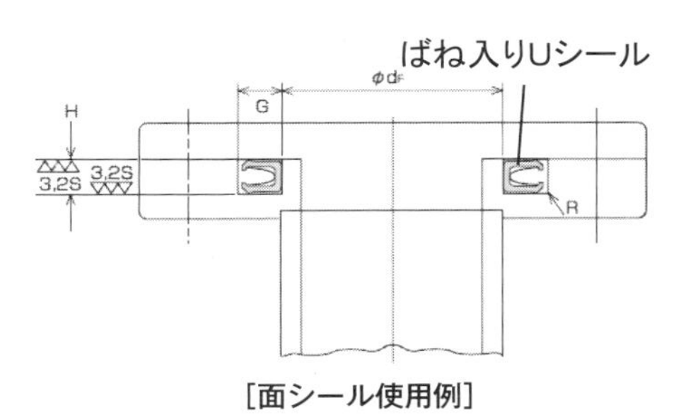

［面シール使用例］

図28-5. ばね入りUシール図例

出所：三菱電線工業株式会社
http://www.mitsubishi-cable.co.jp/ja/products/group/seal/pdf/40_sunflon_u_seals.pdf

取り付け

止め輪の取り付け作業における取り付け方向と取り付け工具を、**図 28-7** に示す。前記したように、C 形止め輪は軸方向から、E 形の場合は軸に直角な半径方向からの挿入を行う。止め輪は、軸の取り付け内径に対してマイナス寸法、穴の取り付け外径に対してプラス寸法で製作してあるため、軸に取り付ける場合は広げ、穴の場合は縮めて挿入しなければならない。止め輪自身が小さくその変形力が大きいため、取り付けには、変形に要する力を発生する専用の工具を必要とする。**図 28-7** の B）に工具による取り付けの様子を、C）に専用工具の外観写真を示す。写真は C 形軸止め輪の専用工具で、ハンドルを握ると先端のツメが開くように作られており、ツメを止め輪の穴に引っ掛けて使う。一方、C 形穴用止め輪の取り付けに使う工具は、C）と同じ形状ではあるが、ハンドルを握ると先端のツメが閉じるように作られている。E 形止め輪は、上部からハンマーまたはプライヤを用いた加圧により取り付ける。この取り付け作業を行う場合、必要以上に止め輪を変形させると止め輪自体が塑性変形して固定力を失うので、注意を要する。

A)C形軸用止め輪
取り付け方向

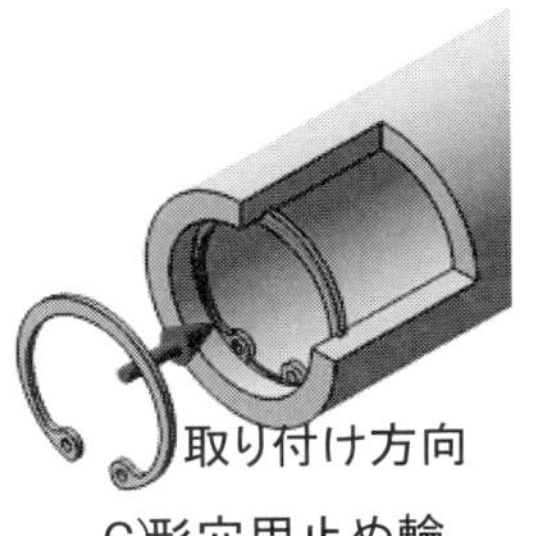

C)形穴用止め輪
取り付け方向

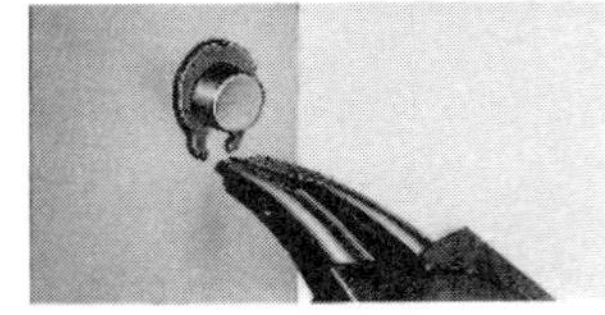

B)工具によるC形軸用止め輪
取り付け法

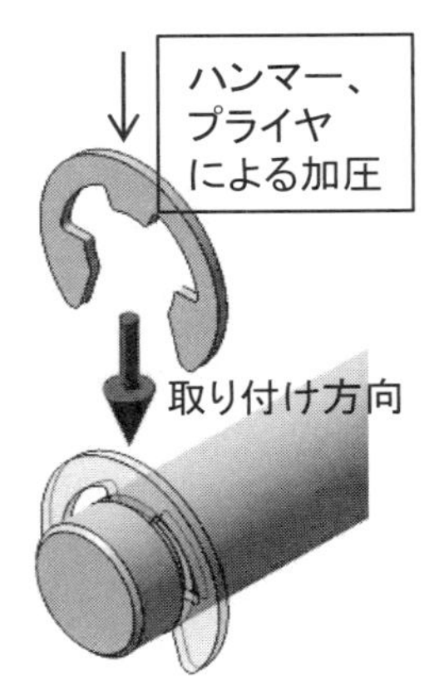

D)形穴用止め輪
取り付け方向

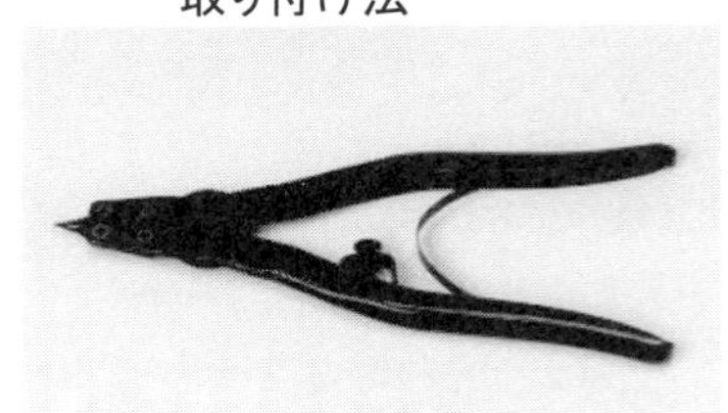

C)C 形軸用止め輪取り付け工具

図28-7. 止め輪取り付け方向と取り付け工具

出所：株式会社ミスミ
（http://jp.misumi-ec.com/vona2/mech_screw/M1809000000/）
株式会社ツルガ
（http://www.tsurugacorp.co.jp/special/lingp.html）

止め輪取り付け溝図面記入

軸用 C 形の止め輪について、その図面寸法記入事例を、**図 28-8** に示す。止め輪で、被固定部品を軸方向に隙間のないように、軸の段差と止め輪に挟み込んで固定する。なお、止め輪は C20 を用いている。ほかの止め輪サイズの場合も、この考え方で寸法を記入すればよい。

加工図面作成のキーである D 寸法の記入は、下表の要領で行う。

記号	寸法	考え方
A	25	被固定部品の軸方向厚み
B	1.35	止め輪 C20 の基準溝寸法 規格表から転記
C	1.2	止め輪 C20 の厚み
D	26.2	止め輪溝の軸方向寸法 図面への記載は B、D と内径（図示せず） 公差は隙間の小さいしまりばめとする **具体的な寸法公差記入** － 0.11 の公差は非固定部品の公差－ 0.05 と止め輪に板圧± 0.06 の－ 0.06 を使用して両寸法を加えた数字とする。 － 0.20 は止め輪の厚み +0.06 と溝寸法 +0.14 の最大の加工の許容公差である

この寸法公差で溝を加工する場合、上記したように、軸方向の寸法関係は隙間の小さいしまりばめとなるので、止め輪を挿入する際は、止め輪の厚みを調整した組立作業が必要となる。

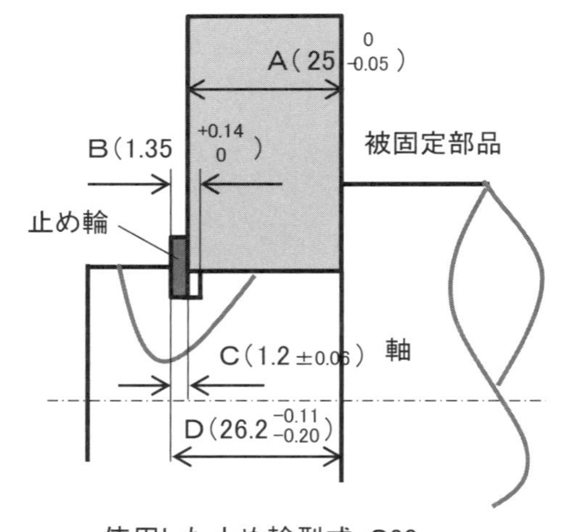

使用した止め輪型式：C20

図28-8. 止め輪取り付け加工図面溝寸法記入事例

せん断応力：$\tau = W \div A$

τ：せん断応力（kg/mm^2）

W：せん断力（kg）

A：面積（mm^2）

せん断力：$W = \tau \times A$

負荷軸力を求めるため、せん断応力を許容せん断応力とする。

許容せん断力＝$\tau max = 98\ kg/mm^2$、安全率＝f

とすると

軸力は：W＝（98×A）÷f

ここで、A＝t×D×π

よって軸力：W＝（98×t×D×π）÷f

荷重の種類に対する安全率の目安を、止め輪メーカーのHPからの抜粋を、**図28-9**に記載しておく。

上記の軸力を止め輪が受ける際は、溝形状の構造として**図28-9**に示すeとgの寸法を下記のようにしなければならない。これは、計算した止め輪の許容軸力に対して、軸が破壊されないための条件である。

g÷e>3

C20の止め輪を静荷重で使用する場合の、許容軸力の事例について計算する。

t＝1.2mm

D＝20mm

f＝4

W＝(98×t×D×π）÷f＝(98×1.2×20×π)÷4＝**92 kg**

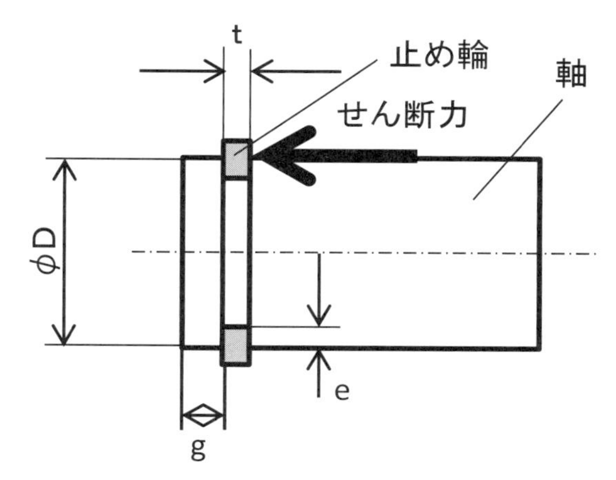

荷重の種類	安全率 f
静荷重	3～4
繰り返し荷重	5
衝撃荷重	12

図28-9. 止め輪に作用する荷重の種類と安全率の目安

原因

このモーターが回転しなかった原因は、モーターの駆動トルクに対して負荷トルクが大きく、モーターが起動できなかった点にある。想定外の揺動負荷トルクが発生したためである。この想定外の揺動負荷トルクが発生した部分は、次のとおりである。トルクの設計値などについては下記に示す。

(1) 止め輪は揺動軸に固定されており、カラーは揺動しないホルダーに固定されているので、これらの間ですべりが発生している。**図28-10**に示す、止め輪の製作時の打ち抜きの返りと考えられるバリが、当該カラーとのすべり摩擦抵抗を大きくしていた。

(2) カラーの材質がりん青銅であることから、止め輪の材質であるステンレスとの間の摩擦抵抗がさらに大きくなった。またカラーの外径と接触するホルダー穴のインロー公差がH7とh7の中間ばめ構造で、軸が回転したときにこの公差のためにカラーが停止した状態となり、回転する止め輪とカラーの間ですべりが生じた。

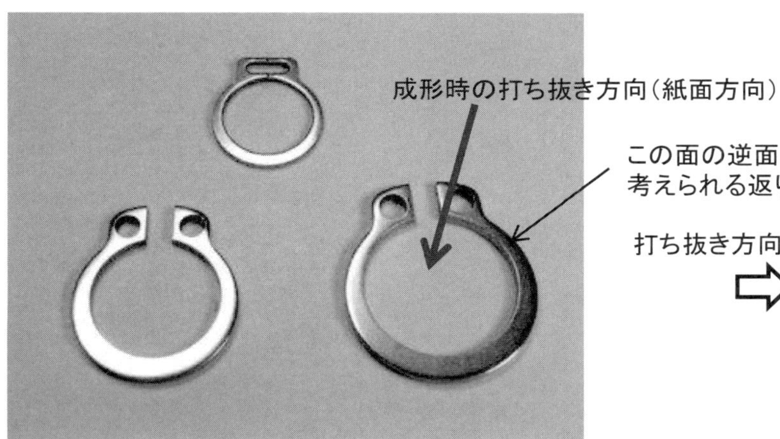

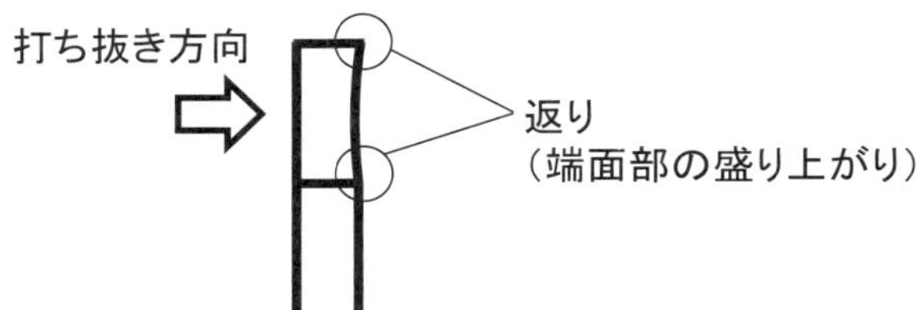

図28-10. ステンレス製のC形止め輪の外観

使用したモーターと駆動トルク

①インダクションモーター

②減速比：1/50

③駆動トルク：45 kgcm

設計負荷トルク：25 kgcm（ばね入りUシールの負荷トルク10 kgcm / 個）

回転不可時の負荷トルク：56 kgcm

対策

対策は下記のとおり2点について実施した。

項番	項目	内容
1）	すべりが発生した場合、摩擦力が発生しにくい材質とした	①カラーの材質をテフロンとし、止め輪との間にすべりが発生しても、摩擦力が発生しにくくした ②カラーの材質をテフロンとし、下記の項番2）の対策によってカラー外径とホルダーの間をすべり部をとしたとき、すべりが発生しても、ホルダーの素材であるステンレスに対して摩擦力が発生しにくい材質とした
2）	すべり部をカラーの外径とホルダーの間とした	①カラーの外径寸法をホルダーの穴径に対して－0.2～－0.3mmとし、外径部ですべるようにした ②揺動軸径に対してカラーの内径を中間ばめとして、揺動軸とカラーがともに回る構造とした

この対策を行った結果、負荷トルクが20kgcmとなり、駆動モーターによる回転が可能となった。

得られた設計指針

止め輪を用いた固定を行うとき、止め輪と被固定部品との間ですべる構造としない。すべりは、カラー同士などでスムーズなすべり動作が可能な部品を配置する。

エンジニアの忘備録 16

トラブルの始まり

量子力学の名著である、朝永振一郎先生の「量子力学」の最初の表題は「ことのおこり」で、20世紀の物理学の課題となった量子力学の出現を説明している。

装置開発の担当者は、トラブルシューティングに悩ませられながら開発作業を進めるのであるが、トラブルの始まりである「ことのおこり」には2種類がある。予期されていたトラブルと、予期されていないトラブルである。

予期されていたトラブルとは、開発作業の途中で、複数の中から採用する構造を選択する際にリスクのある構造を選択し、これが開発過程で具現化する場合である。採用した構造でトラブルが起きるやもしれぬと心の準備はできているので、トラブルが発生したとき、対策の初期段階である方針の決定はスムーズに運ぶ。問題となりそうなの箇所に気をもみながら作業を進めたので、出現した場合の対策は準備されているのである。

真空装置の設計段階で、Oリングシールの近傍に加熱源を置くことになり、Oリングが溶けてシール機能が喪失されるのを心配したことがあった。その予想通り、試作した装置ではこの部分で真空が破れ、原因はOリングの溶解であった。近傍を水冷構造に改造した結果、この問題は解決した。このように短時間のうちにスムーズに問題が解決したのは、問題をある程度予測して対策を考えていたからである。

問題は、予期していなかった原因によって発生したトラブルである。まずは原因の究明から始めるのだが、それには時間が必要となる。そして、原因が見つかれば、比較的容易に対応策が見つかる場合もあれば、そうでない場合もある。以下に、私の記憶に残っている想定外のトラブルと、その解決を紹介しておく。

動圧軸受けを構成する、ティルティングパッドと回転軸の腐食問題を経験したことがあった。鉛が成分のティルティングパッド材質に対して、回転軸はステンレスの窒化材であり、これらの接触によって電解腐食が発生したのだ。このときは、腐食のハンドブックでたまたま同様の事例を発見し、原因を特定することができた。それまでは電解腐食などという言葉さえも知らなかったので、印象に残っている。この事例では原因の特定までに時間がかかったが、ティルティングパッドの材質を変更する対策で解決した。

想定外のトラブルで一番の記憶に残っているのは、ゲルを用いた電気泳動装置を作ったときのことである。電気を絶縁しつつ熱を伝える材料を選定して、使用した。その結果、温度（4℃）制御は期待通りの性能が得られたが、電気絶縁は仕様の性能が出なかった。その結果、電気泳動のための1.5kVの電圧を当該絶縁板の片面の両端にかけると、板厚方向に漏れた電気が漏電ブレーカーを動作させ、電圧を印加できない状況が発生した。このトラブルは、原因を発見するに約半年の日時を費やした。まさか、板厚方向の絶縁不良が原因だとは疑ってもみなかったわけである。対策はこの焼結材料の板厚を調整し、所定の電気抵抗を有する板を入手して交換した。

いずれのトラブルも、一本の電話で始まる。ユーザーからの電話、加工担当者からの電話、組み立て担当者からの電話。かかってきた電話に良い話は少なかった。私にとって、長い間、電話の呼び出し音はトラブルの始まりの知らせであったので、近くでベルが鳴ると、今でも条件反射でアドレナリンが噴出する。

29 モーメント荷重が作用したボールブッシュ案内の動作不良

概要

真空内に直線運動を導入する機構の正面図と平面図を、**図29-1** に示す。ベローズが取り付いた移動 ICF フランジが、ボールブッシュを用いた転がり案内とネジ駆動により、矢印で示す上下方向に移動する。ボールブッシュと丸棒の軸で構成される案内は、平面図で示すように、180 度対向した位置に 2 個取り付いており、ネジは移動フランジの右端に、両軸から等距離の中心位置に配置している。移動 ICF フランジの外径は φ152mm で、ベローズ（外径 φ110mm ×内径 φ80）がその中心部に溶接されている。移動 ICF フランジの下部に固定 ICF フランジが配置されており、同じ外径の取り付け ICF フランジにネジ固定されている。最上部にもフランジが配置されており、両フランジで、案内の軸とネジの両端を拘束している。ネジは、回転を許容するために回転ベアリングを介して両フランジに取り付いており、すべりの 3 角ネジを使用している。ボールブッシュは、φ 15mm の軸が案内となり内部にボールを納めた、転がり方式の案内構造となっている。

上下方向の負荷荷重を見積ると、ベローズ内部は真空状態になるので、真空による上下方向の荷重はベローズの面積に依存し、次のとおり計算できる。

((ベローズの外径+ベローズの内径) ÷ 4)^2 × π

数値を代入すると、

真空による負荷荷重＝ ((11 ＋ 8) ÷ 4)^2 × π =70.9 Kg

試作品の完成後、ベローズ内を真空状態にして手動ハンドルを回し、移動フランジを上下駆動したところ、重くてハンドルを回すことができなかった。ベローズ内が大気圧の状態ではスムーズに駆動できたので、真空による負荷が原因で移動が困難になったことがわかる。ベローズ内部を大気圧状態から真空状態にすると、移動フランジのネジ部と対向する側が約 1mm 下がり、明らかに全体がこじられているような状態を示した。この状態でネジを回すと、焼入れをした軸の移動方向に、ボールブッシュとの接触による細い傷が入った。

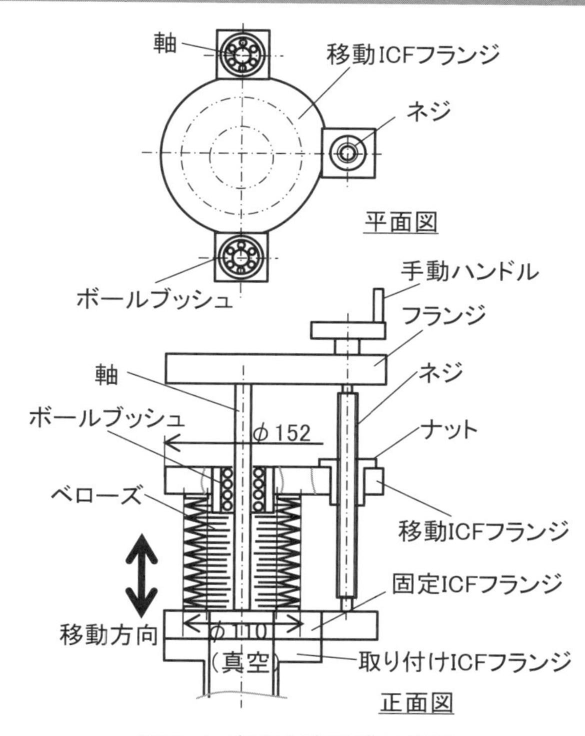

図29-1. 真空内直進導入機構

モーメント荷重が作用する場合の力の釣合い

この問題を考える場合、「モーメント荷重による力の釣合い」を理解する必要がある。この理解を容易にする目的で、平面内の問題として、以下の事例を用いてこの問題を考える。合わせて、モーメント荷重による運動の事例を示す。

目標：**図 29-2** で示す軸とアームからなる系に外力が作用した場合、この外力によって引き起こされるアームと軸の間で発生する力とモーメントを算出し、その荷重を見積もる。

説明：均質な剛体（力により変形しない仮想的な部品）に、外力が作用する現象を考える。**図 29-3** に示す、4 角形状の剛体部品を考え、その重心を中心線が交わった位置にあるとする。重心とは、均一な剛体内に分布する荷重が集まった 1 点で、力学で剛部品を扱う場合、全質量がこの一点に加わるとする概念である。力学はこの概念を基本として発達してきた学問であるので、我々もこの仮定に従って、力とモーメントの関係を計算する。

さて、**図 29-3** で示す部品の下方向から重心を通過する垂直中心線の延長線上に外力が加わった場合に、この重心に作用する力で考えなければならない。すなわち、この重心を上方向に押し上げる「力」が作用するのである（左図）。一方、重心から L 寸法離れた位置に作用する上方向の外力は、重心位置を上方向に押し上げる「力」とともに重心回りのモーメントを発生させることになる。

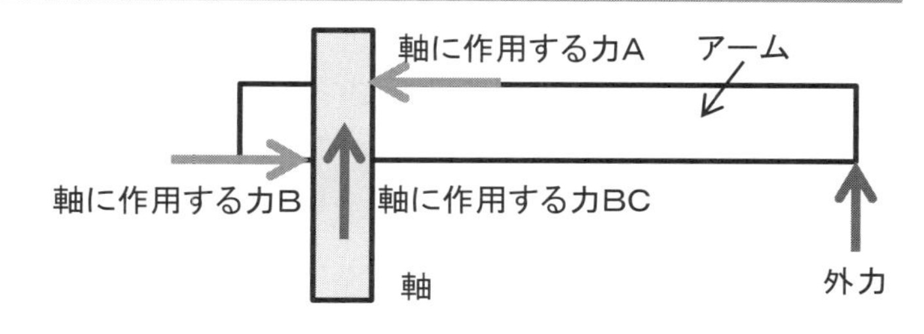

図29-2. 軸とアームからなる機構系に加わる力

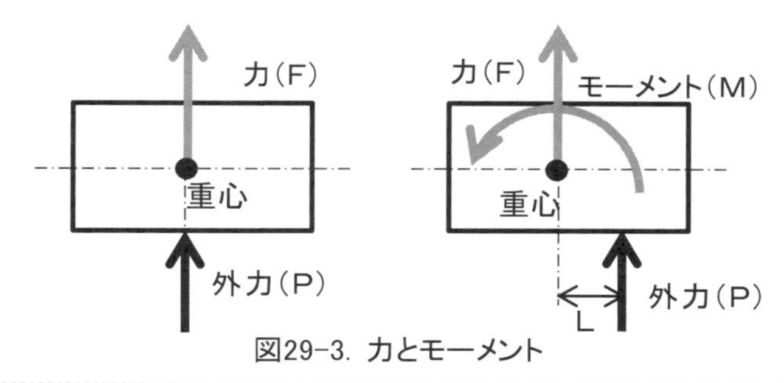

図29-3. 力とモーメント

これらを定量的に示す。ここでは、重心に作用する力を「並進力」、重心回りのモーメントによって発生する力を「回転力」と呼ぶ。

並進力　F＝P

回転力　M＝P×L

で示すことができる。

これからいえることは、重心の延長線以外を押す力は並進力とともに回転力を発生することになる。すなわち、構造体を考えた場合、その重心の延長線以外を押す力が作用した場合、重心に作用する並進力だけでなく、新たに生ずる回転力を支持する構造にしなければならぬ、ということである。

次に、拘束条件がある場合の回転中心位置について考える。

今回の事例では、アームが軸によって拘束されている。このような場合、**図 29-4** に示すようにアームの一端に外力が加わるときにアームの重心を中心として回転すると考えると、並進力（黒破線）と回転力（グレー実線）が外力として加わる。しかし実際には、このアームは軸内の「回転中心」を中心とした回転運動を行う。このとき重心 G に加わる並進力が「回転中心に加わり、この力が「回転中心」を中心とした回転力として作用すると考える。整理すると下記のようになる。

回転中心に加わる並進力=重心に加わる並進力=外力

回転中心に加わる回転力＝重心に加わる回転力＋重心に加わる並進力による回転力

これが、「回転中心」に回転力として作用する。上記の関係を数式で示す。

回転中心に加わる並進力（F2）＝F1＝P ……①

回転中心に加わる回転力（M2）＝F1×L2＋M1＝F1×L2＋P×L1

ここで　F1＝Pより

回転中心に加わる回転力（M2）＝P×L2＋P×L1＝P×（L1＋L2）

ここで　L3＝L1＋L2

回転中心に加わる回転力（M2）＝P×L3 ……②

外力 P が**図 29-4** に示すアーム右端部に加わると、回転中心に作用する力は、まとめると次のようになる。

回転中心に加わる並進力　F2＝（外力）P …… ③

回転中心に加わる回転力　M2 ＝P×L3 …… ④

以上から①と③、②と④が同値となり、この構造では、両者の値は、回転中心を決めたときに同じとなる。すなわち、回転中心をどこに選定するかが重要である。

機械構造では、被駆動部品を案内、ネジなどで拘束することはよくある。拘束下における回転中心の決定は、ガイドの対象条件など構成部品の形状動作を考えて位置を決めなければならない。

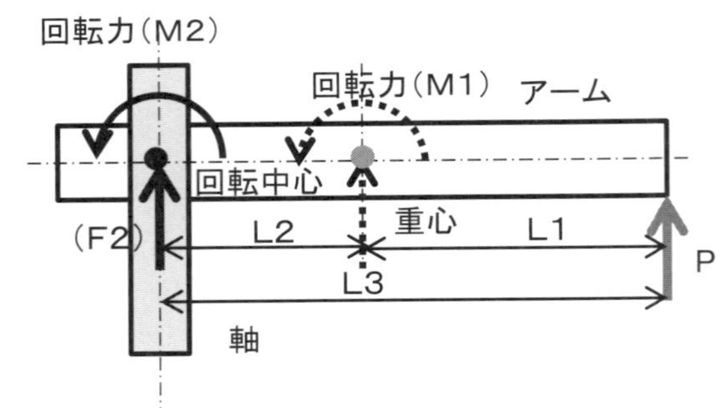

図29-4.軸とアームからなる機構系に加わる力

続いて、複数の外力が作用する場合について考える。

図 29-5 に、複数の力が前記のアームと軸の構造物に加わる場合の図を示す。作用する外力としては、P1 と P2 の 2 方向からの力がアームの軸端に作用する。P1、P2 の力を合成するために、xy の成分に分けて示すと

P1＝（P1cosΘ1）x＋（P1sinΘ1）y

P2＝（P2cosΘ2）x＋（P2sinΘ1）y

P3で合成すると

P3＝（P1cosΘ1＋P2cosΘ2）x＋（P1sinΘ1＋P2sinΘ1）y

と示すことができる。

ここで（P3）x＝（P1cosΘ1 ＋P2cosΘ2）x

（P3）y＝（P1sinΘ1＋P2sinΘ2）y

で示すことができる。

y 方向に作用する P3 の合成力のうち（P3）y が回転中心に作用する並進力と回転力になるとすれば、P3 の y 方向の成分が並進力に、P3 の y 成分に L3 を乗じた値が回転力になる。すなわち、P3 の cos Θ成分がこの力となるわけである。

この力の合成は、被駆動部品に複数個の力が作用する場合、汎用的に使用可能となる有効な方法で、本方法を使用する場合は、力の方向を考えて（＋）（—）を選択しなければならない。

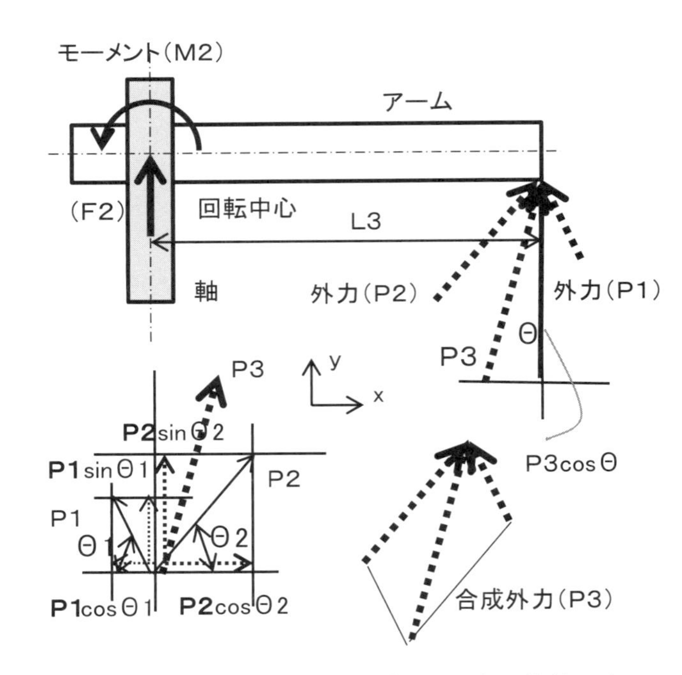

図29-5. 軸とアームからなる機構系に加わる複数の力

続いて、例題を解いて並進力、回転力に関する知識を深める。

問題例 1

右図に示すように、長方形の物体に 2 つの力 F1、F2 が作用している。これらの力が点 A の回りに与えるモーメント MA および、点 B の回りに与えるモーメント MB を求めよ。

（解答）

力F1が点Aの回りに与えるモーメントM1Aは時計回り（符号（－））に大きさ200N×1m＝200Nm、（M1A＝－200Nm）、F2が点A回りに与えるモーメントM2Aは反時計回り（符号（＋））に大きさ150N×2m＝300Nm（M2A＝300Nm）である。両方のモーメントMAは、これらを符号を含めて足し合わせたものである。

MA＝M1A＋M2A＝－200＋300＝100Nm

となる。つまり、反時計回りの大きさ100Nmのモーメントである。

点B回りのモーメントMBも同様に考えて、

M1B＝－200Nm、M2B＝120Nm

MB=M1B+M2B= －200+120=－80Nm

時計回りの大きさ80Nmのモーメントである。

MA≠MBであることからもわかるように、一般的には作用する力が同じでも、回転する点によってはモーメントは異なる。したがってモーメントを計算する際、回転する点の選択は重要となる。

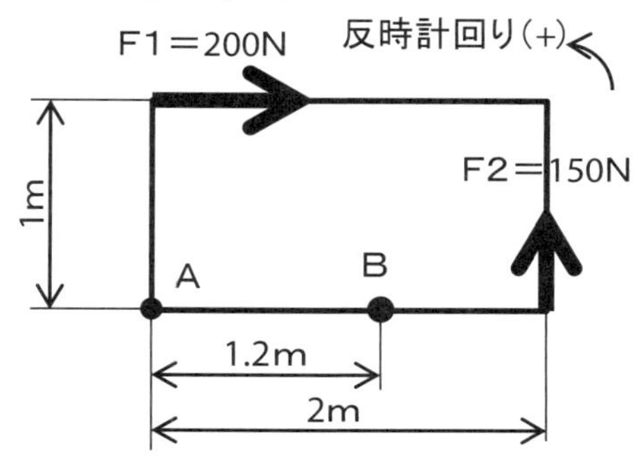

出所：JSMEテキストシリーズ　機械工学のための力学【例題2・4　P14】

問題例 2

質量 m の均質な木箱が、右図に示すような小さなキャスター上に置かれている。この木箱に下端から h の高さのところに右向きの力 P を加える。

（a）h ＝ b の時に前端下側の A 点の回りに転倒することなく加えることのできる最大の力 P を求めよ。

（b）h ＝ 0 の時に後端下側の B 点の回りに転倒することなく加えることのできる最大の力 P を求めよ。

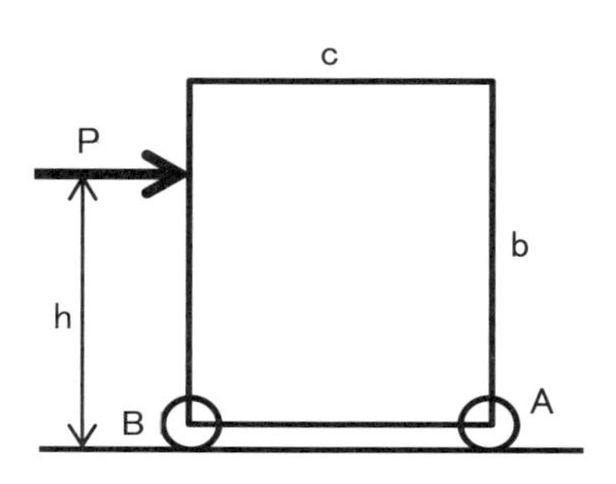

（解答）

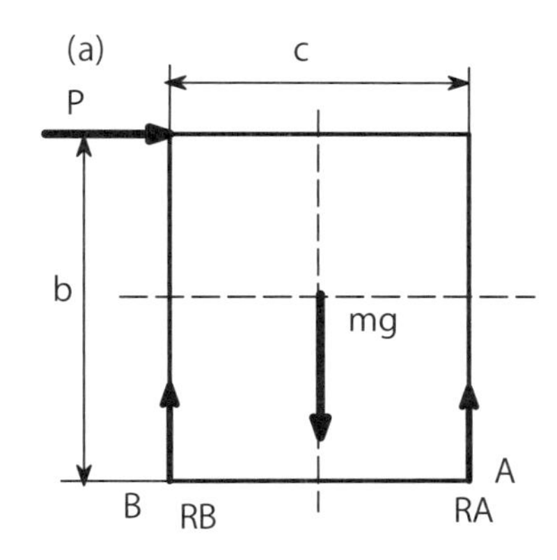

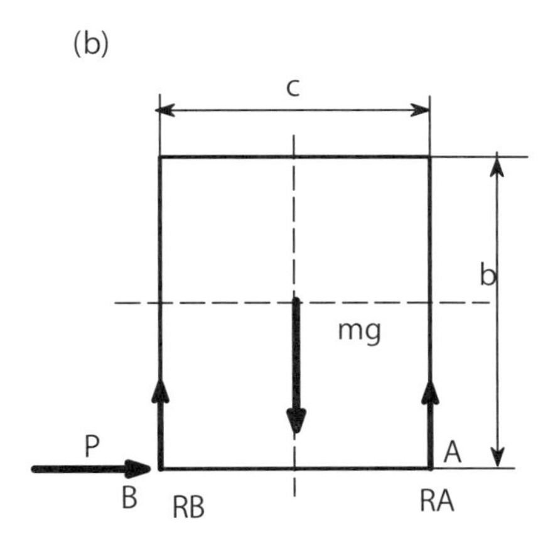

反時計回りのモーメント符号を（＋）とする。

加える力によって転倒しない条件においてA、Bに加わる抗力は、回転中心となる点の抗力を「0」と考える。

すなわち、A点回りに回転し、転倒しない条件とはB点の抗力が「0」ということである。

A点回りのモーメントは

$$-RB \times c - P \times b + mg \times \frac{c}{2} = 0$$

$$PB = 0$$

$$-P \times b + mg \times \frac{c}{2} = 0$$

$$P \times b = mg \times \frac{c}{2}$$

$$P = \frac{mg \times c}{2b}$$

h=0 の条件でA点を右方向に力Pで押す場合、回転中心となるBの回りのモーメントは発生しない。

したがって、Pの力がどのように大きくなろうともこの木箱は転倒しない

出所：「メリアム機械の力学剛体の力学」問題6-4

問題例 3

75kg の箪笥に P = 400N の力が図のように作用する。タンスの重心 G はその幾何学的中心にある、A と B における垂直抗力が P = 0 のときの静的な値から変化する割合 nA (R_A(%)) と nB (R_B(%)) を求めよ。

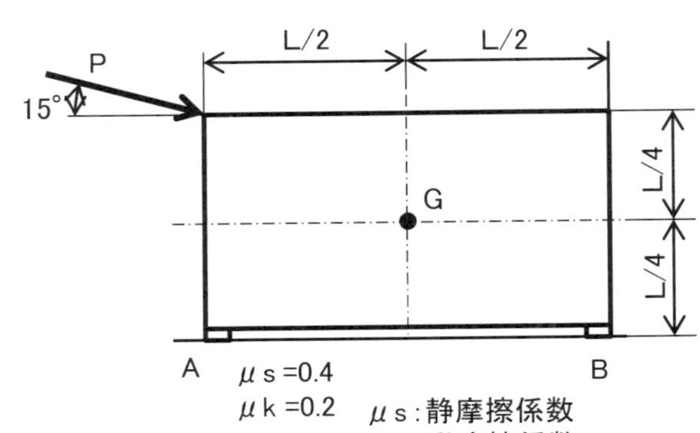

(解答)

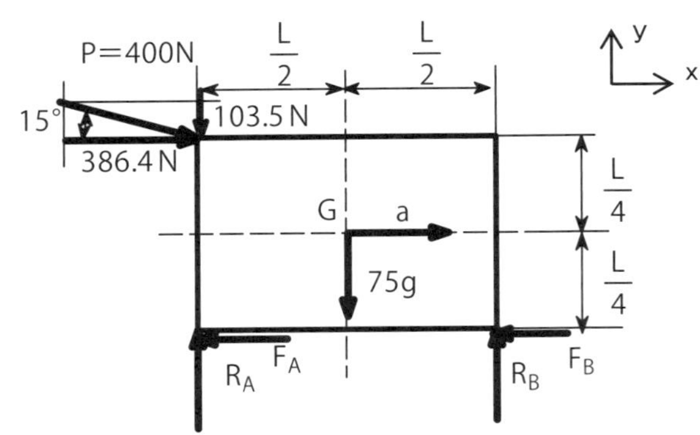

P = 0の場合のR_AとR_Bは

$$R_A = R_B = \frac{75 \times 9.806}{2} = 367.725\ \text{N}$$

y 方向の底面に加わる力の合計は自重と P の y 方向成分なので 838.95 N (=103.5+75 x 9.806) となる。この力が摩擦係数を乗じて $F_A + F_B$ となる訳であるが、摩擦係数が、動摩擦か静摩擦かを判断する。

y 成分力の合計に摩擦係数を乗じた数字と P の x 方向の力を比較すればよい

静摩擦：838.95 × 0.4 − 335.58 N

動摩擦：838.95 × 0.2 = 167.79 N

Pの x 方向の成分の力は386.4 N であるので静摩擦力よりも大きいのでこの系では箪笥は動く

x 方向の力のつりあい（箪笥の加速度）

$386.4 - (F_A + F_B) = ma$

$(F_A + F_B) = (103.5 + 75 \times 9.806) \times 0.2 = (103.5 + 735.45) \times 0.2 = 838.95 \times 0.2 = 167.79$

$386.4 - 167.79 = 75 \times a$

$75 \times a = 218.61$

$a = 2.9148\text{m/s}^2$

y 方向の力のつりあい

$R_A \times 0.2 + R_B \times 0.2 = 167.79$ ----- ①

Gを中心とした回転

$$-R_A \times \frac{L}{2} - 386.4 \times \frac{L}{4} + 103.5 \times \frac{L}{2} - 0.2R_A \times \frac{L}{4} + R_B \times \frac{L}{2} - 0.2R_B \times \frac{L}{4} = 0 \text{ ----- ②}$$

②よりLを消去して

$-0.5 \times R_A - 96.6 + 51.75 - 0.05 \times R_A + 0.5 \times R_B - 0.05 \times R_B = 0$

$-0.55 \times R_A + 0.45 \times R_B = 96.6 - 51.75 = 44.85$ ----- ③

①より$0.2 \times R_A + 0.2 \times R_B = 167.79$ ----- ④

$0.2 \times R_A = 167.79 - 0.2 \times R_B$

$R_A = 838.95 - R_B$

③へ代入して

$-0.55 \times (838.95 - R_B) + 0.45 \times R_B = 44.85$

$-461.4225 + 0.55 \times R_B + 0.45 \times R_B = 44.85$

$R_B = 44.85 + 461.4225 = 506.2725$

$R_A = 838.95 - 506.2725 = 332.6775$

$$R_A(\%) = \frac{332.6775}{367.725} = \underline{0.9049\,(-9.53\,\%)}$$

$$R_B(\%) = \frac{506.2725}{367.725} = \underline{1.3767\,(+37.67\,\%)}$$

出所：「メリアム機械の力学剛体の力学」問題 6-19

問題例１～３は、対象とする物体が運動していない、いわゆる静的な問題である。われわれが取り扱う機械現象のもう一方の世界に、「動的」な問題がある。ここで、動的な回転系の問題を取り上げる。回転系の問題と直線系で成立する関係式の比較表を以下に示し、動的な問題例を示す。

問題	モデルと成り立つ方程式	その他の関係する方程式
静的	$F=ma$ F　m　a F：力 m：質量 a：加速度	運動量：mv エネルギー保存則：$mgh=\frac{1}{2}mv^2$ g：重力加速度 h：高さ v：速度
動的	$M=I\alpha$ 0　α　r　F $M=Fr$ M：モーメント I：慣性モーメント α：角加速度 r：回転半径 O 回転中心	角運動量：$I\omega$ エネルギー保存則：$mgh=\frac{1}{2}I\omega^2$ g：重力加速度 h：高さ ω：角速度

問題例４

質量 8kg の一様な細い棒 AB が回転支持点 A を中心に円直面内で振れる。Θ =30°の場合に Θ′ =2rad/s であるとするとき、この瞬間に A のピンによって支えられる力を計算せよ。

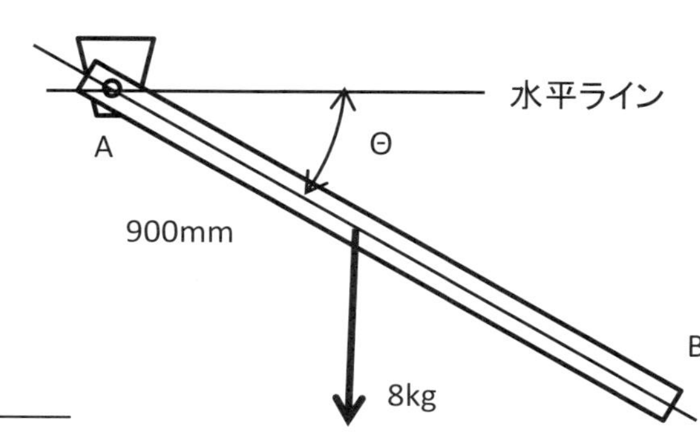

（解答）

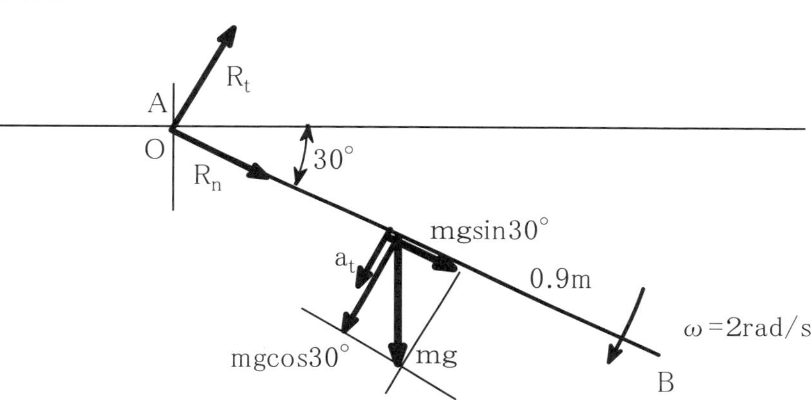

Oを中心とした棒の慣性モーメント

$$I_O=\frac{1}{3}ml^2=\frac{1}{3}x8x0.9^2=2.16$$

t方向の力のつりあい；　$R_t-mgcos30°\ =-ma_t$-----①

n方向の力のつりあい；　$R_n=mr\omega^2+mgsin30°$ -----②

モーメントと慣性モーメントと角加速度の式に代入して

$$I_o\alpha=M$$

$$2.16\alpha=8x9.806xcos30°\ x0.45$$

$$\alpha=\frac{8x9.806x0.866x0.45}{2.16}=14.153\ rad/s^2$$

$$a_t=r\alpha=0.45x14.153x6.369m/s^2$$

①に代入して

$$R_t=-8x6.3698+9.806x0.866=50.952+67.936=16.984\ N$$

$$R_n=8x0.45x2^2+8x9.806x0.5=14.4+39.224=53.624\ N$$

RはR$_t$とR$_n$の合成で求める

$$R=\sqrt{R_t^2+R_n^2}=\sqrt{16.984^2+53.624^2}=\sqrt{288.456+2875.533}=\sqrt{3163.99}=\underline{56.249\ N}$$

出所：「メリアム機械の力学剛体の力学」問題 6-47

原因

真空による負荷荷重を上方向に駆動するネジによる力が、モーメント力としてこの機構系に作用し、機構部でモーメント荷重を支えるボールブッシュがこの荷重を支持できないことが原因で、具体的には次の点で問題が生じた。

（1）ボールブッシュ、ネジ、負荷位置が回転力を発生しやすい配置となっている。

（2）ボールブッシュに、モーメントによる押し付け力が加わったとき、ボールが転がり運動をしない。

対策

対策後の構造を**図 29-6** に示す。駆動のための新たなネジを、真空による力が加わるフランジの中心をはさんで対向する180°の位置に計 2 本配置して負荷力を均等に受け、案内となるボールブッシュに回転力が発生しない構造とした。これらのネジは、ネジ軸に取り付けたスプロケットでお互いを**チェーン**[解説 1]で結合し、その回転力伝達により、片側のネジに取り付けた手動ハンドルを回せば、他方のネジが同期して回転する構造とした。この構造の採用で、スムーズな駆動が可能となった。「ボールブッシュは、回転力を支持できない」との考えの元、採用した構造である。

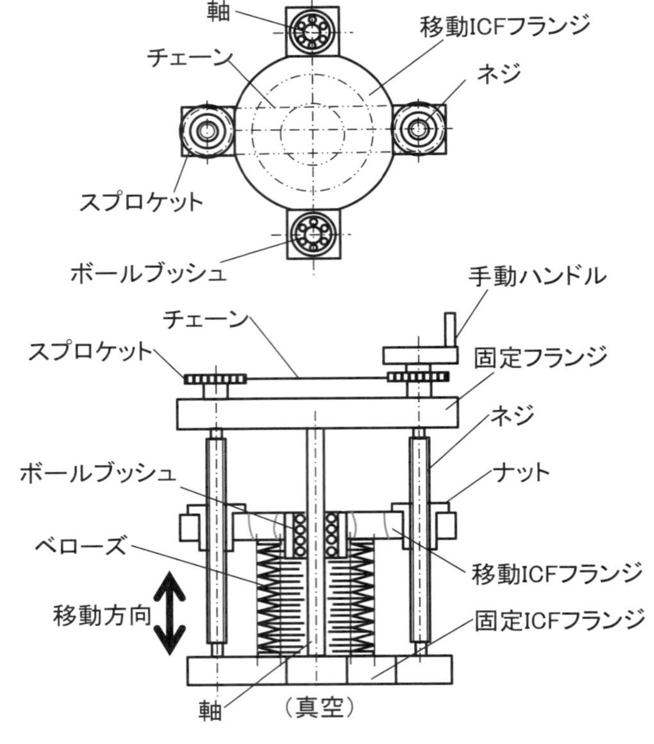

図29-6. 対策後の真空内直進導入機構

解説 1 チェーン

チェーンは動力伝達に使用される機械要素で、身近なところでは、自転車に機構部品として使用されている。**図 29-7** に、メーカーの HP から入手したチェーンの構造図を示す。チェーンはメーカーから購入するわけであるが、使用する装置に合わせて、ユーザーが長さを調整することが可能である。そのためにも、継ぎ手プレートなど、図に示すチェーン構造の理解が必要となる。チェーンの特徴は次のとおりである。

①低速回転で、大トルクの伝達が可能である

②慣性モーメントの小さいスプロケットで、大動力の伝達が可能である

③駆動 / 従動スプロケットの芯間距離を、長寸法とすることができる

④駆動 / 従動スプロケットの取り付けに、数十ミクロンの高精度取り付けを必要としない

⑤チェーン長さはユーザーが調整できる

⑥駆動時に騒音が発生する

⑦チェーンに注油が必要である

⑧低コストの動力伝達機械要素として使用可能である

チェーンと同様に、回転トルクなどの伝達機械要素の比較を次ページの表にて行う。

スプロケット

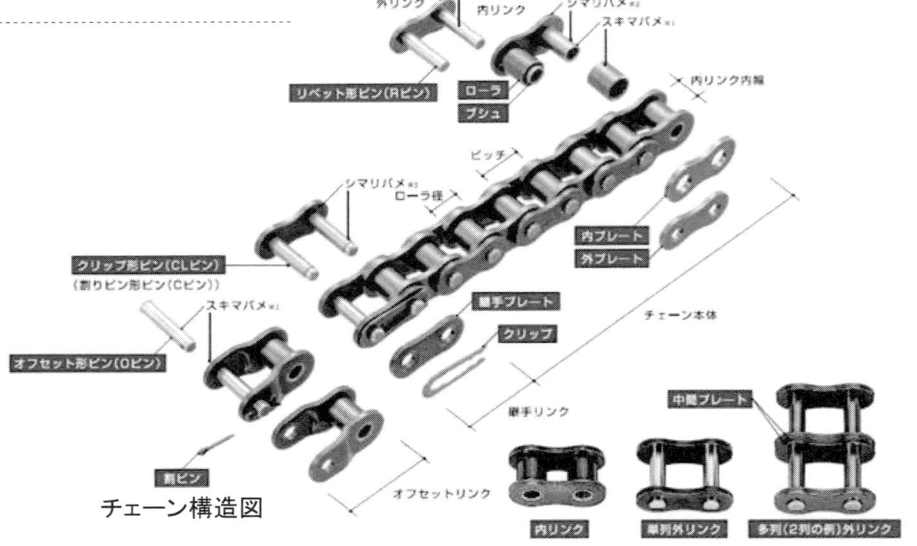

チェーン構造図

図29-7. チェーン構造図とスプロケット

出所：株式会社椿本チエイン（http://www.tsubakimoto.jp/power-transmission/drive-chain/standard/roller-chain/）

	チェーン	タイミングベルト	Vベルト	平ベルト	歯車
構造					
角度伝達	可能（低精度）	可能（中精度）	不可	不可	可能（高精度）
動力伝達	大トルク	中トルク	中トルク	低トルク	大トルク
回転数（音）	低速（大）	中速（大）	高速（低）	高速（低）	高速（大）
潤滑	必要	不要	不要	不要	必要
芯間距離	大	大	大	大	小
サイズ	小形	中形	大形	大形	小形
COST	低	中	低	低	高価

別の構造について

モーメント荷重を受ける動作不良対策として、ボールブッシュ案内に駆動ネジ２本を用いた構造を採用した。これは、対称構造を採用して、駆動ネジ、軸受けに加わるモーメント荷重を小さくする対策である。一方、発生するモーメント荷重に耐える軸受けを使用する構造は、メーカから提供されているリニアガイドを使うことで達成できる。このリニアガイドは片持ち配置によりモーメント荷重を支持する直線案内として優れた性能を示す製品である。この構造の採用は、そのガイドを大気中に配置する構造のため、潤滑によってそのモーメント荷重を支えて使用することができる。このガイドは転がり用の鋼球が軸受け内で循環する構造なので、モーメント荷重が加わった場合、潤滑なしの真空中で使用することはできない。図29-8にその製品の外観写真を示しており、中央部の荷重に対して、下部にリニアガイドが配置されており、この荷重によるモーメント荷重を支持する構造となっている。

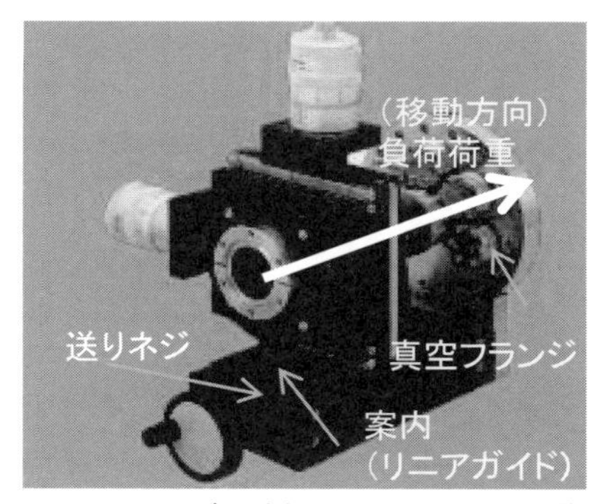

図29-8. リニアガイドを用いたモーメント荷重を保持するコンパクトな真空用の移動台

出所：株式会社トヤマ
（http://www.toyama-jp.com/products/）

エンジニアの忘備録 17

加工者の技能（P232 事例２「ステンス引き抜き材の漏れ」に内容を記載）

私の所属していた試作部門は、加工部隊と設計部隊の混合部門で、設計部隊が描いた図面を、製作部門が加工、組み立て調整を行う体制が整っていた。完成形で要求者に渡すことが可能であり、まさに試作装置を開発するにふさわしい、小回りの利く職場であった。所属する加工担当者は、仕事の性質上、高い技能を有しており、装置開発の課程で我々設計者は幾度となく助けられた記憶がある。

真空装置の一部品で、ベローズと呼ばれる薄い金属をフィッティングである金属板に溶接する作業を担当したとき、溶接後の漏れを試験するリークテストで、合格しない部品が出てきたことがあった。漏れた部品の、穴が開いていると思われる位置を繰り返し溶接したが、漏れは止まらない。数回再溶接を繰り返すも結果は同じで、加工者の溶接技能に疑問符が付くような状況になってきた。フィッティングを作り直して溶接を行ったところ、漏れは止まった。

それ以上漏れた原因を追求せずに現場を離れたところ、その日の夕方になって溶接担当者から電話があり、「現場に来てくれぬか」という。溶接場に行ったところ、問題のフィッティングの溶接部がきれいにラップされて顕微鏡の下に置いてあり、覗いてみると、金属表面の複数個の黒い点があった。これらは金属材料の「巣」であり、漏れの原因だったのだ。溶接担当者は、溶接不良の原因は材料の問題以外には考えられないと推測し、ラップ加工をして「巣」を見出したわけである。それは、素材の引き抜き方向に発生した傷が巻き込まれた「巣」であった。私はこの結果を見て、作業者の技能を疑ったことを恥じた。

ほかの事例として、組み立て後の最終検査で真空チャンバーの漏れが止まらなかったときに、担当した作業者本人の目の前で「ネジはちゃんと締めたんだろうね」と口走ってしまったことがある。プロはそんな初歩的なミスを犯さない、という強い自負があったのだろう。組み立て担当者は真っ赤になって怒り、その日は口をきいてもらえなかった。このときには、加工者はプライドを持って作業を行っているのだと、強く感じた。

ものづくりにおいて、設計と加工は車輪の両輪だといわれるが、車輪をうまく回すためには、特に一番しんどいトラブルの最中に、お互いの技能・技術を尊重しなければならぬ、と強く感じた次第である。お互いに技能・技術を尊重していれば、相手の技能を疑う言葉などは軽々しくは出てこないはずである。

30 冷却水の供給系の構造とPTネジ（管用テーパーネジ）加工トラブル

概要

装置に使用する機器の発熱部品を水を用いて冷却する必要があるとき、冷却水を供給する構成機器とその配管系統を図30-1に示す。冷却水を供給する方式としては、通常「循環」と「垂れ流し」のいずれかが使用される。ここでは冷却水を再利用するため運用費用は安価であるが、構造が複雑で初期投資額が大きい、汚れた水のメンテナンスが必要な循環方式について説明する。

冷却水タンク内に溜めたポンプによって加圧された冷却水は、レギュレーターを通過して一定圧となり、図示する冷却水供給機器を通過して機器に供給される。機器から熱を奪った冷却水は再び、冷却水タンクに戻る。

冷却水供給に関する8項目についての概要を下表に示し、トラブル事例、対策、考え方について個別に説明する。

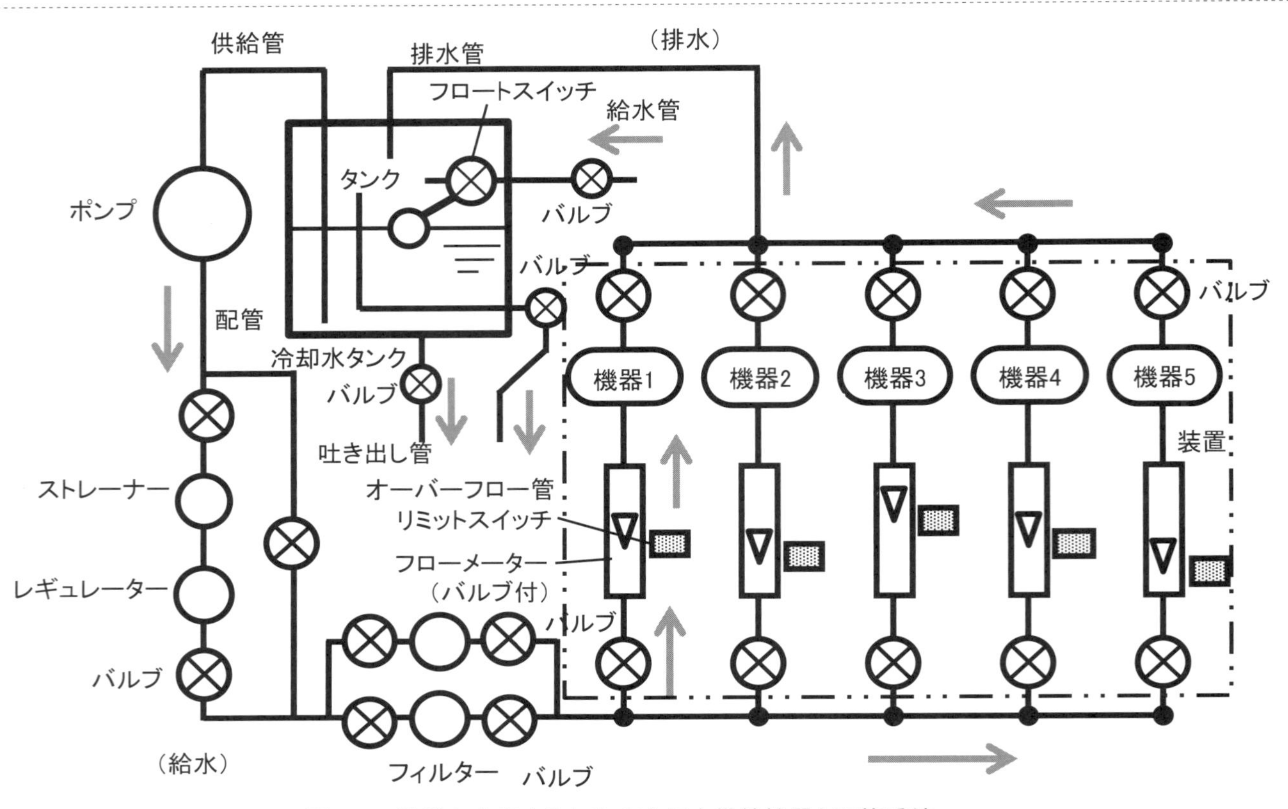

図30-1. 装置を冷却するための冷却水供給機器と配管系統

項番	項目	内容
1）	装置内冷却水の供給機器構成	被冷却機器に供給する冷却媒体（液体、気体）の冷却効果についての考え方
2）	冷却水圧力調整レギュレーター	冷却水供給系の圧力を一定に保つ機器
3）	配管材質	配管の材質について、鋼管を用いる場合のリスク
4）	異物除去	異物除去用の機器
5）	冷却水タンク構成	冷却水を供給するためのタンクの構成
6）	冷却水供給	供給する冷却水の圧力の損失
7）	継手	（継手の種類と使用法については、No.31「冷却水配管継ぎ手部の水漏れ」の事故事例で説明）
8）	PTネジ加工	マニホルドに加工した接続用のPTネジのトラブル事例

機器を冷却する場合、被冷却部品の温度とその形状により、水冷と空冷の選択を判断しなければならない。冷却方式を選択する際の考え方を以下に示す。

発熱する銅の部品の表面に冷却流体を流し、銅ブロックの表面温度の見積もりの概算値を、図30-2に示す。この計算は、温度が一定値に落ち着いた定常状態の温度を示し、ブロック内の温度は一定値と仮定した。計算に用いた熱伝達率は、流体を冷却面に沿って強制的に流す強制対流の条件とした。結果を見ると、空冷の壁面温度が225℃であるのに対し水冷は31.6℃と、水冷の冷却効果が著しく大きいことがわかる。したがって、水冷を採用すれば冷却面積が小さい、コンパクト形状の冷却機器が構成できることになる。

（1）装置内冷却水の供給機器構成

装置内の冷却水の供給機器構成は図 30-1 に示す構造とし、それぞれの機器の用途を以下に示す。

機器名	内容
バルブ	機器の冷却水供給側と排水側の両側に取り付け、他機器の冷却水配管系から当該機器を分離可能構造とする。これは、当該機器の不使用時やメンテナンス時に配管系から分離するためである。
フローメーター（バルブ、リミットスイッチ付き）解説 1	被冷却機器に冷却水の供給が停止した場合、フロートの位置で磁気作動するリミットスイッチの信号からその情報を取り出し、警報として出力する。冷却水供給のインターロック法として、配管の圧力を計測する方法もあるが、配管からの漏水による圧力低下は検出できても、配管の詰まりによるトラブルには対応できないので、注意を要する。

空冷

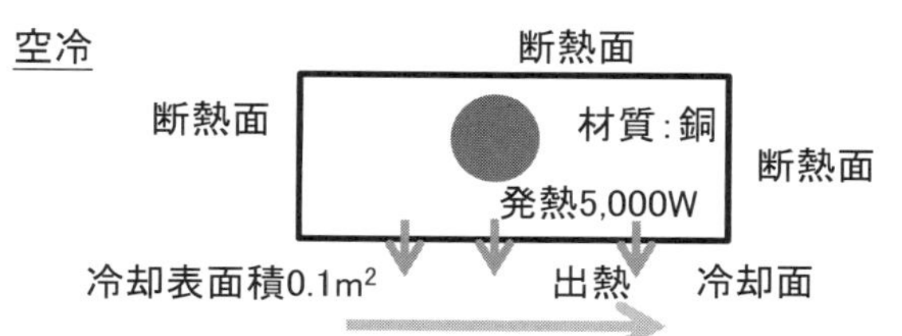

冷却流体：空気温度＝25℃　熱伝達率＝250w/m²K

出熱＝空気熱伝達率×冷却面積×（冷却面温度－冷却流体温度）

冷却面温度＝発熱/（空気熱伝達率×冷却面積）+冷却流体温度

＝5,000/（250×0.1）+25＝225℃

（気体の熱伝達率は強制対流の数値を使用）

水冷

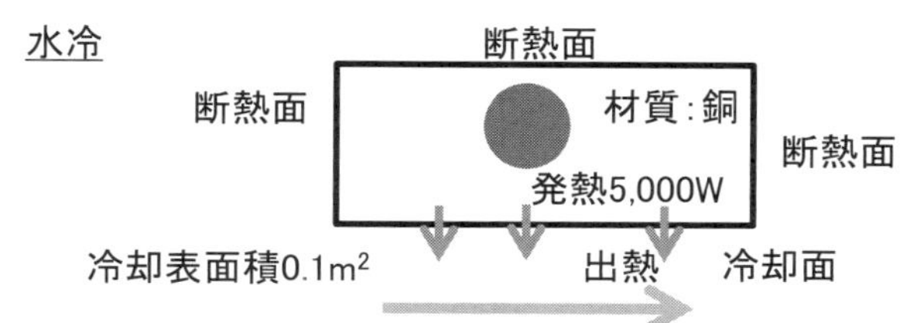

冷却流体：水温度=25℃　熱伝達率 =7,550w/m²K

出熱=水熱伝達率×冷却面積×（冷却面温度－冷却流体温度）

冷却面温度＝発熱/（水熱伝達率×冷却面積）+ 冷却流体温度

=5,000/（7,550×0.1）+25＝31.6℃

（液体の熱伝達率は強制対流の数値を使用）

図30-2. 空冷と水冷の冷却能力の比較計算

解説 1　配管内を流れる流体の流速の計測機器

配管内を流れる冷却水の流量を計測する機器について下記にその種類と特徴を示す。

項番	項目	外観	特徴他
（1）	フローメーター（リミットスイッチ付）		①計測流量：0.3 ～ 333L/ 分 ②精度± 2%（FS：フルスケール値に対して± 2% の精度） ③最高使用圧力：0.7MPa ④最高使用温度：50℃
（2）	羽根車式		①計測流量：0.3 ～ 60L/ 分 ②精度± 2%（RS：読値に対して± 2% の精度） ③圧力損失：12 ～ 60KPa 以下 ④使用温度範囲：0 ～ 60℃
（3）	カルマン渦式		①計測流量：0.4 ～ 90L/ 分 ②精度± 2%（FS：フルスケール値に対して± 2% の精度） ③圧力損失：0.2 ～ 50KPa ④応答性：1 秒
（4）	熱式		①計測流量：8 μ L/min ～ 35mL/min ②精度：± 2%F.S.（ただし 200 ～ 350 μ L/min・20 ～ 35mL/min は± 5%F.S. 以下） ③最高使用圧力：500kPa ④使用温度範囲：15 ～ 40℃
（5）	コリオリ力式		①計測流量：0.9 ～ 72L/ 分 ②精度：± 0.15%（指示値） ③コリオリ力計測による質量の直接計測 ④使用温度範囲：0 ～ 100℃ ⑤圧力：0 ～ 4MPa

出所：
（1）東京計装株式会社（http://www.tokyokeiso.co.jp/products/download/tg/AC_TG-F779.pdf）
（2）愛知時計電機株式会社（http://www.aichitokei.co.jp/products/05_small/03_nd_nd/index.html）
（3）株式会社鷺宮製作所（http://www.saginomiya.co.jp/auto/syousai.php?File=pdf/slka.pdf&Mode=2816&Type2=slka&NameType=渦流量計カルマンエース&Type3=china/controlsC1）
（4）サーパス工業株式会社（http://surpassindustry.co.jp/product/content2.html）
（5）東京計装株式会社（https://www.tokyokeiso.co.jp/products/flow/23cori_fl/01/mmm4011c/index.html）

(2) 冷却水圧力調整レギュレーター

図 30-3 の冷却水用の圧力調整用レギュレーターの概略仕様を、以下に示す。この冷却水用圧力調整レギュレーターは流量、接続径の異なるタイプが供給されており、下記仕様の項目から目的に合った型式を選定する。レギュレーターによっては、内部にストレーナー（目の粗いフィルター）を内蔵した製品もあるので、必要に応じて選定の対象とする。ストレーナーは、適宜洗浄による再生が必要となるので、図 30-1 に示すようにバイパス配管を設け、稼動状態でこの作業が可能となるように、機器の周囲の空間を確保しておく。通常、冷却水配管は作業場の片隅に取り付けられているので、ストレーナー清掃作業を念頭に置いて、設置場所などを配慮する必要がある。

図30-3. 冷却水用圧力調整レギュレーター外観写真

出所：株式会社ベン（https://www.venn.co.jp/catalog/products/rd-31n.pdf）

項番	項目	内容
1)	圧力調整範囲	0.05 ～ 0.35MPa、0.3 ～ 0.7MPa、0.3 ～ 0.5MPa（圧力範囲によって製品仕様が異なる）
2)	1 次圧	1.0 ～ 1.6MPa
3)	流量	20 ～ 1,800L/ 分
4)	流体温度	5 ～ 90℃
5)	取り付け姿勢	水平又は垂直

(3) 配管材質

配管の材質は、被冷却機器に要求される水質によって決めるが、キーとなるのは錆である。循環方式で金属配管を使用する場合は、錆を考慮した材質の選定が重要で、後述するフィルターの選定と連携を取り、使用する配管の材質を決めなければならない。使用する配管の種類と特徴を以下に示す。

項番	項目	特徴
1)	配管用炭素鋼管	耐食性を増すために内部に亜鉛をメッキした製品があるが、冷却水配管として使用する場合は、効果が限定的であり、耐食性が増すというわけではない。この配管を使用した場合、錆による異物が被冷却機器に侵入しないように、後段にフィルターを設置することが必須である
2)	配管用ステンレス鋼管	オーステナイト系、またはフェライト系のステンレス材を用いており、錆による冷却水の汚れ対策は行う必要がない。被冷却機器が汚れのない冷却水を要求する場合は、この配管を使用しなければならない
3)	硬質塩ビライニング鋼管	塩ビの内部にライニングを施した鋼管で、金属の強度を持ちながら、錆は塩ビで防止する。塩ビに傷が付いて金属表面が冷却水に暴露された場合、錆が発生するので、配管作業に注意が必要となる
4)	硬質塩ビ管	低圧用に使用される配管で、錆による腐食の心配はない。軽量であるが、溶剤には弱い。配管時に金属加工の必要がなく、少ない工数で配管作業ができる。熱膨張率が大きく、熱による変形するので、冷却後の温水が流れる場合は、変形を考慮した配管構造としなければならない
5)	網入りビニール配管	軟質塩ビ配管をテトロン網で補強した配管で、機器内の冷却水の引き回しに有効な配管材である。自由に曲げることは可能であるが、その径によって最小曲げ半径が決まっている

(4) 異物除去

配管内の異物は、被冷却機器が要求する冷却水の異物仕様によって決まるので、これに準じて配管に異物の除去用の機器を配置しなければならない。通常は、ストレーナーと呼ばれる大サイズの異物除去機器と、フィルターによる微小異物を除去する機器を設置する。それぞれの機器の特徴などを次ページに示す。配管に設置するこれらの機器は、前述したように、メンテナンスが可能となるように設置しなければならない。具体的には次の 2 点である。

項番	項目	内容
1)	並列配管によるインサイチュメンテナンス	図 30-1 に示すように並列配管とし、バルブにより配管の選択可能な構造とする。この構造により、機器に冷却水を供給しながら、配管のメンテナンスを行なうことが可能となる
2)	メンテナンス作業を可能とする周囲空間	ストレーナーの清掃、フィルターの交換作業を可能とするように、設置した配管の取り付け位置を考慮し、配管の周囲空間を確保する

項番	項目	外観	特徴他
1)	ストレーナー		冷却水の中に存在する配管の腐食による錆やガスケットの断片など、比較的大サイズの異物は、バルブの弁座を損傷するとともに被冷却機器を破損する。このようなトラブルを防止するために、流体中の異物を分離し排除するストレーナーを配置する。ストレーナー内には金属製のメッシュが入っており、そのサイズは数字で示される。25.4mm をその数字で除した値が、**メッシュ**[解説2]の穴の1ピッチの大きさである。ストレーナー本体が配管に接続された状態で、取り外し・清掃が可能な構造となっている
2)	フィルター		配管内の細かい異物を除去するためのろ過器で、左図に示すポリプロピレンなどの糸を巻いた材料をろ過材として、透明のプラスチック容器に入れ使用する。ろ過能力は 0.5 ～数百ミクロンとその幅は広いので、目的に応じて選択する。フィルター容器サイズはその流量によって長さが変わり、直径は φ 100mm 程度で長さは 100 ～ 1,000mm とバリエーションがある。フィルターが詰まった場合、その交換が必要となる。通常鉄鋼配管内の赤錆による茶色に変色した水の透明化はこのフィルターのろ過能力では対処できない

出所：
1）株式会社キッツ（http://www.kitz.co.jp/kiso/type_strainer.html）
2）タキエンジニアリング株式会社（http://www.taki-eng.co.jp/sd.html）

解説2 ストレーナーのメッシュ

金属線材とパンチングメタルによるLで示すメッシュ寸法について下図に示す。

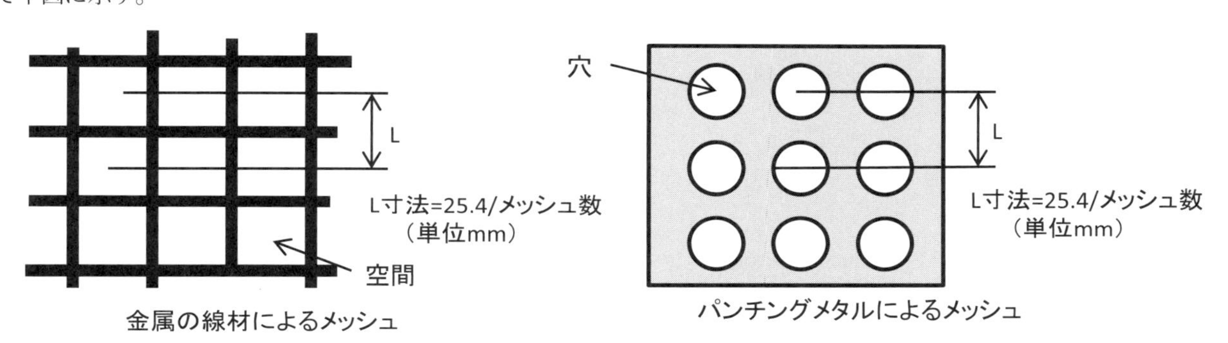

(5) 冷却水タンク

機器を冷却した後に、配管内に閉じこめられて戻ってきた冷却水を本タンクで大気開放し、自然冷却の後に、再度ポンプで加圧して送り出す機能と、冷却水の交換などのメンテナンスの機能を持つタンクである。

冷却水が空気とふれて、酸素が水中に溶け込み、配管表面のさびの原因となる場合、酸素と冷却水がふれるこの冷却水タンクの上部の空間に窒素のパージが有効となる場合がある。

項番	項目	目的	内容
1)	タンク	冷却水を大気開放し、溜めておくために使用する	防錆の目的で使用する場合、その材質をステンレスとする。亜鉛メッキ鋼板などの防錆処理を行った鋼板を用いる場合は、フィルターなどの防錆機器を取り付ける
2)	供給管	再加圧するために冷却水をポンプに供給する配管	タンク内の液面が下がった場合、空気を吸い込む可能性の考えられる供給口を、吸い込み動作に問題が発生しないタンクの底部に、下向きに設置する
3)	排水管	被冷却機器から冷却水をタンクに戻すための配管	タンクの上部に吐き出し口を設置し、配管内の冷却水圧の大気開放を可能とする
4)	オーバーフロー管	タンク内の冷却水が規定の位置よりも増加した場合に排水するための配管	タンク内の冷却水が規定水位を越えると排水するように、オーバーフロー管の吸い込み口は規定水位の高さに、上向きに設置する
5)	給水管	タンク内に冷却水が不足した場合、冷却水をタンクに供給する配管	冷却水が不足した場合、水道などの上水や工業用水をタンク内に供給する配管で、フロートスイッチを用いてその水位を決める
6)	吐き出し管	タンク内の冷却水を交換する場合、外部に吐き出す配管	タンク内の冷却水が汚れて交換などのメンテナンスが必要となった場合、タンク内の冷却水を排水するための配管である

(6) 冷却水供給

冷却水の配管構造を決める場合、流量、圧力、水質、温度について、仕様値を満たさなければならない。仕様値の流量を満たす供給配管の径を決める際のポイントは、次のとおりである。

項番	項目	内容
1)	流量	個々の被冷却機器が要求する流量の合計値として流量仕様が決められ、これを満足する配管は、配管内の流速が最大1m/秒以下となるようにその内径を決める
2)	圧力	圧力は、使用するポンプの仕様で決まる。ポンプの性能曲線（流量と圧力の相関関係）は開示されており、これを用いてポンプを選定する。配管などの圧力損失値を見積もらなければならない
3)	水質	冷却水は、仕様によって水道水または工業用水のいずれかを選択する。配管内で発生する汚れはフィルターなどで除去し、定期的な交換が必要となる
4)	温度	冷却水の温度が、被冷却機器の多量の発熱によって、自然冷却で対応できないときは、水温を強制的に下げるチラーユニットを配管内に設置する

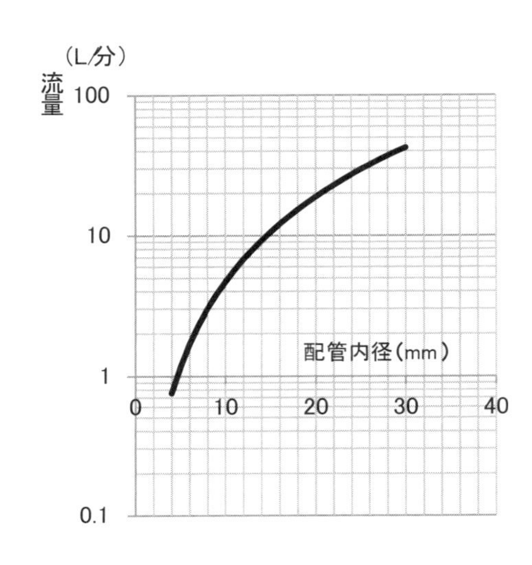

図30-4. 流速1m/s時の配管内径と流量の関係

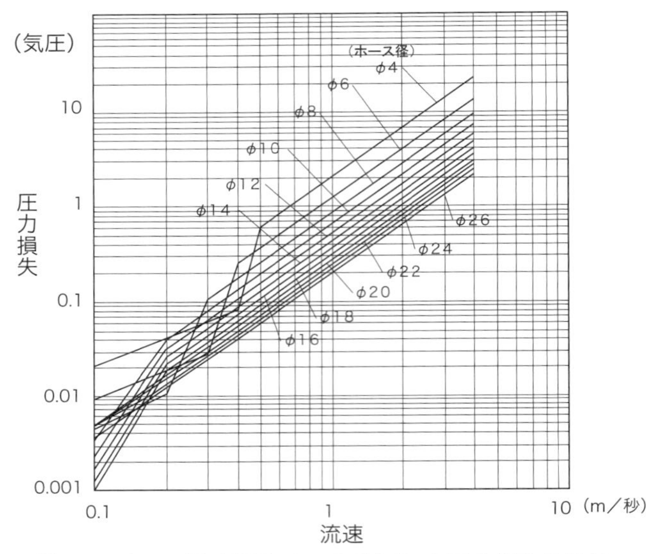

図30-5. ホース径、流速、ホース長さ10mと圧力損失の関係

出所：『機械設計図表便覧新版』から抜粋

(7) 継手

継手の説明はNo.31「冷却水配管継ぎ手部の水漏れ」の事故事例で、種類と使用法を説明する。

(8) PTネジ加工

図30-6に示すマニホルド製作に当たり、配管継ぎ手をネジ込む穴として、図に示す通りマニホルドにPTネジを設計した。

製作したマニホルドにメーカー既製品のPTネジ（メーカー既製品）をネジ込んで水圧試験を行ったところ、ネジ部から漏れが発生した。図30-6の下図にマニホルドに加工したPT1/4タップ穴の形状図面を示す。

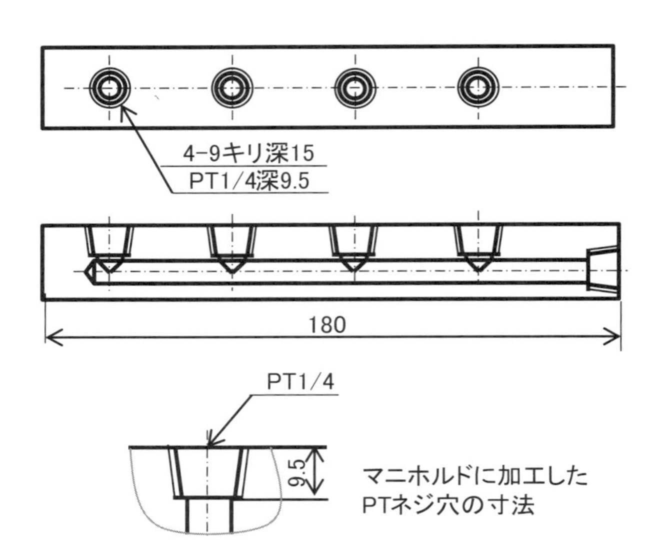

図30-6. 製作したマニホルド製作図面と加工したPTネジ穴

(原因)

図30-7に、マニホルドに加工したタップ穴に継ぎ手（破線で示す）をネジ込んだ図を示す。継ぎ手のネジ底部がタップ穴の底部にぶつかったときにネジに隙間が発生しており、ここから水漏れが発生していた。

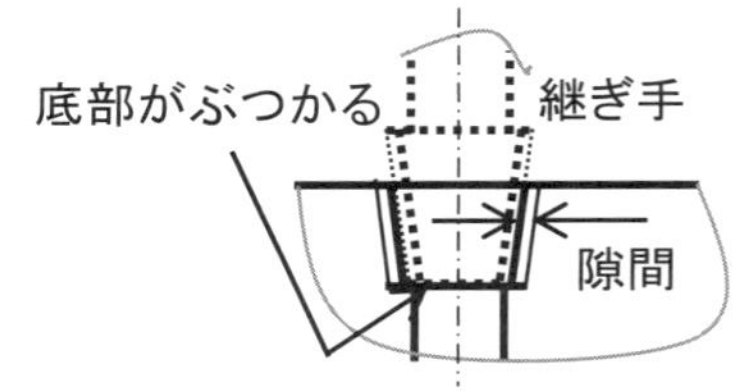

図30-7. 加工したマニホルドにネジ込んだ継ぎ手

原因は、マニホルドのタップ穴がJISに示す規格通りに加工されていなかったためである。タップ穴が規格通りに加工されなかった原因は、マニホルドのネジ加工方向の厚みを小さくする目的で、ネジ長さを規格よりも短い寸法にするよう、加工を指示したことによる。PTネジタップを切るには、マニホルドに規格通りのネジ形状を加工できる厚みがなければならない。

以下にメーカーのHPから入手したPTネジの規格を示す。

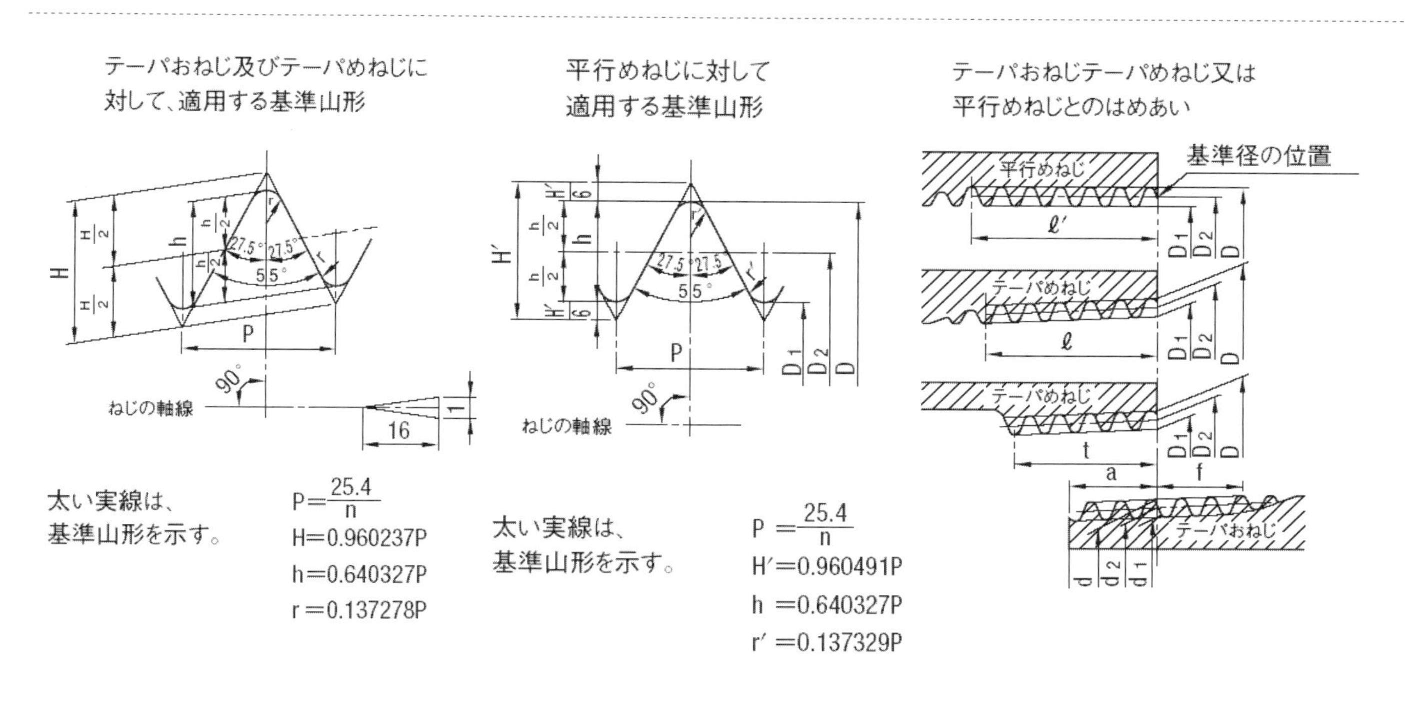

単位：mm

(1) ねじの呼び	ねじ山数 (25.4mmにつき) n	ピッチ P (参考)	山の高さ h	丸み r 又は r'	基準径 おねじ 外径 d / めねじ 谷の径 D	基準径 おねじ 有効径 d2 / めねじ 有効径 D2	基準径 おねじ 谷の径 d1 / めねじ 内径 D1	基準径の位置 おねじ 管端から 基準の長さ a	基準径の位置 おねじ 管端から 軸線方向の許容差 b	基準径の位置 めねじ 管端部 軸線方向の許容差 c	平行めねじのD, D2及びD1の許容差	有効ねじ部の長さ（最小） おねじ 基準径の位置から大径側に向かって f	めねじ 不完全ねじ部がある場合 テーパめねじ 基準径の位置から小径側に向って ℓ	めねじ 不完全ねじ部がある場合 平行めねじ 管又は管継手端から ℓ' (参考)	めねじ 不完全ねじ部がない場合 テーパめねじ,平行めねじ t(2)	配管用炭素鋼鋼管の寸法（参考） 外径	配管用炭素鋼鋼管の寸法（参考） 厚さ
R1/16	28	0.9071	0.581	0.12	7.723	7.142	6.561	3.97	±0.91	±1.13	±0.071	2.5	6.2	7.4	4.4	—	—
R1/8	28	0.9071	0.581	0.12	9.728	9.147	8.566	3.97	±0.91	±1.13	±0.071	2.5	6.2	7.4	4.4	10.5	2.0
R1/4	19	1.3368	0.856	0.18	13.157	12.301	11.445	6.01	±1.34	±1.67	±0.104	3.7	9.4	11.0	6.7	13.8	2.3
R3/8	19	1.3368	0.856	0.18	16.662	15.806	14.950	6.35	±1.34	±1.67	±0.104	3.7	9.7	11.4	7.0	17.3	2.3
R1/2	14	1.8143	1.162	0.25	20.955	19.793	18.631	8.16	±1.81	±2.27	±0.142	5.0	12.7	15.0	9.1	21.7	2.8
R3/4	14	1.8143	1.162	0.25	26.441	25.279	24.117	9.53	±1.81	±2.27	±0.142	5.0	14.1	16.3	10.2	27.2	2.8
R1	11	2.3091	1.479	0.32	33.249	31.770	30.291	10.39	±2.31	±2.89	±0.181	6.4	16.2	19.1	11.6	34	3.2
R1¼	11	2.3091	1.479	0.32	41.910	40.431	38.952	12.70	±2.31	±2.89	±0.181	6.4	18.5	21.4	13.4	42.7	3.5
R1½	11	2.3091	1.479	0.32	47.803	46.324	44.845	12.70	±2.31	±2.89	±0.181	6.4	18.5	21.4	13.4	48.6	3.5

出所：株式会社ミスミ（http://jp.misumi-ec.com/maker/misumi/mech/tech/taperpipe.html）

配管用ネジには、「PT」「PS」「PF」の３種類があり、それぞれの特徴などについて示す。

種類	呼び名	用途	使用法他
PT	管用テーパネジ	配管用継手	ネジのテーパ部にシールテープを巻いて使用
PS	管用平行ネジ	漏れが問題となる配管接続	ネジの先端端部にゴムパッキンを配置して使用
PF	管用平行ネジ	漏れが問題とならない配管接続	PSネジとの差異はネジの加工精度で、PSネジの公差範囲が小さい。代表寸法は同じである

31 冷却水配管継ぎ手部の水漏れ

概要

ペルチェ素子[解説1]は対象部品の温度調整を可能とする温調素子で、素子に具備された電極に通電することで熱を目的の方向に強制的に移動させる。部品の冷却を行う場合は、ペルチェ素子を冷却ブロックに取り付けて、熱を被冷却部品と接触したペルチェ素子表面から冷却ブロックに流す訳である。

図 31-1 に、冷却ブロックにろう付けしたペルチェ素子の斜視図を示す。冷却ブロックには、冷却水を出し入れする給水管と排水管が取り付いている。これらの継ぎ手には、管の端部にビニールホースの差込を容易とするテーパ形状が加工され、ビニールホースはワイヤーホースバンドを用いてこれらに固定されている。冷却ブロックに冷却水を 3 気圧の圧力で流したところ、給水管とビニールホースの間から冷却水漏れが発生した。

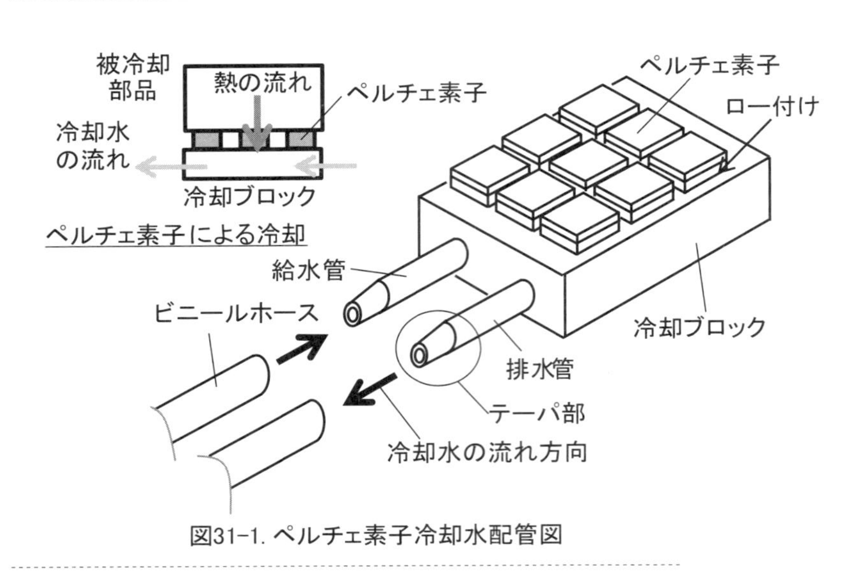

図31-1. ペルチェ素子冷却水配管図

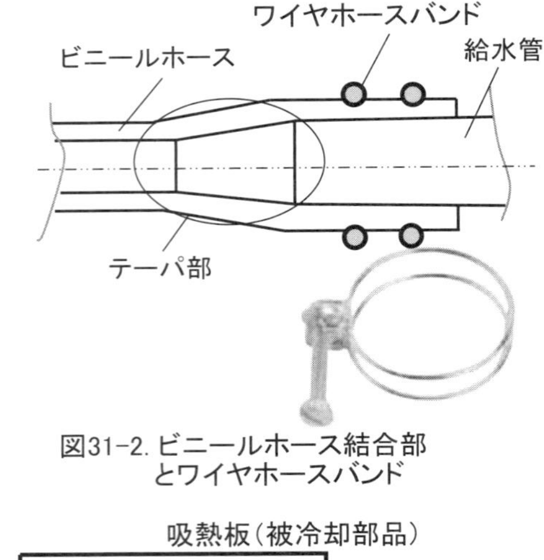

図31-2. ビニールホース結合部
とワイヤホースバンド

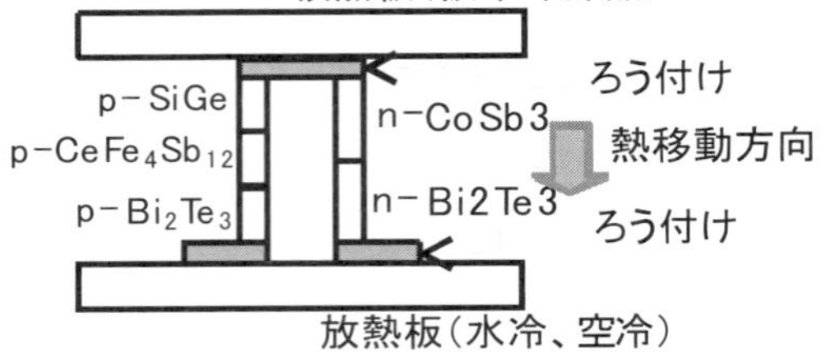

吸熱板（被冷却部品）
p-SiGe
p-CeFe4Sb12
p-Bi2Te3
n-CoSb3
n-Bi2Te3
ろう付け
熱移動方向
ろう付け
放熱板（水冷、空冷）

図31-3. ペルチェ素子の構造

出所：ウィキペディア（https://ja.wikipedia.org/wiki/%E3%83%9A%E3%83%AB%E3%83%86%E3%82%A3%E3%82%A8%E7%B4%A0%E5%AD%90 ）

解説 1　ペルチェ素子（以下ウィキペディアから抜粋）

原理：ペルチェ素子の構造例を**図 31-3** に示す。上下の放熱板の間に、金属電極と p 型および n 型半導体が π の字型に交互に連結されている。2 種類の金属の接合部に電流を流すと、片方の金属からもう片方へ熱が移動するというペルチェ効果を利用した板状の半導体素子で、直流電流を流すと一方の面が吸熱し、反対面に発熱が起こる。電流の極性を逆転させるとその関係が反転し、高精度の温度制御に適している。

温度制御が可能なばかりでなく、温度差を与えることで電圧を生じさせることもできる。これをゼーベック効果と呼ぶ。ペルテェ素子の性能は最大吸熱量（Qmax）、最大電流（Amax）、最大電圧（Vmax）で表される。印加電圧が大きくなると発熱量が増えて冷却効率が悪くなるため、最適電圧は最大電圧の 50 － 60% とされ、複数重ねることで熱移動量を増やすことができる。低温度の制御素子として使用する場合は、直列に結合した多段のペルチェ素子が使用される。

応用：各種の冷却装置に使用されている。家庭用の電気冷蔵庫やエアコンに使用される逆カルノーサイクルを使う冷却方法と比較して、冷却効率は劣る。その一方で、装置の体積が小さく、装置の小型化が容易であるというメリットがあり、騒音・振動を発生しないことなどから、放熱量が増大したコンピュータの素子冷却、車などに乗せる小型冷温庫、医療用冷却装置などに使用されている。

欠点：移動させる熱以上に、素子自体の放熱量が大きいため、冷却メカニズムとしては電力効率が悪いという欠点がある。吸熱側で吸収した熱に加えて、素子が消費した電力分の熱が放熱側で発生するため、ペルチェ素子自体の冷却にコストがかかる。これが、ペルチェ素子が冷却手段として広く普及しない理由であるが、冷却が必要だというデメリットよりもコンパクトさを優先する用途には、使用されている。使用上の注意点としては、ヒートポンプなどの熱交換とは異なる「熱移動」であるため、排熱側の十分な冷却を行わないまま負荷をかけ続けると、吸熱側の冷却効率が落ちるばかりでなく素子自体が破損・焼損することがある（以上　ウィキペア「ペルチェ素子」から抜粋）。

図 31-4 に、メーカーから供給されているペルチェ素子の事例を示す。47 × 48mm の面積サイズで 64W の吸熱能力があることがわかる。このメーカーの素子は、被冷却部品が比較的大きい大型製品であるが、別メーカーからは半導体素子の冷却を目的とした小形の素子が提供されている。「ペルチェ素子」をキーワードにインターネット検索を行えば、多くの製品や使用法などの情報を入手することが可能である。

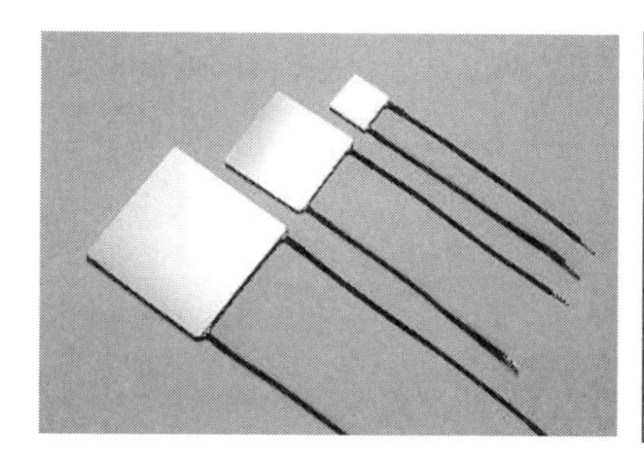

型　式	UT2020-AL	UT2020-CE	UT4040-AL	UT7070-AL
縦横寸法（mm）	22×22		47×48	72×73
高さ寸法	3.45	3.73	3.56	5.00
最大電流（A）	3.2		7.0	
最大電圧（V）	7.0		19.0	28.0
最大温度差（℃）Th=50℃	67.0	70.0	76.5	72.0
最大吸熱量（W）	13.0		64.0	132.0
耐最高温度（℃）	150			
質量（g）	7.5	8.0	26.0	90.0

図31-4. メーカーが供給するペルチェ素子の仕様事例

出所：センサーコントロールズ株式会社（http://www.scnt.co.jp/wordpress/wp-content/uploads/2009/06/module-2007scnt.pdf）

原因

漏れの原因は次の３点であると考えている。

①冷却水の水圧は３気圧と高く、漏れを発生させる力が大きい。

②給水管が、ビニールホースが抜けるのを防ぐ引っ掛かりがない構造であったために、ワイバンドの締め付け力が漏れを防ぐ力として作用しなかった。

③ワイヤーバンドの固定力が円周方向で不均一で、固定力の弱い部分から漏れが発生した（**図31-5**）。

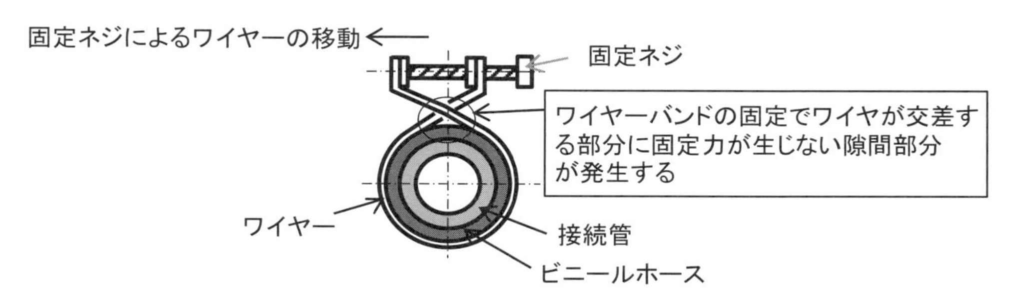

図31-5. ワイヤーバンドによるホースの固定

対策

対策の構造を**図31-6**に示す。給・排水管の外径にネジを加工し、ネジにナット状の"コマ"をねじ込んで、ホースの内径一部先端がコマの外径に当たるようにした。この状態では、コマとネジの溝部分から水漏れする可能性があるので、給・排水管とコマの隙間に接着剤を塗布した。ホースを給・排水管のコマの先まで差込み、コマの両側をワイヤーバンドで固定した。その結果、コマが抵抗となり、水漏れがなくなった。**図31-5**に示したワイヤーホースバンドの拘束力が弱い部分に対しても、コマによって漏れを止めることができた。

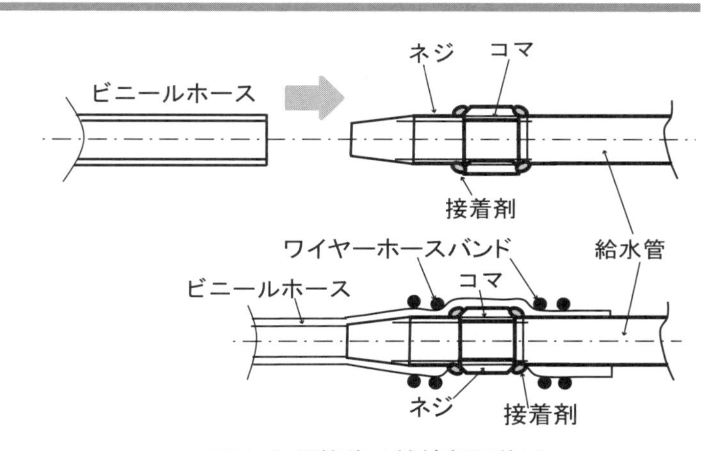

図31-6. 対策後の接続部形状図

接続用の配管継ぎ手について

軟質ホースに対するタケノコ継手と食込継手の種類と特徴を下記に示す。

種類	構造	特徴
タケノコ継手	＋	①シール性が悪い原因は締め付けバンドに問題がある（今回の事例）。シール性を悪化させないためにはホース外径に対して、締め込まない状態でバンドの内径がフィットした（隙間の少ない）形状を選定／使用する。 ②シール性能を上げるにはタケノコ継手の外径とホースの内径の選定が重要なポイントである。ホース内径に対して、適切な締め代がある寸法を選定する。
食込継手	フェルール シール チューブ シール 挿入パイプ 食込継手シール部断面形状	①シール性、信頼性ともに優れた継手で、この方式の継手の使用を薦める。 ②ネジで加圧するフェルールによりチューブと挿入パイプの密着性を高めており、漏れに強い構造である。 ③チューブ径に合致した継手を選択しなければならない。

食込継手

メーカーから供給されている食込継手の事例を示す。

型　式	適用ホース内径×外径	Oリング
TH4-1/8	φ 4 × 9	P6
TH4-1/4	φ 4 × 9	P6
TH6-1/4	φ 6 × 11	P6
TH6-3/8	φ 6 × 11	P6
TH8-1/4	φ 8 × 13.5	P9
TH8-3/8	φ 8 × 13.5	P9
TH9-1/4	φ 9 × 15	P9
TH9-3/8	φ 9 × 15	P9
TH10-1/4	φ 10 × 16	P10
TH10-3/8	φ 10 × 16	P10
TH10-1/2	φ 10 × 16	P10
TH12-1/4	φ 12 × 18	P11
TH12-3/8	φ 12 × 18	P11
TH12-1/2	φ 12 × 18	P11
TH15-1/4	φ 15 × 22	P16
TH15-3/8	φ 15 × 22	P16
TH15-1/2	φ 15 × 22	P16
TH15-3/4	φ 15 × 22	P16
TH19-1/2	φ 19 × 26	P20
TH19-3/4	φ 19 × 26	P20
TH19-1	φ 19 × 26	P20

外観写真

■ ホースバンドを使わず、袋ナット式と二重ロック構造でしっかりとした固定が可能である。

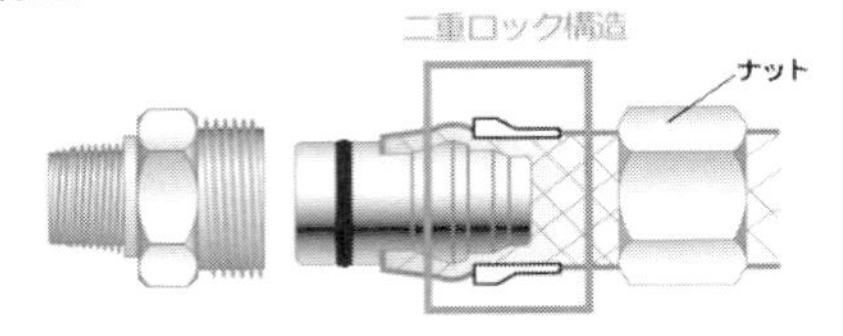

■ ナットを最後まで締めるだけで、確実・安全に締結作業ができる。

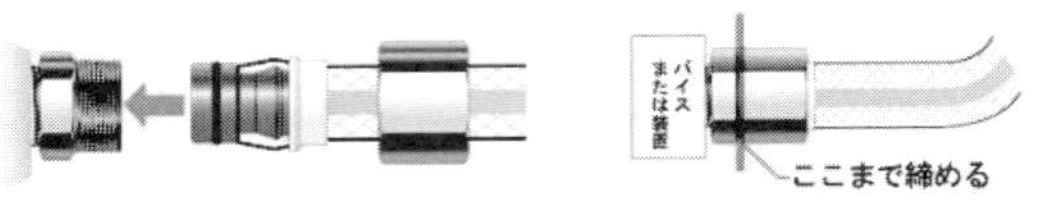

■ナットを緩めるだけで、金具ごとはずれるのでメンテナンスに便利である。

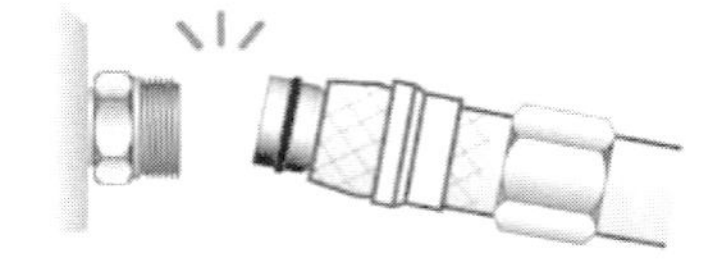

図31-7.メーカーから供給されている食込継手

出所：株式会社リガルジョイント（http://www.rgl.co.jp/hosefittings-kantouch_th.html）

福島第1原発で発生した放射能漏れ事故に関する、ホース継手のトラブル対策例が報告されていたので、ここに示す。

ホースが外れた写真公開＝東京電力　時事通信 2011 年 8 月 14 日（日）13 時 44 分配信　福島第 1 原発事故で、東電は 14 日、高濃度汚染水処理システムのうち、蒸発濃縮式の淡水化装置で薬液注入ホースが外れた状況の写真を公表した。上は外れた状況、下は締め直し、針金で留めた状況（13 日、東電提供）

ホースバンドを使用して接続しているが、その接続が十分ではなかった。なぜ「食込、継手」を使用しないのか？

32 すべり軸受けの温度変形による移動不良ほか

概要

図 32-1 に、液体窒素を用いて円板を冷却する、低温試料台を示す。被冷却部品の円板は、試料テーブルの上に接触して置かれており、試料テーブルの下部に配置したタンク内の液体窒素により、円板の冷却を行う。液体窒素は供給パイプを通ってタンクの下部から供給される構造となっている。

試料テーブル上に円板を搬入、搬出する目的で、タンクの中心に円板の上下移動軸が配置されている。当該軸は、案内固定軸内に取り付いた、すべり軸受け構造の案内で支持されている。上下移動軸は、その下部に配置したエアシリンダーで駆動する構造となっている。この上下移動軸の材質はステンレス（SUS304）で、案内の材料は樹脂のベスペル[解説 1]となっている。

液体窒素をタンクに投入した約 1 時間後、上下移動軸の動きが渋くなる現象が発生した。なお、冷却を行っていないときは、スムーズな上下移動を実現している。

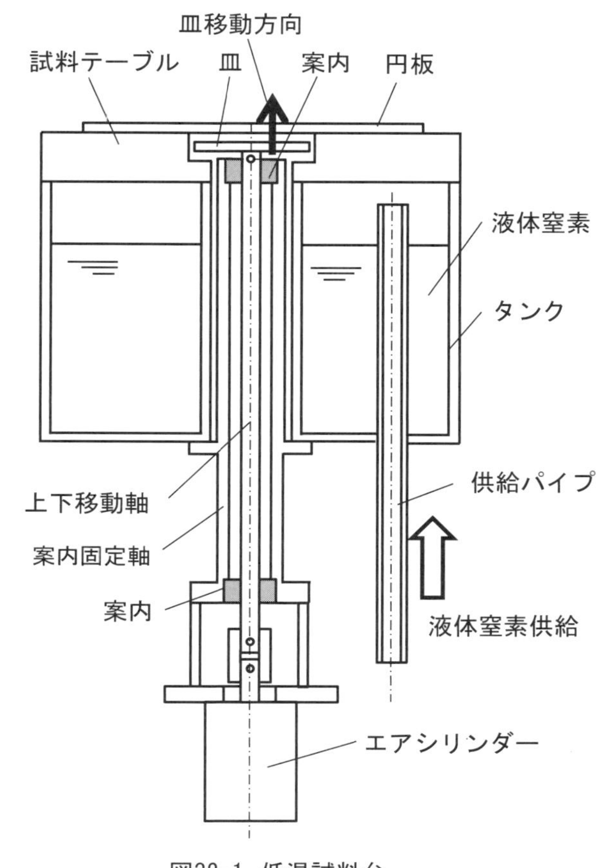

図32-1. 低温試料台

解説 1　ベスペル®（デュポン社登録商標）

ベスペルはデュポン社が開発した超耐熱性プラスチック（全芳香族ポリイミド樹脂）である。エンジニアリングプラスチックの中で最高の耐熱性と耐摩耗性を有し、機械・電気部品をはじめ幅広い用途に使用されている。下記に優れた性質を示す。

①対磨耗特性：無潤滑の状態で優れた特性を示す
②耐熱温度（連続使用温度）：288 ℃
③電気絶縁特性（絶縁耐力）：22 kV/mm
④対プラズマ特性、対薬品特性：良好
⑤真空環境での放出ガス：微少
⑥機械加工性：良好

原因

この現象は、低温度による熱変形が原因である。上下移動軸の金属とプラスチック材の案内の熱膨張率が異なるので、低温化によって軸受け隙間がしまりばめとなり、動きが渋くなる。そのため、液体窒素をタンクに入れ、一定時間経過して案内が低温度に達したときにこの現象が発現した。この現象が、液体窒素を内部に納めた上部の案内で発生し、下部の案内で発生しなかったのは、下部の案内は変形が問題になるほど温度が低下しなかったことによる。

この結果、軸受け隙間が－ 0.014 mm(=0.040 － 0.054) となり、熱変形によって隙間がしまりばめとなった結果、上下移動軸の動きが渋くなった。

上部案内の熱変形量の見積り

熱変形案内（内径）：$\underbrace{5.4\times10^{-5}}_{熱膨張率}\times\underbrace{6.35}_{内径}\times\underbrace{221}_{温度差}=\underbrace{0.076\ \mathrm{mm}}_{縮み量}$

上下移動軸（外径）：$\underbrace{1.6\times10^{-5}}_{熱膨張率}\times\underbrace{6.35}_{内径}\times\underbrace{221}_{温度差}=\underbrace{0.022\ \mathrm{mm}}_{縮み量}$

→ 軸受け隙間の減少量
0.076 － 0.022 ＝ 0.054 mm

変形前寸法

案内内径の寸法：Φ6.39 mm
上下移動軸の外径寸法：Φ6.35 mm

→ 軸受け隙間6.39 － 6.35 ＝ 0.04 mm

→ 軸受け隙間
0.04-0.054＝－0.014 mm
（しまりばめ）

対策

案内の内径寸法をφ 6.5 として、低温時に上下移動軸と案内のはめ合いが隙間ばめとなるようにした。この対策によって生じた隙間で上下移動の直線性が損なわれることが懸念されたが、円板の上下移動に悪影響を与えることはなかった。

（材料の熱膨張率）

種類	材料名	熱膨張率（×10^{-6}）
金属	金	14.2
	アルミニウム	23
	鉄	11.7
	銅	16.6
合金	黄銅	18 ～ 18
	鋳鉄	10 ～ 12
	超硬合金	5 ～ 6
プラスチック	PC 樹脂	70 ～ 80
	ABS 樹脂	80 ～ 110
	POM 樹脂	100
	PP ホモポリマー	170
	PE 樹脂	130 ～ 150
	ナイロン	80
	PET 樹脂	70
セラミック	AL_2O_3	8 ～ 9
	ZrO_2	8.7 ～ 11
	ダイヤモンド	3.1
その他	ガラス	9
	コンクリート	7 ～ 13

（熱膨張による変化量△ L）

△L=L × α × △T

但し、L：材料の長さ　α：熱膨張係数　△T：温度差

計算例

①材質がアルミニウム、長さ200mm、温度上昇20℃の場合の寸法変化量

L=L × α × △T

$=200\times23\times10^{-6}\times20$

$=0.092$ (mm)

②材質がPOM樹脂、長さ200mm、温度上昇20℃の場合の寸法変化量

△L=L × α × △T

$=200\times100\times10^{-6}\times20$

$=0.4$ (mm)

③材質がアルミナ（AL2O3）、長さ200mm、温度上昇20℃の場合の寸法変化量

△L=L × α × △T

$=200\times8.5\times10^{-6}\times20$

$=0.034$ (mm)

（熱膨張による応力と拘束力の見積もり）

図 32-2 に示す熱変形材料の温度が t0 から t1 まで上昇する。熱変形材料の両端が変形防止用の壁で拘束されているとした場合、温度変化による熱変形材料の熱応力と拘束力を求める。

温度変化による伸び量=全長×熱膨張率×温度変化

$\Delta L=L\times\alpha\times(t1-t0)$ …… ①

熱応力＝ヤング率×ひずみ＝ヤング率×（伸び量/全長）

$\sigma=E\times(\Delta L\div L)$

①式を代入して

$\sigma=E\times(L\times\alpha\times(t1-t0))\div L$

$=E\times\alpha\times(t1-t0)$

ここで熱変形材料の断面積をAとすると

拘束力＝熱応力×断面積

$F=E\times\alpha\times(t1-t0)\times A$

続いて、熱変形が問題となった別の事例を以下に紹介する。

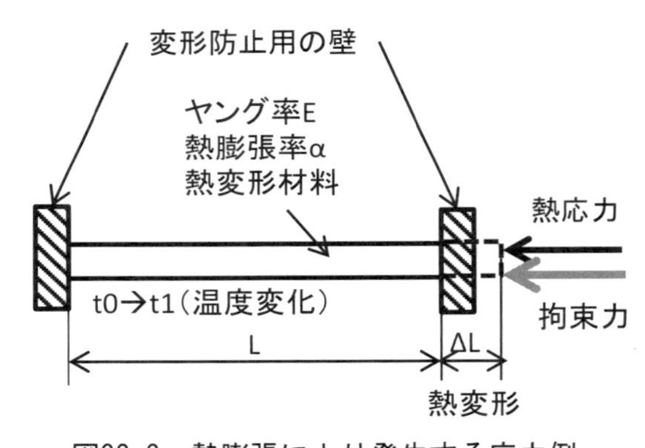

図32-2. 熱膨張により発生する応力例

内容

図 32-3 に、液体窒素を用いて円板を冷却する低温試料台の断面図を示す。円板は、液体窒素で冷却された試料テーブルの上部に接触して置かれ、その背面から**蛍光温度計**[解説2] の接触方式で温度を計測する構造となっている。液体窒素タンクの外側に壁面が配置されており、タンクはこの壁面との 2 重の構造になっている。壁面とタンクの間の空間は、試料テーブルの上部と同様に、壁面に加工した穴から排気する構造で真空環境に保持されている。

蛍光温度計は、石英ファイバー先端の蛍光物質が持つ、低温度で特性が変化する性質を利用したもので、光は直径が 1mm の石英ファイバー内を通って蛍光物質に当たり、反射されてその光路を戻り、検出器で温度信号に変換される。石英ファイバーは金属製のチューブに挿入され、図に示すように、金属チューブ先端位置でシリコン系の接着剤を用いて真空シールを行い、

大気の真空内への流入を防止している。この低温試料台は、フランジで真空装置に取り付く構造となっている。

低温試料台を動作開始後、一定の温度に達したところで、真空リークが発生した。このリークは、液体窒素をタンクに入れ終わって温度が低下したときの温度が－75℃に達成した時点で発生した。リークの量は**ビルドアップ法**[解説3]で計測し、下記の数字を得た。

①リークがないとき：1.5×10^{-3}（PaL/sec）

②リーク発生とき：13.6（PaL/sec）

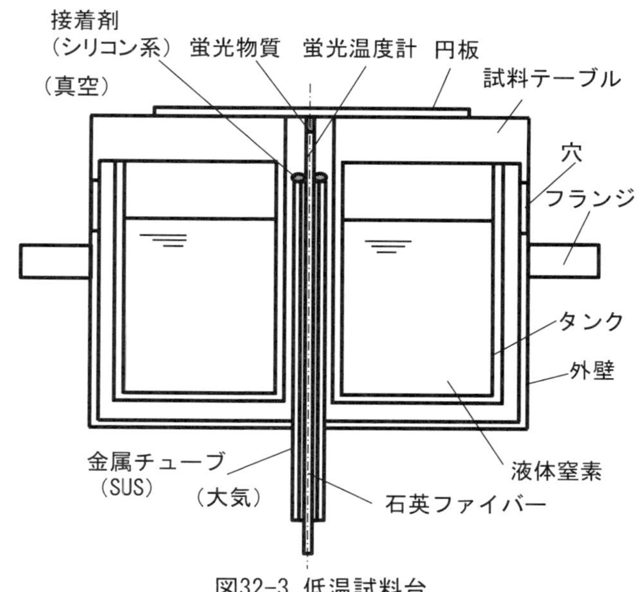

図32-3. 低温試料台

原因

石英と金属チューブの接着部が低温になり、両材質の熱膨張率の差で接着部に隙間が生じたことにより、漏れが発生した。熱膨張率を比較してみると、次のような値である。

①シリコン系接着剤：5.5×10^{-5}

②石英：5.5×10^{-7}

③ SUS：17.3×10^{-6}

対策

対策を行った蛍光温度計の構造図を、**図32-4**に示す。大気側と真空側で、金属チューブ端部と石英ファイバーの隙間に接着剤を注入した。ただし、真空側の接着剤は石英ファイバーの位置決めが目的で、真空シールの機能は持たせてはいない。真空シールは大気側の接着剤で行っている。大気側の接着部の温度は定常状態に達しても10℃前後で、低温度になることはない。また、金属チューブにガス抜きのための穴を開けて、両接着剤の間に溜まったガスを排気する構造としている。

解説2 蛍光温度計

熱電対や測温抵抗体、サーミスタのような電気式温度計では計測困難である高周波、マイクロ波または高電圧の環境下において計測可能な接触式の温度計測器で、特に低温側の温度計測に利用される。

この温度計は、各社から提供されており、メーカーの仕様は次のとおりである。

項番	項目	仕様
1）	温度範囲	－200～330℃
2）	精度	±0.2℃
3）	特徴	電磁波の影響を受けない
4）	用途	半導体製造装置：CVD 医用：MRI

出所：兼松PWS株式会社
（http://www.pwsj.co.jp/items/parts/157/）

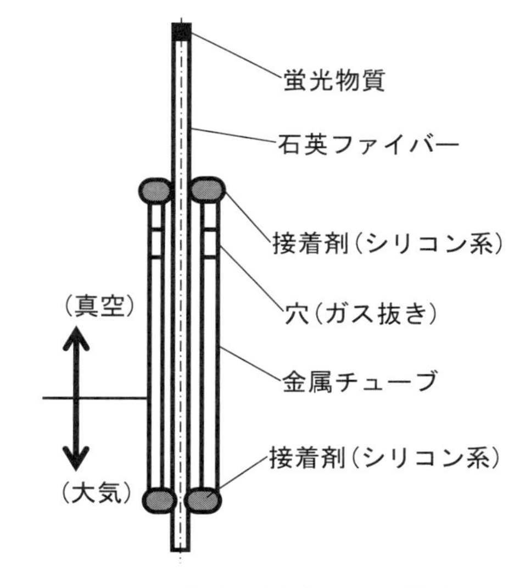

図32-4. 対策後の接着シール構造

解説3 ビルドアップ法

真空ゲージを用いて、真空状態の悪化を圧力値として計測し、真空リークを含めた漏れ等を簡便に判定する方法である。**図32-5**を用いて、その計測方法を説明する。

真空排気中に、バルブを用いて封止した状態で、時間とともに変化する圧力値を計測して判定する。圧力を悪化させる要因としては図に示した項目があり、これらを次ページの表で説明する。この表には、容器内部に侵入するガスが7種類記されており、透過と放出のガス種に分けることができる。容器の体積と圧力悪化の変化がわかれば、容器内で増加した**ガス量を定量的な値であるPV値**（圧力と体積を掛け合わせた数字）で示すことができる[解説4]。残念ながらこの方法では、増加したのガスの種類と、その発生原因を特定することはできない。溶接部の接合不良による漏れ量の計測には、一般にヘリウムリークディテクター[*1]が使用される。この方法では、高感度な漏れ量計測が可能となる。

*1）ヘリウムリークディテクターによる漏れ計測はNo43「溶接による真空容器の精度と加工法」を参照

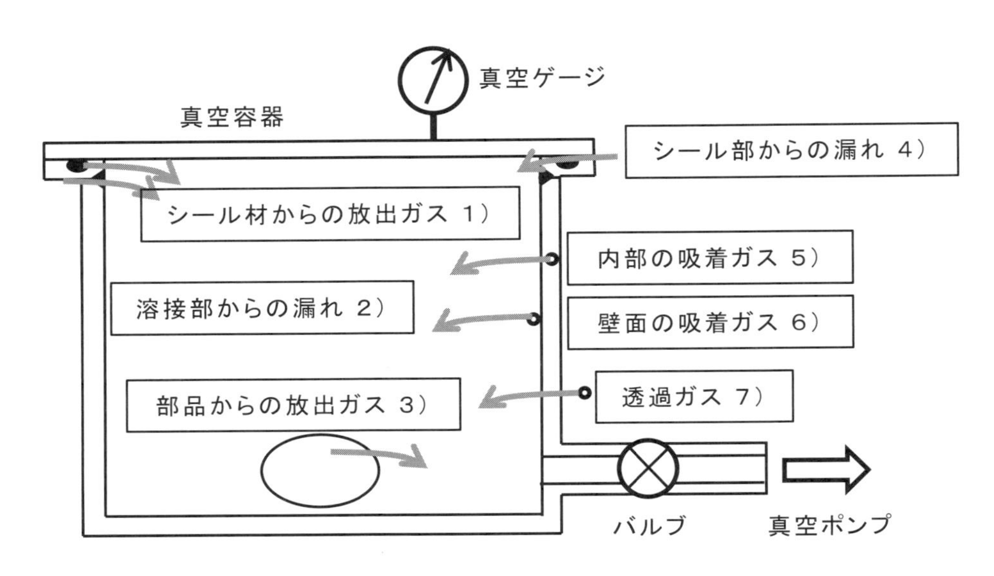

図32-5. ビルドアップによる圧力悪化

項番	項目	内容
1)	シール材からの放出ガス	O リングに代表されるゴム材を用いた真空シール材からは、比較的多量のガスが放出される。その表面に塗布された真空グリースも、圧力悪化の原因のひとつである
2)	溶接部からの漏れ	真空容器の接合技術には、溶接とロー付け技術がある。溶接は接合する両部品を溶融後固化させて一体化する。ろう付けは、ろう材による接合技術である。接合不良で両材の間に隙間が発生した場合は、漏れが生じる
3)	部品からの放出ガス	部品表面に付着したガスが放出される。主成分は水であるが、洗浄不良による油分なども放出される
4)	シール部からの漏れ	金属パッキンを用いたシールでは、その締め付け力の不足、フランジの変形などによりシール部から漏れが発生する
5)	内部の吸着ガス	容器の隔壁の内部に吸収されたガスが放出される
6)	壁面の吸着ガス	容器の表面に吸着した水分を主体とするガスが放出される
7)	透過ガス	軽い気体であるHeなどは容器の壁面を透過して容器内部に侵入しやすい。特にこのHeガスはガラス、O リングのゴム材を透過しやすい

解説4 ビルドアップ法による発生ガス量の定量評価

緒元値

①容器の体積：70 L

②圧力の変化（0秒）：3×10^{-3} torr

（130秒）：2×10^{-2} torr

ガス量の計算

平均圧力：$(2\times10^{-2}-3\times10^{-3})\div2=0.85\times10^{-2}$ torr

ガスの増加量＝容積×圧力÷時間

$=70\times0.85\times10^{-2}\div130=4.58\times10^{-3}$（torr L/s）

ガスの発生量は、上記のように 4.58×10^{-3} torr L/s で、単位は圧力と容積の単位時間当たりの数字となる。

真空機器の放出ガスの定量的な簡易測定法として、ビルドアップ法を理解できたと考える。真空装置を運用する際、圧力の診断法として、到達圧力と共に使用可能で、真空装置において圧力ゲージとバルブによる密封室の関係で、その放出ガスの大雑把な発生個所を特定できる。

ここで、示した大雑把な発生個所の特定を説明すると、真空装置が図32-6に示すようなその中央部にゲージを取り付けた室とその周囲にバルブを配置した複数個の室の構成となっていた場合、漏れの真空室を特定できるということである。

バルブ1	バルブ2	バルブ3	漏れ室
閉	閉	閉	室A
開	閉	閉	室B *1
閉	開	閉	室C *1
閉	閉	開	室D *1

*1）室Aに漏水がなかった場合

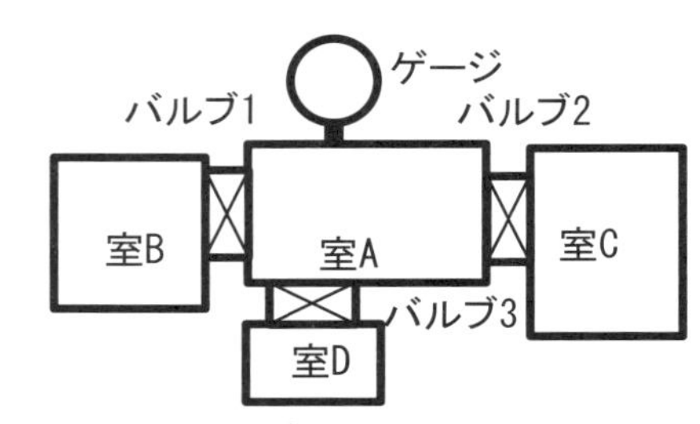

図32-6. ビルドアップ法による漏れ室の特定説明図

33 旋削加工後のフライス加工他による被加工部品の変形

事例1

（内容）

図 33-1 に、真空容器の製作図面を示す。この真空容器はパイプ、両端のフランジ 1、フランジ 2 およびパイプに取り付く 4 個の枝管で構成されており、それぞれの部品は溶接で一体接合する。この真空容器のインロー部（φ 486 公差 +0.5 ～ +1.0 寸法）には、右図の石英部品の外径がはまり込む構造となっている。この石英部品の外径寸法はφ 486 ± 0.2 の公差で、真空容器にすきまばめで挿入する。

このフランジ 1 部品の製作図面を、図 33-2 に示す。フランジの厚みは 43mm、外径 550mm で、その中心には内径 470mm の穴、側面には切り欠きが加工されている。切り欠きは合計 3 個で、中心距離 260mm の面落としと 2 箇所の凹形状である。

本真空容器の加工手順は次のとおりである。

項番	工程	内容
1）	各部品の製作	フランジ 1、フランジ 2、パイプ、枝管のフランジ、枝管のパイプの加工
2）	各部品の溶接	パイプにフランジ 1、フランジ 2 の溶接
3）	パイプの穴加工	パイプに枝管を溶接で接合のための穴を加工
4）	パイプに枝管の溶接	パイプに枝管パイプを溶接（枝管フランジ取り付け端面加工は溶接後実施）
5）	枝管の加工	フランジを溶接するために枝管の端面加工（4 ヶ所）
6）	フランジの溶接	枝管にフランジを溶接（4 ヶ所）
7）	真空試験	真空試験により溶接接合部の漏れ検査

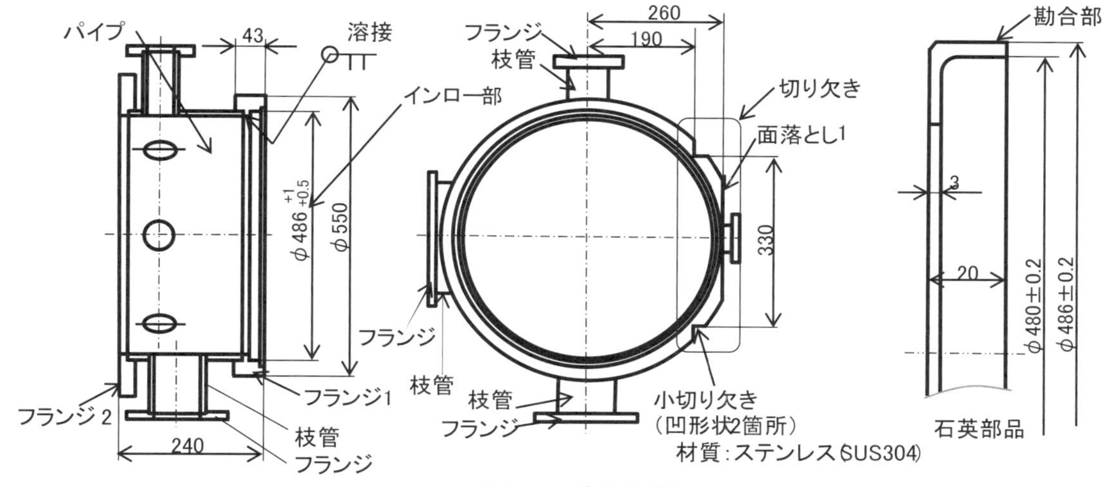

図33-1. 真空容器

1）の工程において、フランジ 1 を加工中に、図 33-2 の右図面で示す通り、破線で示したインロー部の直径φ 486（公差＋ 0.5 ～＋ 1.0）に一点鎖線で示す変形が生じ、変形量の最大値は＋ 1.2mm、－ 1.0mm であった。この変形の原因は、フランジ 1 の側面に加工した切り欠きである。作業を進め、当該フランジ 1 をパイプに溶接後、再度このインロー部の寸法を計測したが、溶接前に部品単体で測定した寸法と変化がなかった。7）の真空試験前の工程まで作業を進め、最終加工工程でインロー部の追加工を実施して、石英部品が挿入できる寸法に仕上げた。仕上がり寸法はφ 487.5mm とした。

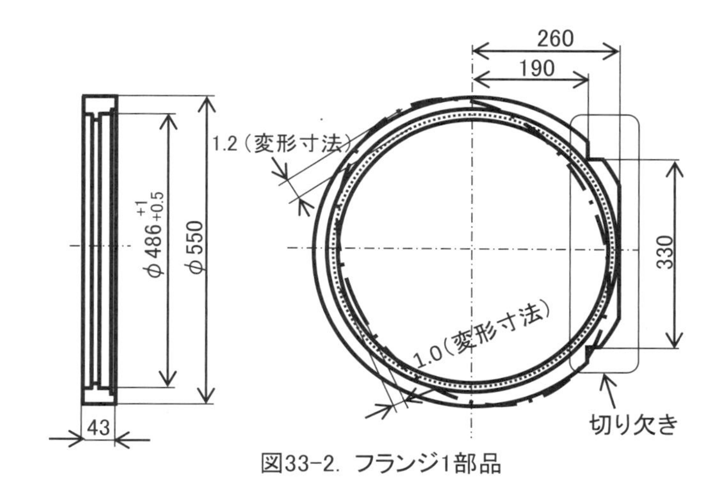

図33-2. フランジ1部品

（得られた知見）

外径 500mm、内径 450mm 程度のフランジは、加工の際、切り欠きによって 1mm 程度の変形が生じる。フランジに、1mm 程度の変形が問題となる公差が記入された穴加工がある場合、切り欠き加工後に公差穴を仕上げる手順とする。すなわち、フライス盤を用いた切り欠き加工によって変形を生じたフランジに、公差穴の最終加工を行う工程手順とする。

事例２

（内容）

図 33-3 に、窓穴付きパイプの加工図面を示す。材質はステンレス（SUS304）で外径 315mm ± 0.5、内径 301mm、長さ 180mm のパイプの円周部に、120°の範囲にわたって軸方向に 40mm の窓穴が加工されている。このパイプは別部品に挿入し、挿入穴を基準として回転する。窓は内部を部品が通るためのもので、外径には公差± 0.5mm と同心度 0.5mm が要求されている。この部品の製作工程は、次のとおりである。

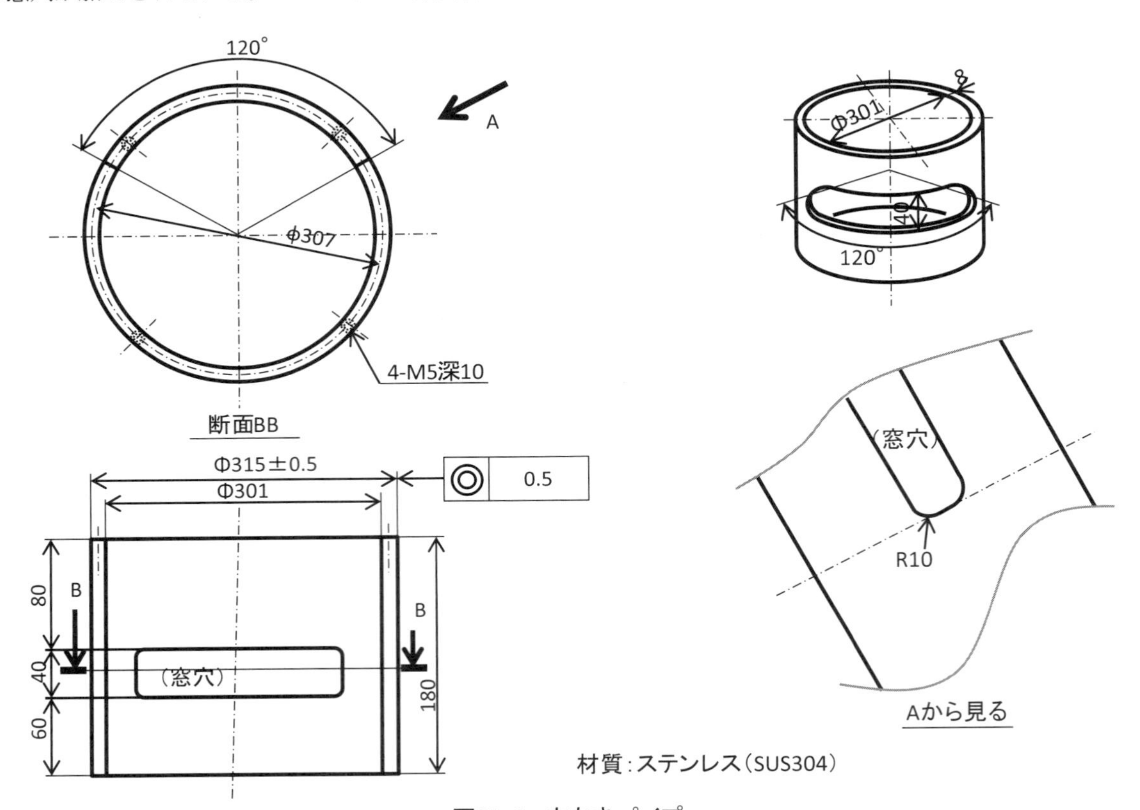

図33-3. 穴あきパイプ

項番	工程	内容	加工機械
1）	外内径加工	旋盤によるパイプの内外径加工	旋盤
2）	窓穴加工	フライス盤による窓穴加工	フライス盤（ロータリーテーブル）
3）	タップ加工	パイプ上端面に 4-M5 深 10 の加工	ボール盤

上記の工程の中で、窓穴加工後のパイプの外径の同心度は 0.8mm となり、図面支持寸法の 0.5mm を超えた寸法に変形していることが判明した。これは、旋削後のパイプの外径に、フライス盤で窓穴を加工する際に生じた変形である。

（得られた知見）

外径 φ 300、厚み 7mm 程度のパイプに 120°の範囲にわたって、40mm の窓穴を加工した場合、0.8mm 程度の変形がパイプ外周に発生する。これは最終加工を窓加工としたことが原因で、この変形の防止は、外径の取り代を 1mm 程度残して、パイプの側面の窓加工を行い、最後に精度が必要な外周加工を行う。ただし、この外周の旋削加工は窓の存在による断続加工となる。

事例３

（内容）

図 33-4 に継ぎ手の加工図面を示す。外径Φ 62mm、内径Φ 50mm 公差 0 ～＋ 0.030mm、長さ 120mm の炭素鋼（S45C）のパイプで、軸方向に長さ 50mm の範囲にわたって幅 12mm の溝が加工されている。この継ぎ手は軸に挿入して使用する目的で、内径には H7（ 0 ～＋ 0.030mm ）の穴公差が記入されており、この穴に相手軸が入ったときに軸に圧入されたφ 12mm 公差 0 ～－ 0.03mm 寸法のピンとはめ合う溝が加工されている。溝の幅は 12mm で、公差 0 ～＋ 0.03mm の加工精度が記入されている。また、相手軸の挿入を容易とする目的で、内径Φ 50mm の溝を加工した端面には C1 の面取が加工されている。この部品の製作工程は次のとおりである。

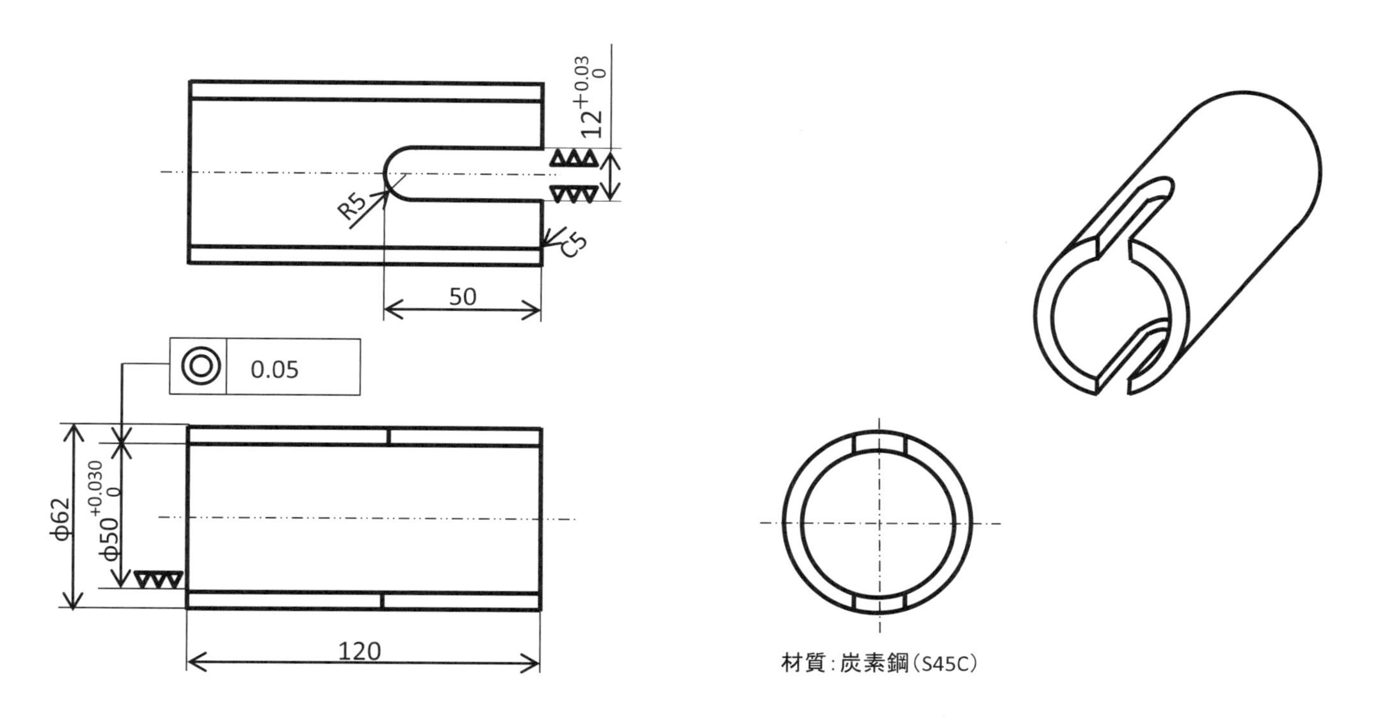

図33-4. 継ぎ手の加工図面

項番	工程	内容	加工機
1）	外内径加工	外径、内径および長さを加工	施盤
2）	溝加工	溝を加工	フライス盤

この工程の中で、項番 2）の溝加工の際、前の工程で仕上げた内径の同心度が 0.08mm であり、図面指定寸法を満足できなかった。

（得られた知見）

外径Φ 60、厚み 6mm のパイプの軸方向に、幅 12mm、長さ 50mm の溝加工を行った場合、パイプが 0.08mm 程度変形する。

事例 4

（内容）

図 33-5 に、円板の加工図面を示す。材質はアルミ（A5053）で、両面と外径面を加工する。厚み方向の寸法に公差が記入されており、両面の表面粗さは 6.3S の精度で、0.5mm の平面精度とする。この部品の製作工程は次のとおりである。

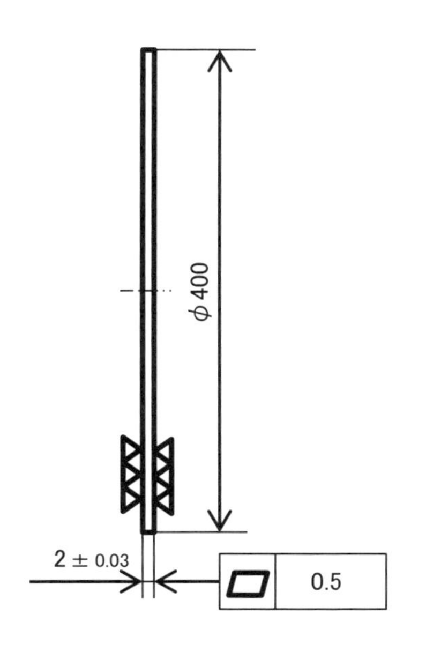

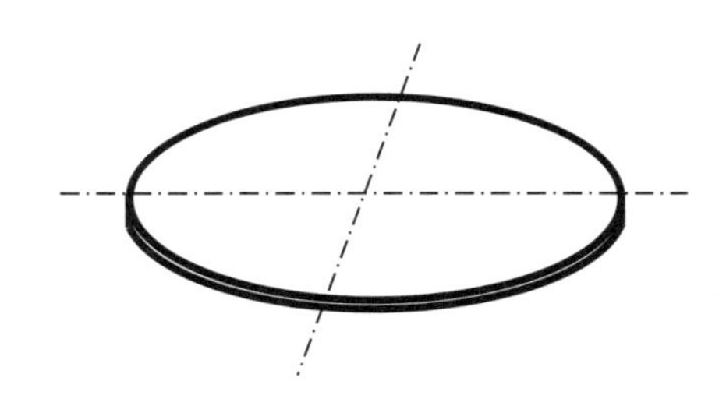

材質：アルミ（A5053）

注記
荒加工後、焼鈍（応力除去熱処理）を行うこと

図33-5. 円板の加工図面

項番	工程	内容	加工機械
1)	荒加工	厚み方向の取り代を1mm残し、 チャックは真空吸着とする	旋盤
2)	熱処理	200℃ 1時間保持、炉冷処	加熱炉
3)	仕上げ加工	図面寸法に厚みの仕上げ チャックは真空吸着とする 1) 工程での取り代が0.2mm以下となるよう加工	

この工程で作業を行ったところ、平面度が2.5mmととなり図面で指示した精度に対して、その5倍の数字となった。

(得られた知見)

外径400mm、厚み2mmのアルミ材に全面旋削加工を行った場合、平面度は2.5mm程度となる。

(まとめ)

機械加工による部品の変形に関する事例を挙げて、定量的に変形量を示したが、変形量は、加工条件によって大きく変化する。加工条件は次に示す項目で、一回のパスにおける加工量を小さくし、変形量を減ずる加工を行う。

項番	項目	内容
1)	使用する加工機	丸形状の高精度加工は旋盤加工可能であるが、旋削した丸軸にフライス盤で溝などを加工した場合、旋削による丸軸の加工精度が悪化する
2)	切り込み量	切り込み量が大きいと、変形量は大きい。仕上げ加工は切り込み量を小さくして、形状精度を満足する高精度加工を行う
3)	送り量	送り量が大きいと、変形量は大きい。仕上げ加工は、送り量を小さくして、形状精度を満足する高精度加工を行う
4)	熱処理	荒加工後の加工ひずみ除去のための焼鈍熱処理は、加工変形を小さくする手段として有効。粗加工後に本処理を実施し、続いて仕上げ加工を行う

エンジニアの忘備録 18

対策作業を進めるにあたり

トラブルシューティングは、次の手順で進める。

①対象の観察による原因の推定と、評価による原因究明の作業で、定量的な評価が原因の特定に有効

②トラブル解決のための複数の対策案の考案

③複数の対策案の星取表を作成し、実施する対策を決定

③の対策案決定の星取表の評価項目は「効果」「時間」「費用」で、これらについて優劣を決め、対策を実施する。不具合が見つかって対策を実施する時期は、後半の組み立て調整工程である場合が多く、時間に関しては極めて厳しい状況となる。そこで、疑わしい対策を複数個同時に打つこともあるが、この場合、トラブルの原因は特定できないことが多い。

対策は、対象の規模、組み立て状況など、それぞれのケースによって進め方が異なる。特に対策がきついのは、前述したように、問題を解決しなければ、計画通り進んでいる組み立て作業が止まる状況である。担当者は次の朝までに現場に対策を提示しなければならず、夜を徹して対策案を作成し、対策図面が完成するまでは帰宅できない状況となる。

朝、対策方針を工務担当者に説明して、「OK」をもらうと、その足で現場に行って説明する。場合によっては、対策図面を持って現場を走り回り、それぞれの加工担当者に依頼しなければならないこともある。体力と気力を使う仕事で、対策が終了するとへとへとになる。最初の対策が期待通り動かず、2度3度と同じ対象に対して手を打たなければならないときは、更にしんどい作業となる。

私が経験した困難な対策の一つは、会社に入って3年目に担当した工作機械である。それは鏡面旋削用の加工機で、測定・評価をいくら繰り返しても、加工面が悪化する原因を特定することはできなかった。そこで、原因が特定できないままに手を打ったのだが、一向にその現象は改善されなかった。このような経験から、一連のトラブルシューティングの対策作業の中で、原因の特定が最も重要であるという結論に至った。原因の特定ができれば、トラブルシューティングの半分は終了したと考えてよい。原因を究明するには、物理現象をちゃんと理解すること、すなわちその現象に対して知識を持つことが重要である。

一連のトラブル対策が終了して装置が問題なく動いたときには、達成感がわいてきて、時間がある限りいつまでもその機械の動きを見ていたい気分になった。

いずれにしても、トラブルシューティングと対策はきつい作業で、これさえなければ、楽に会社生活を楽しむことができるのにと、いつも考えていた。読者の皆様にもおわかりいただけると思うが、その解決策は、一連の開発作業の上流側でトラブルを発生させない構造とすることである。

34 小径長孔の旋削ドリル加工による曲がり

内容

図 34-1 に、長孔加工部品の形状図面を示す。軸部と角部で構成された長物部品で、軸部の中央にはΦ 10.5mm の穴があいており、この穴の両端はφ 14mm の段差構造となっている。全長は 330mm、穴部の仕上がり長さは 230mm で、当該加工部品の諸元値は次のとおりである。

①材質：S45C

②硬化処理：軸部表面に高周波焼き入れ処理 (内径加工後)

③穴部の加工工程：

a) 穴加工を含む軸加工時、旋盤加工用の掴み代を付加する。掴み代は部品の両端に図 34-2 に示すように取り付けた

b) 穴加工時、角部の内部に肉が付いているため、穴加工長さはその全長に旋盤の掴み代 (約 10mm) を加算した 350mm となる

c) 旋盤のドリルにより、φ 10.5mm の穴を加工する

d) φ 10.5mm の穴は 350mm と長いので、両側から加工し、中央部でつなぐ構造とする

e) φ 8mm で下穴加工を行った後、φ 10.5mm の仕上げ加工を行う

この加工を行ったところ、組立時に、図 34-3 に示す挿入部品との干渉が発生した。この部品は、穴の段差部であるφ 14mm 部に滑り軸受けとなるカラーを圧入し、これに直径φ 10mm の軸を通して使用する。このとき、図中φ 10.5mm の内径の逃げ穴部で軸との干渉が発生した。この部分の隙間の設計値は、片側 0.25mm（＝（10.5 － 10）÷ 2）である。原因は、加工によってこの隙間を越えた変形が発生したためであった。

図 34-4 に、旋盤で丸棒の中心にドリル穴を加工する写真を示す。この写真と同様な方法で、図 34-1 に示す部品を加工した。旋盤回転部の 3 つ爪チャックに固定した加工部品を、センター押し台のテーパシャンクに固定したドリルを用いて加工する。切り込み動作は、ドリルの取り付いた芯押し台を、ラックピニオン機構によって滑り台上を移動により行う。発生する切りクズをドリルの左右移動で排出し、切削油を刷毛でドリルに塗布しながら、穴あけ作業を行った。加工中は、切り込み、切りクズの排出をこまめに行った。

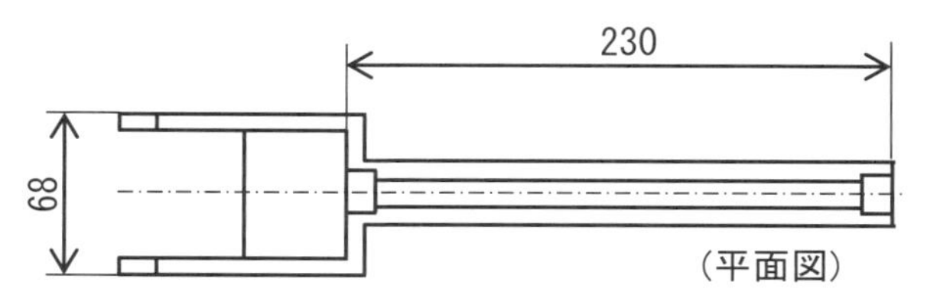

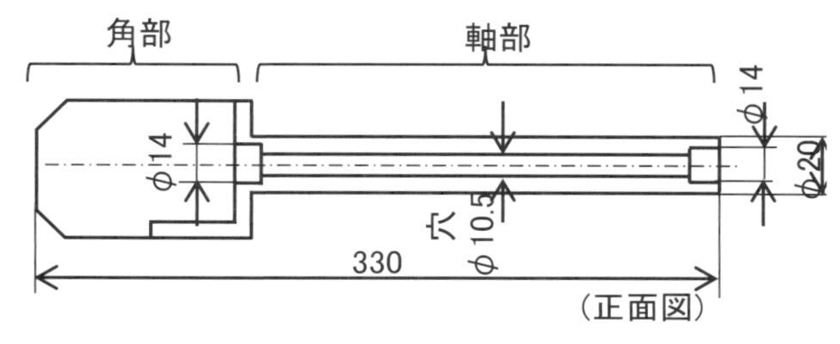

図34-1.長孔加工部品の形状図面

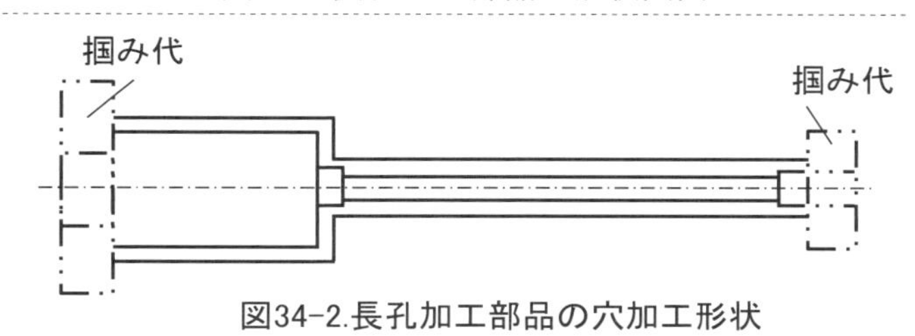

図34-2.長孔加工部品の穴加工形状

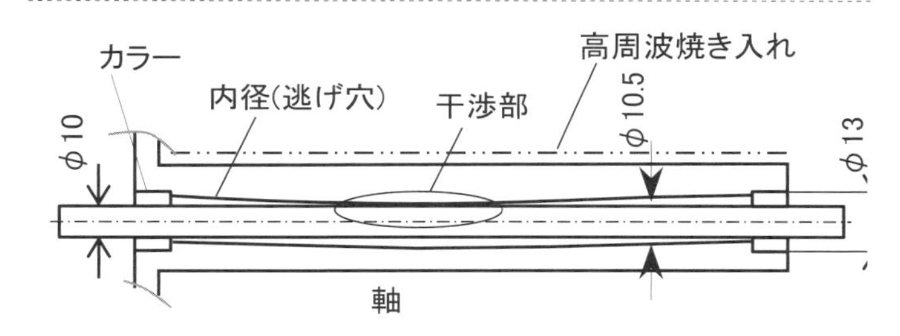

図34-3.干渉説明図

図34-4. 旋盤によるドリル穴加工

出所：国立研究開発法人海上技術安全研究所
（https://www.nmri.go.jp/eng/khirata/metalwork/lathe/drill/index_j.html）

原因

変形の推定原因

(1) 旋盤によるドリル加工の際の穴の振れ：0.3 ～ 0.5mm

(2) 軸部の高周波焼き入れ時の変形：0.2mm 以下を焼き入れ前後の形状変形から確認

この干渉問題は加工した 72 本の部品中、5 本で発生した。

対策

旋削加工で逃げ穴部の寸法を片側 0.1mm 広げ（φ 10.7mm）軸との干渉を防止する構造とした。

(得られた知見)

ドリル加工は、通常、穴径の約20倍の深さの穴加工が可能である。ただし、この深さは材質によって異なる。これ以上の穴を空ける場合、貫通穴に対しては、上記のように、両側から加工して中央部で繋ぐ構造となる。穴が長くなるほど、加工された穴の直進精度は悪化する。今回の加工トラブルから得られた穴の振れ量の経験値を、次に示す。

(1) 材質：S45C
(2) 穴径：φ 10.5mm
(3) 振れ量：約0.3mm(片側)
(4) 穴長さ：350mm

以上から、設計指針は以下のとおりとする。

(1) 通常の旋盤を用いたドリル加工では、長穴は曲がる。
(2) 振れ量は、材質が鋼の部品にφ 10mmの穴を200mmの深さに加工する場合、約0.3mmである。
(3) 穴の干渉が問題となる場合は、余裕を持った逃げ寸法とする。

上記の場合、干渉を防止する高精度の穴形状を得る方法として、ガンドリルを用いる加工方法がある。ガンドリルで穴を加工済みの素材を、素材メーカーから購入することも可能である。

ドリルによる穴加工について

項番	項目	内容
1)	ドリル加工による穴深さ	通常のドリル加工では：L/D = 20 L：穴深さ D：ドリル直径
2)	ドリル加工による穴精度	真円度の良い穴は加工できない。 穴精度（直径）を良くするためには、ドリル加工時には取り代を0.2～0.3mm残し、ドリル加工後にリーマ加工を行うが、リーマ加工は穴の真直度を改善することはできない。
3)	ドリルにより、精度の良い穴を加工するには	できるだけ太いドリルを用いて、穴深さの短い加工とする。 治具ボーラーなどの高精度穴加工の専用機を用いる。

小径で長穴を高精度に加工するガンドリルと専用マシンについて、メーカーのHPを参照して説明する。

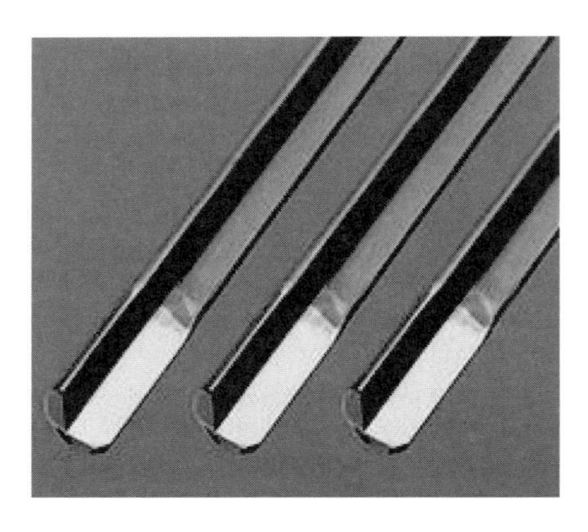

ガンドリル先端形状

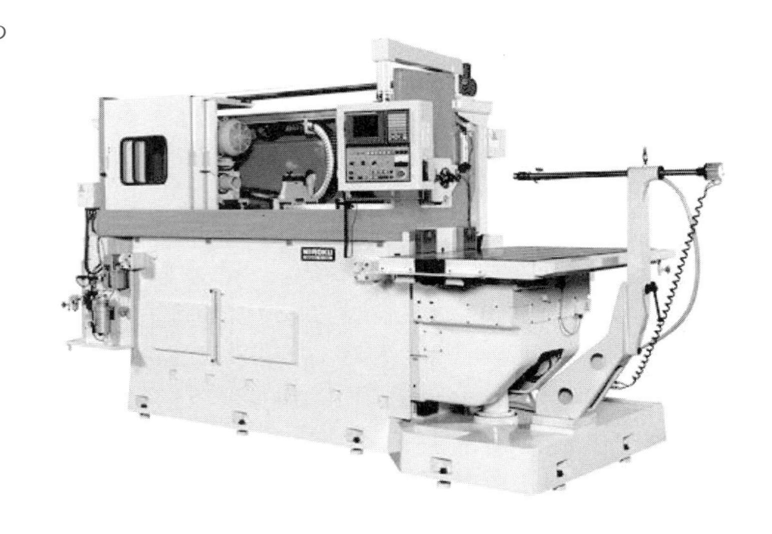

ガンドリル専用マシン

ミロク機械株式会社（http://www.miroku-gd.co.jp/product/gun-machine/small-general/meg-600_800_1000s_1000.html）

ガンドリルマシン（Gun Drill Machine）とは元来、文字通り小銃や猟銃などの穴をあけるために開発された機械であることから、このように呼ばれるようになった。ガンドリル方式による切削は、ポンプで高圧の切削油を供給しながらドリルを回転して行う。高圧の切削油は、ドリル内部の油穴を通って、上写真のガンドリル先端形状に示す刃先から噴射し、この流れに切りクズをのせ、回転するシャンク外側のV溝をとおって切りクズを外部に排出する。

[ガンドリルの特徴]

1) 深穴加工を高能率で行うことができる
2) 高精度の穴が得られる
3) 良好な仕上げ面が得られる
4) 小径穴に向いている（φ 3～φ 30）

出所：株式会社 藤原製作所
（http://fujiwara.m78.com/gundoril/gundrill.html）

35 ドレスツールの移動精度向上による研磨パッドのドレッシング

概要

図35-1に、回転する研磨パッド上で円板のラップ加工を行う研磨装置の、研磨パッドの目立てを行うドレッシングの作業を示す。**ドレッサー**[解説1]は、ダイヤモンドの小粒を埋め込んだ円板状のドレスツールを先端に取り付け、その自転と揺動運動によって、研磨パッドの平坦加工を行う。ドレスツールの自転は、研磨パッド近傍に取り付けたDCモーターで行う。また揺動運動は、揺動中心近傍に配置した揺動モーターの回転運動を、揺動運動に転換する機構で得る構造となっている。ドレスツールは、エアシリンダーを用いた上方向の移動により、研磨パッド面から離れる動作が可能となっている。この上下運動と揺動運動は、**ボールスプラインと回転軸受けによる同軸2重転がり構造**[解説2]、すなわち外周の溝に鋼球を配置した回転運動案内機構と、内径にころ、または鋼球を配置した上下運動伝達機構で実現している。

研磨パッドは回転テーブル上に張り付けて固定しており、軟質樹脂材を使用している。回転テーブルの駆動は、軸受けの下部に配置するテーブルモーターで行う構造となっている。テーブルモーターは取り付け台で架台に取り付いている。

図35-2に、2個の円板を同時に加工するラップ盤を示す。被加工部品である円板は、ホルダーブロックの下面にワックスを用いて固定し、これを回転テーブル上の研磨パッドに接触して置く。テーブルが回転するとホルダーの連れ回り（自転）によって円板に回転運動が発生し、研磨パッドと円板の相対運動でラップ加工を行う。研磨剤は、適宜接触面に供給する。ラップ加工では研磨屑が研磨パッドに付着し、ラップ加工を阻害することになるので、**図35-1**に示したドレッサーで、研磨パッドの目立ても、合わせて行う。この研磨装置で円板の平坦化加工を行ったところ、円板の平坦性が外径のφ115mmの面内で22μmと、当初計画した目標10μmに対して約2倍強の値となった。

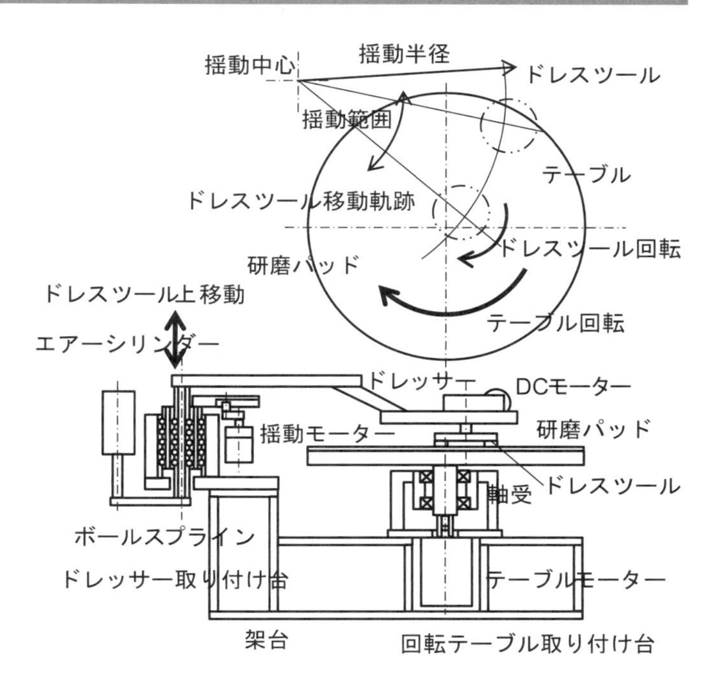

図35-1. 研磨パッド面のドレッシング作業図

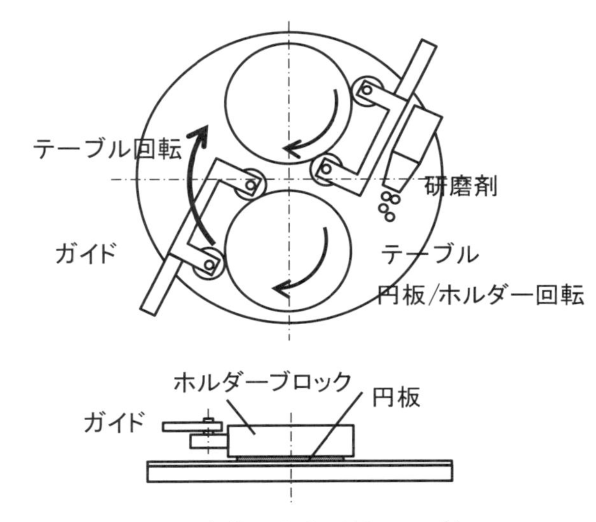

図35-2. 研磨盤による円板ラップ加工

解説1 ドレッサー

ラップ研削作業を行う場合に砥粒による加工状態を良好に保つ成形作業をドレッシングと呼び、液体に浮遊させた浮遊砥粒を使用する方法と、砥粒を加工工具となる砥石に固定する方法がある。両者は、加工メカニズムに差異はあるが、考え方は基本的に同じである。ここでは、浮遊砥粒と固定砥粒の両者の事例を説明する。

図35-3に、砥石と被加工部品が接触する部分の、研削加工中の拡大図を示す。ラップ作業では、浮遊砥粒が平面パッド上の研磨液中に、浮遊した状態で存在しており、この砥粒が被研削部品を加工する。浮遊砥粒は、パッド表面に一部埋め込まれて、ラップ加工に寄与する。被加工部品から削り取られた削り粉は、研磨パッドに埋め込まれる。この状態で研磨加工が進展すると、研磨粉を納める空間が削り粉で埋め尽くされて、加工が困難になる。

一方、固定砥粒の場合は、結合材内に埋め込まれてた砥粒が被加工部品と接触することで加工が行われる。このとき、被加工物から発生する削り粉は砥石表面に形成された空間に入り込むことになる。削り粉が砥石表面を覆ってしまうと、加工が困難となる。

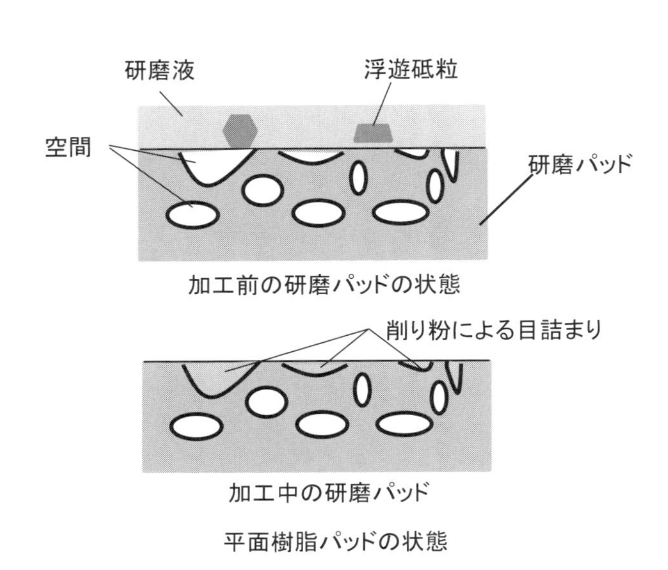

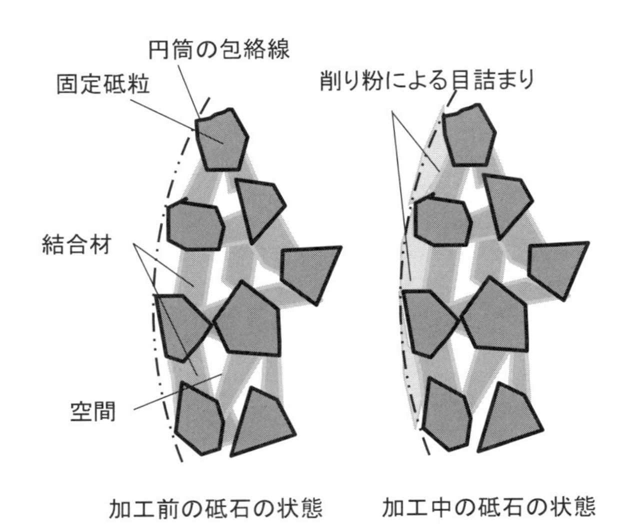

図35-3. 樹脂パッド、研削砥石加工面拡大図

こうして発生する、加工継続が困難な状況を打開するために、研磨パッドや砥石の表面をドレッシングする必要がある。両工具の研磨部のドレッシングについてその内容を下表に示す。

ドレッシング作業には、加工面の改善作業とともに、それぞれの加工に対応した形状に成形する機能も要求される。ドレッシング作業は、下表に示す各種のドレスツールを用いて行う。今回の事例で用いたドレッサーは、金属平板の端面にダイヤモンドを固定した構造で、表中に示す「インプリドレッサー」である。

[研磨力喪失のメカニズム]

項番	種類	内容
1)	ラップ盤研磨パッド	研磨パッドの微細な穴に入り込んだ削り粉を除去する作業で、微細孔に詰まった削り粉が微細穴内で固化した場合、削り粉が出入りする孔がなくなり、研磨剤が機能するメカニズムが消失し、研磨能力が低下する。
2)	研削盤砥石	研削砥石は円板形状をしており、円板の円周面で、被加工部品を研削加工する。この砥石内の結合材に埋もれたダイヤ砥粒の刃先を突出させる作業で、当該砥石の研削能力を維持した状態で研削加工を行うには、常にダイヤ砥粒の刃先が突出している必要となる。

[ドレスツールの特徴]

項番	項目	内容
1)	単石ドレッサー	研磨加工されていない１個のダイヤモンドを軸に固定したドレスツール
2)	フォーム用ドレッサー（楔形）	楔形に研磨した１個のダイヤモンドをシャンクに固定したドレスツール
3)	ポイントドレッサー	先端を円錐形状、又は角錐に研磨したダイヤモンドを軸に固定したドレスツール
4)	多石ドレッサー	複数のダイヤモンドを軸に固定したドレスツール
5)	プレードドレッサー	多石ドレッサーの一種で、複数のダイヤモンドを１層に配列したドレスツール
6)	インプリドレッサー	多数のダイヤモンド砥粒を金属結合材で固結したチップを取り付けたドレスツール

出所：旭ダイヤモンド工業株式会社（http://www.asahidia.co.jp/products/1549/）

解説2　ボールスプラインと回転軸受けによる同軸２重転がり構造

転がり運動によって軸方向移動と回転移動を可能にする機械要素はロータリーボールスプラインと呼ばれ、メーカーから供給されている。メーカーのHPから入手した外観図を、**図35-4**に示す。ロータリーボールスプラインは、転がり軸受けの鋼球による直線動作とクロスローラー（ころ）による回転動作をコンパクトにまとめ上げた構造で、内側にスプライン軸、外側に回転軸受けを配置している。スプライン軸の直線移動は、鋼球がスプラインの軸上を転がることにより摩擦を低減し、その鋼球はスプライン軸受けの内部で循環する。スプライン軸受

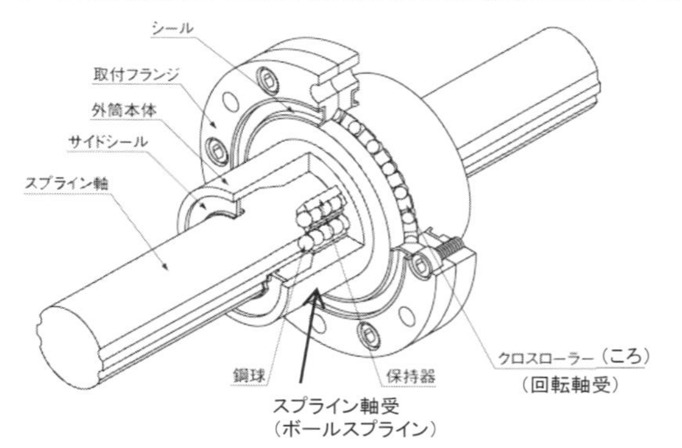

図35-4. ロータリーボールスプライン外観図
出所：日本ベアリング株式会社
（http://www.nb-linear.co.jp/product/lineup/ballspline/spr.html）

けの外周部にはクロスローラーが配置され、回転軸受けとして機能する。図35-4に、参考として滑り方式によるスプライン軸を示す。スプライン軸とスプライン軸受けの嚙み合いで両部品の回転方向の移動を拘束し、両部品の間で回転力を伝達する構造となっている。

ボールスプラインは、加わる荷重によってサイズの異なるものが用意されている。設計者はニーズに合わせて、選定し、使用することになる。選定の際は、次の仕様を定量的に決めなければならない。

①スプラインの移動距離
②スプラインの移動速度
③回転速度
④モーメント荷重

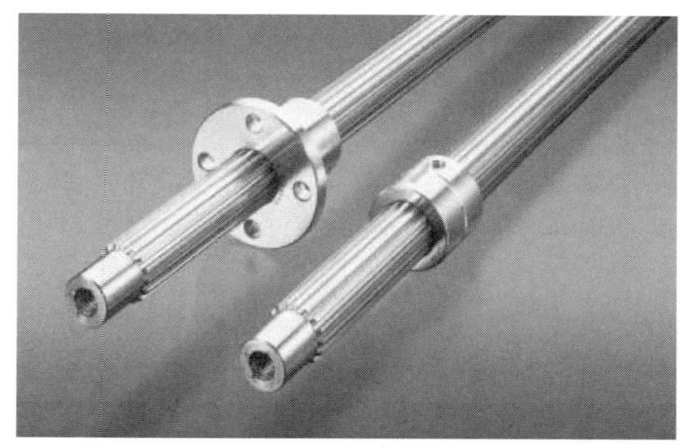

図 35-5　滑りスプライン外観図

出所：ＴＨＫ株式会社
(http://www.directindustry.com/ja/prod/thk/product-328-409824.htmll)

ボールスプラインを用いた構造例を、図35-6に示す。これは医療用の分注器で、検体の血液などに試薬を自動分注する機構の外観図である。アームの回転方向に配置した試薬チューブ内の液体を､別の血液チューブに分注するために用いる機構で、構造は次のとおりである。

①回転運動によるｒΘ座標系の平面運動と、上下移運動によるｚ方向の３次元運動により、ピペットが移動する空間内で位置決めを行う。
②駆動部のモーターは、固定側に配置する。
③転がり軸受けで被駆動部品を案内する。
④ピペットの回転駆動は、パルスモーターの回転をタイミングベルトでスプライン軸受けに伝え、内部のボールスプライン軸の回転運動によって得る。
⑤ピペット上下駆動はパルスモーターの回転をタイミングベルトでボールナットに伝え、ボールナットと嚙み合うボールネジの上下運動によって得る。
⑥ピペットの位置決めは、駆動するモーターに投入するパルス数で制御する。

この構造の特徴は次のとおりである。

①回転中心部に駆動機構が集中しているので、アームがカバーする範囲を周囲に広く確保できる。
②駆動機構系をコンパクト形状にまとめることができる。
③被駆動部品の軽量化が可能で､高速移動が可能な機構となる。

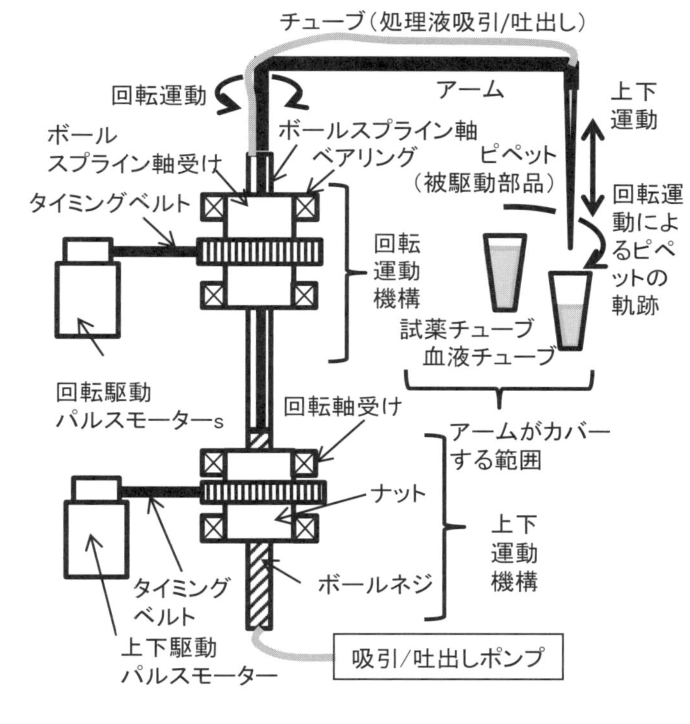

図35-6. 分注器の構造

この構造の特徴とロータリーボールスプラインの関係を示すと、以下のとおりとなる。

項番	特徴	ロータリースプラインと分注器の機能などの関係
1)	コンパクトな駆動機構	被駆動部品の主要駆動機構であるロータリーボールスプラインとボールネジが一体構造でまとめられており、コンパクト構造である
2)	被駆動部品の高速移動	駆動機構に転がり軸受けが使用されており、転がり軸受けによる低摩擦が被駆動部品の高速移動を実現している

原因

円板の平坦加工で目標値を達成できなかった原因は、研磨パッドの平坦性の悪化である。研磨パッドの平坦性は、**図35-7** に示す加工面における平坦度で、ラップ盤の回転軸に直角の加工面からの高さ分布を計測する。計測した平坦性は、仕様値 50 μ m以下に対して 150 μ mと、大幅に仕様値を上回っていた。

研磨パッドの平坦性が 150 μ mとなった原因は、ドレスツールの揺動動作の移動方向と、研磨パッド回転軸の平行度が 200 μ mと、悪いことが原因であった。この計測は、揺動アームの先端にマイクロメーターゲージを取り付け、研磨パッドを取り付ける回転テーブル表面との距離を計測して得た。

なお、回転テーブルの上下方向の回転振れは 10 ～ 20 μ mである。これは、回転テーブルの固定台から回転テーブル表面の振れ量を、ダイヤルゲージで計測した値である。

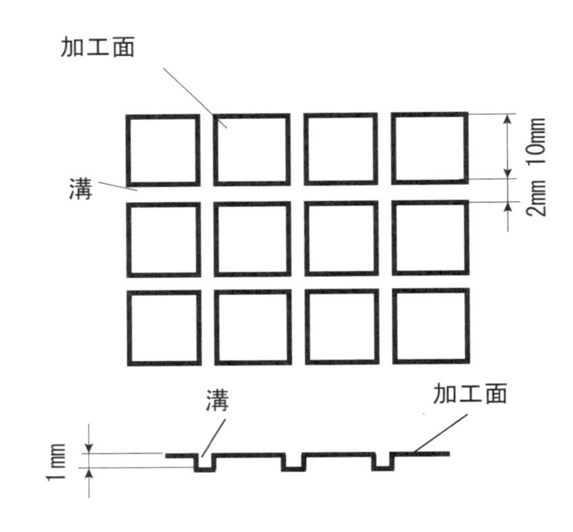

図35-7. 研磨パッド表面形状

対策

ドレスツールの揺動移動を、回転テーブルと平行とした。この平行調整を行うために、ドレッサー取り付け台と架台の間に、高さ調整機構を配置した。この高さ調整機構は、揺動動作で平行度を計測しながら調整を行い、平行度を30 μ mに調整した。

このドレッサーはプログラムドレス機能を備えている。高さ調整機構と、プログラムドレス機能を合わせて用いることにより、パッド表面の平坦度 50 μ m以下を達成した。

得られた知見

ラップ加工ではラップ面の形状が転写される。被加工部品を平らに仕上げるには、ラップ盤を平坦に仕上げなければならない。ラップ盤の加工面を平らにするには、ドレッサーによりラップ盤加工面を平らに仕上げる必要がある。そのためには、ドレッサー移動軸の精度が加工に及ぼす影響を知ることが重要であり、被加工部品の平坦性を要求されるラップ加工においては、ドレッサー工具がラップ面に対して平行に運動することが不可欠である。このような平行運動加工機械の設計に際しては、以下の方式の中から移動軸を得るための手段を選択する。今回の場合、ドレスツールは平面内で揺動運動しており、調整機構を用いて平面をラップ面に対して平行にした。

(1) 部品精度で平坦性を得る構造とする。

(2) 調整機構を設け、組み立て後の調整で必要精度を確保する。

エンジニアの忘備録 19

トラブルに対する設計者の心構え

トラブルシューティングを実施する際、対策を打ったにもかかわらず同じトラブルが発生するパターンを何度か経験した。今でも記憶している代表的な案件は 3 件で、そのうち 2 件はベアリングの破損、残りの 1 件は溶接部に繰り返し熱荷重が加わったことが原因であった。前者の 2 件については、ベアリングを新品に交換することによって元通り再現するも、修理した装置を引き続き使用していると、同じ期間で同様に壊れた。2 回、同じような事故が発生すると、ひょっとしたら設計が悪いのかと一歩引いて、本腰を入れて原因の究明を始める。この結果、とんでもない設計をしていたことに気が付くわけである。

ベアリング破損の 2 件の事例は、以下のとおり本書でその詳細を解説した。

① No2「小型モーター軸受けの過大荷重による破損」

② No3「遠心力によるベアリングの破損」

これらのパターンのトラブルを経験した場合、なぜ最初のトラブルシューティングでちゃんと手を打たなかったのかと悔やみ、大いに反省する。最大の問題は、事故の再発により発注者との信頼関係が低下することである。

これら 2 つの事例で示したように、いずれも繰り返し荷重による寿命が原因の事故である。ベアリングの場合、一回転で一周期の負荷が加わり、これが繰り返し荷重となって作用する。問題は荷重の大きさで、ベアリングの使用期間は、荷重とベアリングの動定格荷重との関係で決定される。

ほかのトラブルと同様に、原因が判明すると、それは特段込み入った複雑な内容ではなく、トラブルに対する担当者の心構えの問題であることがわかる。自分に限って馬鹿な設計はしていないという自負心が強く、傲慢な態度でトラブルに対応したことが問題なのである。

さらにまずいパターンは、トラブルが発生したときに、事実の確認もしないで、組み立て方法が悪いと勝手に想像し、組み立て作業者の技能を否定するような発言を行うことがある。前述したように、これをやってしまうと加工担当者との信頼関係が大いに傷つき、修復に多大な時間を要することとなる。言ってはいけないことと認識しているにもかかわらず、行きがかり上、思わず口に出た言葉が問題を起こすことになる。トラブルが発生した場合は、「俺の設計が悪かったのかな」と謙虚な態度で臨み、腰をすえてその原因追及を行いたいものである。

36 プログラムドレス加工による研磨パッドの平坦性向上

内容

直径200mm、厚み2mmのセラミック製の円板を、平坦性良く鏡面に仕上げるラップ加工は、30rpmで回る回転テーブルに張り付けた研磨パッドに被加工部品を押し付けて、作業を行う。加工に使用する砥粒は、被加工部品との間に停留するよう、液体に混ぜてパット上に供給し、**研磨パッドの形状を加工面に転写する**[解説1]。研磨パッ ドは、砥粒が停留しやすいように表面に発泡による穴が露出し、さらに平坦な状態に保たなければならない。この目的で使用される、研磨パッド表面を処理するドレッサーの構成を、**図36-1**に示す。

自転するドレスツールを、回転テーブル上に張り付けた研磨パッドに押し当て、その表面を平坦に加工し、さらに表面の発泡空間に詰まった加工粉と研磨粉を除去し、パッドの表面を良好な状態にする。

回転テーブルの直径はφ 640mmでドレスツールの直径はφ 300mmである。ドレスツールの表面にはダイヤモンドの小粒が埋め込まれており、これで、発泡ウレタンのパッド表面の加工を行う。このとき、ドレスツールはモーター駆動による回転運動の円弧の一部を使用した揺動運動を行い、揺動範囲は円周距離にして約20～30mmである。

このドレッシング装置を用いたラップ加工で、被加工部品の平坦度が悪い現象が発生した。原因は、パッドのドレッシング作業において、表面の平坦性を十分に出せなかったことである。研磨パッド表面の半径方向の高さ形状を計測すると、**図36-2**に示すような形をしていた。**図36-2**の横軸は、研磨パッドの半径方向の位置を示しており、その半径R320mmに対して、ドレスツールの寸法を同図に直線で記載している。この研磨パッドの形状は、中心部と外周部が高く、その間が低い形状である。

解説1 ラップ加工における研磨パッドの被加工部品への転写

ラップ作業における加工工具は浮遊砥粒であり、「サイズ」「硬さ」といった物性と、「形状」および被加工物に対する「相対速度」「圧力」「時間」などの条件が加工量を決める。加工量を制御して被加工部品を平坦に仕上げるには、ラップ加工の特性である転写が重要である。すなわち、**図36-3**に示すように、加工面である研磨パッドが凹状態ならば、被加工部品は凸面に仕上がる。逆に、研磨パッドが凸面ならば、被加工部品は凹面に仕上がることになる。

被加工部品を平坦性よく仕上げるには、**図36-3**の最下段に示したように、パッド面を平らに仕上げておかなければならない。すなわち、加工の基準となるパッド面の平らな制御がキーとなる。加工が進むにつれ、被加工部品の初期表面形状などの影響で、研磨パッドの加工面の形状は刻々と変化していく。研磨パッドの変形が生じた場合は、これを平らに修正する作業が必要であり、これが前述したドレッシング作業である。

ドレッシング作業における、回転テーブル上に接着固定された研磨パッドの加工表面形状は、回転テーブルの回転軸中心とした軸対象形状となる。そのため、研磨パッドの平坦化を目的としたドレッシング作業では、**図36-1**に示すように、回転テーブルの半径位置でドレッシング作業を行い、研磨パッドの形状修正をすることになる。

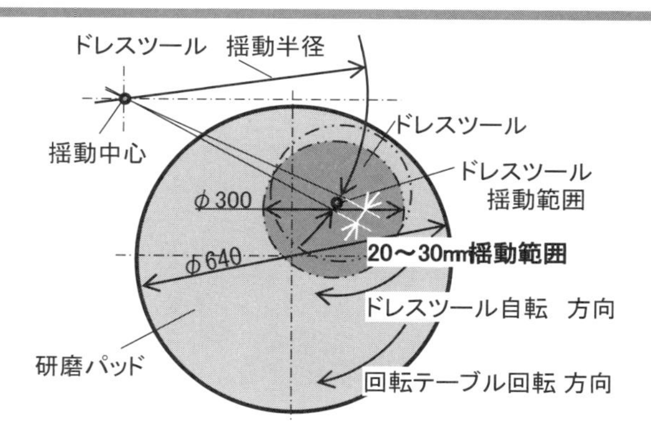

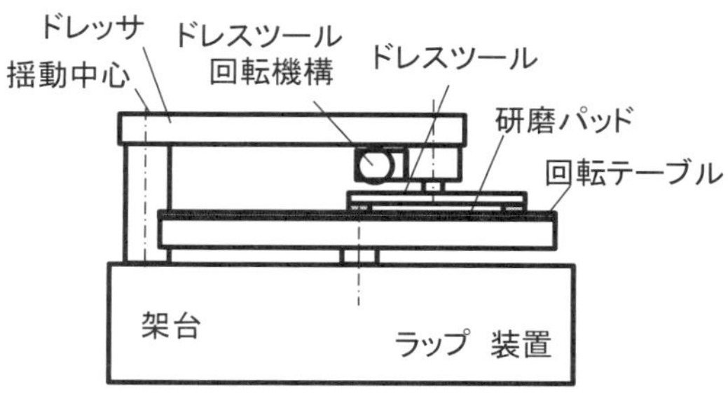

図36-1. ラップ加工用研磨パッド平坦加工用ドレッサー

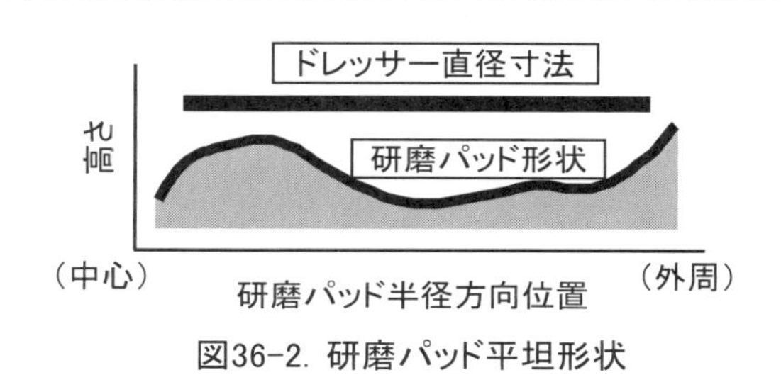

図36-2. 研磨パッド平坦形状

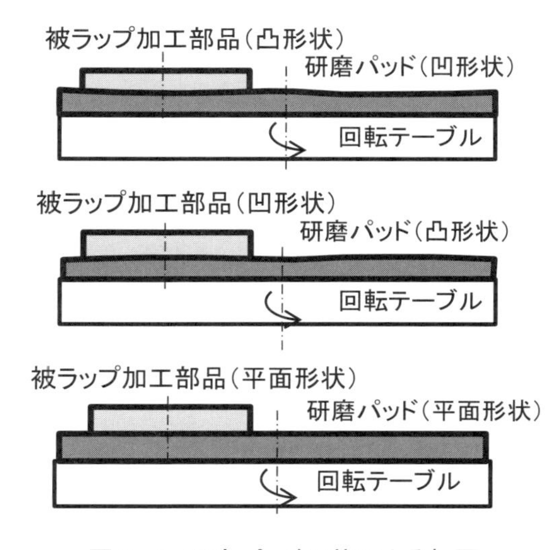

図36-3. 研磨パッド形状による転写

原因

前頁**図 36-1** に示したドレッサーのサイズでは、その直径以下の範囲で平坦性を得ることはできない。すなわち、ドレッサーの直径寸法が、修正するパッド面の半径とほぼ一致しているため、**図 36-2** に示したような半径方向に複数個の山が存在する研磨パッドの加工面を平坦に仕上げることはできない。このドレッシングでは被加工部品の平坦加工はできない、ということである。

対策

対策は以下の２点を実施した。

項番	項目	内容
1）	ドレスの揺動範囲を拡大	ドレスツールの直径を 100mm とし、パッド表面の半径方向位置でドレス作業を個別にできる構造として、複雑形状の平坦化に対応可能とした。ドレスツールと研磨パッドの幾何学的形状に対応して揺動ストロークを大きくし、ドレスツールが研磨パッド全面をカバーできる構造とし、パッド半径方向を個別に細分化して、ドレッシング時間を制御可能とした。
2）	ドレスツールの揺動を制御	ドレスツール移動軌跡を 10 等分し、分割した軌跡内のドレスツールの滞在時間を制御できる方式とした。すなわち、移動軌跡内でドレスツールの揺動速度を変えることができる構造とした。

この対策の結果、パッド表面の平坦性を 50 μ m 以内に修正することが可能となった。

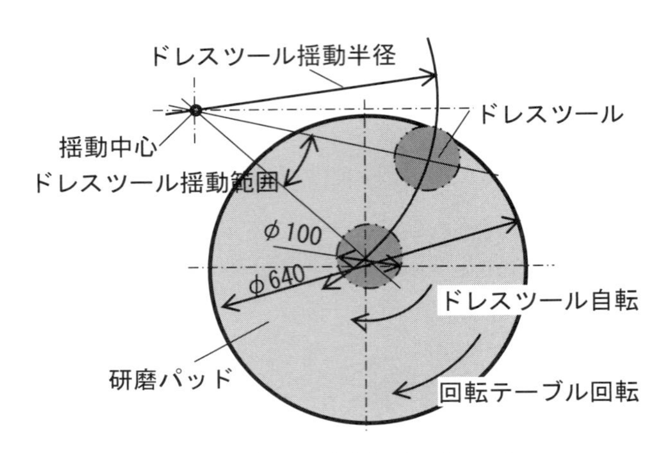

図36-4. 改造後のドレッサー

【ラップ盤について】

研磨加工は、我々の祖先が狩のための石器を作っていた太古の時代から超高速の半導体製造が可能となった現在に至るまで、長期にわたって使用されてきた技術である。砥粒を用いた加工で、加工速度はきわめて遅いが、被加工部品を高精度に仕上げることが可能である。ラップ加工は、研磨加工の構成要素である砥粒、回転テーブル、被加工部品と、これらの相対運動を用いて加工を行う。

この研磨加工を行うラップ盤の主要部品である回転テーブルと加工方法について、その特徴などを説明する。

研磨テーブルの材質と加工の特徴

項番	材質	加工の特徴
1）	樹脂	パッド表面に埋め込まれた砥粒で多孔質発泡ウレタンパッドのポーラス状の表面空間に削り粉を取り込む、樹脂製研磨テーブルによる平滑加工を行う。発泡ウレタンパッド表面にミリメートルサイズの凹凸形状部を設けて、砥粒と削り粉の流れを制御するものも存在する。軟質パッドを使用した研磨加工では、加工の際に被加工部品周囲にだれが発生するので、周囲にダミーの材料を配置するなど対策が必要となる。 この研磨パッドは、金属製の回転テーブルに接着して使用し、ガラス、セラミックス材などの高脆材の加工、半導体の銅配線の製造工程の CMP 技術に広く使用されている。研磨パッドの形状修正と再生はダイヤモンド砥粒を使用したドレッサーを用いて行う。
2）	金属	鋳鉄又は錫をその材料として使用しており、金属、セラミックスなどの被加工材料に対応可能である。表面の円周方向に、断面が３角形状などの独特の連続溝を加工して、磨耗粉と砥粒を収める空間を確保する場合と、溝を加工しない平らな形状で使用する場合がある。溝を加工する場合は、回転円板をラップ盤から取り外し、旋盤で平坦加工と溝加工を行う。溝を加工せず、**ラップ盤に平坦加工システムを仕込んだ装置も存在する**[解説２]。 旋盤加工による回転テーブルの加工面の平坦度が、ラップ盤上取り付け時に再現できるように、回転円板の外周部に、円周方向に溝の切り欠きを加工し、これと直角方向に配置したネジによる弾性変形で**回転テーブルのラップ面の形状を修正する、独自の回転円板平坦補正機構を具備したテーブルも存在する**[解説３]。

薄板円板のラップによる高精度な平行鏡面加工

厚みが 1mm で外径が 100mm の円板の両面研磨加工についてその手順を説明する。

項番	項目	作業図	内容
1）	円板をブロックに接合	円板 ワックス ブロック ホットプレート	融点 50℃程度のワックスを用いて、被加工部品の円板をブロック面に貼り付ける。接着作業は、加熱用のホットプレート上にブロックとワックスを図示するように配置して行う
2）	片面のラップ加工	砥粒供給 ブロック ラップ盤（回転テーブル）	被加工部品である円板を接着したブロックを、自重により、ラップ盤の回転テーブル上に押し付け、浮遊砥粒を用いたラップ加工を行う
3）	平面度計測	ダイヤルゲージ 円板 ブロック 定盤	円板を上に向けて定盤の上にブロックを置き、ダイヤルゲージでブロック、接着剤、円板の厚みを計測する。ワックスの塗布量は少ないので、ブロックの平行度は確保されている。ダイヤルゲージ、または円板を定盤上で移動させ、円板の厚み分布を計測する
4）	修正加工	重り ブロック 砥粒供給 ラップ盤（回転テーブル）	3）で得た、円板の厚みの不均一を修正する。修正は、ブロックに重りをのせて、研磨時間を管理し、加工による取り代を局部でコントロールする。3）の計測作業のと 4）の修正作業のを繰り返し、円板の♀面度を得る
5）	逆面の加工	重り ブロック 砥粒供給 ラップ盤（回転テーブル）	円板の逆面を加工するため、円板をブロックと分離し、円板の加工した面を、ワックスを用いてブロックに再接着する。その後上記の 2）3）4）の作業を繰り返し、円板を平行に仕上げる

解説2 ラップ加工装置に仕込んだ機器による金属回転テーブルの平坦化加工

ラップ盤の回転テーブル面を修正する方法について、説明する。ラップ盤に直線テーブルを取り付け、そこに取り付けた切削工具で、回転テーブル表面加工の平坦化作業を行う（**図 36-5**）。回転テーブルの研磨面を平坦に加工する際に、たとえば直線テーブルの直進移動精度に上下方向 20 μ m の大きなうねりがあれば、回転テーブルは同量の凹面または凸面に加工される。直線移動はできるだけ高精度であることが望ましいが、現実的な精度は回転テーブル上（半径 400mm）で 10 ～ 30 μ m 程度である。この誤差による加工の影響は、上記の表の 3）4）の計測と修正作業で対応することになる。

回転テーブル上の平坦化精度に関しては、ストレートエッジを用いれば、**5 μ m 程度のうねりが確認可能である**[解説3]。切削工具の直線移動は、回転軸に対して直角に固定することが望ましいが、直角から多少ずれていても問題はない。直角からずれた場合、回転テーブルはこのずれ量に相当した形状に仕上がることになる。すなわちテーブル全面では、中心部が高い凸形状、又は中心部が低い凹形状となる。ただしこの場合、切削工具で加工された面は、ストレートエッジで光が通過しない、直線状態に加工されることになる。

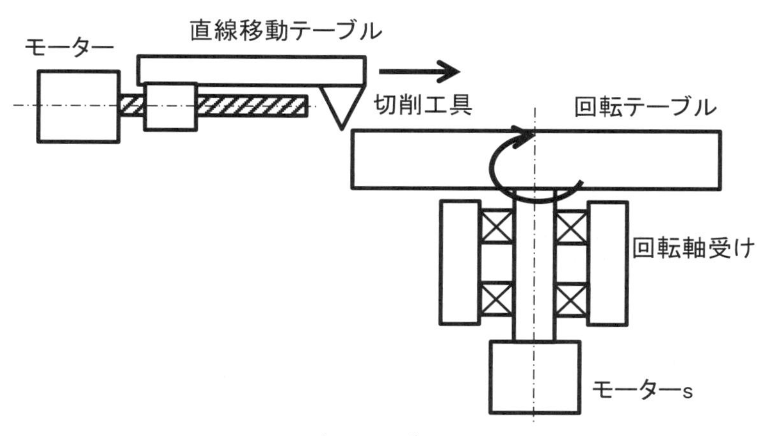

図36-5. 回転テーブルの平坦化加工

解説3　ストレートエッジによる回転テーブルのうねり計測

ストレートエッジは直線精度が良好に加工された金属性の計測工具であり、**図 36-6** に外観形状を示す。この工具のストレート部を被測定部品に押し当て、光の漏れ具合で平面度を計測する。

ストレートエッジは、以下のように加工されている。

① エッジ部は薄刃形状
②刃先の先端はきわめて小さいＲ形状
③焼入れ処理
④ストレートエッジの諸元値

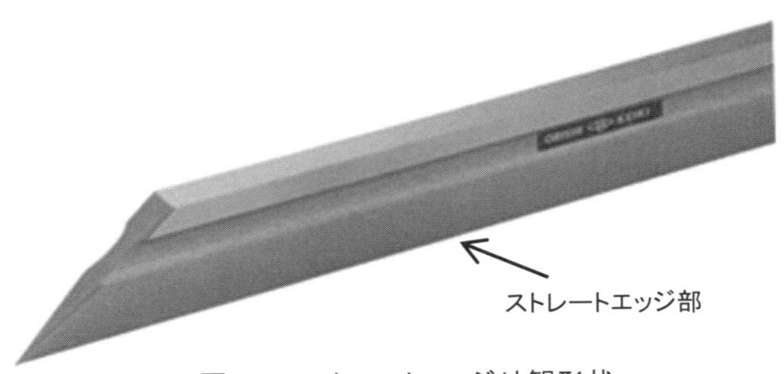

図36-6. ストレートエッジ外観形状

出所：株式会社大菱計器製作所
（http://www.obishi.co.jp/japanese/mi/2/113）

寸法（L × W × Hmm）	真直度（μ m）	質量（kg）
80 × 25 × 7	1.4	0.1
100 × 25 × 7	1.4	0.15
150 × 25 × 7	1.6	0.2
200 × 30 × 8	1.8	0.3
300 × 32 × 10	2.2	0.6
400 × 35 × 10	2.6	0.9
500 × 40 × 10	3	1.3
600 × 45 × 10	3.4	2.5

図36-6のメーカーHPから抜粋

図 36-7 に、ストレートエッジを用いた隙間計測による回転テーブルのうねり測定を示す。これは現場で手軽にできる方法である。被測定部品にストレートエッジを当て、一方から光を当てて、図示するように、隙間から漏れ出てきた光を逆側から目視することで、うねり形状と量を測定する。目視による光の量からうねりへの変換は、すでにうねり量の判明している部品と光の量を比較して換算する比較計測とする。5 μ m 程度の隙間であれば、目視でも確認できる。

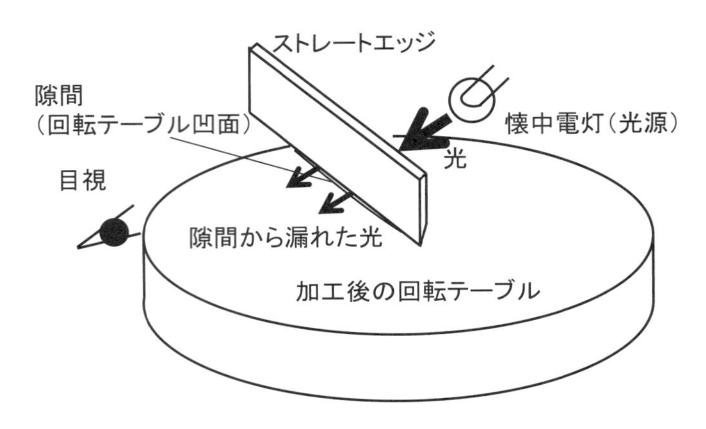

図36-7. ストレートエッジによる回転テーブル平坦度計測

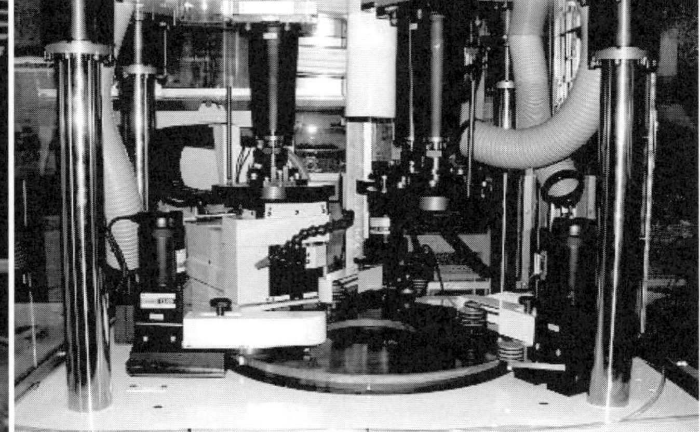

図36-8. ラッピング装置のメーカーHPから抜粋

出所：山口大学低炭素研究ネットワーク
（http://www.greendev.eng.yamaguchi-u.ac.jp/list.html）

出所：株式会社ナガセインテグレックス
（http://www.nagase-i.jp/product/product_16.html）

37 メタアクリル材のフライス加工による破損

概要

図 37-1 に示す容器を、フライス盤を用いて素材のブロックから削り出しで加工した。諸元値は次のとおりである。

（1）材質：メタアクリル（PMMA）
（2）素材寸法：t50 × 270 × 160mm
（3）加工機：**フライス**[解説 1] 加工
（4）加工工程
　①外形加工（t40 × 260 × 150mm）
　② A 側加工（両端の止まり溝（52 × 138mm））
　③中央穴の上面
　④ O リング溝
　⑤ B 側加工（中央止まり溝（138 × 128mm））
　⑥ B 側加工（中央穴（94 × 54mm））
（5）加工工具は O リング溝加工以外は φ 20mm の**エンドミル**[解説 1] を使用（4 隅の R10 加工に対応した工具径）
（6）4-M5（**ヘリサート**[解説 2]）加工はドリルによる下穴あけ作業

この加工中、フライス加工が終了し、4-M5（ヘリサート）タップ穴加工待ちのため本部品を棚に置いて作業を中断し、翌日、タップ加工に取りかかろうとしたところ、本部品が棚内でばらばらに破損しているのを発見した。

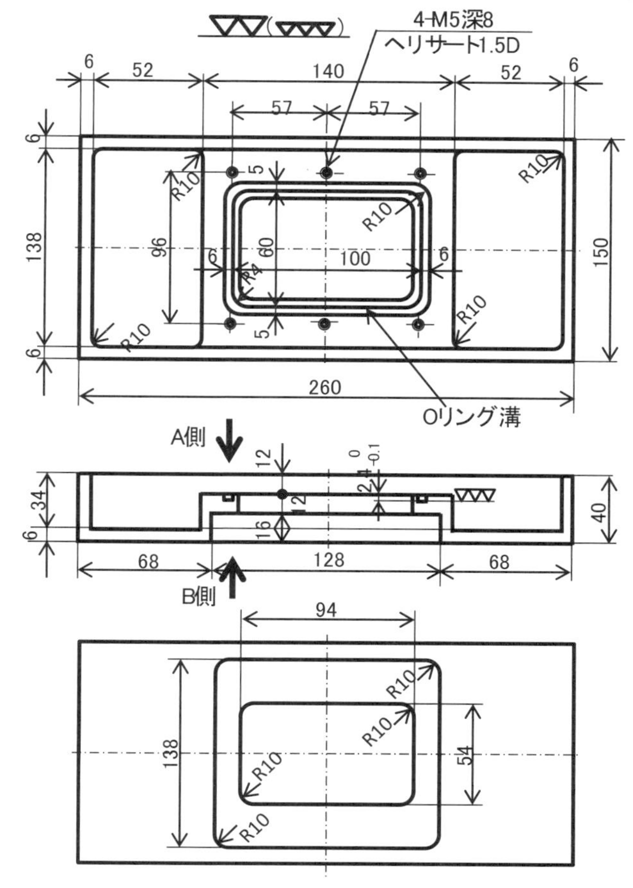

図37-1. 容器の製作図面

解説 1　フライス盤、エンドミル

図 37-2 に、縦型フライス盤の外観図と、使用するエンドミル工具の写真を示す。フライス盤は主に角形状の部品の加工を得意とする加工機である。上部に工具を回転駆動する主軸を配置され、その下部に XY 方向に移動するテーブルとサドルが配置されており、テーブル上に被加工部品を取り付ける。テーブルとサドルの XY 方向の移動は、手前に取り付いた手動ハンドルの操作により行う。今回の事例は、主軸に写真で示すエンドミル工具を取り付けて加工した。この工具はドリル形状の部品で、カッターの下端およびその側面で被加工部品を加工する。材質はハイスと呼ばれる高速度鋼､超硬などの高硬度材である。表面にチタン系の物質を CVD により成長させた結果、磨耗特性が改善されて、工具寿命が数倍に延びた。角形状部品のフライスによる加工と丸形状部品の旋盤による加工は、部品加工を行う際に汎用的に行われる作業であり、フライス盤加工を旋盤加工と比較すると、次に示す特徴がある。

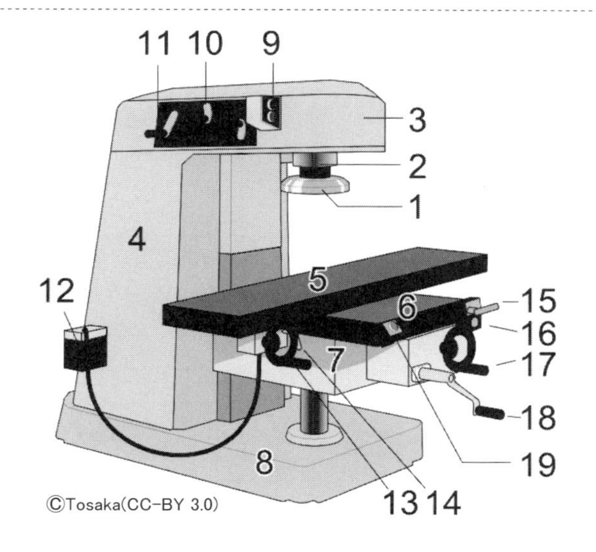

縦型フライス盤機器名称

1. 正面フライス　2. 主軸　3. スピンドル・ヘッド　4. コラム　5. テーブル　6. サドル　7. ニー　8. ベース　9. 主軸スイッチ　10. 主軸回転高速・中速・低速変換レバー　11. 主軸回転数変換レバー　12. 摺動面潤滑油タンク　13. テーブル手送りハンドル　14. テーブル・ロック・ハンドル 15. サドル自動送りレバー　16. サドル自動送り速度変換ダイヤル　17. サドル手送りハンドル　18. ニー手送りハンドル　19. 早送りボタンの下端およびその側面で被加工部品を加工する。

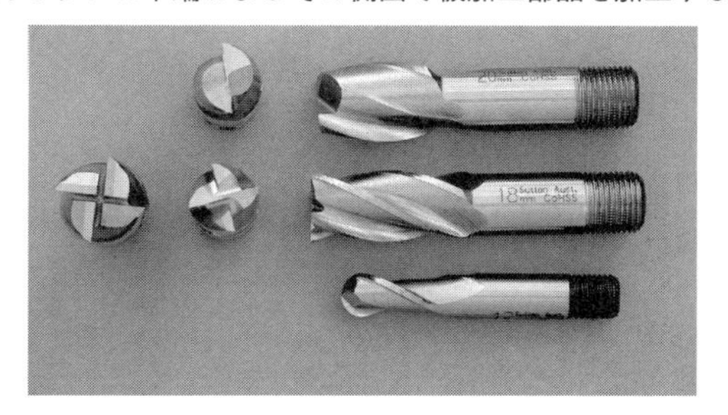

図37-2. 縦型フライス盤とエンドミル工具

出所：ウィキペディア（https://ja.wikipedia.org/wiki/%E3%83%95%E3%83%A9%E3%82%A4%E3%82%B9%E7%9B%A4）

項番	項目	フライス加工	旋盤加工
1）	加工対象部品	角型形状	丸型形状
2）	加工の種類	切削加工	切削加工
3）	切りクズの形	断続	連続
4）	加工機動作	カッターが高速回転し、XY 方向に動くテーブル上の部品を加工	切り込み方向に移動する固定バイトにより高速回転する部品を加工
5）	加工量	小〜中	大
6）	加工精度	μｍオーダー	μｍオーダー

解説2 ヘリサート

ヘリサートは、主に軟質材のネジの強化に使用される部品で、ワイヤー形状の線材をネジのらせん状に成形して、ネジの下穴に挿入して使用する。アルミダイカスト部品のネジの強化にも使用される場合がある。

図 37-3 に、ヘリサートとその作業工程を示す。作業工程の初期段階はタップ加工作業と同じであるが、ヘリサートの形状に合わせた専用タップを用いた加工となり、後半はネジの代わりにヘリサートを挿入する作業となる。ヘリサートの挿入作業は、左写真に示す通り、ヘリサートに設けられた爪に専用工具を引っ掛けてネジ込む。ヘリサートのセッティング後、爪を折ってヘリサート挿入作業を完了する。

冒頭に説明した通り、プラスチック材にタップ穴を加工する場合は、ヘリサートを使用して締結によるネジ山の破損を防止する。またダイカスト材にタップを加工し、その締結力が大きい場合、または締結頻度が多い場合にも、ヘリサートを用いてタップ穴を強化する。

ヘリサート挿入作業

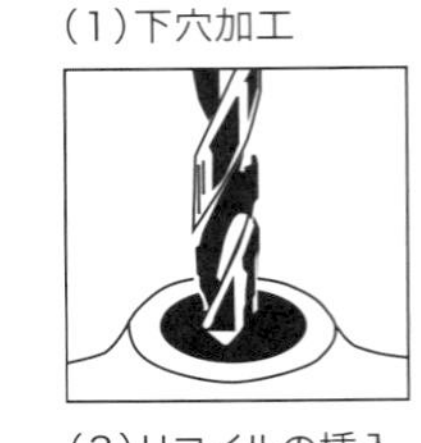

(2)タップたて

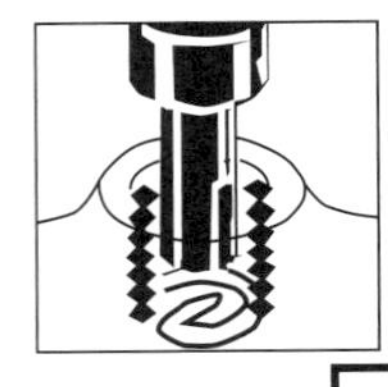

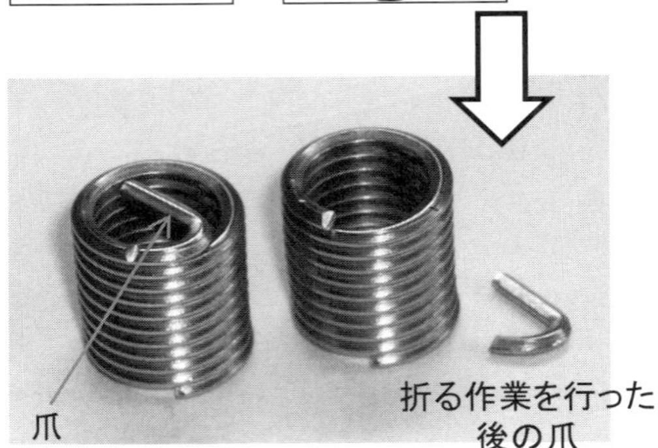

項番	名称	機能
(1)	専用タップ	ヘリネートネジ穴加工用タップ
(2)	挿入工具	ヘリネートをネジ穴に挿入
(3)	爪折工具	挿入に用いた爪を折り取り出し
(4)	抜き取り工具	ヘリサートを抜き取り

図37-3. ヘリサートと作業工程

ヘリサートの型式と種類を下記のとおり示す。

型式		挿入後の長さ			ピッチ	タップ下穴径
Type	メートルネジ表記（M）					（参考）
並目ネジ	3	3	4.5	6	0.5	3.11 〜 3.20
	4	4	6	8	0.7	4.16 〜 4.29
	5	5	7.5	10	0.8	5.18 〜 5.33
	6	6	9	12	1	6.22 〜 6.40
	8	8	12	16	1.25	8.28 〜 8.48
	10	10	15	20	1.5	10.33 〜 10.56
	12	12	18	24	1.75	12.38 〜 12.64
	16	16	24	32	2	16.44 〜 16.73

出所：株式会社ミスミ（http://jp.misumi-ec.com/vona2/detail/110300258940/）

原因

原因は、フライス加工によってPMMA板に発生した残留応力である。フライスの穴加工で加工面に大きなひずみが生じ、これが原因となって、加工後数時間して破損が発生した。じつは今回だけでなく、別の加工でも同様な事例を複数回経験している。その破損による割れは、「ばらばら」状態となるのが特徴的である。

対策

対策としては、フライス加工による残留応力の発生の少ない接着構造で、当該部品を製作した。ただし、下記の箇所は機械加工とした。**図37-4**に、その部品加工図を示す。

①板材の外周

②Oリング溝

③中央穴

④ヘリサートタップ

加工図面は**図37-4**に示す通りである。

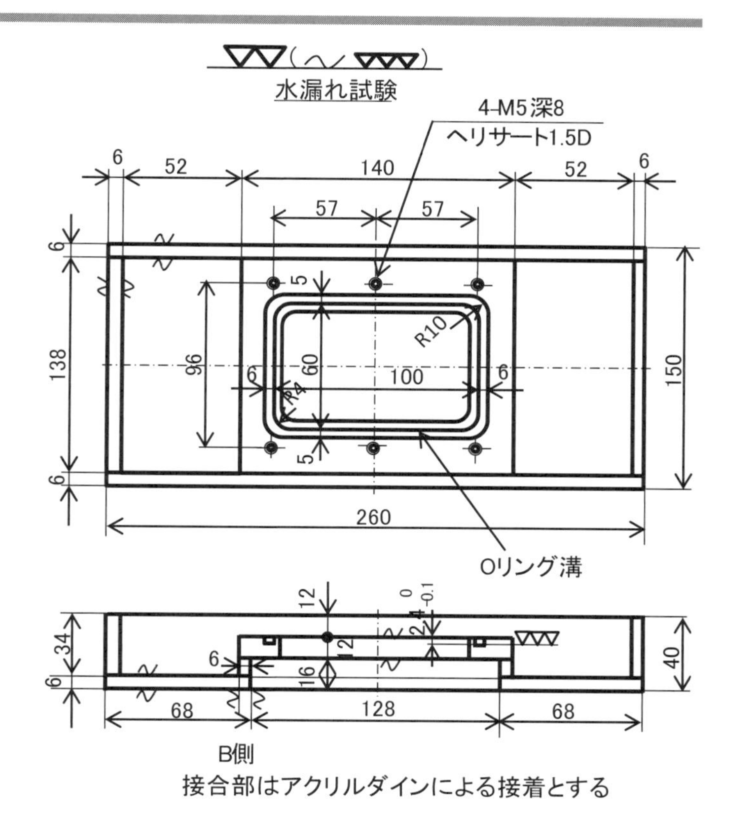

図37-4. 改造後の接着による容器の製作図面

メタアクリル材の破損のほかの事例

メタアクリル材料部品加工の別の破損事例について説明する。円板に同芯でパターンが書かれており、このパターンの中心にH 7精度のΦ 15mmの穴をミーリングカッターで加工する装置構成を図37-5に示す。Xステージの上部にXYステージを配置し、その上に真空吸着機構を配置して被加工物のメタアクリルの円板を固定する。固定された円板の加工位置を決める芯出しは、円板を固定したXYステージを用いて最内周のパターンの中心位置を拡大鏡の十字線に合わせることで実施する。この位置合わせは例えば**図37-6**のように円板を真空吸着器でXYステージ上に固定した状態を示しており、XYステージの移動でパターンの中心位置を拡大鏡の十字線に合わせる拡大鏡の十字線は、前もってミーリングカッターの中心位置とxステージの移動で一致できるように調整して置く。

この位置合わせ後、XYステージで、加工位置にXYテーブルと共に被加工物の円板を移動させて、ミーリングカッターの回転運動と上下移動で円板の穴開け加工を行う。ミーリングカッターは、その加工で、円板にH7の穴加工か可能となる外形寸法となっている。

この穴あけ加工を行ったときに､穴の内径に割れが発生した。この割れは加工した内径の半径向に広がっており、加工条件のカッターの押し込み速度、カッターの回転速度を変えても状況は改善できなかった。カッターの刃先先端をR形状とすることで、この割れの問題は解決された。このR形状を提案した加工者によるとカッタを「切れない形状にした」とのことである。 なお、XYステージによるパターンの中心出しは、ステージを駆動するパルスモーターのパルス数を用いる。

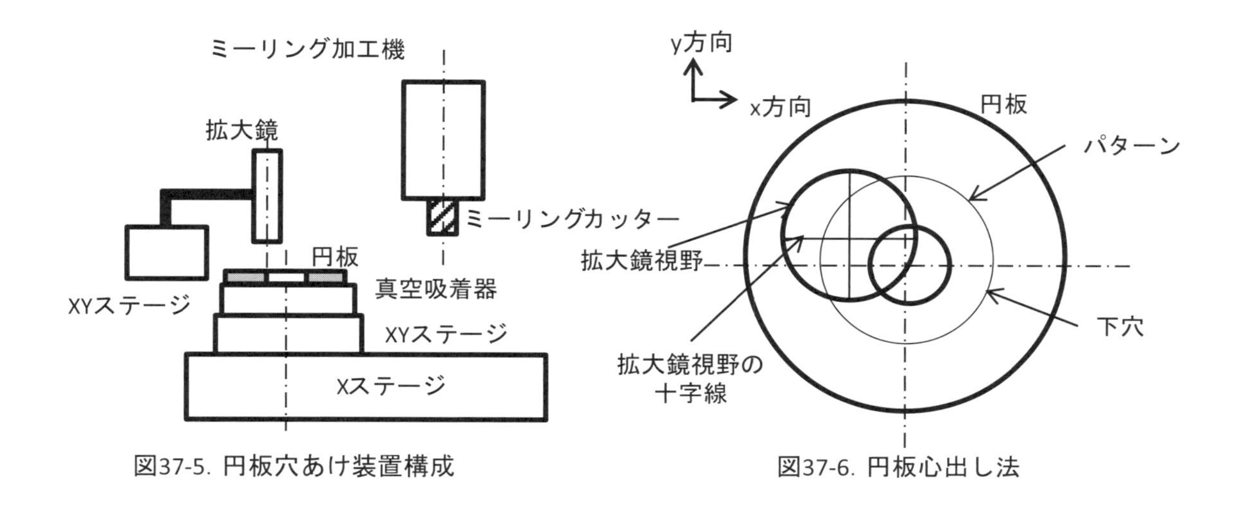

図37-5. 円板穴あけ装置構成

図37-6. 円板心出し法

38 板材の真空ブレージングによる変形

概要

図 38-1 に、テーブルの製作図面を示す。このテーブルは板とリブの接合構造で、縦横寸法 1,020 × 350mm の台形形状である。テーブルの厚みは機械加工により 52mm に仕上げてあり、その中央下部に φ 80mm の穴があいている。板の厚みは 22mm で、板材の片面には、曲げ強度増大のためのリブが配置されている。リブの寸法は板厚 20mm、高さ 30mm である。厚みである 20mm 方向には、素材表面をそのまま使用する並板が使用されている。6 個リブと、1 枚の板材は**真空ブレージング**[解説1]法（真空ろう付け法）による溶接で接合されている。板材には一般構造用圧延鋼材の SS400 を使用している。真空ブレージングを用いた理由は、接合部の強度を増し、接合後の変形を小さくするためである。製作工程は次のとおりである。

項番	工程	内容
1）	荒加工	①リブ高さ方向に 3mm 残して加工 ②板材厚さ方向に 3mm 残して加工
2）	焼鈍	①板材とリブ材を 600℃、1 時間で熱処理
3）	グラスショット	①リブの板厚方向の焼鈍による黒皮をグラスショットにより除去
4）	真空ブレージング前加工	①リブ材の B 面、板材の A 面を真空ブレージング後の加工でそれぞれ 3mm の取り代を残した真空ブレージング工程の前加工 ②リブのタップ穴、板材の切り穴、ザグリ穴加工 ③板材の中央穴加工（仕上げ加工）
5）	ネジ固定	①リブと板材を M6 × 25L 穴付きボルトで固定（真空ブレージング前の部品の仮止め作業）
6）	真空ブレージング	①真空ブレージングによる溶接
7）	仕上げ加工	①板材の A 面を 3mm 仕上げ加工 ②リブの B 面を 3mm 仕上げ加工

この作業工程は、被加工部品が 1,020 × 350mm と細長く、厚みは 52mm と薄いので、真空ブレージングによる変形をそれぞれの部品で 3mm 以下と予測し、板とリブの厚み方向にそれぞれ 3mm、合計 6mm の加工代とした。仕上げ加工で、予測最大値である片側 3mm ずつを除去して、仕上がりの図面寸法に収めるように計画した。ところが、真空ブレージング後に変形量最大 4mm の、**図 38-2** に示す曲りが発生した。

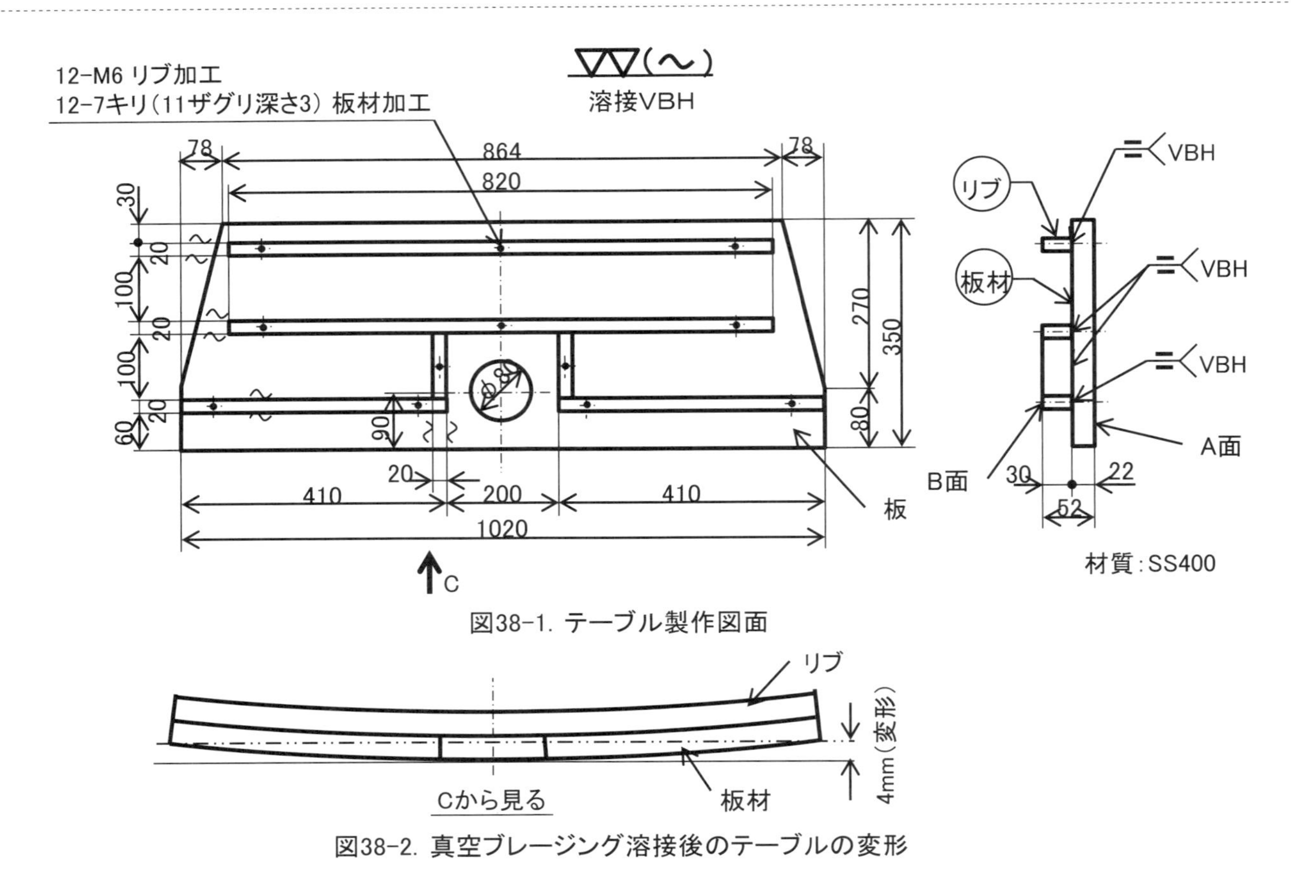

図38-1. テーブル製作図面

図38-2. 真空ブレージング溶接後のテーブルの変形

解説1 真空ブレージング

真空ブレージングとは、ろう材を用いた接合技術である。接合技術の代表である溶接と真空ブレージングとの比較を以下に示す。

溶接との比較

項番	項目	真空ブレージング（真空ロー付）	溶接
1）	温度	使用するろう材で加熱温度は決まるが通常は1,000℃前後	被接合材料を融点以上に加熱
2）	加熱方法	電気炉に入れて決められた温度履歴で被加工部品の全体を加温	溶接部のみアークを用いた局部加温
3）	加温雰囲気	10^{-5}torr程度の真空環境	大気圧 空気または不活性ガス
4）	処理時間	1昼夜	溶接量によるが、単純構造では数十分程度
5）	処理数	電気炉サイズで決まる 大量部品のバッチ処理が可能	一品処理 自動化が容易
6）	接合後の表面	汚れなし（後処理不要）	不活性雰囲気では汚れがないが、通常は黒ずむ酸化膜が付着
7）	コスト	バッチ処理で、数十万円/1バッチのコスト、大量処理により1個当たりの処理コストを安価とすることができる	溶接作業時間に依存（5,000～10,000円/時間程度）

真空ブレージングの工程

項番	項目	内容
1）	洗浄	部品の脱脂洗浄
2）	組み立て	溶接、ネジまたは重りを用いた部品の仮固定
3）	置きろう	接合部の周囲にろう材を塗布 注射器を用いた液体状のろう材を塗布する作業を図38-3に示す
4）	ろう材の流れ防止剤の塗布	ろう材の付着防止箇所にろう材の流れ防止材を塗布（必要に応じて実施）
5）	投入	電気炉に部品を投入
6）	ろう付け	決められた昇温、保持、降温プロセスに従い部品を処理
7）	取り出し	電気炉から被接合後の部品を取り出し

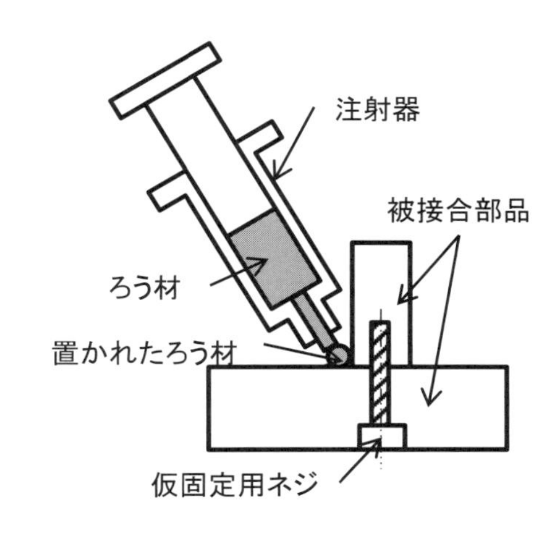

図38-3. 置きろう作業図

ろう材の種類と特性

真空ブレージングに多用されるNiろう材についてその成分、融点などを下記に示す。融点は1,000℃と高い。

種類	化学成分(mass%)								温度（参考）℃		
記号	Cr	B	Si	Fe	C	P	Ni	その他の元素	固相線	液相線	ろう付温度
BNi-1	13.0～15.0	2.75～3.50	4.0～5.0	4.0～5.0	0.60～0.90	0.02以下	残部	0.50以下	約975	約1,060	1,065～1,205
BNi-1A	13.0～15.0	2.75～3.50	4.0～5.0	4.0～5.0	0.06以下	0.02以下	残部	0.50以下	約975	約1,075	1,075～1,205
BNi-2	6.0～8.0	2.75～3.50	4.0～5.0	2.5～3.5	0.06以下	0.02以下	残部	0.50以下	約970	約1,000	1,010～1,175
BNi-3	—	2.75～3.50	4.0～5.0	0.50以下	0.06以下	0.02以下	残部	0.50以下	約980	約1,040	1,010～1,175
BNi-4	—	1.5～2.2	3.0～4.0	1.50以下	0.06以下	0.02以下	残部	0.50以下	約980	約1,065	1,010～1,175
BNi-5	18.0～19.5	0.03以下	9.75～10.50	—	0.10以下	0.02以下	残部	0.50以下	約1,080	約1,135	1,150～1,205
BNi-6	—	—	—	—	0.10以下	10.0～12.0	残部	0.50以下	約875	約875	825～1,025
BNi-7	13.0～15.0	0.01以下	0.10以下	0.20以下	0.08以下	9.7～10.5	残部	0.50以下	約890	約890	925～1,010

JISに規定されているニッケルろう

出所：『溶接技術』2011年9月号特集「ろう付の最新動向」東京ブレイズ（株）松 康太郎著
（http://www.tokyobraze.co.jp/wp-content/themes/tokyobraze/images/201109.pdf）

真空電気炉

メーカーから提供されている大型の真空ブレージング用の電気炉の仕様と外観写真を、**図38-4**に示す。常温温度到達圧力は、使用するNiろうの処理プロセスで要求される仕様を満足する数値となっていることがわかる。

有効処理寸法	600W × 600H × 1,200Lmm
最大積載重量	500kg
温度(最高/常用)	最高温度:1,300° C / 常用温度:400° C ～ 1,250° C
均熱特性	1,150° C において± 5° C
昇温速度	室温から 1,150° C まで 120 分以内
到達圧力	4 x 10^{-5}torr 以下
冷却性能	1,150° C ～ 150° C 以下まで 45 分以内
排気時間	大気圧～ 1.0 × 10^{-3}torr 以下まで 25 分以内
リーク量	4 × 10^{-3}torrL/s 以下
所要電力量	約 180KVA
所要冷却水量	14.0m^3/Hr
圧縮空気量	600NL/min
冷却ガス量	8.8Nm/ 回 (50Hz)、7.2Nm^3/ 回 (60Hz)
設置面積	約 5.5W × 5.9L × 3.5m

図38-4. 真空ブレージング用電気炉の仕様と外観写真

出所:株式会社アルバック(http://www.ulvac.co.jp/products_j/equipment/products/vacuum-furnace/fhb-60c)

原因

真空ブレージング後に発生する変形の原因を定量的に特定できたわけではないが、定性的には下記のように推定している。

①被接合材の加温からの降温、ろう材の溶融状態からの固化の相変化の過程で収縮が発生し、ろう材と被接合材の収縮量の差異から変形が発生した。その曲がり変形量は、ろう材による接合が板材の片側のみに存在した非対称形状であったことで、さらに増大した。

②真空ブレージング前加工前に行なった機械加工による板材の残留応力が、真空ブレージングの加温によって開放され、ロー付け後に変形となって現れた。

③リブ材の真空ブレージング前処理であるグラスショットの残留応力が、真空ブレージングの加温によって開放され、ロー付け後にその変形となって現れた。

上記の項目で、①が最も大きな原因と考えている。この結果、長手方向に4mmの曲げによる変形が生じた。

対策

真空ブレージングによる変形を見越して、厚み方向の取り代を合計6mm(=片側3mm × 2)残していた。この「テーブル」部品に要求される板面の平坦を得るために板面の全面が当たる寸法である変形量の4mmを除去し、リブを含めた高さ52mmを確保するためにリブ先端を2mm加工した。加工図面を**図38-5**に示す。

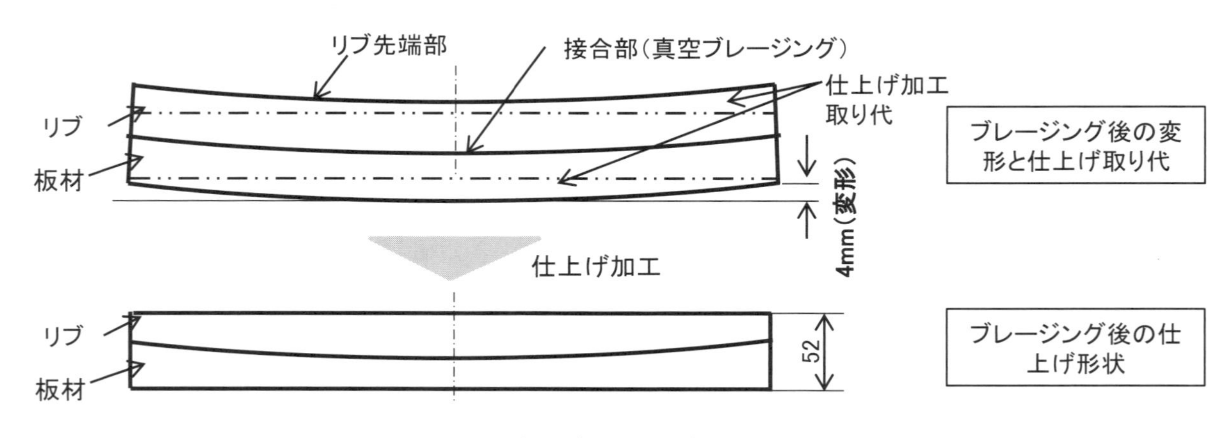

図38-5. 真空ブレージング後の仕上げ加工

39 角型フランジの真空ブレージング不良

概要

中央部にΦ 40mm の穴の開いた 85mm の角形状フランジと、外径Φ 160mm 厚み 26mm の厚肉パイプを、真空ブレージングで接合するチャンバーの外観を**図 39-1** に示す。真空ブレージングによる接合は、**図 39-2** のグレーの線で示すように、厚肉パイプに埋め込まれた角型フランジの、側面と端面の両面で行うよう計画した。このチャンバーは、真空容器としての気密性が要求される。角型フランジのΦ 40 穴軸方向の厚みは 30mm で、パイプとのはめ合い長さは最大 20mm である。角形状のフランジは凹形状に加工した厚肉パイプにはまり込む構造で、その端面は、厚肉パイプの接合穴底面に接触する構造となっている。

角型フランジの端面部には、空間確保のための面取り (C2) を加工した。角型フランジとパイプの 4 隅の角部のはめ合いを、**図 39-3** に示す。角型フランジは、直径Φ 110mm の丸棒素材から四角形に削り出したもので、その角部には加工前の形状 (直径Φ 110mm) の一部が残っている。角型フランジの外径と厚肉パイプの挿入穴は図に示す寸法で、ブレージングのろう材が流れ込む片側 0.02 ～ 0.04mm の隙間を確保する構造となっている。一方、パイプ側のインロー部の加工は、四隅を半径 8mm のアール形状にしているため、図示するように、角型フランジの隅部のアールと、これにはめ合うパイプ凹形状のアールの間に、1.6mm の隙間ができている。真空ブレージング作業を専業メーカーに依頼する前に、加工部門でヘリアーク溶接による各辺 1 箇所の点付けで、角型フランジをパイプに仮固定した。専業メーカーは、**図 39-2** に示す部分に、真空ブレージングのためのろうの置き作業後、昇温処理を行った。真空ブレージング後に行なう接合部の漏れをチェックするリーク試験で、このブレージング部分から大きな漏れの発生を確認した。

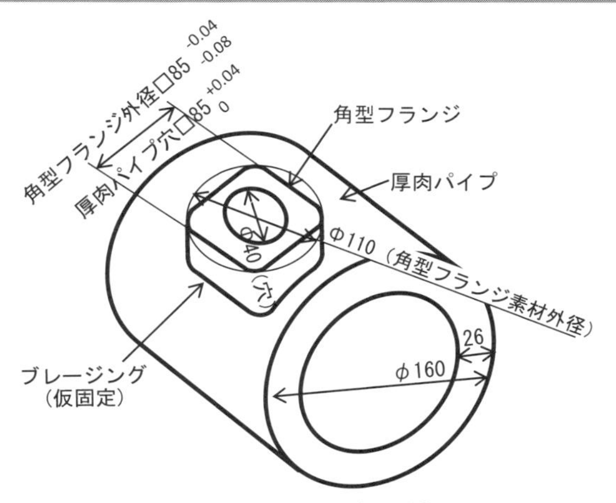

図39-1. チャンバー外観図

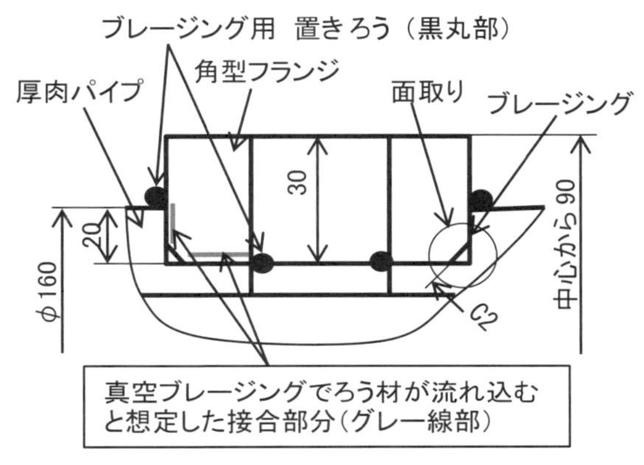

図39-2. 接合部断面図

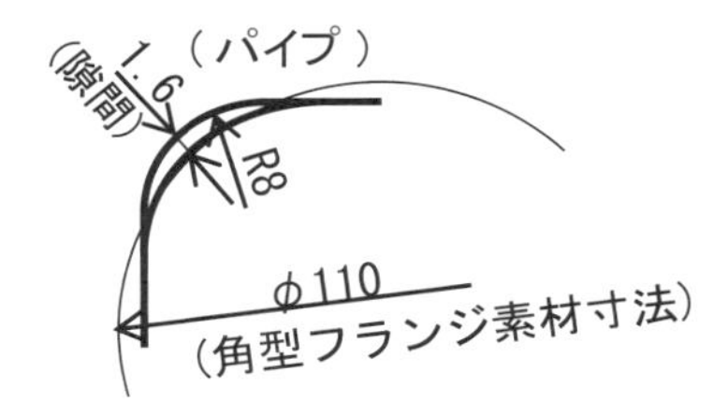

図39-3. はめ合い角部寸法図

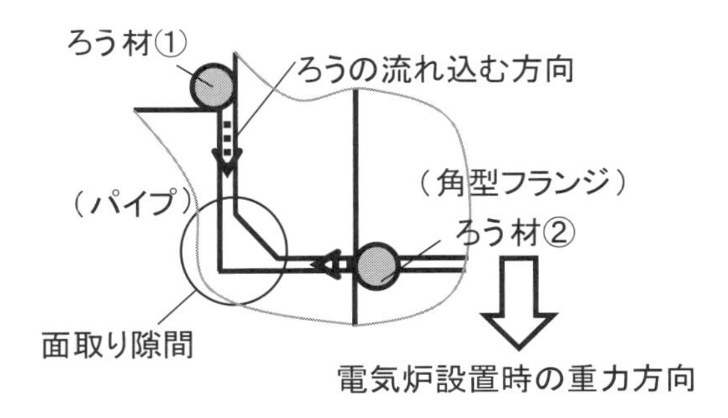

図39-4. 想定したろうの流れ込み

原因

図 39-4 に、設計時に想定した、接合部へのろうの流れ込みを破線で示す。前述したように、面取り隙間によって両方からのろうの流れ込みを分離する構造となっている。真空ブレージングの際に、接合面である隙間にろうが流れ込む現象は、毛細管現象と重力の方向によって決まる。この重力による影響は、炉内に接合部品を置く向きで決まるので、接合部品は電気炉内に矢印の向きに設置した。

真空ブレージング構造を設計する際に考慮しなければならない項目は、次の 3 点である。

①接合面の隙間

②ろう材の量

③ろう材の流れ

今回のトラブルに関し、この 3 項目について、次ページにその内容を示す。トラブルの原因は次の 2 点と推定している。

（1）角形状のフランジの端面の隙間が、真空ブレージングに理想的な隙間となっていない。

（2）角形状のフランジの 4 隅の空間が大きすぎ、隙間を埋めるに足る量のろう材が供給されていない。

項番	項目		内容
1）	隙間	角形状のフランジの外径	①角形状のフランジの対辺寸法は、機械加工によるはめ合い公差でその隙間を決めた結果、理想的なブレージングの隙間（0.02 ～ 0.04mm）となっている
			②角形状のフランジの角隅部とパイプのインロー穴角部との間に、最大 1.6mm の隙間が存在している
2）		角形状のフランジの端面	角形状のフランジの端面と厚肉パイプの接合面の隙間寸法は、仮固定による溶接時は幾何形状で、隙間を拘束する制約はなく、端面の隙間寸法の確保は仮固定の溶接作業に依存している
3）	ろう材の量	接合隙間を埋めるろう材の量	理想的な真空ブレージング隙間とした場合のろう材の量を使用しているが、1）に示した最大隙間 1.6mm を埋める量となっていない
4）	ろう材の流れ	置きろうの状態	**図 39-4** に示すろう材①は、昇温によって溶融した際、重力によって接合部に流れ込み、ろう材②は、表面張力によりろう材が隙間に吸い込まれる

対策

真空ブレージングをさらに 2 度繰り返して漏れ穴を塞ぎ、作業を完了した。このとき、前頁**図 39-4** に示した①の位置にろう材を置いた。結局、当該接合部品に対しては合計 3 回の真空ブレージング作業を行ったことになる。

気密が要求される真空ブレージングを行う際には、ろう材が流れる隙間として 0.02 ～ 0.04mm の均一隙間を確保しなければならない。この均一なシール部の隙間寸法は、丸軸と丸穴のインローによるはめ合いに適した構造である。板材の合わせで隙間を確保する際は、昇温による変形で隙間が変化しないよう、溶接による仮付け、ボルト固定などが効果的である。ただし、これらの構造は丸形状のインローと比較して熱変形などの外乱に弱いので、シール性能が要求される接合には極力使用しない。

再真空ブレージングのろう材について

この事例では、1 回目の真空ブレージングでトラブルが発生し、再度当該作業を繰り返したが、2 回目のブレージングで、1 回目に使用したろう材の融点以上に温度を上げないために、最初のろう材よりは低い融点のものを使用する。すなわち、事例 No38 に示した「JIS に規定されているニッケルろう」で、たとえば最初にろう材 BiN-3（ろう付け温度 1,010 ～ 1,175℃）を使用した場合、次の修正で使用するろう材は BiN-7（ろう付け温度 925 ～ 1,010℃）とする。

真空ブレージングを使用する考え方について

真空ブレージングによる接合を行うとき、そのメリットが生かせる構造とする必要がある。次に示す例は、真空ブレージングの特徴を活用した接合法となる。

（1）トーチが入らないなどの理由で溶接できない構造
（2）**溶接が困難な材料**[解説1]
（3）ろう材が流れ込む隙間が確保できる部品
（4）数量が多く、バッチ処理が可能な部品
（5）**真空ブレージングプロセスで用いる真空を、被接合部品の機能として活用可能な接合**[解説2]

上記の真空ブレージングの特徴が生かせない場合は、溶接による接合とする。溶接作業は、作業中にその接合状態を常時作業者が視認できるので、その過程でトラブルが発生したときは臨機応変に対処し、トラブルを未然に防ぐことができる。たとえば、薄板を溶接中に溶接部に変形が生じて溶接の継続が困難となった場合には、薄板に外力を加えて変形を修正しながら溶接作業を行うことで対応する、といったことが可能である。

解説 1　溶接が困難な材料

接合部を昇温し、母材またはろう材を溶融させ、再固化して両部品を一体化する接合プロセスは、下記の 2 つの作業を可能としなければならない。

項番	作業	性質
1）	昇温できること	両部品の熱伝導率がそろっており、その値が小さいことと、熱が伝わりにくく、目的の場所が容易に昇温できること。すなわちステンレス同士、鋼材同士のように同種の材料とする
2）	再固化後の降温過程でわれが発生しないこと	両部品の固化時の収縮が等しいこと。熱膨張率が等しく、降温時収縮による割れが発生しないこと。すなわち、同種の材料とする

アーク溶接が困難な材料の例として、ステンレスと銅の組み合わせがある。それぞれの物性値は次のとおりである。この2つを比較してみると、熱膨張率はほぼ等しいが熱伝導率が23倍と、銅がはるかに大きい。つまり、アーク溶接で接合部を加熱した場合、熱が銅から逃げて高温保持が困難となる訳である。したがってこの場合は、炉内で均一加熱する真空ブレージングによる接合が適切な方法である。両部品の熱膨張率はほぼ等しいので、接合後の降温で熱膨張の差による割れが生じることはない。また、接合部を局所的に加熱する電子ビームやレーザーを利用したビーム溶接を用いても、両部品の溶接が可能である。このビーム加工については、No46の事例で説明する。

材料	熱膨張率	熱伝導率	融点
SUS	17.3 × 10^{-6} 1/℃	16.3 w/m℃	1,420℃
Cu	16.6 × 10^{-6} 1/℃	372 w/m℃	1,085℃

図39-5に、真空ブレージングを用いて銅とステンレスを接合した、熱交換部品の事例を示す。

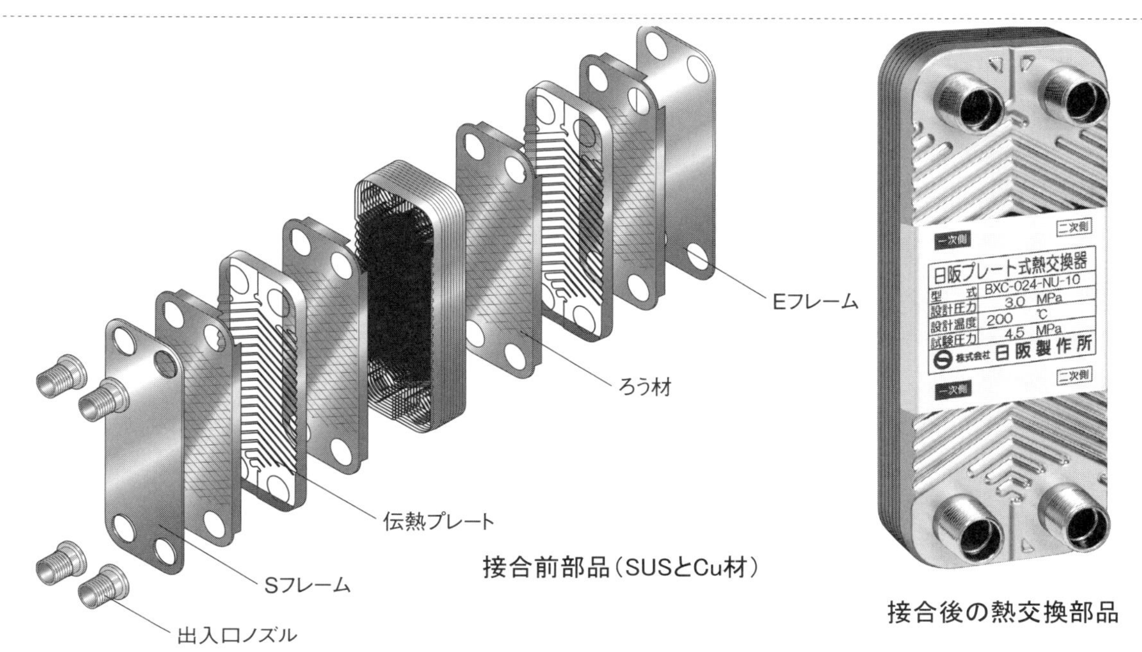

図39-5.銅とステンレスの真空ブレージング接合事例（熱交換器）

出所：株式会社日阪製作所（https://www.hisaka.co.jp/phe/cgi-other/catalog/48/file.pdf）

解説2 真空ブレージング環境で用いる真空を活用可能な部品の接合

真空ブレージングの真空加熱環境が接合部品の有効な機能になる事例として、次の2例を紹介し、次頁**図39-6**に、ステンレス製のマグカップと、電気炉に魔法瓶を投入する写真を示す。

項番	項目	内容
1)	ステンレス製のマグカップの製造	ステンレスマグカップは2重構造の隔壁を有する容器で、その隔壁間の真空断熱効果により、容器内の液体の温度を保持する構造となっている。マグカップの製造に利用する真空ブレージングのプロセスと、マグカップの機能の関係は、次のとおりであり、真空ブレージングプロセスがマグカップの機能達成に活用されている ①真空断熱機能：真空環境での接合により、この機能を得ることができる ②2重構造の隔壁の接合：真空ブレージングの接合による真空隔壁の製造 ③ステンレス材の表面のクリーニング：真空ブレージングの加熱により、ステンレス表面の汚れを除去する
2)	超高真空容器の製造	超高真空の容器の材質はステンレスで、複数個の材料を接合してその容器を製造する。超高真空容器に要求される機能と真空ブレージングのプロセスの関係は、次のとおりである ①漏れのない接合：10^{-11}torrL/s以下の漏れ量の接合が要求されるが、真空ブレージングはこの接合が可能である ②真空容器の表面の脱ガスの低減：真空容器を1,000℃に加熱することで、ステンレス表面が洗浄され、表面から放出されるガスが減少する

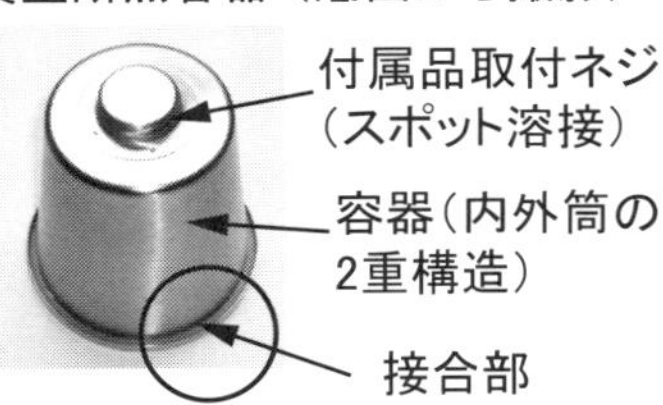

図39-6. 真空ブレージング接合によるマグカップ

真空ブレージングにより製造されたマグカップの写真を示す。ステンレス製の薄板（約 t0.3mm）を用いた真空断熱容器と樹脂成形の付属部品からなっている。真空断熱容器は内外の深絞りの筒を真空ブレージングによるろう付で接合したもので、接合箇所は図に示す底部で、円周方向に接合部を設け、ここにろうを流し込む構造となっている。マグカップは使用温度が最大 100℃のため、接合した両部品に温度上昇による過大な応力が加わることなく、さらに薄肉のため接合部に熱応力が集中しない構造上の利点がある。さらに、材質は熱伝導率が 18watt/mK と悪いステンレス材（銅は 380watt/mK）を使用しており、真空断熱と相まって、熱伝導による熱の移動量が少なく、良好な保温特性を有する。まさに、真空ブレージング加工の利点が集約された製品と云うことができるが、容器の上部の飲み口空間が広いことで、熱出入りがこの場所で発生し、マグカップの断熱効果を損なう構造上の欠点がある。

エンジニアの忘備録 20

伸びる技術者

若手の技術者がエンジニアになるために必要な条件を、先に3つ示したが、伸びる技術者には次のような一定のパターンがある。①仕事を次から次へと担当する　②与えられた仕事を自分なりに考えて進める　③コミュニケーション能力が高い　の3つである。それぞれの項目について、もう少し詳しく見ていこう。

（1）仕事を次から次へと担当する

これは担当者が、上長から仕事ができると見られているからである。上長は限られた資源で、仕事を効率よくこなすことを考えている。「効率よく」とは、ある時間内に一定量の仕事をこなすという意味である。

仕事をこなすということは、与えられた要求者の仕様を満足する装置を開発し、要求者に渡すことである。要求者が性能に満足し、「また金を取ってくるから、頼むな」という関係を構築することで、こういう関係の構築には、「要求者の満足」がキーワードになる。万が一、要求者が満足しない不完全な装置を渡した場合、その要求者からは二度と仕事が来ることはない。間違っても、このような関係になってはならない。

上長は、仕事がちゃんとできる担当者に仕事を与えるわけである。特に、重要な作業であれば、能力を見て担当者を決める。であるから、仕事ができる技術者には次から次へと仕事が来ることになる。

（2）与えられた仕事を自分なりに考えて進める

上長から与えられた仕事をそのまま鵜呑みにして、いわれたままにその作業を進めるのではなく、自分なりに課題と進め方を検討し、上長と方針を打ち合わせながら仕事を進める。

若いころ、上長から仕事を与えられ、自分なりに考えて進めていると仕事が進んでいないようで後ろめたい気分になった覚えがある。上長と検討することで、仕事が先に進むことがよくある。

あるとき、光ディスク装置の読み出し用レーザー光の焦点をディスク表面の凹凸部に合わせるための、レンズ駆動装置の設計を担当したことがあった。上長から基本計画が終了した図面を渡され、この基本設計図面から製作図面を起こすように指示された。このとき、レンズ駆動系についてほとんど知識がなかったにもかかわらず、平バネのバネ剛性（K）でレンズの質量（M）を支持する構造に粘弾性項（C）を付加するように指示された。振動系については本から得た知識があったので、それを元に検討した。その結果、板バネのバネ剛性と粘弾性の実現が重要と考えて、バネは板厚と肉抜きで対応し、粘弾性は固定側と移動側の隙間をリーゾナブルな値として、KとMを基に粘度を選定したシリコンオイルをその隙間に入れた。この部分については、基本設計図面には詳細が示されておらず、私がその諸元値を決めた。

上長はそのアプローチを確認し、あっさり「Go」を出した。製作したレンズ駆動用ボイスコイルは期待通りの性能を出した。しかし、要求者からは、PHILIPS 社のボイスコイルが我々のものより、格段に小さいとお叱りを受けたことを記憶している。この要求者は米沢さんで、仕事はずいぶんいただいた。

（3）コミュニケーション能力が高い

仕事は人が行うもので、仕事の進め方は人と人の付き合い、すなわちコミュニケーションが基本であるといえる。

仕事を頼みやすい人にはパターンがある。決してイエスマンではなく、自分をちゃんと持っているのだが、説明すれば納得して仕事をする。多少無理で理不尽な要求をしても、その場で「No」と返答するのではなく、「検討した結果、少々時間がほしい」などと要求してくる。要は、前向きな姿勢を打ち出して、仕事に取り組んでいるのだ。

私としては、理由を長々と言い訳して「できません」というタイプよりも、「できる」と言って進め方を提案する技術者のほうが格段に好きである。このような提案能力は、仕事を上手く進めるコミュニケーション能力といってよい。おそらく本人にとっては相当のストレスがかかっているのではないかと思うが、顔に出さず、黙々と作業に取り組んでいる姿を見ると、思わず点数を付けたくなる。

コミュニケーションを取るにはどうにすればいいかわからぬ場合が多く、与えられた作業に対して右往左往するわけであるが、先に書いたように仕事の基本は「ホウレンソウ（報告、連絡、相談）」である。これに従ってコミュニケーションを取れば、仕事の進め方で道を踏み外すことはない。次の段階はどのような内容を話すかであり、これが技術者にとって重要な事柄である。

40 真空ブレージングの汚れによる接合不良

概要

図 40-1 に、真空ブレージングによるロー付けと、IAW[解説1]による溶接で製作するタンクの接合図を、その断面形状で示す。外径寸法がΦ 220mm のステンレス製のテーブルに、直径が異なる 5 種類の円筒形状の銅製フィンが、インロー部で接合されており、これらの部品が、パイプ 2 とパイプ 3 で内外壁を形成するタンク内部に配置されている。パイプ 2 の外周部には、フランジに取り付いたパイプ 1 がテーブルの外周部に接合されている。当該フランジによりこのタンクを装置（図示せず）に固定する操作で、タンクの上部には穴の開いたフタが、内周部でパイプ 3 と、外周部でパイプ 2 と接合されている。このタンクの具体的な使用環境であるが、タンクの内部は大気圧で、パイプ 1 の内外は 10^{-4}torr 程度の真空状態である。このためフィンとテーブルを接合する部分以外の接合箇所には機密性が要求される。このタンク構造の接合は、作業性を考慮して以下の方法と工程で実施した。

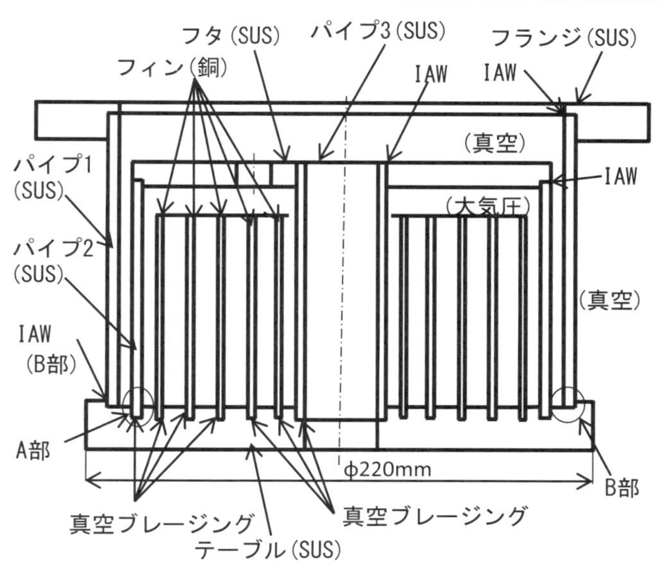

図40-1. タンク構造図

接合方法とその箇所

項番	項目	接合部分
1）	真空ブレージング	テーブル＋パイプ 3、テーブル＋パイプ 2、テーブル＋フィン（5 個）
2）	IAW 溶接	フタ＋パイプ 3、フタ＋パイプ 2、フランジ＋パイプ 1、テーブル＋パイプ 1

真空ブレージングの工程

項番	項目	内容
1）	部品組み付け、ろう材塗付[解説2]	①重力方向を下方として、図 40-1 に示す状態にテーブルを配置する ②パイプ 3 をテーブルと組み付ける ③パイプ 3 とテーブルの接合部にろう材を塗布 ④フィンを内側から順にテーブルに組み付ける ⑤それぞれのフィンにろう材を塗布する（「組み付け」と「塗布」を繰り返す） ⑥パイプ 2 をテーブルに組み付ける ⑦パイプ 2 とテーブルの接合部（A 部の外側）にろう材を塗布 ⑧パイプ 2、パイプ 3 の上部にフタを組み付け、その接合部の数箇所を IAW 溶接で仮付け（円周方向に 4 箇所の点で溶接）
2）	流れ防止剤塗布[解説2]	真空ブレージングのろう材が IAW 溶接部（図中 B 部）に流れ込んで付着すると、IAW 溶接ができないので、この部分に流れ防止剤の液状の酸化アルミを塗布する
3）	真空ブレージング処理	加熱真空炉に上記 1）で組み立てた部品を投入し、真空ブレージング処理を行う

真空ブレージング終了後、IAW 溶接を次のとおり行う。

項番	項目	作業内容
1）	フタ溶接	パイプ 3 とフタの内周部、パイプ 1 とフタの外周部を IAW 溶接で接合
2）	溶接部検査	上記 1）の真空ブレージング箇所と IAW 溶接箇所の漏れを検査
3）	パイプ 1、フランジ溶接	パイプ 1 とテーブル、パイプ 1 とフランジを IAW 溶接で接合
4）	溶接部検査	上記 3）の IAW 溶接箇所の漏れを検査

IAW 溶接後、4）に示す真空漏れ試験を行ったところ、ロータリーポンプによる排気で圧力が 1torr 以下とならない、比較的大きな漏れが発生した。

解説 1　IAW 溶接

「IAW 溶接」は「Inert Arc Welding（イナートアーク溶接）」の略で、溶接技術の分野にではアーク溶接の一つに分類される。イナートガスアーク溶接は、溶接中に熱源であるアークと被溶接部品をヘリウムまたはその混合物のイナートガスや、これらに少量の活性ガスを添加したものを用いて、大気から被溶接部分をシールし、溶接の際の酸化を防止する溶接法である。溶接面に清浄性を要求される真空部品のステンレス材の溶接に使用する。

JIS 規格 溶接用語（JIS Z 3001）によれば、イナートガスアーク溶接の定義は以下のとおりである。

分類：アーク溶接

用語：イナートガスアーク溶接

定義：アルゴン（Ar）、ヘリウム（He）もしくはその混合物のイナートガス、またはこれらに少量の活性ガスを添加したものをシールドガスとして用いるアーク溶接。アルゴンをシールドガスとして用いる場合、アルゴンアーク溶接と呼び、主としてTIG 溶接のことをいう。

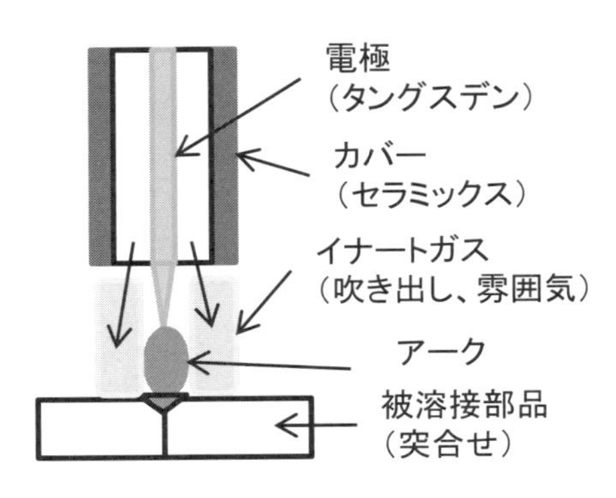

図40-2. IAW溶接作業図

図 40-2 に、IAW の溶接作業図を示す。カバー内から飛び出た電極と被溶接部品の間に数百アンペアの電流を流し、溶接部分をアークにより溶融させて接合する。イナートガスはカバーの内側から流れ出し、溶接箇所を覆って酸化を防止する。

イナートアーク溶接には、TIG 溶接と MIG 溶接がある。それぞれの特徴を下の表に示す。

項番	項目	内容
1）	TIG	タングステンイナートガス溶接（Tungsten Inert Gas Welding、TIG 溶接と呼ぶ）。 消耗しない電極を用いる溶接法で、溶接部をガスでシールドするので風に弱く、屋外での作業には不向きである。溶接棒の供給が複雑になるので、自動溶接には不向きな溶接法である。空冷の溶接機は電流値が 200 ～ 300A のものが多く、1 ミリ以下から 12 ミリ程度の材料が溶接可能である。TIG 溶接の特徴は、表面がピカっと光る外観になる点にある。溶接後は酸で表面の変色を落として、金属光沢とする。溶接部の品質が優れ、ブローホール、ピットなどの溶接欠陥が発生しにくい。真空などのシール製が要求される配管溶接では、溶け込みのよさと溶接欠陥の少なさから TIG が常用される。デメリットとしては、溶接速度が遅いので溶接に時間がかかる点があげられる。 出所：溶接の道（個人サイト）（http://way-welding.com/blog-entry-2.html）
2）	MIG	メタルイナートガス溶接（Metal Inert Gas Welding、MIG 溶接と呼ぶ）。 消耗する電極を用いる溶接法で、TIG と同様に溶接部をガスでシールドする。消耗する電極を自動的に供給する自動溶接機では、溶接速度を速くすることが可能である。特に電極を連続供給する溶接法では、電極と被溶接部品の加熱に大パワーが必要で、薄板の溶接には不向きである。 出所：軽金属溶接 Vol.46 (2008) No. 5（http://www.jlwa.or.jp/faq/pdf/14.pdf）

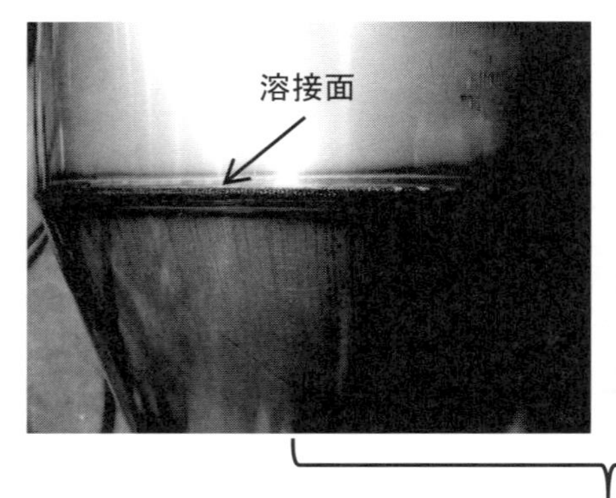

TIG溶接の溶接面

溶接面

TIG溶接後の酸洗い溶接面

図40−3. TIG溶接の溶接面

出所：溶接の道（個人サイト）（http://way-welding.com/blog-entry-2.html）

解説 2　部品組み付けろう材塗布、流れ防止剤塗布

真空ブレージング処理で、加熱炉に被接合部品を入れる前工程であるろう材の塗布作業について、**図 40-4** に作業工程を示す。

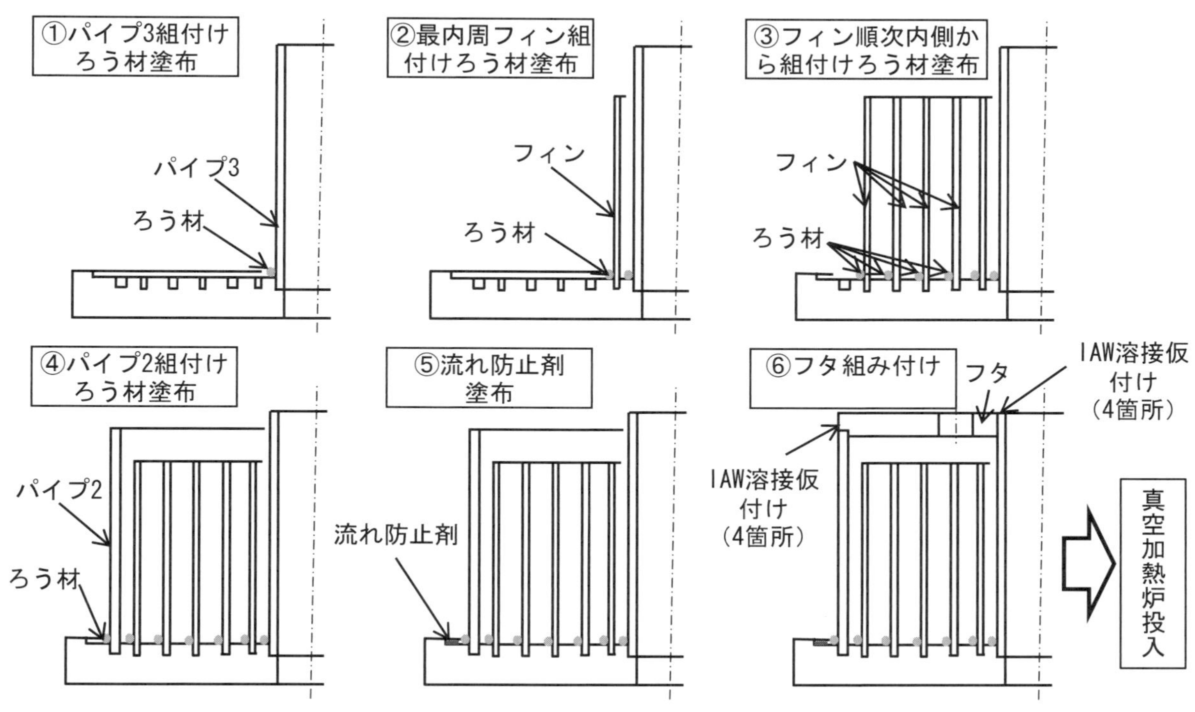

図40-4. ろう材塗布作業工程(置きろう工程と呼ぶ場合がある)

原因

図 40-1 タンク構造図に示すB部にろう材、流れ防止剤およびフィン材料の銅が溶接部のステンレスに付着して、IAW溶接による接合を阻害した。塗布した流れ防止剤で、ろう材のIAW溶接部への進入が防止できなかった点に問題があった。溶接の問題があった部分と、問題がなかった部分のステンレス材の含有成分をオージエ分析した結果を以下に示す。この結果から、溶接が問題となった箇所ではアルミニウム、ニッケル、銅の含有率が高いことがわかる。通常、ろう材が付着したステンレス材では漏れのないIAW溶接は困難であり、問題があったステンレス材料にはろう材や流れ防止材が含まれていることが判った。

	Al	Cr	Fe	Ni	Cu
溶接不良部	0.24	19.78	69.96	9.12	0.9
タンク別部*3	0.18	19.1	71.75	8.37	0.59

(重量%)

*3) 「タンク別部」はろう材が流れていない部分のステンレス材である

対策

B部の溶接部については、構造を**図 40-5** に示すように変更した。変更点は次のとおりである。

(1) 溶接部を、真空ブレージングの置きろう位置から立ち上げた部分とし、ブレージングの際に溶接部にろうが流れ込まない構造とした。

(2) 流れ防止剤は不使用とした。

(3) 溶接部に加工代を2mm付けた状態で真空ブレージングを行い、真空ブレージング後、正規寸法に仕上げた。この操作は、溶接表面についた異種金属を確実に取り去ることを意図した対策である 。

(4) パイプ2とテーブルのブレージングはろうを内側(中心側)に塗った。この操作はろう材が溶接部に漏れにくくする配慮である。

以上の対策を実施することで、真空ブレージング後のIAW溶接で漏れのない溶接が可能となった。**図 40-5** に、対策後のタンク構造図を示す。

真空ブレージングとIAW溶接の2種類の接合法を同一部品に行うことは、その部品構造に影響する。

(1) IAW溶接部とブレージング部が近接する場合は、ブレージング後、溶接部の取り代を2mm以上付ける。

(2) ろう材がブレージングで溶接部に付着した場合は、上記(1)の加工で除去する。

(3) IAW溶接部と真空ブレージング部を近接させない。

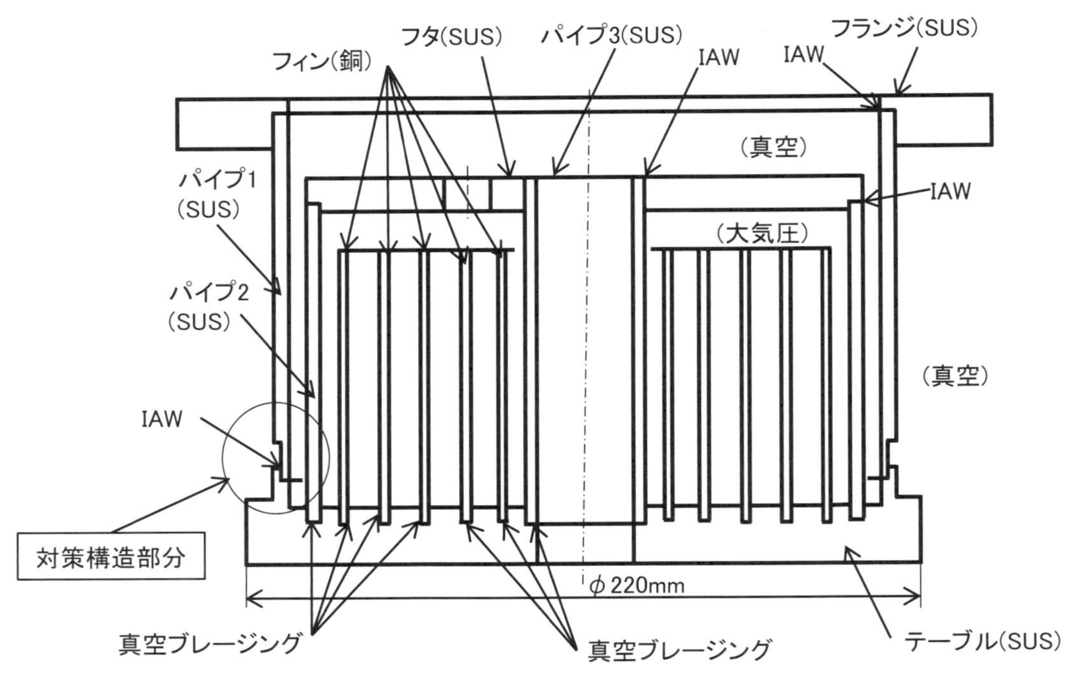

図40-5. 対策後のタンク構造図

設計図面を書くルール

私が育った職場は製作部門を持っていたせいか、加工しやすい部品を設計する能力を、若いときから徹底的に鍛えられた。加工しやすい部品を設計するとは、加工現場にある工作機械を駆使して製作できる部品構造、サイズ、材料を選定することであるが、その前提となるのは加工者がわかりやすい図面を描くことである。私が設計実務に従事したのは、T定規の時代が終って、アーム型のドラフタからトラック型のドラフタに移行した時代であった。その後、設計ツールは半導体技術とソフトウエアの急速な進歩にともない、2次元CAD、3次元CADへと変化していく。

設計した図面は工務に回ってST（Standard Time）を付け、工程を組んで現場に流すわけであるが、工務に回る前に課長の承認印が必要であり、課長は若手の図面チェックも合わせて行っていた。私が最初に書いた図面は、「アヤ目のローレット」の角度を45度に図面化したもので、それを課長がチェックし、30分以上にわたって指導していただいた覚えがある。

わかりやすい図面とは、加工者が読み間違いをしない図面であるが、要点は次のとおりである。

①正面図は、その部品形状がもっともわかりやすい方向から見た図とし、集中的に寸法を入れる。
②同じ寸法を2箇所に入れない。入れる場合は片方を丸かっこで囲む。
③加工者が寸法を計算しなくてすむように、できる限り寸法を記入する。
④工作機械ごとにまとめて寸法を入れる。フライス加工寸法はこの部分、旋盤加工寸法はこの部分という具合に記入する。
⑤加工の基準面からの寸法を記入する。この記入によって加工者が寸法を再計算する作業が少なくなる。
⑥わかりにくい部分は、拡大図、見る方向を限定した絵を適宜いれる。

図面は、2次元図であるため、正面、平面、側面図の3面図により、複雑な加工部品を形にする能力が鍛えられた。最近、若い設計者と話す機会があり、組図の問題点の議論を、当方が準備した図面について指摘する作業を行った。その若手の設計者は、どうもその構造物の形状を理解できていないようであった。彼は3次元CADを用いて設計を行っており、2次元図面は、読み解く訓練をほとんどしていなかったからであろう。

工場を訪問したときに、加工現場で流れている図面を拝見する機会があるが、貧弱な図面が多いのに驚かされる。CADで描かれているので一見きれいに見えるが、寸法の入れ方、正面図の扱い方などは素人なのである。

ドラフタで作図していた時代には、計画図がDRで承認されると部品のばらし作業を行い、続いて組図を書き、組図に品番を記入し、購入品のリストを作成した。部品図を作成するときは、A4換算で1日30～40枚は描いた。大きな装置になると製作部品が100～150点にもなり、A4換算で300枚程度のボリュームとなった。本装置を製作するにあたり、加工ができないという理由で、ある部品の寸法を変更する事態に陥ったときにには、関連する部品までもが頭に浮かび、組立図を元に関連寸法の修正ができた。

図面は設計者に取って、コミュニケーションのための言葉であると教えられてきた。言葉が理解できなければ、もの作りを行うのは難しい。もの作りを担当するエンジニアは、その基本である「図面作成能力と図面を読み解く能力」、すなわち「理解力と表現力」を鍛えるべきであると考えている。

ちなみに、「アヤ目のローレット」の角度は30°とJISで規定されている。図面に対して深い見識のある課長は、私の図面を見たとき、45°のローレット線を、まず奇異に感じたであろう。

41 真空ブレージングによる薄肉パイプの同芯度不良接合

概要

図 41-1 に、容器の中央部に真空ブレージングにより薄肉パイプを接合する製作図面を示す。材質は容器と薄肉パイプの両部品ともにステンレスで、接合部はシール性能が要求され、接合後に漏れが発生してはならない。容器の外径はΦ 160mm で、薄肉パイプは厚み 0.15mm、外径Φ 15mm である。この容器の内径と薄肉パイプの外径は、0.05mm の同芯度が必要である。容器の中央部には凸部が配置されており、その外周部と薄肉パイプの内面を接合する。作業性とシール性能を考慮して、接合には真空ブレージングを用いる。

真空ブレージング作業を行う際には、指定の同芯度を得るために、**図 41-2** に示すように、接合芯出し治具を取り付けた。真空ブレージングのろう材が流れこむ隙間は、最適値である 0.02 ～ 0.04mm とした。なお、芯出し治具により、容器内径とパイプ外径の隙間が 20 μ m となるように支持し、仕様値の芯出し精度が実現可能な寸法の取り合い構造とした。この構造でパイプの内径部にろう材を置き、真空ブレージング処理を行ったところ、接合芯出し治具が容器から抜きにくい状態になり、なおかつ所定の薄肉パイプと容器の同芯度が期待通りの数値とならない現象が発生した。

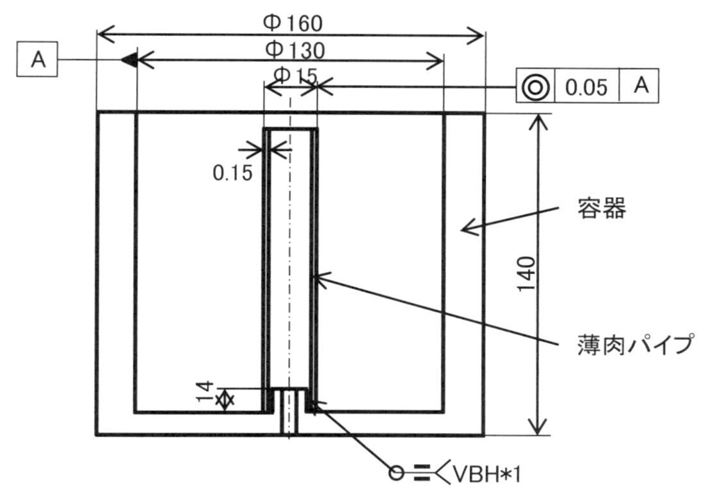

図41-1. 接合容器図面

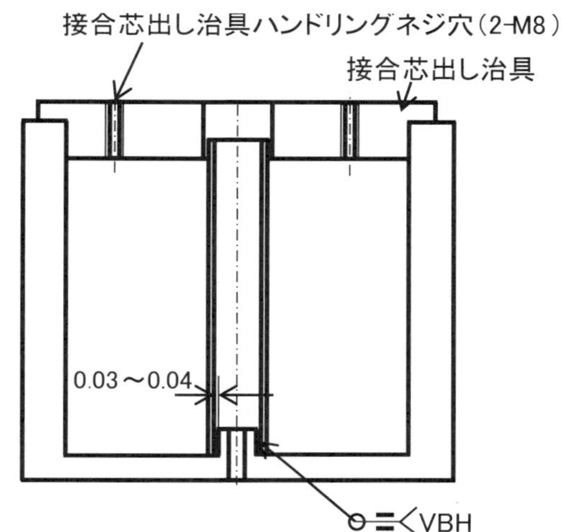

*1）VBHは真空ブレージング作業の指示略号

図41-2. 真空ブレージング接合治具

原因

この現象の原因は、真空ブレージングの際に薄肉パイプが傾き、その状態で接合されたことによる。具体的には容器と薄肉パイプの接合部で、ろう材が流れる隙間の範囲で薄肉パイプが傾き、その状態で接合が行われたためである。**図 41-3** に、ブレージング隙間内で薄肉パイプが傾いたときの先端の振れ量を示す。幾何学的条件で計算すると、0.3mm の傾きが発生することになる。すなわち、接合芯出し治具で薄肉パイプの芯出しができなかったことになる。

設計の段階では、**図 41-3** の左図に示すように、ろう材が隙間に均等に流れ込み、接合部はろう材の隙間が均一になるように自動的に調心機能が作用すると想定した。しかし実際には、**図 41-3** の左図に示すように、ろう材による調心機能は働かず、ろう材が偏って流れ込んだ。その結果、隙間の片側に薄肉パイプ側が寄せられた状態でろう材が硬化し、薄肉パイプの芯出しができなかった。

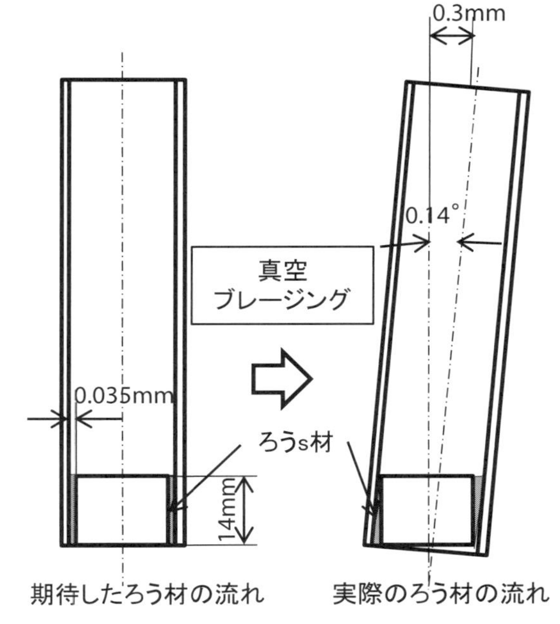

図41-3. 薄肉パイプの傾き

対策

対策後のブレージング構造を、**図 41-4** に示す。薄肉パイプの芯出しの構造となる容器下部の凸部および芯出し治具とパイプとの隙間を片側 0.005mm とし、さらにはめ合い長さを長くして倒れが出にくい寸法として、要求精度が確保できる構造とした。また、上部の芯出し治具と薄肉パイプの軸方向の重なり量を減らして 2mm とし、芯出し治具の取り外しを容易とした。容器下部の凸部の構造は、芯出し部とろう材が流れ込む接合部を軸方向で分けて、芯出し部は隙間 0.005mm、長さ 25mm、接合部は隙間 0.035mm、長さ 5mm となるように加工した。すなわち、芯出し機能と接合機能を分けてその寸法を決めた。この構造を採用することで、図面精度の同芯度とシール性能を達成することができた。

トラブル時に問題となった芯出し治具の分離は、同様のトラブルが発生した場合の対策として、2-M8 の穴にボルトを差し込むことにより、取り外しが可能な構造とした。この対策前構造の問題点は、真空ブレージングによる漏れ防止の「シール」機能とインローによる「位置決め」機能を、同じ構造で実現しようと計画したことによる。このような問題は、機構分野でよく見られる。

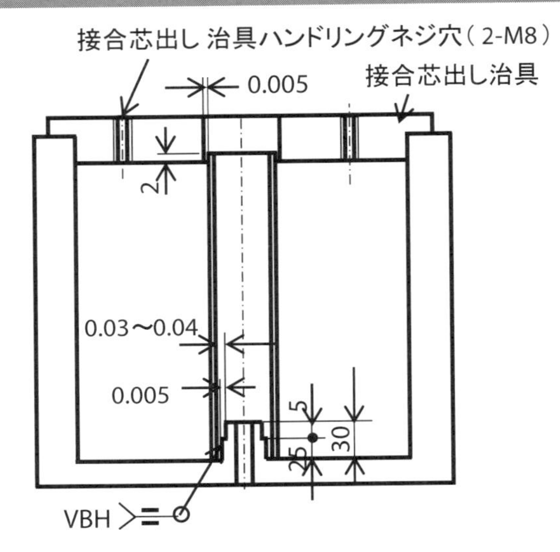

図41-4. 対策後の真空ブレージング接合構造

この対策から得られた教訓に関した事例

この対策から得られた教訓である「1 構造 1 機能」の 4 事例を、本書の No7 のトラブル事例（P42 ～ P44）で説明しているので、参照していただきたい。

項番	項目	内容
(1)	エアシリンダーによる駆動機構	負荷の「移動」と「支持」の機能をエアシリンダーのロッドに要求する構造
(2)	光学部品の光軸調整機構	上下とあおりの調整を 1 セットのネジにより実施する構造
(3)	固定と位置決め機構	部品の位置決めと固定にリーマボルトを用いる構造
(4)	テーパによる芯出しと 軸方向高さ位置決め機構	テーパと端面により回転軸の位置決めと軸方向の位置決めを行う構造

エンジニアの忘備録 22

書類の作成時間とその完成度とは

私は 30 年間の研究部門で装置開発に携わり、その後本社の生産技術部門におけるデスクワークに移った。いずれの部門でも、書類を作成する仕事があったが、特に生産技術部門ではそれがメイン業務であるといっていいほど、書類作成に時間を費やした。ある課題について、その説明と対策の書類を作るわけである。書類の完成度と作業時間の関係は、次のようになる。横軸に時間を取り、縦軸に書類の完成度を取ると、S 字カーブを描き、時間をかけるほど完成度が上がる。書類作成の初期段階であるグラフの左側では急激に上がり、右側に行くにつれ時間をかけても完成度は上がりにくくなる。たとえば、完成度 70％までは作業の初期に上昇するが、そこから完成度 100％を達成しようとすると多くの時間を費やすことになる。

その現象は、モーターの位置制御におけるステップ応答に似ていて、完成度 100％に到達する大きな時定数の現象であると考えてよい。なおかつ、この目標値は流動的で、数字で割り切れる内容でない点が問題である。急激に完成度が上がる初期状態を過ぎると、時間をかけても、なかなか完成度が上がることはない。幹部に報告するための書類であるならば、完成度を上げなければならず、言い回しなどを細かくチェックする作業に没頭することになる。書類サイズは A3、枚数は 1 枚で、冒頭に課題の結論を記入し、残りの空間でその内容を説明するわけである。作成する書類は文章、図、グラフを交え、それぞれがバランスよく配置されていなければならない。完成度が高い説明書類は、一見して全体のバランスがとれており、美しい。ただし、美しい書類の作成は工数が膨大で、それに要するコストは驚くべき数字となる。

私は現場で仕事をしていた期間が長かったので、本社のデスクワークはどうも好きになれなかった。本社では毎日が憂鬱だったが、工場を訪問して現場を見る機会があり、これが唯一の楽しみであった。

42 溶接による真空フランジの変形

概要

「真空」は半導体製造装置、電子線応用機器で標準的に使用される環境で、通常ステンレス製の容器内に作られる。真空容器の構成部品に、真空機器などを取り付けるための真空フランジがある。真空容器に溶接接合されたパイプ付きの真空フランジには、同形状の真空フランジを取り付けた真空機器などを、フランジ同士のボルト結合によって取り付ける。一対の真空フランジを同形状とすることで、使い勝手をよくした優れた利点の一つである。

図 42-1 に、真空フランジの外観写真を示す。半導体製造装置メーカーは、供給メーカーから ICF フランジを購入し、所望のパイプに溶接して使用する。

図42-1. ICFフランジ外観写真

図 42-2 に、シール材として金属ガスケットを用いた真空フランジによるシール構造を示す。真空シールは、フランジの外径に配置したボルトの締め付けにより、フランジに加工されたエッジをシール材に押し付け、エッジ部に発生する面圧で金属ガスケットを変形させ、真空シールを行う構造となっている。真空業界では、超高真空環境を得るためのシール材として、金属ガスケットを用いる ICF フランジを標準的に使用している。

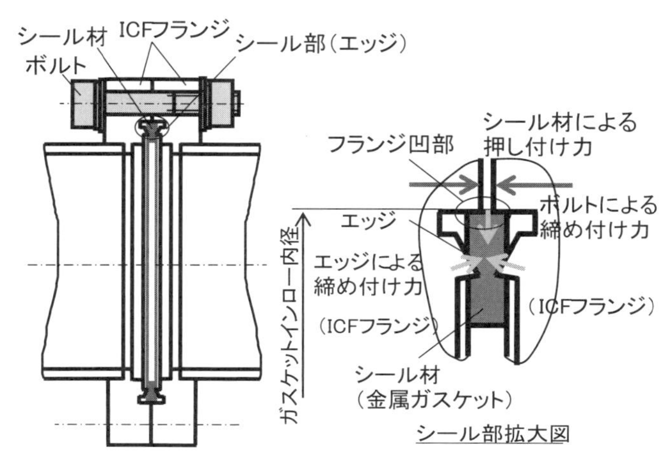

図42-2. ICFフランジによるシール

一部のユーザーは、真空フランジを締め付け固定する際にボルトの締め付けトルクを管理し、金属ガスケットを数回再利用するという名人芸的な話を耳にするが、通常、ガスケットはシールの信頼性向上のため再利用しないことになっている。

ボルトで真空フランジを固定する際、ボルトの締め付け環境が大気または真空となる場合を考慮しなければならない。ICF フランジは、昇温によるベーキング工程を経て使用される場合が多いので、大気環境の場合は、モリコートなどの高温用の潤滑剤を塗布して使用すれば、所定の締め付けトルクで期待する軸力が得られる。真空環境で使用する場合は、放出ガスの問題で潤滑剤が使用できないので、摩擦係数が大きく、所定の締め付けにトルクでは期待する軸力が発生しない問題があるので、その締め付けトルクを増す操作が必要となる。この結果、ネジ部でかじりが発生するリスクが増大することになる。

真空フランジを用いて真空配管を製作する際に、配管を架台に取り付ける目的で、**図 42-3** に示すように、ICF203 フランジの外径部に一箇所の取り付け座を溶接した。フランジの外径はΦ 203mm で厚みは 22mm、内径はΦ 155.5mm（パイプのインロー部径）である。取り付け座の寸法は 100 × 50mm、厚み 15mm で、溶接棒を使用しない IAW（イナートアークウエルディング）による隅肉溶接で、これをフランジに取り付けた。加工工程は右の表のとおりである。

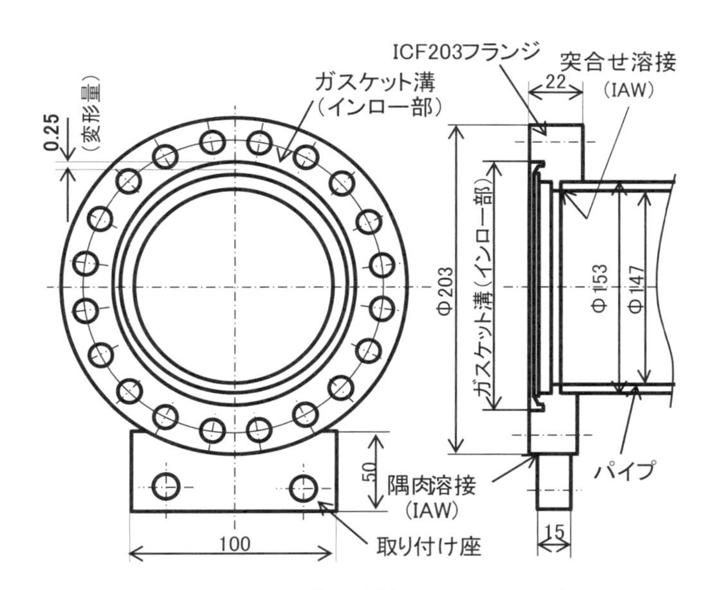

図42-3. 取り付け座を溶接したICFフランジ

工程	作業内容
(1)	パイプを ICF フランジのインロー部に挿入し、両部品接合部の内面全周を突合せ溶接
(2)	ICF フランジの外周部に、取り付け座接合面の全周を隅肉溶接
(3)	上記（1）の溶接部の漏れ試験

この製作工程で使用する真空フランジは、パイプ取付穴ほか、すべて加工済みの完成品をメーカーから購入して使用した。

ガスケットを ICF フランジのエッジでつぶす、変形操作による真空保持を、**図 42-2** に示す。シール効果を得るには、ガスケットを ICF フランジのインロー部に挿入し、ボルトを順次締め付け、エッジにボルトの締め付け力を伝えて、接触部の面圧を上げなければならない。このとき、ガスケットを挿入したインロー部外周による反力が、シール材であるガスケットのエッジとの面圧をさらに増加させる。

上記の工程で製作した前頁**図 42-3** の部品で、シールのガスケットが ICF フランジのインロー部に挿入できないトラブルが発生した。

原因

原因は、取り付け座の溶接時に ICF203 フランジの変形が生じたことにある。**図 42-3** に示したように、取り付け座の溶接によって、0.25mm の形状の楕円化が発生した。この変形は、取り付け座の溶接によって、フランジがある方向に引っ張られた結果である。すなわち、溶接の過程で溶けたステンレス材が固化する際の収縮でその方向変形を発生させるために引っ張り力が生まれた。

対策

対策としては、**図 42-4** に示すように、ICF203 フランジの外周に、3 個のダミー板を、取り付け座と同様の溶接で取り付けた。この構造により、取り付け座部分だけにかかっていた半径方向に引っ張る力を、4 方向に均等にかかるようにして、変形量の修正を期待した。この溶接によって変形量は 0.1mm と半減し、インロー部にガスケットを挿入することが可能となった。

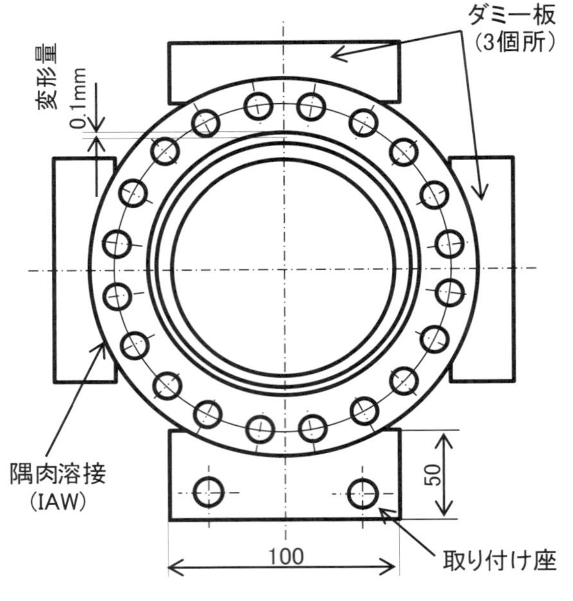

図42-4. 対策後のICFフランジ構造

溶接による変形について

溶接を用いて 2 部品を接合する場合、溶接個所を高温度まで加熱し、接合部を溶かした後、放熱による凝固で、2 部品が一体化する。この凝固の際、次の理由で部品の変形が発生する。

①凝固時に「縮む」現象

②機械加工の加工応力が高温化で解放

これら二つの原因は、被溶接部品の一部に加熱処理を行うために、発生しやすくなるわけである。

溶接による変形が発生すると考え、この変形を減ずるには、一体化された溶融された被溶接部品の溶接部に「縮み」による強制変位が加わった場合の変形と考えればいい。具体的には、今回のトラブル対策が示すように、「軸対象」「円周」形状を考慮に入れた溶接設計が効果的である。この変形問題に対しては、数値計算によるアプローチが存在し、溶接後の変形を計算するシミュレーションは自動車部品製造の分野で使用されている。

エンジニアの忘備録 23

同じ対策を展示会で見て

「溶接による真空フランジの変形」は、頭で考えたトラブル対策がそのまま成功した、気持ちのいい仕事であった。

トラブルの概要は、ICF 真空フランジの外径に取り付け座を溶接したところフランジが変形し、ガスケットがインロー部に入らなくなった、というものであった。その原因は、フランジの溶接個所が 1 箇所で、非対称であることだと考えた。そこで、座と同形状の板をフランジ外周の 4 分割位置にさらに 3 個溶接して、4 箇所の溶接で生じる半径方向の引っ張り力でバランスをとり、変形を補正する対策を行った。

複数の対策案からこの対策法を選定したわけであるが、時間がなかったため、私の選択肢は限られてきた。これは初めて採用する方式であり、定量的な背景がないままに、いってみれば「エイヤー」と決め、実施したわけである。職場には製作部隊が所属しており、時間さえとれば部品の溶接はやってもらえるので、「イチかバチか」で、この方法を採用したのである。

後日、幕張メッセで開催された真空の展示会で、真空装置について調査をしていたところ、真空フランジの外周に取り付いた 1 個の座で架台の上に固定されている真空容器を発見した。よくよく見ると、フランジの対面と直角方向に計 4 個の座が取り付いており、そのうちの 1 個以外はフランジと架台との固定には使用されていなかった。まさに私と同じ課題に対して、同じ対策がなされていたのだ。そのとき、真空装置のメーカーでも、同じ課題に対して同じ結論に至ることもあるものなのだと、えらく感心した覚えがある。私はこの案を採用した過程を思い出し、展示されていた真空容器の対策を行った技術者とコンタクトしてみたいと思った。彼はちゃんと予備実験や数字による検討を重ねて、この対策を行ったのだろうか？　それとも、私と同様に時間がなくて、この対策構造を採用したのだろうか？　お会いして、どのような経緯でこの構造を思いつき、採用するに至ったのか、聞いてみたいと思ったのだった。

43 溶接による真空容器の精度と加工法

概要

ICF フランジを接続部に用い、内部を高真空に保つ真空容器は、その使用目的によって各種の形状がある。真空容器の 1 事例を**図 43-1** に示したが、これはパイプで製作された容器の上下面に取り付いた ICF フランジの中間部に、直角方向に枝管が取り付く構造となっている。この真空容器は、ICF フランジに取り付ける機器の使用目的によって、基準となる ICF フランジの取り付け精度を要求している。この取り付け精度は、下部の ICF フランジ（A）を基準にして、上部の ICF フランジ（B）の同芯度、ICF フランジ（C）の直角度、D 寸法、E 寸法、F 寸法の寸法精度公差で決定した。この寸法公差で、フランジの平行度と直角度を指定することになる。

各構成部品の溶接によって真空容器を製作する場合の、要求される形状精度とその達成法について説明する。**図 43-1** は真空容器の要求精度を示しており、この形状精度を達成するときの課題は、供給メーカーから購入した完成形状の ICF フランジを、真空容器の最終製作工程である溶接作業により接合する点にある。すなわち、溶接工程が最終加工工程となるので、溶接で図面に記載された精度を達成しなければならないのである。この図面形状の達成では、次の 2 点において課題を克服しなければならない。

①所定の精度に仕上げた容器溶接部と ICF フランジとの溶接を、最終工程とする。

②容器と ICF フランジを溶接する際には、両部品の溶接部であるパイプの前加工や仮付け溶接といった変形しづらい方法を採用し、仕様の形状精度を達成する。

この精度達成のために、次に示す 2 方法を採用した。なお、メーカーから供給される ICF フランジの形状および外観は**図 43-2** に示したとおり薄厚構造で、溶接することによって、変形しやすい形状であることが判る。

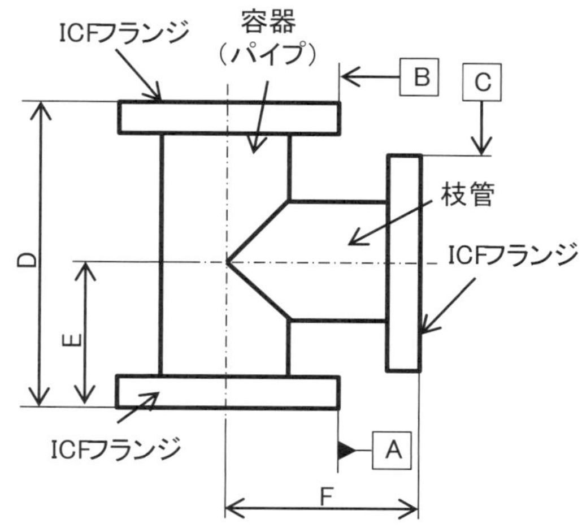

項番	項目	精度
(1)	A と B の同芯度	0.2mm
(2)	A と C の直角度	0.2mm
(3)	D 寸法	0.2mm
(4)	E 寸法	0.2mm
(5)	F 寸法	0.2mm

図43-1. 形状精度が必要な溶接により製作する真空容器

（1）溶接が最終工程となる要求精度達成のための加工方法

次頁**図 43-3** に、精度を要求される真空容器の作業工程を示す。**図 43-1** の真空容器の図面に記載されている形状精度を達成するための、具体的な作業工程である。作業は直角に溶接接合されたパイプの先端に、基準となる ICF フランジを取り付ける作業で、まずは工程（2）「パイプインロー部加工」で当該フランジを取り付けるための基準として、その取付部であるパイプ端面を加工する。そこに工程（3）「基準フランジ溶接」でフランジを溶接する。続いてほかの ICF フランジが取り付くパイプの端面の加工を行う。加工は、先に取り付けた ICF フランジを基準として、図示する精度で行う。最後にインロー部とインローの端面で取り付ける ICF フランジを拘束して、溶接による接合を行う。

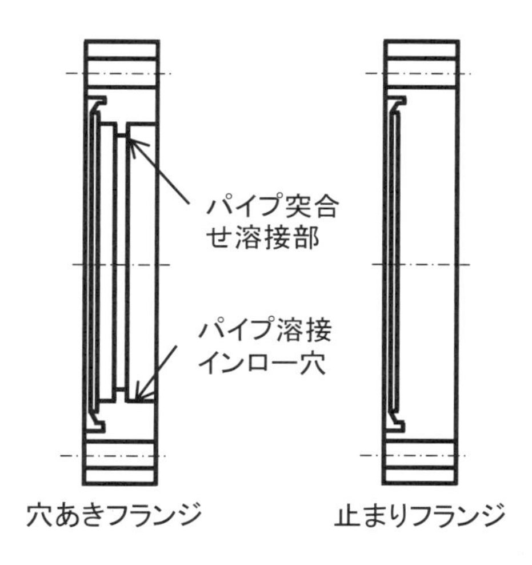

図43-2. メーカーから供給されるICFフランジ

出所：株式会社バックス・エスイーブイ
（http://www.sev-vacuum.com/sub99/sub99_pages/raq_jvia01.html）

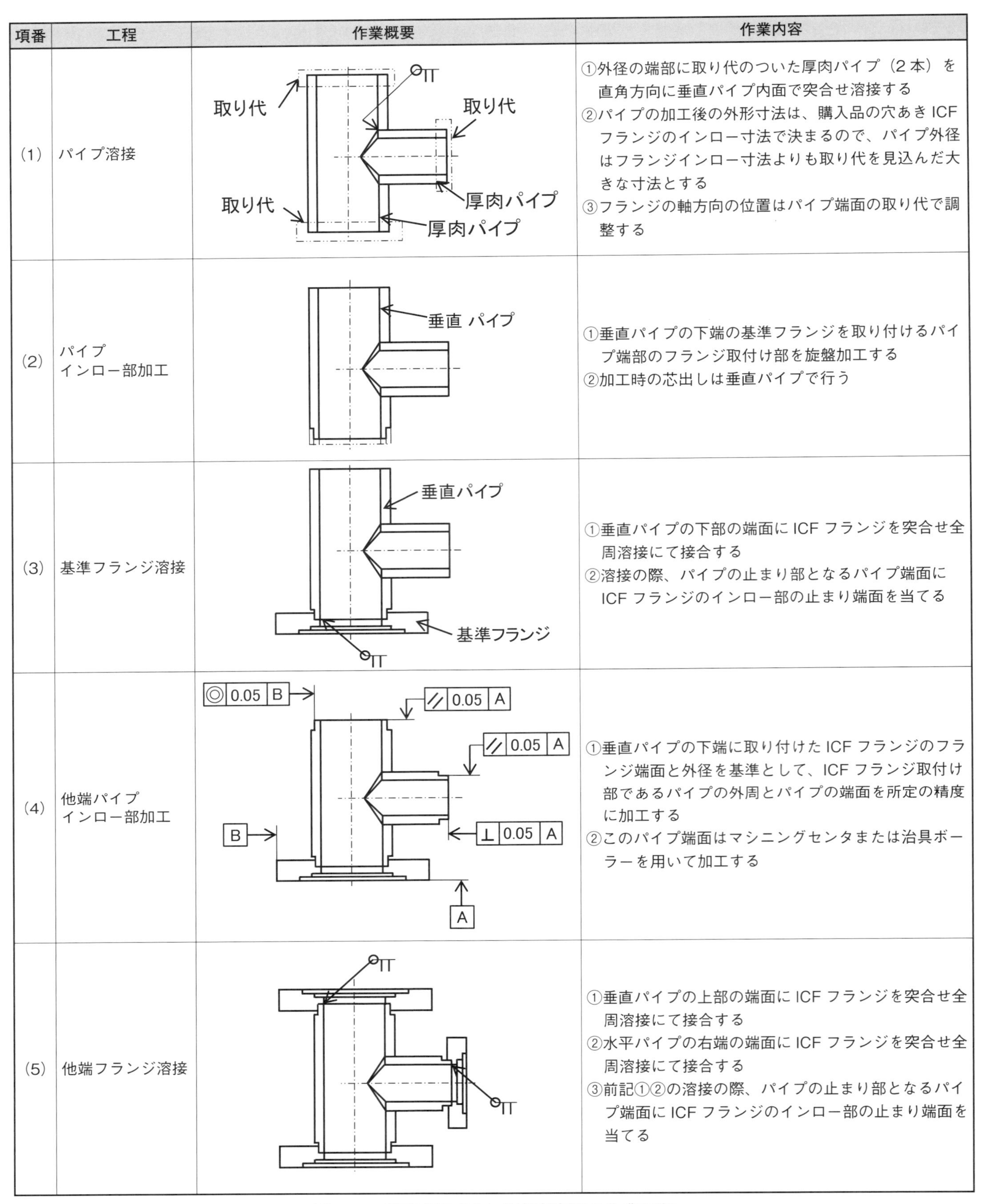

項番	工程	作業概要	作業内容
(1)	パイプ溶接		①外径の端部に取り代のついた厚肉パイプ（2本）を直角方向に垂直パイプ内面で突合せ溶接する ②パイプの加工後の外形寸法は、購入品の穴あきICFフランジのインロー寸法で決まるので、パイプ外径はフランジインロー寸法よりも取り代を見込んだ大きな寸法とする ③フランジの軸方向の位置はパイプ端面の取り代で調整する
(2)	パイプ インロー部加工		①垂直パイプの下端の基準フランジを取り付けるパイプ端部のフランジ取付け部を旋盤加工する ②加工時の芯出しは垂直パイプで行う
(3)	基準フランジ溶接		①垂直パイプの下部の端面にICFフランジを突合せ全周溶接にて接合する ②溶接の際、パイプの止まり部となるパイプ端面にICFフランジのインロー部の止まり端面を当てる
(4)	他端パイプ インロー部加工		①垂直パイプの下端に取り付けたICFフランジのフランジ端面と外径を基準として、ICFフランジ取付け部であるパイプの外周とパイプの端面を所定の精度に加工する ②このパイプ端面はマシニングセンタまたは治具ボーラーを用いて加工する
(5)	他端フランジ溶接		①垂直パイプの上部の端面にICFフランジを突合せ全周溶接にて接合する ②水平パイプの右端の端面にICFフランジを突合せ全周溶接にて接合する ③前記①②の溶接の際、パイプの止まり部となるパイプ端面にICFフランジのインロー部の止まり端面を当てる

図43-3. 精度を要求される真空容器の作業工程

(2) 容器パイプとICFフランジの精度達成のための溶接法

図43-4に、パイプとICFフランジの精度達成のための溶接法を示す。シールを目的とした連続溶接の前工程として、**図43-4**の工程（1）に示すとおりに、仮付けを行う。仮付けでは、パイプとICFフランジの基準が隙間なく接合されるように、スコヤ等を用いて直角を確認しながら作業を行う。具体的には仮付けは、円周4箇所を対角順に行い、溶接長さは5mm程度の点付けとする。なお、この溶接は内面方向から行う。これは、溶接の際に発生する空間を溶接内に残し、これを真空排気時にガスたまりとしないための操作である。

項番	工程	作業概要	作業内容
(1)	仮付け溶接	パイプとフランジの仮付け（IAW 溶接、円周4箇所） 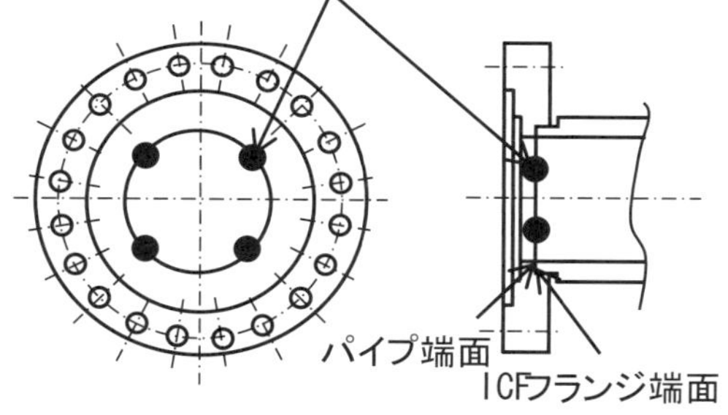 パイプ端面 ICFフランジ端面	① ICF フランジとパイプの接合面を IAW 溶接にて 5mm 程度の長さで溶接を行う ②溶接の際、パイプ端面と ICF フランジ端面は確実に接触するようフランジを軸方向に押し付け溶接作業を行う ③仮付けの順は対角方向とし、仮付け溶接によってフランジが傾かないように配慮した手順とする ④フランジ端面の平行度、直角度を確認しながら溶接による仮付け作業を行う
(2)	仕上げ溶接	パイプとフランジの全周溶接（IAW 溶接、連続） 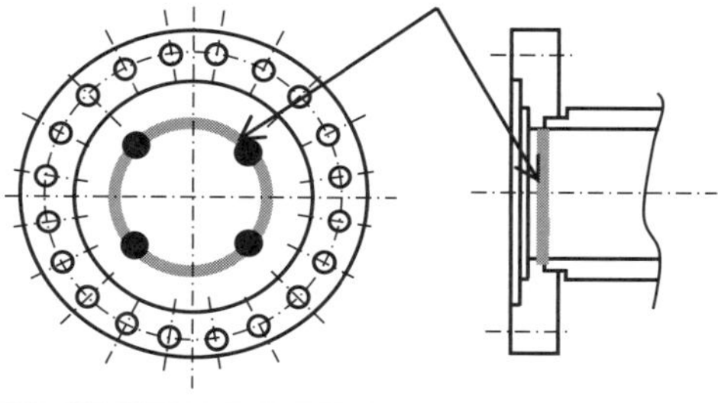	① ICF フランジとパイプの接合面を IAW 溶接にて連続溶接を行う ②溶接後、He リークディテクター[解説1]を用いて溶接箇所の漏れ試験を行う

図43-4. パイプとICF フランジの精度達成のための溶接法

図 43-5 で、その具体的な内容を説明する。左図に示した隅肉溶接では、容器内を真空排気すると、薄い太線で示す ICF フランジとインローの隙間は真空環境に露出するが、この隙間に入り込んだガスはなかなか抜けない。その結果、真空排気の到達速度・到達圧力が悪化する。

空気が抜けにくい理由は、溶接精度向上のために、小隙間となっているからである。この問題を防ぐために右図に示すように真空側から溶接を行い、接合部の隙間を真空排気不要の構造とする。仕上げにおける連続溶接は、仮付け溶接の上に重ねて行っても問題は発生しない。

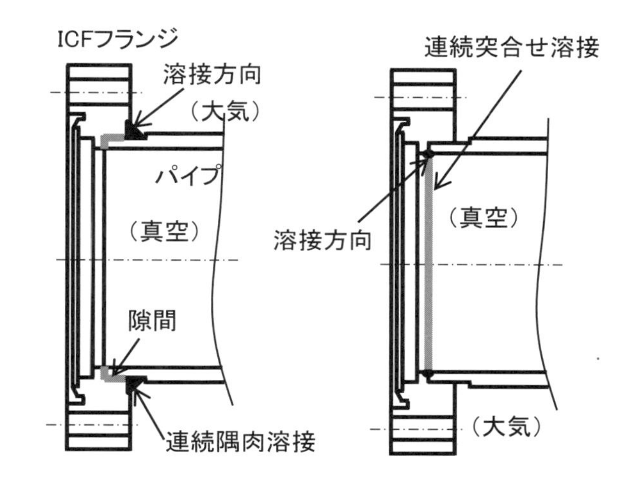

図43-5. 真空部品のフランジとパイプの溶接方

解説 1　He リークディテクター

真空容器の溶接箇所のリーク検査法として、現場では一般に He リークディテクターを用いた方法が実施されている。ここでは、真空容器製造に用いる一連の漏れ検査法について説明する。真空容器内に放出され、容器の圧力を悪化させるガスについて、**図 43-6** を用いて説明する。**図 43-6** は、真空容器内に進入するガスを模式的に示した図である。真空容器をポンプにより減圧した場合、その到達圧力は、真空排気量と放出ガス量がバランスした状態となる。通常、超高真空（10^{-8}torr 以下の圧力）用の容器は、次の真空排気工程を経て目的の圧力を達成する。

項番	項目
(1)	脱脂洗浄を行い、真空容器を組み立てる
(2)	真空ポンプにより、He リークテストが可能な圧力まで排気する
(3)	He リークテストによる漏れ検査と、リークが存在する場合、漏れ止め作業を行う
(4)	ベーキング（120℃）により、壁面に付着した水分を追い出す
(5)	真空ポンプによる長時間の排気を行う

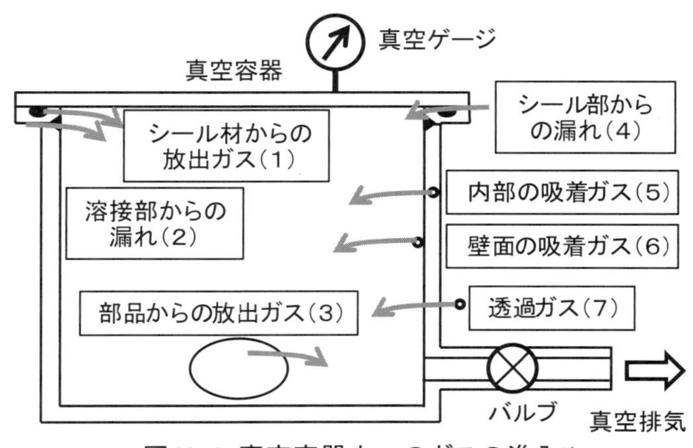

図43-6. 真空容器内へのガスの進入[*1]

*1）図32-5を一部転用

この一連の超高真空達成のプロセスで、作業工数の予測がつきにくい工程は項番（3）のHeリークテストによる漏れ検査と、漏れがあった場合の漏れ止め作業である。漏れは、大気圧に近い減圧状態から真空状態における容器の微小リークまで多様で、それぞれに合った検査法が存在する。下記の表に、それぞれの漏れ検査法について、仕様圧力、漏れ検査の方法を説明する。

項番	項目	検査法	内容
(1)	スヌープ	①容器を加圧し、石鹸水であるスヌープの泡の出現により、接合部の漏れを検知 ②検知できる漏れは（2）（4）*2	①容器の圧力が高いほどその感度は良いが、ガスの漏れを泡で検知するので、真空漏れの原因となる微少漏れの検出はできない。大きな漏れの検出が可能であり、ロータリーポンプによる排気で圧力が目標の数値（1torr）に到達しないといった場合の検査方法として有効 ②上限の加圧値は、真空容器のビューポート、ウイルソンシール解説2などの有無で決まる ③漏れ場所の特定が可能
(2)	ガイスラー管	①ガイスラー管で発生する放電現象を用いた検査法で、検知剤としてエチルアルコールを使用 ②検知できる漏れは（2）（4）*2	①検査する圧力環境は、数十 torr ～ 0.1torr 程度の低圧力 ②エチルアルコールの蒸気の浸入で問題の起こらない容器の漏れ検査に有効 ③漏れ場所の特定が可能
(3)	ビルドアップ	①真空排気を停止し、圧力計で圧力の変化を計測して進入ガス量を計測 ②検知できるガス量は（1）（2）（3）（4）（5）（6）（7）*2	①検査対象容器の圧力計で計測可能な範囲の検査が可能 ②真空容器の構造やバルブ取り付け位置によって漏れの大まかな場所はわかるが、特定はできない ③真空容器の漏れ量と、真空容器の内壁面から放出されるガス量の特定に使用
(4)	He リークディテクター	① He の存在を検知する質量分析計を使用した検査方法で、接合部に He を吹きかけて、容器内の He ガスを質量分析計で計測する。 ②検知できる漏れは（2）（4）*2	①検査する環境は 10^{-5}torr 以下であり、超高真空までの圧力範囲で利用可能な検査法であり、差動排気解説3を用いれば更に高い圧力も測定可能 ②漏れ場所の特定が可能 ③通常の真空漏れ試験はこの方法で行う

*2）図43-6の図中に示す番号の現象

（1）スヌープによる漏れ検査法

真空容器の漏れ量が大きい場合の検査に用いるスヌープ検査液の外観と仕様を、メーカーのホームページから**図43-7**に転記する。通常この方法は冷却水、圧縮空気の配管系の継ぎ手部などの漏れ検出に使用する方法であるが、大きな漏れがある場合の真空溶接の接合部の漏れ検査にも使用可能である。検査面に石鹸水を振りかけ、漏れが原因の泡の発生を目視する検査法なので、漏れ部の特定は容易であるが、表面に検査液の成分が残る点に注意を要する。検査後、脱脂洗浄などを行ってから、漏れを止める再溶接を行うことになる。

（2）ガイスラー管による漏れ検査法

ガイスラー管は、電極部に高電圧を加えて放電を発生させ、放電の状態を観測することで漏れを検査する方法で、圧力と環境に存在するガスの種類により、放電状態が変わる現象を利用している。この放電現象で検査できる圧力範囲は、上記のように数十 torr から 0.1torr の範囲の低真空である。ガイスラー管が放電を起こした状態で、**図43-8**に示すように、溶接接合部にエチルアルコールを注射器を用いて振りかけると、漏れがある場合には放電状態が瞬時に変化するので、漏れが容易に判定できる。通常の放電現象は赤っぽい色だが、アルコールが入ると白色になる。この色の変化で漏れを判定するのである。溶接箇所などの漏れが考えられる部分にエチルアルコールを順次振りかけていけば、漏れ部を特定することができる。後述する He ガスと異なり、アルコールは接合部にピンポイントで振り掛けることができるので、漏れ部が比較的容易に特定できる。

Real Cool Snoop
（リアル・クール・スヌープ）漏れ検出液
■ －54°Cの低温でも使用でき、微量の漏れや垂直面での漏れも検出できます。
技術情報
■ 成分：超純水、界面活性剤、低温での凍結を防止するエチレン・グリコール
■ 使用温度範囲：－54 ～ 93°C

図43-7. 漏れ検出液スヌープの外観と仕様

出所：スウェージロック
(https://www.swagelok.co.jp/downloads/webcatalogs/jp/MS-01-91.pdf)
漏れ検出液スヌープの画像と仕様　Snoop-TM Swagelok Company

漏れによるガイスラー管の色変化は、下記の HP を参照していただければ写真と共に説明されている。

出所：「漏れによるガイスラー管の発色状態の変化」山形大学クォーク核物理学研究室（https://www.quark.kj.yamagata-u.ac.jp/~iwata/research/pt/cooling/leak_check/how_to_leak_check.htm）

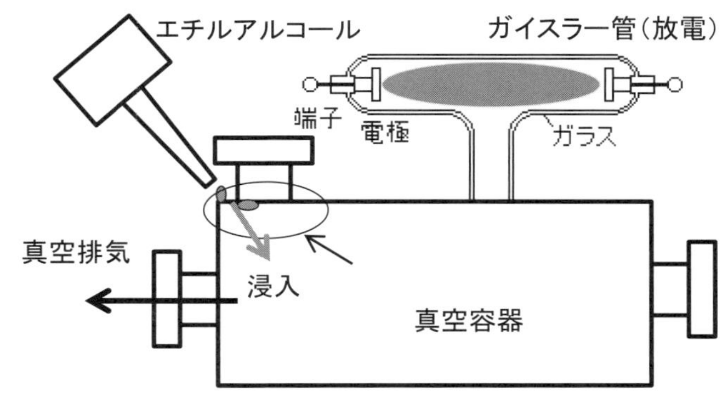

図43-8. ガイスラー管による漏れ検査

(3) ビルドアップによる漏れ量検査法

ビルドアップによる漏れ量の検査法については、すでに No32「すべり軸受けの温度変形による移動不良ほか（P179）」で説明を行っているので、参照していただきたい。

(4) He リークディテクターによる漏れ量検査法

He ガスを用いた漏れ検査方法は、高真空における微少リークが検査可能な手法で、真空機器メーカーは通常、この方法で漏れの保証を実施している。**図 43-9** に、本方法による漏れ検査の真空配管系統図を含めて示す。真空容器と He 検出器を独立に高真空まで排気できる、排気系を取り付けた贅沢な構成図である。この漏れ検査方法は、真空容器の溶接箇所部に吹き付けたガスが漏れ部を通過して真空容器内に進入したときの、進入ガスの量と吹き付け場所によって、定量値と漏れ箇所を検出する手法であり、真空容器に進入したガスは He 検出器で検出する。検出は質量分析計で行っているため、検出環境を 10^{-5}torr 以下の圧力にしなければならない。したがって、このリーク検出方法は高真空で使用が前提となる。リーク量の定量値を決めるために、真空容器にはバルブを介して標準リークが取り付いており、測定の前に検出器の校正を行なう。標準リークはガラス容器で、ガラスを通過した空気中の He ガスを測定することで校正を行う。ガラスの厚みが決まれば、空気中に含まれる He ガスは一定値なので、このガラス容器が標準リークとして使用できることになる。たとえばリーク量が 1×10^{-8}torr L/s のように単位時間に進入するガスの PV 値（圧力と体積を掛け合わせた数字）で示す。通常、漏れ量はこの単位系（圧力×体積÷時間）で示す。

He リークディテクターを用いた漏れ部の特定法と、低真空にこの方法を用いる手法を説明する。

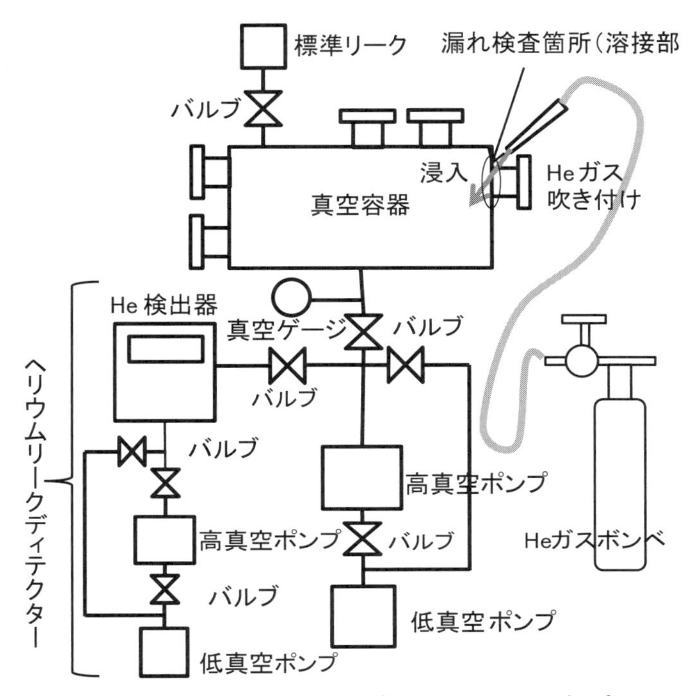

図43-9. ヘリウムリークディテクターを用いた漏れ検査

漏れ部の特定法

この手法を用いて漏れ部の特定を行う場合、He ガスの使用という点から「ガスの回り込み」を考慮した検査を行わなければならない。具体的には次の通りである。

①複数個の検査部が密集しているときは、検査する接合部を分離する目的で、ビニールテープなどで検査対象以外の接合部をシールして、検査対象を限定して検査する。

次頁**図 43-10** に、その事例を示す。真空容器にフランジが 5 個取りついており、フランジ 4 の接合部の漏れ検査を行う場合、検査対象以外のフランジの接合部を図示するようにテープで覆い、この部分からの He ガスの侵入を防止し、この状態で検査を行う。

②さらに漏れ量が少ない場合は、He ガスが真空容器内に進入するために時間を要するので、ガスが検出されるまでの時間に遅れが生じる。この遅れを考慮し、ガスを連続して吹き付けないで短時間のパルス状に吹き付け、そのパルス間隔を広げて、吹き付けたガスが He 検出器に到達するまで待つ。

③空気中に放出された He ガスは、比重の関係で、空気中を上昇する。したがって真空容器を検査する場合には、上方の位置の検査箇所から検査を行う。下方から検査を行うと、He ガスの上昇によって上方の接合部から容器内に入る場合があり、漏れ部の特定ができないことになる。

He リーク試験を低真空で使用する方法

He リーク試験を低真空で行う場合、He ガスの検出を行う質量分析部を 10^{-5}torr 以下の圧力に保持すればよい。

ただしこの場合、低真空のため被検査対象となる真空容器の圧力はこの値よりも高い値になる。そのため、図43-11に示すように、He検出器の上流側（真空容器側）に流路抵抗を挿入し、真空容器側の低真空圧力に対してHe検出器側を高真空に上げる操作を行なう。具体的には、流路抵抗として流路に小穴を配置する。この小穴の径を適切に選べば、穴の上流と下流側の間で、圧力差をつけることが可能となる。

図43-12に、本書で使用する圧力の表現について記述する。圧力の高低は、ときとして使用者によって反対となる場合がある。表現に厳格な定義はないが、筆者が経験から、一般に使用されている表記に従って示しておく。

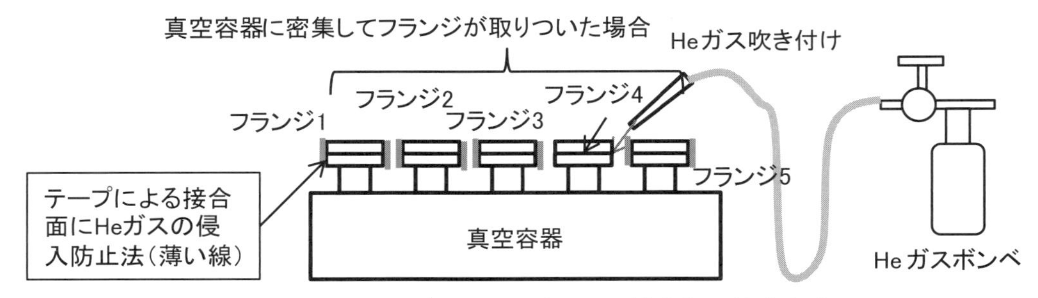

図43-10. ヘリウムリークディテクターを用いた接合部の特定方法

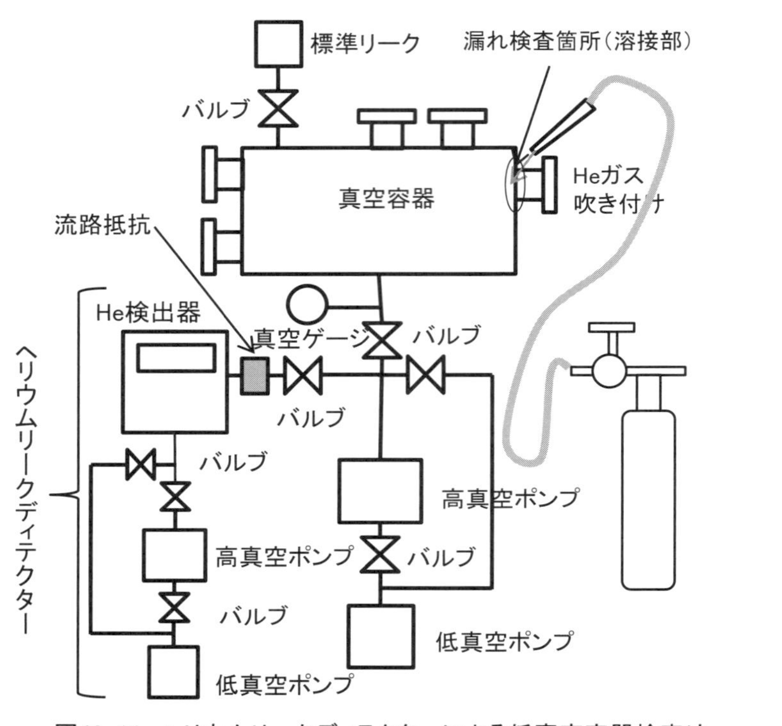

図43-11. ヘリウムリークディテクターによる低真空容器検査法

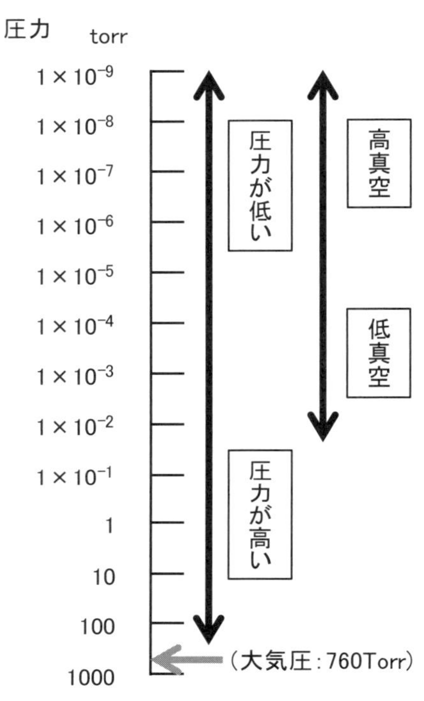

図43-12. 圧力の表示について

解説2 ウイルソンシール

ウイルソンシールはOリングによる軸シール構造で、シール力の調整が可能な真空装置の要素構造である。機械要素構造でたとえるなら、Oリングによるコレット構造と考えればよい。図43-13に、低真空ゲージであるピラニゲージをウイルソンシールで固定した断面構造を示す。コマを介して、ナットでOリングを軸方向に押し付けている。Oリングとピラニゲージのシール部の摩擦係数が、真空グリースの塗布によって小さくなるので、真空容器の加圧力によってピラニゲージが真空容器外に飛び出すことになる。このシール構造では、真空容器に溶接した筒の段付き部にピラニゲージの端部が接触して、止まる構造になっている。

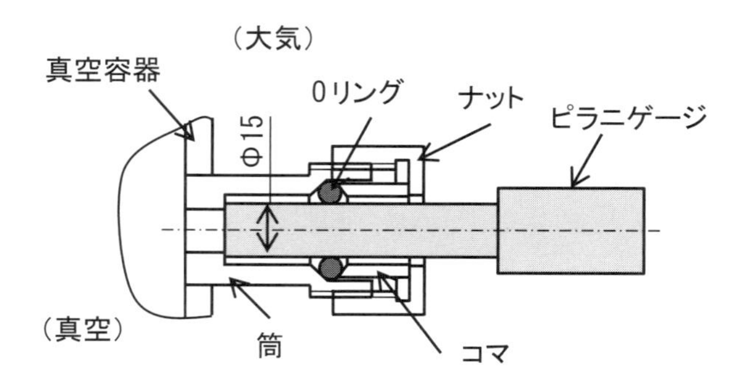

図43-13. ウイルソンシールによるピラニゲージの固定

解説3 **差動排気**

差動排気とは、小穴でつながった2室で構成される真空容器に対して、独立した真空排気系を用いて、両容器の圧力差を発生させる方法である。小穴の抵抗と両排気系の排気速度により、両容器の圧力が決定される（**図43-14**）。

ここで取り上げたHeリークディテクターの場合、検出器は10^{-5}torrで動作するので、この圧力に保持し被検査真空容器と接続して用いる。小穴の径は漏れガスの量で決定することになる。

差動排気による「小穴」の決定法

事例を用いて、差動排気のための小穴の寸法決定手順について示す。**図43-15**に、使用記号とその諸元値は次の通りである。

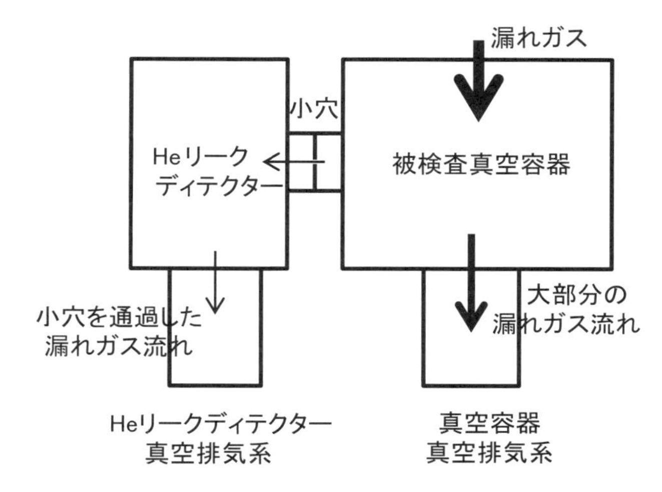

図43-14. 差動排気の構成図

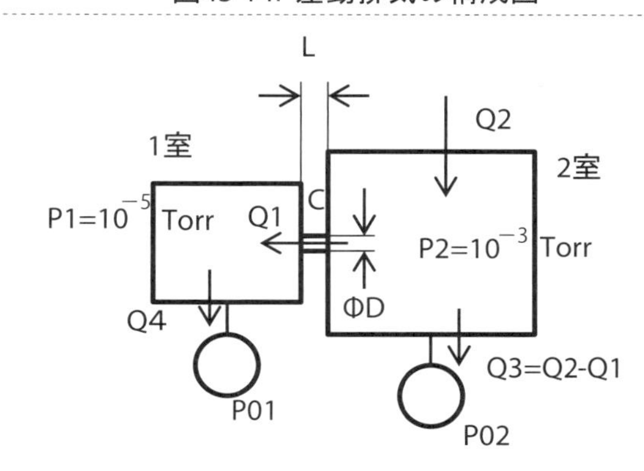

図43-15. 差動排気の構成図

（使用記号と諸元値）

1室：質量分析室
2室：排気室
P1：質量分析室圧力（$=10^{-5}$torr）
P2：排気室圧力($=10^{-3}$torr)
PO1：質量分析室排気ポンプ
PO2：排気室排気ポンプ
Q1：差動排気量（torrL/s）
Q2：漏れ量（torrL/s）
Q3：排気室排気速度（=300L/s）
Q4：質量分析室排気速度（=50L/ s）
ΦD：小穴直径（m）
L：小穴長さ（m）
C：排気抵抗

（計算）

漏れ量（Q2=Q3）
$\fallingdotseq P2\times Q3=10^{-3}\times 300=3\times 10^{-1}$torrL/s
差動排気量（Q1=Q4）
$=P1\times Q4=10^{-5}\times 50=5\times 10^{-4}$torrL/s
差動排気量（$Q1=5\times 10^{-4}$）
$=C\times(P2-P1)$
ここでP2>P1なので
$=C\times P2$
排気抵抗（C）
$=Q1/P2\times 10^{-3}=(5\times 10^{-4}\div 10^{-3})\times 10^{-3}$
$=5\times 10^{-4}$L/s
この排気抵抗を決める式は（公式）
$C=121\times D3/L$
ここで直径ΦD=0.001m（1mm）として
長さLを求める
$L=121\times 0.0013\div 5\times 10^{-4}=0.242$mm

よって、求める差動排気の形状は次の通り計算できる。
穴径：Φ1mm
穴長さ：0.24mm

この差動排気の真空容器構造は、真空を用いた作業のプロセスが真空装置とうまくマッチすれば、装置のコスト低減法として有効な構造となる。**図43-16**に事例を示す。真空容器Aと真空容器Bの排気系を共通化し、小穴と排気抵抗が可変できるコンダクタンスバルブを用いて、侵入ガスに対して両容器の圧力を維持する構造となっている。コンダクタンスバルブは、両容器の圧力値の可変範囲を広げる目的で取り付けており、圧力を決める諸条件が固定できれば、不要となる。

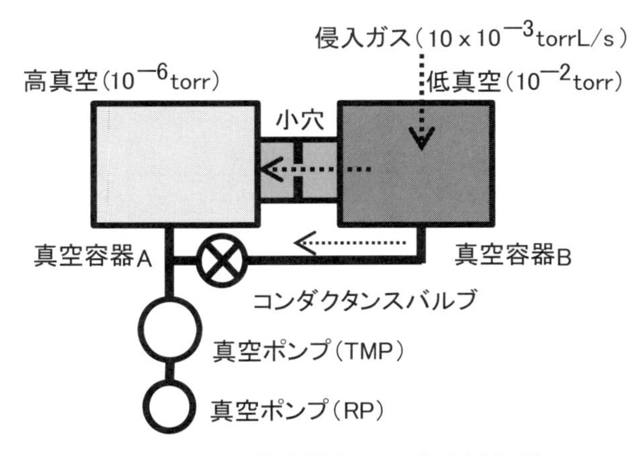

図43-16. 差動排気用の真空排気系

44 溶接用真空容器材料として使用が不適なSS材

概要

図44-1に示す真空容器を、板の溶接構造で計画した。

仕様は次の通りである

（1）外径寸法：230 × 385 × 235 × t15 mm

（2）材質：SS400

（3）接合：IAW溶接(ヘリアーク溶接)

（4）溶接箇所：真空容器内面

（5）使用圧力：1×10^{-5} torr

真空容器の製作工程が進み、溶接作業を行っている担当者から次の連絡があった。

① 溶接中、溶融した金属が固まるとき、溶接部に穴が開き、われが発生する。

② 一度われが発生すると、再溶接によりその修復ができない。

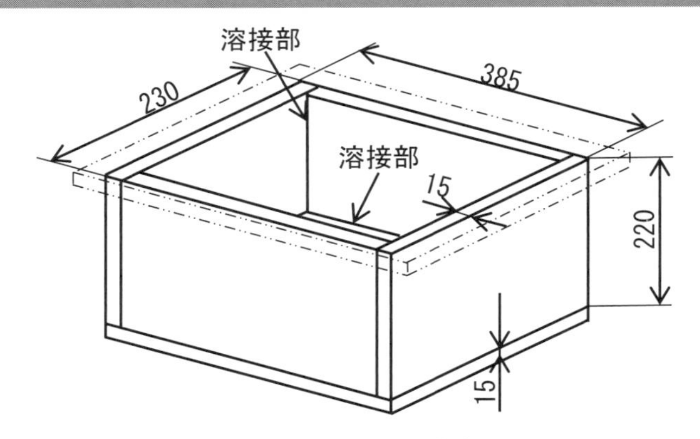

図44-1. 真空容器構造図

この「われ」の発生は、真空を保持する真空容器では致命的な問題となる。

原因

SS400（一般構造圧延鋼）は溶接に適した材料ではないことが原因であった。鋼材の成分により溶接の可否が判定されており、この点を確認せずに材料を選定したためである。溶接の可否は、主に炭素量により、以下の通り判定する。SS400の成分表、機械的性質は右の表の通りである。

この表に示したように、SS400材は機械的強度が規定されており、溶接の可否を決める組織成分の規定がない。すなわちSS400材は溶接を目的とした材料ではないということである。溶接を目的とした同種の材質にSM400B材（溶接構造用圧延鋼材）があり、この組成成分を示す。

SS400の組成表・機械的性質 (JIS G3101)

C	Mn	P	S
―	―	0.05以下	0.05以下

（単位：%）

降伏点又は耐力（厚み16～40mm）	引っ張り強さ
235以上	400～510

（単位：N/mm^2）

SM400Bの組成表

C	Si	Mn	P	S
0.2以下	0.35以下	0.6～1.4以下	0.035以下	0.035以下

（単位：%）

鋼材の組織成分による溶接作業可否の指標に「炭素当量」または「溶接割れ感受性組織」がある。この指標の導出方法を以下に示す。(JIS G 3106)

鋼材の厚さmm	50以下	50を超え100以下	100を超えるもの
炭素当量%	0.44以下	0.47以下	受け渡し当事者間の協定による

炭素当量 (%) = C + Mn÷6 + Si÷24 + Ni÷40 + Cr÷5 + Mo÷4 + V÷14

鋼材の厚さmm	50以下	50を超え100以下	100を超えるもの
溶接割れ感受性組織%	0.28以下	0.30以下	受け渡し当事者間の協定による

溶接割れ感受性組織 (%) = C + Si÷30 + Mn÷20 + Cu÷20 + Ni÷60 + Cr÷20 + Mo÷15 + V÷10 + B×5

SM400B材の「炭素当量」「溶接割れ感受性組織」の数値の計算

①炭素当量＝0.2＋1.4÷6＋0.35÷24＝0.2＋0.233+0.015＝0.448

②溶接割れ感受性組織＝0.2＋0.35÷30＋1.4÷20＝0.2＋0.012＋0.07＝0.282

結果は、判定値をわずかに超えるが、成分範囲の最大値を採用したので許容範囲と考える。

対策

本部品は、真空ブレージング処理によって対策を行った（真空ブレージング処理による IAW 溶接後の補修は可能である）。

SS 材と溶接について

前記のように、SS 材は強度を保証とする材料で、成分の一部は規定されているが、炭素量など溶接の可否を判定する成分の記述がない。今回のトラブル事例で示したように、炭素量が多い材料は、溶接割れの発生を押さえることができない。通常、真空容器は溶接性に優れたステンレス材で製作するが、コストがステンレス材の 10 分の 1 と小さい点に鋼材の魅力がある。

溶接構造用圧延鋼板（JIS G 3106）の成分と炭素当量

記号	化学成分 %						降伏点 N/mm²	引張強さ
	C	Si	Mn	P	S	炭素当量	（板厚 t mm）	N/mm²
SM400A	≦ 0.23 (t ≦ 50)	–	–	≦ 0.035	≦ 0.035	0.23	≧ 245（t ≦ 16） ≧ 235（16 < t ≦ 40）	400 – 510
SM400B	≦ 0.23 (t ≦ 50)	0.35	0.60 – 1.50	≦ 0.035	≦ 0.035	0.4	≧ 215（40 < t）	
SM400C	≦ 0.23 (t ≦ 50)	0.35	0.60 – 1.50	≦ 0.035	≦ 0.035	0.4		
SM490A	≦ 0.20 (t ≦ 50)	≦ 0.55	≦ 1.65	≦ 0.035	≦ 0.035	0.825	≧ 325（t ≦ 16） ≧ 315（16 < t ≦ 40）	490 – 610
SM490B	≦ 0.18 (t ≦ 50)	≦ 0.55	≦ 1.65	≦ 0.035	≦ 0.035	0.825	≧ 295（40 < t）	
SM490C	≦ 0.18 (t ≦ 60)	≦ 0.55	≦ 1.65	≦ 0.035	≦ 0.035	0.825		
SM520B	≦ 0.20 (t ≦ 50)	≦ 0.55	≦ 1.65	≦ 0.035	≦ 0.035	0.825	≧ 365（t ≦ 16） ≧ 355（16 < t ≦ 40）	520 – 640
SM520C	≦ 0.20 (t ≦ 50)	≦ 0.55	≦ 1.65	≦ 0.035	≦ 0.035	0.825	≧ 335（40 < t）	

建築構造用圧延鋼板（JIS G 3136）の成分と炭素当量

記号	化学成分 %						降伏点 N/mm²	引張強さ
	C	Si	Mn	P	S	炭素当量	（板厚 t mm）	N/mm²
SN400A	≦ 0.24 (t ≦ 50)	–	–	≦ 0.050	≦ 0.050	0.24	≧ 235（t ≦ 40） ≧ 215（40 < t）	400 – 510
SN400B	≦ 0.20 (t ≦ 50)	≦ 0.35	0.60 – 1.40	≦ 0.030	≦ 0.015	0.45	≧ 235（t < 12） 235 – 355（12 < t ≦ 40）	400 – 510
SN490B	≦ 0.18	≦ 0.55	≦ 1.60	≦ 0.030	≦ 0.015	0.83	≧ 325（t < 12）	490 – 610

冷間成形角形鋼管（日本鉄鋼連盟が定めた規格）の成分と炭素当量

記号	化学成分 %						降伏点 N/mm²	引張強さ
	C	Si	Mn	P	S	炭素当量	（板厚 tmm）	N/mm²
BCR295	≦ 0.20	≦ 0.35	≦ 1.40	≦ 0.03	≦ 0.015	0.45	≧ 295（6 ≦ t < 12） 295 – 445（12 ≦ t）	400 – 550
BCP235	≦ 0.20	≦ 0.35	0.60 – 1.40	≦ 0.03	≦ 0.015	0.45	≧ 235（6 ≦ t < 12） 235 – 355（12 ≦ t）	400 – 510
BCP325	≦ 0.18	≦ 0.55	≦ 1.60	≦ 0.03	≦ 0.015	0.47	≧ 325（6 ≦ t < 12） 325 – 445（12 ≦ t）	490 – 610

炭素当量の算出結果から溶接構造用圧延鋼板 は「SM490」「SM520」、建築構造用圧延鋼板 は「SN490」が溶接に不適な材質であることがわかる。

45 パイプ内面を電解研磨するVCR継ぎ手の溶接法

概要

LSI（大規模集積回路）は高温、減圧環境で各種ガスを用いて、シリコンウエハー上に抵抗、コンデンサなどを含む電気回路を製造した素子であり、高速性能を達成する目的には小型化が欠かせない。小型電気回路が製作できれば、素子間の信号である電子の移動時間が短時間となり、結果として動作スピードがアップする。

この素子の製造過程には、高温度に保ったシリコン基板上にガスを流し、成膜を行うプロセスがある。ここで利用する **ppb ～ ppt オーダーの高純度のガス**[解説1] は、ステンレスチューブから半導体製造装置の反応室に導入される。この配管は溶接で接合され、内面は清浄な状態に保たれている。

このステンレスチューブに、真空配管に接続するための **VCR 継ぎ手**[解説2] を取り付けた。具体的には、**図 45-1** 左図に示すように、VCR グランドにステンレスのチューブを差込み、VCR グランドの端部と隅肉溶接（IAW：イナートアーク溶接）で接合し、溶接後チューブの内面を洗浄する目的で溶接部の電解研磨を実施した。このとき、**図 45-1** 右図に示すように、チューブと VCR グランドの隙間に、**電解研磨**[解説3] に使用した処理液が残る現象が発生した。この処理液は、配管中に染み出してチューブ内を流れるガスの純度を落とす。その結果、製造した半導体素子の薄膜特性が落ちることになる。

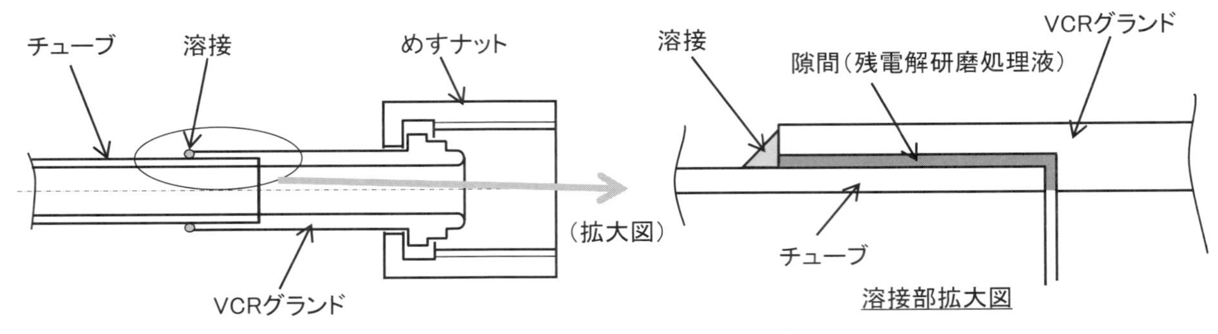

図45-1.VCR継ぎ手とパイプの溶接

解説 1 ppb ～ ppt オーダーの高純度のガス

ガスの純度を示す単位でその量は下記の通りである。

項番	単位名	内容
(1)	ppm	ppm（parts per million）は、100 万分のいくらであるかという割合を示す数値。$1m^3$のガス中に不純物ガスが $1cm^3$存在する単位
(2)	ppb	ppb（parts per billon）は、10 億分のいくらであるかという割合を示す数値。$1m^3$のガス中に不純物ガスが $1mm^3$存在する単位
(3)	ppt	ppt（parts per trillion）は、1 兆分のいくらであるかという割合を示す数値。$1m^3$のガス中に不純物ガスが $0.1mm^3$存在する単位

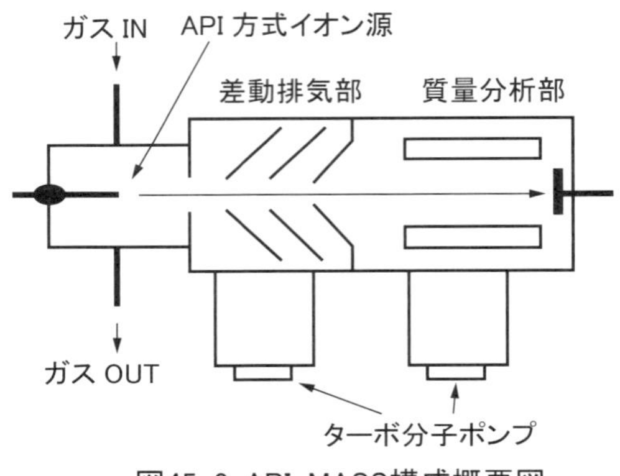

図45-2. API-MASS構成概要図

出所：株式会社 日本エイピーアイ
（http://www.apinet.co.jp/wiki/index.php（サービス終了））

ここで、ガスの純度を計測する測定器について説明する。これは、大気圧イオン化質量分析装置（API-MASS）と呼ばれる測定器で、高感度かつリアルタイムで高感度にガスの純度を計測できる。API-MASS のガス導入部が大気圧で動作する質量計で、高感度化を図るために、検出目的成分のイオン化量の増大を可能としている。

図 45-2 にメーカーのホームページから入手した構造の概要図を示す。被分析ガスを API 方式のイオン源に導入してイオン化を行ない、差動排気部を通過して 1×10^{-5}torr に保たれた質量分析部で、その不純物元素を分析する。アルゴンガスのように測定原理上分析できないガスもあるが、水分、水素、酸素などは ppt のオーダーで定量計測を行うことができる。半導体工場では、ガス供給元に当該分析器を設置して、ガスの常時監視を実施している。

ステンレス配管を、ppb オーダー以下の高純度ガスを使用可能な状態にするには、配管の表面に付着している不純物である水分を除去しなければならない。この除去には、内面の平滑化（電解研磨処理）、ベーキングによる水分の焼き出しと、純度の高いガスを流し続ける枯らし操作が必要であり、これには立ち上げから数週間から 1 ヶ月の時間を要する。また、万が一、操作ミスなどで配管内に大気を導入した場合は、その修復に多大の時間が必要となる。

解説2 VCR 継ぎ手

半導体製造装置用ガス搬送、真空装置ガス導入など高純度ガス用配管には、一般に**電解研磨処理**[解説3]を行ったステンレスの管が使用される。ここでは、この配管に使用する高純度ガス用の配管継ぎ手について説明する。目的に該当する配管継ぎ手は、次の２方式である。

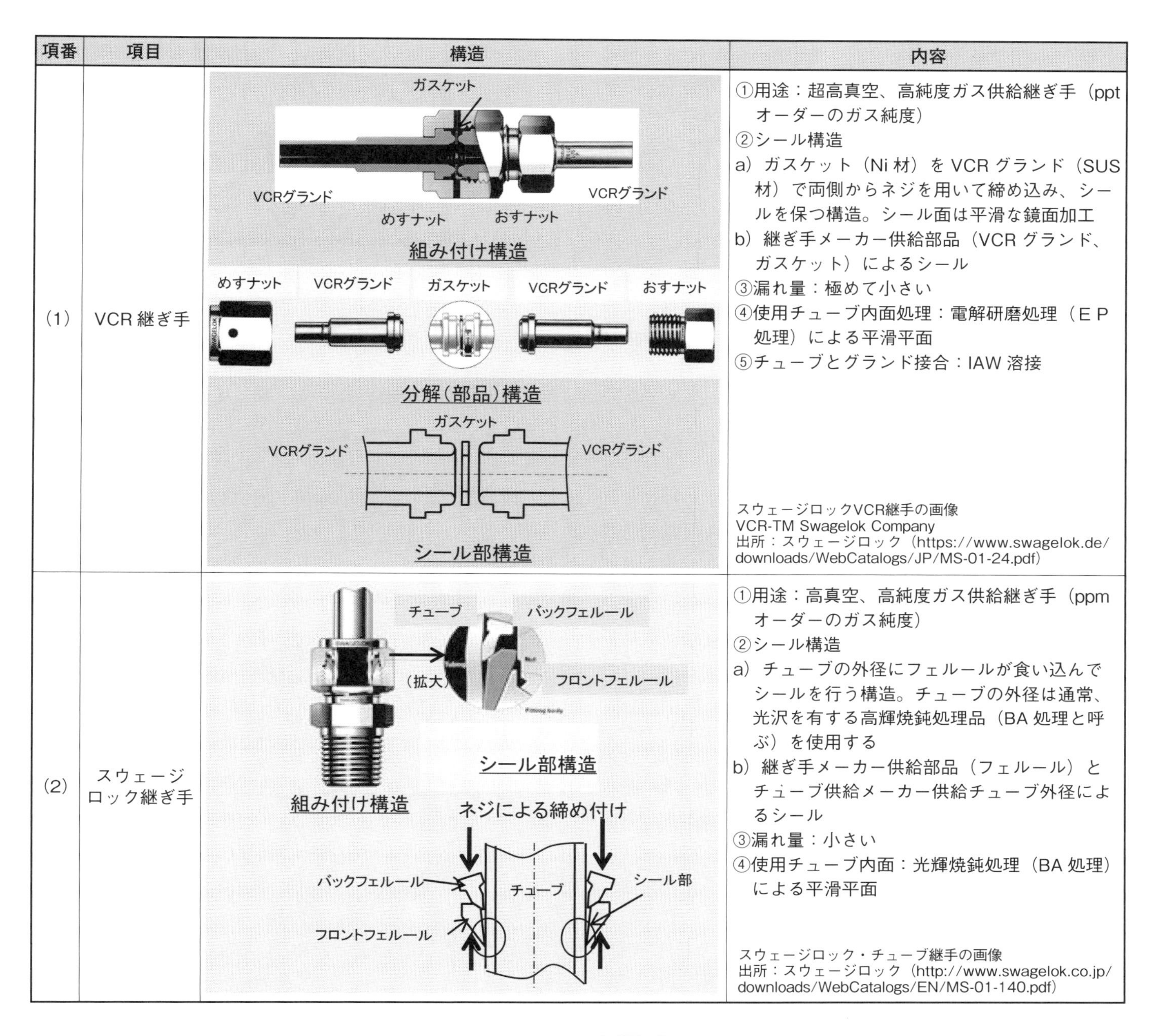

項番	項目	構造	内容
(1)	VCR 継ぎ手	ガスケット VCRグランド VCRグランド めすナット おすナット 組み付け構造 めすナット VCRグランド ガスケット VCRグランド おすナット 分解（部品）構造 ガスケット VCRグランド VCRグランド シール部構造	①用途：超高真空、高純度ガス供給継ぎ手（ppt オーダーのガス純度） ②シール構造 a) ガスケット（Ni 材）を VCR グランド（SUS 材）で両側からネジを用いて締め込み、シールを保つ構造。シール面は平滑な鏡面加工 b) 継ぎ手メーカー供給部品（VCR グランド、ガスケット）によるシール ③漏れ量：極めて小さい ④使用チューブ内面処理：電解研磨処理（ＥＰ処理）による平滑平面 ⑤チューブとグランド接合：IAW 溶接 スウェージロックVCR継手の画像 VCR-TM Swagelok Company 出所：スウェージロック（https://www.swagelok.de/downloads/WebCatalogs/JP/MS-01-24.pdf）
(2)	スウェージロック継ぎ手	チューブ バックフェルール （拡大） フロントフェルール シール部構造 組み付け構造 ネジによる締め付け バックフェルール チューブ シール部 フロントフェルール	①用途：高真空、高純度ガス供給継ぎ手（ppm オーダーのガス純度） ②シール構造 a) チューブの外径にフェルールが食い込んでシールを行う構造。チューブの外径は通常、光沢を有する高輝焼鈍処理品（BA 処理と呼ぶ）を使用する b) 継ぎ手メーカー供給部品（フェルール）とチューブ供給メーカー供給チューブ外径によるシール ③漏れ量：小さい ④使用チューブ内面：光輝焼鈍処理（BA 処理）による平滑平面 スウェージロック・チューブ継手の画像 出所：スウェージロック（http://www.swagelok.co.jp/downloads/WebCatalogs/EN/MS-01-140.pdf）

VCR 継ぎ手とスウェージロック継ぎ手を比較した場合、漏れ量に関しては VCR 継ぎ手がワンランク小さい。これは VCR 継ぎ手メーカーが、接合部品すべてに対して接続時の漏れに関する項目、特に接触面の面粗さなどを管理して供給している点が大きい。一方、スウェージロック継ぎ手については、継ぎ手部品はメーカーが供給しているが、チューブはチューブメーカーが供給しており、シールのキーとなるチューブ外径は VCR のガスケットほど平滑に加工されていない。このような理由から、漏れ性能は VCR 継ぎ手が優れている。

ただし、VCR 継ぎ手は、チューブと継ぎ手の溶接作業が必要なので、配管作業の工数はスウェージロック継ぎ手よりも多いのでコストの点では劣る。

解説3 電解研磨処理

電解研磨とは、高純度ガス用配管の内面など、超高真空の環境で使用する部品の表面を平滑化して、水分などの不純物の吸着が少ない表面状態を形成する表面処理技術である。

図 45-3 に電解研磨処理の概要を示す。電解研磨処理は処理液に目的の部品を浸け、当該部品に陽極を接続し、電解液を介して直流電流を流し、金属表面を溶解させることで研磨効果を得る方法である。本研磨法を機械的研磨法と比較した情報を電解研磨メーカーの HP から入手したので、以下に示す（出所：株式会社中野科学（http://www.nakano-acl.co.jp/denkai/denkai-genri.html））。

①物理的研磨は、金属表面を切削、磨耗、変形させることで平滑化を行うが、電解研磨の場合は電気化学的に行う。物理的研磨と異なり、物理的な力を受けないので残留応力が発生せず、加工に伴う変質層を生じることはない。

②物理的研磨は砥粒や、バフカス、油分、コンパウンドなどが残留するために十分な洗浄が必要であるが、表面にめり込んだ砥粒や金属片等を取り除くのは困難であり、それらが腐食やガス発生の原因となる。電解研磨は、それらを取り除きクリーンな表面にすることができる。

③物理的研磨では汚れや異物の付着、研磨時の熱による焼けの発生などで、耐食性が研磨前より下がることがある。これに対して電解研磨の場合は、表面を電気化学的に溶解させることで研磨面をクリーンなものにし、加工による変質層を除去し、また、クロムを濃縮しながら酸化皮膜を再生するため、より強固な不動態皮膜を得ることが可能である。

④電解研磨では、小さな細かい凸凹はすぐに研磨されるために光沢が出やすいが、キズや比較的大きな凸凹は取れない。物理的研磨では大き目の凸凹は簡単に平滑化できるが、バフ研磨の条痕が、多かれ少なかれ残る。

⑤電解研磨の場合は金属の成分、表面状態、結晶組織等が研磨結果に及ぼす影響は大きいが、物理的研磨の場合は、普通、それらの影響を受けない。

⑥物理的研磨では複雑な形状、細いもの、箔などの薄いもの等の研磨は困難であるが、電解研磨では対極などを工夫することにより、研磨が可能となる。

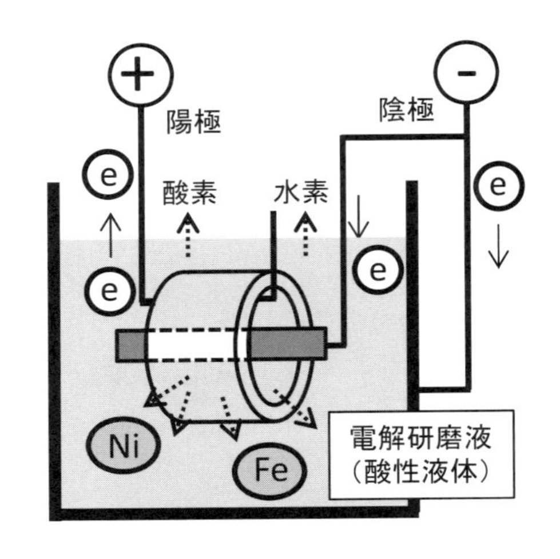

図45-3. 電解研磨処理の概要

出所：株式会社横浜ネプロス
(http://www2.odn.ne.jp/neplos/images/abc_-3.gif)

原因

原因は【内容】の項目に示した通り、VCR グランドとチューブの溶接時に、その内側に残存する隙間であった。

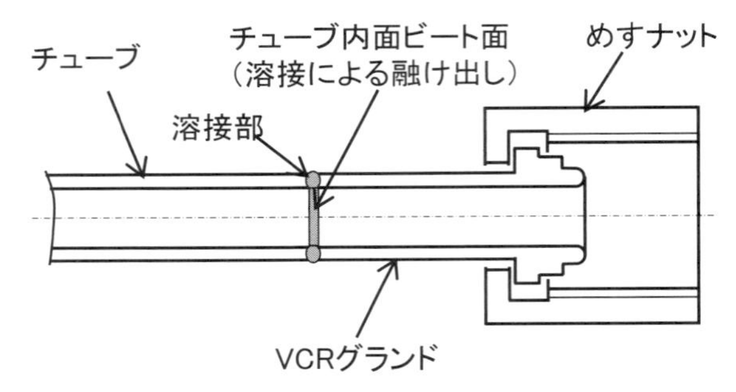

図45-4. 対策後の溶接構造

対策

図 45-4 に示すタイプの VCR グランドを用いて、パイプと突き合わせ溶接を行った。この方法で溶接を行えば、両者の間に隙間が発生しない。溶接のキーとなるのは、両部品の間の異物が残存する隙間の発生を防止することで、図に示したように、チューブ内面への溶け出しを均一に発生させる。この溶接は技量を要する作業であり、継手メーカーから取り扱いが簡単な溶接専用機が販売されている。数百万円と高価であるが、高純度配管を施工するメーカーは、本溶接機を用いて設置現場で溶接を行なっている。

専用溶接機の外観写真を、図 45-5 に示す。本番の溶接作業に先立ってまず、溶接条件を決める。項目の数値を振って試験的に溶接を行い、溶接部を切断しその良否を判定し、本番の溶接条件を固定する。この条件の設定量は当日の天候などによって変化する。

円周専用溶接機
(オービタルウェルディングシステムシリーズ5)
被溶接パイプサイズ：外径φ3～16mm

VCR継ぎ手とチューブ専用自動機による溶接
専用機を用いたクリーン環境で条件を決めて溶接作業を実施

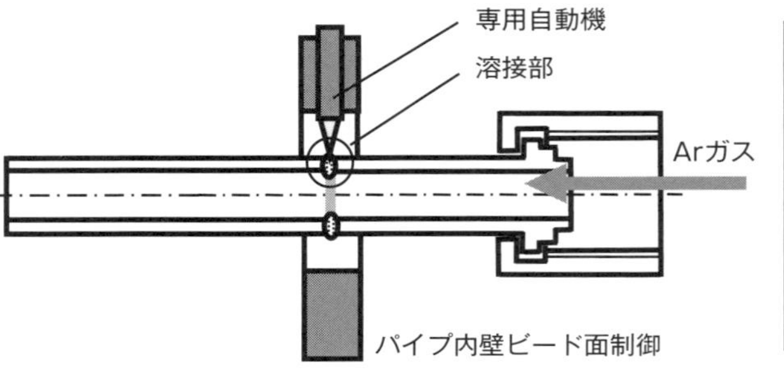

[条件]
① 自動機：電流値
溶接隙間
溶接速度
② Arガス流量/圧力
③ クリンルーム内作業
(温度・湿度制御)

図45-5. チューブ専用溶接機の外観写真と溶接法

出所:スウェージロック(https://www.swagelok.com/downloads/WebCatalogs/JP/ms-02-129.pdf)
円周溶接機(溶接ヘッド)の画像

46 モリブデン材のピンのレーザービーム溶接による割れ

概要

高温の環境下で使用する「受け台」の部品を、**図 46-1** に示す。軸と台が一体化された部品にピンが接合された構造で、両部品の材質は融点が 2,617℃のモリブデン材である。外径が 13mm の段付き軸の端部にΦ 105mm の円板状の台が取り付いた構造で、台の面の中心に対して 180°方向の 2 箇所にピンが取り付き、その一部が面から飛び出た構造となっている。全長、84.3mm の小形の部品である。この部品は旋盤による外形の加工とフライス盤による台部の穴加工により一体構造で作られている。**レーザービームによるスポット溶接**[解説 1] を用いてピンを台に接合するように計画し、両部品右表に示す工程で加工した。

この表に示した加工を行ったところ、工程（5）で溶接部に割れが発生した。溶接形状が適切でなかったことに原因があると考えて、**図 46-2** に示す形状と溶接方法で試行錯誤を行い、割れの発生しない溶接の条件出しを行った。連続溶接とスポット溶接の選択は溶接部の入熱の大小比較を、ピンの台端面からの飛び出しの有無は溶接部の熱容量の大小比較を考慮したものである。台の面取り構造は、溶接を容易にするために採用した。

受け台の加工工程

工程	加工項目	加工内容
（1）	旋削加工	旋盤により、台の外形を旋削加工
		旋盤により、台の中央穴（2 箇所）のドリル加工
（2）	フライス加工	旋削加工の終了した台の円板面に、2 箇所の穴を加工
（3）	穴あけ加工	治具ボーラーにより、面部にピンを挿入する段付き穴を加工
（4）	ピン旋削加工	旋盤により、ピンの外形を切削加工
（5）	ピンと台の接合	レーザービームスポット溶接により、円板の裏面からピンと台を接合

この構造で溶接を行ったところ、すべての条件で溶融部分に割れが発生し、良好な条件を見出すことができなかった。レーザービームによる昇温で溶けた両部品のモリブデン材が固化する際に、割れが発生した。

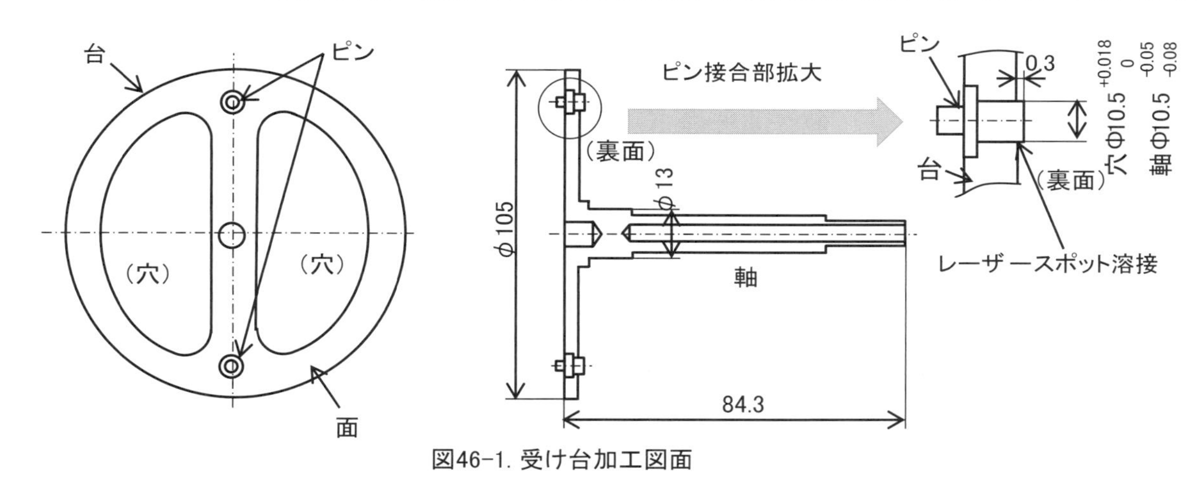

図46-1. 受け台加工図面

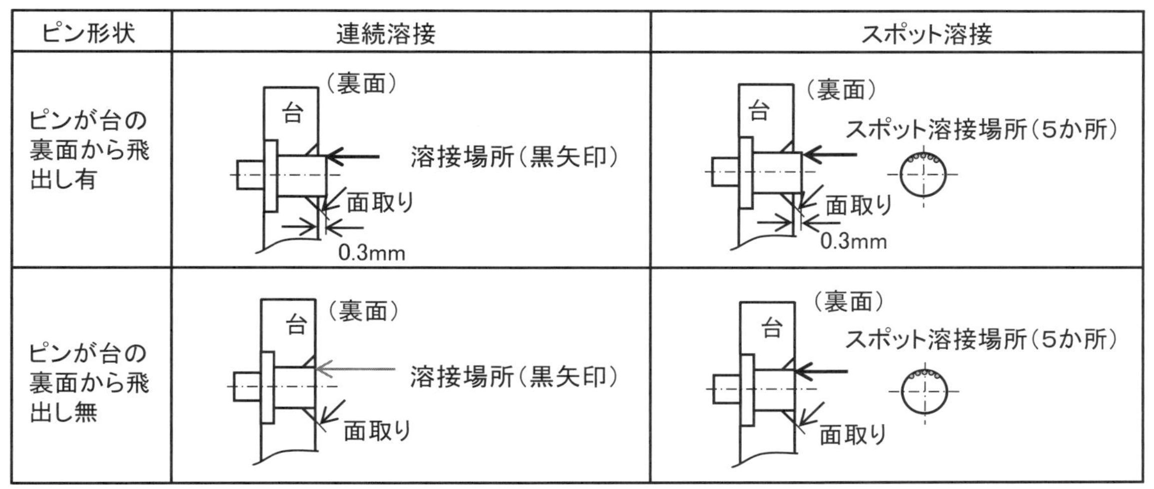

図46-2. 溶接条件を決めるための試行錯誤した溶接部形状

解説 1　レーザービームによるスポット溶接

レーザービームによるスポット溶接は、ビーム溶接に分類される。このビーム溶接法には今回使用した「レーザー溶接」と「電子線溶接」があり、どちらもビームを細く絞って、狭い接合範囲のみにビームエネルギーを照射する。エネルギーを狭い溶接部に導くことができるので、以下の特長を持つ。

①溶融する体積が小さいので、溶接後の変形が小さい

②狭い範囲に高いエネルギーを照射することが可能なので、高融点金属を溶かすことが可能である

③溶け込み深さが 50 ～ 100mm と大きく、厚板の突合せ溶接が可能である

④航空部品など、高い溶接コストに耐えられる部品の接合に使用されるビーム溶接の機器構成と動作を、**図 46-3** に示す。

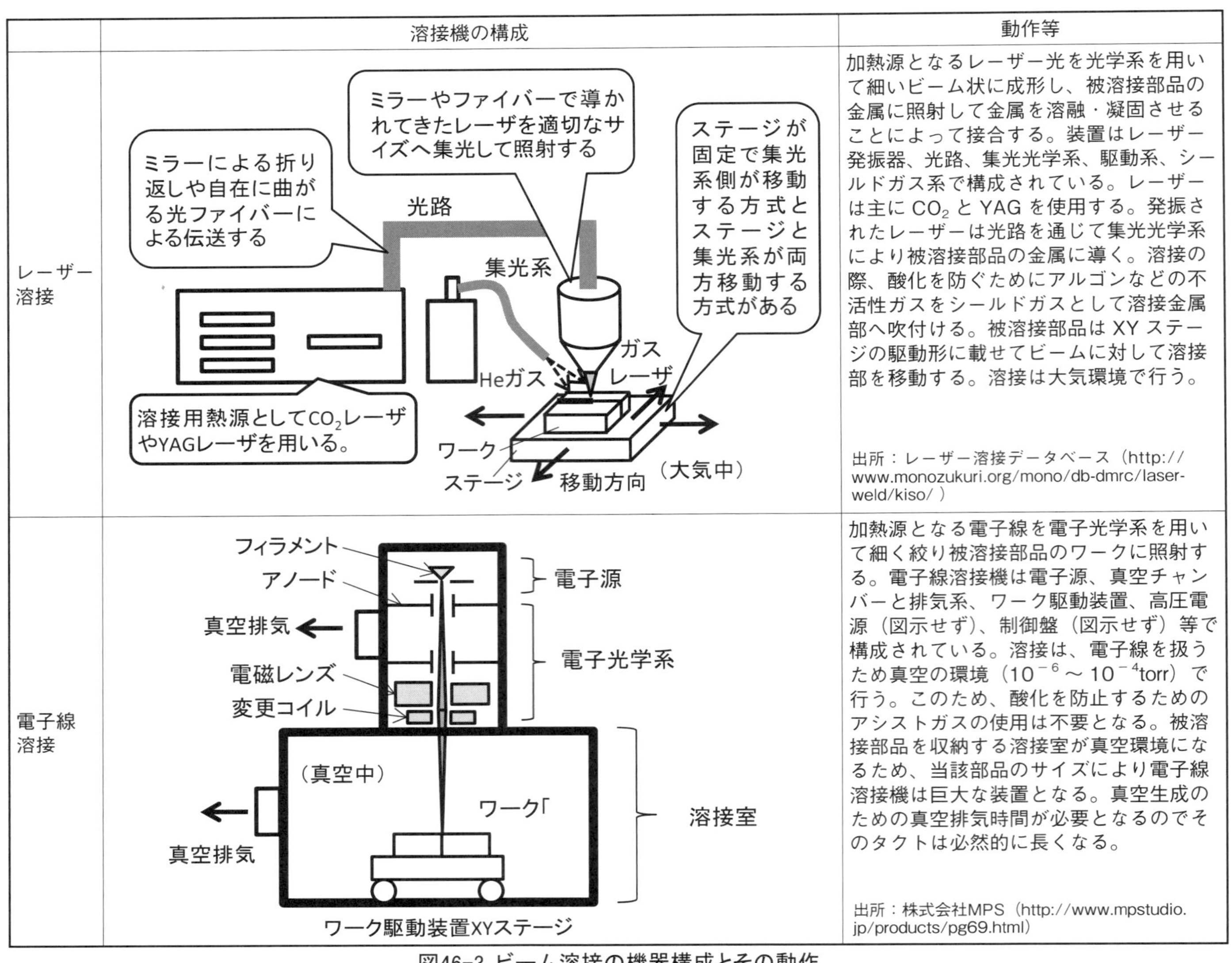

	溶接機の構成	動作等
レーザー溶接		加熱源となるレーザー光を光学系を用いて細いビーム状に成形し、被溶接部品の金属に照射して金属を溶融・凝固させることによって接合する。装置はレーザー発振器、光路、集光光学系、駆動系、シールドガス系で構成されている。レーザーは主に CO_2 と YAG を使用する。発振されたレーザーは光路を通じて集光光学系により被溶接部品の金属に導く。溶接の際、酸化を防ぐためにアルゴンなどの不活性ガスをシールドガスとして溶接金属部へ吹付ける。被溶接部品は XY ステージの駆動形に載せてビームに対して溶接部を移動する。溶接は大気環境で行う。 出所：レーザー溶接データベース（http://www.monozukuri.org/mono/db-dmrc/laser-weld/kiso/）
電子線溶接		加熱源となる電子線を電子光学系を用いて細く絞り被溶接部品のワークに照射する。電子線溶接機は電子源、真空チャンバーと排気系、ワーク駆動装置、高圧電源（図示せず）、制御盤（図示せず）等で構成されている。溶接は、電子線を扱うため真空の環境（10^{-6} ～ 10^{-4}torr）で行う。このため、酸化を防止するためのアシストガスの使用は不要となる。被溶接部品を収納する溶接室が真空環境になるため、当該部品のサイズにより電子線溶接機は巨大な装置となる。真空生成のための真空排気時間が必要となるのでそのタクトは必然的に長くなる。 出所：株式会社MPS（http://www.mpstudio.jp/products/pg69.html）

図46-3. ビーム溶接の機器構成とその動作

本事故品とは別に、電子線溶接を用いて真空環境で使用する冷却台を製作したので、その構造および溶接法について説明する。冷却台構造は、**図 46-4** に示したとおり、熱伝導の良い銅材と、その端面に接合したステンレス材のフランジが主要部品である。冷却剤を導入するステンレス製のパイプ、およびパイプの中間部に取り付いた真空フランジで構成されており、電子線ビーム溶接でタンクとフランジの接合を行う。

接合を行う両部品の材料である、銅とステンレスの物性値と溶接特性について**図 46-5** に示す。熱膨張率と融点は溶接に有利な値を示しているが、熱伝導率は不利な数字となっている。溶接作業を行う際は、両部品を溶融することができれば、接合は可能となる。この溶融に、エネルギーを溶接部に集中できる電子線溶接の特長が生かされる。この手法を用いて、**図 46-4** に示す両部品の接合部を溶融する溶接を行った。

レーザースポット溶接は上記のレーザー溶接機によるスポット溶接法で、細く絞ったレーザービームを点状のスポットとして使用し、照射位置を変えて被溶接部品である金属の接合部に断続的に照射し、両部品をスポット状に溶かし溶接を行う方法である。光源であるレーザー光をスポット状に集中させることで、被溶接部品全体の加熱が不要なため、入熱量をさらに減じ、変形を防止することができる。

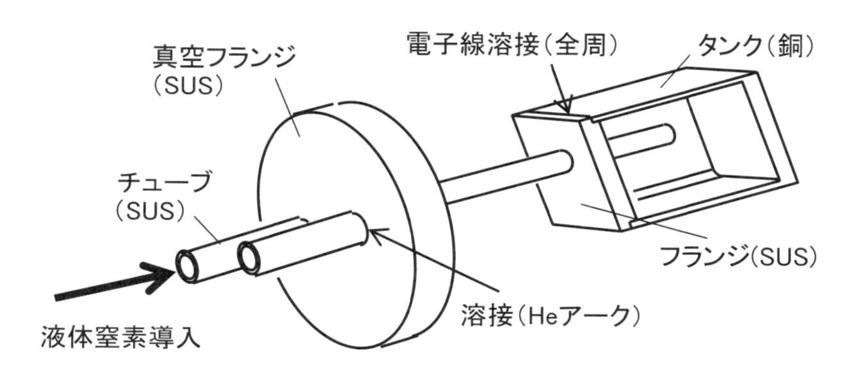

図46-4. 溶接によって製作する冷却台構造

項番	材料 (材料記号)	熱膨張率 (1/K)	熱伝導率 (W/(mK))	融点 (℃)
(1)	銅 (C 1100)	17.7×10^{-6}	391	1,065 ~ 1,083
(2)	ステンレス (SUS 304)	17.3×10^{-6}	16	1,400 ~ 1,450
銅とステンレス溶接に対する物性値の特徴		比較的近い数字であり、溶融後固化の際に、熱膨張率の差による割れが発生しにくい	銅のほうが25倍近くよく熱を伝える値を示している。これは加熱した際、銅が熱を逃がし、温度が上がりにくいことを意味する	ステンレスが約350℃ほど高い値を示しており、熱伝導率の優れた銅が低融点となっている
溶接に対する利点・欠点 (利点:○記号) (欠点:×記号)		○	×	○ *2

図 46-5. 銅とステンレスの熱に関する物質性と溶接特性

*2) 加熱した両材料のうち、熱伝導率の大きい銅は熱が流れてしまうので、温度が低下しやすい。このため融点が低い銅の特性は、溶接作業で有利に働く。

原因

溶接後、固化の際に発生する割れの原因は、使用したモリブデン材が焼結法で製作されていると考えている。焼結法は解説2に示す通り、加圧した状態で融点以下の温度により粉体化した表面を固着させる製造法で、内部に空間が存在する。あるメーカの資料によればその比重が7.8g/cm3と溶融材の76.4%*1と その数字は、溶融材と比較して小さい。従って、溶接部の溶融後の固化によって縮みが発生し、割れが生じた。

*1) この数字は、焼結に用いるモリブデン粉体を理想的な空間を有する焼結体とした場合、その密度は99%の値となる。

対策

この問題に対して、下記の対策をとった。

①溶接部に、固化時に変形の少ない構造を採用

②モリブデン材料を焼結材から溶融材に変更[解説2]

筆者は、モリブデン材料に焼結材と溶融材の2種類がある知識がなく、メーカーから入手した材料は焼結材であった。焼結材は溶接に不向きで、これを溶接した場合、溶接部に割れが発生する。

対策後の溶接部の構造を、**図46-6**に示す。溶接部は、台表面からピン溶接部の飛び出しのない平坦構造で、溶接箇所に円弧状の逃げ溝を設けた。逃げ溝は、固化の際の変形を吸収するためである。溶接は、レーザー溶接で溶接部を一周する連続溶接とした。連続溶接を採用した理由は、溶接による変形力を軸対象力として、変形力を相殺するためである。

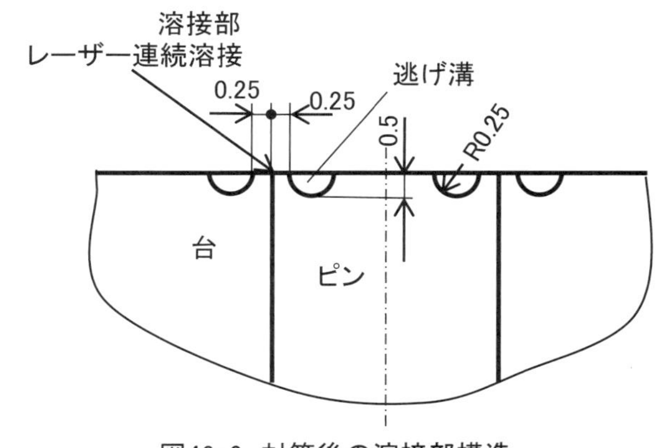

図46-6. 対策後の溶接部構造

また、台、ピンの材料であるモリブデンの材質を、対策前に使用していた焼結材から、溶接特性が優れた溶融材に変更した。

解説2 モリブデン材の製造法、焼結材から溶融材に変更

項目	製造法	特徴
焼結法	製造温度が素材の融点以下のため、炉の加熱源、構造材の選択肢が広がり、安価に高融点材料を成形する方法として使用されている。素材を作る焼結法の製造工程を以下に示す。 ①砕いたモリブデン鉱石を精錬し、少量元素をドープして粉末化する。 ②モリブデン粉末をプレスし任意の形に成形後、高温炉により融点以下の温度で焼結する。 ③焼結材を熱間圧延などの熱感プレス加工により板材、線材などに成形する。 ドープする少量元素の選択により、目的の機能を有する素材とすることができる。モリブデンの粉末は500℃以上で空気中の酸素と結合し、急激に酸化するので焼結は水素ガス雰囲気の還元炉または真空炉で処理を行う。	製造工程が単純で、添加物により機能を制御できる範囲が広いので、モリブデンなどの高融点金属のほかに、超硬合金、軸受合金などで広く使用されている。焼結法で製造した素材は球形状の粉体がその接触面で接合しているので、空間が存在するため、比重量が溶解で製造品と比較して小さい。
溶解法	10^{-4}～10^{-5}torrの高真空において、加速電圧14～35kVの電子銃から発射された電子ビームによって金属を溶解し、水冷銅鋳型で凝固させて鋳塊を製造する、電子線ビーム溶解炉を用いて製造する。電子ビームによる加熱効率は75～85%であり、高温が得られる。高真空度と同時に短時間で高温度が得られることから、粗金属を再溶解して精製する際に使用される。	高融点の活性金属であるチタンTi、ジルコニウムZr、タンタルTa、ニオブNb、モリブデンMoなどの溶解および精錬に適する。さらに、蒸気圧の高い不純物元素およびガス成分の除去に優れている。
	出所：コトバンク（ttps://kotobank.jp/word/電子ビーム溶解炉-1188152）	

エンジニアの忘備録 24

つぶれそうになったとき

今から考えると、しんどい仕事は思い出に変わった。その当時に経験したつぶれかけた経験は、少々大げさな言葉でいうならば、私の会社人生最大のピンチであったが、それも何とか乗り切ることができた。それはクリーン環境で試料の分析を行う装置であり、今から15年前の2002年の梅雨も終わりの頃に始まり、2010年頃まで続いた。2002年当時、私は事業部の試作部門から本社に異動したばかりであり、試作部門時代に受注した作業が終了するまで担当することになり、所属する本社の仕事とこの装置開発の2足の草鞋を履いていた。顧客殿は、メーカーである我々に対して厳しい態度で接し、多大の書類、説明資料を要求した。これに対応すべく、事業部と共同で作業を進めたわけであるが、私が思っていたほど事業部との連携がうまく進まず、こちらに大きな負担がかかってきた。一方、異動先の部署では、私が担当している試作部門の仕事に理解がなく、なぜ前の仕事を引きずっているのかと、ことあるごとにいわれた。この仕事を完遂すべく、数年間は休日なしの状態で働いた。このきびしい状況下でも何とか持ちこたえたのは、次の理由によると考えている。

①お客様の予定が約2年遅れたことに伴い、その分析装置が必要とされる時期が2年延びた。この遅れがあってなんとか対応できたが、遅れなく予定通り進んでいたら、この本を書くことはなかっただろう。

②私は逆境に強い意志を持ち合わせていた。小学生時代はいじめられっ子で、よく学校から逃げ出していた。逃げても何も解決しないことが、そのころの経験で身にしみてわかっており、これが私を支える力となった。

③家族の存在は大きかった。ここでつぶれては家族が路頭に迷うと考えると、つぶれるわけにはいかなかった。

④この状況下でも、スポーツは続けていた。スポーツが気分を切り替える役目を果たし、精神的な支えになった。

何はともあれ、何とかこのピンチを乗り切ったが、その過程で結局20kgほどやせた。私はもともと太る体質であったが、ある時期にはまったく食欲がなくなり、打ち合わせの時間さえ忘れてしまうことがたびたびあった。自分では、かなりきわどい状態をやり過ごしたと考えている。

しんどい経験をすると、強くなる。多少のストレスでは壊れなくなるが、ストレスが長期間続くのはつらい。つらかった仕事は都合6年間担当したが、最も大変だったのは3～4年程度であった。

常に適度のストレスを受けているときに、過大なストレスを受けるのなら、耐える訓練ができているので、持ちこたえやすい。だが、ストレスがほとんどない状態で、「どーん」と大きなストレスが来ると、支えきれなくてつぶれることが大いに考えらえる。この経験を振り返ってみると、私が持ちこたえたのは本当の偶然であったように思えてならない。現在はコンサルタントが仕事であり、比較的ストレスの小さい環境で生活しているが、この状況で大きなストレスを受けたら、間違いなくつぶれていただろうと思う。

何はともあれ、貴重な経験をしたと考えている。今回、「忘備録」にこの経験を書くかどうか、ずいぶん迷ったが、読者のためになればと、書くことにした次第である。

過去において回りにいた人々を思い返せば、つぶれる人の特徴は一人で抱え込む性格であったような記憶がある。仲間がつぶれると、そのグループの仕事の能力が低下するので、会社にとっても大きな損害である。

人がつぶれるときには、必ず兆候があるといわれている。その兆候に気が付くのは、同僚や上司など、周囲にいる人々である。本人が発病した後に、周囲の人々が「あの時はなんか変だったな」などと、その前兆に思いあたることもよくある。前兆を見落とさずに、タイミングよく手を打てば、本人にとっても周囲にとってもよい方向に進むのだが、不幸にして悪い方向に進むことが多い。

仲間がつぶれるのを見るのはつらい。人は負荷に対して一見強いようで弱い。お互いに助け合いたいものだ。

47 メッシュ電極のシーム溶接

概要

図 47-1 に、メッシュ電極の図面を示す。この電極は 3 点の部品からなっており、部品の材質などの仕様は図の下部に示す通りである。タングステン材のメッシュをステンレス製の押さえ板の間に挟み込み、**スポット溶接**[解説1] で固定する構造になっている。スポット溶接は、押さえ板とベース板で挟み込んだメッシュを固定する目的で、直径 3mm の電極を用いた 10mm ピッチである。すなわち、ベース板と押さえ板にメッシュを挟み込み、両板を介した接合によってメッシュ電極を固定するように計画した。

本電極の装置への組み込みは、軸方向にピッチ 5mm で複数枚並べて配置し、それぞれの電極に異なる電圧を加えて使用する。このとき、メッシュ電極の中央部がたるんだ結果、隣のメッシュ電極と接触し、短絡が起きて電極として機能しなくなった。

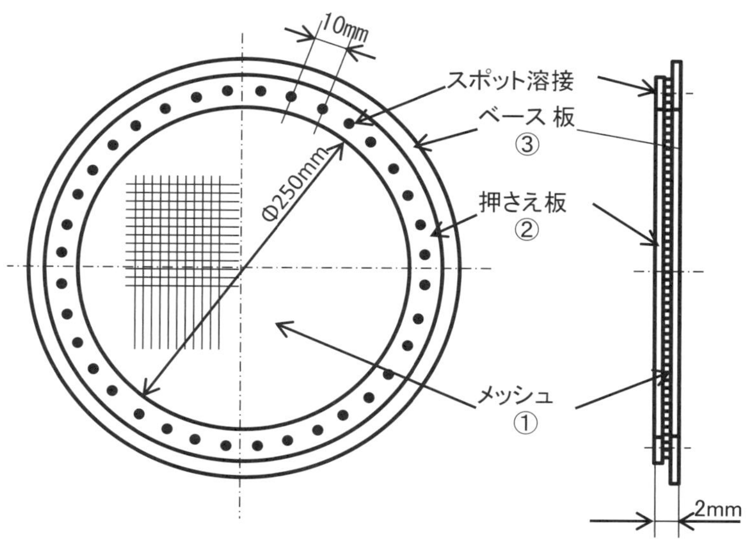

項番	部品名	材質	形状他
①	メッシュ	タングステン	線径Φ 0.03 mm、20 メッシュ
②	押さえ板	ステンレス	t1mm
③	ベース板	ステンレス	t1mm

図47-1. メッシュ電極図

解説 1 スポット溶接

スポット溶接は 2 枚の薄板を円形状の電極の間に挟みこんで加圧し、電流を流して両板を接合する方法で、専用の溶接機で実施する。自動車の製造ラインでは、溶接ロボットがアークを飛ばして車体を接合しているスポット溶接の光景を、見ることができる。また、ステンレス製の電車の外壁には、スポット溶接で生ずる凹痕が見られる。

この溶接法は、対象となる接合材料は鋼材やアルミ材など多岐にわたるが、材料ごとに電流値や加圧力などのプロセス条件を決めなければならない。**図 47-2** に、スポット溶接による薄板の接合作業図を示す。上下方向から薄板に電極を押し当てた状態で電流を流し、接合部を溶かして溶接を行うのである。

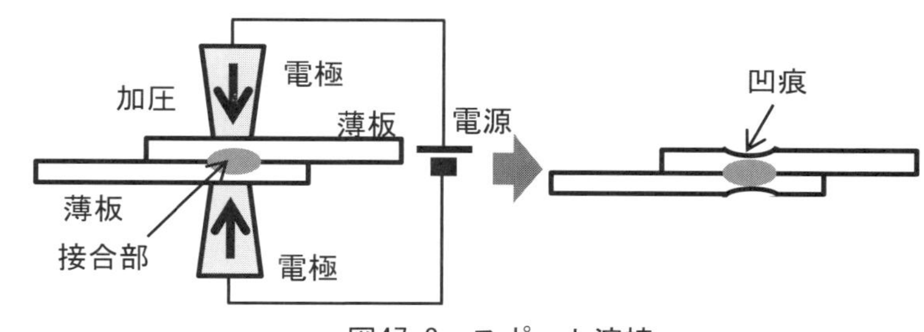

図47-2. スポット溶接

原因

メッシュ電極の中央部がたるんだ原因は、スポット溶接による固定でメッシュの張力に耐える固定力が生じていなかったためである。この原因が発現した理由は、溶接の際のメッシュに張力を与えられなかったことと、スポット溶接ではメッシュ一本ごとの固定が困難であったことによる。上記のようにメッシュ電極のメッシュ値は 20 であり、ピッチは 1.27mm (=25.4/20) となる。採用したピッチ 10mm のスポット溶接では、スポット径 3mm でメッシュのすべての線材を固定することはできなかった。

対策

この中央部のたるみに対して次の対策を実施した。

項番	項目	対策目的	対策内容
(1)	シーム溶接	メッシュを一本一本固定	連続溶接法のシーム溶接[解説2] を採用し、押え板、メッシュ、ベース板を固定した
(2)	プリセット治具	メッシュに張力を与える治具	メッシュを面内方向に引っ張り、テンションを与えた状態で固定する治具。固定はゴム板を介してネジ固定とした

プリセット治具の図面を、次頁**図 47-3** に示す。4 角形状の板に取り付けたメッシュの面内 2 方向に張力を与える構造で、上板と下板の間にゴム板を介して、ネジで固定する構造を採用している。**シーム溶接**[解説2] は、次頁**図 47-4** に示すように、被溶接部品であるメッシュをプリセット治具に固定した状態で、回転する電極で連続的溶接を行った結果、メッシュが両板に強固に固定され、メッシュ電極の中央部でのたるみが解消された。

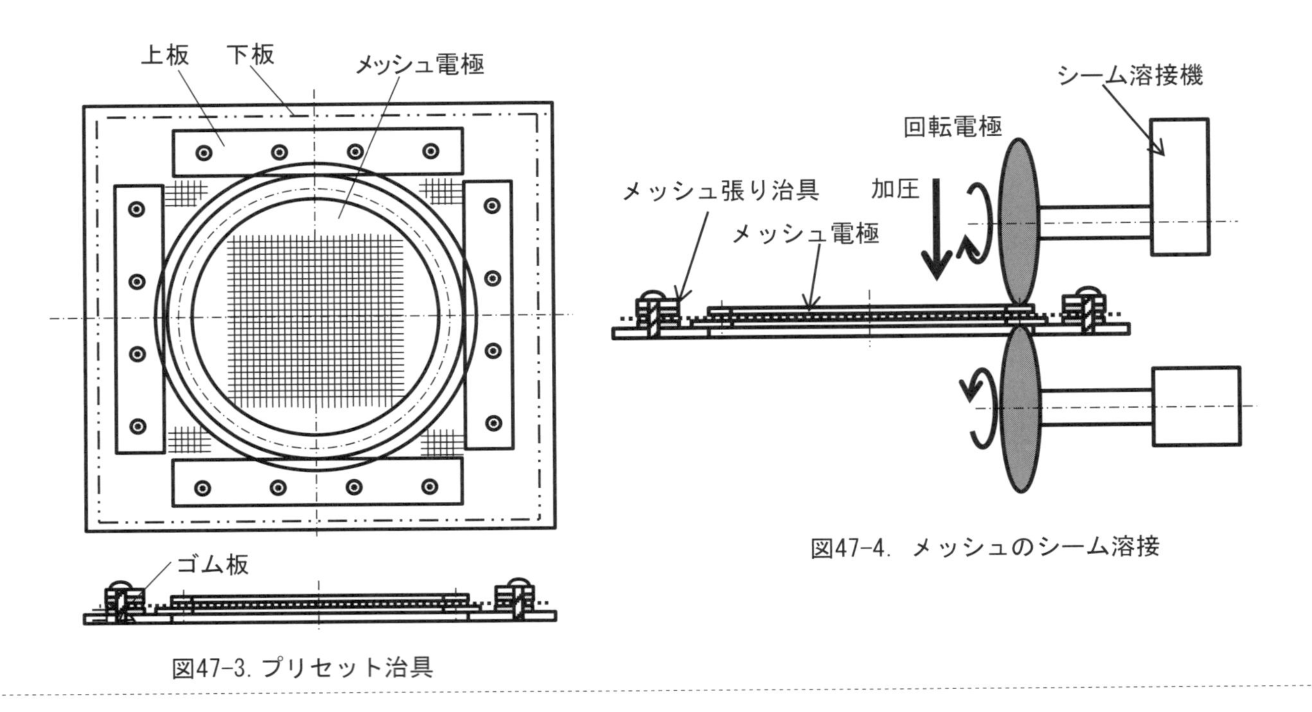

図47-3. プリセット治具

図47-4. メッシュのシーム溶接

解説2　シーム溶接

シーム溶接は抵抗溶接と呼ばれる溶接方法に属し、被溶接材である薄板を上下電極で挟み込み　電極を回転させながら溶接電流を流す溶接方法である。加圧部の溶接材は、溶接電流による接触部に発生する抵抗熱により接合が行われる。接触抵抗熱は最適な加圧力から得ることができる。過剰加圧は電流通過となり、過小加圧は、スパークが発生する。この溶接法では、円形の電極により連続した溶接を可能としている。シーム溶接は円板電極の回転移動により連続した線形状で溶接となる結果、接合強度が上がる。

良好なシーム溶接状態を得るには、安定した溶接電流の供給が必要で、設定条件の項目は次の通りである。

①溶接部加圧力
②溶接電流
③溶接速度
④電極形状

これらの条件を溶接物の材質、形状、目的に適合させて設定する。シーム溶接を説明したその概要図とシーム溶接機の外観写真を図 47-5 に示す。

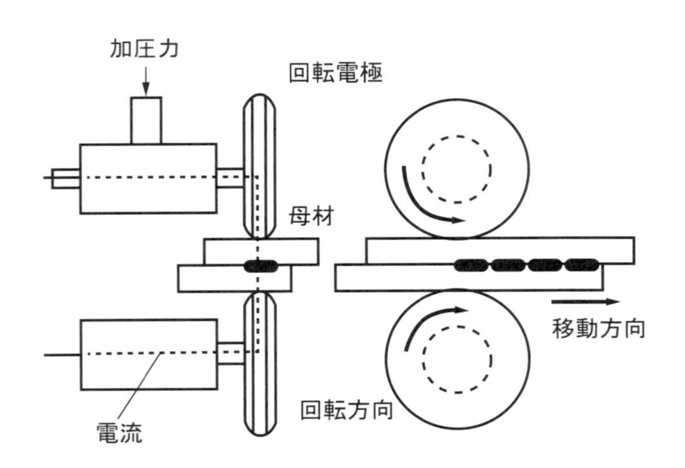

出所：ART-HIKARI株式会社
http://www.art-hikari.co.jp/hp-catalog-jpeg/ct24.html

図47-5. シーム溶接の概要とシーム溶接機による接合作業

48 ステンレス鍛造材と引き抜き材の材料不良による漏れ

事例 1　ステンレス鍛造材の漏れ

図 48-1 に、チャンバーの左右の端部にフランジを溶接した真空容器の断図面を示す。真空容器の主部品は厚肉ステンレス材の半球状チャンバーであり、右端のフランジは外径Φ 380mm、フランジ間の全長が 200mm の寸法で、使用時は内部を 10^{-7}torr の真空環境に減圧する。図 48-2 に、チャンバー部品の溶接前の加工図面を示す。半球形状は球 R160mm の寸法で、壁面の肉厚は 20mm、内径はΦ 114mm となっている。このチャンバーの素材図は、図 48-3 に示すように、外径Φ 350mm、内径Φ 90mm、長さ 210mm であり、旋盤で図 48-2 に示す形状に加工する。

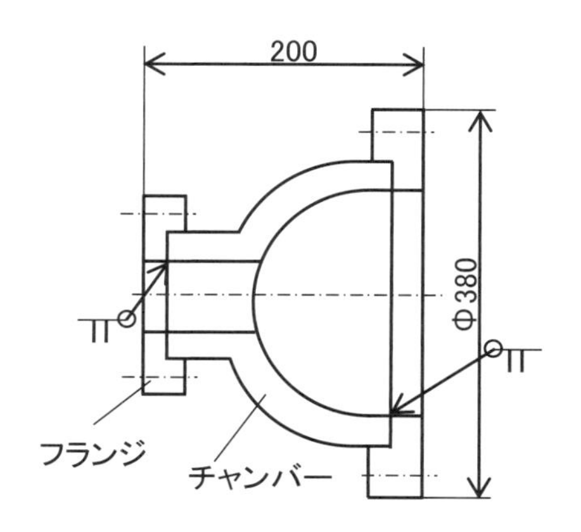

図48-1. 真空容器断面図

旋盤加工時に、図 48-2 に示すように、半球状の外周に黒い傷が数個見つかった。内面には傷が発見されなかったので、この傷には漏れの原因となる厚み方向の貫通はないと考えたが、念のためフランジを溶接する前の段階でリークテストを行ったところ、1×10^{-5}torrL/s 程度の比較的大きな漏れが見つかった。この漏れは、図 48-2 に黒色の円で示したように、集合した傷が原因であった。

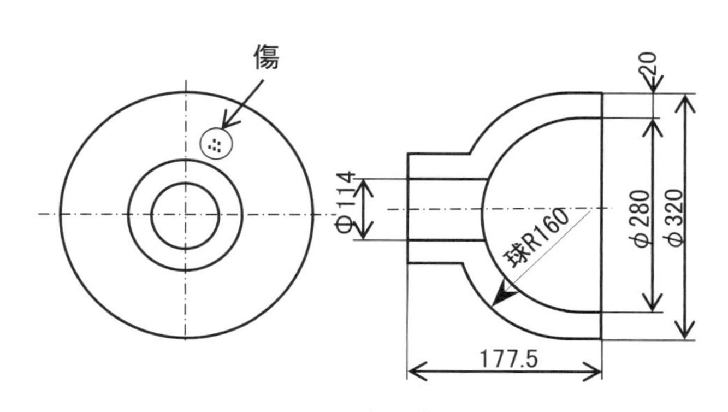

図48-2. チャンバー 部品図面

外径がΦ 300mm 以上の材料は、鍛造材として素材メーカーから購入する。素材メーカーは外径がΦ 300 より大きな寸法のステンレスの丸材は在庫しておらず、この最大寸法の材料をユーザーからの要求によって鍛造工程を経て要求寸法に合わせて成形し、供給する。図 48-4 に、鍛造素材製造の概略工程を示す。工程は以下の通りで、素材表面が鍛造加工の黒皮状態で納入される。

番号	作業	内容
工程 1	引き抜き材の準備	外径Φ 300mm で、所定の長さの素材を準備
工程 2	加熱	約 1,200℃の温度に電気炉で加熱
工程 3	鍛造	プレスを用いて軸方向円周方向に加圧して素材寸法に成形
工程 4	穴あけ	穴を旋削により加工

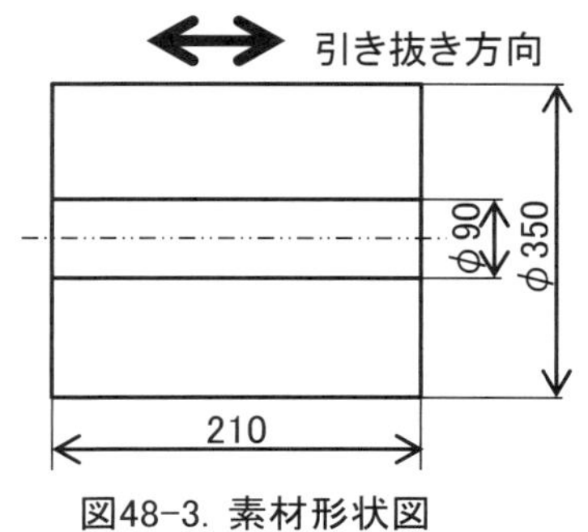

図48-3. 素材形状図

通常、鍛造材は引き抜き材をプレスで加圧成形し、内部の空間を押しつぶす鍛造工程を経た後に、材料メーカーから加工メーカーに供給されるので、上記のような素材内部の傷による漏れは少ないといわれている。鍛造材に傷が発生するとすれば、今回のように素材の引き抜き方向（軸方向）であり、結果としてこの方向に漏れが発生することになる（図 48-3）。対策としては、新たに漏れのない素材を入手して、加工を行った。

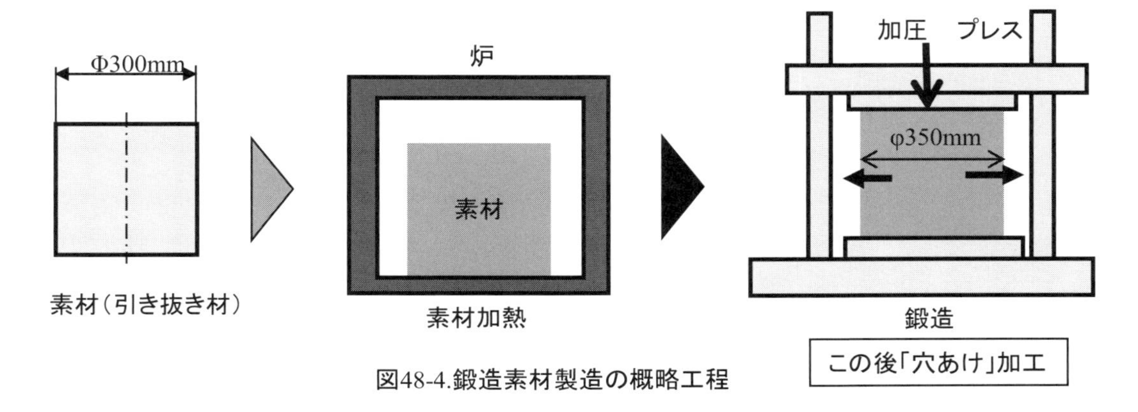

図48-4. 鍛造素材製造の概略工程

事例２　ステンレス引き抜き材の漏れ（P167 エンジニアの忘備録 17「加工者の技能」にその状況を記載）

図 48-5 に、ベローズの両端に真空フランジを溶接した真空部品の図面を示す。ベローズは真空外部から内部に運動を導入する装置に使用するキー部品で、軸方向の移動量が大きく、軸と直角方向の移動量は限定的となっている。ベローズは、シール性能を有して運動を真空内に導入するキー部品である。具体的には、真空外部の駆動機器に接続した移動真空フランジと、真空容器に取り付けた固定真空フランジが相対運動を行うとき、変形により両者の位置変化を吸収し、なおかつ内部を真空に保つ。ベローズの両端にはフィッティングが取り付いており、ユーザーはこのフィッティングに取付金具を溶接して、真空フランジに接合固定する。取付金具部品の形状は、図 48-6 に示す通りである。溶接部は尖った形状で、その先端厚みは 0.3mm であり、ベローズの溶接フィッティングの厚みと同じ寸法としている。これは、溶接のアークによる入熱時にフィッテングと取付金具が同じ温度になるように、両部品を同じ厚みとして、溶接部から出ていく熱量の熱抵抗をほぼ等しくしているのである（通常薄板をブロックに溶接する際は、この形状がキーとなる構造の一つである）。

この溶接後に、He リークディテクターを用いて漏れ試験を行ったところ、10^{-6}torrL/s の漏れ量が計測された。漏れ箇所は、フランジと取付金具の溶接部（2 箇所）と、ベローズと取付金具の溶接部（2 箇所）の、計 4 箇所が考えられた。テープを溶接部に巻いて簡易的なシールを行い、漏れ箇所を限定して溶接箇所を特定すると、左側のベローズと取付金具の溶接部に漏れがあることがわかった。そこで、溶接の上から再度補修溶接を繰り返し、3 度の補修溶接を行ったが、漏れは止まらなかった。結局、補修をあきらめて、新たに左側のフィッティングと真空フランジを製作し溶接を行ったところ、溶接後のリーク試験で漏れはなく、対策は完了した。

対策終了後、取り外した取付金具のベローズと溶接する側の面をラップ加工して顕微鏡で観察したところ、外周近傍に複数個の黒い傷が観察された。この傷は取付金具を厚み方向に横断しており、これが漏れの原因だと判明した。取り付け金具の外周近辺に漏れの原因があったため両者の距離が近く、漏れ試験時に溶接個所に吹きかけた He ガスが近傍の傷に回り込み、漏れ試験で溶接部分の漏れと取付金具の傷による漏れが分離できなかったのである。

この取付金具の素材は Φ 100mm の冷間引き抜き材である。冷間引き抜き加工とは再結晶温度以下に加熱し、ダイスを通過させてその外径を所定の寸法に仕上げる加工法である。

漏れが許容できない真空用の部品を SUS の丸棒の引き抜き材から切り出して製作する場合、漏れの原因となる素材の引き抜き方向の巣を確認する目的で、図 48-7 に示す様に、その素材の使用の可否を決める方法がある。これは部品素材の取り出し前の工程で、素材の両端を薄板状態で、切り出し、これを He リークディテクターによる漏れ評価に使用し、漏れが無ければ、真空用の素材として使用するわけである。

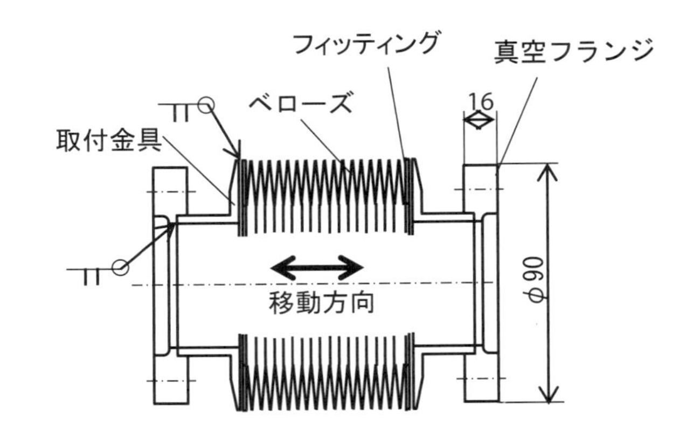

図48-5. 素材形状図

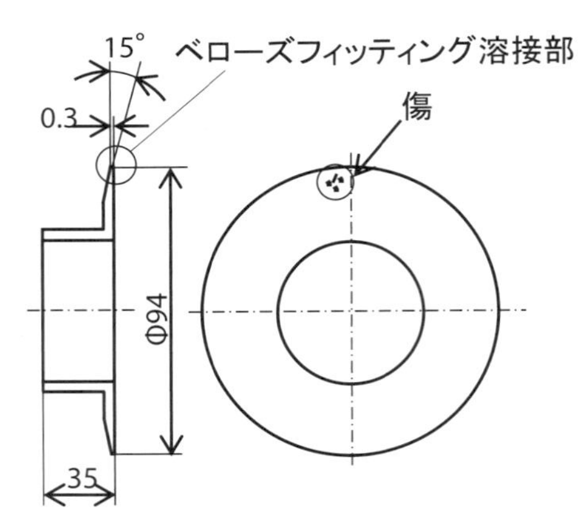

図48-6. 取付金具部品形状図

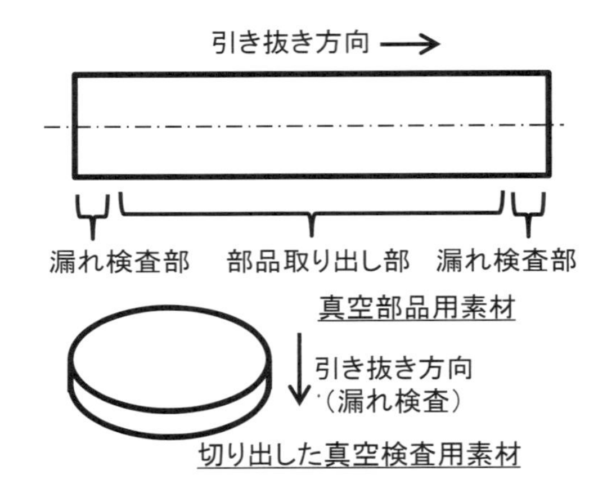

図48-7. 真空部品用丸棒引き抜き材の漏れ検査

今回の事例から得られた知見

（1）素材内部には、頻度は少ないが、漏れの原因となる傷が存在することがある。

（2）長い工程を経て製品となる真空部品の製造では、初期、たとえば荒加工が終了した段階で、素材のリーク試験を行う。この段階で試験工程を設定し、素材に漏れのないことを確認しておけば、材料不良の漏れによる手戻りの、被害を少なくすることができる。

（3）漏れは、事例 2 で示したように、薄肉の部品で発生の頻度が高い。

49 金線による真空シール不良

概要

図 49-1 に、真空シールに金線を用いた真空容器と真空フランジの構造を示す。金線を、真空フランジと真空容器上部の溶接された固定フランジの間の凹部に挟み込み、両フランジをネジにより締め上げ、押しつぶす変形による真空シールの構造となっている。金線の変形前の直径は 0.5mm で、固定フランジと真空フランジの凹部の溝深さは 0.3mm であるが、固定フランジと真空フランジの両側の 2 箇所は、片側の凹部の深さが 0.15mm である。金線が変形しシールを行う構造で、そのつぶし代は 40%（=(0.5 − 0.3) ÷ 0.5 × 100）となっている。**つぶし率は、通常使用するゴム製 O リング**[解説1] の約 2 倍とした。なお、金線はリング形状の部品を使用するのではなく、ユーザーが一本の線材を丸めて使用するので、端部は**図 49-2** に示すように重ねて設置し、これをフランジで押しつぶして変形させ、半径方向の接合を行って、この部分の漏れを止めている。

真空シールとして使用するメリットは次の通りである。

①線形が細く、設置スペースが小さい。

②金属ガスケットと比較して、シール形状の選択肢が広い。

今回は、①に着目して使用した。

この構造でシール部の漏れ試験を行ったところ、金線のシール部から大きな漏れが発生した。到達圧は、ロータリーポンプを使用した排気で、1 ～ 2torr 程度であった。通常、漏れのない真空容器をロータリーポンプで排気した場合、0.1 ～ 0.01torr が到達圧力となる。漏れ場所はエチルアルコールを用いたガイスラー管放電の色変化で特定した。

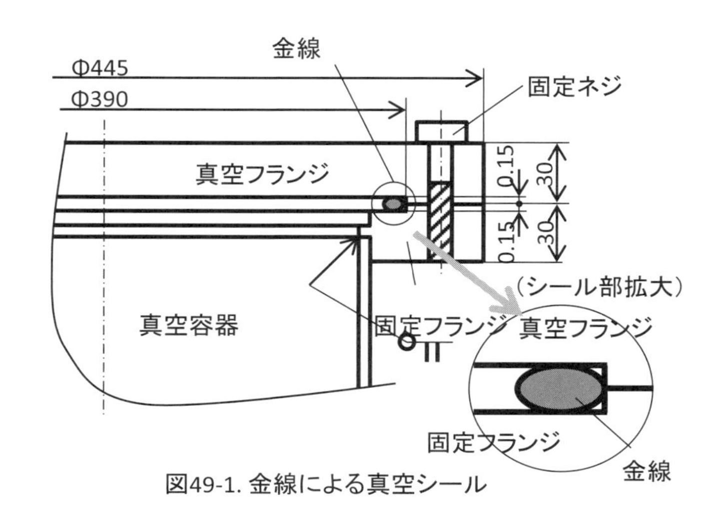

図49-1. 金線による真空シール

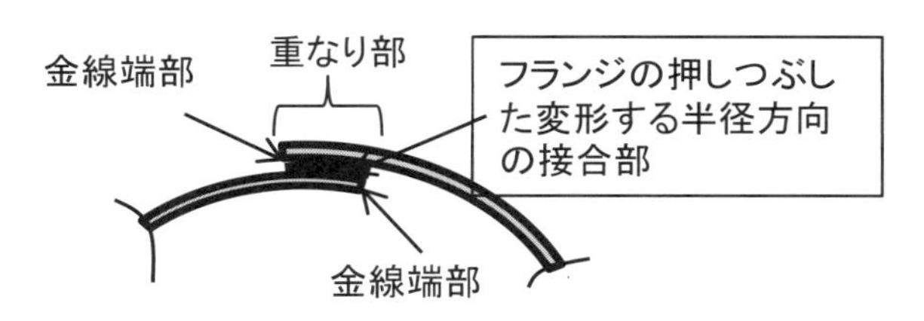

図49-2. 金線の円周方向の設置部である重なり部と接合

解説 1　O リングのつぶし代

図 49-3 に示す通り、溝寸法と O リングの外径から、O リングのつぶし代を計算する。O リングはその使用法によって、平面固定用（「面シール」と呼ぶ）と運動用・円筒面固定用（「軸シール」と呼ぶ）があり、つぶし代が異なる。特に軸方向の運動用に使用する場合は、動きの推力を考慮してつぶし代を小さくする。つぶし代を O リングの太さで割った数字で、その率が計算できる。**図 49-4** に G タイプと P タイプの O リングについて、つぶし代を具体的に記載している。つぶし代はある幅を有しており、設計者はこの数字の範囲内で使用する。

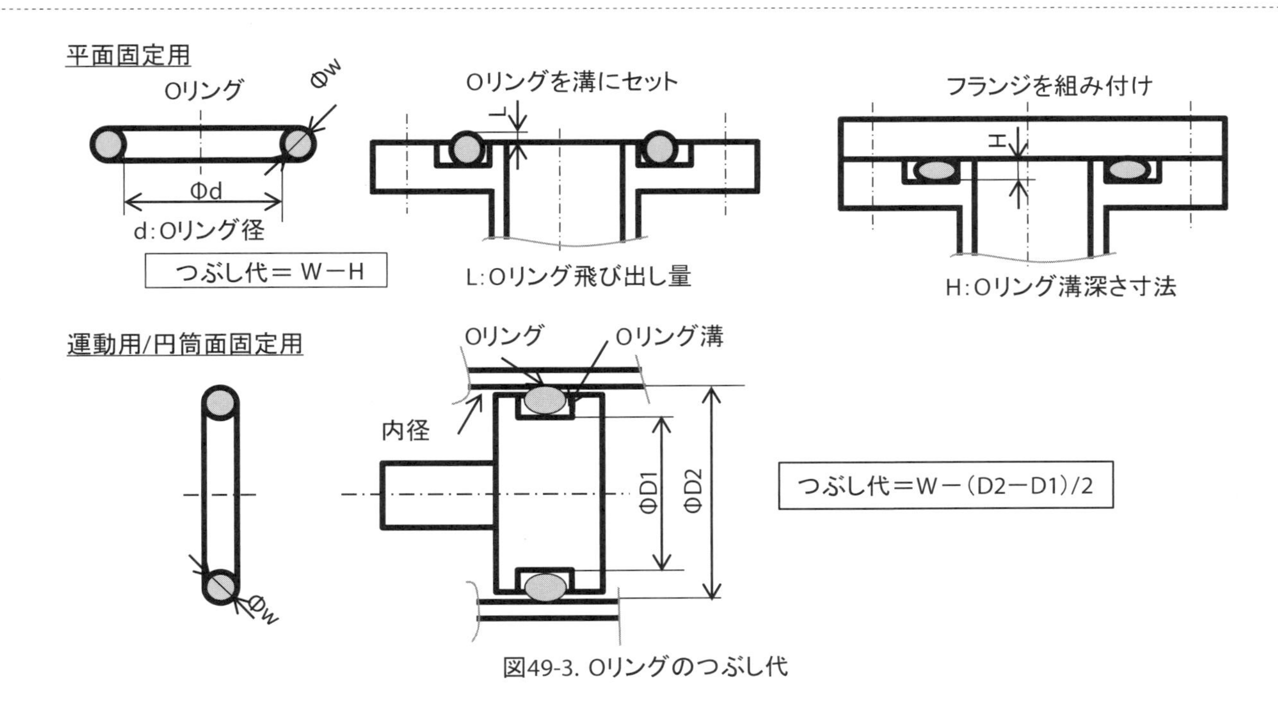

図49-3. Oリングのつぶし代

呼び番号	Oリングの寸法		つぶし代寸法							
			運動用 / 円筒面固定用 (軸シール)				平面固定用 (面シール)			
			mm		%		mm		%	
	太さ W	内径 d	最大	最小	最大	最小	最大	最小	最大	最小
P3 ～ P10	1.9 ± 0.08	2.8 ～ 9.8	0.48	0.27	24.2	14.8	0.63	0.37	31.8	20.3
P10A ～ P18	2.4 ± 0.09	9.8 ～ 17.8	0.49	0.25	19.7	10.8	0.74	0.46	29.7	19.9
P20 ～ P22		19.8 ～ 21.8								
P22A ～ P40	3.5 ± 0.1	21.7 ～ 39.7	0.6	0.32	16.7	9.4	0.95	0.65	26.4	19.1
P41 ～ P50		40.7 ～ 49.7								
P48A ～ P70	5,7 ± 0.13	47.6 ～ 69.6	0.83	0.47	14.2	8.4	1.28	0.92	22	16.5
P71 ～ P125		70.6 ～ 124.6								
P130 ～ P150		129.6 ～ 149.6								
P150A ～ P180	8.4 ± 0.15	149.5 ～ 179.5	1.05	0.65	12.3	7.9	1.7	1.3	19.9	15.8
P185 ～ P300		184.5 ～ 299.5								
P315 ～ P400		314.5 ～ 399.5								
G25 ～ G40	3.1 ± 0.1	24.4 ～ 39.4	0.7	0.4	21.85	13.3	0.85	0.55	26.6	18.3
G45 ～ G70		44.4 ～ 69.4								
G75 ～ G125		74.4 ～ 124.4								
G130 ～ G145		129.4 ～ 144.4								
G150 ～ G180	5.7 ± 0.13	149.3 ～ 179.3	0.83	0.47	14.2	8.4	1.28	0.92	22	16.5
G185 ～ G300		184.3 ～ 299.3								

図49-4.「G」「P」タイプのOリングつぶし代

出所：株式会社パッキンランド（http://www.packing.co.jp/ORING/tubusisiro.htm）

原因

漏れが発生した原因は、設計値のつぶし代 0.2mm では真空シール力が得られなかったことによる。これは金線を用いて真空シールを行う場合、金線が通常使用するゴム製のOリングや金属パイプ製のOリングと比較して線径が細く、なおかつ締め付けによる反力が小さいことが原因である。

対策

図 49-5 に、シール部の対策後の構造を示す。締め代は金線の直径と同じ 0.5mm とした。この構造では、真空フランジのシール面と固定フランジのシール面に金線がない場合は隙間が0となり、真空フランジと固定フランジ面が接触することになる。対策前は、つぶし代が 40%となる寸法にシール部の構造を規定したが、対策構造では隙間が0となるまで締め込むことが可能である。また、この構造では、シール部拡大図で示す隙間が金線を押しつぶした寸法となる。実際にシールした状態で、この寸法は 0.15 ～ 0.25mm であった。この構造で漏れが発生した場合、増し締めによる漏れを止める操作が可能となる。

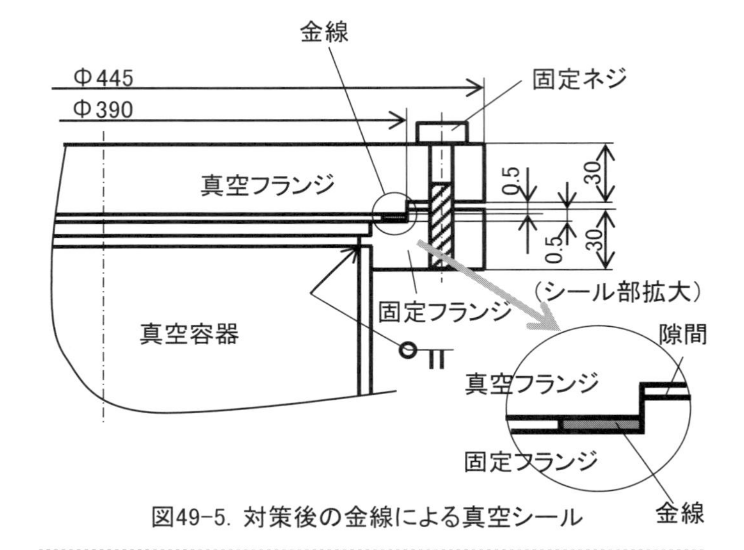

図49-5. 対策後の金線による真空シール

この構造を採用する場合、真空フランジの加工で下記の点の注意が必要である。**図 49-6** に対策前後の真空フランジの形状を示す。

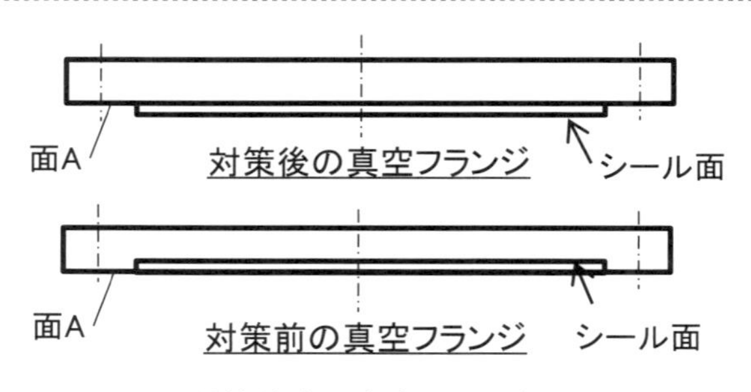

図49-6. 対策前後の真空フランジの形状

対策前の真空フランジはA面に対して引っ込んでいる凹形状であるが、対策後の真空フランジは真空シール面がA面から飛び出している凸形状である。そのため、対策後のフランジは、加工時に誤ってシール面を下にして置いた場合、相手の材質形状によって真空シール面に傷がつくことがある。旋削加工で、金線が接触するシール面の仕上げ加工を行うが、この面に半径方向の傷がつくと、シールに対して致命的な問題となるので、その取り扱いには注意を要する。傷が付いた場合は、細かい傷ならば目の細かい紙やすり（たとえば 1,200 番のエメリーペーパ）で、傷を除去できるが、打痕などの大きな傷がついた場合には、再度旋削加工をしなければならない。

金線を用いたシール法に関する技術資料をインターネットの検索で見つけたので、以下に示す。今回のトラブル対策の構造と形状は異なるが、エッジを用いて金線をほとんど0の隙間に押しつぶすことで、シールを行っている。**図49-8**に、具体的なフランジについてシール部の寸法が記載されているので、参照していただきたい。筆者は、エッジ部を用いた金線シール構造の使用経験はないが、考え方は道理に合致している。

金線ガスケットの使用法

①本技術は精密加工されたコーナーシール部分で金線Oリングを押しつぶして、シールを得るものである。

②金線ガスケットは平滑面で押しつぶすだけでは十分なシールは得られず、ガスケットの断面のL形の塑性変形でシールを行う。

③**図49-7**に金線シール機構を示す。

④そのためガスケット径に対するつぶし代（A）と半径方向の間隔（B）を、的確に選定する必要がある。

⑤**図49-8**に、金線シールフランジの製品例を示す。

⑥ガスケットはΦ0.6の金線（24K）を必要なときに製作することができ、使用済みのガスケットを地金として回収すれば、ランニングコストはさほど高くはない（地金の価格は4,000～5,000円/g程度）。ボルトの締め付けトルクは、200～300kgfcmと規定している。

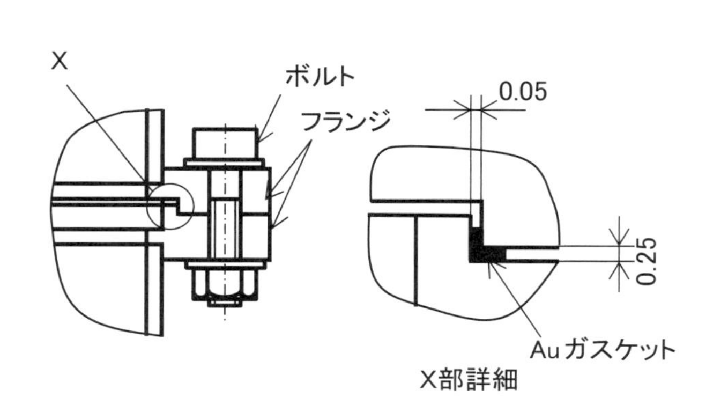

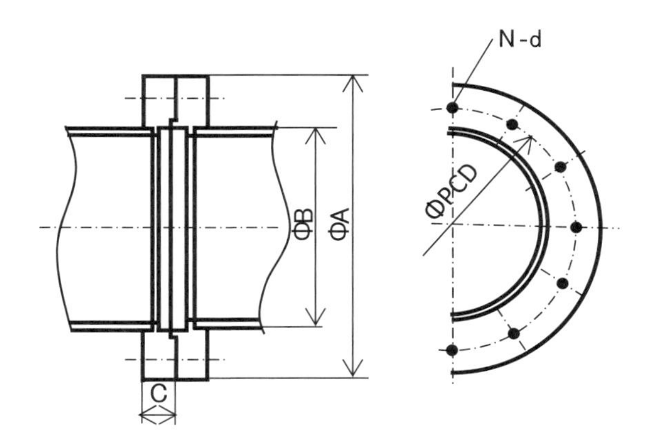

図49-7. Au線シール機構

出典：「実用真空技術総覧」（1990年11月26日）、実用真空技術総覧委員会編、産業技術サービスセンター発行、217頁、図、Au線シール機構

呼び		5	15	25	40	65	100	150
フランジ	A	43	54	96	110	140	178	232
	B	13.8	22.2	25.6	38.4	64.0	102.4	154.4
	C	9	9	14	14	14	14	14
	PCD	30	40	74	88	118	156	210
	d	7	7	10	10	10	10	10
ボルト	径×長さ	M6×18	M6×18	M8×42	M8×42	M8×42	M8×42	M8×42
	N	6	8	8	8	12	16	24
接続パイプ	外径	13.8	21.7	25.4	38.1	63.5	101.6	152.4
	内径	10.8	18.7	22.4	35.1	59.5	97.6	146.4
ガスケット（金線）	線径×内径	0.6×18	0.6×26	0.6×53	0.6×67	0.6×97	0.6×135	0.6×189
締め付けトルク（kg・cm）		200～300						

図49-8. Au線シールフランジの製品例の諸寸法

出所：特許庁（http://www.jpo.go.jp/shiryou/s_sonota/hyoujun_gijutsu/semicon_vacuum_tech/2_9_5.htm）

50 真空シールOリング溝のカッターマークによる漏れ防止

概要

真空環境は、素粒子物理学の実験で使用する加速器、半導体製造装置、電子顕微鏡に代表される分析用のビーム装置などに使用され、主な構成機器は、下記の通りである。

項目	内容
真空容器	隔壁による環境保持（SUS、石英等）
真空排気系	ポンプ（TMP、RP 等）、バルブ
計測器	真空圧力計測（電離真空計等）
機構系他	位置決め、移動（運動導入器）
	加熱温調、ガス制御（ヒーター、光）

真空容器は、使用目的によってサイズと形状を決め、真空機器を組み立てる際に、圧力に応じて両機器の間に取り付けるシールを選択する。たとえば、加速器に代表される高真空の領域では金属ガスケット、半導体を製造するエッチング装置では低真空用のOリングと呼ばれるゴム製のガスケットが使用されている。

図50-1に、800 × 500 × 120mmの扁平形状で、フタが上部からネジ固定されて、容器内の真空保持が可能な真空容器を示す。圧力は10^{-7}torr程度で、容器のフランジに加工されたOリング溝に配置したOリング（型式G770）によってシールされる。真空容器の下部に排気用の穴が加工されており、真空容器の側面とフタに作業用の穴が加工されるが、図にはこれらを示していない。

フランジに加工するOリング溝は、使用するサイズによってその形状を決め、押し付ける面圧とシール面の形によってシール性能を決める。ここで使用するOリングの直径はΦ5.7mmであるので、つぶし代は19.3%（＝(5.7 − 4.6) ÷ 5.7）となる。フランジのOリング溝は、真空容器の製造作業工程において、断面形状が7.5 × 4.6mmとなるように加工する。加工には、フライス盤で工具である高速回転するエンドミル（**図50-2**）の端面を用い、テーブル上に配置したフランジをOリングの形状に合わせて移動する。このとき、加工された溝底面表面にエンドミルのカッターマークの円周形状の凹凸が現れる。このカッターマークの凹凸は、Oリングの長さ方向と直角のシール方向に発生するもので、真空装置を組み上げ後に微少リークの原因となるので、除去しなければならない。カッターマークを除去する作業は、**図50-3**に示すように、砥石によるラップ加工で行う。このラップ作業は、砥石を溝幅に合わせた角形状に加工し、砥石のラップ面に油を塗って、カッターマークの上を加圧して研磨する作業で、マークが消えるまで狭い範囲を丹念に加工する手数のかかる作業である。特に隅のR溝は、長さが短い砥石を用いた作業となる。

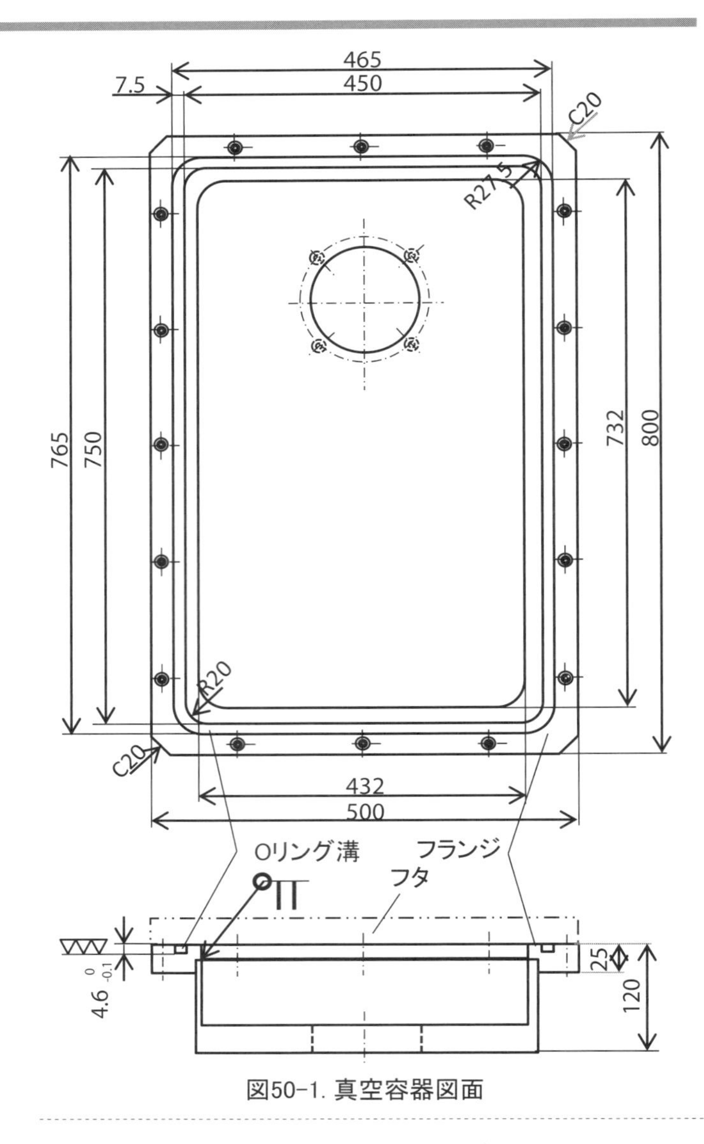

図50-1. 真空容器図面

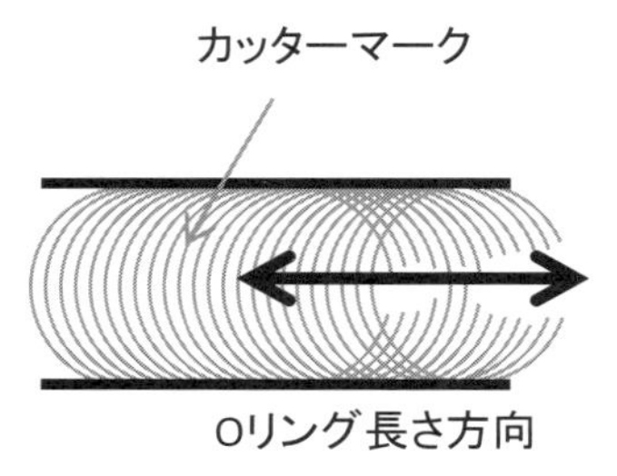

同類構造のエンドミル端面の溝加工のカッターマーク

エンドミル端面による溝加工

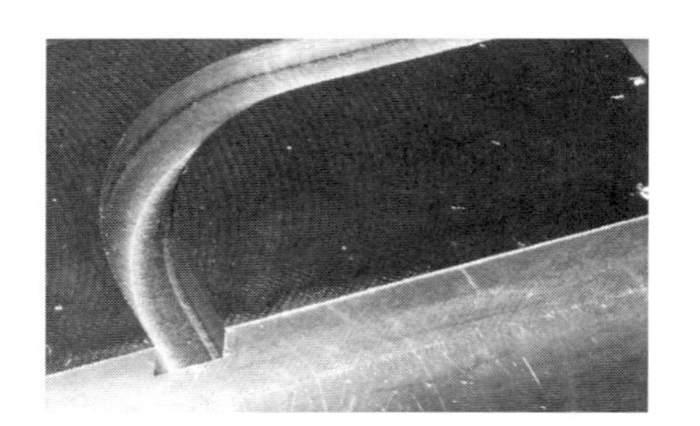
溝加工後のカッターマーク

図50-2. フライス盤によるOリング溝のカッターマークと加工

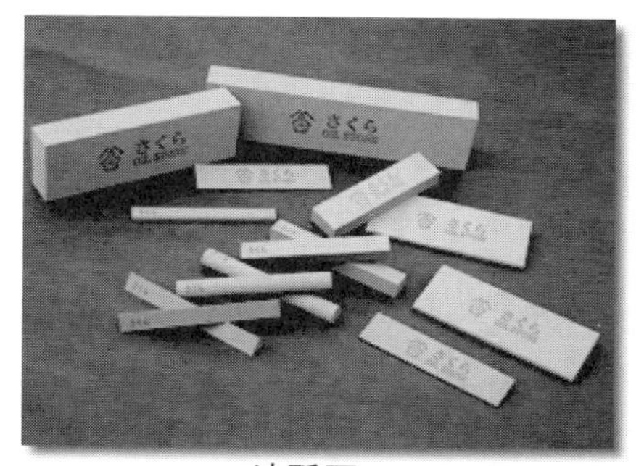

油砥石

出所：株式会社大和製砥所（http://www.yamatoseito.co.jp/02G-01-01.html）

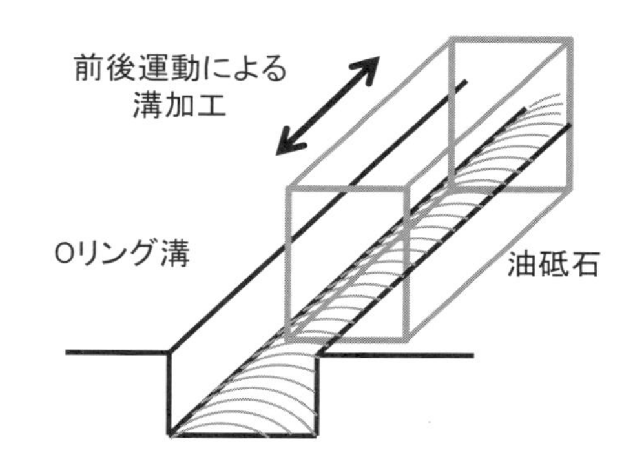

図50-3. 油砥石によるOリング溝加工

なお、このカッターマーク除去工数は、フライス加工によるカッターマークの凹凸の程度にもよるが、材質がステンレスでその表面粗さが6.3 μ m程度の場合、**図50-1**に示す溝加工で約2日人程度の工数となる。

図50-4に示す円板形状のフランジのOリング溝は、フライス加工による角型の真空容器のOリング溝と異なり、円形フランジに配置されているので、写真で示すように旋盤で加工する。被加工物である真空容器を旋盤回転部のチャックに固定し、回転する真空容器にバイトの先端を接触させて溝を加工するわけであるが、このとき発生するカッターマークは、図示するように同心円状の円周方向で、溝に配置したOリングの方向と平行の方向となるので、漏れの原因とはならない。

突っ切りバイトによる溝加工

出所：国立研究開発法人海上技術安全研究所（https://www.nmri.go.jp/eng/khirata/metalwork/lathe/fin/index_j.html）

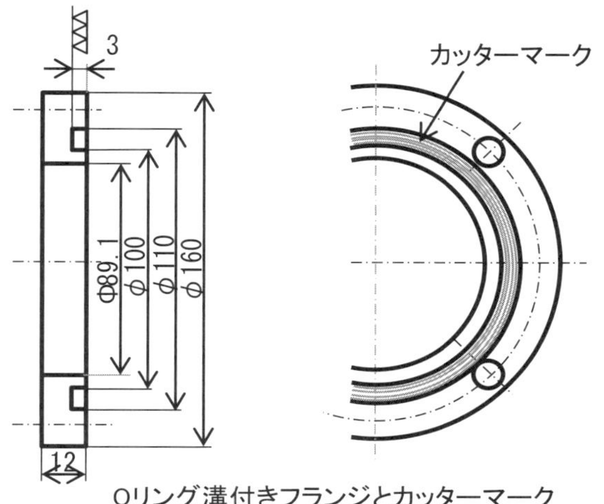

Oリング溝付きフランジとカッターマーク

図50−4. 旋盤によるOリング溝のカッターマークと加工

角形状真空容器フランジのOリング溝底ラッピング作業の工数低減構造として、次頁**図50-5**にその構造を示す。以下に示す工程で作業を行えば、Oリングの底面は平面研削盤を用いた研磨加工とし、ハンドラップ加工と比較して工数の低減を図ることができるが、溶接作業を含む機械加工工数は増加する。作業手順は下記の通りとなる。

項番	項目	内容
(1)	フライス加工を行う	フランジのOリング接触面に取り代を残し、外周加工と溝を加工する
(2)	研磨加工	Oリングが接触する凸部の上部を、砥石を用いた平面研削盤による加工する（A面、スマッジング部）
(3)	板の溶接	別工程で加工した支持外板と支持内板を、溶接でフランジ面の上面凹部にはめ込んで溶接する。溶接は片側からの断続溶接とする
(4)	板の加工	支持外板と支持内板の上面をフライス加工により仕上げ加工し、支持外板に固定用の貫通穴（B面）をフランジにタップ穴を加工する（C面）

Oリング溝の部品は、次頁の表中のフランジ上面に溶接で固定した#-1と#-2である。蓋を固定するネジ穴は、加工性と固定力の強化を考慮して、支持外板に貫通穴を、フランジにタップ穴を加工する。Oリングの位置を固定する支持板は、凸部のシール面の側面に押し付けて位置決めを行う構造となっている。この位置決め板の固定は、片側からの断続溶接としている。断続溶接を採用したのは、真空排気時にガスがこの隙間から抜け易くするためである。B面は、所定のOリングの溝深さが得られる寸法に加工する。

品番	名称	機能
－1	支持外板	O リング位置決め用の外板
－2	支持内板	O リング位置決め用の内板
－3	フランジ	真空容器のフランジ
－4	容器	真空隔壁

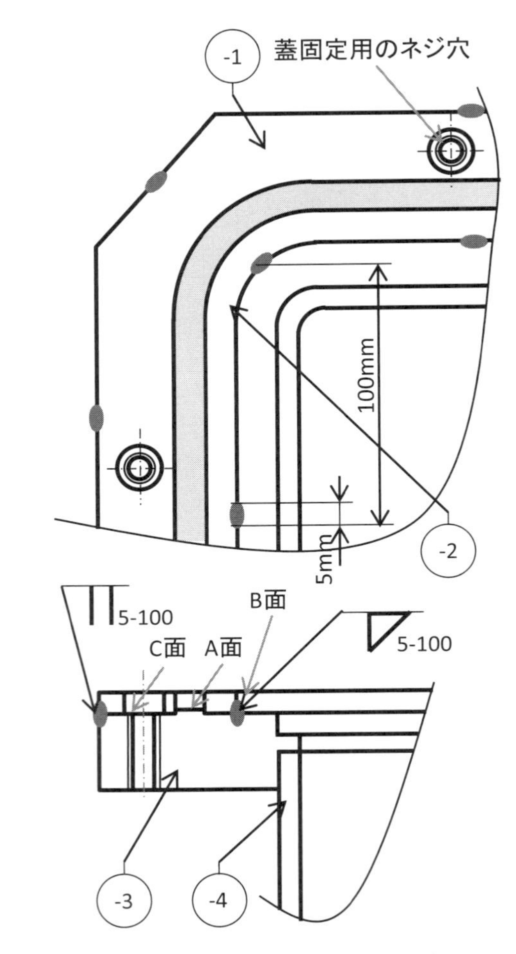

図50-5. 溶接構造によるOリング溝

角フランジのOリング溝を加工する際の構造として前記した「フライス加工＋ハンドラップ加工」と「溶接構造＋研削加工」の選択は、工数、すなわち、Oリング溝とフランジの形状によって決まる。したがって、構造図面を作成した後に、その工数を算出して選定する。「フライス加工＋ハンドラップ加工」を採用するあたっては、ハンドラップ加工を行う自動機を導入すると工数削減に有利になるが、自動機の開発費用の**回収**[解説1]を考慮する必要がある。

続いて、Oリングを用いて真空シールを行う際の、Oリング面の傷による漏れについて説明する。**図50-6**に、Oリング溝の底面の打痕傷が漏れの原因となる仕組みを図解する。打痕傷が原因となる漏れに対しては、ハンドラップによる傷の除去が有効な対策となる。

Oリング溝底の打痕傷はまれなケースであるが、**図50-7**に示すOリング溝と対で使用する蓋の、Oリングが接触する部品の傷は発生頻度が高く、これが発生した場合、担当者は修正の要否に迷うはずである。この事例について説明する。**図50-7**の右図はOリングの当たる面がフラットな形状を示し、左図は0.3mmの溝としている。これら考え方について、それぞれの詳細を下記の表に示す[解説2]。

形状	詳細	図面
フラット	O リングが当たる部分をフランジ面と同一面、加工精度は 6.3S 以下とする、加工工数を低減した構造	図 50-7 右
凹	O リングが当たる部分をフランジ面から 0.3mm 低い形状として、打痕が付きづらくした構造。たとえば、O リング面を下にしてフランジを置いた場合、打痕が発生しやすいが、これを凹形状とすれば、傷がつきにくくなる。反面、凸形状を採用した場合は、打痕を除去するための加工工数が増える。特に角型フランジの場合はハンドラップ作業が必要になり、その工数が問題となる[解説2]。	図 50-7 左

解説1 回収

回収は、生産設備を開発する場合に判断の基準となるもので、開発費用と設備の作業工数の関係をコストをもとに評価した数字である。たとえば、開発する設備が1,000万円で、その設備を1日5時間、20日/月、5,000円/時間の単価で使用したとすれば、1か月の工数は100時間(5時間/日×20日/月)となり、回収費用は100×5,000＝50万円、回収期間は20か月（＝1,000万円÷50万円/月）となる。この20か月が妥当か否かを判定して、当該設備の開発を判定する。

解説2 傷の発生について

傷が発生するのは、加工時と組み立て時、装置の使用時であるが、取り扱い者が下記を意識して取り扱えば、この問題は解決する。

工程	傷の発生原因と対策
加工時	加工後の部品を所定の場所に置く際に、シール面を下にして置いてこの部品を滑らせた場合と、別部品をシール面に落下させた場合が考えられる。この場合、ウエスを介して置く、シール面にテープを張るなどの対策が有効である
組み立て時	組み立て中は相手部品にぶつけることが多いので、作業時この点を意識して取り扱う。保護テープが張ってある場合は、取り付け作業直前までテープをはがさないなど、傷の発生を防止できる作業手順を決めるのが有効な対策である
装置使用時	傷発生に関係する作業内容が多いので、「傷」に関する作業従事者の意識を上げることが有効な方法である

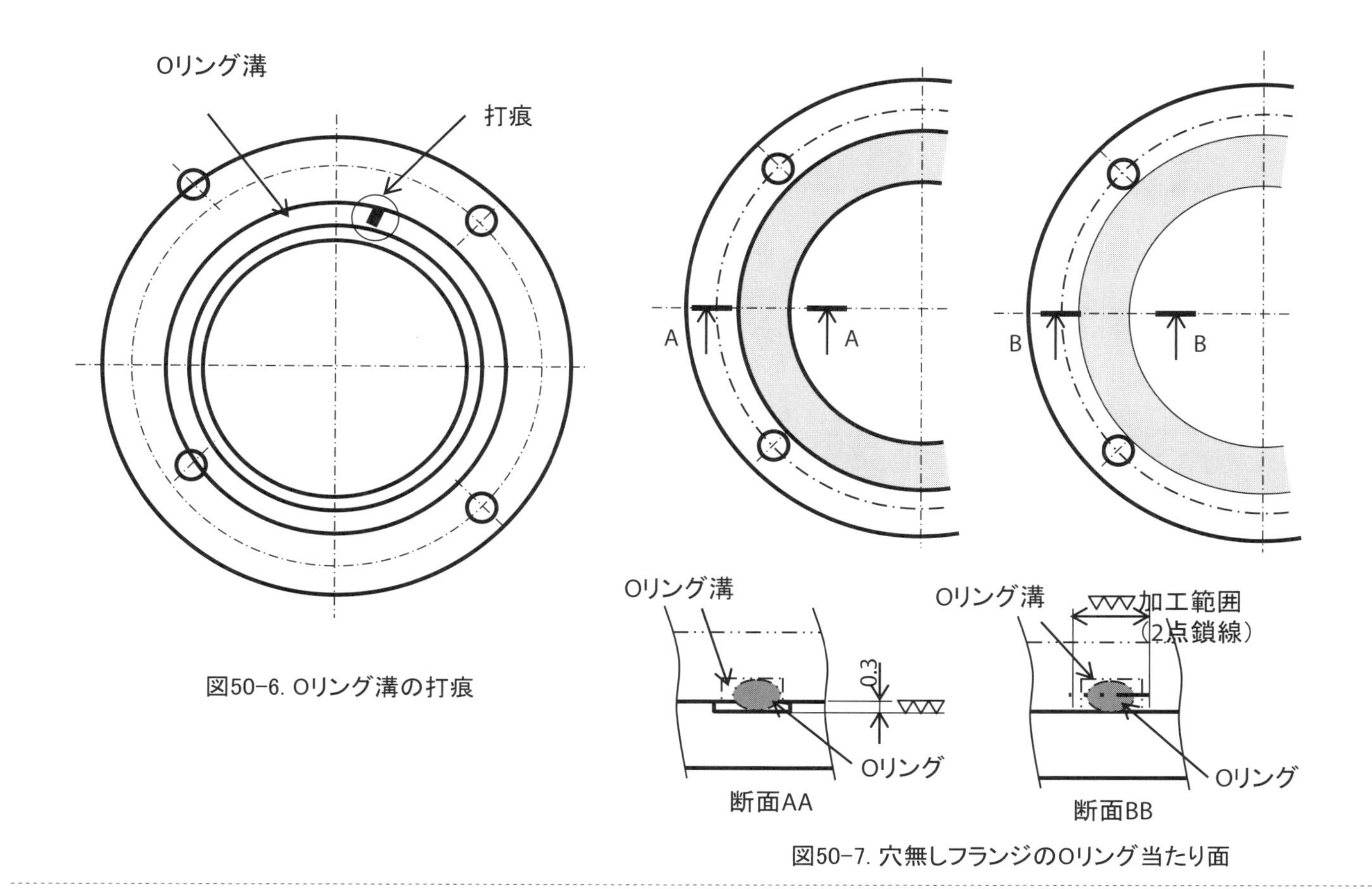

図50-6. Oリング溝の打痕

図50-7. 穴無しフランジのOリング当たり面

ほかの真空シールトラブルの事例として、超高真空用の金属ガスケットシールの問題について説明する。**図 50-8** に、ICF フランジのシール原理を示す。ICF フランジの金属エッジがシール材の Cu 材の金属ガスケットを押しつぶす構造で、エッジ構造とネジの加圧により、接触部の面圧を得ている。面圧を大きくする目的で、金属エッジは旋盤により鋭利なエッジ形状に加工されている。

このエッジ部に、**図 50-9** に示すように、部品の接触などで半径方向に打痕がつき、シール効果がなくなることがある。そうした場合は、打痕の状態に応じて、次に示す修正を行う。

傷が深い場合	旋盤により、エッジとフランジ端面の再加工を行う。エッジ先端からフランジの端面までの寸法がシール性能に影響するので、追加工では、これを所定の寸法に加工し、エッジ部の表面粗さを 6.3 μm 以下としなければならない
傷が浅い場合	油砥石、または布やすりを用いて傷を除去し、ハンドラップで円周方向になめらかな形状に修正する。この作業は取り代が少ないので、エッジ部形状を考慮する必要はない

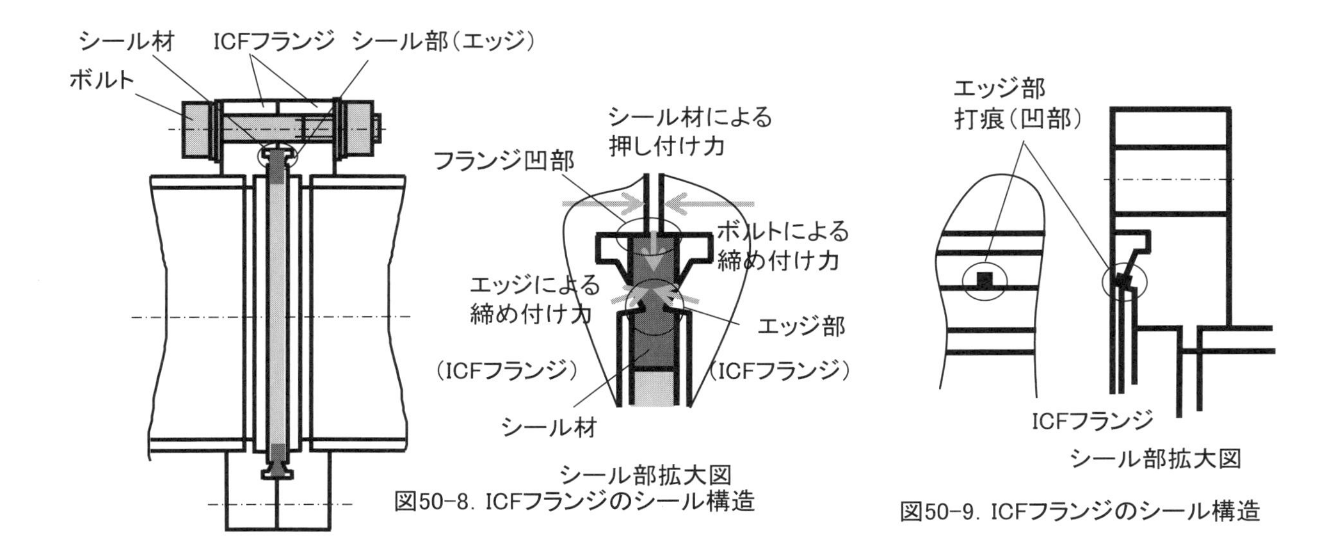

図50-8. ICFフランジのシール構造

図50-9. ICFフランジのシール構造

51 樹脂パイプカッターによる流路の異物混入

概要

図51-1に、切り替えバルブを用いて(1)～(8)の溶液から希望の1液を選択する流路を示す。切り替えバルブは接続口が9個あり、それぞれの接続口には図示するように①～⑨の番号を記載している。溶液は(1)～(8)の容器に入っており、配管で切り替えバルブの①～⑧のポートと結合している。①～⑧の1個の穴を選択して⑨穴と接続する構造で、①～⑧の流路穴は、上図に示すステーターの外周部に均等ピッチで円周状に配置されており、⑨穴はその中央に位置している（上図は切り替えバルブの断面図である）。

ローターには、半径方向に溝が1箇所加工されており、この溝で円周状に並んだ①～⑧の流路穴を選択して、ステーター中央の⑨穴と接続する。切り替えバルブがロータリーバルブとも呼ばれるゆえんは、この流路選択の回転動作による。このバルブは、多数流路から1流路を選択する構造が特徴で、15流路から1流路を選択する製品も供給されており、ユーザーが使用する容器の数によって流路数を選定できる。溶液の移送は、⑨の流路の下流側に設置した**ポンプ**[解説1]の吸引作用で行う（本図に示さず）。

切り替えバルブの詳細構造を**図51-2**に示す。図はローターとステーターが分離した構造図で示してあるが、矢印で示すように、両すべり面は接合した滑り構造となっている。ローターの下面に上記の溝が加工されており、この溝がローター上部に配置したパルスモーターで回転し、ステーターに加工された①～⑧の流路穴から1穴を選択し、⑨穴と接続する構造となっている。この図は、流路③と⑨を接続した状態で、流れ方向を破線の矢印で示している。

ステーターの下部には配管が接続されており、流路③と⑨を接続する継手が示されている。ローターとステーターのすべり面はシール機能を有しており、この機能は両面のフラットネスにより達成されている。両面の材質は使用する圧力によって選定され、低圧では樹脂材を採用する。液体クロマトグラフィーのように数百気圧の高圧環境で使用する場合は、金属同士のラップ面が使われており、中圧の環境ではセラミックスが使用されている製品も存在する。このケースでは、低圧仕様の樹脂材が使われており、すべり面はラップ加工され、シール機能を有する鏡面状態が確保されている。

図51-3に、切り替えバルブのステーターに配管を接続するための継手構造を示す。右図が継手を組上げた状況で、左図がそれぞれの使用部品を組み立てる前状態で示した図である。ネジでフェラルのエッジ部を配管の外径に押し付けてシールを行う構造で、この押し付け力は、ネジの軸力がコレットに伝わりフェラルの上端面の押し付けることによって発生する。フェラル方式の継ぎ手には、コレットを使用せず、ネジの端面で直接フェラルを押し付ける構造の製品も存在する。

チューブサイズに見合った継ぎ手が多数のメーカーから供給されており、ユーザーは使用するチューブに合致した継手を選定し、使用すればよい。通常、継手構造では、一度締結に使用したフェラルは再締結に使用しない。締結動作による過剰な締

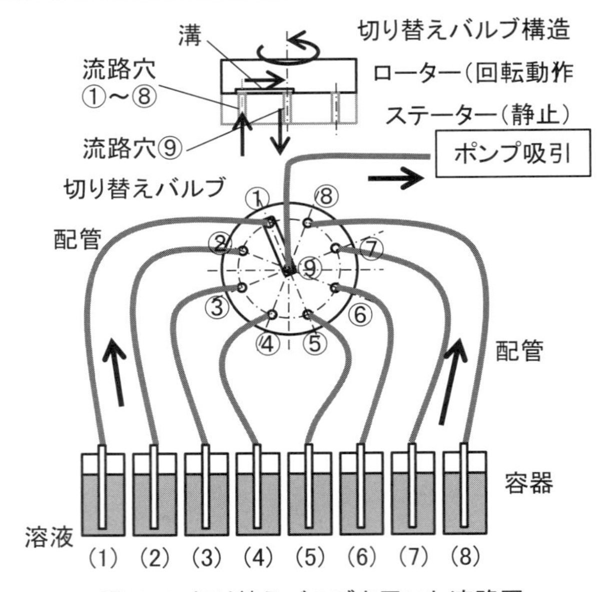

図51-1. 切り替えバルブを用いた流路図

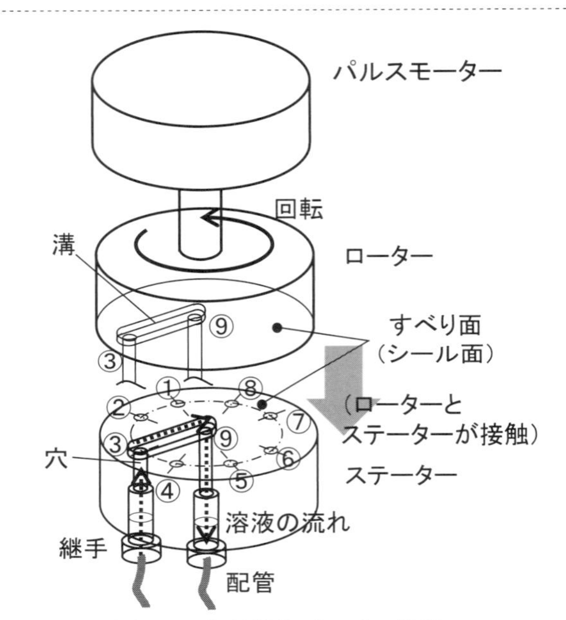

図51-2. 切り替えバルブの構造

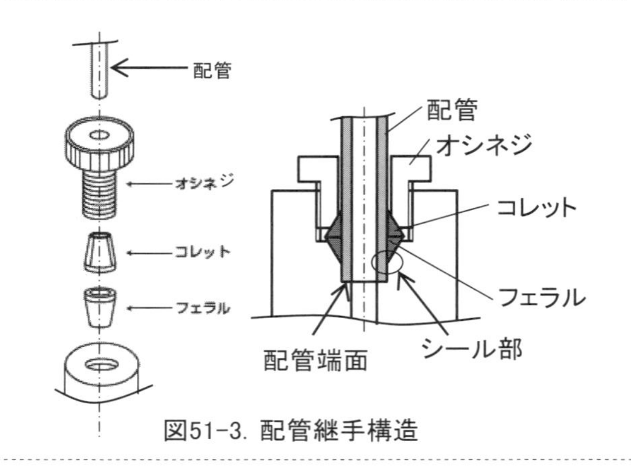

図51-3. 配管継手構造

め付け力を防止する目的で、オシネジに締め付けトルク管理機能を持たせた製品も存在する。

この流路を用いて、溶液 (1) ～ (8) のうちの希望の溶液に切り換える操作時に、⑨穴から排出した溶液内に多量の白色の粉が含まれる状況が発生した。

解説 1　ポンプ

小流量の溶液を移送する目的の汎用ポンプについて説明する。図 51-4 に、シリンジポンプとチューブポンプの構造と特徴を示す。両ポンプともに微少量の送液に適したポンプで、加圧または減圧を用いた送液の連続動作が可能である。

項番	名称	外観 / 構造	動作 / 特徴
(1)	シリンジポンプ	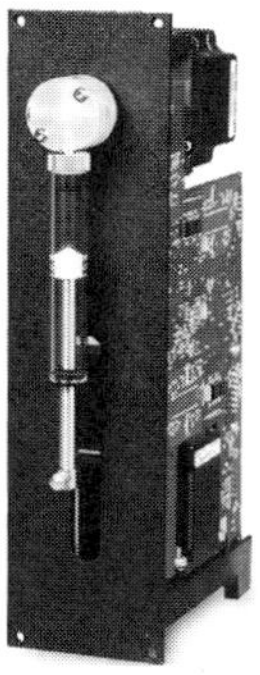 出所：テカンジャパン株式会社 (http://www.tecan.co.jp/products/components/carvopumps/index.html)	**動作** ①送液流体を納めたシリンジのプランジャーを、モーターによるネジ送りで駆動して、一定量を送液するポンプ ②プランジャーの移動速度の可変により送液量を変化 **特徴** ①異なる断面積シリンジの交換により、流量を広範囲に可変することが可能 ②送液量の精度が高い（フルスケールに対して± 0.05% 以下） ③送液は断続となり、連続供給を行うには複数台のシリンジポンプによる切り替え運転が必要 ④送液の配管内は加圧状態で使用
(2)	チューブポンプ	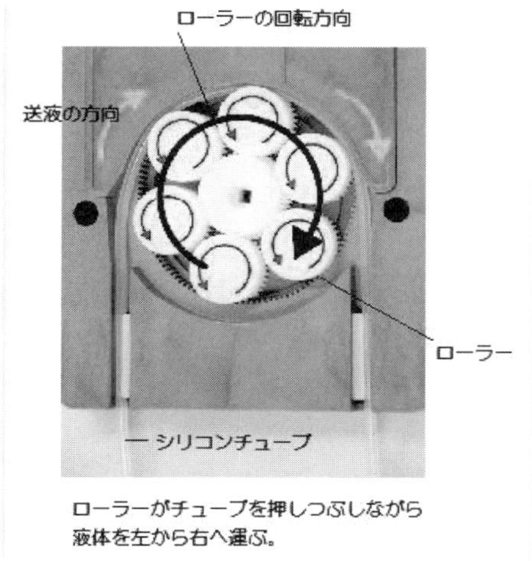 ローラーの回転方向 送液の方向 ローラー シリコンチューブ ローラーがチューブを押しつぶしながら液体を左から右へ運ぶ。 出所：アトー株式会社 (http://www.atto.co.jp/site/technical_info/liquidchromatography/peristapump2)	**動作** ①シリコン材などの弾性チューブ内の流体を、複数個の回転ローラーのしごき運動により送液 ②ローラーの回転数で流量を可変とすることができるが、チューブの劣化により± 20%の流量が変化するので、定期的な流量補正が必要 **特徴** ①チューブ内径の変更とローラーの回転数制御により流量の広範囲可変が可能 ②送液は連続供給が可能であるが、圧力に周期的な変化がある。周期性はローラー数とローラーのしごき回転数に同期する ③送液時、機器内の減圧・加圧状態は、当該ポンプの機器に対する設置位置によって選択可能である。上流側に設置した場合は加圧、下流側に設置した場合は減圧となる ④ローラーの逆回転により、流体の流れ方向の逆転が可能

図51-4. ポンプの種類と構造・特徴

原因

原因は切り替えバルブに混入した異物であった。切り替えバルブに混入した異物は鉄粉で、この粉がロータリーバルブのシール面に進入し、軟質の樹脂材であるローターとステーターを削り取り、その粉が流路に流れ出た。鉄粉は、配管組立時の切断作業で配管に付着したものである。配管の切断は、刃を折るタイプのカッターを用いて行ったが、その刃に鉄粉が付着していた。鉄粉による一連の事故の過程は、次の通りである。

項番	項目	内容
(1)	カッターに鉄粉が付着	カッターを使用して、さびた鉄部品の表面をこすり、さびを落とす作業を行なった。作業後、カッターの刃に付着したさびのふき取りや、刃を折って新規な刃を創生するなどの清浄化を実施しなかった
(2)	テフロン配管の切断面に鉄粉が付着	テフロンの配管を所定の長さに切断する際、項番（1）で使用したカッターを用いた。このときテフロンの切断面に前作業で付着していた鉄粉が付着した。次頁図 51-5 に切断面に付着した鉄粉の様子を示す
(3)	配管内に鉄粉が侵入	切断面に付着していた鉄粉が配管内の流路に侵入し、流れに乗って移動した。図 51-5 に示す配管の端面に付着した鉄粉が流路内に進入した
(4)	切り替えバルブに鉄粉が侵入	配管を経由して切り替えバルブに鉄粉が侵入し、シール面に停留した結果、シール面が鉄粉で削り取られ、その削り取られた粉が流れ出た。次頁図 51-6 に、シール面の傷の状況を示す。傷の状態が円周形状であったので回転動作で発生したと考える

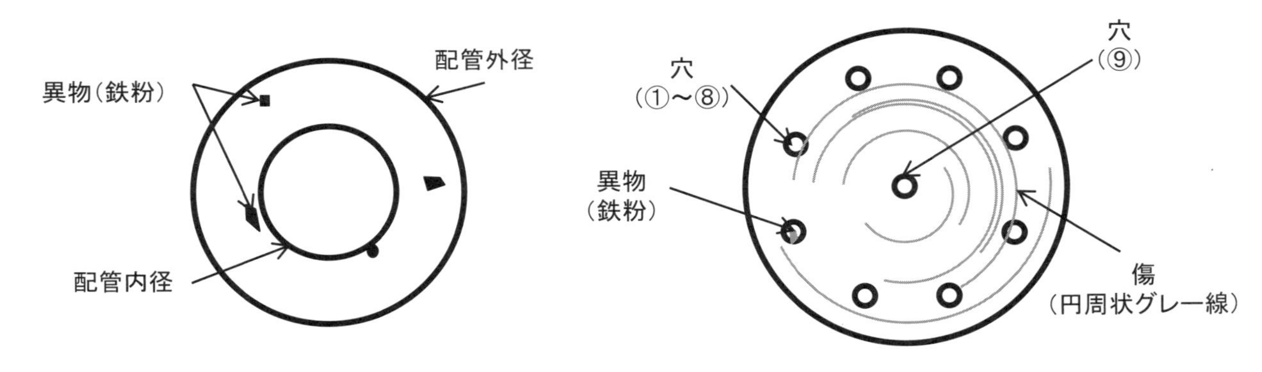

図51-5. 配管端面に付着した異物の鉄粉(拡大図)　図51-6. 切り替えバルブのステータ部品すべり面の傷

対策

今回の事故で問題となった配管と切り替えバルブの構成部品であるステーターとローターを、新規部品に交換する作業を行った。具体的な作業は次の通りである。

項番	項目	内容
(1)	切断工具	①配管を切断する際は新しい刃を使用し、その刃に異物の付着がないことを拡大鏡で確認した ②配管の切断端面に異物の付着がないことを拡大鏡で確認した
(2)	切り替えバルブ	①切り替えバルブのステーターとローターを新規部品に交換した ②両部品はメーカーから消耗品として供給されているので、これを入手した

配管供給メーカーのパイプカッター

配管供給メーカーから樹脂製軟質配管専用にのパイプカッターが供給されている。これは、工具を専用化することで、切断作業の質を高める目的のためのものである。切れない工具で配管を切断すると、配管が変形して、継手で接続する際にフェラルの挿入などが難しくなり、漏れの原因となる。また、専用工具とすることでほかの作業にこの工具が使用できず、今回のような事故を未然に防ぐことができると考えられる。メーカーから供給されているパイプカッター例を、**図51-7**に示す。

外観	特徴他
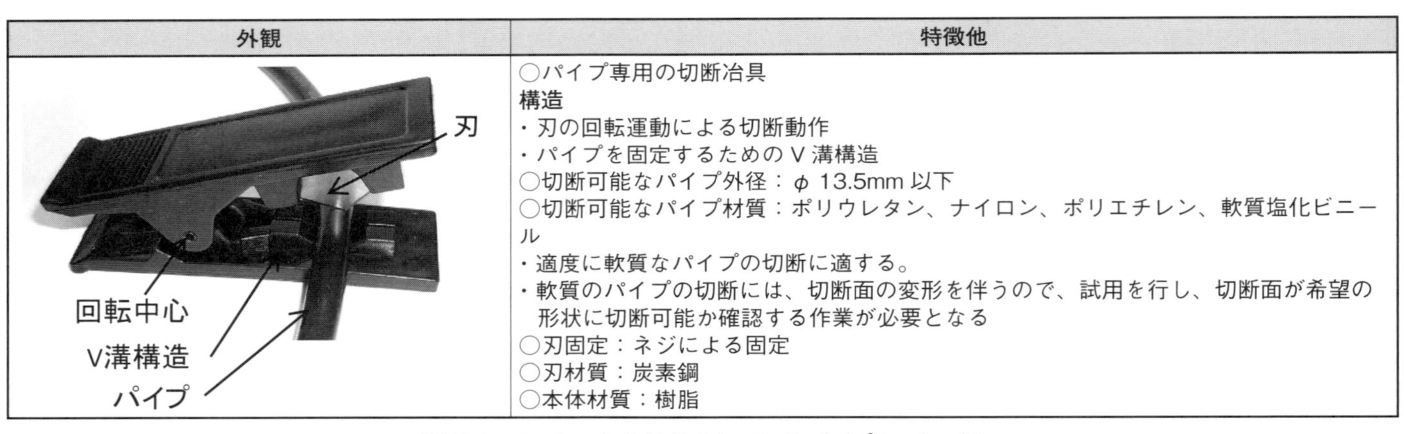	○パイプ専用の切断冶具 **構造** ・刃の回転運動による切断動作 ・パイプを固定するためのV溝構造 ○切断可能なパイプ外径：ϕ 13.5mm以下 ○切断可能なパイプ材質：ポリウレタン、ナイロン、ポリエチレン、軟質塩化ビニール ・適度に軟質なパイプの切断に適する。 ・軟質のパイプの切断には、切断面の変形を伴うので、試用を行し、切断面が希望の形状に切断可能か確認する作業が必要となる ○刃固定：ネジによる固定 ○刃材質：炭素鋼 ○本体材質：樹脂

図51-7. メーカーから供給されているパイプカッター例

52 冷却配管のベーキングによる微少漏れ

概要

10^{-9}torr の超高真空の環境で蒸着を行う装置の、電子ビーム加熱方式**蒸発源**[解説1]である被冷却機器を収めた真空チャンバーの断面図を、**図 52-1** に示す。真空チャンバーは、周囲に巻き付けたベーキング用のヒーターで 150℃に加熱し、真空チャンバーの内面に付着した水分の蒸発を促進して、短時間で**超高真空を得る**[解説2]。冷却水を供給する配管は、**図 52-1** の下図に示すように、真空外部から真空内の被冷却機器に接続されているバルブを介して、**ワンタッチジョイント**[解説3]で真空チャンバーのフランジに取り付いている。真空内に導入した冷却水は、**成形ベローズ配管**[解説4]を通って被冷却機器に入り、成形ベローズ配管を通って外部に排出される構造となっている。成形ベローズ配管は被冷却機器の位置決めの融通性を確保し、ベーキングによる加熱の際の配管の変形を吸収して被冷却機器の設置を容易とする目的で使用している。

この真空内の冷却水導入配管の接続は、超高真空で使用できる VCR 継手を使用している。この VCR 継ぎ手は、上図に断面形状を示すように、ナットの締め付けで取り付ける構造となっている。冷却水を供給する大気側に配置したワンタッチジョイントの上流側では、冷却水配管内の冷却水を追い出すために圧縮空気を導入・排出するための流路が、バルブを介して接続されている。この圧縮空気による冷却水の追い出しは、ベーキングの際に配管中に残存した冷却水が蒸発し、配管内の圧力を上昇させるトラブルを防止することを目的とする。ワンタッチジョイントは、ベーキング時に冷却水供給継手を配管から分離する際、冷却水の漏れを防止する目的で取り付けてある。冷却水の切り替え作業は、次の手順で行う。

ベーキング時には、真空チャンバーの加熱により壁面の水分が蒸発するとともに圧力が上昇するのであるが、ベーキング中に圧力が異常に悪化する現象が発生した。

冷却水の切り替え作業手順

項番	項目	内容	作用
(1)	冷却水停止	バルブ 1 の閉	冷却水の供給を停止する
(2)	圧縮空気の導入	バルブ 2 の開	被冷却機器内の冷却水を、配管内から追い出す
(3)	圧縮空気の停止	バルブ 2 の閉	圧縮空気の供給を停止する
(4)	冷却水配管分離	ワンタッチジョイント分離	冷却水配管と被供給機器を分離する

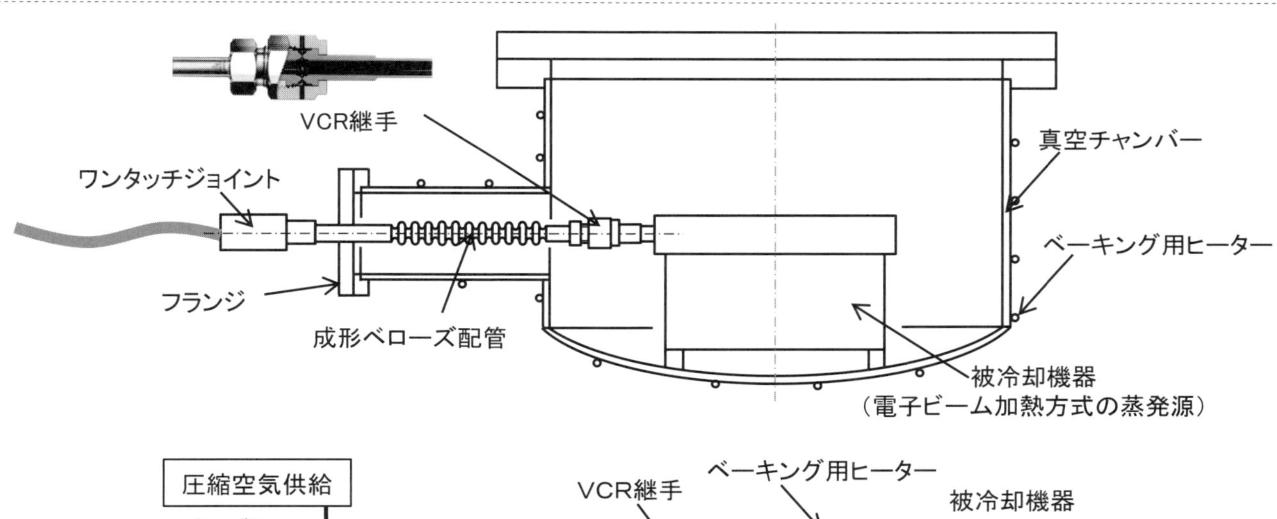

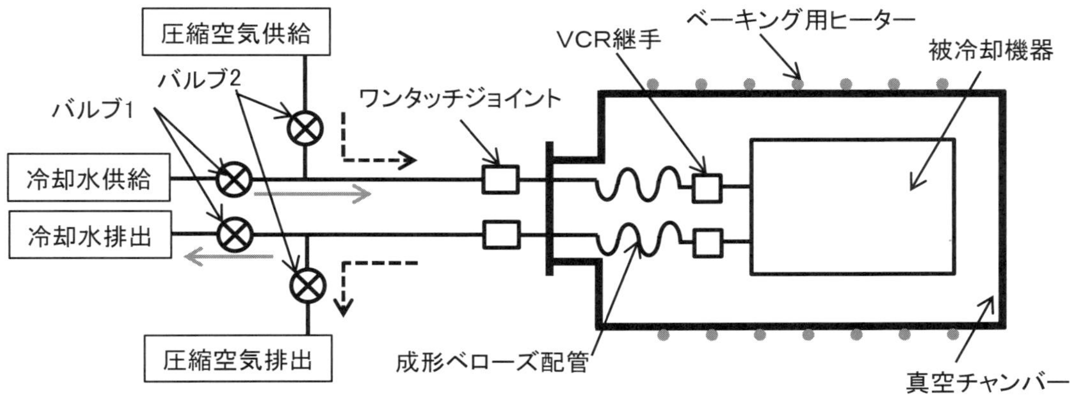

図52-1. 真空チャンバー内機器の冷却水配管図

解説１　蒸発源

蒸着は薄膜を作成する方法で、真空環境で材料を加熱蒸発し、これを基板上に堆積させる技術である。実験室での試作から工場での量産まで広く用いられており、その特徴は次の２点である。

①蒸着装置の構造が簡単である

②多くの材料に適用できる

蒸着装置の構成を、**図 52- 2**に、メーカーから供給されている蒸着装置の外観を、**図 52-3** に示す。真空容器内の下部位置に蒸発物質を収納した蒸発源が配置されており、その上部に取り付いた基板に蒸発源内の物質を加熱によって飛ばし、薄膜を生成する。蒸発源の上部には、右方向からシャッターが侵入し、蒸着量を制御する。真空容器には環境生成のための真空排気系が取り付いており、圧力に応じた真空ポンプが使用されている。外観写真では、上部に蒸着機能を収納した蒸着室が配置されており、下部に真空排気系が収納されていることがわかる。

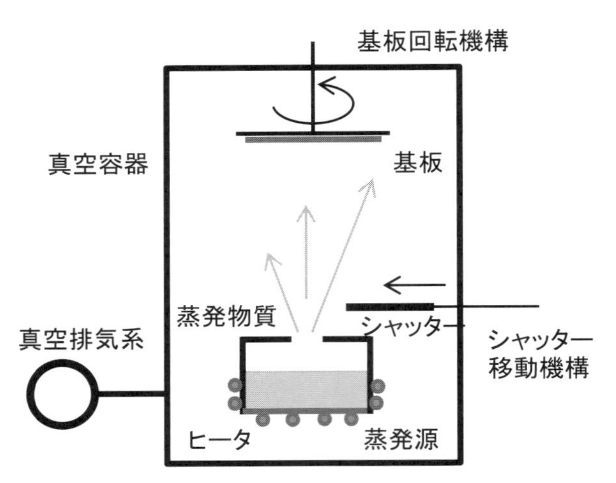

図52-2. 蒸着装置の構成図
（図52-3と関連はありません）

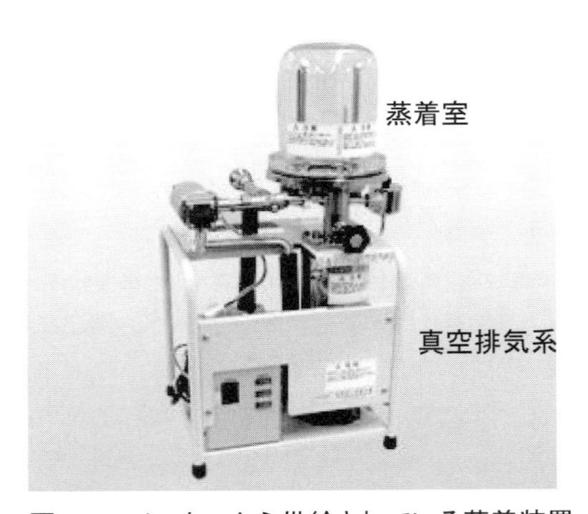

図52-3. メーカーから供給されている蒸着装置
出所：アルバック機工株式会社（http://www.ulvac-kiko.com/systems/vpc061a.html）

この蒸着装置の主要部品である蒸発源は、物質を蒸発現象が生じる融点以上に加熱する。加熱方法によって各種の蒸発源があり、下の表にその特徴と種類を示す。また、**図 52-4** には、メーカーから供給されている大型の電子ビーム蒸着源の外観写真と仕様を示す。

項番	項目	特徴など
①	抵抗加熱	簡単な加熱源でモリブデン、タングステン、タンタルの板材の上に被加熱物質を置き、板材の通電加熱により物質を飛ばす
②	高周波加熱	セラミックス製のるつぼに入れた物質を高周波加熱で蒸発させる。比較的低融点の金属を被加熱物質としている
③	電子衝撃加熱	被加熱物質の一部分に的を絞って電子を衝突させ、加熱する方法である。蒸着源の小型化が可能で、試作用の研究機器に使用される
④	電子ビーム加熱	電子ビームを被加熱物質に衝突させて加熱する方法である。物質を、回転するるつぼに入れ、ビームに対して位置を変える、複数物質の蒸着源が存在する

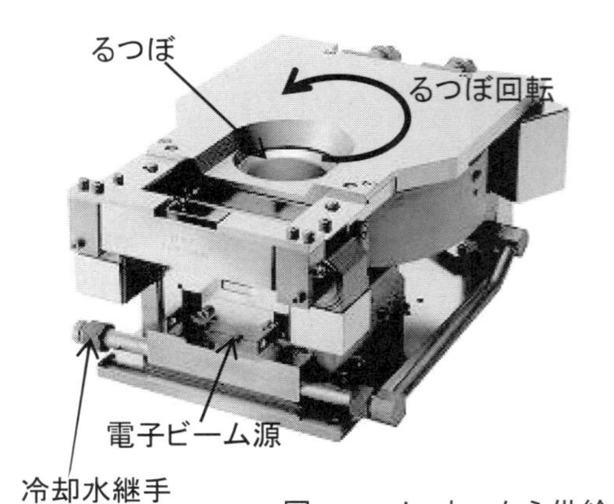

型式	EGN-206M	EGN-406M
電子ビーム偏向角度	270°	270°
ルツボ数	6	6
ルツボ容量	20cc	40cc
冷却水量	10L/min	10L/min
外形寸法　W × D × H	267mm × 343mm × 150mm	267mm × 343mm × 150mm
重量	28kg	28kg

図52-4. メーカーから供給されている電子ビーム蒸着源外観写真とその仕様
出所：株式会社アルバック
（https://www.ulvac.co.jp/products_j/components/power-generator_eb-gun/power-supply_eb-gun/egn-serie）

解説2 **超高真空達成のためのベーキング**

容器内に存在する空気を容器外に排出し、容器内の圧力を下げて真空状態を達成するのであるが、真空の圧力に応じた排気用の真空ポンプ、真空計、真空シール法、真空容器の内面の処理方法、低圧化のための真空達成プロセスが存在する。その概要を下記の表に示す。なお、ここに記すのは代表的な機器であり、詳細は専門書（『新版真空ハンドブック』アルバック編など）を参照していただきたい。

状態	圧力 (torr)	使用ポンプ	圧力計測	真空シール法	真空容器内面処理法	真空達成プロセス	漏れ検査
低真空	～1	RP*1	ピラニゲージ	Oリング（ゴム）	脱脂洗浄	―	スヌープ
中真空	～10^{-3}	RP*1	ピラニゲージ	Oリング（ゴム）	脱脂洗浄	―	放電管
高真空	～10^{-7}	TMP*1	電離真空計	Oリング（ゴム） ICF（金属）	脱脂洗浄	―	He リークディテクター
超高真空	10^{-8}～	TMP*1 IP 解説5 クライオ P 解説6	電離真空計	ICF（金属）	電解研磨 化学研磨	ベーキング	He リークディテクター

*1）RP:ロータリーポンプ、　TMP:ターボモリキュラーポンプ

続いて、超高真空を達成するためのプロセスと、その過程で発生する課題、および対処法について説明する。超高真空を達成するには、目的に合った操作を行わなければならない。その操作について以下に示す。

項番	項目	内容
(1)	部品材料	真空内に設置する部品、および真空容器の材料は、ステンレス材、またはこれに準じた放出ガスの少ない材料とする。溶接部品は He リークディテクターで漏れのないことを検査する。漏れ量は小さいほど望ましいが 1×10^{-10}torrL/s 以下とする
(2)	脱脂洗浄	トリクロルエチレンなどの溶剤、または純水などを用いて表面に付着した油分の脱脂洗浄を行い、真空環境での表面からの放出ガスを抑える。水分は後工程のベーキングで対処できるが、油分は対処困難なので注意を要する
(3)	仮組み立て	仮組み立てを行い、部品の干渉や機構の動きに問題がないことを確認する。問題が発生した場合は、追加工や構造変更、改造部品製作で解決する。組み立ては手袋を用い、油煙等の存在しないクリーン環境で実施する
(4)	脱脂洗浄	再度洗浄を行い、組み立て時に付着した部品表面の汚れを除去する
(5)	電解研磨	部品表面の電解研磨を行い、表面の汚れを除去する。必要に応じてベーキング（ステンレス部品の場合は450℃）を行い、部品表面の水分の除去と表面のクリーン化を達成する
(6)	本組み立て	クリンルームで組み立てを行う。作業者はクリーン衣服を着用の上、手袋、マスクを装着し、組立機器に水分や脂分が付着しないようにする
(7)	漏れ検査	組み立て終了後、He リークディテクターで漏れを検査し、漏れがあった場合は増し締めで対応する
(8)	ベーキング	真空排気によって 10^{-7}torr の圧力を達成後、ベーキング作業を行う。ベーキングは高い温度で実施した方が目的の圧力を達成しやすいが、使用部品の耐熱温度により、ベーキングの温度を決める。加熱の際、部品表面温度が仕様温度を超えないよう温度計を用いて監視し、制御する
(9)	漏れ検査	He リークディテクターで漏れを検査する。ベーキング後に接合部から微少リークが発生した場合は、漏れ箇所を特定してネジの増し締めで対応する
(10)	ガス成分分析	質量分析器により、真空中の残存成分ガスを分析する。水分が多い場合はベーキング不足なので、再度のベーキング、または常温における長時間排気を行う。水素が残存ガスとなった場合は、ほぼ目的の圧力が達成できたことになる。超高真空を達成するには 24 時間の連続排気を行い、無人となる夜間も真空排気系を運転する

ベーキングプロセスによる真空内の金属表面に付着した水分の追い出し作業は、超高真空を達成するために必須である。ベーキングの最高温度は、バルブにバイトンOリングを使用する関係上、通常、最大 150℃とする。この場合、バルブは「開」状態にする必要がある。当該バルブを「閉」状態にする場合は温度を低く設定し、最高 120℃までとする。バルブ「開」にしても弊害がない場合は、「開」状態の高温でベーキングを行う。メタルシールを用いたバルブを使用している場合は、ベーキング温度を最高 450℃にできるので、超高真空の達成に対して有利である。

真空容器のベーキングに関する具体的な方法構造について説明する。単純な真空容器として、円筒状の真空容器をベーキングする事例について、ベーキング用のヒーターを巻いて加熱する真空容器の外観図面を、次頁**図 52-5** に示す。真空容器の外部に、ニクロム線を発熱体として用いたシースヒーターが取り付いている。ヒーターは、フランジ端面の 2 箇所と真空容器パイプの外径 1 箇所に 3 分割されており、それぞれに熱電対を取り付けて温度を管理している。ヒーターの外側には、断熱層を作る目的でアルミホイルが巻かれており、このアルミホイルによってヒーターに流す電力を低減し、フランジおよび真空容器表面のベーキング温度均一性を良好なものとしている。通常ベーキングによる圧力変化の目安は次の通りである。

項番	項目	圧力の変化	備考
(1)	ベーキング開始圧力	≒ 1×10^{-7} torr	─
(2)	ベーキング温度に達成時の圧力	≒ 1×10^{-6} ～ 1×10^{-5} torr	ベーキング時間は 24 時間以上
(3)	ベーキング終了時の圧力	≒ 0.5×10^{-6} torr	─
(4)	冷却後の圧力	≒ 1×10^{-8} torr	ベーキング後、1 週間排気した後も圧力が低下しない場合は再度ベーキングを実施する
(5)	到達圧力	≒ 1×10^{-9} ～ 1×10^{-10} torr	

ベーキングのコツは、温度が低い部分を作らないことである。温度が低い部分にガスがトラップされると、ベーキング終了時からトラップされたガスが順次放出され、長時間にわたって圧力を悪化させることになる。

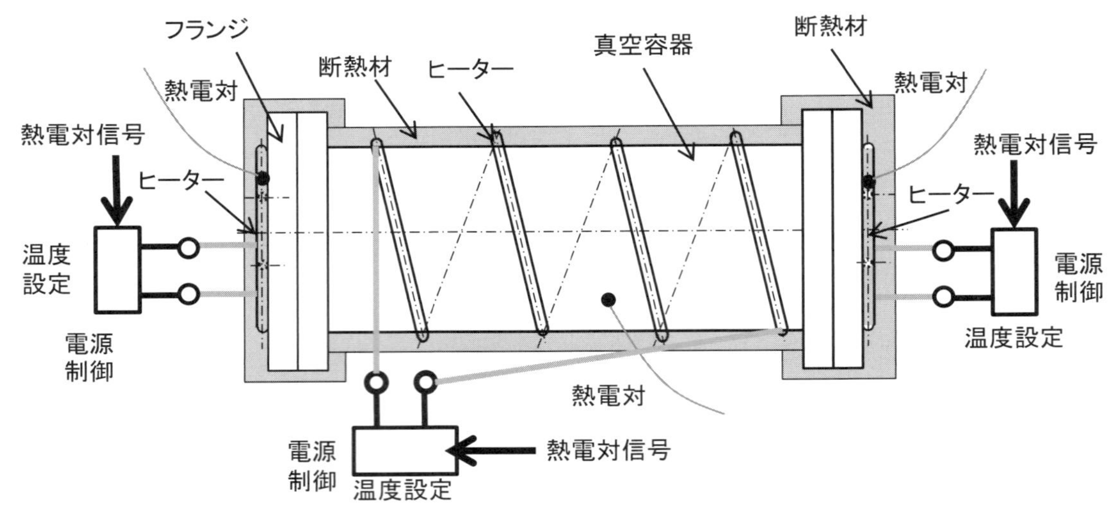

図52-5. 真空容器のベーキング

解説3 ワンタッチジョイント

ワンタッチジョイントについて、メーカーのHPから入手した外観写真と半断面構造図を、図52-6に示す。このジョイントは内部にバルブ機能を有する構造で、取り外しにより配管内部にたまっている冷却水が流れ出すことはない。バルブ動作の原理は図中に示したとおりで、両ジョイント内に仕込んだばねが駆動源となり、バルブの開閉が行われる。ベーキングを行う際に、樹脂製の冷却水ホースが高温になって破損するのを防ぐために、当該ジョイントとともにホースを分離する必要があり、バルブ機能付きのワンタッチジョイントを選定した。

このタイプのワンタッチジョイントは、金型を用いてアルミ部品をダイカスト成形する際の冷却水供給に多用されている。ダイカスト成型では別製品を打つための段取りの変更、破損した金型の修理などで金型の交換が頻繁に行われており、交換するタクトを減ずる目的で、このワンタッチジョイントが用いられている。複数個の冷却配管を一度に接続・分離する、マルチ方式のワンタッチジョイントも供給されている。

バルブ動作の原理：接続動作で後退し流路を確保し、ジョイントの分離で矢印の逆方向に移動し接続流路を閉じる。

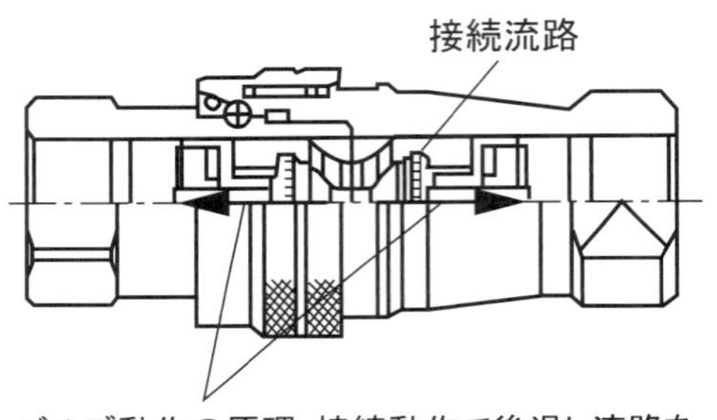

バルブ動作の原理：接続動作で後退し流路を確保し、ジョイントの分離でこの接続流路が矢印の逆方向の移動で閉じる

図52-6. バルブ機能付きワンタッチジョイント

出所：ナスコフィッティング株式会社
(http://www.nasco-f.co.jp/product/nsy.html)

解説4 成形ベローズ配管

成形ベローズ配管部品の半断面構造と、ベローズ配管の端部にVCR継ぎ手を接合した部品の外観写真を、図52-7に示す。細いベローズ配管の外観は蛇管状に成形されており、取り付けに応じて自由な曲げが可能な構造となっている。真空内部で使用する蛇管は、下の写真の上の部品のように、蛇管表面がむき出しになった状態で使用する。その理由は、真空中で使用する部品表面のガス放出量は表面積に比例し、蛇管むき出しの部品が最も表面積が小さいからである。使用可能な圧力は、端部に取り付ける継ぎ手の種類で決まる。超高真空で使用する場合はVCR継ぎ手を使用し、10^{-6}torr以上の中真空から低真空領域ではスウェージロック継ぎ手を使用する。材質はステンレスで、長さ3,000mmに達する部品も、メーカーから供給されている。この配管端部に接合する継ぎ手としては、銅のガスケットを使用するICFフランジ、Oリングの軸シールフランジ、Oリングを面シールで使用するワンタッチ固定方式のNWフランジなどが提供されている。チューブの外径は、Φ8.5mm、Φ13.5mmなど、各種寸法のものが用意されている。

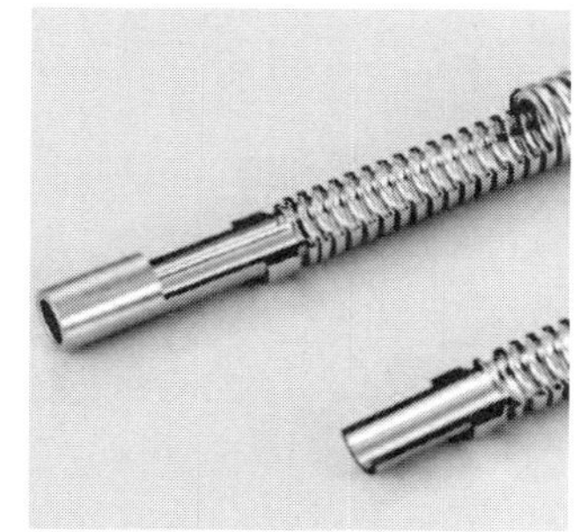

成形ベローズの半断面構造の外観写真

VCR継ぎ手を成形ベローズの端部に溶接接合した外観写真
上部品：成型ベローズむき出し
下部品：金属メッシュでチューブ外形を覆う

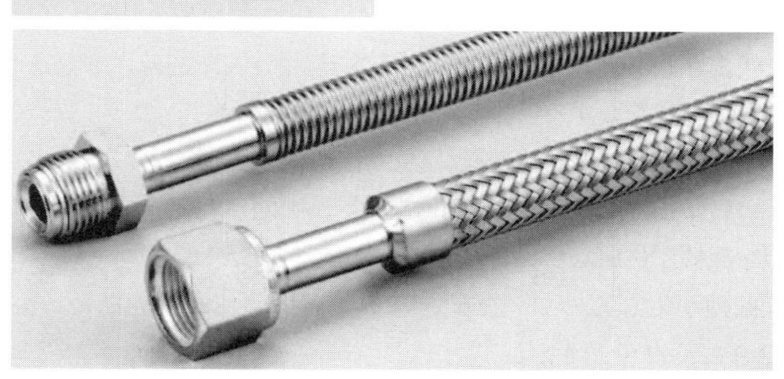

図52-7. 成形ベローズの外観写真

出所：大阪ラセン管工業株式会社（http://www.ork.co.jp/catalog/pdf/catalog3.pdf）

解説5 イオンポンプ

イオンポンプは、磁場中で放電により電離された気体分子を捕捉する真空ポンプである。このポンプは機械的な可動部がないので、真空装置で致命的となる真空ポンプからの油の吸い上げなどのトラブルがなく、高真空以下の圧力で使用できる。同様に排気動作に機械的な動きがないため、振動の発生がない点もその特徴の一つである。このポンプは溜め込み式のポンプのため、仕様値の性能を保持して使用するには、内部に溜め込んだガスを定期的に外部に排出する操作を行う必要がある。また、このポンプでは排気が困難なガスも存在するので、注意が必要である。

長時間保管した後に使用する際は、ポンプ自体の性能評価後に、必要に応じてセルの再生処理をメーカーに依頼するなど、使用にノウハウが必要な一面も持つ。電子顕微鏡の電子源発生部、および加速器のビームラインの排気など、ガス発生の少ない真空容器の排気に使用される。図52-8にポンプの外観と動作原理を示す。

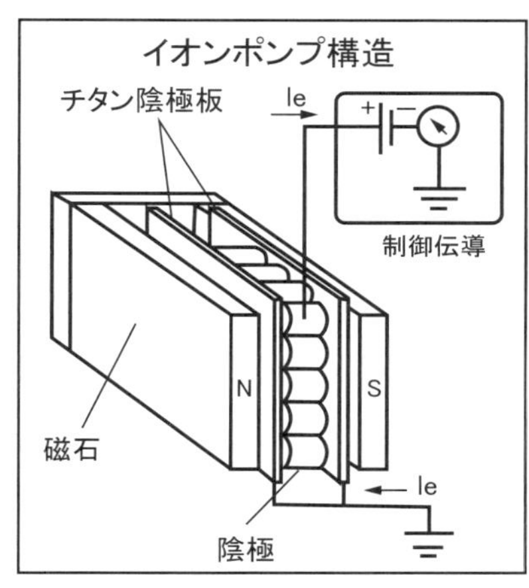

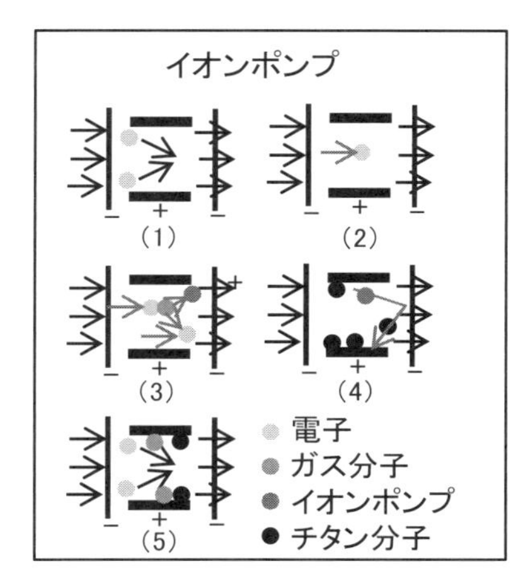

構造
ポンプケース、磁石ヨーク、陽極と陰極で構成されたセル（ポンプセル）、そこに電場を印加する簡単な構造
動作原理（番号は上左図の項番い対応する）
（1）一次電子を生成する（●）
（2）一次電子が螺旋軌道の運動を得る
（3）一次電子とガス分子（●）の衝突による二次電子とイオン（●）を生成する
（4）イオンが陰極に衝突し、チタン原子（●）を放出する
（5）チタン原子が活性ガス分子を吸着し、イオンは陰極内に捕らえられる

図52-8. イオンポンプの外観と動作原理

出所：真空ポンプ.com/株式会社アルバック（http://www.shinku-pump.com/vacuumpump/sputter_ion/）

解説 6　クライオポンプ

気体を液体ヘリウム温度まで冷却した場合、その平衡蒸気圧は下がり、空間内に存在するガス量が減っていく。すなわち冷却は減圧環境を創成する。この原理をポンプに利用した装置がクライオポンプと呼ばれる溜め込み式の真空排気ポンプで、極低温の板を環境中に露出させて、ポンプ作用を作り出す。この極低温の板に環境中を音速で真空内を運動している分子が飛び込んできてトラップされる。ポンプの排気速度は極めて高く、特に水分の排気には効果絶大である。ただし、水素、ヘリウムに代表される軽い気体をこのポンプで排気することはできないので、注意を要する。上記のように、このポンプは溜め込み式なので、一定量溜め込んだ気体は定期的に排出しなければならない。また、このポンプは低温を使うので、ポンプ自体に小型の冷凍機が付属している。この冷凍機は圧縮方式で動作するので振動が生じるので、振動を嫌う装置には使用できない。**図 52-9** に、クライオポンプとその原理図を示す。振動特性を向上する目的で、床面に放置した冷凍機と真空容器に取り付けたポンプの間を金属ベローズで結び振動がポンプを介して真空容器に伝わりにくくした製品も存在する。

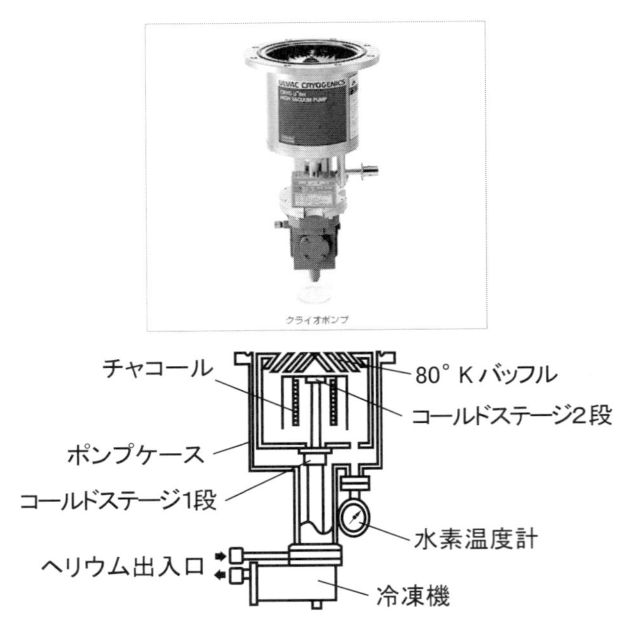

図52-9. クライオポンプの外観構造図

出所：真空ポンプ.com/株式会社アルバック
(http://www.shinku-pump.com/vacuumpump/cryo/)

原因

今回のベーキング途中の圧力が上昇した状況は次の通りである。

(1) ベーキング温度：150℃
(2) ベーキング時間：40 時間
(3) ベーキング開始圧力：5×10^{-8}torr
(4) 圧力の上昇状況：温度上昇と共に 2.5×10^{-7}torr に圧力が悪化し、急に 5×10^{-6}torr に圧力が上がり、ここで一定値に落ち着いた。

加熱によって真空が徐々に 1 桁悪化した原因は、ベーキングにあると判断し、ベーキングの途中で急に悪化したのは、配管内に残存している水分が閉空間で膨張して、VCR 継ぎ手のシール部を通って真空容器内に微少リークしたと考えた。圧縮空気を用いて配管内の水分を追い出す作業を行ったが、これだけではすべてを追い出すことができず、残った水分が密閉空間に閉じ込められて、加熱による蒸発で膨張したと想定した。

対策

対策として、次の 2 つを実施した。

① VCR 継ぎ手の増し締めにより、シール力を強化した。

②冷却水配管の片側をベーキング時、冷却水の接続口にホースを接続しないワンタッチジョイントを接続し、大気開放となるようにした。

これらの対策により、ベーキングで発生した微少リークの漏れは、止めることができた。

ここで実施した VCR 継ぎ手の増し締めは、**図 52-10** に示すように、締めづらい構造の中の作業となった。**図 52-10** は、VCR 継ぎ手のナットを締めこむ方向である上部から真空容器を見た平面図である。①と②のナットにスパナをかけて、反対向きに締め付けるわけであるが、締め付け場所が真空容器壁面に近く、ナットを回すスペースが乏しいことが、作業を難しくした。**図 52-1** の正面図では、作業スペースは確保されているように見えるが、実際の問題は平面図方向にあった。

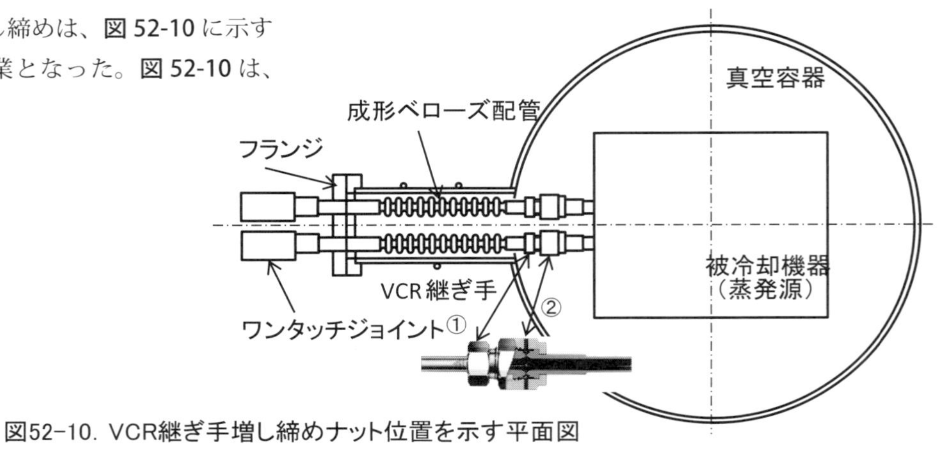

図52-10. VCR継ぎ手増し締めナット位置を示す平面図

53 ベーキング用シースヒーターの漏電

概要

超高真空（10^{-8}torr 以下の圧力）の達成は、真空容器の内面に吸着した水分の除去が重要であり、これを効率的に行なうには、No52 の事例で示したように、ベーキングプロセスが効果的である。

ベーキングは、真空容器を高温度（120 ～ 450℃）に長時間保持する作業である。温度が高いほど、保持時間が長いほど効果は大きいが、保持温度は真空機器の耐熱温度で決まる。通常、バイトン材（フッ素ゴム）を用いたバルブのシール部の耐熱温度から最高温度を決めており、その値は 150℃程度となる。取り付け部品を含めた機器がオールメタルの真空容器は、最高 450℃でベーキングすることができる。**図 53-1** に、真空容器を超高真空に排気する機器の代表的な構成を示す。横長の真空容器を、右端に L 形状の真空配管で接続した排気系で低真空化する。真空容器の表面には棒状のシースヒーターが巻きつけられており、ヒーター固定板を使用して真空容器の外面に固定している。左端のフランジと右端の L 形状真空配管にも、同様にヒーターを巻きつけてある。この図で示す構造の場合、真空容器の分離を考慮して、ヒーターは左端のフランジ、中央部の真空容器、右端の L 形状真空配管の 3 分割構造となっている。また、TMP（ターボモリキュラーポンプ）の高真空部をベーキングに特化した加熱器が、メーカーから供給されている。これらは、ポンプの機構部の動作を考えて、加熱温度が 100℃以下の設定値となっている。

真空容器には、圧力を計測するための真空計が取り付いている。真空排気系は、L 形状の真空配管の下部に、ゲートバルブを介して TMP ポンプと TMP の背圧排気用の RP（ロータリーポンプ）が取り付いており、RP と TMP は成形ベローズ製の金属管で結ばれている。ヒーターの制御は、真空容器の表面に貼り付けた熱電対で電源を制御して一定温度に保つ。ベーキングの際は、ヒーターの上からアルミホイルを巻いて表面の空気を動かさない断熱層を作り、ヒーターのパワーを削減しつつ表面を高温度に保つ操作を行う。

図 53-2 に、本装置に使用したヒーターに供給する電力を模式的に描いた絵を示す。ヒーターの両端子に電源を結線し、漏電ブレーカー を介して供給する構造である。ヒーターは、**図 53-3** に構造を示すシースヒーターと呼ばれる発熱体で、内部のニクロム線に通電して加熱する。ニクロム線は、絶縁材である酸化マグネシウム（MgO）を介してステンレスパイプの内部に固定される。

高温度で使用するシースヒーターは、シース材にインコネルなどの高温材料を使用している。シースヒーター左右の電極取り出し部は、絶縁体であるガラスを用いた封止構造であり、内部の酸化マグネシウムが漏れ出ない構造となっている。シースヒーターは、低価格で手ごろに使用できるヒーターとして、使用されることが多い。

真空容器のベーキングを行う際に、留意する事項を次に示す。

①真空環境に低温部を露出させないことである。高温でベーキングする際に、表面から水分主体の吸着ガスが放出され、これが TMP で真空外部に排気される。ところが、真空中に低温部があると、その部分が当該ガスが吸着し、ベーキング終了後にこれが徐々に放出されて、目的の到達圧力までに長時間を要することになる。

②ヒーターの熱を、真空容器に効率よく伝える。具体的には断熱材の効果的な使用である。断熱材を厚くすればするほどその使用電力値は下がり、低電力のベーキングが可能となる。

③全体を均一温度にする。そのためにヒーターのピッチと断熱材の量を調整することになる。ヒーターのピッチは、被加熱部品表面の入熱密度が一定値となるように決める。

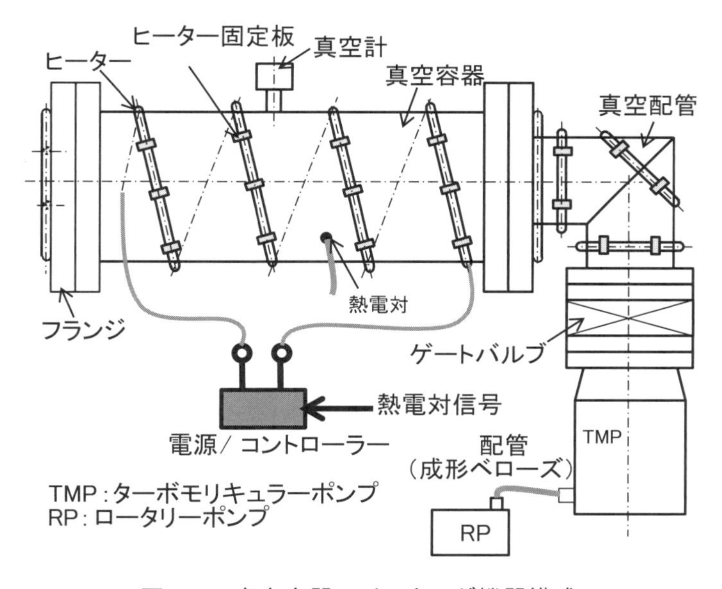

図53-1. 真空容器のベーキング機器構成

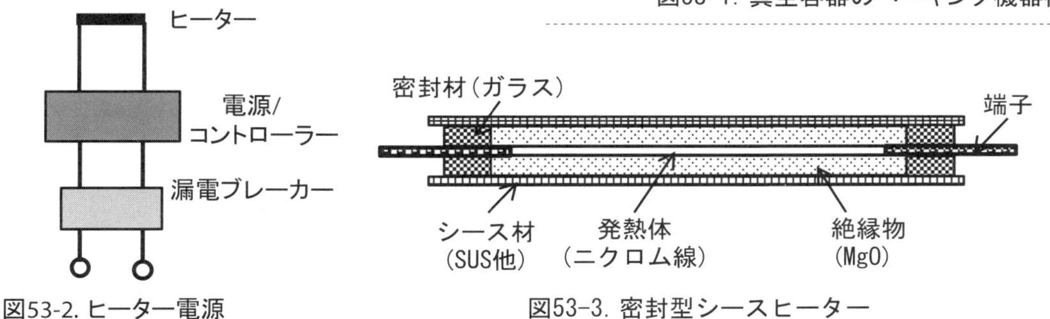

図53-2. ヒーター電源

図53-3. 密封型シースヒーター

実際のベーキング作業では、**接触式の表面温度計**[解説1]により真空容器表面温度をモニターしながら断熱材の量を調整して、温度を一定化する。

この機器を用いてベーキングを実施したところ、温度が上昇した時点で漏電ブレーカーが動作し、給電できない状態が発生した。

解説1　接触式の表面温度計

測温ヘッド部に熱電対を取り付けて、物体の表面温度を計測するもので、ベーキング真空容器などの表面温度の測定に適した温度計である。被測温体である真空容器に軽く押し付けて、温度を計測する。**図53-4**に、メーカーから供給されている接触式温度計の外観写真と、その先端に取り付いた測温ヘッドの写真を示す。図に示すように、当該メーカーからはサイズの異なる測温ヘッドが供給されている。測定温度は、測温ヘッドに取り付く熱電対の種類と使用する材料で決まるが、このメーカーは100～400℃の温度が測定可能な製品を供給している。

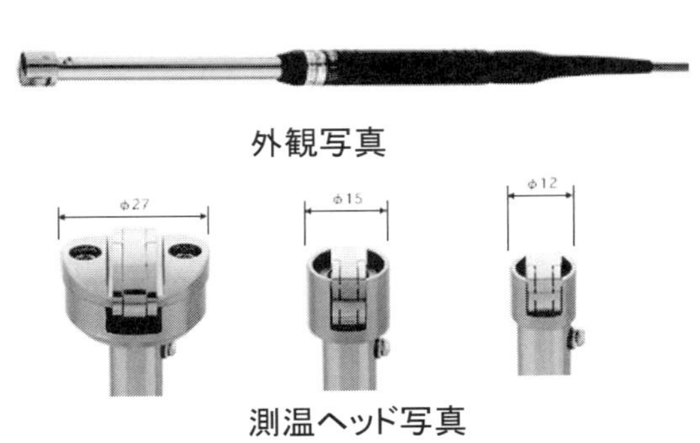

図53-4.接触式表面温度計

出所：安立計器株式会社
（https://www.anritsu-meter.co.jp/instrument/sensor/a/index.html）

原因

原因は、シースヒーターの絶縁物である酸化マグネシウムの絶縁不良による、発熱体とシース間の漏電であった。電力を投入後、一定時間経過してヒーターが高温状態になると、漏電ブレーカーが動作した。酸化マグネシウム内に残存する水分が高温になって気化し、抵抗値が下がって本現象が発生したのである。

ここで、問題となった漏電ブレーカーの動作について説明する。**図53-5**に、本ヒーターに電力を供給する電力供給系を示す。電力は、漏電ブレーカーを経由してヒーターに供給される構造で、ヒーターに入る電流（IN電流）とヒーターから出て行く電流（OUT電流）が漏電ブレーカーを通過する。両電流を監視し、その差がある時間、一定値を超えた場合に、漏電ブレーカーが動作して電流を遮断する。この電流差（感度電流）をユーザーが指定できる製品が、メーカーから供給されている。

電流差と動作時間が明示されている漏電遮断器の種類を**図53-6**に示し、合わせて漏電ブレーカーの外観写真を**図53-7**に示す。漏電遮断器には通常、赤色の釦が配置されており、正常動作の確認が可能である。

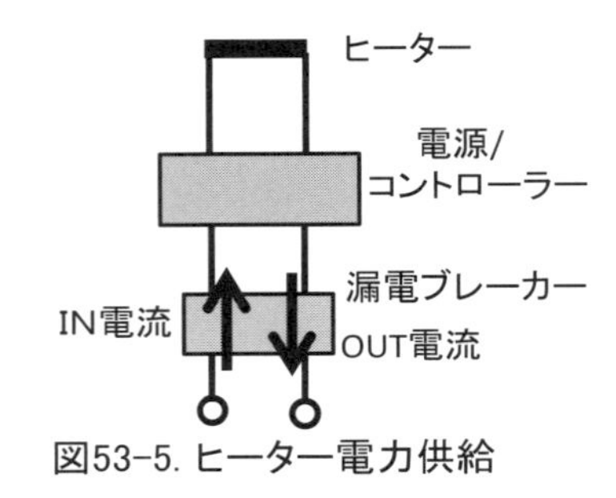

図53-5. ヒーター電力供給

図53-7. 漏電ブレーカーの外観写真

出所：三菱電機株式会社
(http://www.mitsubishielectric.co.jp/fa/products/lvd/lvcb/items/elcb/index.html)

区分		定格感度電流［mA］	動作時間
高感度形	高速形	5、10、15、30	定格感度電流で0.1秒以内
	時延形		定格感度電流で、0.1秒を超え2秒以内
	反限時形		定格感度電流で0.2秒を超え1秒以内 定格感度電流の1.4倍の電流で0.1秒を超え0.5秒以内 定格感度電流の4.4倍の電流で0.05秒以内
中感度形	高速形	50、100、200、300、500、1,000	定格感度電流で0.1秒以内
	時延形		定格感度電流で0.1秒を超え2秒以内
低感度形	高速形	3,000、5,000、10,000、20,000	定格感度電流で0.1秒以内
	時延形		定格感度電流で0.1秒を超え2秒以内

図53-6. 漏電ブレーカーの種類

出所：公益社団法人日本電気技術者協会
(http://www.jeea.or.jp/course/contents/08105/)

対策

絶縁トランスを電力供給系に取り付けて、ヒーター部の漏電が原因で漏電ブレーカーが動作しない構造とした。絶縁トランスとは、一次巻線と二次巻線が絶縁されている変圧器をいう。

その系統図を、**図53-9**に示す。絶縁トランスは漏電ブレーカーとシースヒーターの電源/コントローラーの間に配置しており、電力供給系とヒーターが電気的に分離された構造となっている。この構造により、ヒーターで漏電が発生しても漏電ブレーカーのIN電流とOUT電流の差が発生せず、漏電ブレーカーが動作しない。

絶縁トランスによる感電防止について

インターネットで絶縁トランスによる感電防止の資料を入手したので以下に転記する。

出所：アスナロネット（石川大）（http://as76.net/asn/zetuen_tr.php）

絶縁トランスを使用した感電防止

柱上トランスの一次側と二次側は絶縁されていて、安全の為に二次側にアースが施されているが、二次側に触っただけで感電することがある。そこで感電防止の為に更に絶縁トランスを使用する場合がある。絶縁トランスは感電を防止したり、漏電した時、回路が遮断されては困る機器などに使用することがあり、昔のブラウン管式のトランスレスのテレビなどを修理する時、感電を防ぐ目的でよく使われていた。

絶縁トランスを使用しない電力供給回路

図 53-8 は、家庭に配電されている電柱の上のトランス等の回路図で、この電柱の上にあるトランスで 6,600V の高圧を家庭用の 100V または 200V に変換している。このトランスの 2 次側とトランスの鉄心は安全性を確保する為にアースされており、柱上トランスのアースがあることにより、家庭内の 100V の片側と 200V の両端子には対地電圧 100V が発生する。つまりこの図面のように電気製品の絶縁が悪くなって製品の外装の金属部分に 100V がかかっている時（つまり電気製品が漏電している時）外装の金属部分に人が触ると感電する。この時、人の立っている足元が湿っていたりすると多くの電流（漏電電流、地絡電流）が流れて人は死に至ることがある。この場合、電気製品に良いアースがあれば、人が外装の金属部分に触っても、電気はアースの方に流れて人体の方は安全で、またこのアース電流（漏電電流、地絡電流）が流れる事により、配電盤の漏電ブレーカーーが働いて電気を止める。

このように絶縁トランスを使用していない一般的な家庭用の 100V 電源回路では漏電した家電製品や電源の片側に触れただけで感電する場合があり、絶縁トランスを使用した感電防止回路を用いて上記の感電防止構造を実現するには、左の図のように 100V 電源に更に 絶縁トランスを使用する。

絶縁トランスを使用した電力供給回路

図 53-9 に示す場合は、絶縁トランスにより 2 次側の 100V の電源は 1 次側の 100V やアース回路から更に絶縁されている。この為、漏電した家電製品や電源の片側に触れただけではどこにも電流は流れていかないので感電は発生せず、絶縁トランスの 1 次側の漏電ブレーカーも動作しない。このような回路は漏電で回路が遮断されては困る病院や重要な回路や感電を防止するところに使われており、更に感電を防止するには、電気機器にアース（接地）を施す。

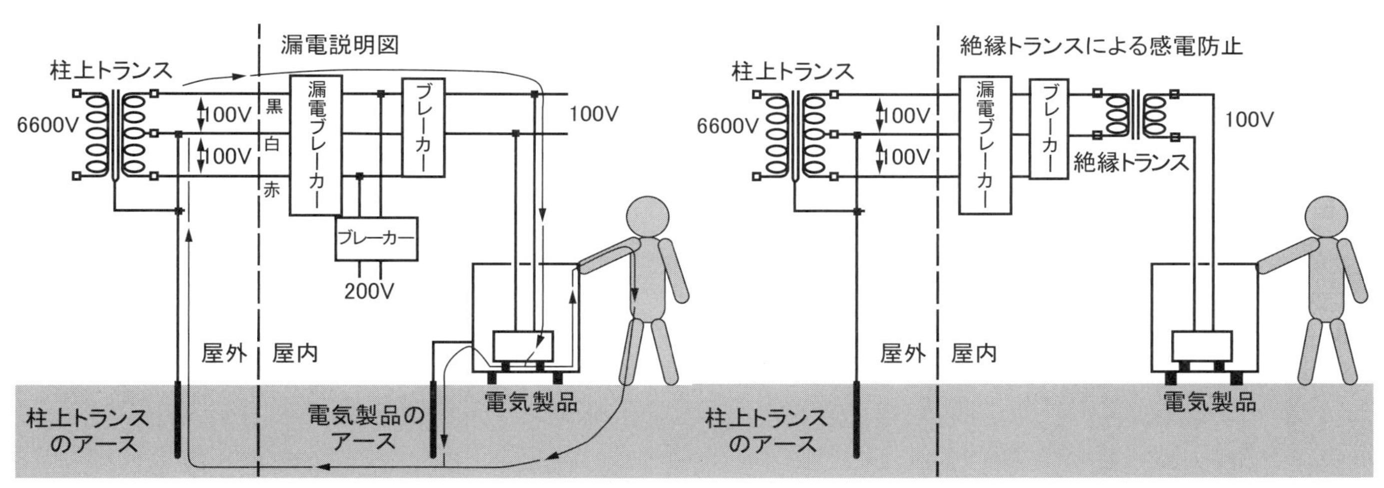

図53-8. 絶縁トランスを使用しない電力供給回路

図53-9. 絶縁トランスを使用した電力供給回路

今回の対策について

このトラブルの対策は、原因であるシースヒーターの絶縁不良を改善しないで、漏れ電流があっても漏電ブレーカーを作動させないようにした。シースヒーターの絶縁特性を改善することが最善の策であるが、この対策を行うには、ヒーター固定板を介して溶接で真空容器に接合したシースヒーターを取りはずし、絶縁性能の高いシースヒーターを再溶接しなければならない。工数からこの対策は採用できず、ほかの方法を検討した結果、絶縁トランスを用いた対策にたどり着いた。同僚の電気屋から本対策を提案された当初は、機械屋の私にはその安全性が理解できず、採用について悩んだ。だが、インターネットなどで情報を集めるうちに、電気屋から提案された内容は安全であり感電しないという確信を得て、本対策を採用した次第である。当時、上記のウェブサイトから得た情報が、私にこの対策の決断を促した。

54 電解研磨面のクリーン性能不足

概要

図 54-1 に、ステンレスの板材を溶接で接合した、外形寸法が 1,500 × 860 × 500mm の真空チャンバーの斜視図を示す。上面に Φ 400mm の穴が 2 個、側面に長穴が加工されている。下面は外形 1,500 × 860 ×厚み 20mm の板材にＯリング溝を加工した長方形構造のフランジに、1,420 × 780mm の穴が開いている。この真空チャンバーの内面を平滑化する目的で**電解研磨処理**[解説1]を行った。専業メーカーに本チャンバーの製作を依頼し、当該メーカーにおける加工工程を下記に示す。

この工程で製作を実施したところ、電解研磨処理後に表面が全体的に白くくすんだ。特に角部のくすみがひどく、処理メーカーが提供する電解研磨面の鏡面状態のサンプルとはほど遠い仕上がりとなった。

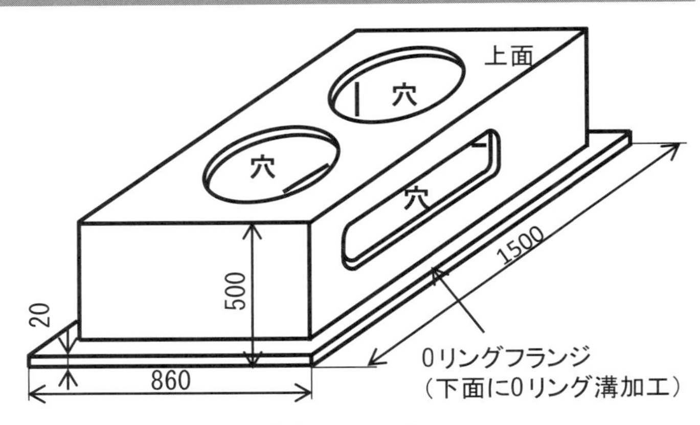

図54-1. 真空チャンバー

項番	項目	作業
（1）	素材取り	プラズマ溶断機による板材の切り出し作業
（2）	荒加工	板材の素材の板圧方向の取り代を残しフライス加工
（3）	熱処理	板材の歪取りを目的とした焼鈍処理（850℃、2 時間）
（4）	中間加工	板材の板圧方向の寸法決めと、Ｏリング加工板の厚み方向の取り代を残したフライス加工
（5）	溶接	ＩＡＷ（イナートアーク溶接）溶接による板材の接合（内面溶接）
（6）	仕上げ加工	NC フライス加工によるＯリング溝加工
（7）	漏れ試験	ヘリウムリークディテクターによる溶接箇所の漏れ試験（1×10^{-10}torrL/s 以下）
（8）	内面バフ研磨加工	#200 のバフ研磨による真空容器内面の加工
（9）	電解研磨処理	（解説 1 で説明）
（10）	洗浄	中性洗剤による洗浄

解説 1　電解研磨処理

真空装置における電解研磨処理の目的

電解研磨加工はステンレス材料の表面を電気作用により鏡面状態に平滑化する処理法で、下記の真空装置の真空チャンバーに放出ガス量の低減と洗浄作業の容易化を達成するために用いられる。

項番	項目	目的
（1）	超高真空装置	ポンプの排気速度と真空内に放出される気体のバランスによって超高真空の到達圧力が決まる。ポンプの排気容量は、TMP（ターボモリュキュラーポンプ：Turbomolecular Pump）で約数百リットル /s 程度であり、その限られた量で超高真空を得るには放出ガスの低減がキーとなる。放出ガスの低減は、壁面の表面積を小さくすることと、洗浄で達成される。そのための方法として表面平滑化処理の電解研磨処理、壁面を加熱して付着した水分などを強制的に追い出すベーキングがあり、この表面積を小さくする平滑化の目的で電解研磨処理を使用する。
（2）	半導体製造装置	半導体製造装置は、真空環境でシリコンウエハー上に薄膜を成膜する。このプロセスは、CVD（化学蒸着装置：chemical vapor deposition）装置、スパッタ装置、エッチング装置などで行われる。これらの装置は、真空チャンバー内で処理を行うわけであるが、使用中に異物が壁面に付着することがある。ユーザーが異物を除去するとき、表面に凹凸があると作業が困難になるので、洗浄作業を容易とする目的で真空チャンバーの表面を平滑にする必要があり、そのために電解研磨処理を行う。

原理

電解研磨処理は、被処理部品を電解液中に投入し、被処理部品をプラス極にして電流を流し、金属表面を溶融することにより研磨を行う方法である。被処理部品と電極の相対位置がポイントの一つで、被処理部品の形状に合わせて電極を製作し、その配置位置などを最適化して良好な処理面を得なければならない。

図 54-2 に、電解研磨の処理状況を示す。電解液を満たした処理槽内に配置した電極をマイナス極に、被電解研磨処理部品をプラス極にして電流を流し、表面処理を行う。この図は、被電解研磨処理部品の内面と外面を同時に処理する状況を示している。内面に電極を配置しているのは、内面を研磨するためである。電流が研磨を行うので、電流の流れがキーポイントとなるわけである。

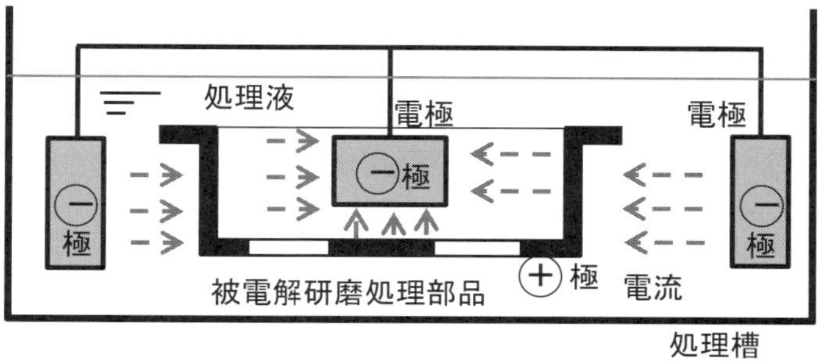

図54-2.電解研磨処理

その他の表面処理法の比較

表面の平滑化を行う方法として「化学研磨」と「バフ研磨」がある。それらの特徴を、電解研磨と比較して説明する。

項番	項目	特徴
(1)	電解研磨	電流の流れにより研磨を行う方法であり、被電解研磨部品の形状に合わせた電極の配置と電圧に加えて、電解研磨液の流れを被電解研磨部品の形状に合わせて決める必要がある。これら制御項目が適正でないと、良好な研磨結果が得られないことになる。電解研磨は電流がその仕事をするので、ほかの機械的な研磨方法と異なり、研磨後表面に異物が残らない。そのため、汚染を嫌う真空装置の、真空環境に露出する表面の処理法として適している。ただし、加工量が多くないため、下地加工の大きなうねりなどは、この加工で除去することはできない。すなわち表面形状はその下地の形状に依存する。
(2)	化学研磨	被処理部品を、研磨液を満たした処理槽に浸し、表面を溶解することで凹凸を除去する平滑化の処理法である。本方法は処理液の溶解能力と流れによってその処理が制御できるので、被化学研磨部品の形状に対する依存度が小さく、処理後の問題が比較的起こりにくい処理法である。この方法は、電解研磨法と同様に、研磨後、表面に異物が残らないので、、汚染を嫌う真空装置の、真空環境に露出する表面の処理法として適している。また、加工量が多くないため、大きなうねりなどはこの加工により除去することができない。
(3)	バフ研磨	バフを用いて被処理部品の表面に研磨剤を押し付けて、機械的に表面の凸部を除去し、平坦化を行う処理法である。使用する研磨剤の粒度の選択により取り代を比較的大きくすることが可能であり、前処理で表面粗さを鏡面近くまで仕上げる必要はない。使用する研磨剤の粒度を順次上げていき、最終的に鏡面に仕上げる。処理後の仕上げ面に研磨剤などが残るので、真空容器など、表面の異物が問題となるものの処理には適さない。また、研磨はバフの回転動作に依存するので、被研磨部品の隅部などは形状は得意ではない。

ステンレス電解研磨について

ステンレス電解研磨についてその特徴をメーカーのＨＰから入手したので、これを示す（出所：株式会社中野科学（http://www.nakano-acl.co.jp/denkai/denkai-genri.html））。

電解研磨は、通電を開始した直後、流れる電流の量は急激に低下し、その後、戻ることなくほぼ安定して流れるようになる。これは初期には、抵抗が著しく大きいことを意味している。通電により表面の金属がイオンとして電解液中に溶け出し粘液層を形成するが、この粘液層は電解液より抵抗が大きく、成長とともに抵抗がより大きくなる。これが電流の低下となって現れると考えられ、粘液層の成長が止まることで電流は安定する。電解液の抵抗は無視できるほど小さく、仮にこれをゼロとすると、マイナス側が電解研磨液と粘液層との境界線まで移動してきたのと同じことになる。

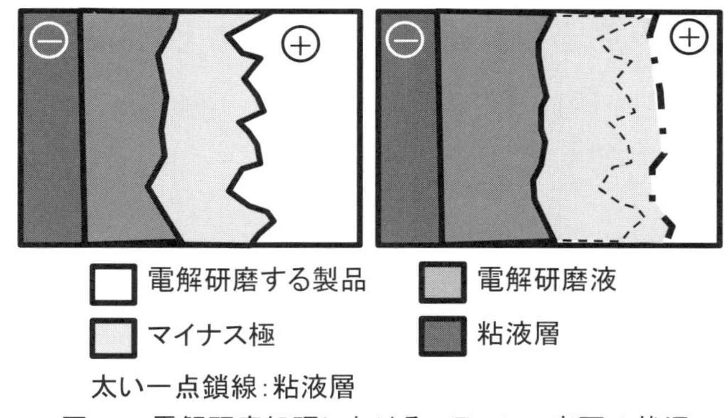

図54-3.電解研磨処理におけるステンレス表面の状況

図 54-3 に示すように、ステンレス表面凹凸の頂上に当たる部分においては粘液層が薄いために抵抗が小さく、谷部においては粘液層が厚いために抵抗が大きくなり、電流は頂上部で流れやすく、谷部においては流れにくくなる。その結果、頂上部で溶解が急速に進み、平滑化が進行する。

ステンレス表面で溶解が進行すると同時に、同じところで不動態皮膜の生成が進行する。ステンレスの主要な成分であるFeとCrは溶解とともに溶け出すが、Crは直ちに酸素と結合し、ステンレス表面に新たな酸化皮膜を生成する。これが繰り返されることでCrが濃縮され、よりCrに富んだ不動態皮膜となる。

不動態皮膜はステンレスより電気抵抗が大きいので、皮膜が厚いところよりも薄いところで電流が流れ易くなり、不動態皮膜の厚みの均一化が進む。電解研磨されたステンレス表面は、以上の過程を通じて最終的には次のような機能を持った研磨面となる。

①ステンレス表面の溶解で不都合な部分を取り除かれ、凸部が優先的に溶解する結果、より平滑な研磨面となる

②表面が平滑なため汚れが付き難く、洗浄性のよいクリーンな研磨面となる

③ Crに富んだ、より強固で安定した不動態皮膜が生成される結果、高い耐食性をもつ研磨面となる

（以上メーカーのＨＰから）

原因

電解研磨後にその表面が白くくすむ現象は、ときとして見られ、製作を依頼したメーカーから次のコメントを入手した。

メーカーのコメント：本現象は電流が過度に流れる状況による表面の荒れ、または電流が流れない電解研磨不足で、電流の設定ミスである。

対策

別メーカーに本作業を依頼し、真空チャンバーを再製作して、電解研磨処理を終了した。このメーカーにおける作業工程を、以下に示す。

項番	項目	作業
(1)	素材取り	プラズマ溶断機による板材の切り出し作業
(2)	荒加工	板材の素材の板圧方向取り代を残しフライス加工
(3)	バフ研磨	真空チャンバーの内面のみ内面 #200 のバフ研磨
(4)	**熱処理 1**	**板材の歪取りを目的とした固溶化焼鈍処理（1,100℃、2 時間）（別の専業メーカー）**
(5)	熱処理 2	板材の歪取りを目的とした焼鈍処理（850℃、2 時間）（別の専業メーカー）
(6)	中間加工	板材の板圧方向の寸法決めと、O リング加工板の厚み方向の取り代を残したフライス加工
(7)	**表面処理**	**真空チャンバーの内面を電解研磨処理、真空チャンバーの外面のヘアライン加工（別の専業メーカー）**
(8)	溶接	ＩＡＷ溶接による板材の接合（内面溶接）
(9)	仕上げ加工	フライス加工によるOリング溝加工、タップ加工
(10)	漏れ試験	ヘリウムリークディテクターによる溶接箇所の漏れ試験にて 1×10^{-10}torrL/s 以下の漏れ量を確認
(11)	電解研磨処理	（専業メーカー）
(12)	洗浄	溶剤および中性洗剤による洗浄（別の専業メーカー）

前記したトラブルが発生した処理法に、太文字で示した項番（4）熱処理 1 と、項番（7）表面処理を新たに付け加えた。

（11）の電解研磨処理は、当初、量産品を得意とするメーカーに依頼したが、電流の最適化などの技術不足が問題であることがわかった。当該真空チャンバーのような大型の試作品（1 台）の電解研磨は、その技術を持つメーカーに依頼しなければならない。

今回の場合は、メーカーの選定ミスであった。このようなミスを起こさない方法として、次の点を確認しなければならない。

①電解研磨に対して発注側の設計者、生産技術者が知識を持ち、特に問題となる現象については理解しておく。

②メーカーを訪問し、実績（一品モノ、サイズ）、所有する処理装置、担当者の技術を調査する。

③安易に安価なメーカーに発注せず、技術を有するメーカーに発注する。特に発注側に当該知識が乏しい場合は、この点が重要である。

メーカー選定については特に上記の①が重要で、担当者はその判定基準を持ってメーカー選定に臨まなければならない。メーカー訪問によって選定の決断を行う場合、この判定基準に従ってメーカーを選定することになる。

エンジニアの忘備録 25

要求される装置を短期間で開発するには

筆者は研究所の試作部門で、研究者が実験に使用する装置の設計、製作、立ち上げと装置開発の一連の作業を担当し、機械の設計技術を体得した。装置仕様は、その用途が半導体、情報処理機械のため、世の中に存在しない機械装置を多く作った。リスクを小さくしてその開発行為を行うには、最初の原理設計である要求仕様をどのような装置構成で達成するかが重要で、例えば 10 の要素機構でその装置が構成されているとすれば、せいぜい 3 程度が新規な機構で、残りの 7 機構は実績のある機構の採用が MUST であるとの考えを持つに至った。この数値が逆になった場合、装置の立ち上げ時、その新規採用構造が火を噴き、その対策に多くの時間を取られ、最悪の場合、提示された仕様が達成できないことになる。私は、設計担当者が、同僚や上司から担当する装置の意見を聞く DR（デザインレビュー）に参加する場合、まずこの観点で、要素機構をチェックし、ここでその網に引っかからなければ、次の細部 DR 項目に移っていくことにしている。

開発期間が長く、採用機構のリスクがある場合、その機構のアイデアを事前に実験装置を作って評価する。また、予算が許せば、2 種類の構造を作り、期待通り動く構造で進めるなど開発リスクの低減のために知恵を出して、その開発作業を進めてきた。この要求仕様を短時間で開発するとき重要なことは、初期の段階でそのリスクに気が付き、手を打っておくことである。

55 アルミ材を用いた真空チャンバーの防食処理による傷発生

概要

図 55-1 に、外形 520 × 600 × 140mm のアルミニウム（A6063）製真空チャンバーの斜視図を示す。このチャンバーの表面に、耐食性向上を目的とした**陽極酸化膜、および封孔処理**[解説 1] を行った。陽極酸化膜処理は通常アルマイトと呼ばれる処理で、アルミ表面に小孔を開けて酸化膜を形成し、その後この孔を塞ぐ表面処理法である。この防食処理は真空に接する部分のみで、O リング部と外面に行う必要はない。特に O リング部は、小孔によってシール性能が低下するので、この処理を避ける必要がある。そのために、防止部にマスキングをして処理を行うよう計画し、実施した。その結果、処理後に、マスキングを行った O リング部のシールテープ部分が変色と腐食を起こし、アルマイト処理が不完全な部分が発生した。

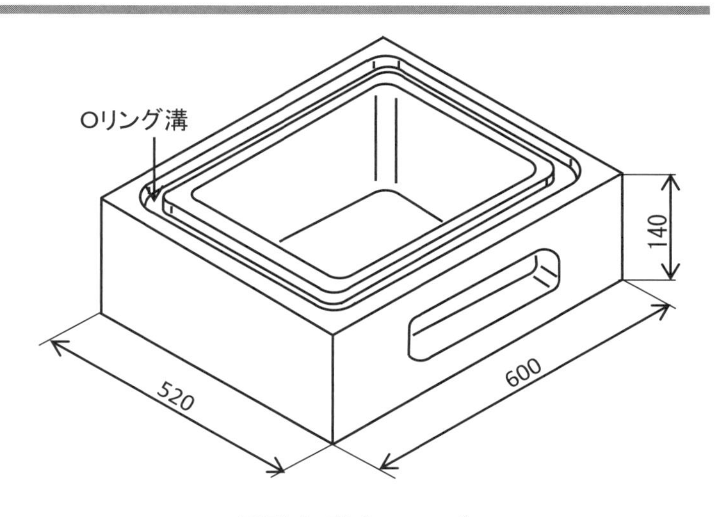

図55-1. 真空チャンバー

解説 1 陽極酸化膜＋封孔処理

アルミニウムは活性な金属で、大気中に放置すると自然に表面が酸素と結合し、薄い酸化膜が形成される。この酸化アルミニウムは、内側のアルミニウムを保護し、この膜は絶縁特性を持つ。

酸化皮膜を人工的に厚い状態で作成するのが陽極酸化膜処理で、**処理法はメッキ**[解説 2] とは異なる。この処理により表面にたくさんの小孔が発生し、それらを塞ぐための処理が封孔処理である。

陽極酸化膜の作成法を、**図 55-2** に示す。電解槽に硫酸もしくは蓚酸を用いた電解液を入れ、処理するアルミ製品をプラスの電極に継ぎ、電解液に浸けて通電する。これにより、電気分解でできた酸素がアルミニウムの表面にくっつき、酸化アルミニウムの膜（10 ～ 30 μ m の厚み）を作る。

1) アルミニウムは活性な金属であるので、空気中で自然に 20 μ m 程度の酸化皮膜が形成される。
2) 電解液中でアルミニウムが酸化され、酸化皮膜が成長する。
3) 皮膜表面の凹部に、より高い電界が発生するため、硫酸イオンがその部分に入り込んで、局部的に皮膜が硫酸アルミとなって溶出し、表面に無数の孔が形成される。
4) 孔の底では、酸化反応と皮膜の溶出反応とが同時に進行し、孔が規則正しくのびた構造となる。
5) 皮膜の厚さは、電解に使用された電荷量＝電流×時間に比例するが、孔と孔との距離は電解電圧に比例する。

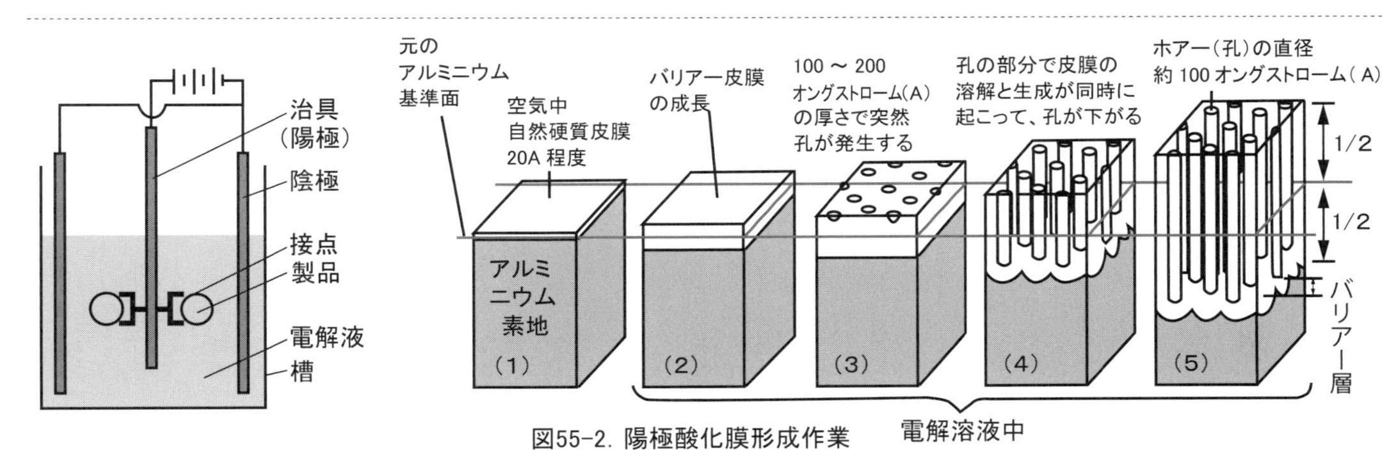

図55-2. 陽極酸化膜形成作業

陽極酸化膜＋封孔処理の作業工程

項番	項目	内容
(1)	脱脂洗浄	表面に付着した油分などの汚れを、リン酸と界面活性剤をベースとしたアルカリ脱脂剤で除去する
(2)	エッチング処理	NaOH をベースとした高アルカリ溶液で酸化アルミニウムをエッチングすることで、酸化皮膜を除去する
(3)	デスマット処理	酸化被膜除去時に生じたスマット（$AL(OH)_3$）やアルミニウム合金中に含まれる不純物（Si、Mg など）を、硝酸とフッ化物で除去する
(4)	陽極酸化膜形成	アルミニウムの表面を陽極として、主に強酸中で、水の電気分解により強制的に酸化させ、コーティングする
(5)	封孔処理	化学的方法（水蒸気または沸騰水で処理）と電気化学的方法（有機質電解処理、無機質電解処理）で処理する

封孔処理の各種処理法

防食の目的で施された陽極酸化皮膜は多孔質で汚れやすく、耐食性も十分でない。現在は、孔を埋めるいわゆる封孔処理(シーリング)が、陽極酸化の仕上げ工程として広く行われている。これによって皮膜の耐食性がいちじるしく向上し、また、着色染料の堅牢度も増大する。封孔処理としては下記に示す各種の方法がある。

（1）沸騰水処理
（2）水蒸気処理
（3）重クロム酸塩溶液処理
（4）重金属塩溶液処理他

最も広く行われている方法は沸騰水処理で、大部品の処理も容易である。水温を100℃に上げる必要があり、脱塩水を用いることが望ましい。

解説2 メッキ

メッキは金属・樹脂材料の表面にメッキ膜と呼ばれる材料を付着させて材料の表面改質を行う手法で、大量生産品から一品生産品まで広く使用されている。ここでは、筆者が使用した経験のある金属材料のメッキについて説明する。

メッキ法の分類

大別すると、メッキには膜の生成法によって電解メッキと無電解メッキがある。両者の特徴等を以下の表に示す。

項番	項目	原理	特徴ほか
(1)	電解メッキ	処理液中に溶け込んだメッキ膜の材料を、電気的作用によって取り出し、目的とする部品の表面に生成する	（長所）・厚い膜厚が可能 ・種類が豊富 ・コストが安い （短所）・均一性が悪い ・処理に治具を必要とする場合がある
(2)	無電解メッキ	メッキ膜の材料が溶け込んだ処理液中に部品を浸潤させて、化学反応によって当該部品の表面に生成する	（長所）・厚みの均一性が出しやすい ・部品の形状の制限がない （短所）・耐食性が劣る ・コストが高い

項番	メッキ	種類	目的	特徴ほか
(1)	レイデント	複合処理	防錆	レイデントは、電気メッキ製法で処理した被膜と、機能性を有するコーティングの複合処理である。電気メッキ製法での被膜処理は、一般的な電気メッキとは大きく異なり、0℃以下で処理を行う。そのため、被膜形成時の熱による寸法変化および歪みが生じることなく処理することが可能である。 電気メッキ製法での被膜は、クロム化合物の超微粒子(0.1 μm以下)の析出で構成される。この被膜は極めて薄膜（約1 μm)でポーラス(多孔質)な性質を持っている。 （出所：http:/www.hojitsu.co.jp/reydent.html） 防錆の性能は限定的であるので、その使用環境に注意を要する。
(2)	カニゼン	無電解メッキ	高硬度	カニゼンメッキは化学反応を利用したメッキ法で、均一なメッキ厚みとするには処理液の温度と循環がキーポイントである。メッキ後に、ベーキング（300～400℃）による硬化処理を行って、目的の硬度を得る（Hv900)。これは化学反応で付着した膜を、アモロファス状態から結晶化させるためである。メッキの厚みは数μm～数十μmでコントロールすることが可能である。
(3)	硬質クロムメッキ	電解メッキ	高硬度	摩擦係数が小さく、耐摩性に優れており、硬度は10 μm以上の膜厚で、Hv750～900を得ることができる。工具などの耐摩耗性向上のほか圧延用のロール、成形用金型の表面処理として使用されている。
(4)	黒クロムメッキ	電解メッキ	黒色（光学部品）	つやのない黒の皮膜が得られる代表的なメッキで、カメラのレンズ収納部品、自動車やオートバイの各部品に利用されているほか、放熱効果を目的としたシールドケース、時計側、事務機等に活用されている。
(5)	金メッキ	電解メッキ	接触	銅、銅合金などで下地処理のメッキを行った上に、金メッキの処理を行う。金の特性である「良好な耐食性」「小さい接触抵抗値」「優れたボンディング性能」などから、主に電子業界で活用されている。そのほか、装飾用品での使用は普段よく目にするところである。膜に高価な金を使用するため、ほかの材料を用いたメッキ法と比較して高価である。通常の膜厚は2 μm程度であるが、10 μm以上のメッキ厚みも可能である。

カニゼンメッキによる硬化処理

静圧空気軸受スピンドルの回転軸材としてステンレスの丸棒にカニゼンメッキを0.03mmの膜厚で付け、硬化熱処理で、硬度をHv700として、研削加工により目的の円筒度5 μm以下の高精度加工を計画した。カニゼンメッキの目的は加工面の硬度アップによる研削加工の精度向上を意図したのであるが、計画した目標の加工精度が得られなかった。軟質材のステンレスの表面に高硬度の薄い膜を付けた場合、研削加工に対して硬度の特性は出ないということが原因と判明した。この硬度の特性を得るには、下地の硬化処理が必要で、例えば焼き入れ処理を行った鋼は深さ方向に硬化層が数mm入っており、その表面は所定の硬度を示し、研削加工で精度を出しやすい表面硬度となっているように、カニゼンメッキの下地を硬化することが必要ということが判った。

原因

マスキング部にテープを貼って、当該部分が処理液と触れないようにしたが、テープの貼り方がまずかったために、テープ接着面に処理液が中途半端に侵入し、上記の問題を起こした。マスキングテープから処理液が進入したのは、次の理由による。

(1)O リング溝は狭く深いのでマスキング用のテープが非常に貼りにくい構造であった。

(2) 沸騰水処理によって貼りつけたマスキングテープが緩んだ。

対策

O リング部は、再度機械加工を行い、表面を所定の粗さに仕上げた。その取り代は必要最小限とした。

処理を行うとき、部分的なマスキング処理はできるだけ行わない。全面処理を行い、必要な部分は後加工で削り出す方法で対処する。すなわち次の工程とした。

・全面防食処理＋ 封孔処理

・必要部分（O リング溝）の機械加工による表面処理の除去

アルミチャンバーの製作

このアルミ製の真空チャンバーはブロックから削り出しで製作した。この加工法の選択に当たっては、以下の３点を考慮した。

1）扁平構造で深さ方向の寸法が 140mm と小さく、上部から掘り込み加工ができる

2）軟質な材料であるアルミは加工性が良い

3）板材を用いた溶接構造で製作する場合、その作業を可能とする溶接機を所有していなかった

この真空チャンバーにアルミ材を用いる溶接構造は、高エネルギー研究所で、加速リングを開発する際に開発された技術で、熱伝導率がステンレスと比べて 10 倍以上良いためにベーキングが容易で、放射能に対して良好な特性を示し、さらにステンレスと比較して、３分の１と軽いメリットがあった。ただし、熱伝導率がステンレスの 10 倍と大きいため、その融点がステンレスの 2.5 分の１にもかかわらず、溶接を行う際の昇温に対して大電流値の溶接機が必要であったためとメリットとして挙げたニーズが広がらなかったため、アルミ溶接チャンバーの製作は一時期のブームで終わった。

エンジニアの忘備録 26

コンサルタントを開業して

60 歳を過ぎて会社を退職してコンサルタントを開業し、4 年を迎えようとしている。40 歳代のとき、技術士資格を取得後にコンサルタントの技術士仲間に感化され、独立したいと悩んだことがあったが、収入が不安で踏ん切りがつかず、その年齢に至ったのだった。

職人であった親父の背中を見て育った私は、自分で仕事の選択ができるチャレンジングな状況と、体が動くうちは働ける仕事にあこがれていたのかもしれない。そして最後に、定年という避けられない状況に背中を押され、コンサルタント業を始めた。

コンサルタント業を始めるにあたり、一番の不安だったのは、私に仕事をくれるお客様がいるのだろうか、ということであった。だが、案ずるには及ばず、4 年経った現在、企業時代に付き合っていたお客様と、独立して新たに付き合い始めたお客様で半々といったところである。

私はコンサルタント業が気に入っており、不満があるとすれば、対価の支払いが忘れたころに銀行に入金されることぐらいである。仕事はモノづくりの現場が 60%、デスクワークが 40%の比率で、ちょうどよい状況にある。デスクワークは虎ノ門での資格に関する作業で、モノづくり作業の気分転換に最適である。

虎ノ門では、決められた時間、椅子に座って与えられた課題について調査することが仕事である。これらの仕事は、私が得意とする設計を通じたモノづくり作業の延長でモノづくりを資格制度という別の視点から見ることができて、今までモノづくりで培った技術を駆使することができる点が気に入っている。

先に書いたように、コンサルタント業の期間はまだ 4 年程度と短いが、一番悩むのは対価の設定である。お客様から仕事の内容について聞き、一方的に金額を提示されて、これを飲む場合が多いが、ほしい金額をメールで伝えてほしいと言われることもある。説明を受けた仕事を取りたいときは、お客様のふところのお金をあれこれと想像する。費用は時間当たりの金額である単価と工数である時間を掛け合わせた値となり、これで見積もるわけであるが、仕事を取りたい場合とそうでもない場合で、数字が変わってくる。

悩んだ末に、私が提示した金額がそのまま認められたときは、多少無理をしても成果を出すべく頑張ることになる。この金額が推進力になるのは、根をつめて作業を行っているときである。逆のいい方をすれば、当方が満足できる金額は、請け負った仕事を頑張るための糧なのかもしれない。

コンサルタント業の具体的な作業は、企業時代に担当したモノづくりの延長線上であり、次に起こることはほぼ想定内である。驚くような展開が少ないので少々物足りない気がするが、これは仕方のないことである。仕様を与えられて装置を開発する一連の作業は、企業時代に色々な分野で行った経験があり、これが役に立つ。

企業時代と異なる点といえば、企業には設計製作部門があったが、今は外部のメーカーに本作業をお願いしなければならぬという点である。そのため、企業時代は 1 日で終わったモノづくりの仕事に 1 週間かかる場合もあるが、最近はこれにも慣れてきた。企業時代の試作部門の組織をコンサルタント業か

らみると、試作装置を開発する環境としては、優れた環境であったと考えている。現在の環境では、お客様から依頼された装置の試作は、設計部門と加工・組み立て・調整を行う部門を併せ持つ装置開発メーカーにお願いすることになる。当初、そうしたメーカーとの仕事の進め方に、不安があったが、企業時代の仕事のやり方で対応できることがわかったので、現在はいくばくかの自信がつき、余裕をもって仕事にあたることができるようになってきた。

コンサルタントの作業では、適度のストレスが味わえる。ただ、お客様から指示された作業だけをこなすのではなくて、お客様が望むニーズに対してどのような提案ができるかという観点で、仕事を進めるようにしている。見方を変えると、お客様の何気ない一言が新たな課題につながる。その課題について解決策を提案し、お客様が反応を示すと、モノづくりに発展することになる。提案した内容がモノづくりに反映される確率は高くはないが、本作業はお客様との重要な接点であると考えて、積極的な提案をしている。

私の仕事は、お客様から「このプロセスを自動で行う装置をいついつまでに開発してほしい」と要求されることが多い。その装置を担当するときは、与えられた課題を実現する機器構成を考え、お客様と装置実現のための予備実験を行う。これでいけそうとなったら仕様書を作成し、メーカーの選定作業に入る。まず、候補メーカーに装置内容の説明を行って、見積もりを依頼する。続いて候補メーカーを「装置開発技術」「価格」「サポート」の３項目で大分類して、比較表を作成する。完成した比較表をもとにお客様に推薦メーカーを提示し、決定ということになる。ここからは、一連の設計作業、製作作業、組み立て調整作業、評価作業とこなしていくことになる。

この作業の中で、装置開発のための予備実験を行う際に、治具を製作して作業を進める場合がある。そのようなときの装置づくりは、昔取った杵柄と、10点程度の部品の治具設計作業を担当することになるが、実務から離れて長いので感覚を呼び起こすまで、多大な時間のロスと設計ミスを経験する。部品の修正作業などで追加工が出た際は、現役時代は加工現場の部品の流れをコントロールしている工務担当者を通さないで、加工現場に直接持ち込み、加工者に追加の作業をお願いしていた。しかし現在は、伝票を書いて外部加工メーカーに依頼することになり、部品が完成するまで評価作業が一時ストップして、ばつの悪い状況となる。何回かこの作業を繰り返していると、昔の設計作業が覚醒してきて、だんだんとミスが少なくなってくる。

お客様の工場は、私の住んでいるところから30分～３時間程度の場所が多く、電車で訪問する。電車に乗るのは嫌いではないが、電車内でパソコンを用いた煩雑な作業を行っていると、頭が痛くなってくる。そこで、問題の解決策を考えながら過ごす。訪問途中であるならば、当日の訪問の要点などを考えることになる。２時間程度の乗車時間はモノを考えるにほどよい時間である。ときには機械力学の問題を考える。本書に書いたリンクの問題などは、ここから拾った内容である。こうした作業を行っていると、ニュートン力学で数々の機械問題が解けることに驚きを感じる。この力学を知れば知るほど、物理現象の基本は簡単なルールという考えに取りつかれるが、20世紀に我々に突き付けられた量子力学の問題は、そうはいかないようである。

問題は、帰りの時間である。作業で疲れ切って、考える気が起こらず、眠ろうとしても頭がさえて眠れないことがよくある。そのようなときは、ラジオを聞くことにしている。時間帯がちょうど６時から７時頃となるので、NHKニュースをやっていれば快適な時間が過ごせるが、この時間帯に野球が入ってくると最悪である。

このようにコンサルタント業務を楽しんでいるが、今後どういう方向に進むかは、想像だにつかない。そこで、新たな世界に飛び込むことを目的の一つとして、本書を書いた。本書が私と読者の皆様をつなぐコミュニケーションの道具となることを希望している。

さて、今日はどんよりとした生暖かい日であるが、神田川を井の頭公園までランニングし、夜はかみさんの旨い料理を肴に一杯飲むことにしよう。

あとがき

本書は、インターネット情報を多く使用しているためその許可に手間取り、当初の予定の倍以上の時間を要した。このインターネット情報は、まとめて眺めてみると筆者がその当時使用した購入品などが多いことが判った。読者の方々は同類のメーカーの製品の購入を検討する際は、このインターネット情報を参考にしていただきたい。各社の製品にはそのアドレスを付けておいたので、まずはここにアクセスして情報を仕入れていただくことで、調査時間の短縮が可能となると考えている。

この本の出版に当たっては、出版の全般にわたって、色々とご教授いただいた秀和システムの丑丸様、私の冗長な文章を読みやすい形に、なおかつ専門外の文章を的確に直していただいた中村様に感謝したい。また、メーカーのインターネット情報の使用に当たっては、メーカーの担当者様にコンタクトし、その使用の許可をいただいた。忙しい中で快く対応していただいた各社の担当者の皆様には、ここで合わせてお礼を申し上げたい。

また、出版に際しては、ゲラのチェックと読者の皆様とのコンタクトの手段となるホームページの作成に協力を仰いだ、2人の娘の美里と美奈に合わせて感謝する。なお、この本に関する問い合わせ、訂正などのコンタクト先は以下にホームページのアドレスを付けておいたのでここにアクセスし、筆者とコンタクトを取っていただきたい。この本を書く体調を整えるための食事とおいしい酒の肴を作ってくれたかみさんの眞弓にも合わせてお礼を言う。

筆者とコンタクトを取る際のHPアドレス
米屋技術士事務所HPにこの本のコーナーを作成
http://kbtkomeya.com/index.html

INDEX

さ行

た行

な行

は行

ま行

や行

ら行

わ行

[筆者紹介]

金友正文（e-mail;masafumi.kanetomo@kbtkomeya.com）

1951 年 5 月　岡山県吉備津に生まれる

1974 年 3 月　東京理科大学理工学部機械工学科卒業

1974 年 4 月　企業 入社 研究部門にて試作装置の開発を担当（30 年間）
本社にて生産技術を担当（8 年間）

2012 年 3 月　企業 退職

2012 年 4 月　米屋技術士事務所 開設
技術士 機械部門（選択科目；精密機械）、情報工学部門（選択科目；数値計算）の取得

[企業時代に担当した主な装置]

精密機械装置

半導体製造装置

医用機器装置

ハヤブサキュレーション設備[*1]

*1）担当した当該技術の紹介 URL
「もう一つのハヤブサプロジェクト前編」https://www.youtube.com/watch?v=8-Z4o_inSwY
「もう一つのハヤブサプロジェクト後編」https://www.youtube.com/watch?v=v0nuUF7_EmM

機械(きかい)のトラブルシューティング解説(かいせつ)
55 事例(じれい)　経(けい)の巻(まき)

発行日　2018 年 4 月 19 日　　第 1 版第 1 刷

著　者　金友(かねとも)　正文(まさふみ)

発行者　斉藤　和邦

発行所　株式会社　秀和システム
〒104-0045
東京都中央区築地2丁目1－17　陽光築地ビル4階
Tel 03-6264-3105（販売）　Fax 03-6264-3094

印刷所　三松堂株式会社　　Printed in Japan

ISBN978-4-7980-9501-1 C3053

定価はカバーに表示してあります。
乱丁本・落丁本はお取りかえいたします。
本書に関するご質問については、ご質問の内容と住所、氏名、電話番号を明記のうえ、当社編集部宛FAXまたは書面にてお送りください。お電話によるご質問は受け付けておりませんのであらかじめご了承ください。